PINGFA SHITU YU

GANGJIN JISUAN

平法识图与钢筋计算

(第三版)

按 16G101 平法图集编写

陈达飞　编著

中国建筑工业出版社

图书在版编目（CIP）数据

平法识图与钢筋计算/陈达飞编著. —3版. —北京：中国建筑工业出版社，2017.6（2025.3重印）

ISBN 978-7-112-20898-2

Ⅰ.①平… Ⅱ.①陈… Ⅲ.①钢筋混凝土结构—建筑构图-识图②钢筋混凝土结构-结构计算 Ⅳ.①TU375

中国版本图书馆CIP数据核字(2017)第147319号

本书作为平法技术普及推广的实用性图书，是作者多年从事平法技术讲座的经验总结，更是与工程技术人员互相沟通和交流所提炼的新的体会，本书结合平法施工图介绍与16G101-1、16G101-2、16G101-3等最新平法图集、国家规范有关的平法施工图的识读知识，并且结合平法技术介绍一些钢筋混凝土结构的基本知识，以帮助读者正确掌握钢筋在混凝土结构中的位置和作用，从而掌握根据平法施工图进行钢筋翻样和钢筋计算的基本方法，有计算实例和图例。本书共分8章，分别是：绪论、平法梁识图、平法柱识图、平法钢筋计算的一般流程、平法板识图与钢筋计算、平法楼梯识图与钢筋计算、平法剪力墙识图与钢筋计算、平法筏形基础识图与钢筋计算。书中附录部分详细介绍了新平法图集与上一版平法图集的区别，方便读者学习掌握。本书内容丰富，通俗浅显，准确到位，易学习，易掌握，易实施，能极大地提高读者对平法技术的理解和运用水平。

本书作为介绍平法技术和钢筋计算的基础性、普及性图书，可供设计人员、施工技术人员、工程监理人员、工程造价人员、钢筋工以及其他对平法技术有兴趣的人士学习参考，也可以作为上述专业人员的培训教材，同时本书也可作为大中专学校相关专业的教材使用。

* * *

责任编辑：刘　江　范业庶　王华月

责任校对：李欣慰　王雪竹

平法识图与钢筋计算

（第三版）

按16G101平法图集编写

陈达飞　编著

*

中国建筑工业出版社出版、发行（北京海淀三里河路9号）

各地新华书店、建筑书店经销

北京鸿文瀚海文化传媒有限公司制版

建工社（河北）印刷有限公司印刷

*

开本：787×1092毫米　1/16　印张：33　字数：816千字

2017年10月第三版　2025年3月第二十九次印刷

定价：**69.00**元

ISBN 978-7-112-20898-2

（30546）

第三版前言

为什么要出版《平法识图与钢筋计算（第三版）》呢？是因为2016年的新平法图集出版了。而平法图集的改版，是因为有关的2010规范做了局部修订。于是，与时俱进，这本《平法识图与钢筋计算》又要出修订版了。

16G101平法标准图集依据的规范《混凝土结构设计规范》GB 50010—2010版在2015年做了局部修订，主要背景是根据“四节一环保”要求，提倡应用高强、高性能钢筋；《建筑抗震设计规范》GB 50010—2011版在2016年做了局部修订；还有《混凝土结构工程施工质量验收规范》GB 50204—2015的修订版。

有人认为这些修订主要对设计有影响，对钢筋算量业务没有影响。实际上，根据本人的切身体会，对于搞施工的技术人员来说，懂得一些设计的知识，掌握一些钢筋混凝土结构的基本知识，还是大有好处的。况且，面向设计人员也是本书的宗旨之一，所以知识点也就尽可能介绍得全面一些。

关于有关规范主要做出了哪些局部修订？16G101图集对比11G101图集有哪些更新？我们把这些内容编入附录B，放在本书的最后。

在本书的“附录A”中，保留了本书第二版“附录A”中一些有用的内容。这些内容并没有过时，毕竟2010版的“混规”和“抗规”只作出了局部修订，而“高规”则一点也没改；再看看16G101图集，也不过是对11G101图集作了局部的修改。

关于本书的内容结构，以及老读者、新读者如何阅读本书，请读者看一下“第二版前言”便可知晓。

今年是2016年，1996年平法标准图集诞生，到现在已经经过了整整二十年了。二十年也就是一代人的时间。老一代人的经验正在日臻成熟，新一代人正在不断成长。祝愿平法标准图集和我国建筑事业一道不断成长。

由于新规范和新图集刚出版不久，所以本人对新规范和新图集的学习和掌握还不够深入，书中错漏在所难免，希望广大读者批评指正。读者可以将意见和建议发往CDFRJ的邮箱（cdfrj@qq.com）；如果想随时了解本书的最新勘误，请访问CDFRJ的博客（http://blog.sina.com.cn/cdfrj）。

十多年来，本书一直在广大读者和出版社有关同志的关爱和大力支持下成长，在此表示衷心感谢！在本书的初版和每个修订版成书过程中，秦并珍先生一直对本书的校审付出了辛勤劳动，特表深切的谢意。

如想获得本书参考课件，请发邮件至：1148678588@qq.com

陈达飞

2016年12月于北京

第二版前言

为什么要出《平法识图与钢筋计算（第二版）》呢？是因为2011的新平法图集出版了。而平法图集为什么要改版呢？是因为2010的新规范出版了。于是，与时俱进，这本《平法识图与钢筋计算》要出修订版了。

为了让广大读者了解新旧图集的变化，我专门编写了一章“新图集改变了些什么”作为本书的附录，放在书的最后。如果你已经比较熟悉旧的平法图集，不妨先看后面的这个附录，便可以对全书有一个基本的认识。

对于新读者，还是建议从头读起，以便有一个循序渐进的过程。这本书内容的安排，不是按平法图集的章节顺序。早在2003版平法图集出版的时候，我就和平法技术创始人陈青来教授交换过看法，我认为“平法梁”是改革得最好的，也最为广大设计人员所接受的。所以在本书中，把“平法梁”放在最前面，接着讲“平法柱”。学习了梁和柱的平法技术，就基本掌握了框架结构的钢筋计算方法了。然后，可以继续学习其他构件的平法内容。

这本修订版的结构和内容与原书一致，只是把一些已经过时的内容删去，又增添了新图集的内容。书中的例题也基本同前，只是由于新图集引起的新的计算条件的改变，导致计算过程的变化。本书的老读者不妨对同一道例题对照新旧的计算过程，就能够很快地理解新算法的精神。

由于新规范和新图集刚出版不久，所以本人对新规范和新图集的学习和掌握还不够深入，书中错漏在所难免，希望广大读者批评指正。读者可以登录www.cdfrj.com的“达飞论坛”发表你的意见和建议，以及讨论平法技术问题。

在新老平法图集的学习过程中，我有幸得到部分图集设计者的热情帮助，在此表示感谢。在平法技术的探讨过程中，得到唐才均先生的大力支持，在此表示感谢。在本书的初版和修订版成书过程中，秦并珍先生对本书的校审付出了辛勤劳动，特表深切的谢意。

陈达飞

2012年3月9日于太原

第一版前言

平法，即建筑结构施工图平面整体设计方法，为山东大学陈青来教授的发明创造。平法于1995年7月通过建设部科技成果鉴定，于1996年6月列为建设部一九九六年科技成果重点推广项目，并于同年9月批准为《国家级科技成果重点推广计划》项目。自1996年11月第一本平法标准图集96G101为建设部批准发布以来，迄今已有5本平法标准图集被批准发布。平法的诞生，极大地提高了结构设计的效率，大幅度解放了生产力，如今混凝土结构设计施工图几乎全采用平法制图的方法绘制。平法创建并推广使用十余年来，陈青来教授筚路蓝缕，孜孜探索，为平法科技成果进入结构设计界和施工界付出了艰辛的努力，作出了卓越的贡献，其思想令人敬佩，其精神令人鼓舞。

平法图集第一次把钢筋混凝土结构的基本构造清晰地呈现在结构设计人员、施工人员和预算人员面前，这是平法创始人陈青来的历史贡献。而要真正看懂平法施工图的内容，领会平法制图的精神，还需要具备一定的钢筋混凝土结构设计、建筑抗震设计、混凝土施工质量验收等相关知识，这需要我们的工程施工技术人员、预算人员和建筑工人不断地学习和努力。

自第一本平法标准图集出版发行起，作者便开始学习平法，并追随陈青来教授的步伐为平法推广做一些力所能及的事。近几年，作者在山西省工程造价协会和各地市协会的支持下，举行了多期以平法标准图集为中心的平法识图与钢筋计算培训工作，在“达飞软件”网站论坛上举办了相关实用技术讲座。在此过程中，作者发现，在全国范围内推广平法工作的开展是不平衡的，就一个省来说，也是省会城市平法应用比较广泛，而地市一级、县乡一级就相对薄弱得多。况且，对于刚毕业的大学生或刚转行入门的工程技术人员或预算人员，要看懂平法施工图，进行钢筋翻样或算量尚有一定的难度，不知从何下手。因此，推广和普及平法还有很多工作需要去做。

本书是作者多年从事平法技术学习和应用的一些心得和体会，从平法的基本概念入手，主要介绍平法施工图识读和钢筋计算的过程及方法，希望能对广大读者看懂平法施工图和进行钢筋计算提供一点帮助。作者在平法学习和实践过程中，曾得到陈青来教授的无私指点，获益匪浅，在本书即将付梓之时，对平法创始人陈青来教授表示崇高敬意和诚挚感谢！需要说明的是，由于作者水平有限，书中难免有不当或错谬之处，请以平法系列标准图集及陈青来教授的有关著作为准，并恳请广大读者批评指正！

目　录

第1章　绪　　论

本章内容提要：

本章就是这本书的一个开宗明义，也算是一个引子，在这里先介绍一下平法的基本概念，钢筋计算的主要内容和所需要注意的问题，以便在后面各章分门别类讲述具体的技术内容。

1.1　平法的基本概念

1.1.1　什么是平法

平法的创始人是陈青来教授，他现在在山东大学工作。在创立平法的时候，他在山东省建筑设计院从事结构设计工作。当时正值改革开放之初，设计任务繁重，为了加快结构设计的速度，简化结构设计的过程，他吸收了国外的经验，结合中国建筑界的具体实践，创立了平法。可以这样说，平法诞生的初衷，首先是为了设计的方便。

什么是平法？11G101-1标准图集的第一句话就说：混凝土结构施工图平面整体表示方法，简称“平法”。

平法的表达形式概括来讲，是把结构构件的尺寸和配筋等，按照平面整体表示方法制图规则，整体直接表达在各类构件的结构平面布置图上，再与标准构造详图相配合，即构成一套新型完整的结构设计。改变了传统的那种将构件从结构平面布置图中索引出来，再逐个绘制配筋详图、画出钢筋表的繁琐方法。

我们都知道，建筑图纸分为建筑施工图和结构施工图两大部分。由于实行了平法设计，结构施工图的数量大大减少了，一个工程的图纸由过去的百十来张变成了二三十张，不但画图的工作量减少了，而且结构设计的后期计算——例如每根钢筋形状和尺寸的具体计算、工程钢筋表的绘制等，也被免去了，这使得结构设计减少了大量枯燥无味的工作，极大地解放了结构设计师的生产力，加快了结构设计的步伐。而且，由于使用了平法这一标准的设计方法来规范设计师的行为，在一定程度上提高了结构设计的质量。

那么，实施平法以后，对施工单位来说有没有好处呢？我想还是有的，首先就是施工人员携带到工地的图纸数量少了，可以“轻装上阵”了。不过，光带这些施工图是不够的，还要带上一套平法标准图集，就像学生每天携带的字典一样。但问题并不就这样解决了。手拿字典要首先学会查字典的方法，手拿平法施工图首先要学会平法识图，要看懂平法施工图上标注的各种符号，并且能够在平法标准图集上查出相应的节点构造来。这些，正是这本书将要解决的一个重要任务。

1.1.2　平法图集与其他标准图集有什么不同

平法图集与其他标准图集有什么不同?

以往我们接触的大量标准图集，都是“构件类”标准图集，例如：预制平板图集、薄腹梁图集、梯形屋架图集、大型屋面板图集，图集对每一个“图号”（即一个具体的构件），除了明示其工程做法以外，还都给出了明确的工程量（混凝土体积、各种钢筋的用量和预埋件的用量等）。

然而，平法图集不是“构件类”标准图集，它不是讲某一类构件，它讲的是混凝土结构施工图平面整体表示方法，也就是“平法”。

“平法”的实质，是把结构设计师的创造性劳动与重复性劳动区分开来。一方面，把结构设计中的重复性部分，做成标准化的节点构造；另一方面，把结构设计中的创造性部分，使用标准化的设计表示法——“平法”来进行设计，从而达到简化设计的目的。

所以，看每一本平法标准图集，有一半的篇幅是讲“平法”的标准设计规则，另一半的篇幅是讲标准的节点构造。

使用“平法”设计施工图以后，结构设计工作大大简化了，图纸也大大减少了，设计的速度加快了，改革的目的达到了。但是，给施工和预算带来了麻烦。以前的图纸有构件的大样图和钢筋表，照表下料、按图绑扎就可以完成施工任务。钢筋表还给出了钢筋重量的汇总数值，做工程预算是很方便的。但现在整个构件的大样图要根据施工图上的平法标注，结合标准图集给出的节点构造去进行想象，钢筋表更是要自己努力去把每根钢筋的形状和尺寸逐一计算出来。要知道，一个普通工程也有几千种钢筋，显然，采用手工计算来处理上述工作是极端麻烦的。

如何解决这样的一个矛盾呢?于是，系统分析师和软件工程师共同努力，研究出“平法钢筋自动计算软件”，用户只需要在“结构平面图”上按平法进行标注，就能够自动计算出《工程钢筋表》来。但是，光靠软件是不够的，计算机软件不能完全取代人的作用，使用软件的人也要看懂平法施工图纸、熟悉平法的基本技术。

1.1.3　学习平法技术的重要性

关于这个问题，在后来的工作中有了更深刻的体会。我在进行平法讲座的时候，有的朋友对我说：我们用软件计算钢筋，因此学习平法技术不那么必要。我说，一个好的平法钢筋自动计算软件，只要按照平法正确标注，就能保证钢筋计算结果完全正确。你学好了平法技术，才能保证正确地输入钢筋标注的数据。

有的朋友说，我们所用的软件是直接运用施工图CAD电子文档进行钢筋计算的，根本不要我们输入钢筋标注数据。我说，不要过分相信施工图电子文档（即施工图的光盘文件），施工图的光盘文件往往不是施工图的最后版本，设计师经常把会审的修改意见直接改在硫酸纸的底图上，而不去修改CAD文件。而且，由于有的设计人员不熟悉平法，造成施工图的钢筋标注经常存在问题。对于施工图钢筋标注的问题，需要我们逐一改正，然后才能进行手工计算钢筋，或者使用软件来计算钢筋。

经常遇到的问题是：计算机是好的，软件也是好的，但是由于原始数据的错误，而造成对错误的数据进行精确的计算，最终得到“精确的错误”!

1.1.4 平法图集的适用范围

这个问题是一个比较重要的问题。因为，任何一本标准图集都有它的适用范围，超越范围的应用可能会产生错误的后果。

就从03G101-1图集的封面说起吧。03G101-1标准图集的名称叫做：

混凝土结构施工图
平面整体表示方法制图规则和构造详图
（现浇混凝土框架、剪力墙、框架-剪力墙、框支剪力墙结构）

这就概括了03G101-1图集的适用范围。于是，有人问：框架结构、剪力墙结构、框架-剪力墙结构、框支剪力墙结构的概念是什么？

框架结构就是由框架柱和框架梁组成的空间结构。

框架-剪力墙结构，有人称为框-剪结构，就是在框架结构中设置一些剪力墙，以加强结构抵抗水平地震作用（03G101-1图集第31页所提供的例子工程，就是一个“框架-剪力墙结构”的工程）。

剪力墙结构，有人称为纯剪结构，就是整个建筑物都采用剪力墙结构，包括墙身、墙柱（暗柱和端柱）、墙梁（连梁、暗梁、边框梁）。

框支剪力墙和落地剪力墙共同组成底层大空间剪力墙结构。这种框支剪力墙下部是框支柱（KZZ）和框支梁（KZL），上部是剪力墙。因此，现在也有把这种结构称为“部分框支剪力墙”的。

2011年9月1日起实施的新的平法图集，把过去发布的六本图集合并为三本标准图集：

11G101-1《混凝土结构施工图平面整体表示方法制图规则和构造详图（现浇混凝土框架、剪力墙、梁、板）》；

11G101-2《混凝土结构施工图平面整体表示方法制图规则和构造详图（现浇混凝土板式楼梯）》；

11G101-3《混凝土结构施工图平面整体表示方法制图规则和构造详图（独立基础、条形基础、筏形基础及桩基承台）》。

（具体的图集内容也有一个）适用范围问题。从（11G101-1图集第11页）（框架柱平法标注图）可以看出，框架柱的标注是从“－0.030”开始的，也就是从一层地面开始的。在图集第57页（抗震框架柱纵向钢筋连接构造）图中有一个“嵌固部位”的标高指示，这是一个很重要的标高，它直接影响到框架柱基础插筋的长度。施工人员和预算人员是不可能自行确定这个“嵌固部位”的具体位置的，必须由设计人员在结构施工图的总说明中明确这个“嵌固部位”的具体位置。

1.1.5 平法的特点是什么

现在，人人都在谈“平法”，到底平法的特点是什么？

什么是“平法”？03G101-1标准图集的第一句话就说：混凝土结构施工图平面整体表

示方法，简称“平法”。由此可见，“平法”的特点就是两点：一是“平面表示”，二是“整体标注”。这个问题看看G101系列图集的例子工程就明白了：那就是在一个“结构平面图”上，同时进行梁、柱、墙、板各种构件钢筋数据的标注。

11G101-1和16G101-1图集继承了这一说法：

平法的表达形式，概括来讲，是把结构构件的尺寸和配筋等，按照平面整体表示方法制图规则，整体直接表达在各类构件的结构平面布置图上，再与标准构造详图相配合，即构成一套完整的结构设计施工图纸。

平法为什么立足于“平面表示”呢？历来的施工图，都把大量的尺寸数据标注在“建筑平面图”和“结构平面图”上。我想，这是因为平面图便于数据的精确标注，而且“平面的”施工图纸便于携带的缘故吧。

平法为什么强调“整体标注”或者“整体表示”呢？因为，从结构力学上看，整个建筑结构是一个整体。梁和柱、板和梁，都存在不可分割的有机联系。从11G101-1标准图集来看，其中一个精彩的部分就是“边柱顶梁”的节点构造。然而多年来有的人对平法的认识却存在一个误区，就是“肢解”结构，把一道框架梁抽出来，单独进行钢筋标注和计算；在剪力墙结构中也是如此，把一面墙抽出来，单独进行钢筋标注和计算。这种“肢解”结构的方法，是许多“钢筋软件”操作不方便、计算不准确的重要原因。

在下面的讲述中，我们力图本着平法的这个基本精神来阐述问题。

1.2　钢筋计算的主要内容

1.2.1　钢筋计算仅仅是预算员的事吗

也许有的人会认为，钢筋计算不就是预算员的事嘛，事实并非如此。

当然，说起“钢筋计算”，首先会让人想到“钢筋工程量”的计算，这是预算员和审计人员所需要的。钢筋工程量的计算过程是：从结构平面图的钢筋标注出发，根据结构的特点和钢筋所在的部位，计算出钢筋的形状和细部尺寸，从而计算出每根钢筋的长度，还有钢筋的根数，最后得到钢筋的重量。——预算员在“套定额”时，都是采用钢筋重量作为钢筋工程量的。

然而，“钢筋计算”还在于钢筋翻样的计算，就是根据平法施工图计算出每根钢筋的形状和细部尺寸，还要考虑钢筋制作时的“弯曲伸长率”，这是钢筋工或者是钢筋翻样人员所需要的。

而钢筋计算的前提，是要正确地认识和理解平法施工图。首先，要掌握平法的规则和节点构造，这也是施工人员和监理人员所需要的。

因此，这本书的书名叫做《平法识图与钢筋计算》，我们希望这本书的内容能够满足上述范围的读者的要求。

1.2.2　做好平法钢筋计算需要具备哪些知识

就算你是一个预算员，要做好钢筋计算的工作，需要具备哪些知识呢？

建筑工程预算是一门技术经济类型的专业，不但要掌握经济计算方面的知识，而且要掌握建筑工程专业技术的知识，对于平法钢筋计算来说，更加要掌握建筑工程结构方面的知识。

建筑工程结构方面的知识包括钢筋混凝土结构的基本知识、混凝土结构设计规范和高层建筑混凝土结构技术规程的有关知识、抗震规范的相关知识和施工验收规范的知识。标准图集都要执行有关的规范，因为一切标准图集都是依据相关规范设计出来的。标准图集不是万能的，工程中经常遇到一些问题是标准图集中找不到的，这些问题就需要根据其他相关知识去寻求解决方法。

施工员和预算员要懂得一些建筑结构方面的知识和钢筋混凝土结构方面的知识。把这些知识和平法技术结合起来，才能够正确理解平法技术的本质，正确掌握钢筋在混凝土结构中的位置和作用，从而掌握根据平法施工图进行钢筋翻样和钢筋计算的基本方法。这本书在介绍平法技术知识的同时，也将介绍相关钢筋混凝土结构方面的知识。

以上这些知识最后要落实到施工图上。无论做预算还是施工都离不开施工图，因此，建筑制图和识图也是施工员和预算员的一项基本功。

预算员在经济计算方面的基本知识就是要掌握定额，掌握定额中对钢筋的分类要求，以及钢筋工程量的计算规则等。不同时期的定额对工程量有不同的要求。例如，在以前的定额（20 世纪的定额）中，是把图纸的钢筋工程量加上损耗系数作为定额工程量的；但是，从 2000 定额开始的现行定额中，则把图纸的钢筋工程量直接作为定额工程量，而把钢筋的损耗量包含在定额消耗量中。

预算员还要熟悉施工的过程，尤其是熟悉施工组织设计对钢筋混凝土构件和钢筋配置的具体要求，这些对于钢筋工程量的计算也是必须具备的知识。例如，预算员们十分关注工程中钢筋是“绑扎搭接连接”还是“机械连接”（或“对焊连接”）问题，这可能由设计师在施工图中规定下来，或者在施工组织设计中加以明确的规定（例如，具体的工程在施工组织设计规定直径 14mm 以内的钢筋采用绑扎搭接连接，直径 14mm 以上的钢筋采用机械连接），这些规定是甲乙双方达成一致的结果。

1.3 在钢筋计算之前需要明确的几个概念和方法

1.3.1 应用“平法”除了平面尺寸以外还要注意什么

应用“平法”，顾名思义，主要的当然是平面尺寸，但是“竖向尺寸”也是很重要的。

在“竖向尺寸”中，首先是“层高”。一些竖向的构件，例如框架柱、剪力墙等，都与层高有密切关系。“建筑层高”的定义是从本层的地面到上一层的地面的高度。“结构层高”的定义是本层现浇楼板上表面到上一层的现浇楼板上表面的高度。如果各楼层的地面做法是一样的话，则各楼层的“结构层高”与“建筑层高”是一致的。

现在需要注意的是某些特殊的“层高”要加以特别的关注。当存在地下室的时候，“一层”的层高就是地下室顶板到一层顶板的高度，“地下室”的层高就是筏板上表面到地下室顶板的高度。

但是，如果不存在地下室的时候，计算“一层”的层高就不是如此简单的事情了。建筑图纸所标注的“一层”层高就是“从±0.000 到一层顶板的高度”，但此时此刻，我们要计算“一层”层高，就不能采用这个高度；否则，我们在计算“一层”的柱纵筋长度和基础梁上的柱插筋长度时就会出错。正确的算法是：没有地下室时的“一层”层高，是

“从筏板上表面到一层顶板的高度”。——关于这个问题，我们今后还会专门进行讨论。

此外，“竖向尺寸”还表现在一些“标高”的标注上，例如，剪力墙洞口的中心标高标注为“＋1.800”，就是说该洞口的中心标高比楼面标高（即顶板上表面）“高出1.800m”。

还有，梁集中标注的“梁顶面标高高差”，就是梁顶面的标高与楼面标高的高差。如果标注的“梁顶面标高高差”为“－0.100”，则表示梁顶比楼面标高“低0.100m”；如果此项标注缺省，则表示“梁顶与楼面标高无高差”。

1.3.2 在“平法”的楼层划分中如何认识“层号”这个概念

俗话说，“万丈高楼平地起”，但是万丈高楼并不是一口气吹起来的。在工程施工中，楼房都是一层一层地盖起来的。

在工程预算中，为了便于施工管理和进度管理，经常是“分层”做预算的。

在“平法”技术中，用以“平法”标注的平面图也是“分层”绘制的。“平法”的这些规定是与施工和预算的工作实际完全一致的。

但是，在“分层”操作中，“层号”的概念值得大家充分注意。因为，在建筑图和结构图中，对“层号”的认识刚好差一层（也就是说，建筑师和结构师对“层号”的认识刚好差一层）。我们在“建筑”施工中，如果我们正在“抹三层的地面”，那就是在抹我们脚下的那个地面；如果我们正在进行“三层主体结构的施工”，那就是对“面前的柱、墙，以及头顶的梁、板”的施工（包括支模板、绑钢筋和浇筑混凝土）。而“三层”头顶上的楼板，正好是“四层”脚下的地面。

在“层号”这个问题上，在网站上曾经进行过深入的讨论。

搞建筑设计，建筑学专业是“龙头”，结构师有必要在“层”的定义上与建筑师保持一致，以使建筑师与结构师对话方便。因此，某层结构平面布置图应当与该层的建筑平面布置图相一致。在层的定义上与建筑学专业保持一致后，结构所说的某层梁，就是指承受该层平面荷载的梁（站在该层上，这些梁普遍在“脚下”而非在“头顶之上”）。

为将结构平面的“参照系”确定下来，16G101-1对“结构层楼面标高”作出了明确规定（详见第1.0.8条），并对“梁顶面标高高差”也作出明确规定（详见第3.2.5条3款和第4.2.3条6款）。

为了帮助大家理解这个问题，我们可以举出一个例子，这就是16G101-1图集第11页上对框架柱变截面的描述：KZ1的第一次变截面（即由750×700变为650×600）是在19.470m的标高分界线上，在该页图左边的高程图上标注“6”——应该理解为是“第6层的地面”，即“第5层的顶板”。

施工单位是应用平法设计图纸的最大受众，我们提议：“层号”的概念最好与施工人员的习惯保持一致，以便于分层施工和分层做预算。这就是——把“当前楼层”的主体结构定义为“面前的柱、墙，以及头顶的梁、板”。因此，对于11G101-1图集的例子工程，就是把“第5层”作为框架柱变截面的关键楼层，也就是说，在“第5层”KZ1的截面是750×700，而到了“第6层”KZ1的截面就变成650×600了。

1.3.3 在分层计算中如何正确划定“标准层”

既然是“分层做预算”，如果每一层都要进行计算，就太麻烦了。如果存在“标准层”，则只需要计算其中的某一层，再乘以标准层的层数就可以了。现在的问题是：划定“标准层”时要注意些什么?

“标准层”的划分应该遵循一定的原则（以“16G101-1 例子工程”为例）：

（1）层高不同的两个楼层，不能作为“标准层”。

其中的道理是再明白不过的了：层高不同的两个楼层，其竖向构件（例如墙、柱）的工程量肯定不相同，这样的两个楼层，怎能同时属于一个标准层呢?

例如：本例的第一层层高为4.50m，第二层层高为4.20m，这两个楼层就不能划入同一个标准层。

（2）“顶层”不能纳入标准层。

其中的道理如下：

顶层的层高一般要比普通楼层层高要高一些，如果普通楼层层高为3.00m，则顶层的层高可能会是3.20m，这是因为顶层可能要走一些设备管道（例如暖气的回水管），所以层高要增加一些。

就算顶层的层高和普通楼层一样（本例：顶层的层高和普通楼层的层高都是3.60m），顶层还是不能纳入标准层的，这是因为在框架结构中，顶层的框架梁和框架柱要进行“顶梁边柱”的特殊处理。

（3）可以根据框架柱的变截面情况决定“标准层”的划分。

柱变截面包含两种意思：几何截面的改变和（或）柱钢筋截面的改变。可以把属于“同一柱截面”的楼层划入一个“标准层”。这就是说，处于同一标准层的各个楼层上的相应框架柱的几何截面和柱钢筋截面都是一致的。

（4）注意，框架柱变截面的“关节”楼层不能纳入标准层。

例如：本例的第五层和第十层就不能作为标准层。现在解释一下什么是柱变截面的关节楼层，在这个工程例子中，第一层到第五层，框架柱 KZ1 的截面尺寸都是750×700，柱纵筋都是12Φ25；但是到了第六层，KZ1 的截面尺寸变成650×600（柱纵筋为12Φ25），于是我们就把第五层作为框架柱变截面的关节楼层（补充说明一下，本工程的框架柱只有一种，比较了 KZ1 就等于比较了全部的框架柱。如果实际工程存在多种框架柱，则每一种框架柱都要进行比较）。

到现在为止，在16G101-1 例子工程中，我们可以把第3～4层划定为“标准层1”、把第6～9层划定为“标准层2”、把第11～15层划定为“标准层3”（注意：我们现在仅仅考虑了“框架柱变截面”这一因素）。

（5）然后，再根据剪力墙的变截面情况修正“标准层”的划分。

剪力墙变截面同样包含两种意思：墙厚度的改变和（或）墙钢筋截面的改变。可以把属于“同一剪力墙截面”的楼层划入一个“标准层”。

（6）同样要注意，剪力墙变截面的“关节”楼层不能纳入标准层。

剪力墙变截面关节楼层的概念与上面介绍的柱变截面关节楼层类似。例如：本例的第八层就不能作为标准层。

（7）在剪力墙中，还要注意墙身与暗柱的变截面情况是否一样。如果不一样，就不能划入同一个标准层内。

这样一来，在不少工程实例中，能够划入标准层的楼层就寥寥无几了。于是有人会说，还不如“逐层计算”省心，有时的确如此。

在这一章中，我们介绍了平法的基本概念和钢筋计算的一些预备知识，下面我们就可以正式开始讲述平法的具体技术问题了。我们将从平法梁开始讲述。这个讲述的顺序与平法图集的先后顺序不同，图集里是先讲述平法柱，然后讲剪力墙，最后才讲平法梁的。我们先讲述平法梁，是因为在平法技术中，平法梁技术是最成熟的，也是所有的设计人员最习惯使用的，所以也是应用得最广泛的。

第2章 平法梁识图

本章内容提要：

介绍平法梁识图的基本知识，主要是各种梁的集中标注和原位标注，熟悉梁的主要节点构造的内容。

梁的集中标注包括：梁的编号、截面尺寸、箍筋规格和间距、上部通长筋、下部通长筋、架立筋、侧面构造钢筋和抗扭钢筋的标注。

梁的原位标注包括：左支座和右支座上部纵筋的原位标注、上部跨中的原位标注、下部纵筋的原位标注。注意悬挑端的原位标注。

平法梁的节点构造，主要结合16G101-1图集第84页的内容，重点掌握支座负筋的延伸长度、端支座节点构造和中间支座节点构造。

"顶梁边柱"节点构造（即屋面框架梁和边框架柱的节点构造）是16G101-1图集的重要内容，现在把它放在本章讲述（主要是图集第67页的内容）。

框架扁梁是16G101-1新增的内容，放在本章末后。

2.1 平面注写方式

平法梁的注写方式分为平面注写方式和截面注写方式。一般的施工图都采用平面注写方式，所以，我们下面只介绍平面注写方式。

平面注写方式，系在梁平面布置图上，分别在不同编号的梁中各选一根梁，在其上注写截面尺寸和配筋具体数值的方式来表达梁平法施工图。

平面注写包括集中标注和原位标注（图2-1）。集中标注表达梁的通用数值，原位标注表达梁的特殊数值。施工时，原位标注取值优先。

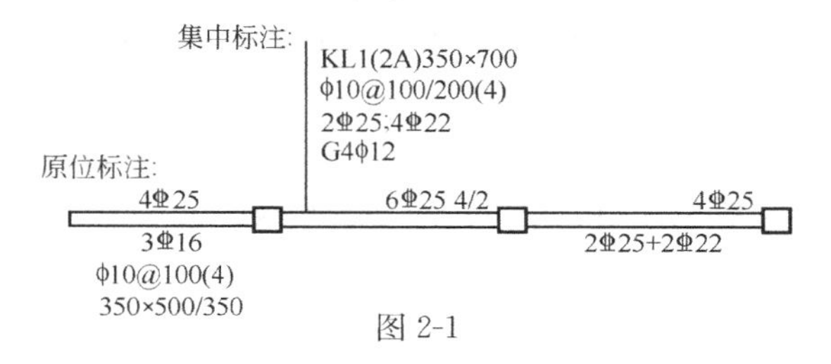

图2-1

2.2 梁的集中标注

2.2.1 梁集中标注的必注项和选注项

梁集中标注的例子见图2-1。

在梁的集中标注中，可以划分为必注项和选注项两大类。

在梁的集中标注中，“必注项”有：梁编号、截面尺寸、箍筋、上部通长筋及架立筋、侧面构造钢筋或受扭钢筋。

“选注项”有：下部通长筋、梁顶面标高高差。

下面，我们先介绍梁的必注项，再介绍梁的选注项。

2.2.2 梁编号标注

梁编号标注的一般格式：BHm(n) 或 BHm(nA) 或 BHm(nB)

其中：BH（编号）包括：
KL 表示框架梁
KBL 表示楼层框架扁梁
WKL 表示屋面框架梁
KZL 表示框支梁
TZL 表示托柱转换梁
L 表示非框架梁
XL 表示纯悬挑梁

m （梁序号）
n （梁跨数）
A 表示一端有悬挑
B 表示两端有悬挑

〖注〗

（1）楼层框架宽扁梁节点核心区代号 KBH。

（2）本图集中非框架梁 L、井字梁 JZL 表示端支座为铰接，当非框架梁 L、井字梁 JZL 端支座上部纵筋为充分利用钢筋的抗拉强度时，在梁代号后加“g”。

〖例〗Lg7(5) 表示第 7 号非框架梁，5 跨，端支座上部纵筋为充分利用钢筋的抗拉强度。

〖例〗

KL1(4)——表示框架梁第 1 号，4 跨，无悬挑

WKL1(4)——表示屋面框架梁第 1 号，4 跨，无悬挑

KZL1(1)——表示框支梁第 1 号，1 跨，无悬挑

L3(2)——非框架梁第 3 号，2 跨，无悬挑，端支座为铰接

XL1——纯悬挑梁第 1 号

〖注〗XL 表示“纯悬挑梁”。如果是“框架梁带悬挑端”，则按如下方式标注：

KL4（3A）表示框架梁第 4 号，3 跨，一端有悬挑

KL4（3B）表示框架梁第 4 号，3 跨，两端有悬挑

（1）〖关于“梁编号”的问题〗

〖问〗

什么是“次梁”？

次梁编号为“LL”对吗？在不少施工图纸上经常出现“LL”的梁编号标注，应该作何解释？

〖答〗

“次梁”是相对于“主梁”而言的。

一般来说，“次梁”就是“非框架梁”。“非框架梁”与“框架梁”的区别在于，框架梁以框架柱或剪力墙作为支座，而非框架梁以梁作为支座。

下面介绍一下在施工图中如何识别次梁的问题。

两个梁相交，哪个梁是主梁，哪个梁是次梁呢？一般来说，截面高度大的梁是主梁，截面高度小的梁是次梁。当然，以上所说的是“一般规律”，有时也有特殊的情况。例如，我就见过这样的施工图设计，次梁的截面高度竟然高于主梁。

当施工图设计的梁编号是正确的时候，可以从施工图梁编号后面括号中的“跨数”来判断相交的两根梁谁是主梁、谁是次梁。因为两根梁相交，总是主梁把次梁分成两跨，而不存在次梁分断主梁的情况。

此外，从图纸中的附加吊筋或附加箍筋也能看出谁是主梁、谁是次梁，因为附加吊筋或附加箍筋都是配置在主梁上的。

“非框架梁”的编号是“L”，和“Lg”。

例如 L1（4） 表示“非框架梁1号，4跨，无悬挑”。

但是，目前的确有不少施工图纸上经常用“LL”作为非框架梁编号标注，这是错误的。

在平法标准图集16G101-1中，“LL”用于剪力墙的“连梁”编号标注。有的人辩解说，我这里的“LL”是框架结构中的“连系梁”。但是，在16G101-1图集中，没有什么“连系梁”，只有“非框架梁”，这就是“L”。

你既然采用16G101-1图集，你就得符合16G101-1图集的规定，首先要做到的是，各种构件的编号要规范化。

（2）〖两根梁编成“同一编号”的条件是什么〗

〖问〗

我在看一份图纸，两个编号为KL1的框架梁，虽然都是四跨梁，但其中一个KL1的第二、三跨的跨度与另一个KL1不一样，这样的两个梁不应该都称为“KL1”，因为按其中一个KL1所下料的钢筋，不能放到另一个KL1上去绑扎。到底两根梁编成“同一编号”的条件是什么？

〖答〗

你所提出的问题很重要，如果把不相同的两个梁编成同一编号，首先会造成工程预算不准确；如果把两个不同的梁按同一标准制作钢筋，则会在工程施工中带来麻烦，甚至造成质量事故。所以，设计师必须认真对待“构件编号”问题。对于施工部门来说，哪怕施工图的梁编号搞错了，施工员和预算员也应该按正确的标准来更正梁的编号。

两个梁编成同一编号的条件是：

① 两个梁的跨数相同，而且对应跨的跨度和支座情况相同；

② 两个梁在各跨的截面尺寸对应相同；

③ 两个梁的配筋相同（集中标注和原位标注相同）。

相同尺寸和配筋的梁，在平面图上布置的位置（轴线正中或轴线偏中）不同，不影响梁的编号。

(3)〖“WKL”的编号标注的利弊分析〗

〖问〗

如何去判别一根梁是“屋面框架梁”还是“楼层框架梁”?是看名称还是看实质?

在“平法钢筋自动计算软件”中只用到“KL”或“L”的标注,为什么在软件中没有用到“WKL”的编号标注?

〖答〗

“WKL”在16G101-1图集表示“屋面框架梁”。其实在16G101-1图集框架结构的梁构件中,出现最多的是“KL”和“L”,其中“KL”就是框架梁,“L”就是非框架梁。而“WKL”与“KL”的最大区别,在于对“顶梁边柱”节点构造的处理。

把屋面框架梁编号为“WKL”的确可以起到一目了然的效果。但是,如果把“WKL”冠名于楼层框架梁的头上,就会起到误导读者的作用。所以,看一根梁到底是不是屋面框架梁,不是看它的名称,而是看它的实际位置——是不是在“屋面”上。

例如:一个具有“高低跨屋面”的建筑,对于低跨屋面的某些框架梁,它可能半截在低跨的屋面上,要按“屋面框架梁”来处理,另外半截在属于高跨区域的中间楼层,要按“楼层框架梁”来处理,这时你若把整个梁定义为“WKL”显然是不合适的,还不如把框架梁统一命名为“KL”,至于它哪一部分是“屋面框架梁”、哪一部分是“楼层框架梁”,则具体问题具体分析,按照该框架梁的具体位置来判断。

鉴于这样的原因,我们的“平法钢筋自动计算软件”对于框架梁统一采用“KL”来编号,让计算机根据框架梁的具体位置来自动判断是“屋面框架梁”还是“楼层框架梁”。

2.2.3 梁截面尺寸标注

梁截面尺寸标注的一般格式:$b \times h$ 或 $b \times h$ Y $c_1 \times c_2$ 或 $b \times h$Y$c_1 \times c_2$ 或 $b \times h_1/h_2$

其中:b(梁宽)、h(梁高)

c_1(腋长)、c_2(腋高)

h_1(悬臂梁根部高)、h_2(悬臂梁端部高)

〖规定〗

施工图纸上的平面尺寸数据一律采用毫米(mm)为单位。

〖例〗普通梁截面尺寸标注

300×700 表示:截面宽度300mm,截面高度700mm。

〖例〗竖向加腋梁截面尺寸标注(图2-2左图和中图)

350×700 Y500×250 表示:腋长500mm,腋高250mm。

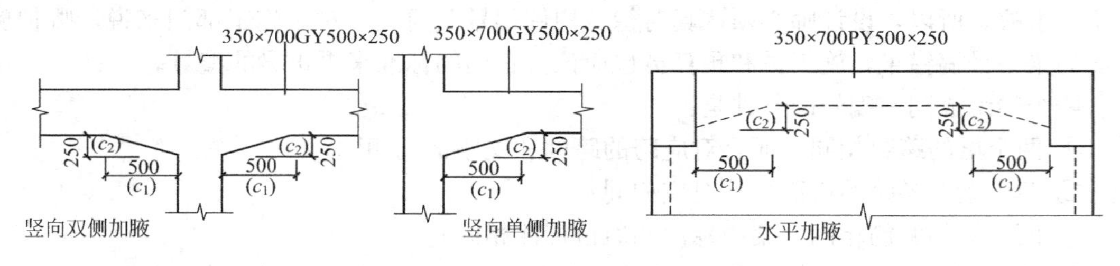

图2-2

〖说明〗"350×700 Y500×250"用于集中标注，表示该梁的每一跨都进行竖向加腋。

此时，如果某一跨不做加腋，则在该跨原位标注"350×700"。

〖例〗水平加腋梁截面尺寸标注（图2-2右图）

350×700 PY500×250 表示：腋长500mm，腋宽250mm。

〖例〗悬挑梁截面尺寸标注

300×700/500 表示：梁根部截面高度700mm，端部截面高度500mm。

〖说明〗"300×700/500"的集中标注一般用于"纯悬挑梁"。

若为"框架梁带悬挑端"，则在悬挑端进行原位标注"300×700/500"。

2.2.4 梁箍筋标注

梁箍筋标注格式：$\Phi d-n(z)$ 或 $\Phi d-m/n(z)$ 或 $\Phi d-m(z_1)/n(z_2)$

或 $s\Phi d-m/n(z)$ 或 $s\Phi d-m(z_1)/n(z_2)$

其中：d（钢筋直径），m、n（箍筋间距）

z、z_1、z_2（箍筋肢数）

s（梁两端的箍筋根数）

〖例〗这是最常见的梁箍筋标注格式，

Φ10@100/200(2) 表示箍筋为HPB300钢筋，直径为Φ10，加密区间距为100，非加密区间距为200，均为两肢箍。

〖例〗这也是常见的梁箍筋标注格式，

Φ10@150(2) 表示箍筋为HPB300钢筋，直径为Φ10，两肢箍，间距为150，不分加密区与非加密区。

〖例〗这也是常见梁箍筋标注格式，

Φ8@100(4)/150(2) 表示箍筋为HPB300钢筋，直径为Φ8，加密区间距为100，四肢箍；非加密区间距为150，两肢箍。

〖说明〗上面这三个例子用于框架梁，因为图集已经规定了框架梁的箍筋加密区长度；下面的例子用于非框架梁、井字梁、基础梁，因为图集没有规定这些梁的箍筋加密区长度。

〖例〗下面两个例子规定了加密区的箍筋个数，等于规定了加密区的长度，

13Φ10@150/200(4) 表示箍筋为HPB300钢筋，直径Φ10，梁的两端各有13个四肢箍，间距为150；梁跨中部分间距为200，四肢箍。

18Φ12@150(4)/200(2) 表示箍筋为HPB300钢筋，直径Φ12，梁的两端各有18个四肢箍，间距为150；梁跨中部分间距为200，两肢箍。

〖说明〗集中标注"箍筋"，表示梁的每一跨都按这个配置箍筋。如果某一跨的箍筋配置与集中标注不同，可以在该跨原位标注箍筋。

梁的箍筋是应该出现在集中标注上的。然而，我们在实际工作中发现，有的设计人员却喜欢把箍筋原位标注在梁的每一跨上，不但画图时麻烦，而且令看图纸的人也觉得不清楚。

2.2.5 梁上部通长筋标注

梁上部通长筋标注格式：$s\Phi d$ 或 $s_1\Phi d_1+s_2\Phi d_2$

或 $s_1\Phi d_1+(s_2\Phi d_2)$ 或 $s_1\Phi d_1;s_2\Phi d_2$

其中：d、d_1、d_2（钢筋直径）

s、s_1、s_2（钢筋根数）

〖例〗下面介绍几种上部通长筋的格式

2Φ25　　　　　梁上部通长筋（用于双肢箍）

2Φ25+2Φ22　　梁上部通长筋（两种规格，其中加号前面的钢筋放在箍筋角部）

6Φ25 4/2　　　梁上部通长筋（两排钢筋：第一排4根，第二排2根）。

〖例〗这个例子中，“+”号前面的是上部通长筋，

2Φ25+(4Φ12)　梁上部钢筋：2Φ25为通长筋，4Φ12为架立筋。

〖例〗这个例子中，“;”号前面的是上部通长筋，

3Φ22；4Φ20　梁上部通长筋3Φ22，梁下部通长筋4Φ20。

关于“上部通长筋”的概念及连接问题详见“框架梁节点构造”一节。

2.2.6 梁的架立筋标注

架立钢筋是梁上部的纵向构造钢筋。

抗震框架梁的架立筋标注格式：$s_1\Phi d_1+(s_2\Phi d_2)$

——“+”号后面圆括号里面的是架立筋。

其中：d_1、d_2为钢筋直径；

s_1、s_2为钢筋根数。

非抗震框架梁或非框架梁的架立筋标注格式：

$s_1\Phi d_1+(s_2\Phi d_2)$

或者　　　　　$(s_2\Phi d_2)$

（最后的那种格式，表示这根梁上部纵筋集中标注全部采用架立筋）

〖例1〗抗震框架梁KL1的上部纵筋标注如下：

2Φ25+(4Φ12)　表示：2Φ25为上部通长筋，4Φ12为架立筋。

〖例2〗非框架梁L1的上部纵筋标注如下：

(4Φ12)　表示：梁上部纵筋的集中标注为架立筋4Φ12。

〖关于“架立筋”标注的问答〗

〖问〗

梁在什么情况下需要标注“架立筋”？架立筋与箍筋肢数有什么关系？

〖答〗

顾名思义，“架立筋”就是把箍筋架立起来所需要的贯穿箍筋角部的纵向构造钢筋。

如果该梁的箍筋是“两肢箍”，则两根上部通长筋已经充当架立筋，因此就不需要再另加“架立筋”了。所以，对于“两肢箍”的梁来说，上部纵筋的集中标注“2Φ25”这种形式就完全足够了。

但是，当该梁的箍筋是“四肢箍”时，集中标注的上部钢筋就不能标注为“2Φ25”这种形式，必须把“架立筋”也标注上，这时的上部纵筋应该标注成“2Φ25+(2Φ12)”这种形式，圆括号里面的钢筋为架立筋。

所以，只有在箍筋肢数多于上部通长筋的根数时，才需要配置架立筋。架立筋根数的

计算公式就是：

架立筋的根数＝箍筋的肢数－上部通长筋的根数

从上面的分析可以看出：架立筋的根数、箍筋的肢数和上部通长筋的根数这几个数据之间存在一定的相互制约关系，在进行梁的钢筋标注时一定要注意遵守这种制约关系，在观看施工图时也一定要注意分析这种制约关系。

〖问〗

我看见过一份施工图，上面在抗震框架梁上部纵筋的集中标注中写成：

2 ϕ25＋(2ϕ12)通长

很让施工人员摸不着头脑，以为架立筋是通长的。

请问架立筋可能是“通长”的吗？

〖答〗

从上面的分析我们已经知道，架立筋是连接跨中“负筋够不着的地方”的，所以，架立筋和支座负筋在一个多跨框架梁中的连接顺序一般是：

支座负筋——架立筋——支座负筋——架立筋——支座负筋

架立筋与支座负筋实行搭接（搭接长度为 150mm）。可见在这根多跨框架梁中，架立筋不可能是“通长”的。（注：“支座负筋”就是支座上的负弯矩钢筋，也就是“非贯通纵筋”。）

那位设计人员把梁上部纵筋的集中标注写成

2ϕ25＋(2ϕ12)通长

其本意可能是为了强调所标注的“2ϕ25”是上部通长筋，但这是不言而喻的，是平法图集的标注规则所规定了的。他现在标注的“通长”二字反而是画蛇添足，起了误导施工人员以为“架立筋是通长”的作用。

〖问〗

在一份施工图中，抗震框架梁 KL1 上部纵筋的集中标注中写成：

(2ϕ14)

请问这样的标注正确吗？所标注的 2ϕ14 是架立筋吗？

〖答〗

（1）由于 KL1 是抗震框架梁，根据抗震规范的规定，KL1 必须有两根上部通长筋，所以上述的标注是错误的。正确的抗震框架梁 KL1 上部纵筋的集中标注应该写成：

2ϕ14

也就是说，这个 2ϕ14 不是架立筋，而是上部通长筋。当 KL1 的支座负筋直径较大时（例如为 2ϕ25），则ϕ14 与ϕ25 的搭接长度不是 150mm，而是按受拉钢筋的绑扎搭接长度 l_{lE}（当计算搭接长度 l_{lE}的数值时，钢筋直径按较小钢筋直径即 14mm 计算）。

（2）如果这根梁是非抗震框架梁，或者是非框架梁，其上部纵筋的集中标注中写成：

(2ϕ14)

是合理的。此时可以理解为这根梁“集中标注全部采用架立筋”——但是，这并不排斥梁原位标注支座负筋。当这根梁的支座负筋直径较大时（例如为 2ϕ25），则ϕ14 与ϕ25 的搭接长度为 150mm。

2.2.7 梁下部通长筋标注

梁下部通长筋标注格式：$s_1\Phi d_1$；$s_2\Phi d_2$——“；”号后面的 $s_2\Phi d_2$ 是下部通长筋

其中：d_1、d_2（钢筋直径）

s_1、s_2（钢筋根数）

〖例〗这个例子中，“；”号后面的是下部通长筋。

3⌀22；4⌀20　梁上部通长筋3⌀22，梁下部通长筋4⌀20。

〖关于“下部通长筋”的问答〗

〖问〗

为什么“上部通长筋”为梁集中标注的必注项，而“下部通长筋”为集中标注的选注项？

〖答〗

（1）首先讲“为什么上部通长筋为梁集中标注的必注项”。

框架梁不可能没有“上部通长筋”。因为框架梁在设计时要考虑抗震作用，根据抗震规范要求至少配置两根直径不小于14mm的上部通长筋（这两根上部通长筋绑扎在箍筋角部）。

由此可见，上部通长筋系为抗震而设，基本上与跨度及所受竖向荷载无关。

（2）再看看“为什么下部通长筋为梁集中标注的选注项”。

然而，下部通长筋系为抵抗正弯矩而设，与竖向荷载和跨度有直接的关系。这与梁的支座负弯矩筋有点儿类似，支座负弯矩筋是为抵抗负弯矩而设的。

所以，从归类来讲，下部通长筋与上部支座负弯矩筋为同一类，而与上部通长筋不属一类。因此，将下部纵筋定为“原位标注”的必注项、“集中标注”的有条件的选注项。

在实际工程中，各跨梁的下部纵筋的钢筋规格和根数不一定相同，当它们各跨不同的时候，就不可能存在“下部通长筋”，例如16G101-1例子工程的KL5，就不可能有下部通长筋。只有在各跨梁的下部纵筋存在“相同部分”时，例如16G101-1例子工程的KL1，4跨梁的下部纵筋存在“5⌀25”的相同部分，才有可能在集中标注中定义“下部通长筋5⌀25”。

〖问〗

如果抗震框架梁在集中标注时标注了下部通长筋，那么在施工中这些下部通长筋必须设置成为贯通筋吗？

〖答〗

当一个多跨的抗震框架梁在集中标注时标注了下部通长筋的时候，如果这根贯通的下部通长筋不超过钢筋的定尺长度，可以把它作贯通处理；但是如果超过了钢筋的定尺长度，则采用按跨锚固的方法处理（具体的技术问题详见后面的“框架梁下部纵筋构造”）。

2.2.8 梁侧面构造钢筋标注

梁侧面构造钢筋标注格式：G$s\Phi d$（G表示“侧面构造钢筋”）

其中：d（钢筋直径）、s（钢筋根数）

〖例〗

G4Φ12　表示梁的两侧共配置4Φ12的纵向构造钢筋，每侧各2Φ12。

〖说明〗

① 梁侧面纵向构造钢筋的规格和根数是由设计师在施工图上明确标注的。

梁侧面纵向构造钢筋的构造图见16G101-1图集第90页。

梁侧面纵向构造钢筋的搭接和锚固长度可取为15d。

② 但是，梁侧面纵向构造钢筋的拉筋在施工图上是不标注的，施工员和预算员要根据11G101-1图集第87页的规定来布置拉筋：

当梁宽≤350mm时，拉筋直径为6mm；当梁宽＞350mm时，拉筋直径为8mm。

拉筋间距为非加密区箍筋间距的两倍。当设有多排拉筋时，上下两排拉筋竖向错开设置。

2.2.9 梁受扭钢筋标注

“侧面受扭钢筋”也称为“侧面抗扭钢筋”。

梁侧面抗扭钢筋标注格式：NsΦd （N表示“侧面抗扭钢筋”）

其中：d(钢筋直径)、s(钢筋根数)

〖例〗

N6Φ22 表示梁的两侧共配置6Φ22的抗扭钢筋，每侧各3Φ22。

梁侧面抗扭纵向钢筋的构造图见图集第90页。

梁侧面抗扭纵向钢筋其搭接长度为l_{lE}或l_l。

梁侧面抗扭纵向钢筋的锚固长度为l_{aE}或l_a，锚固方式同框架梁下部纵筋。

〖关于梁侧面“构造钢筋”和“抗扭钢筋”的问答〗

〖问〗

梁的“构造钢筋”和“抗扭钢筋”有什么相同点和不同点？

〖答〗

(1)“构造钢筋”和“抗扭钢筋”都是梁的侧面纵向钢筋，通常把它们称为“腰筋”。所以，就其在梁上的位置来说，是相同的。其构造上的规定，正如16G101-1图集第90页中所规定的，在梁的侧面进行“等间距”的布置，对于“构造钢筋”和“抗扭钢筋”来说是相同的。

“构造钢筋”和“抗扭钢筋”都要用到“拉筋”，并且关于“拉筋”的规格和间距的规定，也是相同的。即：当梁宽≤350mm时，拉筋直径为6mm；当梁宽＞350mm时，拉筋直径为8mm。拉筋间距为非加密区箍筋间距的两倍。当设有多排拉筋时，上下两排拉筋竖向错开设置。

在这里需要说明一下，上述的“拉筋间距为非加密区箍筋间距的两倍”，只是给出一个计算拉筋间距的算法。例如，梁箍筋的标注为Φ8@100/200(2)，可以看出，非加密区箍筋间距为200mm，则拉筋间距为200×2=400mm。但是，有些人却提出“拉筋在加密区按加密区箍筋间距的两倍，在非加密区按非加密区箍筋间距的两倍”，这是不正确的理解。

不过，在前面的叙述中可以明确一点，那就是“拉筋的规格和间距”是施工图纸上不给出的，需要施工人员自己来计算。

(2) 然而，“构造钢筋”和“抗扭钢筋”更多的是它们的不同点。

1)“构造钢筋”纯粹是按构造设置，即不必进行力学计算。

《混凝土结构设计规范》（GB 50010—2010）第 9.2.13 条指出：“梁的腹板高度 h_w 不小于450mm 时，在梁的两个侧面应沿高度配置纵向构造钢筋，每侧纵向构造钢筋（不包括梁上、下部受力钢筋及架立钢筋）的间距不宜大于 200mm，截面面积不应小于腹板截面面积（bh_w）的 0.1%，但当梁宽较大时可以适当放松。”

16G101-1 图集与规范是一致的。我们必须搞清楚关于 h_w 的规定。

《混凝土结构设计规范》（GB 50010—2010）第 6.3.1 条规定：h_w——截面的腹板高度：矩形截面，取有效高度；T 形截面，取有效高度减去翼缘高度；工形截面，取腹板净高。

对于施工部门来说，构造钢筋的规格和根数是由设计师在结构平面图上给出的，施工部门只要照图施工就行。

当设计图纸漏标注构造钢筋的时候，施工人员只能向设计师质询构造钢筋的规格和根数，而不能对构造钢筋进行自行设计。

因为构造钢筋不考虑其受力计算，所以，梁侧面纵向构造钢筋的搭接长度和锚固长度可取为 $15d$。

2）“抗扭钢筋”是需要设计人员进行抗扭计算才能确定其钢筋规格和根数的。

16G101-1 图集对梁的侧面抗扭钢筋提出了明确的要求：

① 梁侧面抗扭纵向钢筋的锚固长度为 l_{aE} 或 l_a，锚固方式同框架梁下部纵筋。

② 梁侧面抗扭纵向钢筋其搭接长度为 l_{lE} 或 l_l。

③ 梁的抗扭箍筋要做成封闭式，当梁箍筋为多肢箍时，要做成“大箍套小箍”的形式。

对抗扭构件的箍筋有比较严格的要求。《混凝土结构设计规范》（GB 50010—2010）第 9.2.10 条指出：“受扭所需的箍筋应做成封闭式，且应沿截面周边布置；当采用复合箍筋时，位于截面内部的箍筋不应计入受扭所需的箍筋面积；受扭所需箍筋的末端应做成 135° 弯钩，弯钩端头平直段长度不应小于 $10d$，d 为箍筋直径。”

对于施工人员来说，一个梁的侧面纵筋是构造钢筋还是抗扭钢筋，完全由设计师来给定。“G”打头的钢筋就是构造钢筋，“N”打头的钢筋就是抗扭钢筋。

2.2.10 梁顶面标高高差标注

一般楼层顶板结构是梁顶与板顶（楼面标高）为同一标高，用老百姓的话来说，就是梁顶与板顶“一平”。但是，当梁顶与板顶“不一平”的时候，就要在梁标注中注写“梁顶面标高高差”，注写方法是在圆括号内写上梁顶面与板顶面的标高高差：

当梁顶比板顶低的时候，注写“负标高高差”；

当梁顶比板顶高的时候，注写“正标高高差”。

〖例〗

（−0.100） 表示梁顶面比楼板顶面低 0.100（单位：m）。

〖说明〗如果此项标注缺省，表示梁顶面与楼板顶面一平。

〖规定〗

施工图纸上的标高数据一律采用米（m）为单位。

2.3 梁的原位标注

梁的原位标注包括梁上部纵筋的原位标注（标注位置可以在梁上部的左支座、右支座或跨中）和梁下部纵筋的原位标注（标注位置在梁下部的跨中）。

梁原位标注的例子见图 2-3。

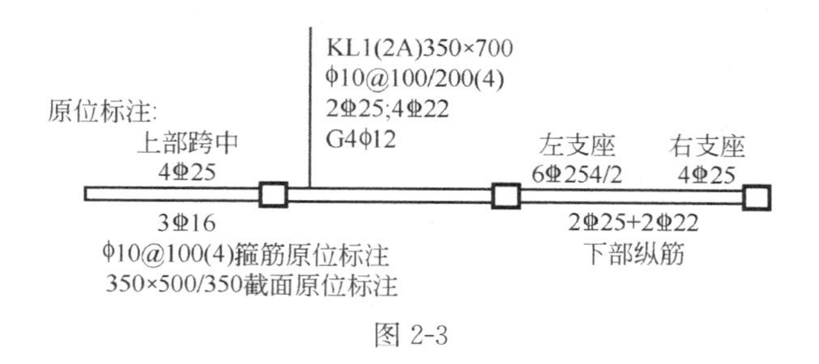

图 2-3

2.3.1 梁支座上部纵筋的原位标注

梁支座上部的原位标注就是进行梁上部纵筋的标注，分别设置：左支座标注、右支座标注。

钢筋标注格式：$s\Phi d$ 或 $s\Phi d \quad m/n$ 或 $s_1\Phi d_1+s_2\Phi d_2$

其中：d、d_1、d_2（钢筋直径），s、s_1、s_2（钢筋根数），m、n（上下排纵筋根数）

〖例〗

6Φ25 4/2 表示上排纵筋为 4Φ25；下排纵筋为 2Φ25。

2Φ25+2Φ22 一排纵筋：2Φ25 放在角部；2Φ22 放在中间。

有时候为了讲述方便起见，我们把上排上部纵筋（即紧贴箍筋水平段的上部纵筋）称为“第一排上部纵筋”，而把下排上部纵筋（即远离箍筋水平段的上部纵筋）称为“第二排上部纵筋”。

在有的工程中，还可能出现“第三排上部纵筋”，例如：

9Φ25 4/3/2 这个例子中，第三排上部纵筋是 2Φ25。

〖说明〗

（1）支座的标注值包含“通长筋”的配筋值。

例如：（图 2-4）KL2 集中标注的上部通长筋是 2Φ25，而在某跨右支座的原位标注是 6Φ25 4/2，则右支座第一排上部纵筋（即上排纵筋）4Φ25 中的 2Φ25 就是上部通长筋（即处于梁角部的那两根上部纵筋）。

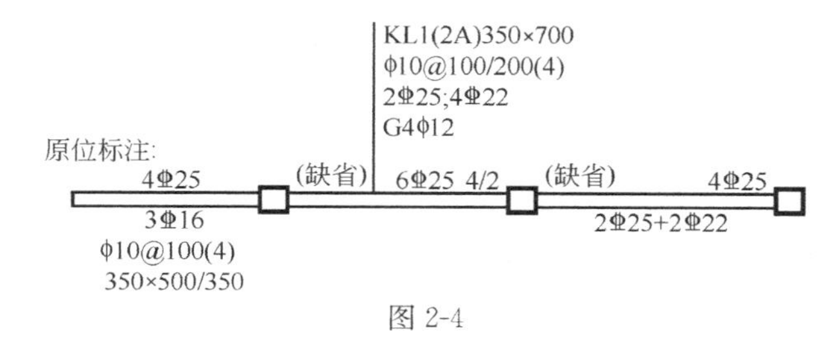

图 2-4

（2）当梁中间支座两边的上部纵筋相同时，可仅在支座的一边标注，另一边不标注（这句话是对设计人员说的）。

换句话说，当支座的一边标注了梁的上部纵筋，而支座的另一边没有进行标注的时候，可以认为支座的左右两边配置同样的上部纵筋（这句话是对施工人员说的）。

在前面的图2-4中，在KL1中间支座的左边标注了6Φ25 4/2，当支座右边缺省原位标注时，则认为支座右边的配筋也是6Φ25 4/2。为了便于称呼起见，我们不妨把这个性质称为“缺省对称”原则。

（3）当梁中间支座两边的上部纵筋不同时，须在支座的两边分别标注。

例如，KL1某个中间支座的右边标注4Φ25，又在左边标注6Φ25 4/2，说明该梁中间支座两边的上部纵筋不同（图2-5）。

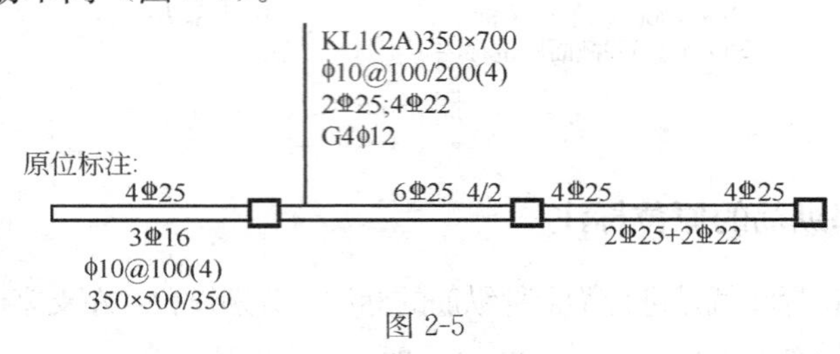

图2-5

设计时应注意：对于支座两边不同配筋值的上部纵筋，宜尽可能选用相同直径（不同根数），使其贯穿支座，避免支座两边不同直径的上部纵筋均在支座内锚固。

（4）当梁某跨支座与跨中上部纵筋相同，且其配筋值与集中标注的梁上部纵筋相同时，不需要在该跨上部任何部位标注（这句话是对设计人员说的）。

换句话说，当某跨梁的上部没有进行任何原位标注时，表示该跨梁执行集中标注的梁上部纵筋——上部通长筋（和架立筋）（这句话是对施工人员说的）。

例如，在图2-6中，KL1悬挑端的上部没有任何原位标注，则认为该跨上部执行集中标注的上部通长筋4Φ25（同样，缺省标注的下部纵筋采用集中标注的下部通长筋）。

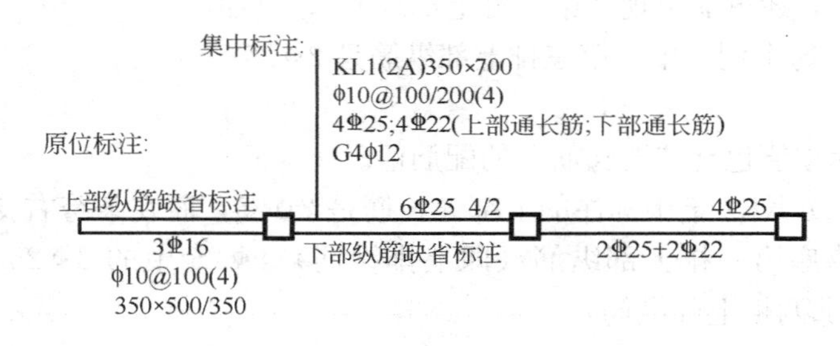

图2-6

〖关于梁“钢筋标注格式”的问答〗

〖问〗

遇到不规范的钢筋标注2Φ18+4Φ20 4/2，该如何处理？

在施工图中经常遇到下列的钢筋标注形式：

2Φ18+4Φ20 4/2　（梁上部纵筋标注）

4Φ25+2Φ22 2/4　（梁下部纵筋标注）

这显然是不规范的标注方式，翻遍16G101-1图集也找不见这种钢筋标注格式。在施工中该如何处理？

〖答〗

(1) 在16G101-1图集中规定，当梁的上部纵筋或下部纵筋多于一排时，用斜线"/"将多排纵筋自上而下分开。例如：

上部纵筋标注 6Φ25 4/2 （表示第一排上部纵筋为4Φ25，第二排为2Φ25）

下部纵筋标注 6Φ25 2/4 （表示第一排下部纵筋为4Φ25，第二排为2Φ25）

但是上述"4/2"或"2/4"的表示方式只适用于单一规格钢筋的"分排"。对于两种以上规格的钢筋的"分排"，则要在斜线"/"的前后写清楚具体钢筋的规格和根数。例如：

2Φ25+3Φ22/5Φ25 （例子参见16G101-1图集第30页）

(2) 但是，不少搞设计的同志对"平法"的规定有点"随心所欲"，经常另立一些自己的"标准"。例如：把梁上部纵筋标注为

2Φ18+4Φ20 4/2

这样的标注显然不对，因为它会产生"多义性"，例如，上例可以解释为下列的几种形式：

4Φ20/2Φ18

2Φ18+2Φ20/2Φ20

3Φ20+1Φ18/1Φ20+1Φ18

(3) 那么，我们在施工中应该如何进行处理呢？如果梁的上部钢筋标注成"2Φ18+4Φ20 4/2"的形式，就应该结合集中标注的上部通长筋来考虑。如果上部通长筋为"2Φ18"，则应该作为"2Φ18+2Φ20/2Φ20"来处理。

(4) 对于梁的下部纵筋，当遇到"4Φ25+2Φ22 2/4"这样的不规范标注时，在施工时作为"2Φ22/4Φ25"的处理是比较恰当的。因为，把粗钢筋放在下面的第一排，有利于加强梁截面的承载力。

(5) 施工人员最怕遇到不规范的"平法"施工图，可是直到如今这种现象还在发生。所以我说，推广平法要抓源头，这个源头就是设计院，要加强平法设计的标准化、规范化。现在我还要说，推广平法要抓源头之源头，这就是那些将要向设计院输送人才的大专院校，如果他们现在还没有把平法作为必修课或选修课，这些学生将来怎么能设计出正确的平法施工图呢？

施工部门和监理审计部门的工程技术人员，也要多学习一些平法知识，从而能够看清楚施工图纸上的平法标注，知道哪些格式是规范的、哪些格式是不规范的。

2.3.2 梁跨中上部纵筋的原位标注

我们在图纸上经常可以看到，在某跨梁的左右支座上没有做原位标注，而在跨中的上部进行了原位标注。下面，我们就介绍梁跨中上部纵筋的原位标注问题。其实，梁跨中上部纵筋原位标注的格式和左右支座上部纵筋原位标注是一样的。

钢筋标注格式：$s\Phi d$ 或 $s\Phi dm/n$ 或 $s_1\Phi d_1+s_2\Phi d_2$

其中：d、d_1、d_2（钢筋直径），s、s_1、s_2（钢筋根数），m、n（上下排纵筋根数）

〖例〗

6Φ25 4/2 表示上排纵筋为4Φ25；下排纵筋为2Φ25。

2Φ25+2Φ22 一排纵筋：2Φ25放在角部；2Φ22放在中间。

〖说明〗

当梁某跨支座与跨中上部纵筋相同，且其配筋值与集中标注的梁上部纵筋不同时，仅在该跨上部跨中标注，支座省去不标注（这句话是对设计人员说的）。

换句话说，当某跨梁的跨中上部进行了原位标注时，表示该跨梁的上部纵筋按原位标注的配筋值、从左支座到右支座贯通布置（这句话是对施工人员说的）。

例如，在图2-7中，KL1第1跨的上部跨中有原位标注6Φ25 4/2，表明该跨的配筋从左支座到右支座贯通布置6Φ25 4/2。

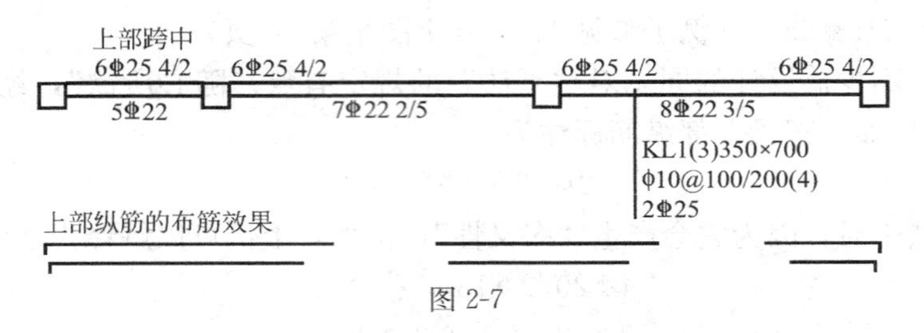

图2-7

〖关于梁"跨中上部原位标注"的问答〗

〖问〗

原位标注在梁上部跨中，与同时标注左右支座等效吗？

例如，某跨梁原位标注6Φ22 4/2在梁上部跨中，与同时标注左支座6Φ22 4/2、右支座6Φ22 4/2等效吗？

〖答〗

原位标注在梁上部跨中，与同时标注左右支座是截然不同的。

某跨梁原位标注6Φ22 4/2在梁上部跨中，表示"6Φ22 4/2"在该跨梁的上部"全跨贯通"：第一排上部纵筋4Φ22全跨贯通，第二排上部纵筋2Φ22也全跨贯通。

某跨梁同时标注左支座6Φ22 4/2、右支座6Φ22 4/2，表示该跨梁的左、右支座附近的上部纵筋按"6Φ22 4/2"布置，而该跨"跨中"没有这种钢筋配置。——具体设置是：该跨梁的第一排上部纵筋4Φ22从支座边沿向跨中伸至"1/3跨度"的位置，而第二排上部纵筋2Φ22从支座边沿向跨中伸至"1/4跨度"的位置。

上述两种原位标注方式所引起的钢筋配置效果，如图2-8所示。

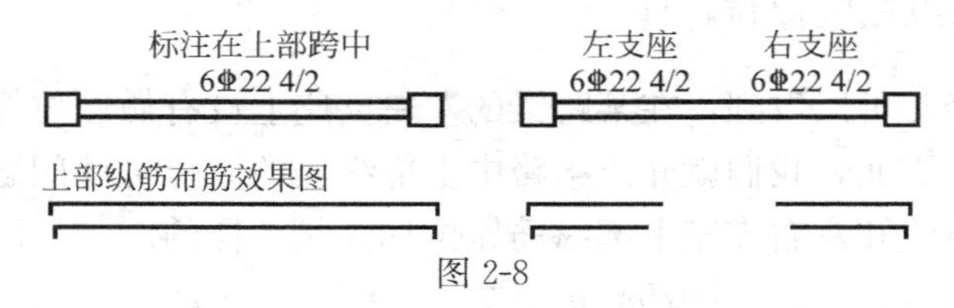

图2-8

上述"跨中上部原位标注"的说明出自96G-101图集中原位标注的第4条：

"当梁某跨支座与跨中的上部纵筋相同，且其配筋值与集中标注的梁上部贯通筋相同时，则不需在该跨上部任何部位重复做原位标注；若与集中标注值不同时，可仅在上部跨中注写一次，支座省去不注（图4.2.4*a*）。"

在16G-101-1图集的例子工程中有大量这样标注的实例：例如KL1第1跨进行了

上部跨中原位标注，KL3、KL4、KL5 第 2 跨（小跨）进行了上部跨中原位标注，KL4 的悬挑端也进行了上部跨中的原位标注。而且，“跨中上部原位标注”已经大量用于实际工程设计中。

〖说明〗下面继续讨论上部跨中原位标注的问题：

16G101-1 图集在讲述梁上部纵筋集中标注时指出：

当梁的上部纵筋和下部纵筋为全跨相同，且多数跨配筋相同时，此项可加注下部纵筋的配筋值，用分号“;”将上部与下部纵筋的配筋值分隔开来，少数跨不同者，按本规则第 4.2.1 条的规定处理。

而“第 4.2.1 条”为：“当集中标注中的某项数值不适用于梁的某部位时，则将该项数值原位标注，施工时，原位标注取值优先。”

因此，若某跨的上部纵筋与集中标注不同，则可在该跨上部进行原位标注，只是 16G101-1 图集在这里没有明确指出原位标注的位置在“上部跨中”。所以，我们在前面就有说明的必要。

〖关于梁“跨中上部原位标注”的实际应用〗

在实际工程中，经常可以看到梁“跨中上部原位标注”的应用例子。下面举出两个常见的实例：

〖例 1〗

框架梁或非框架梁悬挑端上部纵筋的原位标注应该注写在跨中上部。例如在 KL1（3A）悬挑端的上部跨中进行上部纵筋的原位标注（图 2-9）。

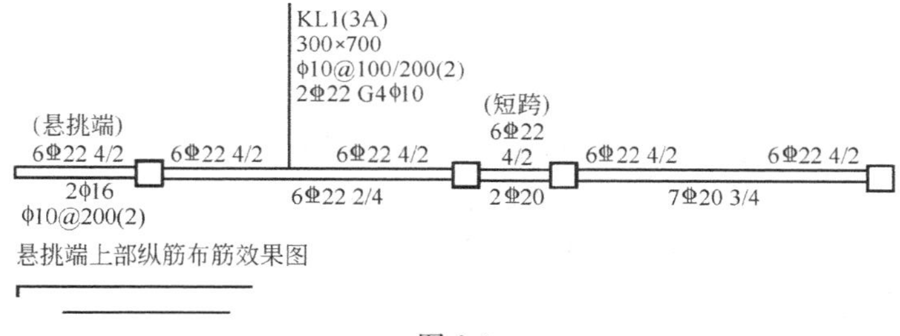

图 2-9

〖分析〗

框架梁或非框架梁悬挑端之所以要进行“跨中上部的原位标注”，是因为梁悬挑端上部纵筋不在悬挑端的 1/3 跨度处截断，而是在悬挑端上部贯通。

〖例 2〗

当多跨框架梁的中间跨是短跨时（例如一个办公楼的走廊跨），这个跨度较短的中间跨上部纵筋的原位标注应该注写在跨中上部。

〖分析〗

我们首先分析下面这个案例，如果 KL1 中间短跨的上部没有进行原位标注，但是中间短跨两边的长跨的左右支座上都进行了原位标注 6Φ22 4/2（图 2-10），则根据“缺省对称”原则，中间短跨的左右支座上都具有了 6Φ22 4/2 的钢筋配置。

在这种情况下，中间短跨的实际配筋效果是：无论第一排上部纵筋，还是第二排上部纵筋，都可能在短跨的跨中发生交叉重叠（见图 2-10 下方的 KL1 上部纵筋的实际配筋效果）。

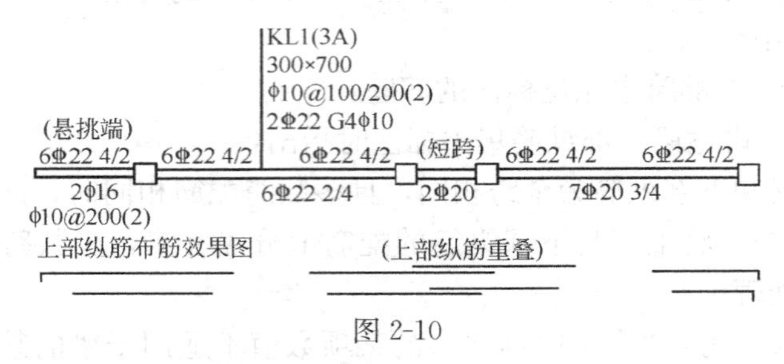

图 2-10

但是，如果在中间短跨的上部跨中进行原位标注 6Φ22 4/2 以后（图 2-11），情况就大不相同了，此时中间短跨的上部纵筋在本跨贯通（不存在交叉重叠的问题），而且与左右两跨的支座负筋连通。这是一种比较合理的配筋方式，这时的实际配筋效果如图 2-11 中的下方所示。

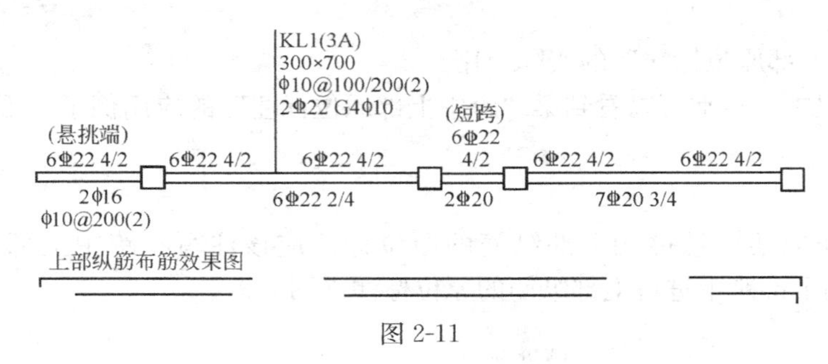

图 2-11

其实，图 2-11 的左右两跨的原位标注可以简化为图 2-12 的形式，即把靠近中间短跨的左右支座的原位标注缺省。由于中间短跨的上部跨中有原位标注 6Φ22 4/2，说明中间跨从左支座到右支座贯通布置 6Φ22 4/2，根据原位标注的“缺省对称”原则，这些缺省了的支座原位标注，仍然可以获得 6Φ22 4/2 的配筋值。也就是说，图 2-12 的配筋效果与图 2-11 是完全相同的。

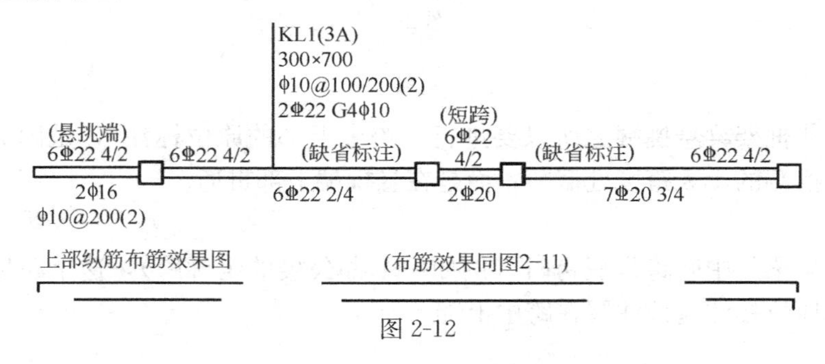

图 2-12

2.3.3　梁跨中下部的原位标注

梁跨中下部原位标注所包括的内容较多，常见的有：下部纵筋的原位标注、不伸入支座的下部纵筋原位标注、侧面构造钢筋的原位标注、侧面抗扭钢筋的原位标注、梁截面尺寸和形状的原位标注、箍筋的原位标注等。

其实按照16G101-1图集的规定，集中标注的任何内容都可以在原位标注中出现。

16G101-1图集第30页指出："当在梁上集中标注的内容（即梁截面尺寸……）不适用于某跨或某悬挑部分时，则将其不同数值原位标注在该跨或该悬挑部位。施工时应按原位标注数值取用。"

下面分别介绍梁跨中下部原位标注的详细内容。

2.3.3.1 梁下部纵筋的原位标注

钢筋标注格式：$s\Phi d$ 或 $s\Phi dm/n$ 或 $s_1\Phi d_1+s_2\Phi d_2$

其中：d、d_1、d_2（钢筋直径），s、s_1、s_2（钢筋根数），m、n（上下排纵筋根数）

〖例〗

6Φ25 2/4 表示上排纵筋为2Φ25；下排纵筋为4Φ25。

2Φ25+2Φ22 一排纵筋：2Φ25放在角部；2Φ22放在中间。

有时候为了讲述方便起见，我们把下排下部纵筋（即紧贴箍筋水平段的下部纵筋）称为"第一排下部纵筋"，而把上排下部纵筋（即离开箍筋水平段的下部纵筋）称为"第二排下部纵筋"。

〖说明〗

（1）当集中标注没有梁的下部通长筋的时候，在梁的每一跨都必须进行下部纵筋的原位标注，因为每跨梁不可能没有下部纵筋——如果在阅读图纸时发现这种情况，则应该在会审图纸时向设计人员指出。

梁不一定有"下部通长筋"。例如：某梁的第一跨和第三跨的下部纵筋是6Φ25 2/4，而第二跨的下部纵筋是2Φ22，则这根梁是不可能有"下部通长筋"的。

（2）如果某根梁集中标注了梁的下部通长筋，则该梁每跨原位标注的下部纵筋都必须包含"下部通长筋"的配筋值。

例如：某根梁集中标注的下部通长筋是4Φ25，而在某跨下部纵筋的原位标注是7Φ25 2/5，该跨下部纵筋的第一排钢筋为5Φ25，即包含下部通长筋的配筋值。

（3）当梁某跨下部纵筋配筋值与集中标注的梁下部通长纵筋相同时，不需要在该跨下部重做原位标注（这句话是对设计人员说的）。

换句话说，当某跨梁的下部纵筋没有进行原位标注时，表示该跨梁执行集中标注的梁下部通长筋（这句话是对施工人员说的）。

2.3.3.2 梁不伸入支座的下部纵筋原位标注

钢筋标注格式：$s\Phi dm(-k)/n$ 或 $s_1\Phi d_1+s_2\Phi d_2(-k)/s\Phi d$

其中：d、d_1、d_2（钢筋直径），s、s_1、s_2（钢筋根数），m、n（上下排纵筋根数）

$(-k)$：不伸入支座的钢筋根数

〖例〗

6Φ25 2(−2)/4 表示上排纵筋为2Φ25且不伸入支座；下排钢筋为4Φ25全部伸入支座。

2Φ25+3Φ22(−3)/5Φ25 上排纵筋为2Φ25和3Φ22，其中3Φ22不伸入支座；下排钢筋为5Φ25全部伸入支座。

〖说明〗

(1) 不伸入支座的纵筋仅限于梁下部纵筋的上排钢筋。

这一点可以从16G101-1第30页的(上述)例子看出。

我们还可以注意到，在16G101-1第90页“不伸入支座的梁下部纵向钢筋断点位置”的图中，“不伸入支座的梁下部纵向钢筋”用红色钢筋表示，位于梁下部的上排钢筋(第二排下部纵筋)，而下排钢筋(第一排下部纵筋)用黑色钢筋表示，全部伸入支座。

(2) 不伸入支座的纵筋仅限于“(−k)”前面所定义规格的钢筋。

从第二个例子可以看到，“(−3)”前面的钢筋规格是ф22，所以不伸入支座的纵筋是ф22而不是ф25。

(3) 16G101-1的第4.5.1条规定，不伸入支座的纵筋在距支座0.1跨度处截断，所以，不伸入支座的纵筋长度是本跨跨度的0.8倍(图2-13)。

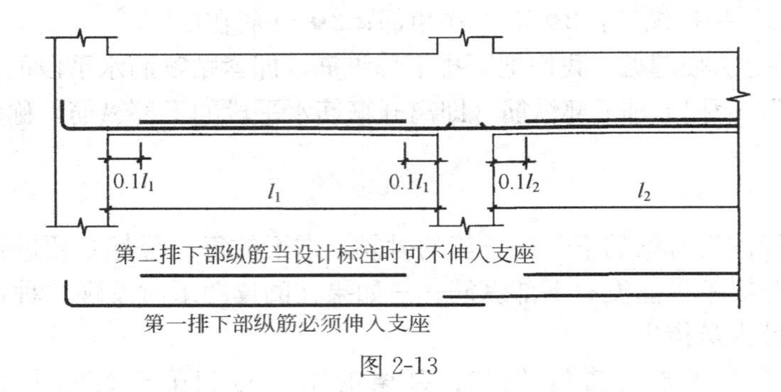

图2-13

16G101-1第90页指出：“本构造详图不适用于框支梁、框架扁梁。”

〖关于梁“不伸入支座的下部纵筋”的问答〗

〖问〗

“不伸入支座的梁下部纵筋”会失去支座的支承吗?

(1) 什么时候执行“不伸入支座的梁下部纵筋”?

(2) 不伸入支座的梁下部纵筋断点距支座边缘$0.1l_{n1}$——由于它离开了支座，会使梁失去支座的支承吗?

〖答〗

(1)“不伸入支座的梁下部纵筋”是由设计师指定的。当在下部纵筋的规格后面加上“(−k)”这样的注写时，就表示有k根下部纵筋不伸入支座。例如前面所举出的两个例子。

(2) 16G101-1图集第90页规定了不伸入支座的梁下部纵筋断点位置：

1) 不伸入支座的梁下部纵筋断点距支座边缘$0.1l_{n1}$(本跨的净跨)；

2) 不伸入支座的梁下部纵筋限于梁的第二排下部纵筋。第一排下部纵筋按照以前的规定伸入支座。

由于有第一排下部纵筋伸入支座，所以梁不会失去支座的支承。此外，在竖向荷载的作用下，每跨梁的正弯矩最大值在跨中，而在还未到达支座的地方，弯矩包络线就已经上升为负弯矩了。所以，在支座附近是没有正弯矩存在的，第二排下部纵筋不伸入支座也就不会对结构产生不利影响了。

然而，如果考虑地震作用，在支座附近是存在正弯矩的。这个正弯矩的大小如何，第二排下部纵筋该不该伸入支座，这些问题只有设计师才知道。所以，“不伸入支座的梁下部纵筋”是由设计师指定的。当设计师没有指定“不伸入支座的梁下部纵筋”的时候，施工人员不能自作主张执行“梁下部纵筋不伸入支座”。

就算是设计师在确定不伸入支座的梁下部纵筋的时候也要慎重，16G101-1 第 35 页的 4.5.2 条指出：

“当按第 4.5.1 条规定确定不伸入支座的梁下部纵筋的数量时，应符合《混凝土结构设计规范》(2015 版) GB 50010—2010 的有关规定。”

2.3.3.3 梁侧面构造钢筋的原位标注

钢筋标注格式同集中标注时一样：

G*s*Φ*d*　（表示“侧面构造钢筋”）

但其意义与集中标注是不一样的：

当在“集中标注”中进行注写时，为全梁设置。

当在“原位标注”中进行注写时，为当前跨设置。

〔例〕

G4Φ12　在梁的第三跨上进行原位标注侧面构造钢筋。

〔说明〕

对于本例的原位标注可能有以下几种解释：

(1) 如果集中标注的侧面构造钢筋是 G4Φ10，则在第三跨上配置的构造钢筋是 G4Φ12，而在其他跨的构造钢筋依然是 G4Φ10。

(2) 还有一种解释是：如果集中标注的侧面钢筋（通常把梁的侧面钢筋叫做“腰筋”）是侧面抗扭钢筋 N4Φ16，但是现在到了第三跨改变为侧面构造钢筋 G4Φ12 了。

无论上面的哪一种解释，都可以让我们看到“原位标注取值优先”的原则。

2.3.3.4 梁侧面抗扭钢筋的原位标注

钢筋标注格式同集中标注时一样：

N*s*Φ*d*　（表示“侧面抗扭钢筋”）

但其意义与集中标注是不一样的：

当在“集中标注”中进行注写时，为全梁设置。

当在“原位标注”中进行注写时，为当前跨设置。

〔例〕

N4Φ16　在梁的第三跨上进行原位标注侧面抗扭钢筋。

〔说明〕

在这里我们可以通过一个例子来说明一下在梁的腰筋定义中“原位标注取值优先”的问题。

在这个例子中，KL1（3）集中标注了构造钢筋 G4ϕ10，表示 KL1 一共有 3 跨，每跨都设置构造钢筋 4ϕ10；然而，KL1 的第 3 跨原位标注抗扭钢筋 N4Φ16，表示在第 3 跨设置抗扭钢筋 4Φ16（图 2-14）。

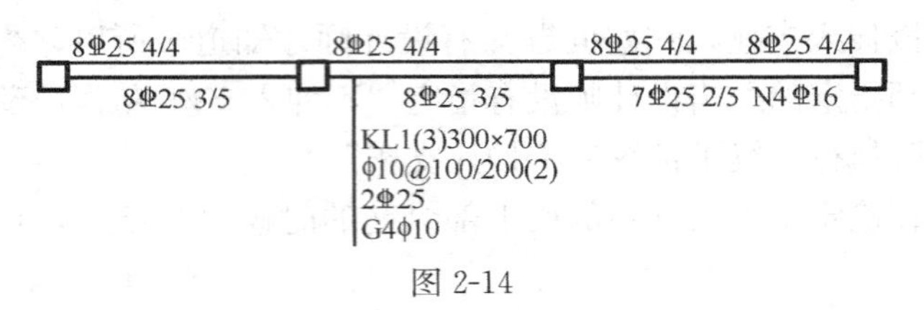

图 2-14

〖由上例引出下面的问题〗

〖问〗

现在的问题是 KL1 的第 3 跨执行了抗扭钢筋“N4Φ16”以后，在该跨还有没有构造钢筋“G4ϕ10”了？

〖答〗

“G”筋是侧面构造纵筋，“N”筋是侧面受扭钢筋，两者的性质不同，但都布置在侧面，即都是“腰筋”，因此有不可重复设置的问题。为此，制图规则中把它们归为同一项注写内容（见图集第 28 页右栏第五款）。由于属于同一项注写内容，因此“原位标注取值优先”（见图集第 26 页左栏最下边一行和第 30 页第 3 款），所以，第 3 跨原位标注的“N4Φ16”取代集中标注的“G4ϕ10”。

有人会问：上述例子的“G”与“N”钢筋都是 4 根，所以还好。如果“G”钢筋变成 6 根或 8 根了，而“N”钢筋还是 4 根，那又该怎样处理呢？

“G”筋的根数，取决于梁腹板的高度，因此，当某跨有扭矩需要设置“N”筋时，要注意保持根数一致。如果“N”筋根数少于“G”筋，应属设计不细致。一旦出现这种情况，只能用同“G”筋直径相同的钢筋补上“N”筋比“G”筋所少的钢筋根数。不过，这种情况一般不会发生，因为设计人员在考虑受扭钢筋根数时，应该同时考虑满足侧面筋的间距要求。

〖注〗抗扭箍筋的技术特点：

（1）抗扭箍筋的弯钩长度参考值为 $26d$。

16G101-1 第 62 页关于箍筋和拉筋弯钩平直段的规定：10d，75 中较大值。

（2）抗扭箍筋的多肢箍形状：大箍套小箍。

当梁承受扭矩时，沿梁截面的外围箍筋必须连续，只有围绕截面的大箍才能达到这个要求，此时的多肢箍要采用“大箍套小箍”的形状。

如果梁不承受扭矩（仅受弯和受剪），可以采用两个相同箍筋交错套成四肢箍，但采用大箍套小箍能够更好地保证梁的整体性，且材料用量并不增加。

以上这些话是 03G101-1 图集刚出版不久时发生过的讨论，然而，不久后修订出版的 03G101-1 图集则已经把“大箍套小箍”的做法正式规定下来：

当箍筋为多肢复合箍时，应采用大箍套小箍的形式。

2.3.3.5　梁箍筋的原位标注

梁箍筋原位标注的格式同集中标注。

〖说明〗

（1）当某跨梁原位标注的箍筋规格或间距与集中标注不同的时候，以原位标注的数值为准。

（2）梁箍筋应该在集中标注中进行定义。有的设计人员在集中标注中不出现箍筋的标注，而在梁每一跨的原位标注中进行相同的箍筋标注，这种做法是错误的，它不但给设计阶段的箍筋标注造成繁琐的重复劳动，而且在看图纸时带来麻烦，因为施工人员不得不逐跨梁核对它们的箍筋设置是否一样。

〖例1〗

当KL1(4)的箍筋集中标注为Φ8@100/200(2)，而在第3跨原位标注为Φ10@100/200(2)，则表示第3跨的箍筋规格由Φ8改为Φ10，间距与其他各跨相同；而该梁的其余各跨(即第1、2、4跨)的箍筋仍然执行集中标注的Φ8@100/200(2)。

〖例2〗

当KL2(3)的箍筋集中标注为Φ8@100/200(2)，而在第1跨原位标注为Φ8@150(2)，则表示第1跨的箍筋间距改为150mm，不分加密区和非加密区；而该梁的其余各跨(即第2、3跨)的箍筋仍然执行集中标注所规定的加密区间距100mm和非加密区间距200mm。

2.3.3.6 梁加腋信息的原位标注

关于梁加腋信息的原位标注，有两个方面的内容：

第一方面的内容是：当梁截面尺寸的集中标注为竖向加腋 $b \times h \quad \mathrm{Y}c_1 \times c_2$ 时，如果在某跨梁对矩形截面进行等尺寸的原位标注：

$b \times h$（b、h 为等截面的宽、高）

则表示在该跨梁取消加腋。

〖例1〗

当KL1(4)截面尺寸的集中标注为300×700 Y500×250，而在第3跨原位标注为300×700时，则表示在第3跨取消加腋，而该梁的其余各跨(即第1、2、4跨)仍然竖向加腋。

第二方面的内容是：当梁截面尺寸的集中标注为矩形截面 $b \times h$ 时，如果在某跨梁进行加腋的原位标注：

$b \times h\mathrm{PY}c_1 \times c_2$ （c_1 为腋长，c_2 为腋高）

则表示在该跨梁进行水平加腋。

〖例2〗

当KL2(3)截面尺寸的集中标注为300×700，而在第1跨原位标注为300×700PY500×250时，则表示在第1跨进行水平加腋(腋长500，腋宽250)，而该梁的其余各跨(即第2、3跨)仍然不加腋。

〖加腋钢筋的标注〗

（1）竖向加腋钢筋的标注

当梁设置竖向加腋时，加腋部位下部斜纵筋在该支座下以 Y 打头注写在括号内，见 16G101-1 第 30 页的图 4.2.4-2。

在此图中，KL7(3) 的集中标注有“300×700　Y500×250”，表示 KL7 设置了竖向加腋，同时，在第 1 跨的左、右支座下部，以及第 3 跨的左、右支座下部均进行了原位标注“Y4⌀25”，这表示 KL7 的第 1 跨和第 3 跨进行竖向加腋，每个支座的加腋钢筋为 4⌀25。我们还可以看到 KL7 的第 2 跨的下部没有这样的“括号内 Y 打头的钢筋标注”，表明第 2 跨不进行竖向加腋。

(2) 水平加腋钢筋的标注

当梁设置水平加腋时，水平加腋内的上、下部斜纵筋的标注方法为：在加腋支座上部以 Y 打头注写在括号内，上部斜纵筋、下部斜纵筋之间用“/”分隔，见 16G101-1 第 31 页的图 4.2.4-3。

在此图中，KL2 的集中标注为“KL2(2A)　300×650”，而在第 1 跨的下部进行了原位标注“300×650PY500×250”，表示 KL2 的第 1 跨设置水平加腋，而第 2 跨没有加腋。同时，在第 1 跨的左、右支座上部，均进行了原位标注“Y2⌀25/2⌀25”，这表示 KL2 第 1 跨左、右支座水平加腋的上部斜纵筋、下部斜纵筋均为 2⌀25。

〖加腋钢筋的计算〗

〖例 3〗

当竖向加腋的标注为 300×700　Y500×250 时，计算加腋钢筋的斜段长度。

加腋钢筋为⌀25，混凝土强度等级为 C30，二级抗震等级。

〖分析〗

加腋钢筋的斜段长度只与“腋长”和“腋高”的尺寸有关。大家可以参看 11G101-1 图集第 83 页的下图，以腋长 c_1 和腋高 c_2 为直角边构成一个直角三角形，这个直角三角形的斜边构成加腋钢筋斜段的一部分，加腋钢筋斜段的另一部分就是插入梁内的 l_{aE} 这段长度。所以，双侧加腋钢筋斜段长度的计算公式为：

$$加腋钢筋斜段长度 = \text{sqrt}(c_1 \times c_1 + c_2 \times c_2) + l_{aE}$$

其中的 sqrt() 是求平方根，在一般的计算器上都设置有这个功能键。

〖解〗

框架梁竖向加腋构造见图 2-15。

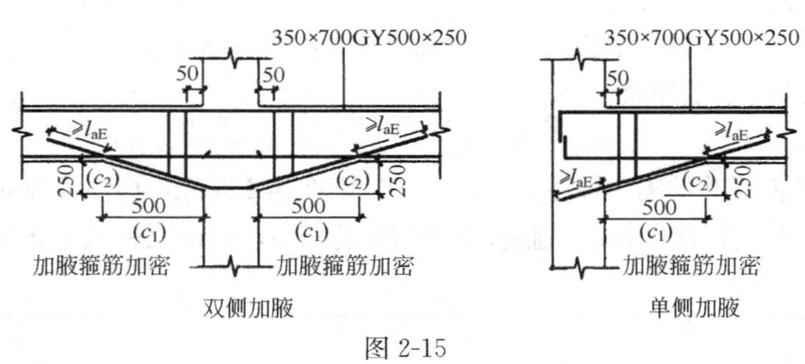

图 2-15

这个例子的“腋长”（即图中的 c_1）为 500，“腋高”（即图中的 c_2）为 250。

根据混凝土强度等级为C30、钢筋为Φ25、二级抗震等级，查16G101-1图集第58页的“受拉钢筋抗震锚固长度l_{aE}”表格，查出l_{aE}为$40d$。

所以，双侧加腋的

加腋钢筋斜段长度＝sqrt(500×500＋250×250)＋1×40×25
＝559＋1000
＝1559(mm)

单侧加腋的钢筋长度＝559＋2×1000＝2559(mm)

〖问〗

请问当框架梁设计加腋时，加腋部分箍筋加密，紧接着就是梁箍筋加密区，请问加腋部分箍筋加密区长度是否含在梁箍筋加密区长度范围内?

〖答〗

(1) 看16G101-1图集第86页的框架梁加腋构造图，每跨梁端部有一个“c_1箍筋加密”，紧接着又有一个“梁箍筋加密区长度”——可见“梁箍筋加密区长度”是在“c_1箍筋加密”之外的，即梁箍筋加密区长度不包含c_1箍筋加密的长度。

16G101-1第86页“框架梁水平、竖向加腋构造”：图中c_1旁边的“c_3”，实际上就是第88页“抗震框架梁KL、WKL箍筋加密区范围”图中的梁箍筋加密区。

我想，提问者为什么会提出这个问题，可能是看到图集第86页的图中，把加腋部位下的c_1和旁边的c_3合称为“箍筋加密区”。但是，再细看图中还标出“c_3取值”：

抗震等级为一级：　　$\geqslant 2.0h_b$且$\geqslant 500$

抗震等级为二～四级：　　$\geqslant 1.5h_b$且$\geqslant 500$

这样的取值方式，与图集第88页“框架梁箍筋加密区范围”完全一致。

(2) 从受力分析上看，框架梁为什么要加腋，就是因为梁端部承受较大的剪力，而箍筋是抗剪的，因为要承受较大剪力而引起箍筋加密区总长度的增大，也是一个正常现象。

2.3.3.7 梁变截面信息的原位标注

当梁截面尺寸的集中标注为矩形截面$b\times h$时，如果在某跨梁对矩形截面进行改变尺寸的原位标注：

$b_1\times h_1$　(梁截面宽度改变或截面高度改变)

则表示在该跨梁截面改变。

〖例〗

当KL1(4)截面尺寸的集中标注为300×700，而在第3跨原位标注为300×500时，则表示在第3跨把梁截面高度由700改为500，而该梁的其余各跨（即第1、2、4跨）仍然保持300×700的梁截面尺寸。

〖说明〗

(1) 比较常见的梁变截面形式是两跨梁的顶面标高一致而底面标高不一致的情况。例如上面的例子，KL1的4跨梁的顶面标高一致，这有利于梁的上部通长筋贯穿整道梁。而第3跨梁截面高度变为500，梁底面标高比其他各跨提高了200，这对于梁的下部纵筋影响不大，因为梁的下部纵筋本来就是按跨锚固的。

(2) 但是，有的设计人员喜欢把已经完全错位的两跨梁定义成相同的梁编号，这样的梁没有一根纵筋是可以贯通全梁的。既然如此，把这两跨梁分别定义成两个不同的梁编号不是更好吗？

2.3.3.8 梁悬挑端的原位标注

在实际工程中，经常看到框架梁或非框架梁的悬挑端要进行众多内容的原位标注，这里面有哪些道理？在梁的悬挑端上要进行哪些原位标注呢？我们又要注意哪些问题呢？

框架梁的悬挑端与一般的“跨”不同，也可以说它是特殊的“跨”，因为悬挑端的力学特征和工程做法与框架梁内部各跨截然不同。所以，在设计图纸时，要保证在梁的悬挑端有足够信息的原位标注。在根据施工图进行钢筋计算时，也要注意分析梁的悬挑端上的各种原位标注（图 2-16）。

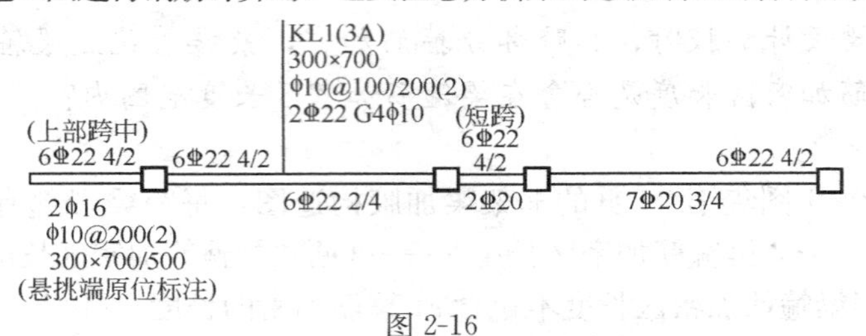

图 2-16

下面将一一介绍这些内容。

（1）悬挑端上部纵筋的原位标注

悬挑端上部纵筋原位标注的格式同前面介绍过的“梁上部纵筋标注格式”完全一致。

〖说明〗

① 需要注意的是，应该在悬挑端的“上部跨中”的位置进行上部纵筋的原位标注。因为悬挑端的上部纵筋是全跨贯通的，而原位标注在“上部跨中”正是实现了这一功能。

② 在楼层框架梁中，当悬挑端上部纵筋和相邻跨上部纵筋的钢筋规格相同的时候，应该把这些上部纵筋贯通布置。这样可以避免众多钢筋在支座处锚固而造成支座节点钢筋密度过大的现象。

（2）悬挑端下部纵筋的原位标注

在悬挑端一定要进行下部钢筋的原位标注，不能认为框架梁或非框架梁的下部通长筋一直延伸到悬挑端上。

悬挑端下部纵筋原位标注的格式同前面介绍过的“梁下部纵筋标注格式”完全一致。

〖说明〗

① 为什么不能把梁的下部通长筋一直延伸到悬挑端上呢？

这是因为悬挑端的下部纵筋为受压钢筋，它只需要较小的配筋就可以了（例如2ϕ16），而框架梁或非框架梁的下部纵筋为受拉钢筋，经常要配置较大的钢筋（例如4Φ25），所以把梁的下部通长筋一直延伸到悬挑端上是不合适的。因此，需要在悬挑端上进行下部钢筋的原位标注。

② 框架梁的下部纵筋不能伸到悬挑端上，又该作何处理呢？

这些框架梁的下部纵筋伸到边框架柱的外侧然后拐 $15d$ 的直钩，而悬挑端的下部纵筋（直筋）插入框架柱中。

（3）悬挑端箍筋的原位标注

在悬挑端一般要进行箍筋的原位标注，而不是执行框架梁或非框架梁箍筋的集中标注。

悬挑端箍筋原位标注的格式为 $\phi d-n(z)$

其中：d（钢筋直径）、n（箍筋间距）、z（箍筋肢数）

〖例〗Φ10@200(2)

〖说明〗

为什么要在梁的悬挑端上进行箍筋的原位标注呢？

这是因为悬挑端的箍筋不同于框架梁集中标注的箍筋。框架梁集中标注的箍筋一般都有“加密区和非加密区”的设置，例如：采用Φ8@100/200(2) 这种格式。而悬挑端的箍筋一般没有“加密区和非加密区”的区别，只有一种间距，例如：采用Φ8@200(2) 这种格式。

（4）悬挑端截面尺寸的原位标注

梁悬挑端一般为“变截面”构造，因此需要在悬挑端上进行截面尺寸的原位标注。

梁悬挑端截面尺寸原位标注的格式为 $b \times h_1/h_2$，其中：b 为梁宽、h_1 为悬臂梁根部高、h_2 为悬臂梁端部高。

〖例〗

梁悬挑端截面尺寸的原位标注为：300×700/500

表示悬挑端梁宽 300，梁根截面高度为 700，而梁端截面高度为 500。

〖说明〗

① 梁悬挑端根部的截面高度有时与梁集中标注的截面高度相同，例如梁集中标注的截面尺寸为 300×700，而悬挑端截面尺寸原位标注为 300×700/500；

有时梁悬挑端根部的截面高度小于梁集中标注的截面高度，例如梁集中标注的截面尺寸为 300×700，而悬挑端截面尺寸原位标注为 300×600/500；

甚至有时梁悬挑端的截面宽度小于梁集中标注的截面宽度。

以上这些情况，在施工时要注意看清楚图纸的要求。

② 在梁的集中标注中，可以注写悬挑端截面尺寸。那么，为什么还要强调悬挑端截面尺寸的原位标注呢？

我们认为，悬挑端截面尺寸还是在悬挑端上进行原位标注为好，尤其是当梁的左右两端都存在悬挑端，而且两个悬挑端截面尺寸又各不相同的时候，仅在集中标注上注写悬挑端截面尺寸就不能说明问题了。

2.3.4 梁附加钢筋的原位标注

2.3.4.1 附加箍筋

附加箍筋原位标注的格式：

直接画在平面图的主梁上，用线引注总配筋值，如：8Φ8(2)，见 16G101-1 图集第 31 页的图 4.2.4-4，其构造见图集第 88 页。

〖说明〗

两根梁相交，主梁是次梁的支座，附加箍筋就设置在主梁上，附加箍筋的作用是为了抵抗集中荷载引起的剪力。

附加箍筋原位标注的配筋值是“总的配筋值”，例如，附加箍筋的标注值“8Φ10(2)”就是在一个主次梁的交叉节点上附加箍筋的总根数。附加箍筋分布在次梁梁口的两侧，在这个例子中，每侧布置 4Φ10(2)。

当时，11G101-1 图集第 87 页的图上，在次梁的梁口两侧各布置了 3 个附加箍筋，因此有的人就认为附加箍筋的设置标准就是在主次梁交叉节点上"一侧3个，两侧一共6个"，这种看法是错误的。关于附加箍筋的根数，11G101-1图集第87页的图仅仅是一个示意图，实际工程附加箍筋的设置，要看施工图上具体的原位标注来决定。例如，在图2-17例子的附加箍筋原位标注，就是"8ϕ10(2)"。

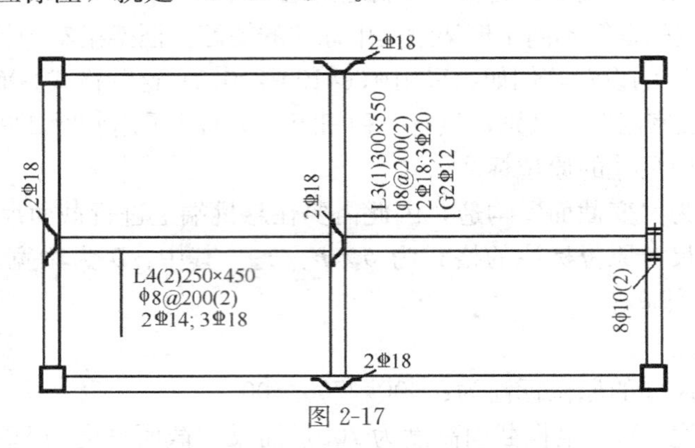

图2-17

2.3.4.2　吊筋

吊筋原位标注的格式：

直接画在平面图的主梁上，用线引注总配筋值（如：2Φ18）见16G101-1图集中图4.2.4-4其构造见图集第88页。

〖说明〗

两根梁相交，主梁是次梁的支座，吊筋就设置在主梁上，吊筋的下底就托住次梁的下部纵筋，吊筋的斜筋是为了抵抗集中荷载引起的剪力。由此，得出下列吊筋的参考尺寸（图2-18给出了三种不同情况下吊筋的设置方式）。

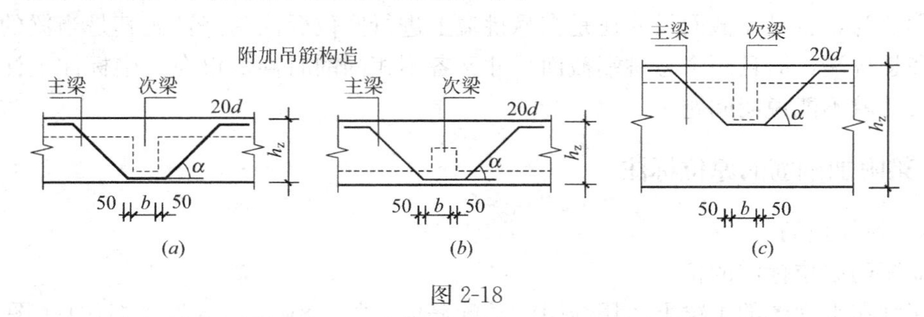

图2-18

(a) 当次梁底接近主梁底时；(b) 当次梁位于主梁下部时；(c) 当次梁与主梁高度悬殊时

吊筋的参考尺寸：

上部水平边长度＝20d

下底边长度＝次梁梁宽＋100mm

斜边水平夹角α：主梁梁高≤800mm时为45°

主梁梁高＞800mm时为60°（对于左图和中图）

关于斜边垂直投影高度$h_{斜}$的计算，按图2-18的三种情况分析：

(1) 左图及中图，次梁梁底位于主梁下部：$h_{斜}$＝主梁梁高－2倍保护层

（2）右图，次梁与主梁高度悬殊：$h_{斜}$＝次梁梁高－1 倍保护层

2.4 框架梁节点构造

这里讲述的“框架梁节点构造”是抗震框架梁的节点构造，因为在中国，不需要抗震的地区几乎找不到，平时我们所看到框架梁都是抗震的。所以，我们学习的重点放在抗震框架梁上面。

16G101-1 图集在框架梁节点构造中，最重要的部分应该是第 84 页的“楼层框架梁 KL 纵向钢筋构造”，下面讨论的许多话题都出自这里。

2.4.1 框架梁上部纵筋的构造

框架梁上部纵筋包括：上部通长筋、支座上部纵向钢筋（习惯称为支座负筋）和架立筋。这里讲述的内容，对于屋面框架梁来说也完全适用。

2.4.1.1 框架梁上部通长筋的构造

在这一小节中，我们将讨论几个有关框架梁上部通长筋的问题。

第一个问题：上部通长筋是抗震的构造要求。

根据抗震规范的要求，抗震框架梁应该有两根上部通长筋。

〖附〗《建筑抗震设计规范》（GB 50011—2010）第 6.3.4 条，关于梁的纵向钢筋配置的要求：沿梁全长顶面、底面的配筋，一、二级不应少于 2Φ14，且分别不应少于梁顶面和底面两端纵向钢筋中较大截面面积的 1/4；三、四级不应少于 2Φ12。

第二个问题：16G101-1 图集第 4.2.3 条指出：

通长筋可为相同或不同直径采用搭接连接、机械连接或焊接的钢筋。

（1）从上部通长筋的概念出发，上部通长筋的直径可以小于支座负筋。这时，处于跨中的上部通长筋就在支座负筋的分界处（$l_n/3$ 处），与支座负筋进行连接（根据这一条规则，可以计算出上部通长筋的长度）。

根据抗震的构造要求，抗震框架梁需要布置 2 根直径 14mm 以上的上部通长筋。当设计的上部通长筋（即集中标注的上部通长筋）直径小于（原位标注的）支座负筋直径时，在支座附近可以使用支座负筋执行通长筋的职能，此时，跨中处的通长筋就在一跨的两端 1/3 跨距的地方与支座负筋进行连接。见图 2-19 中的“A 当上部通长筋直径小于支座负

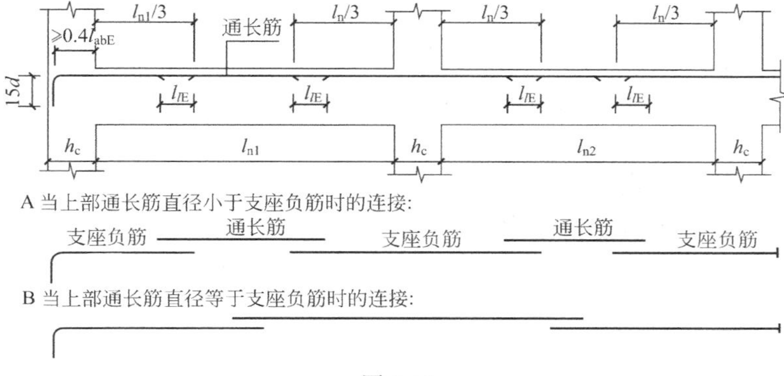

图 2-19

筋时的连接”示意图。

例如，原位标注的支座负筋是4Φ25，而集中标注的上部通长筋2Φ22，则上部通长筋2Φ22在$l_n/3$处与支座负筋中的2Φ25进行连接。——注意，我这里说的是“连接”，而不是“搭接”。对于直径较大的钢筋，不宜采用绑扎搭接，而应该采用机械连接或对焊连接。我问过一些施工人员的常用做法，他们说，直径比较小的钢筋（例如14mm以下的钢筋）才使用绑扎搭接，直径较大的钢筋（14mm以上的钢筋）都采用机械连接或对焊连接。当两根不同直径的钢筋进行连接的时候，钢筋直径在两个级差以内时采用机械连接或对焊连接，只有当钢筋直径在两个级差以上时才使用绑扎搭接连接。

顺便说明一下，在实际工程中，究竟什么直径范围的钢筋要使用机械连接或对焊连接？什么直径范围的钢筋才使用绑扎搭接连接？这些问题要看具体工程的施工图的具体规定。如果施工图设计中没有明确规定时，要在该工程的施工组织设计中给出明确的规定。

有的人认为，既然对焊连接也可以、绑扎搭接连接也可以，那我何不按绑扎搭接连接来处理，还能够多算一些钢筋呢。搞工程建设历来要考虑技术和经济的统一。既要满足结构的可靠性和安全性，又要尽可能地节约消耗。现在不是要求搞节能建筑吗？除了建筑的设计能够达到节能的目的外，在实现这个建筑的过程本身，如果能够实现质量第一，同时又节约消耗，不正是建筑节能吗？从这个观点出发，我们再分析一下上述“绑扎搭接连接”这个做法是否正确。许多构件的抗拉试验表明，钢筋绑扎搭接连接的地方往往是构件破坏的地方，其原因也不难分析，就是两根钢筋在l_{lE}这样长的区域内彼此紧靠着绑扎搭接，混凝土不能360°圆周地包裹每一根钢筋，从而造成了钢筋混凝土构件中的一个薄弱环节和应力集中点，加快了构件的破坏。由此可见，绑扎搭接连接既浪费了材料，又影响了构件的质量，这是很不可取的做法。

（2）当上部通长筋与支座负筋的直径相等时，上部通长筋可以在$l_n/3$的范围内进行连接（在这种情况下，上部通长筋的长度可以按贯通筋计算）。

一般的结构设计师为了操作方便，往往设计两根与支座负筋直径相等的上部通长筋。例如，支座负筋是Φ25的，则把上部通长筋也设计成“2Φ25”。此时，如果钢筋材料足够长，则无须接头；但由于钢筋的定尺长度有限（例如钢筋在出厂时的定尺长度为9m），通长筋需要连接的时候，可以在跨中1/3跨度的范围之内进行一次性连接——即只有一个连接点，而不是在一跨的两端$l_n/3$处有两个连接点（见图2-19中的“B当上部通长筋直径等于支座负筋时的连接”示意图）——这就是16G101-1图集第84页“注3”的精神。

〖附〗

16G101-1图集第84页“注3”的内容为：

梁上部通长钢筋与非贯通钢筋直径相同时，连接位置宜位于跨中$l_{ni}/3$范围内。

2.4.1.2 框架梁支座负筋的延伸长度

框架梁支座负筋的延伸长度见16G101-1图集第84页。

对于框架梁（KL）“支座负筋延伸长度”来说，端支座和中间支座是不同的。下面分别从端支座和中间支座来讨论框架梁支座负筋的延伸长度问题（参见上页的图2-19）。

（1）框架梁端支座的支座负筋延伸长度

第一排支座负筋从柱边开始延伸至$l_{n1}/3$位置；

第二排支座负筋从柱边开始延伸至 $l_{n1}/4$ 位置。

（其中 l_{n1} 是边跨的净跨长度）

（2）框架梁中间支座的支座负筋延伸长度

第一排支座负筋从柱边开始延伸至 $l_n/3$ 位置；

第二排支座负筋从柱边开始延伸至 $l_n/4$ 位置。

（其中 l_n 是支座两边的净跨长度 l_{n1} 和 l_{n2} 的最大值）

〖注意〗

从上面的介绍可以看出，第一排支座负筋延伸长度从字面上说，似乎都是“三分之一净跨”，但要注意，端支座和中间支座是不一样的，一不小心就会出错：

对于端支座来说，是按“本跨”（边跨）的净跨长度来进行计算；

而中间支座是按“相邻两跨”的跨度最大值来进行计算。

2.4.1.3 框架梁架立筋的构造

架立钢筋是梁的一种纵向构造钢筋。当梁顶面箍筋转角处无纵向受力钢筋时，应设置架立钢筋。架立钢筋的作用是形成钢筋骨架和承受温度收缩应力。

框架梁不一定具有架立筋，例如 16G101-1 图集第 37 页例子工程的 KL1，由于 KL1 所设置的箍筋是两肢箍，两根上部通长筋已经充当了两肢箍的架立筋了，所以在 KL1 的上部纵筋标注中就不需要注写架立筋了。

（1）梁在什么情况下需要使用架立筋？架立筋的根数如何决定？

如果该梁的箍筋是“两肢箍”，则两根上部通长筋已经充当架立筋，因此就不需要再另加“架立筋”了。所以，对于“两肢箍”的梁来说，上部纵筋的集中标注“2Φ25”这种形式就完全足够了。

但是，当该梁的箍筋是“四肢箍”时，集中标注的上部钢筋就不能标注为“2Φ25”这种形式，必须把“架立筋”也标注上，这时的上部纵筋应该标注成“2Φ25+(2Φ12)”这种形式，圆括号里面的钢筋为架立筋。

架立筋的根数＝箍筋的肢数－上部通长筋的根数

（2）架立筋与支座负筋的搭接长度是多少？架立筋的长度如何计算？

在 16G101-1 图集第 84 页图的上方的钢筋大样图明确给出：当梁的上部既有通长筋又有架立筋时，其中架立筋的搭接长度为 150（图 2-20）。

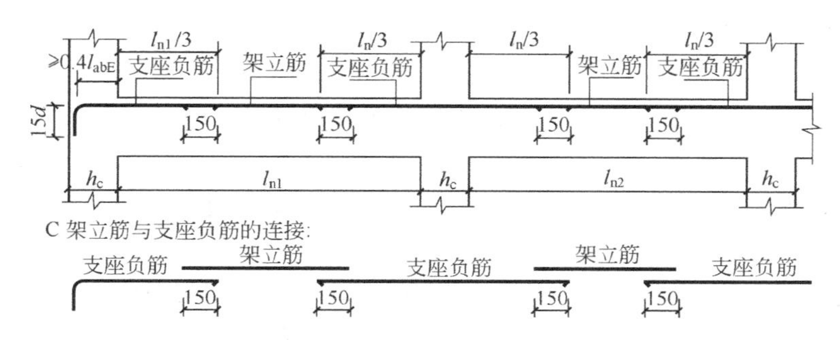

图 2-20

架立筋的长度是逐跨计算的。每跨梁的架立筋长度计算公式为：

架立筋的长度＝梁的净跨长度－两端支座负筋的延伸长度＋150×2

下面我们以一个“等跨”梁为例说明“架立筋长度”的计算：由于第一排支座负筋伸出支座的长度为$l_n/3$，意味着跨中“支座负筋够不着的地方”的长度也是$l_n/3$，所以

架立筋的长度＝$l_n/3+150\times2$

（注意：这个算式只对等跨梁才成立，它不是架立筋长度计算的通用公式。）

〖关于“架立筋”的问答〗

〖问〗

16G101-1 第 84 页“楼层框架梁 KL 纵向钢筋构造”本图是一个梁剖面的正视图，如何从图上看出架立筋与支座负筋的搭接构造？

有人说，在第 84 页的图上只能看见“通长筋”与支座负筋搭接的构造，哪能看出架立筋与支座负筋的搭接构造呢？

〖答〗

16G101-1 图集第 84 页图中“$l_n/3$”处的搭接点，既是上部通长钢筋与支座负筋的搭接点，又是架立筋与支座负筋的搭接点。二者并不混淆，也不矛盾。不少人提出此类问题，都是由于对画图规则（“视图”）和钢筋的工程结构（钢筋的位置）不甚了解所至。

从钢筋的位置来讲，梁的两根上部通长钢筋都位于箍筋的两个顶角，如果画出梁的“俯视图”，则是在梁的两侧；而架立筋则在梁的当中位置。例如，一道梁，集中标注的上部纵筋为2Φ25＋(2Φ12)，箍筋标注为Φ8@100/200(4)，即为四肢箍；原位标注的支座负筋为4Φ25。则从“俯视图”上看，这道梁的两侧有2Φ25的上部通长筋（目前也是贯通筋），而梁当中有2Φ12的架立筋，与中间的2Φ25支座负筋在“$l_n/3$”处搭接，其搭接长度就是150mm。

还是刚才的例子，如果把梁的上部通长钢筋标注改为2Φ18＋(2Φ12)，则从“俯视图”上看，这道梁的左右两侧有2Φ18的上部通长钢筋，与左右两侧的2Φ25支座负筋在“$l_n/3$”处搭接，其搭接长度是l_{lE}。同时，梁当中有2Φ12的架立筋，与中间的2Φ25支座负筋在“$l_n/3$”处搭接，其搭接长度也还是150mm。但是，如果我们从“正视图”上看，就只能看见2Φ18的“通长筋”与支座负筋搭接l_{lE}，而看不见夹在两根通长筋中间的“架立筋”与支座负筋搭接150mm的情况了。

所以，光从“正视图”是看不清楚的，现在已经在84页上方给出了通长筋和架立筋两种钢筋的大样图，这是16G101-1比03G101-1改进的地方。

〖问〗

二肢箍的框架梁的两根架立筋与支座负筋也是搭接150mm吗？

有人提出这样的问题：抗震框架梁集中标注的箍筋为Φ8@100/200(2)，支座负筋为4Φ20，配置架立筋2Φ14，问这两根架立筋与支座负筋也是搭接150mm吗？

〖答〗

根据《建筑抗震设计规范》(GB 50010—2010)，抗震框架梁至少应配置两根直径不少于14mm的上部通长筋。所以，上面的“2Φ14”不是架立筋，而是上部通长筋，因此它们与支座负筋（4Φ20）的搭接长度不是150mm而是l_{lE}。

通过这个例子，我们可以更清楚地理解这句话："当梁的上部既有通长筋又有架立筋时，其中架立筋的搭接长度为150"——当这句话实现的时候，这根梁的箍筋肢数肯定大于2。

原因很简单，抗震框架梁至少有两根上部通长筋，如果再配置两根架立筋，那么这个框架梁配置的箍筋就应该是四肢箍。

〖关于"架立筋"的计算〗

〖例1〗

抗震框架梁KL1为三跨梁，轴线跨度3600mm，支座KZ1为500mm×500mm，正中，

集中标注的箍筋为：Φ10@100/200(4)

集中标注的上部钢筋为：2Φ25+(2Φ14)

每跨梁左右支座的原位标注都是：4Φ25

(混凝土强度等级C25，二级抗震等级)

计算KL1的架立筋。

〖分析〗

这是一个等跨的多跨框架梁，每跨梁都可以用 l_n 进行计算。

由于每跨的第一排支座负筋的伸出长度是 $l_n/3$，所以每跨的中部只有 $l_n/3$ 的范围是两端支座负筋"够不着"的地方，在这里需要设置架立筋，而架立筋与支座负筋搭接150mm，所以每跨的架立筋长度为

$$架立筋长度=l_n/3+150\times2$$

从箍筋的集中标注可以看出，KL1为四肢箍，由于设置了上部通长筋位于梁箍筋的角部，所以在箍筋的中间要设置两根架立筋。

〖解〗

KL1每跨的净跨长度 $l_n=3600-500=3100$mm

所以，每跨的架立筋长度 $=l_n/3+150\times2=1333$mm

每跨的架立筋根数=箍筋的肢数－上部通长筋的根数=4－2=2根。

〖例2〗

抗震框架梁KL2为两跨梁，第一跨轴线跨度为3000mm，第二跨轴线跨度为4000mm，支座KZ1为500mm×500mm，正中，

集中标注的箍筋为：Φ10@100/200(4)

集中标注的上部钢筋为：2Φ25+(2Φ14)

每跨梁左右支座的原位标注都是：4Φ25

(混凝土强度等级C30，二级抗震等级)

计算KL2的架立筋。

〖分析〗

这是一个不等跨的多跨框架梁，

第一跨净跨长度 $l_{n1}=3000-500=2500$mm

第二跨净跨长度 $l_{n2}=4000-500=3500$mm

$$l_n=\max(l_{n1},l_{n2})=\max(2500,3500)=3500\text{mm}$$

第一跨左支座负筋伸出长度为 $l_{n1}/3$，右支座负筋伸出长度为 $l_n/3$

所以第一跨架立筋长度为

$$架立筋长度=l_{n1}-l_{n1}/3-l_n/3+150\times2$$

第二跨左支座负筋伸出长度为 $l_n/3$，右支座负筋伸出长度为 $l_{n2}/3$

所以第一跨架立筋长度为

$$架立筋长度=l_{n2}-l_n/3-l_{n2}/3+150\times2$$

从箍筋的集中标注可以看出，KL1 为四肢箍，由于设置了上部通长筋位于梁箍筋的角部，所以在箍筋的中间要设置两根架立筋。

每跨的架立筋根数=箍筋的肢数－上部通长筋的根数=4－2=2 根

〖解〗

KL2 第一跨架立筋：

$$\begin{aligned}架立筋长度&=l_{n1}-l_{n1}/3-l_n/3+150\times2\\&=2500-2500/3-3500/3+150\times2\\&=800\text{mm}\end{aligned}$$

架立筋根数=2 根

KL2 第二跨架立筋：

$$\begin{aligned}架立筋长度&=l_{n2}-l_n/3-l_{n2}/3+150\times2\\&=3500-3500/3-3500/3+150\times2\\&=1467\text{mm}\end{aligned}$$

架立筋根数=2 根

〖例 3〗

抗震框架梁 KL3 为单跨梁，轴线跨度 3600mm，支座 KZ1 为 500mm×500mm，正中，

集中标注的箍筋为：Φ10@100/200(2)

集中标注的上部钢筋为：(2Φ14)

左右支座的原位标注为：4Φ25

(混凝土强度等级 C30，二级抗震等级)

计算 KL3 的“架立筋”。

〖分析〗

这是一个抗震框架梁，必须有两根上部通长筋。所以，上部钢筋集中标注的（2Φ14)，应该标注为 2Φ14——即这两根Φ14 钢筋是上部通长筋。

这跨梁的 $l_{n1}=3600-500=3100$mm

由于该跨的第一排支座负筋的伸出长度是 $l_{n1}/3$，所以跨中只有 $l_{n1}/3$ 的范围是两端支座负筋“够不着”的地方，在这里就是设置“上部通长筋Φ14”的地方。由于上部通长筋的直径与支座负筋的直径相差较大（在两个级差以上），所以上部通长筋与支座负筋采用绑扎搭接连接，其搭接长度为 l_{lE}。因此，KL3 的上部通长筋长度为

$$上部通长筋的长度=l_{n1}/3+2\times l_{lE}$$

注意，在计算搭接长度 l_{lE}时，采用较小的钢筋直径（本例为 14mm)。

从箍筋的集中标注可以看出，KL1 为二肢箍，由于设置了上部通长筋位于梁箍筋的角部，所以不要再设置架立筋。

根据混凝土强度等级为 C30，二级抗震等级，HRB400 级钢筋，同一区段内搭接钢筋面积百分率为 50%，查 16G101-1 第 61 页的“纵向受拉钢筋抗震搭接长度 l_{lE}”表格，查

出 l_{lE} 为 $56d$。

〖解〗

$$l_{n1}=3600-500=3100\text{mm}$$

当混凝土强度等级 C25，二级抗震等级时，

$$l_{lE}=56d=56\times14=784\text{mm}$$

上部通长筋的长度 $=l_{n1}/3+2\times l_{lE}=3100/3+2\times784=2601\text{mm}$

上部通长筋的根数＝2 根

〖例 4〗

非框架梁 L4 为单跨梁，轴线跨度 3600mm，支座 KL1 为 300mm×700mm，正中，

集中标注的箍筋为：Φ8@200(2)

集中标注的上部钢筋为：(2Φ14)

左右支座的原位标注为：3Φ20

计算 L4 的架立筋。

〖分析〗

非框架梁 L4 的上部钢筋集中标注为架立筋。

$$l_{n1}=3600-300=3300\text{mm}$$

$$\text{架立筋长度}=l_{n1}/3+150\times2$$

〖解〗

$$l_{n1}=3600-300=3300\text{mm}$$

架立筋长度 $=l_{n1}/3+150\times2=3300/3+150\times2=1400\text{mm}$

架立筋根数＝2 根

2.4.2 框架梁下部纵筋的构造

这里的下部纵筋包括两个概念：在集中标注中定义的下部通长筋和逐跨原位标注的下部纵筋。这里讲述的内容，对于屋面框架梁来说也完全适用。

在这里讲述关于框架梁下部纵筋的几点问题：

(1) 框架梁下部纵筋的配筋方式：基本上是“按跨布置”，即是在中间支座锚固（图 2-21)。这里，可以从两个方面来理解：

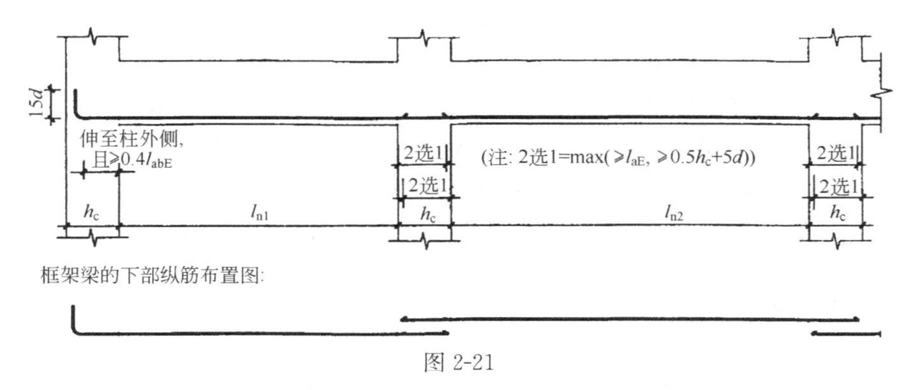

图 2-21

1) 集中标注的下部通长筋，也基本上是“按跨布置”的。在满足钢筋定尺长度的前

提下，可以把相邻两跨的下部纵筋作贯通筋处理。

2）原位标注的下部纵筋，更是首先考虑“按跨布置”，当相邻两跨的下部纵筋直径相同，在不超过钢筋定尺长度的情况下，可以把它们作贯通筋处理。

（2）钢筋“能通则通”一般是对于梁的上部纵筋说的，梁的上部纵筋在中间支座上“能通则通”，而上部纵筋可以在上部跨中1/3跨度的范围内进行机械连接或对焊连接或绑扎搭接连接。但是，对于框架梁的下部纵筋则不强调“能通则通”，其中的主要原因在于框架梁下部纵筋如果作贯通筋处理的话，很难找到钢筋的连接点。

（3）框架梁下部纵筋连接点的分析：

如何确定抗震框架梁下部纵筋的连接点，是一个相当复杂的问题。

1）首先，梁的下部钢筋不能在下部跨中进行连接。因为，下部跨中是正弯矩最大的地方，钢筋是不允许在此范围内连接的。

2）那么，梁的下部钢筋在支座内连接行不行呢？也不行。——在梁柱交叉的节点内，梁纵筋和柱纵筋都不允许连接。大家都知道，在梁柱交叉节点为中心的上下一段范围内，是柱纵筋的非连接区；同样，在梁柱交叉节点内，也是梁纵筋的非连接区。

所以，抗震框架梁下部纵筋在中间支座之内，是进行锚固，而不是进行钢筋连接。

3）最后，我们再来分析一下，框架梁下部纵筋在靠近支座$l_n/3$的范围内能否进行连接呢？

如果是“非抗震的框架梁”，在竖向静荷载的作用下，每跨框架梁的最大正弯矩在跨中部位，而在靠近支座的地方只有负弯矩而不存在正弯矩。所以，框架梁的下部纵筋可以在靠近支座$l_n/3$的范围内进行连接。03G101-1图集第57页中间的右图就给出了“非抗震框架梁”的这种连接构造。（现在，16G101-1图集已经取消了“非抗震”。）

但是，作为“抗震框架梁”，情况就变得复杂多了。在地震作用下，框架梁靠近支座处有可能会成为正弯矩最大的地方。

这样一来，抗震框架梁的下部纵筋似乎找不到可供连接的区域（跨中不行，靠近支座处也不行，在支座内更不行）。

所以说，框架梁的下部纵筋一般都是按跨处理，在中间支座锚固。关于大跨度框架梁下部纵筋的连接问题见下面的讨论。

以上的讨论是在03G101图集时进行的。现在的16G101-1图集在第84页“楼层框架梁KL纵向钢筋构造”和第85页“屋面框架梁WKL纵向钢筋构造”给出了“中间节点梁下部筋在节点外搭接”的构造，在梁支座外“$\geqslant 1.5h_0$”处可进行梁下部纵筋的连接，h_0为框架梁的截面高度。

虽然平法图集已经发生了很大的变化，我们还是保留了以前的讨论内容，主要是让读者明白梁下部纵筋连接问题的复杂性，提醒大家在处理梁下部纵筋连接的时候要谨慎。

当然，在满足钢筋“定尺长度”的前提下，相邻两跨同样直径的框架梁下部纵筋可以而且应该直通贯穿中间支座，这样做既能够节省钢筋，而且对降低支座钢筋密度有好处。

〖关于框架梁下部纵筋连接点的问答〗

〖问〗

当框架梁的一个单跨跨度≥定尺长度，如何进行钢筋连接？

有的工程设计采用了“大跨度”的框架梁，例如一个单跨跨度大于9m，就这样的框架梁一个单跨的净跨长度就超出了钢筋的定尺长度，此时，钢筋的连接是不可避免的。这时如何进行钢筋连接呢?

〖答〗

对于“单跨跨度≥定尺长度”的情形，钢筋的连接是不可避免的。

施工规范和设计规范不是禁止钢筋的连接，而是如何保证钢筋连接的可靠性。规范指出，钢筋连接要避开箍筋加密区和构件内力（弯矩）较大区。箍筋加密区是明摆着的，可以看得见的，因此也是可以避开的。但是，“弯矩较大区”在施工图上是看不出来的，而且设计师一般也不向施工人员进行“弯矩较大区”的交底。同时，在前面的讨论中我们已经知道，在框架梁的下部难以找到“正弯矩较小”的地区。所以，要想不折不扣地执行“规范”，确实很困难。

关键的问题是“钢筋连接的质量”。如果钢筋接头是高质量的，在进行钢筋拉力试验时，被拉断的地方都不在钢筋接头处。这样的钢筋接头在任何地方都可以应用。问题是如何确保钢筋接头质量万无一失，如果能够做到整个施工操作过程的全面质量管理或者叫做全面质量控制（即 TQC)，把钢筋接头质量的事后检测变成质量的全过程控制，通过这样的手段，提高对工程质量的可控性，也许是提高施工质量的较好途径。

附注：

(1)《混凝土结构工程施工质量验收规范（2011 版）》(GB 50204—2002) 第 5.4.5 条：

同一连接区段内，纵向受力钢筋的接头面积百分率应符合设计要求；当设计无具体要求时，应符合下列规定：

1) 在受拉区不宜大于 50%；

2) 接头不宜设置在有抗震设防要求的框架梁端、柱端的箍筋加密区；当无法避开时，对等强度高质量机械连接接头，不应大于 50%；

3) 直接承受动力荷载的结构构件中，不宜采用焊接接头；当采用机械连接接头时，不应大于 50%。

(2)《混凝土结构设计规范》(GB 50010—2010) 中“框架梁柱节点”的第 11.6.7 条给出了“中间层中间节点梁筋在节点内直锚固”构造（梁下部纵筋在中间节点直锚“$\geq l_{aE}$”）和“中间层中间节点梁筋在节点处搭接”构造（梁下部纵筋在节点外“$\geq 1.5h_0$”处搭接“$\geq l_{lE}$”）。

2.4.3 框架梁中间支座的节点构造

这里讲述的框架梁中间支座的节点构造（见 16G101-1 图集第 84 页），对于屋面框架梁来说也完全适用（16G101-1 图集第 85 页中间支座的做法与第 84 页的做法相同）。

2.4.3.1 框架梁上部纵筋在中间支座的节点构造

在中间支座的框架梁上部纵筋一般是支座负筋。与支座负筋直径相同的上部通长筋在经过中间支座的时候，它本身就是支座负筋；与支座负筋直径不同的上部通长筋，在中间支座附近也是通过与支座负筋连接来实现“上部通长筋”功能的。

支座负筋在中间支座上一般有下列做法：

（1）当支座两边的支座负筋直径相同、根数相等时，这些钢筋都是贯通穿过中间支座的。由于这些钢筋在中间支座左右两边的延伸长度相等（都等于 $l_n/3$），所以常被形象地称为“扁担筋”，因为以中间支座作为肩膀，“扁担筋”向两边挑出的长度相同。

上述这种情况是最普遍的做法。当中间支座左右两边的原位标注相同，或者在中间支座的某一边进行了原位标注，而在另一边没有原位标注的时候，都执行上述的做法。

（2）当支座两边的支座负筋直径相同、根数不相等时，把“根数相等”部分的支座负筋贯通穿过中间支座，而将根数多出来的支座负筋弯锚入柱内。

（3）在施工图设计中要尽量避免出现支座两边的支座负筋直径不相同的情况。设计时应注意：对于支座两边不同配筋值的上部纵筋，宜尽可能选用相同直径（不同根数），使其贯穿支座，避免支座两边不同直径的上部纵筋均在支座内锚固。这就是“能通则通”的原则。

〖框架梁支座负筋的计算〗

〖例1〗KL1在第三个支座右边有原位标注6Φ25 4/2，支座左边没有原位标注（图2-22）。求该处的支座负筋的长度。

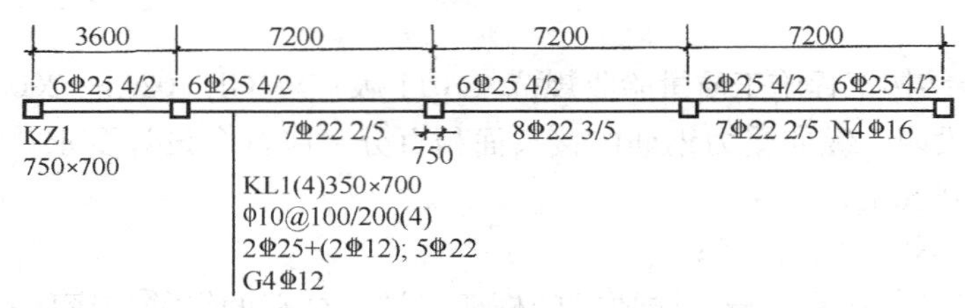

图2-22

〖解〗

（1）第一步，正确划分计算范围（这实际上是一个“楼层划分”的问题）

以16G101-1图集第37页为例，这个平面图是“15.870～26.670梁平法施工图”，在这个标高段的梁钢筋计算应该分两段来进行；

其原因是16G101-1图集第11页的“－0.030～59.070柱平法施工图”的KZ1有三段变截面构造，其中“－0.030～19.470”的截面尺寸为750mm×700mm，而“19.470～37.470”的截面尺寸为650mm×600mm。

所以，该平面图应该分“15.870～19.470”和“19.470～26.670”两个标高段进行计算。

我们现在回到本题，下面按“15.870～19.470”的柱截面进行计算。

（2）第二步，计算出梁的净跨长度

由于KL1第三个支座的左右两跨梁的跨度（轴线-轴线）均为7200mm，而且作为支座的框架柱都是KZ1，并且都按“正中轴线”布置。

此时KZ1的截面尺寸为750mm×700mm，这表示：KZ1在 b 方向的尺寸为750mm，在 h 方向的尺寸为700mm。

由于KL1的方向与KZ1的 b 方向一致，所以，支座宽度＝750mm

KL1的这两跨梁的净跨长度＝7200－750＝6450mm

由于 l_n 是中间支座左右两跨的净跨长度的最大值，

所以，l_n＝6450mm。

（3）第三步，明确支座负筋的形状和总根数

我们注意到 KL1 第三个支座右边的原位标注为 6Φ25 4/2，而该支座左边没有原位标注，则该支座左右两边的钢筋标注都是 6Φ25 4/2。这种钢筋标注表明第一排钢筋为4Φ25，第二排钢筋为 2Φ25，钢筋形状均为“直形钢筋”，并且在中间支座两边左右对称。

（4）第四步，计算第一排支座负筋的根数及长度

根据原位标注，支座第一排纵筋为 4Φ25，这包括上部通长筋和支座负筋。KL1 集中标注的上部通长筋为 2Φ25，按贯通筋设置（在梁截面的角部）。所以，中间支座第一排（非贯通的）支座负筋为 2Φ25，第一排支座负筋向跨内的延伸长度 $l_n/3$＝6450/3＝2150mm。

所以，第一排支座负筋的长度＝2150＋750＋2150＝5050mm。

（5）第五步，计算第二排支座负筋的长度

根据原位标注，支座第二排纵筋为 2Φ25，第二排支座负筋向跨内的延伸长度 $l_n/4$＝6450/4＝1612.5mm。

所以，第二排支座负筋的长度＝1612.5＋750＋1612.5＝3975mm。

〖例 2〗KL1 在第 2 跨的上部跨中有原位标注 6Φ22 4/2，在第 1 跨的右支座有原位标注 6Φ22 4/2，在第 3 跨的左支座有原位标注6Φ22 4/2（图 2-23）。求 KL1 在第 2 跨上的支座负筋的长度。

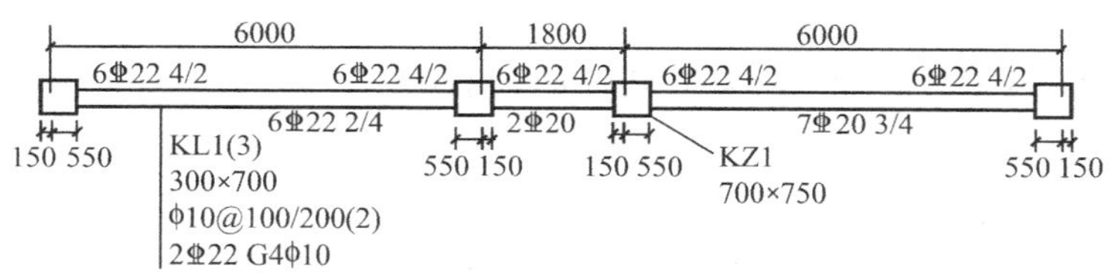

图 2-23

〖分析〗

我们首先复习一下“梁上部跨中”的原位标注的作用：

当某跨梁的跨中上部进行了原位标注时，表示该跨梁的上部纵筋按原位标注的配筋值从左支座到右支座贯通布置。

结合 KL1 的情况来分析，当 KL1 的第 2 跨上部跨中有原位标注 6Φ22 4/2 的时候，表示 KL1 第 2 跨从左支座——跨中——直到右支座的上部纵筋都按 6Φ22 4/2 设置。

再看看第 1 跨的右支座有原位标注 6Φ22 4/2 和第 3 跨的左支座有原位标注6Φ22 4/2，这两处支座的原位标注与邻跨相邻支座的原位标注数值相同，则第 1 跨的右支座和第 3 跨的左支座可以不做原位标注。换句话说，现在图上 KL1 第 1 跨右支座和第 3 跨左支座的原位标注是多余的。

〖解〗

（1）计算出梁的净跨长度

由于 KL1 第 1 跨和第 3 跨的跨度（轴线-轴线）均为 6000mm，第 2 跨的跨度（轴线-轴线）为 1800mm，而且作为支座的框架柱都是 KZ1，在 KL1 方向都按“偏中轴线”布

置，并且对于第1跨和第3跨来说分别是内偏550mm，外偏150mm。

KL1第1跨和第3跨的净跨长度=6000－550－550=4900mm

KL1第2跨的净跨长度=1800－150－150=1500mm

对于B轴线支座来说，左跨跨度 l_{n1}=4900mm，右跨跨度 l_{n2}=1500mm；对于C轴线支座来说，左跨跨度 l_{n1}=1500mm，右跨跨度 l_{n2}=4900mm。由于 l_n 是中间支座左右两跨的净跨长度的最大值，即 $l_n=\max(l_{n1}, l_{n2})$。

所以对于这两个支座，都是 l_n=4900mm。

（2）明确支座负筋的形状和总根数

我们注意到KL1第2跨上部纵筋6Φ22 4/2为全跨贯通；

第1跨的右支座有原位标注6Φ22 4/2；

第3跨的左支座有原位标注6Φ22 4/2；

本着梁的上部纵筋"能通则通"的原则，6Φ22 4/2的上部纵筋从第1跨右支座——第2跨全跨——第3跨左支座实行贯通；

这组贯通纵筋的第一排钢筋为4Φ22，第二排钢筋为2Φ22；

钢筋形状均为"直形钢筋"。

（3）计算第一排支座负筋的根数及长度

根据原位标注，支座第一排纵筋为4Φ22，这包括上部通长筋和支座负筋；

KL1集中标注的上部通长筋为2Φ22，按贯通筋设置（在梁截面的角部）；

所以，中间支座第一排（非贯通的）支座负筋为2Φ22；

第一排支座负筋向跨内的延伸长度 $l_n/3=4900/3=1633$mm。

所以，第一排上部纵筋（支座负筋）的长度=1633+700+1500+700+1633=6166mm。

（4）计算第二排支座负筋的长度

根据原位标注，支座第二排纵筋为2Φ22；

第二排支座负筋向跨内的延伸长度 $l_n/4=4900/4=1225$mm。

所以，第二排支座负筋的长度=1225+700+1500+700+1225=5350mm。

〖讨论〗如果KL1取消了第2跨上部跨中原位标注6Φ22 4/2，会变成怎样？

（这是一个实际的问题，有的工程就是这样设计的。）

由于KL1取消了第2跨上部跨中原位标注6Φ22 4/2，表示第2跨左支座按第1跨右支座的原位标注6Φ22 4/2来进行配筋，即第1跨右支座第一排支座负筋2Φ22钢筋同样向第2跨的跨内延伸1633mm的长度；

同样，第2跨右支座按第3跨左支座的原位标注6Φ22 4/2来进行配筋，即第3跨右支座第一排支座负筋2Φ22钢筋同样向第2跨的跨内延伸1633mm的长度；

这样，这两种相向而行的支座负筋在第2跨的跨中"重叠"了1766mm的长度（1633+1633－1500=1766mm）。

这样的结果显然是不合理的。所以，遇到"中间一跨"比两边跨的跨度小得多的情况时，中间的"小跨"应该进行上部跨中的原位标注。

2.4.3.2 框架梁下部纵筋在中间支座的节点构造

框架梁下部纵筋在中间支座的做法如下：

（1）从16G101-1图集第84页的图中可以看出，框架梁的下部纵筋一般都以“直形钢筋”在中间支座锚固（见图2-21）。其锚固长度同时满足两个条件：

1）锚固长度≥l_{aE}；

2）锚固长度≥$0.5h_c+5d$，式中h_c为柱截面沿框架方向的高度，d为钢筋直径（即是“超过柱中心线$5d$”）。

（2）有的人认为：从16G101-1图集第84页的图中，两边钢筋的切断点都在中间支座上，可否理解为两边钢筋在中间支座内搭接？

第84页图中所示的“梁下部纵筋在中间支座的构造”，说的是“钢筋锚固”，而不是“钢筋搭接”。“钢筋搭接”是两根钢筋之间的行为，“钢筋锚固”是一根钢筋对于支座的行为。图中所标出的“锚固长度”是每根钢筋从支座边缘到切断点的距离。

此外，下部纵筋在中间支座的切断点不一定在“支座内部”。当作为中间支座的框架柱的宽度较小时（例如16G101-1图集例子工程的KZ1，其宽度为700mm），按锚固长度两个条件之一的“≥l_{aE}”来看，下部纵筋的切断点一般应该伸过支座的另一边了，而不是在“支座内部”了。

（3）前面说过，框架梁的下部纵筋一般都是按跨处理，在中间支座锚固。然而，在满足钢筋“定尺长度”的前提下，相邻两跨同样直径的框架梁下部纵筋可以而且应该直通贯穿中间支座，这样做既能够节省钢筋，而且对降低支座钢筋密度有好处。

〖框架梁下部纵筋的计算〗

〖例1〗KL1在第2跨的下部有原位标注7Φ22 2/5。

求第2跨的下部纵筋的长度。混凝土强度等级为C30（图2-24）。

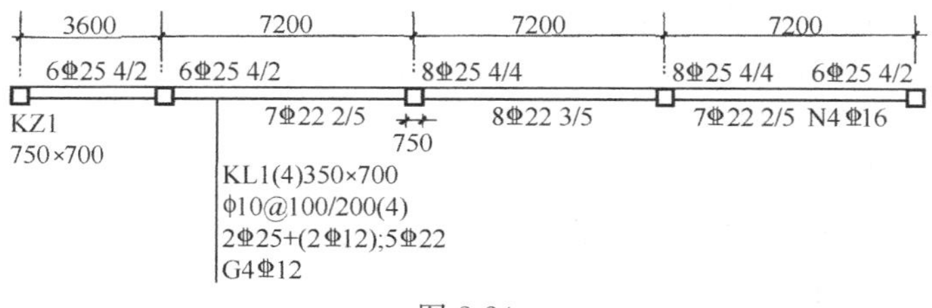

图2-24

〖解〗

（1）计算出梁的净跨长度

由于KL1第2跨的跨度（轴线-轴线）为7200mm，而且作为支座的框架柱都是KZ1，并且在KL1方向都按“正中轴线”布置；

所以，KL1第2跨的净跨长度＝7200－750＝6450mm。

（2）明确下部纵筋的位置、形状和总根数

KL1第2跨下部纵筋的原位标注7Φ22 2/5，这种钢筋标注表明第一排下部纵筋为5Φ22，第二排钢筋为2Φ22。钢筋形状均为“直形钢筋”，并且伸入左右两端支座同样的锚固长度。

（3）计算第一排下部纵筋的根数及长度

梁的下部纵筋在中间支座的锚固长度要同时满足下列两个条件：

1）锚固长度≥l_{aE}

2）锚固长度≥$0.5h_c+5d$

现在，$h_c=750$mm，$d=22$mm，因此$0.5h_c+5d=0.5\times750+5\times22=485$mm

当混凝土强度等级为C30、HRB400级钢筋直径≤25mm时的$l_{aE}=40d=880$mm

所以，在这里$l_{aE}\geq0.5h_c+5d$

我们取定梁下部纵筋在中间支座的锚固长度=880mm

所以，第一排下部纵筋的长度=880+6450+880=8210mm。

（4）计算第二排下部纵筋的长度

作为“中间跨”的下部纵筋，由于其左右两端的支座都是“中间支座”，

因此，第二排下部纵筋的长度与第一排下部纵筋的长度相同。

所以，第二排下部纵筋的长度=8210mm。

〖例2〗KL1在第2跨的下部有原位标注7Φ22 2/5，在第3跨的下部有原位标注8Φ22 3/5，在第4跨的下部有原位标注7Φ22 2/5。KL1的集中标注为“2Φ25；5Φ22”，说明有下部通长筋5Φ22。求第2跨和第3跨的下部纵筋的长度。混凝土强度等级为C30（图2-24）。

〖分析〗

（1）第一个问题：下部通长筋5Φ22与各跨原位标注的关系？

如果梁的集中标注含有下部通长筋，而在各跨的原位标注中又注写了下部纵筋，则原位标注下部纵筋的数值必须包含集中标注的下部通长筋的数值。举例说，第2跨下部纵筋的原位标注为7Φ22 2/5，表示其中第一排下部纵筋为5Φ22，即已经包含了下部通长筋的数值。又例如第1跨下部纵筋缺省标注，表示该跨的下部纵筋等于下部通长筋的数值。

（2）第二个问题：下部通长筋5Φ22可以做成“贯通筋”吗？

我们在介绍上部通长筋的时候讲到，上部通长筋可以做成贯通筋。现在，下部通长筋可以做成贯通筋吗？答案是否定的。

原因在讲述下部纵筋时已经介绍了。现在，从第1跨到第4跨的总长度已经超过了钢筋的定尺长度，而且相邻的任意两跨的合计长度也大于钢筋的定尺长度，所以每跨的下部纵筋都要按在中间支座锚固的算法来进行计算。

（3）第三个问题：第2跨和第3跨的第二排下部纵筋可以局部贯通吗？

我们一眼就可以看到，KL1这四跨梁的下部纵筋，除了下部通长筋5Φ22以外，就只有第2跨和第3跨具有第二排下部纵筋了。现在的问题就是，第2跨和第3跨的第二排下部纵筋可以局部贯通吗？

假设第2跨和第3跨的第二排下部纵筋可以局部贯通，则这两跨有两根第二排下部纵筋可以局部贯通，它们分别在第二支座和第四支座分别伸入支座一个锚固长度，其钢筋长度可以这样来计算：

第二排纵筋长度=880+6450+750+6450+880=15410mm

显然，这已经超过了钢筋的定尺长度（9m）了，所以这两跨的钢筋不能贯通。

如果上述两跨梁的净跨长度为3000mm的话，这两跨梁的钢筋是可以贯通的：

第二排纵筋长度=880+3000+750+3000+880=8510mm

以上的假设我们暂且不要考虑了，还是回到“例2”原有的问题来进行计算吧。这样，

KL1 的各跨梁都要按逐跨锚固的方式来计算下部纵筋。

〖解〗

第 2 跨梁下部纵筋的计算过程在“例 1”已经详细讲述过了，其下部纵筋分作两排：第一排 5 根，第二排 2 根，钢筋长度是 8210mm。

第 3 跨梁下部纵筋的计算过程也和“例 1”的过程一样，第 3 跨梁的下部纵筋分作两排：第一排 5 根，第二排 3 根，钢筋长度是 8210mm。

〖讨论 1〗第二排纵筋如何固定的问题

在“例 2”中，KL1 第 2 跨的第二排下部纵筋只有 2 根，它们可以在箍筋的垂直肢上面固定；但是第 3 跨的第二排下部纵筋有 3 根，若 KL1 的箍筋为二肢箍，那中间的 1 根（第二排下部纵筋）如何固定呢？

同样的问题也在 KL1 的第二排上部纵筋中出现：KL1 支座上的原位标注是 8Φ25 4/4，其中第二排上部纵筋有 4 根，而 KL1 的箍筋为二肢箍，那中间的 2 根（第二排上部纵筋）如何固定呢？

所以，当梁的第二排纵筋的根数大于箍筋肢数的时候，都存在这个“第二排纵筋”如何固定的问题。

有的施工人员为了“省事”，同时也为了“省材料”，就用一根细钢丝把中间的那 1 根（或 2 根）钢筋给吊起来，其实是像钟摆一样摆来摆去，这样当浇筑混凝土的时候，第二排纵筋中间的那几根钢筋就不可避免地要发生移位。这是结构施工所不允许发生的。

我们的建议是：在发生“梁的第二排纵筋的根数大于箍筋肢数”的地方，增设一些横向的拉筋（就像构造钢筋的拉筋一样），并且也采用“隔一拉一”的方法来绑扎，即按非加密区箍筋间距的两倍来设置横向拉筋（在我们的平法钢筋自动计算软件中，具有根据“梁的第二排纵筋的根数大于箍筋肢数”时自动增加横向拉筋的功能）。

〖讨论 2〗楼层 KL 下部纵筋在中间节点的锚固和连接

图 2-25 给出了楼层框架梁 KL 下部纵筋在中间节点的锚固和连接构造。

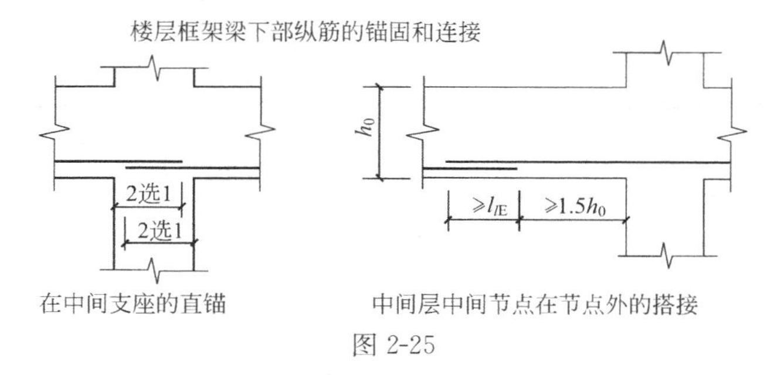

图 2-25

左图就是 KL 左右两跨的下部纵筋在中间支座上的锚固（而不是搭接，这一点已在前面讨论过了，只是前面的图 2-21 太小了，可能看不清楚，现在将图形放大一下），图中的“2 选 1”即是“$\geqslant l_{aE}$且$\geqslant 0.5h_c+5d$”。

右图就是 16G101-1 第 84 页给出的 KL 下部纵筋在中间节点外的搭接构造：在梁支座外“$\geqslant 1.5h_0$”处可进行梁下部纵筋的连接，h_0为框架梁的截面高度。（至于为什么规定下部纵筋连接处必须位于梁支座外“$\geqslant 1.5h_0$”，应该是为了“避开梁的箍筋加密区”的缘故。）

图集在上述节点构造中还指出：相邻跨钢筋直径不同时，搭接位置位于较小直径一跨。

有一个问题需要在这里提醒大家，虽然图集在上述构造中说的是梁纵筋的“搭接连接”，但是在实际施工中，“搭接连接”的工程质量是最差的；“对焊连接”优于搭接连接，但现场施工麻烦一些，而且直接承受动力荷载的结构构件中不宜采用焊接接头；“机械连接”的工程质量最好，而且施工方便，工程中应该尽可能采用机械连接，尤其是等强度高质量机械连接接头，几乎可在任何部位连接。不过要注意控制“同一连接区段内纵向受力钢筋的接头面积百分率”，不宜大于50%。（在16G101-1第61页“纵向受拉钢筋抗震搭接长度 l_{lE}”表格中，就没有设置“同一连接区段内搭接钢筋面积百分率”大于50%的选项。）

〖问〗

“非接触性锚固”和“非接触性搭接”的意义是什么？如何实现？

〖答〗

（1）钢筋混凝土的一个重要原理就是钢筋和混凝土的协同作用，其关键是混凝土要充分地包裹钢筋。因此，保证混凝土360°圆周地包裹钢筋是十分必要的，这就是“非接触性锚固”和“非接触性搭接”的意义。

（2）如果两根钢筋是“平行接触”——传统的“绑扎搭接连接”就是这样做的——在连接区的每根钢筋都有1/4左右的表面积没有被混凝土充分包裹，这就严重地影响了钢筋混凝土的质量，进而影响了钢筋混凝土结构的可靠性和安全性（图2-26）。实验证明，在受拉试验中的“绑扎搭接连接”的钢筋混凝土杆件，其破坏点都在“绑扎搭接连接区”。尽管一再增加“绑扎搭接连接区”的钢筋长度，仍然无济于事，破坏点还是在“绑扎搭接连接区”。

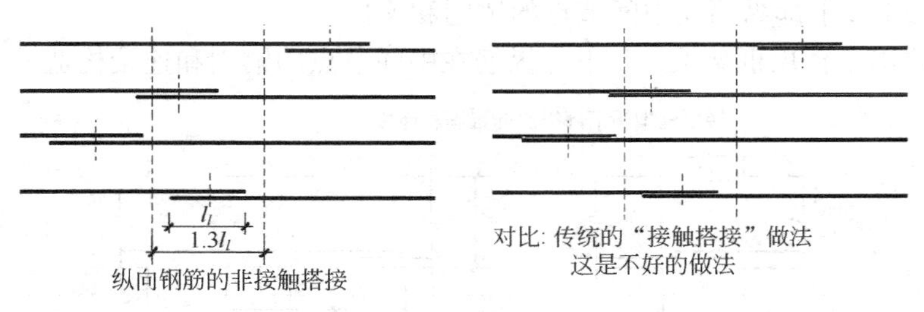

图2-26

（3）如何实现“非接触性锚固”和“非接触性搭接”呢？

在03G101-1图集第35页右上图给出“非接触性锚固”的做法，就是使用垂直方向的梁纵筋或插入一些钢筋头，把可能平行接触的两根钢筋隔离开来。

在04G101-4图集中虽然没有明确给出具体的施工图例，但是我们可以参考03G101-1图集第35页右上图所给出的方法，使用垂直方向的钢筋头，把绑扎搭接的两根钢筋隔离开来。04G101-4图集第27页注2中的这段话：“在搭接范围内，相互搭接的纵筋与横向钢筋的每个交叉点均应进行绑扎”，就是这个意思。

施工工艺的新要求不可避免地带来工程预结算方面的问题。现在有的监理人员和审计人员，对“传统的绑扎搭接连接”所增加的钢筋用量尚且不同意计入钢筋工程量，而新工艺又增加了“横向的垂直钢筋”，使得绑扎搭接连接的钢筋用量大大增加，这些“绑扎搭接连接增加的钢筋用量”就更难以结算了。对于绑扎搭接连接，是应该纳入工程预结算的。现行的建筑工程预算定额规定预算人员在按图纸计算出钢筋工程量之后，还要加上钢筋的施工消耗量（如搭接长度等），最后用加大了以后的工程量套用钢筋定额。

2.4.4 框架梁端支座的节点构造

这里讲述的框架梁端支座节点构造仅适用于“楼层框架梁”的端支座（见 16G101-1 图集第 84 页），至于“屋面框架梁”端支座的节点构造（见 16G101-1 图集第 85 页），放在“2.5 顶梁边柱的节点构造”中进行讲述。

2.4.4.1 框架梁纵向钢筋在端支座的锚固

在 16G101-1 图集第 84 页的图中，关于纵向钢筋在端支座上的锚固（图 2-27）有如下规定：

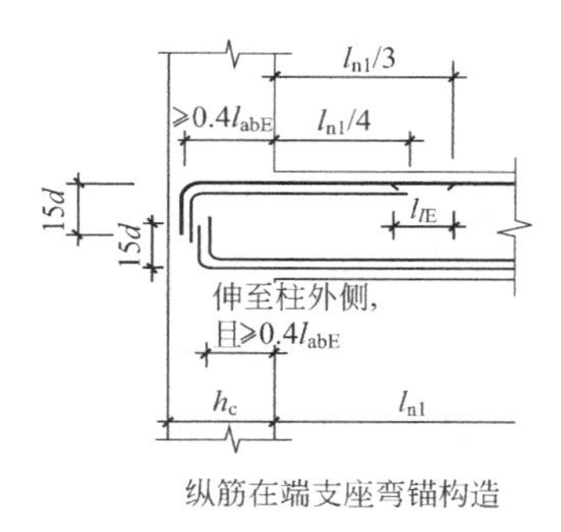

纵筋在端支座弯锚构造

[注：2选1=max($\geqslant l_{abE}$,$\geqslant 0.5h_c+5d$)]

纵筋在端支座直锚构造

图 2-27

（1）上部纵筋和下部纵筋都要伸至柱外边（柱外侧纵筋内侧），弯折 $15d$，其弯折段之间要保持一定净距；

（2）上部纵筋和下部纵筋锚入柱内的直锚水平段均应$\geqslant 0.4l_{abE}$；

〖16G101-1 的一个提醒〗

16G101-1 第 84 页“楼层框架梁 KL 纵向钢筋构造”的注 7 指出：“当上柱截面尺寸小于下柱截面尺寸时，梁上部钢筋的锚固长度起算位置应为上柱内边缘，梁下部纵筋的锚固长度起算位置为下柱内边缘。”

其实，从历届平法图集 KL 端支座的节点图中，梁上部纵筋的锚固长度起算位置都是上柱内边缘，梁下部纵筋的锚固长度起算位置都是下柱内边缘，当然，在这些节点图中，上柱和下柱的截面尺寸是相同的，当时很多人都没有想过，如果上柱和下柱截面尺寸不相同，会发生什么后果。

在框架梁纵筋的计算过程中，净跨长度 l_{n1} 是根据下柱的 h_c 来计算的，而框架梁端支座的非贯通纵筋的“跨内的延伸段”也是按 l_{n1} 进行计算的(即 $l_{n1}/3$、$l_{n1}/4$)，连非贯通纵筋的直锚水平段也是根据下柱的 h_c 来计算的。

而“上部纵筋在端柱内的直锚长度$\geqslant 0.4l_{abE}$”，是钢筋计算过程中的一个验算条件。当上柱和下柱的截面尺寸是相同时，传统的计算过程没有问题；但当上柱截面尺寸小于下柱时，直锚长度“$\geqslant 0.4l_{abE}$”的起算位置“上柱内边缘”向外端移动了(上柱的h_c小于下柱的h_c)，会对非贯通纵筋的计算产生什么影响呢?

我们将会在KL端支座非贯通纵筋计算例题的后面解决这个问题。

〖当框架梁、柱混凝土强度等级不相同的时候〗

如果是框架梁纵筋在端支座的弯锚，无论是上部纵筋还是下部纵筋，都有一个验算“弯锚水平段长度$\geqslant 0.4l_{abE}$”的问题；如果是框架梁在中间支座的直锚，也存在一个计算“l_{aE}”的问题。如果框架柱的混凝土强度等级为C40，而框架梁的混凝土强度等级为C30，那么，我们在计算框架梁纵筋锚固长度l_{abE}和l_{aE}的时候，是采用C30来计算呢，还是采用C40来计算呢?

应当注意到，框架柱是框架梁的支座，框架梁纵筋是锚固到框架柱当中去的，是框架柱的混凝土握裹住梁的纵筋，所以，这个问题的答案是：在计算框架梁纵筋的锚固长度时，应该采用框架柱的混凝土强度等级来进行计算。

(3) 当柱宽度较大时，上部纵筋和下部纵筋伸入柱内的直锚长度$\geqslant l_{aE}$且$\geqslant 0.5h_c+5d$时，不必进行弯锚。

一个错误的观点：“当柱宽度较小时，纵筋直锚水平段不足l_{aE}，则把不足部分长度进行弯折”(也就是说，水平段和直钩长度的总和等于l_{aE})。

l_{aE}是直锚长度标准。当弯锚时，在弯折点处钢筋的锚固机理发生本质的变化，所以，不应以l_{aE}作为衡量弯锚总长度的标准，否则属于概念错误。应当注意保证水平段$\geqslant 0.4l_{abE}$非常必要，如果不能满足，应将较大直径的钢筋以“等强度或等面积”代换为直径较小的钢筋予以满足，而不应采用加长直钩长度使总锚长等于l_{aE}的错误方法。

〖关于框架梁纵筋端支座锚固长度的问答〗

〖问〗

“框架梁纵向钢筋在端支座的锚固长度就是$0.4l_{abE}+15d$”，这句话对不对?

〖答〗

(1)“框架梁纵筋在端支座的锚固长度就是$0.4l_{abE}+15d$”，这种认识是不对的。

(2) 如何认识“$0.4l_{abE}+15d$”呢? 这里包含两方面的问题：一个是框架梁纵筋在端支座的直锚水平段长度的问题，另一个是框架梁纵筋需要弯直钩15d的问题。

(3) 请注意看16G101-1图集第84页框架梁端支座下面的标注：“伸至柱外侧纵筋内侧”，这是首要的，而后面的半句话“且$\geqslant 0.4l_{abE}$”是对直锚水平段长度的一个验算要求，即是说，直锚水平段长度只可以比$0.4l_{abE}$长，而不能比$0.4l_{abE}$短。

至于为什么不能比$0.4l_{abE}$短呢? 我的理解是：“$0.4l_{abE}$”是确保框架梁纵筋在端支座锚固的“下限”，若小于这个长度，则梁纵筋连同所钩挂的部分混凝土都有被“拽出来”的危险。

(4) 陈青来教授讲解03G101-1图集时指出：作为梁端支座的框架柱，从过柱中线5d到柱外侧纵筋的内侧的区域是一个“竖向锚固带”。梁受拉纵筋在端支座锚固的原则是：要满足弯锚直段$\geqslant 0.4l_{aE}$，弯钩段15d，且应进入边柱的“竖向锚固带”，同时应使钢筋弯钩不与柱纵筋平行接触。梁的纵筋只要伸进边柱的这个“竖向锚固带”，就可以放心大胆地弯锚，而不必一直伸到柱外侧去(但这只是在课堂上听说的，标准图集未见正式变更)。

(5) 无论框架梁的上部纵筋和下部纵筋，其端部都要弯 15d 的直钩，这是一个构造要求。构造要求是混凝土结构的一种技术要求，构造要求是不须经过计算的，是必须执行的。

关于“15d 直钩”的问题还有很多，下面继续讨论。

〖问〗

有人说，在计算框架梁纵筋在端支座的锚固长度时，“$0.4l_{abE}+15d$”只是一个参考数，也不一定拐 15d 直钩——把支座宽度与 l_{aE} 比较，缺多少拐多少。这种算法对吗?

有人把“$0.4l_{abE}+15d$”与“l_{aE}”作比较取其大值，并且奉为经典算法。请问是否正确?

还有的人担心“$0.4l_{abE}+15d$”的总长度比 l_{aE} 要小，这样的锚固方法是否可靠?

〖答〗

(1) 不要把“$0.4l_{abE}+15d$”与 l_{aE} 比较。l_{aE} 是直锚长度标准。当弯锚时，在弯折点处钢筋的锚固机理发生本质的变化，所以，不应以 l_{aE} 作为衡量弯锚总长度的标准，否则属于概念错误。可见“$0.4l_{abE}+15d$”与“l_{aE}”是两类不同的概念，并不存在可比较的前提。

(2) 至于楼层框架梁纵筋端部弯 15d 的直钩，是一个构造要求。构造要求是混凝土结构的一种技术要求，构造要求是不须经过计算的，是必须执行的。至于为什么要规定为“15d”呢? 这是经过力学试验的，在“直钩”上 5d 处和 10d 处都有内力（变形）存在，到 15d 处就没有了。——所以，当梁的支座（框架柱的宽度）较窄时，l_{aE} 减去梁纵筋直锚水平段长度后，其差数较大，若按“剩多少拐多少”的说法，把剩下的长度都拐成“直钩”，这个直钩就可能比 15d 大得多——直钩长度大于 15d 以外的部分纯属浪费。

〖问〗

当框架梁的端支座很宽时，就不需要弯 15d 直钩了? 还有，此时框架梁纵筋还要不要伸到柱外侧?

〖答〗

从 16G101-1 图集第 84 页中间左边的图中可以看出：

当柱宽度较大时，框架梁的上部纵筋或下部纵筋伸入柱内的直锚长度$\geq l_{aE}$且$\geq 0.5h_c+5d$ 时，不必进行弯锚。

这里所说的“不必进行弯锚”需要同时满足两个条件：第一、直锚长度$\geq l_{aE}$；第二、直锚长度$\geq 0.5h_c+5d$，由于 h_c 是框架柱的宽度，所以上述条件用自然语言说就是“超过柱中心线 5d”（d 是梁纵筋的直径）。

l_{aE} 是一个什么样的概念? 当混凝土强度等级 C30 时，HRB400 钢筋（25mm 以内）的 l_{aE} 为 40d，此时，若钢筋直径为 25mm，则 l_{aE} 为 1000mm。所以，当上面两个条件同时满足时，这样的框架柱是很粗的。不过，实际的工程中，边长（或直径）两米左右的柱子还是有的。

当遇到满足上述两个条件的柱子时，框架梁的纵筋还可以不直通到柱的外皮。16G101-1 图集第 84 页下面中间的那个图所给出的信息就是：当框架梁纵筋伸入柱中的直锚水平段长度$\geq l_{aE}$且过柱中心线 5d 的时候，梁纵筋就不要再往前伸到柱外侧了，而且不要弯 15d 的直钩。

但是，当框架柱的宽度不足 l_{aE} 时，框架梁纵筋还是应当“伸至柱外侧纵筋内侧”再弯折 $15d$，然后再比较直锚水平段长度是否“$\geq 0.4l_{abE}$”。

不过，就算支座宽度不满足“$\geq l_{aE}$”的直锚要求，只要采取必要的工程措施，也是可以做到楼层框架梁纵筋的直锚的，这就是16G101-1第84页给出的“端支座加锚头(锚板)锚固”构造，只要在框架梁上部纵筋和下部纵筋的端部加上锚头(锚板)，就可以在端支座上实现直锚，但必须“伸至柱外侧纵筋内侧，且$\geq 0.4l_{abE}$”。

还必须注意一点：就是第84页图是“楼层框架梁KL纵向钢筋构造”，上面所说的图中的有些规定（例如刚刚说过的宽支座上的梁纵筋“不必进行弯锚”的规定）只适用于“楼层框架梁”。对于“屋面框架梁”来说，由于“顶梁边柱”的构造要求，此时伸到框架柱外侧的框架梁上部纵筋端部不但必须弯钩，而且直钩长度还不止 $15d$。

〖关于框架梁端支座宽度过小的问题〗

〖问〗

作为框架梁端支座的框架柱宽度较小不满足 $0.4l_{abE}$ 怎么办？

〖答〗

这是一个常见的现象：

当作为框架梁端支座的“框架柱”宽度较小，不满足 $0.4l_{abE}$ 时，该怎么办？

一个错误的观点：“当柱宽度较小时，纵筋直锚水平段不足 l_{aE}，则把不足部分长度进行弯折”(也就是说，水平段和直钩长度的总和等于 l_{aE})。

甚至认为：“若纵筋直锚水平段不足 $0.4l_{abE}$，则把 l_{aE}——直锚长度的剩余部分进行弯折。”

这里有两个错误：

(1) l_{aE} 是直锚长度标准。当弯锚时，不应以 l_{aE} 作为衡量弯锚总长度的标准。

(2) 应当注意保证直锚水平段$\geq 0.4l_{abE}$ 非常必要，如果不能满足，应将较大直径的钢筋以“等强度或等面积”代换为直径较小的钢筋予以满足，而不应采用加长直钩长度使总锚长等于 l_{aE} 的错误方法（前面的问答中已经说过，直钩长度大于 $15d$ 以外的部分纯属浪费）。

为什么“代换为直径较小的钢筋”能够使直锚水平段长度满足“$\geq 0.4l_{abE}$”的条件呢？因为 l_{aE} 与钢筋直径有关，例如，当混凝土强度等级C30时，HRB400钢筋（25mm以内）的 l_{aE} 为 $40d$，此时，若钢筋直径为25mm，则 l_{aE} 为1000mm；但若换算成小一个等级的22mm钢筋，其 l_{aE} 就变成880mm了。

不过，话又说回来，按“等强度或等面积”代换以后，钢筋直径是变小了，但是钢筋根数会变多了，有时候一排钢筋放不下，还得多布置一排钢筋——而每多布置一排钢筋，“内排”的直锚水平段又要缩小“一个钢筋直径以及一个钢筋净距（25mm）”。——这又会带来新的“长度紧张”。而且，多布置一排钢筋还会引起梁有效高度的减小。

所以，最根本的办法还是从设计上解决问题：把这些“烦恼”解决在设计阶段。也就是说，设计师要多想想施工人员的难处，不要把矛盾往下推。

〖问〗

以剪力墙作为框架梁的端支座，梁纵筋的直锚水平段长度不满足 $0.4l_{abE}$，怎么办？

〖答〗

这也是一个常见的问题，人们经常在网上论坛这样发问：

以剪力墙作为框架梁的端支座时，因为墙厚度较小，不满足 $0.4l_{abE}$，该怎么办？

在实际施工中，也有不少同志遇到"以剪力墙墙身为支座的框架梁纵筋锚固长度太小"的问题。

对于剪力墙结构来说，剪力墙的厚度较小，一般也就是 200～300mm。当遇到以剪力墙为支座的框架梁（与剪力墙墙身垂直），此时的支座宽度就是剪力墙的厚度，此时的支座宽度太小，很难满足上述锚固长度的要求。对于这种情况，16G101-1 图集没有给出解决办法。标准图集不是万能的。作为设计师应该了解标准图集的这种功能上的局限性，主动地给出这种以剪力墙墙身作为支座的梁端部节点构造。

从 16G101-1 图集中可以看到一种解决方案：那就是第 37 页的工程例子，其中框架梁 KL2 以垂直的剪力墙墙身 Q1 作为支座，Q1 的厚度仅有 300mm，显然不能满足"纵筋直锚水平段≥$0.4l_{abE}$"的要求，但是此工程例子在这个端支座处增设了"端柱"GDZ2（截面为 600×600），这就解决了"剪力墙墙身作为支座"而宽度不够的问题。——在框架结构中，框架梁一般是与框架柱为支座的；在剪力墙结构中，边框梁一般是与端柱为支座的。

因此，当框架梁端支座为厚度较小的剪力墙时，框架梁纵筋可以采用等强度、等面积代换为较小直径的钢筋，还可以在梁端支座部位设置剪力墙壁柱，但是最好的办法还是请该工程的结构设计师出示解决方案。当施工图没有明确的解决方案时，施工方面应在会审图纸时提出。

2.4.4.2 框架梁上部纵筋和下部纵筋在端支座的锚固有何不同

16G101-1 图集第 84 页上，对于抗震楼层框架梁的上部纵筋的水平直锚段长度注明为："伸至柱外侧纵筋内侧，且≥$0.4l_{abE}$"，直钩长度"$15d$"——虽然下部纵筋的直钩长度也是"$15d$"，但是在弯锚水平段的标注都是"伸至梁上部纵筋弯钩段内侧或柱外侧纵筋内侧，且≥$0.4l_{abE}$"。

此外，框架梁上部纵筋和下部纵筋在端支座锚固的要求还有所不同：

（1）对于框架梁上部纵筋来说，16G101-1 图集第 84 页的做法仅适用于"楼层框架梁"。而对于"屋面框架梁"，直钩长度就超过 $15d$ 了（这方面的内容我们在后面"顶梁边柱的节点构造"中进行介绍）。

（2）对于框架梁下部纵筋，16G101-1 图集第 84 页的做法，不但对于楼层框架梁，而且对于屋面框架梁都适用（当然，对于屋面框架梁来说，更加强调框架梁下部纵筋的端部是"伸至梁上部纵筋弯钩段内侧且≥$0.4l_{abE}$"）。

2.4.4.3 框架梁纵筋伸入端柱支座长度的计算方法

不少人和我讨论起这个框架梁纵筋长度的算法问题：

16G101-1 图集中规定钢筋锚固值为"≥$0.4l_{abE}+15d$"，会出现两种计算方法。

"取定直锚值=$0.4l_{abE}$"计算，直钩为 $15d$。这就会在施工中出一个问题，钢筋就会在梁支座的中间弯起锚固的现象。

"取定直锚水平段长度＝支座宽度－钢筋保护层"计算，这时可能直锚值＞$0.4l_{abE}$，直钩＝$15d$。这样看起来要多计算一段直锚的钢筋。

上述两种计算方法，哪一种正确？

早在2003年，我就向陈青来教授请教了这个问题。当时，我提出：

平法梁纵筋伸入端柱支座长度的两种计算方法：

梁纵筋伸入端柱都有$15d$的弯锚（直钩）部分，如果把它放在与柱纵筋同一个垂直层面上，会造成钢筋过密，显然是不合适的。正如图上所画的那样，应该从外到内分成几个垂直层面来布置。但是，在计算过程中，却可以有两种不同的算法，这两种算法都符合图集的规定：

第一种算法，是从端柱外侧向内侧计算，先考虑柱纵筋的保护层，再按一定间距布置（计算）梁的第一排上部纵筋、第二排上部纵筋，再计算梁的下部纵筋，最后，保证最内层的下部纵筋的直锚长度不小于$0.4l_{aE}$；

第二种算法，是从端柱内侧向外侧计算，先保证梁最内层的下部纵筋的直锚长度不小于$0.4l_{aE}$，然后依次向外推算，这样算下来，最外层的梁上部纵筋的直锚部分可能和柱纵筋隔开一段距离。

这两种算法，第一种较为安全，第二种省些钢筋。不知道图集设计者同意采用哪一种算法？

陈青来教授回答：

应按第一种算法。如果柱截面高度较大，按第54页注8执行。

注：03G101-1图集第54页注8为："当楼层框架梁的纵向钢筋直锚长度≥l_{aE}且≥$0.5h_c+5d$时，可以直锚。"

〖关于框架梁纵筋在端支座直锚长度计算问题的讨论〗

〖问〗

"最里面的一层钢筋"的直锚水平段长度＜$0.4l_{abE}$，怎么办？

从16G101-1图集第84页图中看出：

上部纵筋和下部纵筋锚入柱内的直锚水平段均应≥$0.4l_{abE}$；

上部纵筋和下部纵筋都要尽量伸至靠近柱外侧纵筋，弯直钩$15d$，其直钩之间要保持一定净距（"净距"≥25mm）。

这样，会造成"最里面的一层钢筋"的直锚水平段长度＜$0.4l_{abE}$。怎么办？

〖答〗

在16G101-1图集第84页图中可以看到，框架梁上下纵筋的计算方法是：

端支座处的框架梁纵筋首先要伸到柱对边的远端，然后再验算水平直锚段不小于$0.4l_{aE}$。然而，从图集第84页可以看到，上部第一排、上部第二排、下部第一排、下部第二排纵筋的四个$15d$直钩段形成"1、2、3、4"的从外向内的垂直层次，还要保证每两个直钩段钢筋净距不小于25mm，这样，有可能导致第4个层次（下部第二排纵筋）的直锚水平段长度小于$0.4l_{abE}$的后果（图2-28的左图）。

我们按16G101-1图集第37页例子工程的KL2的端支座（600×600的端柱）进行上部两排纵筋和下部两排纵筋的配筋计算，结果发现"第4个层次"的纵筋的直锚水平段长

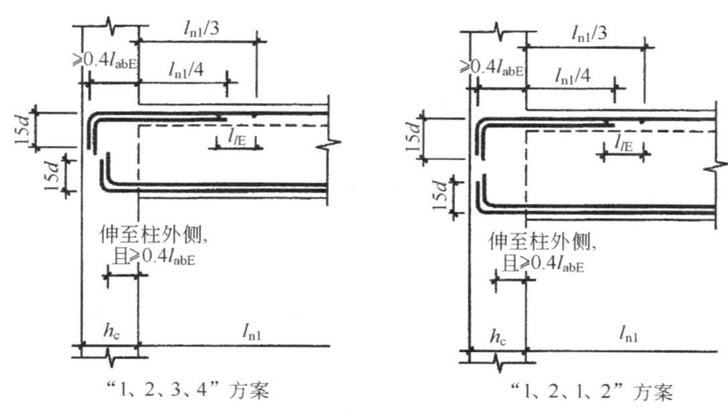

图 2-28

度不满足"$\geqslant 0.4l_{abE}$"的要求（计算过程见"例 1"）。

在网上的多次讨论中，专家们提出了若干解决方案。

如果遇到保证每根钢筋之间净距与保证直锚长度不能同时满足的实际情况，有如下几个解决方案：

① 梁钢筋弯钩直段与柱纵筋以不小于 45°斜交，成"零距离点接触"；

② 将最内层梁纵筋按等面积代换为较小直径的钢筋；

③ 梁下部纵筋锚入边柱时，端头直钩向下锚入柱内。这样的好处是：下部纵筋的 $15d$ 直钩不与上部纵筋的直钩打架，可以大大改善节点区的拥挤状态。只是要改变将施工缝留在梁底的习惯。

后来，根据工程技术人员的实际经验，以及同结构设计人员对"平法梁"技术的深入探讨，我们提出下述新观点：

框架梁上部第一排、上部第二排、下部第一排、下部第二排纵筋的四个 $15d$ 直钩段形成"1、2、1、2"的垂直层次，可以改善原来第 4 个层次（下部第二排纵筋）直锚水平段不足 $0.4l_{abE}$的状况（见图 2-28 的右图）。

这个方案就是说：框架梁上部第一排纵筋直通到柱外侧，上部第二排纵筋的直钩段与第一排纵筋保持一个钢筋净距；同样，框架梁下部第一排纵筋也是直通到柱外侧，下部第二排纵筋的直钩段与第一排纵筋保持一个钢筋净距。

按这样的布筋方法，下部第一排纵筋的直锚水平段长度与上部第一排纵筋相同，下部第二排纵筋的直锚水平段长度与上部第二排纵筋相同。这样，可以避免发生下部第二排纵筋直锚水平段长度小于 $0.4l_{abE}$的现象。

这个新方案实现的可能性：虽然上部第一排纵筋和下部第一排纵筋的 $15d$ 垂直段同属一个垂直层次，但是安装钢筋时可以把"$15d$ 直钩段"向相反方向作一定角度的偏转，从而可以避免两个"$15d$ 直钩段"相互碰头。

根据上面的分析，第一排纵筋和第二排纵筋的直锚水平段长度的计算公式如下：

第一排纵筋直锚水平段长度＝支座宽度－30－d_z－25

第二排纵筋直锚水平段长度＝支座宽度－30－d_z－25－d_1－25

其中　d_z 是柱外侧纵筋的直径，d_1 是第一排梁纵筋的直径，

30 是柱纵筋的保护层厚度，25 是两排纵筋直钩段之间的净距。

〖说明〗

① 第一排纵筋直钩段与柱外侧纵筋的净距为25mm；

② 第二排纵筋直钩段与第一排纵筋直钩段的净距为25mm。

〖下面列举几个有关梁端支座直锚水平段的钢筋计算例子〗

〖例1〗按16G101-1图集第37页例子工程的KL2的端支座（600×600的端柱）进行上部两排纵筋和下部两排纵筋的配筋计算，计算这四排纵筋在左端支座的直锚水平段长度。梁混凝土强度等级C30，柱混凝土强度等级C30，柱箍筋ϕ10，柱纵筋Φ25，二级抗震等级。

〖分析〗

KL2的截面尺寸为300×700，左端支座是剪力墙端柱GDZ2，截面尺寸为600×600，集中标注的上部通长筋为2Φ25，左支座的原位标注为6Φ25 4/2，下部的原位标注是8Φ25 3/5。

第一排上部纵筋为4Φ25，其中位于截面角部的2Φ25是上部通长筋，位于截面中间的2Φ25是非贯通的支座负筋；

第二排非贯通的支座负筋是2Φ25；

第一排下部纵筋为5Φ25；

第二排下部纵筋为3Φ25。

〖解1〗（按“1、2、3、4”的层次计算）

① 计算第一排上部纵筋的水平直锚段长度

（按16G101-1第56页关于保护层最小厚度的规定，柱箍筋的保护层为20mm，箍筋直径10mm，则柱纵筋的保护层厚度=20+10=30mm，这样，后面的计算与原来的计算结果相同。还要注意一点，就是比较柱纵筋保护层厚度是否大于等于柱纵筋直径，显然，现在是满足要求的。）

第一排上部纵筋为4Φ25（包括上部通长筋和支座负筋），伸到柱外侧纵筋的内侧，根据前面介绍的计算公式，

第一排上部纵筋直锚水平段长度=600−30−25−25=520mm。

② 计算第二排上部纵筋的水平直锚段长度

第二排上部纵筋2Φ25的直钩段与第一排纵筋直钩段的净距为25mm，根据前面介绍的计算公式，第二排上部纵筋直锚水平段长度=520−25−25=470mm。

③ 计算第一排下部纵筋的水平直锚段长度

第一排下部纵筋5Φ25的直钩段是“第三个层次的直钩段”，它与前一个直钩段的净距为25mm，所以第一排下部纵筋直锚水平段长度=470−25−25=420mm。

④ 计算第二排下部纵筋的水平直锚段长度

第二排下部纵筋3Φ25的直钩段是“第四个层次的直钩段”，它与前一个直钩段的净距为25mm，所以第二排下部纵筋直锚水平段长度=420−25−25=370mm。

〖讨论〗

根据C30、HRB400、二级抗震等级查表“抗震设计时受拉钢筋基本锚固长度 l_{abE}”，得 $l_{abE}=40d$。

我们验证一下“第二排下部纵筋直锚水平段长度”是否满足“$\geqslant 0.4l_{abE}$”的要求。

首先计算 $0.4l_{abE}=0.4\times40d=0.4\times40\times25=400$mm，而第二排下部纵筋直锚水平段长度=370mm<$0.4l_{abE}$（不符合要求）。

注：如果框架梁、柱混凝土强度等级不同，应按柱混凝土强度等级查表（l_{abE}表或l_{aE}表）。

〖可采取的工程措施〗

使第一排纵筋直钩段与柱外侧纵筋的净距为0，应用前面介绍的：梁钢筋弯钩直段与柱纵筋以不小于45°斜交，成“零距离点接触”；

这样可以把前面计算的四个直锚水平段长度分别增加25mm，此时的第二排下部纵筋直锚水平段长度=395mm<$0.4l_{abE}$（仍不符合要求）。

〖解2〗（按“1、2、1、2”的层次计算）

① 计算第一排上部纵筋的水平直锚段长度

第一排上部纵筋为4Φ25（包括上部通长筋和支座负筋），伸到柱外侧纵筋的内侧，第一排上部纵筋直锚水平段长度=600−30−25−25=520mm。

② 计算第二排上部纵筋的水平直锚段长度

第二排上部纵筋2Φ25的直钩段与第一排纵筋直钩段的净距为25mm，第二排上部纵筋直锚水平段长度=520−25−25=470mm。

③ 计算第一排下部纵筋的水平直锚段长度

第一排下部纵筋为5Φ25伸到柱外侧纵筋的内侧，第一排下部纵筋直锚水平段长度=600−30−25−25=520mm。

④ 计算第二排下部纵筋的水平直锚段长度

第二排下部纵筋3Φ25的直钩段与第一排纵筋直钩段的净距为25mm，第二排下部纵筋直锚水平段长度=520−25−25=470mm。

〖讨论〗

显然，每个直锚水平段长度都大于$0.4l_{abE}$（即400mm），都符合要求。

（在以后的计算中，我们都按“1、2、1、2”的层次计算。）

〖例2〗计算KL1端支座（600×600及的端柱）的支座负筋的长度。混凝土强度等级C30，二级抗震等级（图2-29）（本例以后例子的柱混凝土强度等级和柱钢筋规格同例1）。

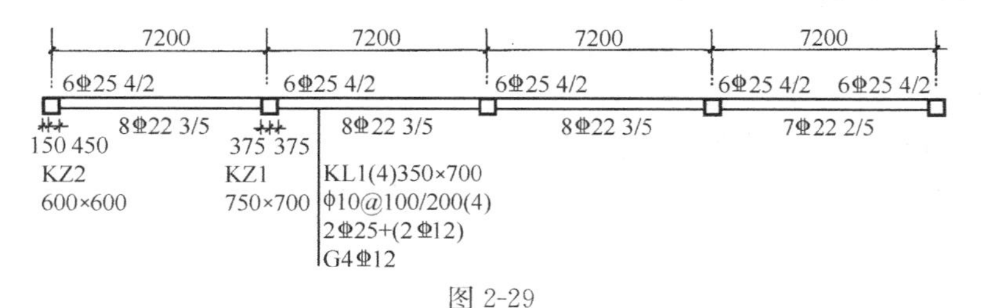

图2-29

〖分析〗

KL1的截面尺寸为350mm×700mm。KL1第一跨的跨度（轴线—轴线）为7200mm；左端支座是端柱KZ2，截面尺寸为600mm×600mm，为偏中轴线（外偏150mm，内偏450mm）；第一跨的右支座（中间支座）是KZ1，截面尺寸为750mm×700mm，为正中轴线。

KL1集中标注的上部通长筋为2Φ25，左端支座的原位标注为6Φ25 4/2。

根据原位标注，支座第一排纵筋为4Φ25，这包括上部通长筋和支座负筋，所以，第一排（非贯通的）支座负筋为2Φ25；第一排支座负筋为2Φ25。

支座负筋的水平长度＝水平直锚段长度＋延伸长度

在计算上部纵筋在端支座锚固长度的过程中，要注意到：

抗震框架梁的上部纵筋要伸到柱外侧纵筋的内侧，再弯15d的直钩，并且保证其直锚水平段长度≥0.4l_{abE}。但是，当支座宽度很大时（支座宽度大于l_{aE}），就不需要伸到支座外侧，而且不需要弯15d的直钩。

其计算过程如下：

(1) 首先，判断这个端支座是不是"宽支座"?

分别计算l_{aE}和0.5h_c+5d的数值（这里的h_c是端支座KZ2的宽度600mm），并选取其最大值L_d=max(l_{aE}，0.5h_c+5d)；

柱纵筋保护层厚度＝箍筋保护层厚度＋箍筋直径＝20＋10＝30（后面的计算，我们取柱纵筋保护层为30）

然后，比较L_d和h_c−30−25（30是柱纵筋保护层厚度，25是柱纵筋直径），

如果L_d<h_c−30−25，则这个端支座是"宽支座"，此时，取定L_d作为上部纵筋在端支座的锚固长度，钢筋不弯直钩。

否则，继续进行下面的计算：

(2)（已经确定）这个端支座不是"宽支座"。

首先按"伸到柱外侧纵筋的内侧"来计算上部纵筋的直锚水平段长度L_d：

L_d=h_c−30−25−25（第二个25是上部纵筋端部与柱纵筋的净距）。

然后，把L_d的计算值与0.4l_{abE}进行比较，

如果L_d≥0.4l_{abE}，则

取定L_d作为上部纵筋在端支座的锚固长度，同时钢筋弯15d直钩。

如果L_d<0.4l_{abE}，则说明目前给出的上部纵筋直径太大，或者是支座宽度太小，需要进一步做出调整。

下面，进行这个例子的具体计算。

〖解〗

(1) 计算第一排上部纵筋的锚固长度：

1) 首先，判断这个端支座是不是"宽支座"?

根据"混凝土强度等级C30，二级抗震等级、HRB400"的条件查表"受拉钢筋抗震锚固长度l_{aE}"得l_{aE}=40d。

$$l_{aE}=40d=40\times25=1000\text{mm}$$

$$0.5h_c+5d=0.5\times600+5\times25=425\text{mm}$$

所以，L_d=max(l_{aE}，0.5h_c+5d)=1000mm

再计算 h_c−30−25=600−30−25=545mm

由于L_d=1000>h_c−30−25，所以，这个端支座不是"宽支座"。

2) 接着计算上部纵筋在端支座的直锚水平段长度L_d：

$L_d = h_c - 30 - 25 - 25 = 600 - 30 - 25 - 25 = 520$mm。

计算 $0.4l_{abE} = 0.4 \times 1000 = 400$mm。

由于 $L_d = 520 > 0.4l_{abE}$，所以这个直锚水平段长度 L_d 是合适的。

此时，钢筋的左端部是带直钩的，

直钩长度 $= 15d = 15 \times 25 = 375$mm

（2）计算第一排支座负筋向跨内的延伸长度

KL1 第一跨的净跨长度 $l_{n1} = 7200 - 450 - 375 = 6375$mm，所以，第一排支座负筋向跨内的延伸长度 $= l_{n1}/3 = 6375/3 = 2125$mm。

（3）KL1 左端支座的第一排支座负筋的水平长度 $= 520 + 2125 = 2645$mm，这根钢筋还有一个 $15d$ 的直钩，直钩长度 $= 15 \times 25 = 375$mm，所以，这根钢筋的每根长度 $= 2645 + 375 = 3020$mm。

（4）计算第二排上部纵筋的水平直锚段长度

第二排上部纵筋 2Φ25 的直钩段与第一排纵筋直钩段的净距为 25mm，第二排上部纵筋直锚水平段长度 $= 520 - 25 - 25 = 470$mm。

由于 $L_d = 470 > 0.4l_{abE} = 0.4 \times 1000 = 400$mm，所以这个直锚水平段长度 L_d 是合适的。

此时，钢筋的左端部是带直钩的，

直钩长度 $= 15d = 15 \times 25 = 375$mm。

（5）计算第二排支座负筋向跨内的延伸长度

第二排支座负筋向跨内的延伸长度 $= l_{n1}/4 = 6375/4 = 1593$mm。

（6）KL1 左端支座的第二排支座负筋的水平长度 $= 470 + 1593 = 2063$mm

这根钢筋还有一个 $15d$ 的直钩，直钩长度 $= 15 \times 25 = 375$mm

所以，这根钢筋的每根长度 $= 2063 + 375 = 2438$mm。

〖当上柱截面尺寸小于下柱时〗

我们现在继续本小节前面的讨论，即“当上柱截面尺寸小于下柱时，会对端支座非贯通纵筋的计算产生什么影响?”

就以本例题 KL1 支座负筋的计算为例。假设现在位于“框架柱变截面的关节楼层”，KL1 的端柱在本层的尺寸为 600×600，而到了上一层则变成 500×500。

我们先撇开“$15d$ 的直钩段”不提，支座负筋的水平段由两部分组成，即“水平直锚段”和“跨内延伸段”。在本例题中，这些都是根据下柱的 h_c(=600) 进行计算的。

第 1 跨的净跨长度 $l_{n1} = 6375$mm

第一排支座负筋的跨内延伸长度 $= l_{n1}/3 = 2125$mm

第二排支座负筋的跨内延伸长度 $= l_{n1}/4 = 1593$mm

第一排支座负筋的水平直锚段 $L_{d1} = 600 - 30 - 25 - 25 = 520$mm

第二排支座负筋的水平直锚段 $L_{d2} = L_{d1} - 25 - 25 = 470$mm

下面进行“$\geq 0.4l_{abE}$”的验算。按本例题前面的计算 $0.4l_{abE} = 400$mm。在本例题前面的计算是根据“上柱截面尺寸与下柱相同”来进行的，所以有这样的验算结果：$L_{d1} = 520 > 0.4l_{abE}$，$L_{d2} = 470 > 0.4l_{abE}$（都满足要求）。

但现在不同了，“上柱截面尺寸小于下柱”：下柱 h_c=600，而上柱 h_c=500，二者相差100mm。由于该框架柱为“边柱”，上下柱的外边缘是一平的，这个“100mm”的错台都发生在上柱的内边缘上。可以看出，上面的 L_{d1}=520 和 L_{d2}=470 是从“下柱内边缘”开始计算的，而现在要“从上柱内边缘起算”来进行“≥0.4l_{abE}”的验算，只能这样计算：

L_{d1}−100=520−100=420mm>0.4l_{abE}，所以 L_{d1}是合适的；

L_{d2}−100=470−100=370mm<0.4l_{abE}，所以 L_{d2}是不合适的。

也就是说，第二排支座负筋的水平直锚段不满足“≥0.4l_{abE}”的要求。

这就需要采取措施来解决这个问题了。可以采用本小节前面讨论过的方法：

1）将第二排支座负筋按等面积代换为较小直径的钢筋。本例题的第二排支座负筋为（2根）直径25mm的HRB400级钢筋，可以代换为（3根）直径22mm的。

这样的代换会产生什么效果呢?

原来，当支座负筋直径为25mm时，0.4l_{abE}=0.4×40×25=400mm

现在，当支座负筋直径为22mm时，0.4l_{abE}=0.4×40×22=352mm

也就是说，现在终于满足验算条件：L_{d2}−100=370mm>0.4l_{abE}

2）或者，鉴于现在第二排支座负筋“仅差30mm”就能满足要求，而第一排支座负筋的直钩段与第二排支座负筋的直钩段本来存在25mm的净距，我们可以先把第一排支座负筋向外延长10mm，再把第二排支座负筋向外延长30mm，让它的“15d 的直钩段”偏转45°与第一排支座负筋的直钩段斜交，形成“零距离点接触”。

〖例3〗计算KL1第一跨上部纵筋的长度。混凝土强度等级C30，二级抗震等级（图2-30）。

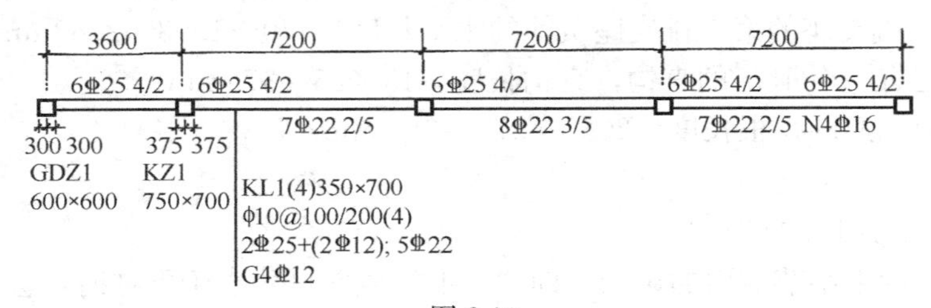

图2-30

〖分析〗

KL1的截面尺寸为350mm×700mm，第一跨的跨度（轴线-轴线）为3600；左端支座是剪力墙端柱GDZ1，截面尺寸为600×600，支座宽度600，为正中轴线；第一跨的右支座（中间支座）是KZ1，截面尺寸为750×700，支座宽度750为正中轴线。

第二跨的跨度（轴线-轴线）为7200；第二跨的右支座（中间支座）是KZ1，截面尺寸为750×700，为正中轴线。

KL1集中标注的上部通长筋为2Φ25，第一跨上部跨中原位标注为6Φ25 4/2，第二跨左支座的原位标注为6Φ25 4/2。

根据第一跨的原位标注，第一排纵筋为4Φ25，这包括上部通长筋和第一跨的局部贯通筋，除了上部通长筋2Φ25，第一跨的局部贯通筋为2Φ25。

根据第二跨的左支座原位标注，第一排纵筋为4Φ25，这包括上部通长筋和第二跨左支座的支座负筋，除了上部通长筋2Φ25，第二跨的支座负筋为2Φ25。

这样，第一跨第一排的局部贯通筋和第二跨第一排的支座负筋的钢筋规格和根数相同，都是2Φ25，可以把它们贯通处理。

同样，第一跨第二排的局部贯通筋和第二跨第二排的支座负筋的钢筋规格和根数相同，都是2Φ25，可以把它们贯通处理。

第一跨上部纵筋的水平长度＝端支座水平直锚段长度＋第一跨净跨长度＋中间支座宽度＋第二跨延伸长度

（在这里说明一下：关于上部纵筋在端支座的锚固长度的各种情况的分析和有关的计算，在“例2”中已经详细讨论过了，“例3”与“例2”类似，在此不作重复，下面解题的过程中也略去了相关部分。不过，大家在处理实际工作问题中是不能忽略这些问题的，尤其不能忽略判断是否“宽支座”的问题。）

〖解〗

（1）计算端支座第一排上部纵筋的水平直锚段长度

第一排上部纵筋为4Φ25（包括上部通长筋和支座负筋），伸到柱外侧纵筋的内侧，第一排上部纵筋直锚水平段长度L_d＝600－30－25－25＝520mm。

由于L_d＝520＞$0.4l_{abE}$＝0.4×1000＝400mm，所以这个直锚水平段长度L_d是合适的。

此时，钢筋的左端部是带直钩的，直钩长度＝$15d$＝15×25＝375mm。

（2）计算第一跨净跨长度和中间支座宽度

第一跨净跨长度＝3600－300－375＝2925mm，中间支座宽度＝750mm。

（3）计算第二跨左支座第一排支座负筋向跨内的延伸长度

KL1第一跨的净跨长度l_{n1}＝2925mm，KL1第二跨的净跨长度l_{n2}＝7200－375－375＝6450mm，l_n＝max(2925,6450)＝6450mm，所以，第一排支座负筋向跨内的延伸长度＝$l_n/3$＝6450/3＝2150mm

（4）KL1第一跨第一排上部纵筋的水平长度＝520＋2925＋750＋2150＝6345mm，这根钢筋还有一个$15d$的直钩，直钩长度＝15×25＝375mm，所以，这根钢筋的每根长度＝6345＋375＝6720mm。

（5）计算端支座第二排上部纵筋的水平直锚段长度

第二排上部纵筋2Φ25的直钩段与第一排纵筋直钩段的净距为25mm，第二排上部纵筋直锚水平段长度L_d＝520－25－25＝470mm。

由于L_d＝470＞$0.4l_{abE}$＝0.4×1000＝400mm，所以这个直锚水平段长度L_d是合适的。

此时，钢筋的左端部是带直钩的，直钩长度＝$15d$＝15×25＝375mm。

（6）计算第二跨左支座第一排支座负筋向跨内的延伸长度

第二排支座负筋向跨内的延伸长度＝$l_n/4$＝6450/4＝1612mm。

（7）KL1第一跨第二排上部纵筋的水平长度＝470＋2925＋750＋1612＝5757mm，这根钢筋还有一个$15d$的直钩，直钩长度＝15×25＝375mm。

所以，这根钢筋的每根长度＝5757＋375＝6132mm。

〖例4〗计算KL1第一跨下部纵筋的长度。混凝土强度等级C30，二级抗震等级（图2-31）。

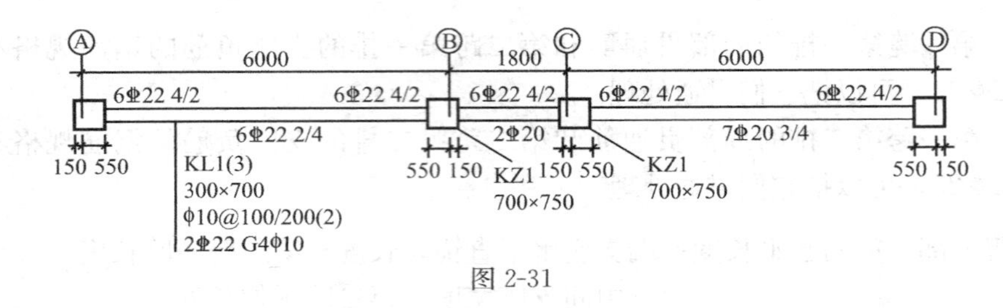

图 2-31

〖分析〗

KL1 的截面尺寸为 300×700，第一跨的跨度（轴线-轴线）为 6000；左端支座是框架柱 KZ1 截面尺寸为 750×700，支座宽度 700 为偏中轴线；第一跨的右支座（中间支座）是 KZ1 截面尺寸为 750×700，支座宽度 700 为偏中轴线。上述两个 KZ1 都是外偏 150，内偏 550。

KL1 的集中标注没有下部通长筋，第一跨下部原位标注为 6Φ22 2/4，第二跨下部原位标注为 2Φ20。

（1）根据 KL1 第一跨下部纵筋的原位标注，第一排下部纵筋为 4Φ22，第二排下部纵筋为 2Φ22。由于 KL5 第一跨的下部纵筋的规格与第二跨完全不同，所以第一跨的下部纵筋不必考虑与第二跨下部纵筋的贯通问题，只需把第一跨下部纵筋锚入中间支座 l_{aE}，同时超过柱中心线 $5d$：

第一跨下部纵筋在中间支座的锚固长度$=\max(l_{aE}, 0.5h_c+5d)$

（这里的 h_c 是中间支座 KZ1 的宽度 700mm）。

（2）KL1 第一跨的左支座是端支座（KZ1，支座宽度 700mm 为偏中轴线：外偏 150，内偏 550），抗震框架梁的下部纵筋要伸到柱外侧纵筋的内侧，再弯 $15d$ 的直钩，并且保证其直锚水平段长度$\geqslant 0.4l_{abE}$。但是，当支座宽度很大时（支座宽度大于 l_{aE}），就不需要伸到支座外侧，而且不需要弯 $15d$ 的直钩。

在计算下部纵筋在端支座锚固长度的具体过程中：

1）首先，判断这个端支座是不是“宽支座”?

分别计算 l_{aE}和 $0.5h_c+5d$ 的数值（这里的 h_c 是端支座 KZ1 的宽度 700），并选取其最大值 $L_d=\max(l_{aE}, 0.5h_c+5d)$

然后，比较 L_d 和 $h_c-30-25$（30 是柱保护层厚度，25 是柱纵筋直径）。

如果 $L_d<h_c-30-25$，则这个端支座是“宽支座”，此时，取定 L_d 作为下部纵筋在端支座的锚固长度，钢筋不弯直钩。

否则，继续进行下面的计算。

2)（已经确定）这个端支座不是“宽支座”。

首先按“伸到柱外侧纵筋的内侧”来计算下部纵筋的直锚水平段长度 L_d：

$$L_d=h_c-30-25-25$$

然后，把 L_d 的计算值与 $0.4l_{abE}$进行比较。

如果 $L_d\geqslant 0.4l_{abE}$，则取定 L_d 作为抗扭纵筋在端支座的锚固长度，同时钢筋弯 $15d$ 直钩。

如果 $L_d<0.4l_{abE}$，则说明目前给出的抗扭纵筋直径太大，或者是支座宽度太小，需要进一步做出调整。

下面，进行这个例子的具体计算。

〖解〗

(1) 计算第一排下部纵筋在(A 轴线)端支座的锚固长度

1) 首先，判断这个端支座是不是“宽支座”?

根据“混凝土强度等级 C30，二级抗震等级”的条件查表，

$$l_{aE}=40d=40\times22=880\text{mm}$$

$$0.5h_c+5d=0.5\times700+5\times22=460\text{mm}$$

所以，$L_d=\max(l_{aE},0.5h_c+5d)=880\text{mm}$

再计算 $h_c-30-25=700-30-25=645\text{mm}$

由于 $L_d=880>h_c-30-25$

所以，这个端支座不是“宽支座”

2) 接着计算下部纵筋在端支座的直锚水平段长度 L_d:

$$L_d=h_c-30-25=700-30-25-25=620\text{mm}$$

计算 $0.4l_{abE}=0.4\times880=352\text{mm}$

由于 $L_d=620\text{mm}>0.4l_{abE}$，所以这个直锚水平段长度 L_d 是合适的。

此时，钢筋的左端部是带直钩的，直钩长度$=15d=15\times22=330\text{mm}$。

(2) 计算第一跨净跨长度

$$\text{第一跨净跨长度}=6000-550-550=4900\text{mm}$$

(3) 计算第一跨第一排下部纵筋在(B 轴线)中间支座的锚固长度

中间支座(即 KZ1)的宽度 $h_c=700\text{mm}$,

$0.5h_c+5d=700/2+5\times22=460\text{mm}$,

$l_{aE}=40d=40\times22=880\text{mm}>460\text{mm}$,

所以，第一排下部纵筋在(B 轴线)中间支座的锚固长度为 880mm。

(4) KL1 第一跨第一排下部纵筋的水平长度$=620+4900+880=6400\text{mm}$，这根钢筋还有一个 $15d$ 的直钩，直钩长度$=330\text{mm}$。

因此，KL1 第一跨第一排下部纵筋的每根长度$=6400+330=6730\text{mm}$。

(5) 计算第二排下部纵筋在端支座的水平直锚段长度

第二排下部纵筋 2Φ22 的直钩段与第一排纵筋直钩段的净距为 25mm,

第二排下部纵筋直锚水平段长度$=620-25-25=570\text{mm}$

此钢筋的左端部是带直钩的，直钩长度$=15d=15\times22=330\text{mm}$。

(6) 第二排下部纵筋在中间支座的锚固长度与第一排下部纵筋相同

第二排下部纵筋在中间支座的锚固长度为 880mm。

(7) KL1 第一跨第二排下部纵筋的水平长度$=570+4900+880=6350\text{mm}$

这根钢筋还有一个 $15d$ 的直钩，直钩长度$=330\text{mm}$，因此，KL1 第一跨第二排下部纵筋的每根长度$=6350+330=6680\text{mm}$。

〖讨论〗

KL1 第二跨下部纵筋的原位标注为 2Φ20，第三跨下部纵筋的原位标注为 7Φ20 3/4，现在讨论一下 KL1 第二、三跨的第一排下部纵筋能否贯通的问题。

第三跨第一排下部纵筋为 4Φ20，其中两根Φ20 钢筋(设置在箍筋角部的那两根)是可以与第二跨的下部纵筋(2Φ20)贯通的。

我们现在计算一下当第二、三跨第一排下部纵筋实行贯通的时候这根钢筋的长度。

(1) 计算第一排下部纵筋在（D轴线）端支座的水平直锚段长度

第一排下部纵筋（2Φ20），伸到柱外侧纵筋的内侧，第一排下部纵筋直锚水平段长度＝700－30－25－25＝620mm。

(2) 计算第二、三跨净跨长度

第三跨净跨长度＝6000－550－550＝4900mm

中间支座的宽度＝700mm

第二跨净跨长度＝1800－150－150＝1500mm

(3) 计算第二跨第一排下部纵筋在（B轴线）中间支座的锚固长度

中间支座（即KZ1）的宽度＝700mm

半个KZ1的宽度加5d＝700/2＋5×22＝460mm

$$l_{aE}=40d=40\times20=800\text{mm}>460\text{mm}$$

所以，第一排下部纵筋在（B轴线）中间支座的锚固长度为800mm。

(4) 计算KL1第二、三跨第一排下部贯通纵筋的水平长度

钢筋水平长度＝(B轴线)中间支座的锚固长度＋第二跨净跨长度
＋(C轴线)中间支座的宽度＋第三跨净跨长度
＋(D轴线)端支座锚固长度

钢筋水平长度＝800＋1500＋700＋4900＋620＝8520mm

这根钢筋还有一个15d的直钩，直钩长度＝15×20＝300mm

所以，这根钢筋的每根长度＝8520＋300＝8820mm。

现在，我们来讨论一下上述的下部贯通纵筋是否成立？如果钢筋的定尺长度为9000mm的话，则这样的做法是成立的。但是，如果钢筋的定尺长度为8000mm，则上述“第二、三跨第一排下部纵筋贯通”的做法是不成立的，还是应当采用把第二跨、第三跨下部纵筋分别“按跨锚固”的做法。

2.4.5 框架梁侧面纵筋的构造

梁的侧面纵筋俗称“腰筋”，包括梁侧面构造钢筋和侧面抗扭钢筋。这里讲述的内容，对于屋面框架梁来说也完全适用。

2.4.5.1 框架梁侧面构造钢筋的构造

16G101-1图集第90页有“梁侧面纵向构造筋和拉筋”的构造。

从这些“梁侧面纵向构造钢筋和拉筋”构造（图2-32）中，我们可以获得以下的一些信息：

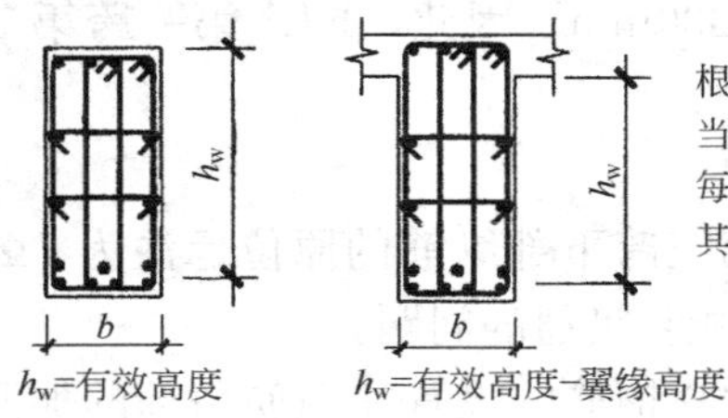

根据《混凝土结构设计规范》(GB 50010—2010)
当梁的腹板高度h_w≥450mm时，设置侧面纵向构造钢筋，
每侧纵向构造钢筋的截面积≥腹板截面面积($b\times h_w$)的0.1%且
其间距不宜大于200mm

图2-32

(1) 当梁的腹板高度 $h_w \geqslant 450$mm 时，在梁的两个侧面应沿高度配置纵向构造钢筋，其间距不宜大于 200mm。侧面纵向构造钢筋在梁的腹板高度上均匀布置。

(2) 然而，在 16G101-1 图集第 90 页并未给出梁侧面纵向构造钢筋的规格，可见梁侧面纵向构造钢筋是设计师在施工图上给出的，而不是施工人员自行配置的（关于这方面的知识，我们在前面讲述钢筋标注时已作介绍）。

(3) 梁侧面纵向构造钢筋的搭接和锚固长度可取为 $15d$（见 16G101-1 图集第 90 页）。

(4) 梁侧面纵向构造钢筋的拉筋不是在施工图上标注的，而是由施工人员根据 16G101-1图集来配置的：

当梁宽≤350mm 时，拉筋直径为 6mm；当梁宽＞350mm 时，拉筋直径为 8mm。

拉筋间距为非加密区箍筋间距的两倍。当设有多排拉筋时，上下两排拉筋竖向错开设置（这就是俗话说的“隔一拉一”的问题）。

(5) 拉筋弯钩构造见 16G101-1 图集第 62 页。

关于拉筋弯钩与光圆钢筋的 180°弯钩的对比见图 2-33。

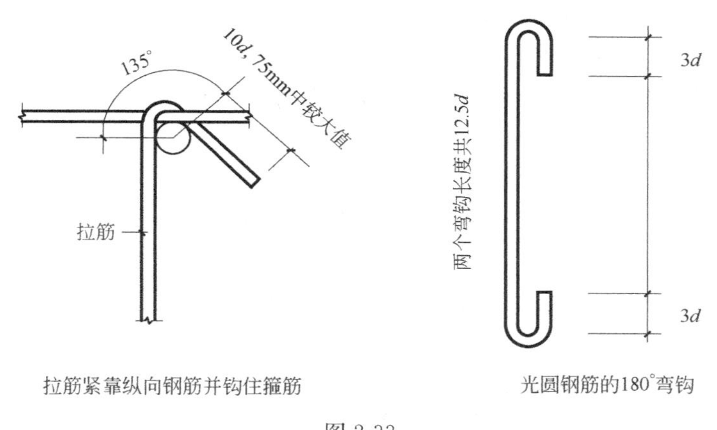

拉筋紧靠纵向钢筋并钩住箍筋　　光圆钢筋的180°弯钩

图 2-33

拉筋紧靠纵向钢筋并钩住箍筋；

拉筋弯钩角度为 135°，抗震弯钩的平直段长度为 $10d$ 和 75mm 中的最大值。

〖关于拉筋的讨论〗

〖问〗

16G101 图集对拉筋有什么新规定？

〖答〗

16G101-1 第 62 页给出了拉筋的三种构造做法：“拉筋紧靠箍筋并钩住纵筋”、“拉筋紧靠纵向钢筋并钩住箍筋”、“拉筋同时钩住纵筋和箍筋”。

本页的注 2 还指出：“本图中拉筋弯钩的构造做法采用何种形式由设计指定”。

〖问〗

16G101-1 图集规定，箍筋的保护层不小于 20mm，如果侧面纵向构造钢筋的拉筋同时要钩住外面的箍筋的话，则 8mm 拉筋端部的保护层厚度只有 20－8＝12mm 了，这样的保护层是不是太小了？

〖答〗

按照16G101-1图集关于拉筋的一种构造做法，拉筋紧靠纵向钢筋并钩住箍筋。

16G101-1图集又规定，梁柱的保护层是针对箍筋说的，箍筋的保护层不小于20mm。当然，侧面纵向构造钢筋的拉筋同时要钩住外面的箍筋的话，则拉筋端部的保护层就不足20mm了。不过，保护层主要是保护一个面、一条线的，不是保护一个点的，一个点的保护层略小一点无碍大局。

〖关于侧面纵向构造钢筋计算的例子〗

〖例〗

在16G101-1图集第37页的例子工程中，KL1集中标注的侧面纵向构造钢筋为G4φ10，求：第一跨和第二跨侧面纵向构造钢筋的尺寸（混凝土强度等级C30，二级抗震等级）。

第一跨的跨度（轴线-轴线）为3600；左端支座是剪力墙端柱GDZ1截面尺寸为600×600，支座宽度600为正中轴线；第一跨的右支座（中间支座）是KZ1截面尺寸为750×700，支座宽度750为正中轴线。

第二跨的跨度（轴线-轴线）为7200；第二跨的右支座（中间支座）是KZ1，截面尺寸为750×700，为正中轴线。

〖分析〗

在进行钢筋计算之前，要弄清楚对于本问题的计算当中，哪些原始数据是有用的，哪些原始数据是无用的。

在进行侧面纵向构造钢筋长度的计算中，所用到的理论依据是："梁侧面纵向构造钢筋的锚固长度为15d"。

所以，侧面纵向构造钢筋的长度＝梁的净跨长度＋2×15d。

这就是说，梁侧面纵向构造钢筋长度的计算原则是"按跨计算"，在每跨的计算中，只要计算出净跨长度，就大功告成了。所以在计算中，我们只需要关心每跨梁的跨度（轴线-轴线）和支座偏中的尺寸，至于"混凝土强度等级"和"抗震等级"，在梁侧面纵向构造钢筋长度的计算中是没用的。

〖解〗

（1）计算第一跨的侧面纵向构造钢筋

KL1第一跨净跨长度＝3600－300－375＝2925mm，

所以，第一跨侧面纵向构造钢筋的长度＝2925＋2×15×10＝3225mm。

由于该钢筋为HPB300级钢筋，所以在钢筋的两端设置180°的小弯钩（这两个小弯钩的展开长度为12.5d）。

所以，钢筋每根长度＝3225＋12.5×10＝3350mm。

（2）计算第二跨的侧面纵向构造钢筋

KL1第二跨的净跨长度＝7200－375－375＝6450mm

所以，第二跨侧面纵向构造钢筋的长度＝6450＋2×15×10＝6750mm

由于该钢筋为HPB300级钢筋，所以在钢筋的两端设置180°的小弯钩。

所以，钢筋每根长度＝6750＋12.5×10＝6875mm。

〖关于拉筋计算的例子〗

〖问〗

KL1的截面尺寸是300×700，箍筋为Φ10@100/200(2)，集中标注的侧面纵向构造钢筋为G4Φ10，求：侧面纵向构造钢筋的拉筋规格和尺寸（混凝土强度等级为C30）。

〖解〗

（1）拉筋的规格

因为KL1的截面宽度为300mm＜350mm，所以拉筋直径为6mm。

（2）拉筋的尺寸

拉筋水平长度＝梁箍筋外围宽度＋2×拉筋直径

而　　梁箍筋外围宽度＝梁截面宽度－2×保护层＝300－2×20＝260mm

所以，本例题的拉筋水平长度＝260＋2×6＝272mm。

（3）拉筋的两端各有一个135°的弯钩，弯钩平直段为10d

拉筋的每根长度＝拉筋水平长度＋26d

所以，本例题拉筋的每根长度＝272＋26×6＝428mm。

〖关于拉筋长度的讨论〗

〖问〗

为什么说“拉筋的每根长度＝拉筋水平长度＋26d”？这个“26d”有什么根据？

〖答〗

我们大家都知道“直形钢筋”如果是HPB300级光圆钢筋的话，其钢筋两端各有一个180°的小弯钩（见图2-34右图），每个小弯钩的长度为6.25d，此时钢筋每根长度的计算公式为：

直形钢筋的每根长度＝拉筋水平长度＋12.5d

我们还知道上述的每个小弯钩的平直段长度为3d，也就是说每个弯钩的平直段比“10d”少了7d，两个弯钩一共少了14d。现在把这个14d加上去，再考虑180°弯钩和135°弯钩的区别，把小数点后面的“零头”舍去了，就得出：

拉筋的每根长度＝拉筋水平长度＋26d

上述计算“公式”仅供参考，大家也许有更好的算法，不必强求一律。

2.4.5.2 框架梁侧面抗扭钢筋的构造

梁侧面抗扭钢筋和梁侧面纵向构造钢筋类似，都是梁的“腰筋”。在16G101-1图集中没有给出专门的“梁侧面抗扭钢筋”构造图，而只给出了“梁侧面纵向构造钢筋和拉筋”的构造（图集第90页）。可见，梁侧面抗扭钢筋在梁截面中的位置及其拉筋的构造，采用图集第90页梁侧面纵向构造钢筋相同的做法。

然而，对于梁侧面抗扭钢筋，我们更要注意它与梁侧面纵向构造钢筋的不同点。

梁侧面抗扭钢筋是需要设计人员进行抗扭计算才能确定其钢筋规格和根数的。这与梁侧面纵向构造钢筋是按构造设置的有很大的不同。

16G101-1图集第90页对梁的侧面抗扭钢筋提出了明确的要求：

（1）梁侧面抗扭纵向钢筋的锚固长度为 l_{aE}或 l_a，锚固方式同框架梁下部纵筋。

（2）梁侧面抗扭纵向钢筋其搭接长度为 l_{lE}或 l_l。

（3）梁的抗扭箍筋要做成封闭式，当梁箍筋为多肢箍时，要做成“大箍套小箍”的形式。

对抗扭构件的箍筋有比较严格的要求。《混凝土结构设计规范》（GB 50010—2010）第9.2.10条指出：受扭所需的箍筋应做成封闭式，且应沿截面周边布置。当采用复合箍筋时，位于截面内部的箍筋不应计入受扭所需的箍筋面积。受扭所需箍筋的末端应做成135°弯钩，弯钩端头平直段长度不应小于10d，d为箍筋直径。

现在就算是普通梁的箍筋，也要做成“大箍套小箍”的形式。03G101-1图集第62～65页的注1指出：

当箍筋为多肢复合箍时，应采用大箍套小箍的形式。

（关于“大箍套小箍”涉及许多实际应用的问题，例如“内箍宽度”的计算方法等等，我们将在后面关于“箍筋”的小节中详细讨论。）

有人会问：遇到一根梁的腰筋，我怎样知道它是侧面纵向构造钢筋还是侧面抗扭钢筋呢？

在施工图中，一个梁的侧面纵筋是构造钢筋还是抗扭钢筋，完全由设计师来给定：“G”打头的钢筋就是构造钢筋，“N”打头的钢筋就是抗扭钢筋。

〖关于侧面抗扭钢筋计算的例子〗

〖例〗

KL1集中标注的侧面纵向构造钢筋为G4Φ10，而KL1第4跨原位标注的侧面抗扭钢筋为N4Φ16，求：第4跨侧面抗扭钢筋的形状和尺寸。梁混凝土强度等级C30，柱混凝土强度等级C30，柱箍筋Φ10，柱纵筋Φ25，二级抗震等级（图2-34）。

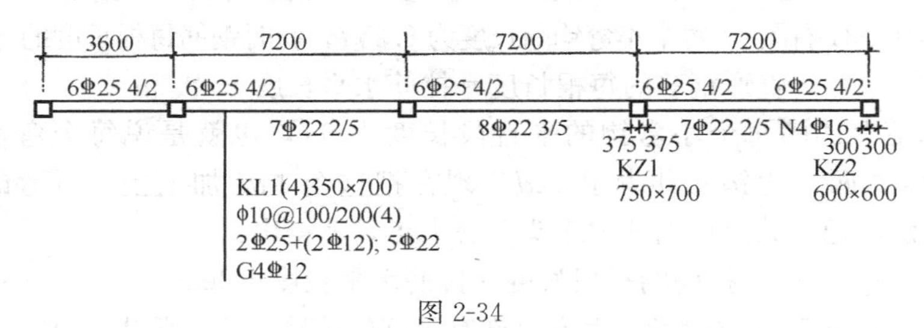

图2-34

第4跨的跨度（轴线-轴线）为7200；左支座（中间支座）KZ1截面尺寸为750×700，支座宽度750为正中轴线；右端支座KZ2截面尺寸为600×600，支座宽度600为正中轴线。

〖分析〗

（1）“G”筋是侧面构造纵筋，“N”筋是侧面受扭钢筋，两者的性质不同，但都布置在侧面，即都是“腰筋”，因此有不可重复设置的问题。为此，制图规则中把它们归为同一项注写内容（见11G101-1图集第27页右栏第5款）。由于属于同一项注写内容，因此“原位标注取值优先”（见第25页左栏最下边一行和第29页第3款），所以，第四跨原位标注的“N4Φ16”取代集中标注的“G4Φ10”。

（2）梁侧面抗扭纵向钢筋的锚固长度和方式同框架梁下部纵筋。

1）KL1 第 4 跨的左支座是中间支座（KZ1，支座宽度 750 为正中轴线），梁的抗扭纵筋要锚入支座≥l_{aE}，并且超过柱中心线 $5d$。

在计算抗扭纵筋在中间支座锚固长度的具体过程中，分别计算出 l_{aE}和 $0.5h_c+5d$ 的数值并加以比较，选取其最大者即可。即

$$抗扭纵筋在中间支座的锚固长度=\max(l_{aE},\ 0.5h_c+5d)$$

2）KL1 第 4 跨的右支座是端支座（KZ2，支座宽度 600 为正中轴线），抗震框架梁的侧面抗扭钢筋要伸到柱外侧纵筋的内侧，再弯 $15d$ 的直钩，并且保证其直锚水平段长度≥$0.4l_{abE}$。但是，当支座宽度很大时（支座宽度大于 l_{aE}），就不需要伸到支座外侧，而且不需要弯 $15d$ 的直钩。

在计算抗扭纵筋在端支座锚固长度的具体过程中：

① 首先，判断这个端支座是不是“宽支座”？

分别计算 l_{aE}和 $0.5h_c+5d$ 的数值（这里的 h_c 是端支座 KZ2 的宽度 600），并选取其最大值 $L_d=\max(l_{aE},\ 0.5h_c+5d)$

然后，比较 L_d 和 $h_c-30-25$（30 是柱保护层，25 是柱纵筋直径）

如果 $L_d<h_c-30-25$，则这个端支座是“宽支座”，此时，取定 L_d 作为抗扭纵筋在端支座的锚固长度，钢筋不弯直钩。

否则，继续进行下面的计算：

②（已经确定）这个端支座不是“宽支座”。

首先按“伸到柱外侧纵筋的内侧”来计算侧面抗扭钢筋的直锚水平段长度 L_d：

$L_d=h_c-30-25-25$（第二个 25 是梁纵筋端部与柱纵筋的净距）

然后，把 L_d 的计算值与 $0.4l_{abE}$进行比较，

如果 $L_d\geq 0.4l_{abE}$，则

取定 L_d 作为抗扭纵筋在端支座的锚固长度，同时钢筋弯 $15d$ 直钩

如果 $L_d<0.4l_{abE}$，则说明目前给出的抗扭纵筋直径太大，或者是支座宽度太小，需要进一步做出调整。

下面，进行这个例子的具体计算。

〖解〗

（1）计算 KL1 第 4 跨抗扭纵筋在左支座（中间支座）的锚固长度：

首先，计算 $0.5h_c+5d=0.5\times750+5\times16=455\text{mm}$

根据“混凝土强度等级 C30，二级抗震等级”的条件查表，

$$l_{aE}=40d=40\times16=640\text{mm}>0.5h_c+5d$$

于是，KL1 第 4 跨抗扭纵筋在左支座的锚固长度为 640mm（端部的钢筋形状为直筋）

（2）计算 KL1 第 4 跨的净跨长度：

$$净跨长度=7200-375-300=6525\text{mm}$$

（3）计算 KL1 第 4 跨抗扭纵筋在右支座（端支座）的锚固长度：

1）首先，判断这个端支座是不是“宽支座”？

$$l_{aE}=640\text{mm}$$

$$0.5h_c+5d=0.5\times600+5\times16=380\text{mm}$$

所以，$L_d=\max(l_{aE},\ 0.5h_c+5d)=640\text{mm}$

再计算 $h_c-30-25=600-30-25=545\text{mm}$

由于 $L_d=640>h_c-30-25$

所以，这个端支座不是“宽支座”。

2）接着计算抗扭纵筋在端支座的直锚水平段长度 L_d：

$$L_d=h_c-30-25-25=600-30-25-25=520\text{mm}$$

计算 $0.4l_{abE}=0.4\times640=256\text{mm}$

由于 $L_d=520>0.4l_{abE}$，所以这个直锚水平段长度 L_d 是合适的。

此时，钢筋的右端部是带直钩的，

$$直钩长度=15d=15\times16=240\text{mm}$$

（4）所以，KL1 第 4 跨抗扭纵筋的水平长度=640+6525+520=7685mm

钢筋的右端部是带直钩的，直钩长度=240mm

因此，KL1 第 4 跨抗扭纵筋的每根长度=7925mm。

〖关于梁侧面抗扭纵向钢筋的讨论〗

〖问〗

为什么说“梁侧面抗扭纵向钢筋的锚固方式同框架梁下部纵筋”？为什么不说“梁侧面抗扭纵向钢筋的锚固方式同框架梁上部纵筋”？

〖答〗

（1）因为，对于框架梁下部纵筋的锚固，有如下的规定：

对于端支座来说，抗震框架梁的侧面抗扭钢筋要伸到柱外侧纵筋的内侧，再弯 $15d$ 的直钩，并且保证其直锚水平段长度$\geqslant0.4l_{abE}$；

对于“宽支座”，侧面抗扭钢筋只需锚入端支座$\geqslant l_{aE}$和侧面$\geqslant0.5h_c+5d$，不需要弯 $15d$ 的直钩。

对于中间支座来说，梁的抗扭纵筋要锚入支座$\geqslant l_{aE}$，并且超过柱中心线 $5d$。

（2）对于楼层框架梁的上部纵筋，其锚固长度的规定与框架梁下部纵筋是基本相同的。

（3）但是，对于屋面框架梁的上部纵筋，其锚固长度的规定就大不相同了：当采用“柱插梁”的做法时，屋面框架梁上部纵筋在端支座的直钩长度就不是 $15d$，而是一直伸到梁底；当采用“梁插柱”的做法时，屋面框架梁上部纵筋在端支座的直钩长度就更加长了，达到 $1.7l_{abE}$。

然而，屋面框架梁下部纵筋在端支座上锚固的规定，与楼层框架梁下部纵筋在端支座上的锚固是一样的，其做法具有稳定性和一致性。所以，规定“梁侧面抗扭纵向钢筋的锚固方式同框架梁下部纵筋”，更具有易掌握性和做法的一致性。

2.5 “顶梁边柱”的节点构造

03G101-1 图集把“顶梁边柱”的节点构造分开在“柱”和“梁”两个地方来讲述，分别是边柱（或角柱）柱外侧纵筋与框架梁上部纵筋搭接（我们简称为“柱插梁”），以及框架梁上部纵筋与边柱（或角柱）柱外侧纵筋搭接（我们简称为“梁插柱”）。从 11G101-1 图集开始把“柱插梁”和“梁插柱”集中到一起进行讲述，并且新增了“柱筋作为梁上部钢筋使用”的节点构造。

2.5.1 柱外侧纵筋作为梁上部纵筋使用

16G101-1 图集第 67 页的节点①构造做法“柱筋作为梁上部钢筋使用”是从 11G101-1 起新增加的构造做法。图中的引注这样说：柱外侧纵向钢筋直径不小于梁上部钢筋时，可弯入梁内作梁上部纵向钢筋。

当然，在实际操作的时候，还是要考虑钢筋定尺长度的限制的：柱外侧纵筋在伸入梁内的时候，在梁柱交叉的核心区内钢筋不能连接；在拐出柱内侧面以外以后，在梁的“$l_{n1}/3$”（三分之一净跨长度）的范围内也不能连接。

11G101-1 图集的这个构造做法来自《混凝土结构设计规范》（GB 50010—2010）第 9.3.7 条。新规范指出：“顶层端节点柱外侧纵向钢筋可弯入梁内作梁上部纵向钢筋”。

新规范接着又说：也可将梁上部纵向钢筋与柱外侧纵向钢筋在节点及附近部位搭接，搭接可采用下列方式：

一种方式为：“搭接接头可沿顶层端节点外侧及梁端顶部布置，搭接长度不应小于 $1.5l_{ab}$”，这就是我们所说的“柱插梁”的构造做法。

另一种方式为：“纵向钢筋搭接接头也可沿节点柱顶外侧直线布置，此时，搭接长度自柱顶算起不应小于 $1.7l_{ab}$”，这就是我们所说的“梁插柱”的构造做法。

下面各节我们将介绍这些梁柱纵筋搭接构造。

2.5.2 顶梁边柱节点的“柱插梁”构造

“柱插梁”的做法见 16G101-1 图集第 67 页的节点②、③两个构造做法。

由于配筋率的不同，“柱插梁”的做法有两种：

（1）当边柱外侧纵筋配筋率≤1.2%时的主要做法［图 2-35(*a*)］：

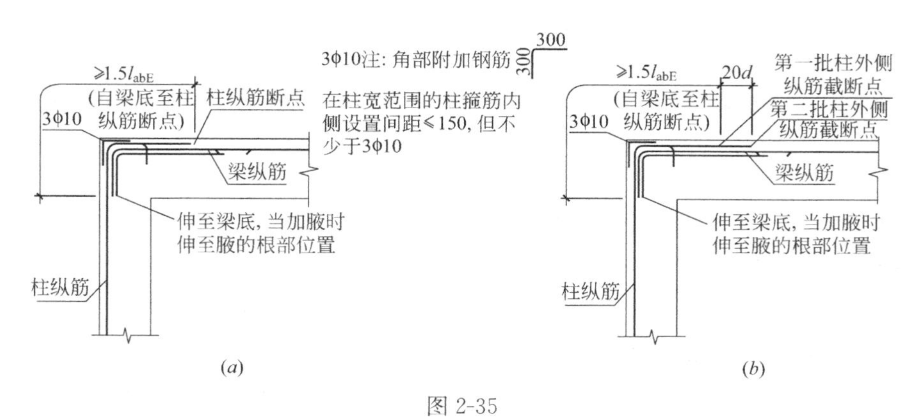

图 2-35

（*a*）柱外侧纵筋配筋率≤1.2%时顶梁边柱节点构造；（*b*）柱外侧纵筋配筋率＞1.2%时顶梁边柱节点构造

边柱外侧纵筋伸入 WKL 顶部≥$1.5l_{abE}$（注意：从梁底算起）

WKL 上部纵筋的直钩伸至梁底（而不是 $15d$），当加腋时伸至腋根部位置。

（2）当边柱外侧纵筋配筋率＞1.2%时的主要做法［见图 2-35(*b*)］

当边柱外侧纵筋配筋率＞1.2%时，柱外侧纵筋的两批截断点相距 $20d$，即：一半的柱外侧纵筋伸入屋面框架梁 $1.5l_{abE}$；另一半的柱外侧纵筋伸入顶梁 $1.5l_{abE}+20d$。

WKL 上部纵筋的直钩伸至梁底（而不是 $15d$），当加腋时伸至腋根部位置。

（3）无论图 2-35(a) 还是图 2-35(b)，都在屋面框架梁与边柱相交的角部外侧设置一种附加钢筋：

“直角状钢筋”边长各为300mm，间距≤150mm，但不少于3Φ10。

有人提问：这几根“直角状钢筋”的作用是不是为了防止柱外侧角部的混凝土开裂的？其实不然，大家注意看图 2-35(b) 就明白了，那是因为柱纵筋伸到柱顶弯 90°直钩时有一个弧度，这就造成柱顶部分的加密箍筋无法与已经拐弯的外侧纵筋绑扎固定，这几根“直角状钢筋”正是起到固定柱顶箍筋的作用的。

〖关于弯折段伸至梁底的问题〗

有的人在对比了 11G101-1 第 59 页和 03G101-1 第 55 页之后发现，03G101-1 在梁上部纵筋弯折段处有引注“伸至梁底，当加腋时伸至腋的根部位置”，而 11G101-1 却没有这些文字表述，是不是新图集对梁上部纵筋弯折段不作此要求？

其实，如果留心一下 11G101-1 第 59 页 B、C 节点构造的图形语言，就可以看到：梁上部纵筋弯折段的确是“伸至梁底”的。

如果对上述图形语言还不放心，则翻开《混凝土结构设计规范》(GB 50010—2010)的第 9.3.7 条看看，上面也有明文规定：“梁上部纵向钢筋应伸至节点外侧并向下弯至梁下边缘高度位置截断。”

〖关于“边柱的外侧纵筋配筋率”的问题〗

〖问〗

执行“柱插梁”做法时，如何计算“边柱的外侧纵筋配筋率”？

〖答〗

“边柱外侧纵筋配筋率”的计算方法：

边柱外侧纵筋配筋率等于柱外侧纵筋（包括两根角筋）的截面积除以柱的总截面面积。

〖问〗

当采用“柱插梁”时遇到梁截面高度较大的特殊情况，造成柱外侧纵筋与梁上部纵筋的搭接长度不足时，该怎样办？

〖答〗

《混凝土结构设计规范》GB 50010—2010 第 9.3.7 条第 4 款指出下面两点：

第一点是：“当梁的截面高度较大，梁、柱纵向钢筋相对较小，从梁底算起的直线搭接长度未延伸至柱顶即已满足 $1.5l_{ab}$的要求时，应将搭接长度延伸至柱顶并满足搭接长度 $1.7l_{ab}$的要求”；

（这就是说，当发生这种情况的时候，不应该采用“柱插梁”的做法，而应该采用“梁插柱”的做法。）

第二点是：“或者从梁底算起的弯折搭接长度未延伸至柱内侧边缘即已满足 $1.5l_{ab}$ 的要求时，其弯折后包括弯弧在内的水平段的长度不应小于 $15d$，d 为柱纵向钢筋的直径”。

（这就是 16G101-1 第 67 页节点③构造做法所表示的内容。）

2.5.3 顶梁边柱节点的“梁插柱”构造

“梁插柱”的做法见 16G101-1 图集第 67 页的节点⑤构造做法。

由于配筋率的不同，“梁插柱”的做法有两种：

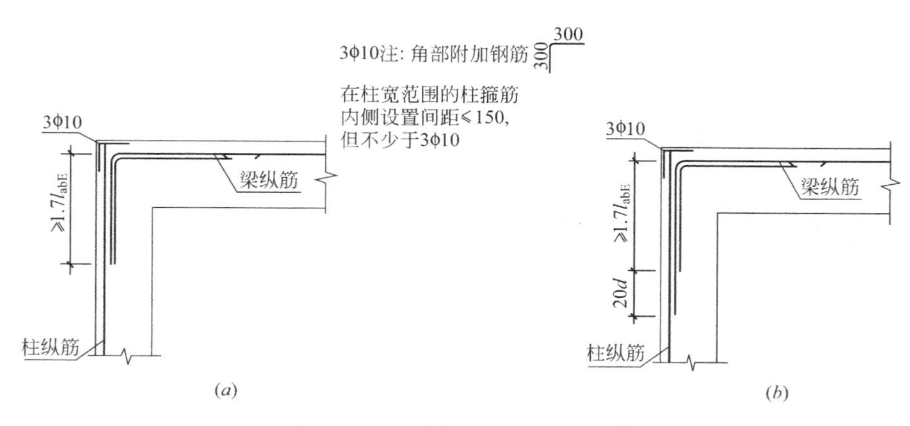

图 2-36

（a）梁上部纵筋配筋率≤1.2%时顶梁边柱节点构造；（b）梁上部纵筋配筋率>1.2%时顶梁边柱节点构造

（1） 当屋面框架梁上部纵筋配筋率≤1.2%时的主要做法［图 2-36(a)］：

WKL 的上部纵筋伸入边柱外侧的直段长度≥1.7l_{abE}（从拐点算起）

边柱外侧纵筋伸至 WKL 顶部。

（2） 当屋面框架梁上部纵筋配筋率>1.2%时的主要做法［图 2-36(b)］

当屋面框架梁上部纵筋配筋率>1.2%时，

梁上部纵筋的两批截断点相距 20d——16G101-1 第 67 页节点⑤节点构造的引注为：“当梁上部纵向钢筋为两排时，先切断第二排钢筋”，这就是：屋面框架梁的第一排上部纵筋伸入边柱外侧 1.7l_{abE}+20d，第二排上部纵筋伸入边柱外侧 1.7l_{abE}。

边柱外侧纵筋伸至 WKL 顶部。

（3） 无论是图 2-36(a) 还是图 2-36(b)，都在屋面框架梁与边柱相交的角部外侧设置一种附加钢筋：

“直角状钢筋”边长各为 300mm，间距≤150mm，但不少于 3ϕ10。

〖“梁插柱”节点构造增加标注“且伸至梁底”〗

16G101-1 图集第 67 页“KZ 边柱和角柱柱顶纵向钢筋构造”的节点⑤构造中，在尺寸标注“≥1.7l_{abE}”的旁边增加了“且伸至梁底”的标注，这到底要告诉我们些什么内容呢？我们从两个方面来分析：

第一个方面，在“柱插梁”节点构造中，当遇到梁截面高度较大的情况时，《混凝土结构设计规范》GB 50010—2010 指出：“当梁的截面高度较大，梁、柱纵向钢筋相对较小，从梁底算起的直线搭接长度未延伸到柱顶即已满足 1.5l_{ab}的要求时，应将搭接长度延伸到柱顶并满足搭接长度 $1.7l_{ab}$ 的要求”。

我们知道，在“柱插梁”节点构造中本来就是要求梁上部纵筋的弯折段伸至梁底的，所以就出现了“$\geqslant 1.7l_{abE}$ 且伸至梁底”的联合要求。

第二个方面，在“梁插柱”节点构造中，当遇到梁截面高度较大的情况时，梁上部纵筋的弯折段尚未伸至梁底就已经满足了“$\geqslant 1.7l_{abE}$”的要求时，也必须把梁上部纵筋的弯折段一直向下延伸至梁底的位置。

〖关于“梁上部纵筋配筋率”的问题〗

〖问〗

执行“梁插柱”做法时，如何计算“顶梁的上部纵筋配筋率”?

〖答〗

“梁上部纵筋配筋率”的计算方法：

梁上部纵筋配筋率等于梁上部纵筋（如果有两排钢筋的话，两排都要算）的截面积除以梁的有效截面积。

梁有效截面积等于梁宽乘以梁的有效高度。

梁的有效高度的计算：当配一排筋时为梁高减 35，两排筋时为梁高减 60。

2.5.4 “顶梁边柱”各种节点构造的比较

值得向大家指出的是：“顶梁边柱”并不是只有到了建筑物的“顶层”才会出现这样的构造。在实际工程中，经常出现“高低跨”这样的建筑结构，当处于“低跨”部分的框架“局部到顶”时，也要执行“顶梁边柱”的构造做法。

16G101-1 第 67 页给出了几种节点构造，比较这几种构造做法，可以帮助我们更好地掌握这些构造做法。

1. 新增加的①节点构造无疑是最好不过的构造做法，这就是“柱外侧纵筋弯入梁内作梁上部纵筋”（以后简称为“柱梁纵筋贯通”）。它的特点是同一根钢筋既作柱的外侧纵筋、又作梁的上部纵筋，省去了在节点区钢筋搭接或锚固的麻烦，减少了节点核芯区钢筋的稠密度，也节约了钢筋材料。

16G101-1 在①节点构造的引注表示，当柱外侧纵筋直径大于等于梁上部纵筋直径时，可将柱外侧纵筋弯入梁内作梁上部纵筋。其实，当“柱外侧纵筋直径等于梁上部纵筋直径”时，也可以看成是“梁上部纵筋弯入柱内作柱外侧纵筋”。

而当“柱外侧纵筋直径大于梁上部纵筋直径”的时候，当柱外侧纵筋弯入梁内作为梁上部纵筋时，就算它是作为梁的上部非贯通纵筋使用的，但这样做的后果已经把原来的梁上部纵筋的截面面积扩大了，结构设计师有必要根据新的配筋量对原节点结构进行验算。

2. 除了①节点构造以外，剩下的就是旧图集已有的柱外侧纵筋和梁上部纵筋的搭接构造了。我们在前面两节已经讨论了“柱插梁”和“梁插柱”的构造特点，下面进行更多的讨论。

比较“柱插梁”和“梁插柱”这两种做法，各有什么优缺点呢?

(1)“柱插梁”：

主要做法：边柱外侧纵筋伸入顶梁，与梁上部纵筋搭接 $1.5l_{abE}$。

优点：施工方便。

缺点：造成梁端上部水平钢筋密度增大，不利于混凝土的浇筑。我们大家都知道，梁柱交叉的节点区域是钢筋密度最大的地区，要保证梁的上部纵筋之间达到规定的“水平净距”（上部纵筋的净距为不小于 30mm 和 1.5 倍的钢筋直径）已经相当困难，现在又加上从柱外侧拐过来的柱纵筋，不就更加拥挤了吗？

（2）“梁插柱”：

主要做法：顶梁的上部纵筋下伸与边柱外侧纵筋搭接 $1.7l_{abE}$。

优点：梁端上部能保证钢筋的水平净距，有利于混凝土的浇筑。

“缺点”：由于梁上部纵筋插入柱内较长，所以施工缝不能留在梁底。另外，使用“梁插柱”方法所用的钢筋略多于“柱插梁”方法。

〖关于施工缝的讨论〗

关于施工缝能否设置在梁底的问题，国内历来有争论，有的施工单位还常常把施工缝设置在梁底。

框架梁柱节点部位是抗震的关键部位，尤其是框架梁梁底与框架柱柱顶的部位，这是地震最容易破坏的部位。这是基本的结构抗震常识。

我曾经看到过一个关于地震实验的电视录像，那是在一个高大的厂房里面设置一个巨大的震动平台，在平台上面建筑一个真实的框架结构楼房，结果，在强烈地震之后，我们看到框架梁底柱顶部位的混凝土外皮全部脱落，而且柱箍筋被崩开了，在这个部位上所有的柱纵筋向外鼓出形成灯笼形状——当然是没有灯笼外皮的灯笼骨架的形状——这就是大家所说的“灯笼筋”。

这个框架结构楼房还是按照质量要求严格施工的，其结果还是在地震后出现“灯笼筋”。

要是把施工缝留在框架梁底，会出现怎样的现象呢？要知道，框架梁的顶面（即楼板顶面）的施工缝是不可避免的，但是如果你又在框架梁底部再留出一道施工缝的话，你的这个框架梁可就惨了——框架梁的上顶面和下底面全部是施工缝——即是把框架梁与框架柱的混凝土联系全部断开，只剩下几根柱纵筋把框架梁和框架柱串联起来。这样一来，当强烈地震到来的时候，你的框架柱顶部位连形成“灯笼筋”的资格都没有，干脆被“杀头”了事（柱纵筋被切断）。

08G101-5 第 53、54 页都给出了“抗震框架柱 KZ 混凝土连接范围”，明确了“混凝土非连接区”和“混凝土连接区”的具体位置，明确指出框架梁下面的箍筋加密区是混凝土的非连接区。这是值得施工人员参考和借鉴的。

对于小型工程，较小的梁柱，应该改变把柱、梁分步浇筑的方法，改为一次性浇筑，把施工缝留在框架梁顶。对于大型工程，施工缝应当留在框架柱的什么位置，看具体工程的设施要求和施工组织设计，采用必要的施工措施。

（3）何时选用“柱插梁”？何时选用“梁插柱”？

这应该是在施工图设计时加以说明的问题，或者在施工组织设计中加以说明。

最后，在处理“顶梁边柱”做法的时候，我们要特别关注“角柱”，因为角柱在两个不同的方向上都是“边柱”。

3. 至于④节点构造（未伸入梁内的柱外侧钢筋锚固），它不是一个独立的节点构造，它应该和①、②、③节点构造配合使用。

因此，“顶梁边柱”的各种组合如下：

②+④（“柱插梁”）

③+④（“柱插梁”）

①+②+④（“柱梁纵筋贯通”和“柱插梁”配合使用）

①+③+④（“柱梁纵筋贯通”和“柱插梁”配合使用）

⑤（“梁插柱”）

①+⑤（“柱梁纵筋贯通”和“梁插柱”配合使用）

2.6　框架梁箍筋的构造

16G101-1图集第88页把各级抗震等级的框架梁箍筋构造合并为一个图来表示（图2-37）：

（1）梁支座附近设箍筋加密区：

加密区长度：抗震等级为一级：$\geqslant 2.0h_b$ 且 $\geqslant$500mm

抗震等级为二～四级：$\geqslant 1.5h_b$ 且 $\geqslant$500mm　（h_b 为梁截面高度）

（2）第一个箍筋在距支座边缘50mm处开始设置。

（3）弧形梁沿中心线展开，箍筋间距沿凸面线量度。

（4）当箍筋为多肢复合箍时，应采用大箍套小箍的形式。

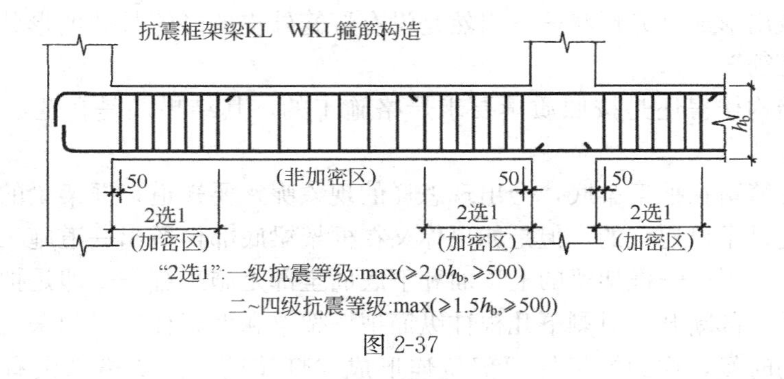

图2-37

上面的KL箍筋加密区构造出自16G101-1第88页的“框架梁（KL、WKL）箍筋加密区范围（一）”。图集该页还给出了一个“框架梁（KL、WKL）箍筋加密区范围（二）”，此图的框架梁端支座是“主梁”而不是框架柱，在此端支座的引注指出：

“此端箍筋构造可不设加密区，梁端箍筋规格及数量由设计确定。”

〖关于“箍筋根数计算”的讨论〗

〖问〗

在计算“间隔个数”的过程中，为什么当对计算“范围除以间距”的商取整时，当“除不尽（即有小数）”时，把商加1?

〖答〗

设计师所给定的设计箍筋间距有点儿是“最大箍筋间距”的意思。也就是说，在一根梁中，任何地方的箍筋间距只能比“设计箍筋间距”小，不能比“设计箍筋间距”大。

如果我们在“范围除以间距”商数取整时，把小数点后的数字“舍去”，将因箍筋根数减少1根而导致箍筋的实际间距大于“设计箍筋间距”，这是不允许的。所以，在计算“范围除以间距”商数取整时，当“除不尽（即有小数）”时，把商数加1。

但是，在实际操作中，对“除不尽（即有小数）”怎样掌握，是个问题。例如，当小数位是“0.01”时，你也执行“商数加1”吗？对于这个问题，我们的平法钢筋自动计算软件是这样处理的：当小数点后第一位数字非零的时候，要把商数加1。

〖问〗

在计算箍筋根数时，在划定计算范围计算“范围除以间距”商数取整之后，为什么还要“加1”？

〖答〗

这是算术中的“植树问题”所要求的。例题：20m长的一条线上，每隔5m种一棵树，求一共种几棵树？计算公式为：

植树棵数＝范围/间距＋1＝20/5＋1＝4＋1＝5(棵)

上述公式中的“范围/间距”就是“间隔个数”，但是请注意，以上的“间隔个数加1”的算法，只适用于“范围”两端有空间可以植树的情况。如果范围的两端没有足够的空间可供植树（例如20m范围的两端是两堵墙），则植树棵数就不是“间隔个数加1”，而是“间隔个数减1”了。

以上主要讲了箍筋根数的计算，至于箍筋尺寸的计算和多肢箍的做法等问题，在后面“大箍套小箍”一节进行讨论。

〖关于“框架梁箍筋计算”的例子〗

〖例〗

计算16G101-1图集第37页例子工程的抗震框架梁KL2第一跨的箍筋根数。KL2的截面尺寸为300×700，箍筋集中标注为Φ10@100/200(2)。一级抗震等级（图2-38）。

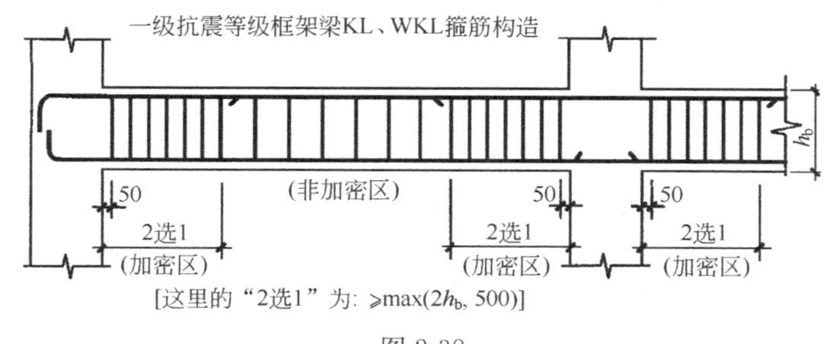

图2-38

〖分析〗

我们注意到，框架梁KL2第一跨在跨中与KL3相交，但从16G101-1图集第37页的图上看出，KL3是次梁，它被KL2打断，所以KL3的箍筋在距KL2外侧50mm处开始布置；而KL2是主梁，它的箍筋在第一跨满布（图纸标注的附加箍筋另行计算）。

框架梁KL2的左支座是①轴线的GDZ2，支座宽度为600mm（外偏150mm，内偏

450mm)；右支座是②轴线的 KZ1，支座宽度为 750mm（正中）。KL2 第一跨的跨度（轴线～轴线）为 7200mm。

KL2 箍筋集中标注为Φ10@100/200(2)，表示箍筋加密区的间距是 100mm，非加密区的间距是 200mm。我们首先要计算加密区的长度和非加密区的长度，然后分别就加密区和非加密区分别计算箍筋根数。下面结合这个具体的例题来讲解其中的注意事项（注意“重新调整非加密区长度”这个问题）。

注意：在计算“范围除以间距”商数取整时，当小数点后第一位数字非零的时候，把商数加 1。

〖解〗

（1）KL2 第一跨的净跨长度＝7200－450－375＝6375mm

（2）计算加密区和非加密区的长度：

在一跨梁中，加密区有左右两个，我们计算的是一个加密区的长度。由于本例题是一级抗震等级，所以

加密区的长度＝max(2×h_b，500)＝max(2×700，500)＝1400mm

非加密区的长度＝6375－1400×2＝3575mm

（3）计算加密区的箍筋根数：

布筋范围＝加密区长度－50＝1400－50＝1350mm

计算“布筋范围除以间距”：1350/100＝13.5，取整为 14。

所以，一个加密区的箍筋根数＝“布筋范围除以间距”＋1＝14＋1＝15 根。

KL2 第一跨有两个加密区，其箍筋根数＝2×15＝30 根。

（4）重新调整“非加密区的长度”：

我们现在不能以 3575 作为“非加密区的长度”来计算箍筋根数，而要根据上述在“加密区箍筋根数计算”中作出过的范围调整，来修正“非加密区的长度”。

实际的一个加密区长度＝50＋14×100＝1450mm

所以，实际的非加密区长度＝6375－1450×2＝3475mm。

（5）计算非加密区的箍筋根数：

布筋范围＝3475mm

计算“布筋范围除以间距”：3475/200＝17.375，取整为 18。

现在，能不能说：非加密区箍筋根数＝“布筋范围除以间距”＋1＝18＋1＝19 根呢？

回答是：不能。因为，在这个“非加密区”两端的“加密区”计算箍筋时已经执行过“根数加 1”了，所以，在计算“非加密区”箍筋根数的过程中，不应该执行“根数加 1”，而应该执行“根数减 1”（这正是前面所说的“两端有墙的植树问题”）。

所以，非加密区箍筋根数＝“布筋范围除以间距”－1＝18－1＝17 根

（6）计算 KL2 第一跨的箍筋总根数：

KL2 第一跨的箍筋总根数＝加密区箍筋根数＋非加密区箍筋根数＝30＋17＝47 根

2.7 非框架梁的构造

非框架梁 L 配筋构造见 16G101-1 图集第 89 页“L 配筋构造”。(配筋效果见图 2-39)

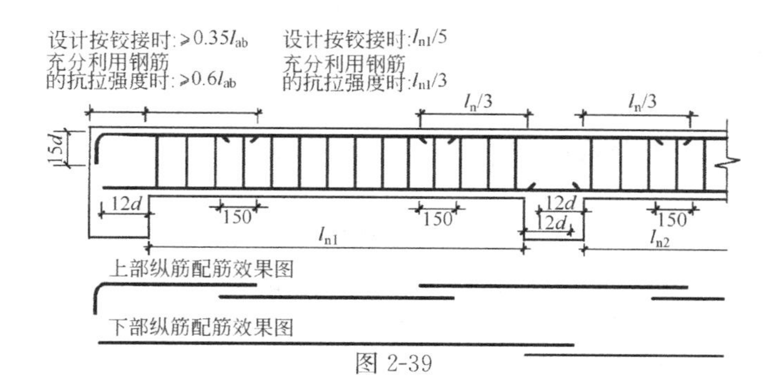

图 2-39

2.7.1 非框架梁上部纵筋的延伸长度

（1）非框架梁端支座上部纵筋的延伸长度：

16G101-1 第 89 页在非框架梁端支座上部纵筋的延伸长度标注：

设计按铰接时：$l_{n1}/5$

充分利用钢筋的抗拉强度时：$l_{n1}/3$

16G101-1 规定，当非框架梁标注为“L”时，表示端支座为铰接，例如“L2(3)”则执行图集第 89 页“设计按铰接时”的选项；当非框架梁标注为“Lg”时，表示端支座上部纵筋为充分利用钢筋的抗拉强度，例如“Lg7(5)”则执行图集第 89 页“充分利用钢筋的抗拉强度时”的选项。

（2）非框架梁中间支座上部纵筋的延伸长度：

非框架梁中间支座上部纵筋的延伸长度取 $l_n/3$（l_n 为相邻左右两跨中跨度较大一跨的净跨值）。

〖关于“非框架梁和次梁”的讨论〗

〖问〗

非框架梁就是次梁吗？

〖答〗

非框架梁是相对于框架梁而言；次梁是相对于主梁而言。这是两个不同的概念。

在框架结构中，次梁一般是非框架梁。因为次梁以主梁为支座，非框架梁以框架或非框架梁为支座。但是，也有特殊的情况，例如图 2-40 左图的框架梁 KL3 就以 KL2 为中间支座，因此 KL2 就是主梁，而框架梁 KL3 就成为次梁了。

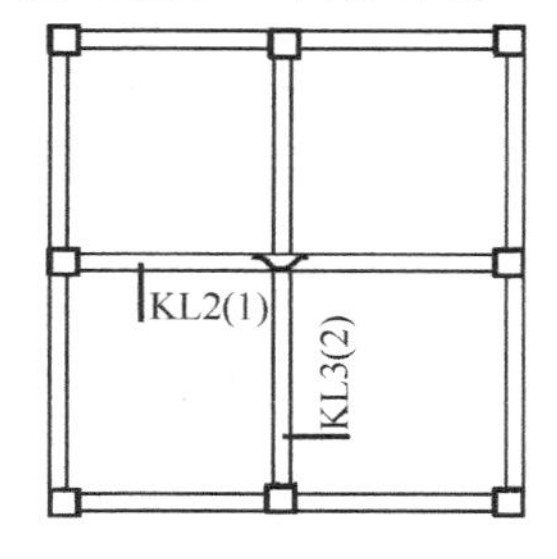

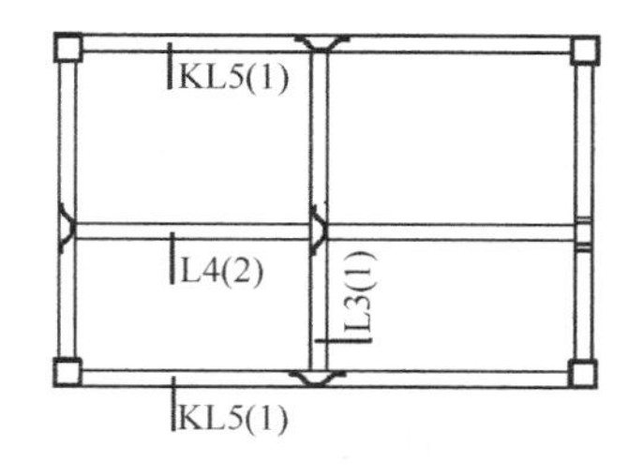

图 2-40

此外，次梁也有一级次梁和二级次梁之分。例如图2-40右图的L3是一级次梁，它以框架梁KL5为支座；而L4为二级次梁，它以L3为支座。

〖关于“非框架梁端支座上部纵筋的伸出长度”的讨论〗

〖问〗

非框架梁中间支座第二排上部纵筋如何处理？

16G101-1图集第89页中间支座上部纵筋的伸出长度，只在第一排钢筋上面标注尺寸“$l_n/3$”。现在工程中出现了中间支座第二排上部纵筋，其伸出长度如何处理？是否可按“框架梁”的“$l_n/4$”来处理？

〖答〗

答案是肯定的，非框架梁的中间支座上部纵筋的伸出长度同“框架梁”。根据如下：

16G101-1图集第35页第4节“梁支座上部纵筋的长度规定”第4.4.1条：“为方便施工，凡框架梁的所有支座和非框架梁（不包括井字梁）的中间支座上部纵筋的伸出长度a_0值在标准构造详图中统一取值为：第一排非通长筋及与跨中直径不同的通长筋从柱（梁）边起伸出至$l_n/3$位置；第二排非通长筋伸出至$l_n/4$位置。”

2.7.2 非框架梁纵向钢筋的锚固

（1）非框架梁上部纵筋在端支座的锚固：

16G101-1第89页上指出，非框架梁端支座上部纵筋伸至支座对边弯折，弯折段$15d$，而弯锚水平段标注：

设计按铰接时：$\geqslant 0.35l_{ab}$

充分利用钢筋的抗拉强度时：$\geqslant 0.6l_{ab}$

伸入端支座直段长度满足l_a时，可直锚。

显然，注7所说的“纵筋”是指上述非框架梁端支座上部纵筋。“注7”告诉我们，非框架梁上部纵筋在端支座弯锚的原则是：必须伸至主梁外侧纵筋内侧后弯折（弯折段$15d$），然后验算弯锚水平段的长度是否满足“$\geqslant 0.35l_{ab}$（设计按铰接时）”或者“$\geqslant 0.6l_{ab}$（充分利用钢筋的抗拉强度时）”。当伸至支座对边之后的直段长度不小于l_a时可不弯折。

至于是执行“设计按铰接时”还是“充分利用钢筋的抗拉强度时”，则由设计决定。

当非框架梁标注为“L”时，则执行图集“设计按铰接时”的选项；当非框架梁标注为“Lg”时，则执行图集“充分利用钢筋的抗拉强度时”的选项。

〖问〗

什么是“设计按铰接时”？什么是“充分利用钢筋的抗拉强度时”？我们怎样知道具体的梁是“设计按铰接时”还是“充分利用钢筋的抗拉强度时”？

〖答〗

“铰接”是一个结构的术语。与“铰接”对应的是“刚接”或者“弹性嵌固支承”。砖混结构的“简支梁”的两端支座就是“铰接”的最好实例，尤其是“简支梁”直接支承在没有圈梁的砖墙上。当“简支梁”支承在圈梁上的时候，也是按“铰接”模型来处理的，此时“简支梁”也许会设置上部纵筋，也是按构造来设置的（即“简支梁”的梁端不承受负弯矩)。

当非框架梁支承在别的梁上的时候，此时的端支座是不是“铰接”，从混凝土的外表上是看不出来的，只有通过非框架梁内部的配筋才能知道，也就是说，只有设计师才知道。如果这个非框架梁是“铰接”的，则端支座的上部纵筋只作为构造配筋来处理；反之，则端支座需要计算梁端承受的负弯矩，根据钢筋所能承受的抗拉能力来配置上部纵筋——这就是“充分利用钢筋的抗拉强度”。

所以说，至于是执行“设计按铰接时”还是“充分利用钢筋的抗拉强度时”，由设计师在施工图上对非框架梁命名为“L”或“Lg”加以说明。

(2) 下部纵筋在端支座的锚固：

图示尺寸为：直锚 12d（带肋钢筋)；15d（光圆钢筋)。

(3) 下部纵筋在中间支座的锚固：

图示尺寸为：直锚 12d（带肋钢筋)；15d（光圆钢筋)。

16G101-1 第 89 页给出了当下部纵筋伸入支座长度不满足 12d(15 d) 要求时的“端支座非框架梁下部纵筋弯锚构造”(见图 2-41)：下部纵筋伸至对边后弯折，弯折角度 135°，弯钩平直段 5d；同时保证水平直锚段的长度为“带肋钢筋≥7.5d，光圆钢筋≥9d”。

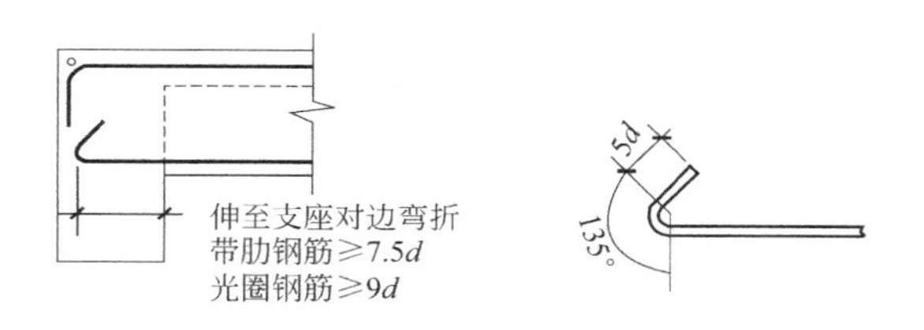

端支座非框架梁下部纵筋弯锚构造

用于下部纵筋伸入边支座长度不满足直锚12d(15d)要求时

图 2-41

16G101-1 第 89 页的“注 5”：“当梁纵筋兼做温度应力筋时，梁下部纵筋锚入支座长度由设计确定。”

16G101-1 第 35 页的 4.6.2 条指出：“当计算中需要充分利用下部纵向钢筋的抗压强度或抗拉强度，或具体工程有特殊要求时，其锚固长度应由设计者按照《混凝土结构设计规范》(2015 版) GB 50010—2010 的相关规定进行变更。”

(4) 非框架梁侧面纵筋的锚固

16G101-1 第 89 页的“注 6”指出：“梁侧面构造钢筋要求见本图集第 90 页。”而图集第 90 页指出：

梁侧面构造钢筋的搭接与锚固长度可取 15d。

梁侧面受扭纵筋的搭接长度为 l_{lE}或 l_l，其锚固长度 l_{aE}为或 l_a，锚固方式同框架梁下部纵筋。(这句话中的 l_{lE}和 l_{aE}适用于框架梁，l_l和 l_a适用于非框架梁。)

16G101-1 第 36 页的 4.6.3 条指出：“当非框架梁配有受扭纵向钢筋时，梁纵筋锚入支座的长度为 l_a，在端支座直锚长度不足时可伸至梁支座对边后弯折，且平直段长度≥0.6l_{ab}，弯折段投影长度 15d。设计者应在图中注明。”

注意：这里说的“梁纵筋”应该包含非框架梁的上部纵筋、下部纵筋和侧面受扭纵筋。因为当一个设置了侧面受扭纵筋的非框架梁，说明这个非框架梁是承受了扭矩的，所以这是一个“受扭非框架梁”，因而影响到这个非框架梁的上部纵筋和下部纵筋的锚固构造和连接构造都不同于一般的非框架梁。

16G101-1 第 89 页新增了“受扭非框架梁纵筋构造”（见图 2-42）。左图给出了端支座长度不足时的受扭非框架梁纵筋构造，形象地展示上述“4.6.3 条”后半部分的内容。右图中的“中间支座”应该是表示“当非框架梁配有受扭纵向钢筋时”下部纵筋在中间支座上的锚固构造，展示的是展示上述“4.6.3 条”前半部分的内容；右图中虽然没有画出“侧面受扭纵筋”，但侧面受扭纵筋在支座的锚固要求应该是“同梁下部纵筋”的。

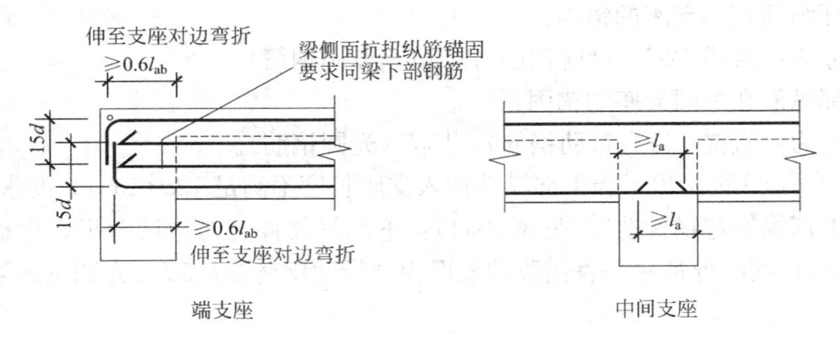

图 2-42

〖关于“非框架梁纵向钢筋的锚固”的讨论〗

〖问〗

03G101-1 图集第 65 页“L 配筋构造”指出，下部纵筋在端支座的锚固，图示尺寸为直锚“12d（l_a）”。

（1）下部纵筋在端支座的锚固——（11G101-1 取消了此处的）标注“（l_a）”?

（2）11G101-1 图集第 53 页指出：“l_a 不应小于 200”。现在非框架梁下部纵筋“直锚 12d”是不是太小了？

〖答〗

（1）在 11G101-1 第 86 页的“非框架梁 L 配筋构造”的下部纵筋锚固长度中，没有出现像 03G101-1 的“括号内的数字（l_a）用于弧形非框架梁”，如果在工程中遇到弧形非框架梁而你又不放心，可以咨询该工程的结构设计师。

此外，大家应注意本页的注 7：“当梁配有受扭纵向钢筋时，梁下部纵筋锚入支座的长度应为 l_a，在端支座直锚长度不足时可弯锚，见图 1。当梁纵筋兼做温度应力筋时，梁下部钢筋锚入支座长度由设计确定。”

（2）11G101-1 第 53 页的表格题目是“受拉钢筋锚固长度 l_a，抗震锚固长度 l_{aE}”，表中给出“l_a 不应小于 200”，对于 l_{aE}来说更是要大于 200，但这是针对“受拉钢筋”来说的锚固长度。

由于在设计中非框架梁不考虑抗震作用，所以非框架梁的正弯矩只存在于跨中，在支座附近没有正弯矩。这样，非框架梁下部纵筋在支座附近处于受压区，所以不受图集第 35 页“受拉钢筋的最小锚固长度不得小于 250mm”的制约，直锚 12d 就足够了。

（注：上述问答虽然是对于 11G101-1 的，但对于 16G101-1 也有参考价值。）

〖问〗

砖混结构的 L 梁两端的支座是圈梁或构造柱，其锚固长度可否按 16G101-1 图集的 L 梁做，如不能应怎么做?

〖答〗

现在尚无砖混结构的平法图集。

钢筋混凝土简支梁和连续梁的简支端的下部纵向受力钢筋，其伸入支座范围内的锚固长度 l_{as}：

带肋钢筋 $l_{as} \geq 12d$

光面钢筋 $l_{as} \geq 15d$

现在纯粹的简支梁已经不多见了。因为简支梁的特征是梁直接搁置在砖墙上，两端支座都没有约束。如果一根单跨梁两端与作为支座的梁或柱整体现浇，就成为两端支座都受到约束，这就不再是简支梁了。

梁与梁或梁与柱整体连接，在计算中端支座按简支考虑时，支座处的弯起钢筋及构造负弯矩钢筋的锚固长度（弯锚）为 l_a。端支座的构造负弯矩钢筋，如利用架立钢筋或另设钢筋时，其截面面积不小于跨中下部纵向受力钢筋截面面积的 1/4，且不少于 2 根。梁下部纵向受力钢筋在端支座的锚固长度为 l_a。

从上面两点的分析可以看出，砖混结构中的“梁（L）”按 16G101-1 图集的非框架梁（L）的做法是合适的。不过请注意：16G101-1 已取消了砌体结构（板）的节点构造。

2.7.3 非框架梁纵向钢筋的连接

从 16G101-1 图集第 89 页“L 配筋构造”（见图 2-39）的图示尺寸可以知道：架立筋与非贯通纵筋搭接，搭接长度为 150mm。

细看 16G101-1 第 89 页的“非框架梁配筋构造”图中，跨中上部纵筋的上方除了标注“架立筋”以外，还标注“（通长筋）”，这表明非框架梁的上部可能设置架立筋或上部通长筋。

16G101-1 第 89 页的“注 2”指出：“当梁上部有通长筋时，连接位置宜位于跨中 $l_{ni}/3$ 范围内；梁下部钢筋连接位置宜位于支座 $l_{ni}/4$ 范围内；且在同一连接区段内钢筋接头面积百分率不宜大于 50%。”

03G101-1 还有：弧形非框架梁上部纵筋的搭接长度为 l_l（非抗震的搭接长度）。在 16G101-1 中没有这条规定。大家如在实际工程中不放心，可与设计师咨询。

2.7.4 非框架梁的箍筋

非框架梁的箍筋见 16G101-1 图集第 89 页。其中的要点如下（图 2-43）：

（1）图集没有作为抗震构造要求的箍筋加密区。

（2）第一个箍筋在距支座边缘 50mm 处开始设置。

（3）弧形非框架梁的箍筋间距沿凸面线度量。

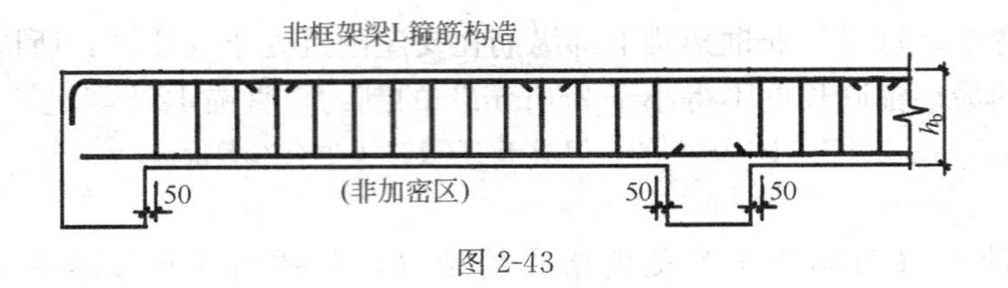

图 2-43

(4) 当箍筋为多肢复合箍时，应采用大箍套小箍的形式。

16G101-1 第 89 页的“注 4”指出：“当梁纵筋（不包括侧面 G 打头的构造筋及架立筋）采用绑扎搭接接长时，搭接区内箍筋直径及间距要求见本图集第 59 页。”

本图集第 59 页“纵向受力钢筋搭接区箍筋构造”的“注 2”指出：“搭接区内箍筋直径不小于 $d/4$（d 为搭接钢筋最大直径），间距不应大于 100 及 $5d$（d 为搭接钢筋最小直径）。”

11G101-1 第 86 页的注 2 还指出：“当端支座为柱、剪力墙（平面内连接）时，梁端部应设箍筋加密区，设计应确定加密区长度。设计未确定时取该工程框架梁加密区长度。梁端与柱斜交，或与圆柱相交时的箍筋起始位置见本图集第 85 页。”

〖关于“非框架梁箍筋”的讨论〗

〖问〗

16G101-1 平法标准图集的非框架梁（L,Lg）的箍筋为按“不加密”设置，当图纸设计要求加密时应如何加密？

〖答〗

16G101-1 图集第 89 页只是说明了非框架梁（L,Lg）没有“抗震构造要求的”箍筋加密区。但是在具体工程的非框架梁中，在支座附近可能有箍筋加密，或者在集中荷载附近有箍筋加密，这些都由具体工程的结构设计师来作出具体的设计和说明。

标准图集只对构件的一般要求作出标准设计和说明；由设计者提出的特殊要求，应由设计者自己说明。

〖关于“非框架梁箍筋计算”的例子〗

〖例 1〗

计算图 2-44 左图的非框架梁 L3 的箍筋根数。箍筋集中标注为φ8@200(2)。KL5 截面宽度为 250mm（正中）。

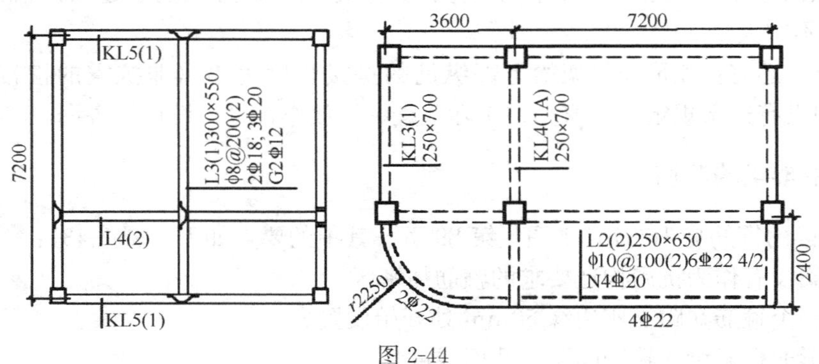

图 2-44

〖分析〗

非框架梁 L3（1）的左支座是图下方的 KL5，右支座是图上方的 KL5，这两个支座宽度都是 250mm（正中）。L3 的跨度（轴线一轴线）为 7200mm。在 L3(1) 的中部还有非框架梁 L4(1) 与之相交，但是分析起 L3 和 L4 的关系，L4 是次梁，L3 是主梁，所以 L3 上的箍筋为全梁满布。但是相对于 KL5 来说，KL5 是主梁，而 L3 是次梁，所以 L3 的第一个箍筋在距 KL5 的外侧 50mm 的位置开始布置。

注意：在计算“范围除以间距”商数取整时，当小数点后第一位数字非零的时候，把商数加 1。

〖解〗

（1）L3 的净跨长度＝7200－250＝6950mm。

（2）布筋范围＝净跨长度－50×2＝6950－50×2。

（3）计算“布筋范围除以间距”：(6950－50×2)/200＝34.25，取整为 35。

（4）箍筋根数＝“布筋范围除以间距”＋1＝35＋1＝36 根。

〖例 2〗

计算图 2-44 右图的非框架梁 L2 第一跨(弧形梁)的箍筋根数。箍筋集中标注为φ10@100(2)。

〖分析〗

非框架梁 L2 第一跨的左支座是⑤轴线的 KL3，右支座是⑥轴线的 KL4，这两个支座宽度都是 250mm（正中）。非框架梁 L2(2) 的第一跨的跨度（轴线-轴线）为 3600mm，由一个弧形段加一个直段组成。弧形段的宽度（轴线-梁外皮）为 2400mm，则弧形段的净宽度为 2400－150＝2250mm，而弧形半径为 2250mm，说明该弧形段为 1/4 圆弧（平面图上“r2250”标在外弧线上，所以我们认为它就是外弧半径)。

〖解〗

（1）L2 第一跨的净跨长度＝3600－250＝3350mm。

所以，直段长度＝3350－(2250－250)＝1350mm。

(2)“直段长度”的布筋范围除以间距＝(1350－50×2)/100＝13。

(3)“直段长度”的箍筋根数＝13＋1＝14 根

(4)“弧形段”的外边线长度＝3.14×2250/2＝3533mm

（5）由于“弧形段”与“直段长度”相连，而“直段长度”已经两端减去 50mm，而且进行了“加 1”计算，所以，“弧形段”不要减去 50mm，也不执行“加 1”计算。(但是，当“布筋范围除以间距”商数取整时，当小数点后第一位数字非零的时候，也要把商数加 1。)

布筋范围除以间距＝3533/100＝35.33，取整为 36。

因此，“弧形段”的箍筋根数＝36 根。

（6）所以，非框架梁 L2 第一跨的箍筋根数＝14＋36＝50 根。

以上主要讲了箍筋根数的计算，至于箍筋尺寸的计算和多肢箍的做法等问题，在后面“大箍套小箍”一节进行讨论。

〖关于“弧形梁箍筋”的讨论〗

〖问〗

从以上的介绍可以看出，无论框架梁还是非框架梁，无论抗震还是非抗震，对于弧形梁都是这样的规定："弧形梁沿中心线展开，箍筋间距沿凸面线量度"。

为什么"弧形梁的箍筋间距沿凸面线度量"?

〖答〗

设计师所给定的设计箍筋间距有点儿是"最大箍筋间距"的意思。也就是说，在一根梁中，任何地方的箍筋间距只能比"设计箍筋间距"小，不能比"设计箍筋间距"大。

另外，我们所说的"箍筋间距"，是指相邻两个箍筋的"箍筋垂直肢的间距"。如果我们在弧形梁中，以弧形梁中心线来度量箍筋间距的话，那么，在弧形梁的凹边线，其实际的箍筋间距比"设计箍筋间距"小（这是允许的），但是在弧形梁的凸边线，其实际的箍筋间距就比"设计箍筋间距"要大，这是不允许的。所以，弧形梁的箍筋间距沿凸面线度量，则解决了梁的任何地方的箍筋间距都不大于"设计箍筋间距"的要求。

2.8 关于"大箍套小箍"问题

03G101-1图集的第62～65页，都写着这样的一句话：

"当箍筋为多肢复合箍时，应采用大箍套小箍的形式。"

也就是说，无论框架梁还是非框架梁，无论抗震还是非抗震，对于多肢复合箍都是这样的规定："大箍套小箍"。

本节就专门讨论这个问题。

2.8.1 关于二肢箍的计算

（1）首先，讲一下关于箍筋的"肢"的概念。

这本来不是个问题，但是在网站论坛上就有人问"什么是二肢箍、四肢箍和三肢箍?"

对于梁的箍筋来说，箍筋的肢数就是一套箍筋中垂直段的个数。二肢箍有两个垂直段，四肢箍有四个垂直段。用老百姓通俗的话来说，就是二肢箍有两条腿，四肢箍有四条腿，三肢箍有三条腿。那三肢箍的"三条腿"是怎么一回事？就是一个二肢箍加上一个"单肢箍"（图2-45）。

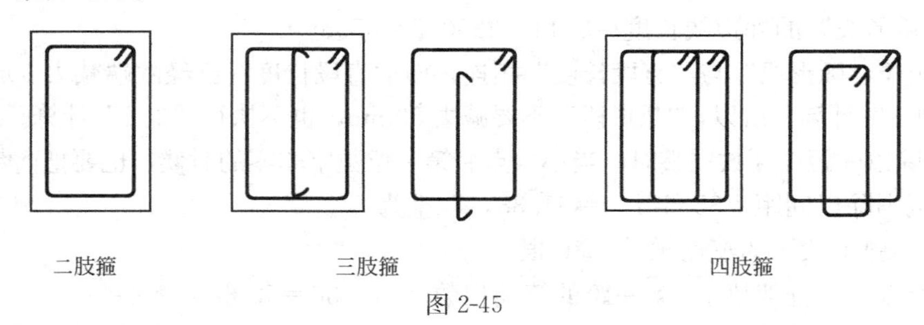

图2-45

（2）再说一下箍筋尺寸的度量问题。

在钢筋尺寸的度量中，只有箍筋是量"净内尺寸"的，其他钢筋都是量"满外尺寸"的。

为什么箍筋是量"净内尺寸"的？这是由箍筋的作用决定的。箍筋的作用是把整个梁的上部纵筋、下部纵筋和侧面纵筋固定在合适的位置上，组成一个完整的“钢筋笼子”。其中的一个重要作用是保证梁纵筋的保护层厚度。我们都知道，梁纵筋的保护层厚度就是指从梁混凝土的外侧面到梁纵筋外侧面的距离，而梁纵筋的外侧面就紧挨着箍筋的内侧面。

由此可以推导出众所周知的梁箍筋宽度计算公式：

箍筋宽度＝梁截面宽度－2×纵筋保护层厚度

按 03G101-1 如果梁截面宽度为 300mm，混凝土强度等级为 C25，则梁的保护层为 25mm，这样，梁的箍筋宽度＝300－2×25＝250mm。

所以，以前设计院出示的“工程钢筋表”中，就把“250”这样的箍筋尺寸标注在“箍筋图形”的内侧，其原因就是箍筋尺寸按净内尺寸量度。

〖注意〗

旧规范是以梁、柱的纵向受力钢筋外缘来计算混凝土保护层厚度的，而新规范是以梁、柱的箍筋外缘来计算混凝土保护层厚度的。在工程预算中，如何在新的条件下实现原有的箍筋计算方法呢？

关于这个问题，我们在本书后面“附录”的第 2 节已有详细的讲述，大家可以看看“附录”的内容。在下面我们只是简单地运用其“两步走”的结论：

第一步，查“保护层表”，得到梁、柱的箍筋保护层厚度；

第二步，再加上箍筋的直径，得到梁、柱纵筋保护层厚度，从而验算梁、柱受力纵筋的保护层厚度是否满足“≥钢筋公称直径 d”的要求。而且，我们可以把梁、柱的混凝土外围尺寸减去梁、柱纵筋保护层厚度，得出箍筋的内皮尺寸——这就使传统的箍筋计算方法得以实现。

举例来说明一下：按照 11G101-1，如果梁截面宽度为 300mm，混凝土强度等级为 C25，梁箍筋直径为 8mm，梁纵筋直径为 25mm。第一步：查“保护层表”得知箍筋保护层为 20mm，根据“混凝土强度等级不大于 C25 时，表中保护层厚度数值应增加 5mm”的规定，箍筋保护层厚度应为 20＋5＝25mm。（16G101-1 继承了 11G101-1 关于保护层的规定。）

第二步：再加上箍筋的直径，得到梁、柱纵筋保护层厚度为 25＋8＝33mm。由于 33mm 大于 25mm，满足“梁受力纵筋的保护层厚度≥钢筋公称直径 d”的要求。接着，计算梁的箍筋宽度＝300－2×33＝234mm。

（3）二肢箍宽度和高度尺寸的计算：

从上面的介绍可以知道，二肢箍尺寸的计算公式为：

箍筋宽度＝梁截面宽度－2×纵筋保护层厚度

箍筋高度＝梁截面高度－2×纵筋保护层厚度

〖说明〗

① 对于多肢复合箍的“外箍”尺寸计算，也使用上述的公式。

② 计算“单肢箍”的箍筋高度尺寸，也采用上述的公式。

（4）箍筋的弯钩长度：

根据 11G101-1 图集第 56 页的规定，抗震箍筋弯钩的平直段长度等于 $10d$（d 为箍筋直径），同时大于 75mm。

单肢箍的弯钩的平直段长度也应该符合上述的规定。

(5) 单肢箍的每根长度：

由此，可以知道单肢箍的钢筋每根长度计算公式为

$$每根长度=箍筋高度+26d$$

现在解释一下这个计算公式。

我们大家都知道“直形钢筋”如果是HPB300钢筋的话，其钢筋两端各有一个180°的小弯钩，每个小弯钩的长度为6.25d，此时钢筋每根长度的计算公式为：

$$直形钢筋的每根长度=拉筋水平长度+12.5d$$

我们还知道上述的每个小弯钩的平直段长度为3d，也就是说每个弯钩的平直段比“10d”少了7d，两个弯钩一共少了14d。现在把这个14d加上去，再考虑180°弯钩和135°弯钩的区别，就得出：

$$单肢箍的每根长度=单肢箍直段长度+26d$$

〖以下关于“二肢箍的每根长度”的讨论内容，仅供读者参考〗

(6) 二肢箍的每根长度：

二肢矩形箍的每根长度与箍筋的弯钩长度有关，一般写成“内周长$+\chi_d$”的形式。我和某设计院的资深结构师讨论过这件事，问设计院过去出示钢筋表时是如何计算的？结果是：

$$非抗震箍筋每根长度=内周长+16d$$

$$抗震箍筋的每根长度=内周长+26d$$

其中的“内周长”就是箍筋净内尺寸的周长，即

$$内周长=(b+h)\times 2$$

这里的b是箍筋的宽度，h是箍筋的高度，都是指净内尺寸。

因为现在计算箍筋长度的计算公式很多，有的是直接从梁的混凝土截面周长直接计算的，所以我在上面介绍的箍筋每根长度的计算公式是仅供参考。

〖讨论题之一〗

我推算过这里的“26d”的来历，与箍筋弯钩的直段长度等于10d有关，其推算过程就是“单肢箍的每根长度”的推算过程。

有人会说，如果说上述推理成立的话，是因为单肢箍是一根“直形钢筋”，而现在二肢箍是一根矩形钢筋，其中弯了三个直角弯，你在钢筋下料的时候“下”了一条直料，弯了这些弯之后，就算是按钢筋轴心线来计算长度的话，不也是应该增加3倍的钢筋直径吗?

我的分析是：在使用一条直料弯制矩形箍筋的过程中，是根据净内尺寸来控制箍筋每边的长度的，检查“成品箍筋”的规格也是按净内尺寸来量度的，因此，采用

$$箍筋的每根长度=(b+h)\times 2+26d$$

来进行钢筋下料的时候，是不必扣减箍筋制作过程中弯钩引起的钢筋伸长值的。当进行别的钢筋弯曲制作的时候，是要进行“弯曲伸长值”的扣减，从而引起钢筋预算时的“每根长度”与钢筋制作下料时“每根长度”的不同。这中间，唯独箍筋不需要进行这种“弯曲伸长值”的扣减，也就是说，箍筋在钢筋预算时的“每根长度”与钢筋制作下料时的“每根长度”是相同的（其原因就是箍筋尺寸的度量是以净内尺寸来计算）。

〖讨论题之二〗

再讨论一下非抗震箍筋弯钩长度“16d”的问题。

03G101-1 图集没有明确说明“非抗震箍筋弯钩的平直段长度”，因此当时写此书的时候根据规范内容说了不少道理。现在，11G101-1 图集已明确了非抗震箍筋弯钩平直段为“5d”，所以这个问题就不成其为问题了。

2.8.2 为什么要采用“大箍套小箍”

前面讲到，03G101-1 图集要求在多肢复合箍的施工中采用“大箍套小箍”的方法（图 2-46 左图）。

过去，在进行四肢箍的施工中，很多人都采用过“等箍互套”的方法。这就是采用两个形状、大小都一样的二肢箍，通过把其中的一段水平边重合起来，而构成一个“四肢箍”（图 2-46 右图）。

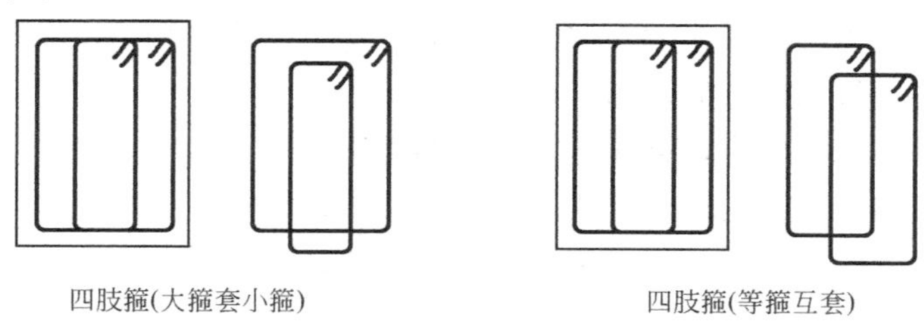

图 2-46

直到现在还有人问，为什么不能再采用“等箍互套”呢？更有的人反映在他们的工地上，有的监理员不允许采用“大箍套小箍”的方法，而要求施工员使用“等箍互套”的方法。看来，讲清楚“大箍套小箍”的道理是很有必要的。

“大箍套小箍”的好处是：

（1）能够更好地保证梁的整体性。

最初，“大箍套小箍”用于梁的抗扭箍筋上。当梁承受扭矩时，沿梁截面的外围箍筋必须连续，只有围绕截面的大箍才能达到这个要求，此时的多肢箍要采用“大箍套小箍”的形状。

当时，对于非抗扭的梁是这样说的：如果梁不承受扭矩（仅受弯和受剪），可以采用两个相同箍筋交错套成四肢箍，但采用大箍套小箍能够更好地保证梁的整体性。

但是，从 2003 年 11 月出版的 03G101-1 标准图集，就在图集的第 62～65 页上，对抗震的和非抗震的、框架梁和非框架梁制定了这样的规定：

当箍筋为多肢复合箍时，应采用大箍套小箍的形式。

请大家注意上面的规范用语“应”，就是“必须”的意思，这是带有指令性的要求。所以，现在的多肢箍，只能采用“大箍套小箍”的方法，而再也不能使用过去的“等箍互套”方法了。

（2）采用“大箍套小箍”方法，材料用量并不增加。

如果把“大箍套小箍”方法和“等箍互套”方法的箍筋图形画出来（见图 2-46），对其中箍筋水平段的重合部分加以比较，我们就可以看到，这两种方法的箍筋水平段的重合部分是一样的。也就是说，采用“大箍套小箍”方法比起过去的“等箍互套”方法，材料用量并不增加。

在后来出版的04G101-3标准图集（筏形基础）中，也明确地提出采用大箍套小箍的形式，而且画出大箍套小箍的示意图。

采用“大箍套小箍”方法，材料用量并不增加，而且又能够更好地保证梁的整体性，何乐而不为呢？

在看这本“修订版”的时候，有人会问，前面为什么写了这么多“03G101-1”；而不写“11G101-1”呢？尽管11G101-1没有强调“大箍套小箍”，不等于说多肢复合箍不应采用大箍套小箍的形式。这主要是因为经过了十多年平法推广，“大箍套小箍”已经深入人心了。既然“大箍套小箍”有这么多好处，还有必要再走回头路吗？

2.8.3 “大箍套小箍”的箍筋形状

前面讲述了多肢复合箍在施工中要采用“大箍套小箍”的方法。但是，“大箍套小箍”中的“内箍”应该采用哪种形式才合理？要知道，这不仅是一个施工方法问题，而且影响到施工下料的钢筋用量和预算的钢筋工程量。

在工程施工的实际操作中，存在五花八门的提法：

（1）有的人提出六肢箍的组合方式是“大箍套中箍、中箍再套小箍”。

（2）也有人说五肢箍的两种组合方式“内箍中间加拉钩”与“小箍的外边加一个拉钩”都是可以的。

上述这些施工方法到底对不对？

让我们先分析这两个具体的问题，再得出“大箍套小箍”中“小箍”的构造原则。

（1）六肢箍采用“大箍套中箍、中箍再套小箍”（即三层嵌套）是错误的。

因为采用“大箍套中箍、中箍再套小箍”时，在箍筋的上、下水平边有一段长度上发生三根箍筋并排拧在一起，这对于浇筑混凝土是不利的。因为“钢筋混凝土”的最佳工作状态是每根钢筋周边360°都被混凝土所包围，而三根箍筋并排拧在一起会造成有的钢筋只有180°的部分周边接触到混凝土（图2-47）。

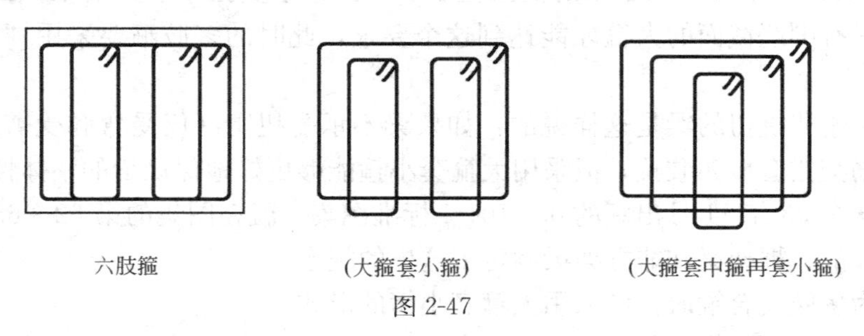

图2-47

从这个问题出发，我们可以推出“大箍套小箍”中的“内箍”的构造原则之一，是重叠的箍筋水平段不允许超过两根。

（2）五肢箍的两种组合方式“内箍中间加拉钩”与“小箍的外边加一个拉钩”其效果是不一样的。

上述称呼的“拉钩”应该是“单肢箍”。五肢箍的“内箍”——三肢箍，如果采用“中箍”中间加单肢箍的形式不好，因为这时“中箍”的上下水平边与外箍的重叠部分太长，对混凝土的结合不利；而采用在“小箍”的外边加一个单肢箍的形式较好（图2-48）。

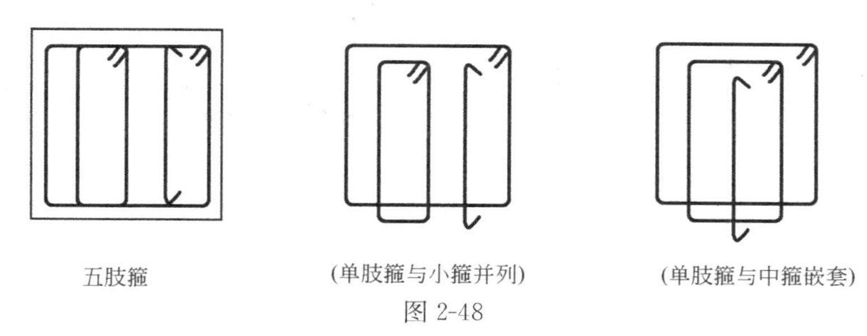

图 2-48

由此推出“大箍套小箍”中的“内箍”的构造原则之一，是使“内箍”的上下水平边与外箍的重叠部分尽可能的短。

（3）综上所述，“大箍套小箍”中的“内箍”的构造原则如下：

对于“偶数肢”的多肢箍来说，是一个“大箍”并列套若干个“小箍”。对于六肢箍来说，其中两个“小箍”的尺寸都是一样的。对于八肢箍来说，其中三个“小箍”的尺寸都是一样的。

对于“奇数肢”的多肢箍来说，是一个“大箍”并列套若干个“小箍”另加一个单肢箍。同样，对于七肢箍或九肢箍来说，其中“小箍”的尺寸都是一样的。

上述这些“大箍套小箍”的构造形式，大家可以参看 16G101-1 图集第 70 页“复合箍筋”的构造方式，该页图虽然说的是柱箍筋的构造，但对于梁箍筋也有参考作用。

2.8.4 多肢箍内箍宽度计算的一般方法

有的钢筋工是这样计算内箍宽度的：例如计算“四肢箍”的内箍宽度，就把大箍宽度三等分，来求出小箍宽度等于大箍宽度三分之一。显然，这种算法是错误的。

那么，什么样的计算方法才是正确的呢？

我们先用一个“四肢箍”内箍宽度计算的例子来说明“偶数肢多肢箍”内箍宽度计算的规律，再用一个“五肢箍”内箍宽度计算的例子来说明“奇数肢多肢箍”内箍宽度计算的规律。

（1）“偶数肢多肢箍”的内箍宽度计算

1）以“4 肢箍”为例子，计算“大箍套小箍”的内箍宽度

箍筋宽度计算的基本原则：

（A）箍筋的标注尺寸是“净内尺寸”，因为梁柱的保护层是指“主筋”的保护层。

（B）设置多肢箍的作用是固定梁的上下纵筋，其基本原则是使各纵筋的间距均匀分布。

我们可以画一个“4 肢箍”的简图，说明“大箍套小箍”（偶数肢箍）的小箍如何计算。简图的画法：4 根纵筋均匀分布，内箍钩住第 2、3 两根纵筋（图 2-49 左图）。

设大箍的净宽度为 B，小箍的净宽度为 b，纵筋（有 4 根）直径为 d，纵筋之间净距为 a，

则

$$3a+4d=B$$

$$a=(B-4d)/3$$

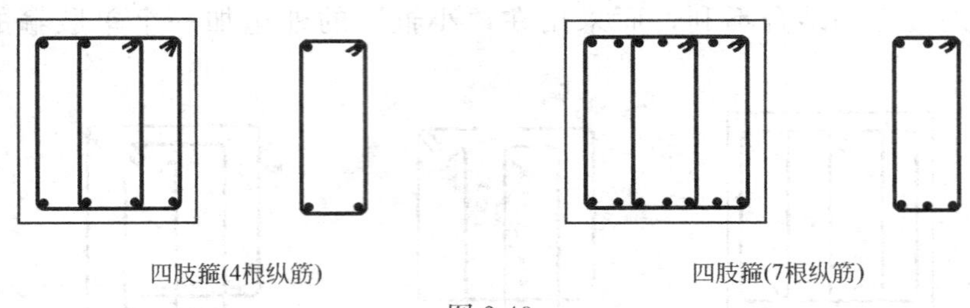

图 2-49

所以　　　　　　　　　　　　内箍的宽度 $b=a+2d$

有时为了简化计算，也可把 d 用 25 来代替。

2）由此，我们可以推导出"偶数肢多肢箍"的通用计算方法

对于"m 肢箍"的内箍宽度计算：

设大箍的净宽度为 B，小箍的净宽度为 b，纵筋（有 m 根）直径为 d，纵筋之间净距为 a，

"m 肢箍"有 $m-1$ 个净距，

则　　　　　　　　　　　　$(m-1)a+md=B$

$$a=(B-md)/(m-1)$$

所以，　　　　　　　　　　内箍的宽度 $b=a+2d$

有时为了简化计算，也可把 d 用 25 来代替。

〖关于"通用算法"的讨论〗

实际工程中，其实无所谓"通用算法"的。就拿图 2-49 右图的四肢箍来说，当纵筋为 7 根（内箍钩住第 3、4、5 纵筋）时，所列方程应该为：$6a+7d=B$　解出 a 值之后，

$$内箍的宽度\ b=2a+3d$$

所以，无所谓"通用公式"，重要的是掌握分析具体问题的方法。

（2）"奇数肢多肢箍"的内箍宽度计算

1）以"5 肢箍"为例子，计算"大箍套小箍"的内箍宽度

我们可以画一个"5 肢箍"的简图，说明"大箍套小箍"（奇数肢箍）的小箍如何计算。简图的画法：5 根纵筋均匀分布，内箍钩住第 2、3 两根纵筋，一根单肢箍钩住第 4 根纵筋（图 2-50 左图）。

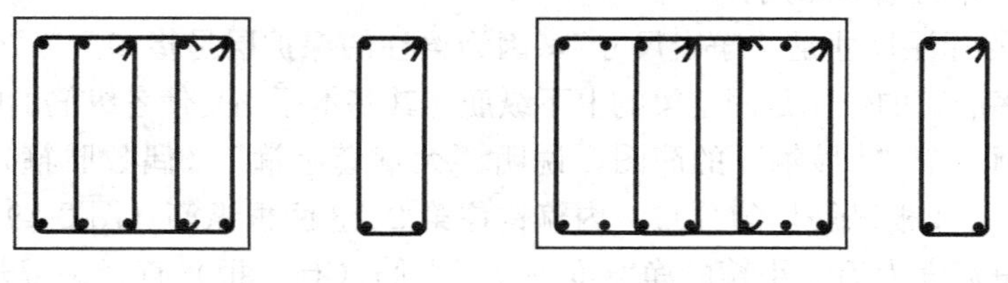

图 2-50

设大箍的净宽度为 B，小箍的净宽度为 b，纵筋（有 5 根）直径为 d，纵筋之间净距

为 a，

则 $$4a+5d=B$$

$$a=(B-5d)/4$$

所以 $$b=a+2d$$

有时为了简化计算，也可把 d 用 25 来代替。

2）由此，我们可以推导出“奇数肢多肢箍”的通用计算方法

对于“m 肢箍”的内箍宽度计算：

设大箍的净宽度为 B，小箍的净宽度为 b，纵筋（有 m 根）直径为 d，纵筋之间净距为 a，

“m 肢箍”有 $m-1$ 个净距，则

$$(m-1)a+md=B$$

$$a=(B-md)/(m-1)$$

所以 内箍的宽度 $b=a+2d$

有时为了简化计算，也可把 d 用 25 来代替。

〖关于“通用算法”的讨论〗

实际工程中，也还是要“具体问题具体分析”的。当五肢箍的纵筋为 7 根时，设置内箍可能有几种不同的方法，当我们采用图 2-50 右图的设计内箍的方法（即内箍钩住第 3、4 纵筋），所列方程是：$6a+7d=B$

$$a=(B-7d)/6$$

内箍的宽度 $b=a+2d$

这是与图 2-50 左图例子不同的结果。

〖小结〗

（1）对照上面“奇数肢多肢箍”和“偶数肢多肢箍”的通用计算方法，其实这两个通用计算方法的公式的形式是一致的。

（2）对于“3 肢箍”，其“内箍”仅有一根单肢箍，不存在“内箍宽度”的问题，因而不需要上述的计算过程。

（3）上面的“计算公式”有一定的局限性。首先，它要求梁的上部纵筋根数与下部纵筋的根数相等；其次，它要求梁的上部纵筋（下部纵筋）的根数等于箍筋的肢数。

关于“上部纵筋和下部纵筋根数不相等”的情况如何处理，我们在下一节中进行讨论。

其实，多肢箍的内箍如何设置，以及内箍宽度的计算，应该掌握“具体问题具体分析”的方法。我们能够做的工作，就是总结出几条处理多肢箍的内箍设置及内箍宽度计算的一般规律，供读者在分析具体问题时进行参考（这些问题也放在下一节中讨论）。

2.8.5 当上部纵筋和下部纵筋根数不相等时的内箍宽度计算

我们从一个实际例子来引出这类问题的解决方法。

〖例1〗

我在网站论坛上见到这样一个帖子：

有一基础主梁，其大箍宽度为650mm，箍筋Φ8@100(4)，顶部贯通纵筋为4Φ22，底部贯通纵筋为6Φ25，请问内箍宽度怎样计算？请解释一下内箍宽度设置原则。

〖分析〗

16G101-3标准图集里面的基础梁复合箍筋构造也是采用“大箍套小箍”。

其实，如果只考虑竖向荷载的话，筏形基础和“倒楼盖”差不多，即基础主梁的顶部贯通纵筋与框架梁的下部纵筋类似，基础主梁的底部贯通纵筋与框架梁的上部纵筋类似。所以，本问题与“框架梁的下部纵筋为4Φ22，上部纵筋为6Φ25”的性质是类似的。

梁箍筋标注Φ8@100(4)的“(4)”表示箍筋为“四肢箍”。然而，我们不能像上一节所讲的那样，按“$3a+4d=B$”来列出方程。因为上一节的公式要求梁的上部纵筋根数与下部纵筋的根数相等，并且等于箍筋的肢数。

下面，我们只得具体地分析这个具体的工程问题。

多肢箍的内箍设置要遵循哪些规则呢？

(1) 箍筋的“肢”应该是垂直的，所以我们称它为“垂直肢”。

(2) 首先，为了保证梁截面上钢筋配置的对称性，要求梁的上部纵筋、下部纵筋和箍筋的垂直肢都应该在梁宽范围内对称分布。

(3) 当梁的上部纵筋和下部纵筋的根数不相等的时候，应该以“梁纵向受力钢筋根数多的一方（上部或下部）”优先均匀布置。

(4) 然后，在第(3)条的原则下，参考另一面纵筋的根数，进行内箍的布置。在考虑内箍的布置方案时，应该使内箍的水平段尽可能的最短。

以这个具体例子来实践一下上面的几项原则：

首先，按钢筋根数较多的“底部贯通纵筋”(6根钢筋)在梁宽范围内均匀布置。我们可以把这几根钢筋编号为1、2、3、4、5、6。

然后，我们参考“顶部贯通纵筋”的根数(4根)，来考虑内箍的配置。我们也可以把这几根顶部贯通纵筋编号为1、2、3、4。这样，根据“对称性”和“垂直性”原则，顶部贯通纵筋的1、4号筋分别与底部贯通纵筋的1、6号筋对齐。至于顶部贯通纵筋的2、3号筋，只能与底部贯通纵筋的2、5号筋或者3、4号筋对齐。

根据“水平段最短”原则，内箍只能钩住底部贯通纵筋的3、4号筋。即顶部贯通纵筋的2、3号筋与底部贯通纵筋的3、4号筋对齐（图2-51左图）。

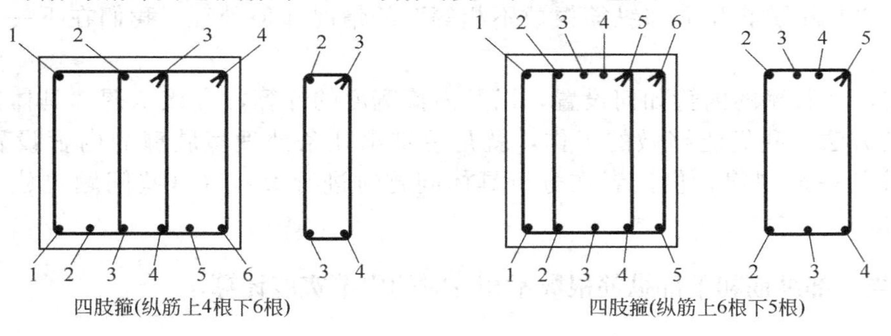

图2-51

〖解〗

设大箍宽度为 B（本例为 650mm），均匀分布的纵筋净距为 a，纵筋直径为 d。

求内箍的宽度 b。

① 按"6Φ25"均匀分布，排列好底部贯通纵筋，这样就有 $5a+6d=B$。

因为 B、d 都已知，所以可以计算出 a 来。

$$a=(B-6d)/5=(650-6\times25)/5=100\text{mm}$$

② 为方便描述，我们把顶部贯通纵筋和底部贯通纵筋都进行编号。顶部贯通纵筋的第 1、2、3、4 号筋分别与底部贯通纵筋的 1、3、4、6 号筋对齐。

③ 内箍两肢钩住下部纵筋的 3、4 号筋（也就是上部纵筋的第 2、3 号筋）。内箍的宽度 $b=a+2d=100+2\times25=150$mm。

〖讨论〗

本例的结果可以说是最佳结果了。因为"$b=a+2d$"，这已经是水平段最短的内箍了。但不是所有问题都可能达到这样的最佳结果的。请看下例。

〖例 2〗

这也是网上论坛上讨论过的一个帖子。

有一框架梁，截面尺寸为 350×700，箍筋Φ8@100(4)，上部纵筋为 6Φ25，下部纵筋为 5Φ25，请问内箍宽度怎样计算？

〖分析〗

我们还是根据上面介绍的几项原则来分析本例题：

首先，按钢筋根数较多的"上部纵筋"（6 根钢筋）在梁宽范围内均匀布置。我们可以把这几根钢筋编号为 1、2、3、4、5、6。

然后，我们参考"下部纵筋"的根数（5 根），来考虑内箍的配置。我们也可以把这几根下部纵筋编号为 1、2、3、4、5。这样，根据"对称性"和"垂直性"原则，下部纵筋的 1、5 号筋分别与上部纵筋的 1、6 号筋对齐。

根据"对称性"和"垂直性"原则，梁下部纵筋的 2、4 号筋与上部纵筋的第 2 号、5 号筋分别上下对齐，梁下部纵筋的第 3 号筋就布置在梁的正中央。

四肢箍的内箍套住梁下部纵筋的第 2 号、4 号筋（也就是梁上部纵筋的 2 号、5 号筋）——这样保证了内箍的垂直肢是垂直的（图 2-51 右图）。

〖解〗

设大箍宽度为 B（本例为 300mm），均匀分布的纵筋净距为 a，纵筋直径为 d。

求内箍的宽度 b

① 按"6Φ25"均匀分布，排列好底部贯通纵筋，这样就有 $5a+6d=B$。

因为 B、d 都已知，所以可以计算出 a 来。

$$a=(B-6d)/5=(300-6\times25)/5=30\text{mm}$$

② 为方便描述，我们把上部纵筋和下部纵筋都进行编号。下部纵筋的第 1、2、4、5 号筋分别与上部纵筋的 1、2、5、6 号筋对齐。

③ 内箍两肢钩住下部纵筋的 2、4 号筋（也就是上部纵筋的第 2、5 号筋）。内箍的宽度 $b=3a+4d=3\times30+4\times25=190$mm。

在这个例子中，“$b=3a+4d$”，内箍的宽度比较长，但是在本题的特定条件下也是在所难免。

〖归纳〗

多肢箍的内箍设置的几项原则如下：

①“垂直性”原则：

箍筋的“肢”应该是垂直的，所以我们称它为“垂直肢”。

②“对称性”原则：

梁的上部纵筋、下部纵筋和箍筋的垂直肢都应该在梁宽范围内对称分布。

③“均匀布置”原则：

梁纵向受力钢筋根数多的一方（上部或下部）优先均匀布置。

④“上下兼顾”原则：

布置内箍时，要兼顾上下纵筋的根数，保证满足其钢筋净距。

⑤“水平段最短”原则：

在考虑内箍的布置方案时，应该使内箍的水平段尽可能的最短。

计算 m 肢箍的内箍宽度时，总是以均匀分布的那一方为准，来设定纵筋的水平净距为 a，然后列出方程 $(m-1)a+md=B$ 求解出 a 值；

然后，根据梁的上部纵筋和下部纵筋的根数来具体确定内箍的形式，计算出内箍的宽度 b。

根据内箍设置方式的不同，内箍的计算公式相差较大，

可能是　　　$b=a+2d$　　（这是最佳情况）

也可能是　　$b=2a+3d$

甚至是　　　$b=3a+4d$　　（例如上面的“例2”）

实际上，工程中的许多问题不是安排一个数学公式就能够解决的，许多工程问题要根据“具体问题具体分析”的原则，根据实际情况来灵活处理。再看一个关于梁多肢箍内箍设置的例子。

〖例3〗

这也是网上论坛上最近讨论的一个帖子。

〖问〗

一道框支梁的截面尺寸为700×2100，箍筋为ф14@100(4)，上部通长筋为8ф32/8ф32，底筋为8ф32/8ф32/8ф32，腰筋为18ф20。请问大箍套小箍那个小箍宽度如何计算？即那个小箍包住哪几道纵筋？

另外请教，四肢箍的四条肢实行隔一拉一吗？

〖答〗

只有柱的箍筋（或拉筋）有“隔一拉一”的要求，梁的箍筋没有“隔一拉一”的要求。

箍筋的设置考虑左右对称，如果把梁纵筋从1到8编号的话，内箍可以包住第3、4、5、6号纵筋（图2-52左图）。

我与一些资深结构工程师讨论过，梁的纵筋不一定均匀摆放，即梁纵筋的净距不一定相等，“内箍”所包住的4根钢筋的净距可适当小一些，但是最好满足梁纵筋的“最小净

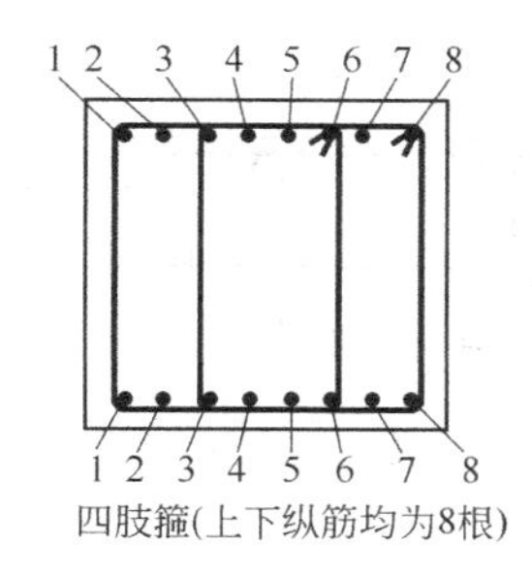

四肢箍(上下纵筋均为8根)

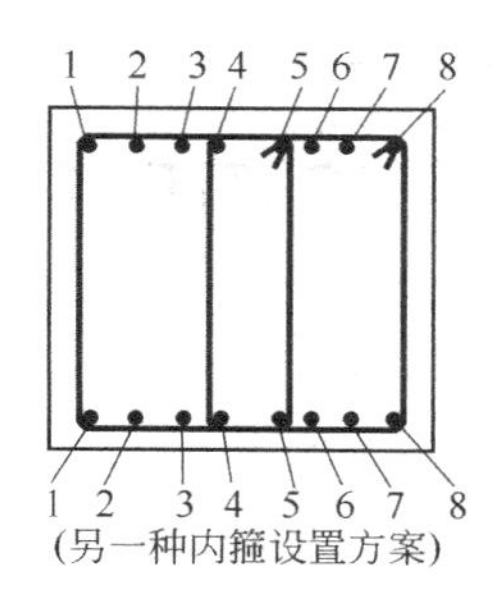

(另一种内箍设置方案)

图 2-52

距”的要求（对于梁的上部纵筋，其最小净距为不小于 30mm 且不小于 1.5d）。

〖问〗

梁的内箍为什么不可以包住 4、5 号纵筋？现场大都是这样做的。

还有我记得关于箍筋讨论的时候有说过：“重叠部位越少越好”，如果照这样说的话，那就是只包住 4、5 号纵筋了（图 2-52 右图）。现在上下铁均为 8 根，这样做的话也是左右对称的。

〖答〗

梁内箍的设置在照顾到纵筋间距基本均匀的同时，也尽量照顾到箍筋肢距的基本均匀，前面所说的“内箍所包住的 4 根钢筋的净距可适当小一些”，也就是为了箍筋肢距基本均匀。

梁的上部纵筋的间距经常不能做到绝对均匀，例如前面举出的上部纵筋为 6Φ25、下部纵筋为 5Φ25 的例子，当上部纵筋做到间距均匀时，下部纵筋就不可能做到间距均匀。

另外，“重叠部位越少越好”也不能绝对化。如果要兼顾箍筋肢距基本均匀，则重叠部位就不一定做到最少。

总之，梁的多肢箍的内箍设置是一个多因素、多指标的规划问题，不是一个简单的数学公式就能解决的，还是那句老话：具体问题具体分析。

2.8.6 多肢箍内箍的进一步讨论——理论与实际的关系

在我们的网站论坛上，关于“大箍套小箍”的讨论已经超过一年了，但仍然激发起大家的兴趣。现在，我们可以继续讨论几个有关“大箍套小箍”的问题。

第一个问题：是不是“梁上部纵筋所配置的根数一般要比梁下部纵筋的根数要多”？

梁的设计负弯矩经常大于正弯矩，造成梁的上部纵筋配筋量大于梁下部纵筋配筋量。

但是，当梁的截面宽度有限时，有限的梁截面宽度可能对每一排上部纵筋的根数形成限制，因为梁上部纵筋的净距规定不小于 1.5d 和 30mm，梁下部纵筋的净距规定不小于 1.0d 和 25mm，这样一来，从“一排钢筋的配筋根数”来看，梁下部纵筋的根数有可能多于上部纵筋的根数（就算上部纵筋的总根数可能多于下部纵筋，但是上部纵筋可能是分成多排的，而每一排上部纵筋的根数都不多于下部纵筋的根数）。

第二个问题：当一跨梁左右支座的上部纵筋根数不一致时，是按左支座的根数来计算、还是按右支座的根数来计算（图 2-53）？

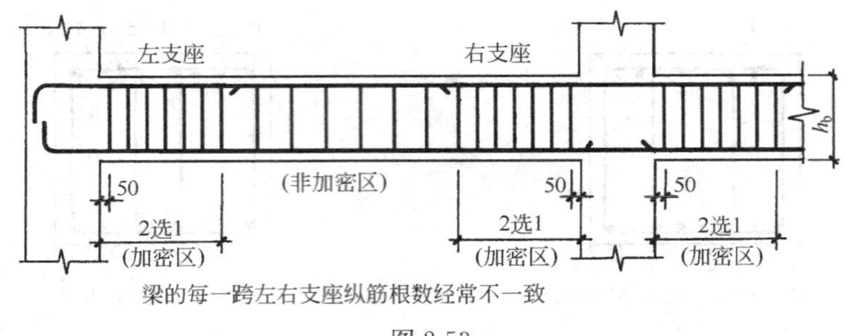

图 2-53

这个问题的重要性在于施工方法的“可操作性”问题：就算是第一排上部纵筋的根数多于下部纵筋一排的根数，但是遇到一跨梁左右支座的上部纵筋根数不一致时，是按左支座的根数来计算、还是按右支座的根数来计算？如果“跨中 $l_n/3$ 范围的钢筋根数”与左右支座的钢筋根数也不一样时，这一跨梁的箍筋（内箍）岂不是要按三种规格来制作吗？——试想想看，一个钢筋工拿着三种不同的箍筋绑扎一跨梁的时候，他该如何决定这三种箍筋的分布顺序呢？——所以，这里确实存在一个“可操作性”的问题。

但是，如果按照“梁第一排下部纵筋的根数”来计算内箍宽度，就不存在这种问题——因为在一跨梁中，下部纵筋的根数是不变的。这样，能改善一跨梁进行箍筋绑扎时的“可操作性”。

任何一种工程技术都应该以良好的可操作性作为前提，只有这样，这个工程技术才能够得以推广。

另外，许多工程技术不一定有严密的理论依据。工科问题有很多属于“难言技术”，对于属于宏观问题的混凝土结构，只有一部分有理论依据，很多情况下取自尚未有可靠理论解释的试验依据。

既然是讨论，可以把一些建筑工地的朋友的反馈意见摘录于下：

对于上面提出的第二个问题，比较复杂，不过也恰是工地上常出现的问题，给出了解决复杂问题最好的办法，快刀斩乱麻，最简单最直接的办法也就是最好的办法。

其实在实际工程中没有人会以“三段论”来要求工人进行操作的，中国建筑产品的生产工艺的精确性远远达不到这种要求，而更多的是像前面所指出的那种错误计算方法来计算内箍宽度的（大箍宽度的三分之一）。这是现状，而对于质监站、监理验筋对净距不是很在意，无形中使这种错误做法蔓延开来。

2.9 悬挑梁的构造

我们在本章前面讲述梁悬挑端的原位标注时，指出了梁悬挑端的力学特征和工程做法与框架梁内部各跨截然不同，梁悬挑端有下列构造特点：

① 梁的悬挑端在“上部跨中”位置进行上部纵筋的原位标注，这是因为悬挑端的上部纵筋是“全跨贯通”的。

② 悬挑端的下部钢筋为受压钢筋，它只需要较小的配筋就可以了，不同于框架梁第

一跨的下部纵筋（受拉钢筋）。

③ 悬挑端的箍筋一般没有“加密区和非加密区”的区别，只有一种间距，例如：采用Φ8@200(2) 这种格式。

④ 在悬挑端进行梁截面尺寸的原位标注。悬挑端一般为“变截面”构造，例如，梁根截面高度为 700mm，而梁端截面高度为 500mm，设梁宽 300mm，则其截面尺寸的原位标注为：300×700/500。

“XL（纯悬挑梁）和各类梁的悬挑端配筋构造”对悬挑梁的配筋构造有哪些规定？其上部纵筋和下部纵筋各有什么特点？本节就是讨论这方面的内容（图 2-54）。

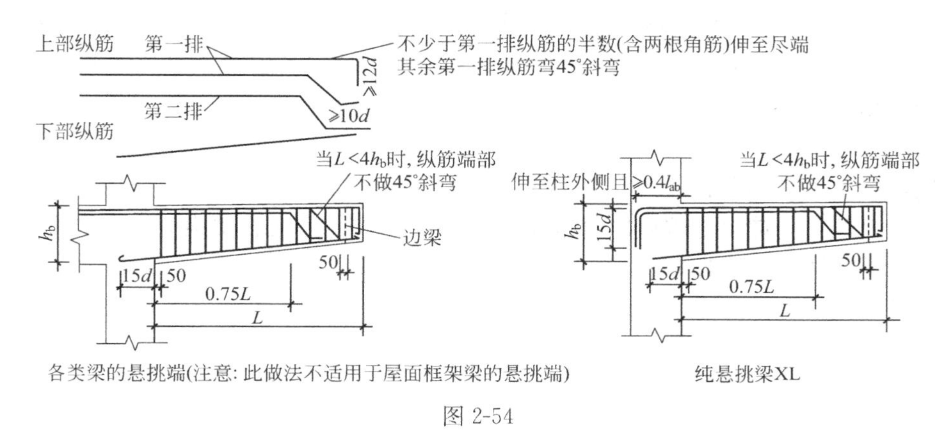

图 2-54

（1）悬挑梁上部纵筋的配筋构造

纯悬挑梁（XL）和各类梁的悬挑端的主筋是上部纵筋：

1）第一排上部纵筋，“至少两根角筋，并且不少于第一排纵筋的二分之一”的上部纵筋一直伸到悬挑梁端部，再拐直角弯直伸到梁底，“其余纵筋弯下”（即钢筋在端部附近下弯 45°的斜坡）。

例如：第一排上部纵筋有 4 根，则第 1、4 根一直伸到悬挑梁端部，第 2、3 根在端部附近弯下 45°的斜弯。

再例：第一排上部纵筋有 5 根，则第 1、3、5 根一直伸到悬挑梁端部，第 2、4 根在端部附近弯下 45°的斜弯。

2）第二排上部纵筋在悬挑端长度的 0.75 处下弯 45°的斜坡到梁底部再伸出≥$10d$ 的平直段。

16G101-1 第 92 页“纯悬挑梁 XL 及各类梁的悬挑端配筋构造”在悬挑端配筋大样图上“第二排上部纵筋”增加一条引注：

“当上部纵筋为两排，且 $l<5h_b$时，可不将钢筋在端部弯下，伸至悬挑梁外端向下弯折 $12d$”。

我们将结合本节后面的问答，具体讲述如何落实这一做法。

3）纯悬挑梁（XL）的上部纵筋在支座的锚固：图上的标注为“伸至柱外侧纵筋内侧，且≥$0.4l_{ab}$”。

16G101-1 第 92 页“注 1”指出：“当悬挑梁考虑竖向地震作用时（由设计明确），图中悬挑梁中钢筋锚固长度 l_a、l_{ab}应改为 l_{aE}、l_{abE}，悬挑梁下部钢筋伸入支座长度也应采

用 l_{aE}。”

（2）悬挑梁下部纵筋的配筋构造

1）纯悬挑梁和各类梁的悬挑端的下部纵筋在支座的锚固：其锚固长度为 $15d$。

2）有人问：框架梁第一跨的下部纵筋是否一直伸到悬挑端上去？回答是：不应伸到悬挑端上去，因为这两种钢筋的作用截然不同：框架梁第一跨的下部纵筋是受拉钢筋，它一般配筋较大；而悬挑端的下部钢筋是受压钢筋，它只需要较小的配筋就可以了。所以，框架梁第一跨的下部纵筋的做法是伸到边柱进行弯锚；而悬挑端的下部钢筋是插入柱内直锚即可。

16G101-1 第 92 页在悬挑端配筋大样图上“下部纵筋”增加一条引注：“当悬挑梁根部与框架梁梁底齐平时，底部相同直径的纵筋可拉通设置”。其前提是悬挑梁与框架梁的下部纵筋配筋相同，倘若配筋不同，也就不存在贯通的可能了。

〖说明〗

这里，讨论一个问题：

悬挑梁上部纵筋伸至尽端后的直钩长度是 $12d$ 吗？因为在悬挑梁上部纵筋大样图直钩旁边标注了尺寸数据“$\geqslant 12d$”。

回答是：大家要注意看清楚“图形语言”，除了在上部纵筋大样图直钩旁边标注了尺寸数据“$\geqslant 12d$”以外，在悬挑梁剖面图中上部纵筋的直钩一直通到梁底，所以正确的理解是：钢筋直钩一直通到梁底，同时“$\geqslant 12d$”。

〖问〗

悬挑梁第一排上部纵筋在端部“弯下”45°的做法仅适用于“长悬挑梁”，什么是“长悬挑梁”呢？

〖答〗

请注意 16G101-1 图集第 92 页在“悬挑筋”有一个引注：“当上部纵筋为一排，且 $L<4h_b$ 时，不将钢筋在端部弯下”（即钢筋不下弯 45°的斜坡），伸至悬挑梁外端，向下弯折 $12d$。

其含义为：“当为短悬挑梁时，不将钢筋在端部弯下”（上式中：L 为挑出长度，h_b 为梁根部截面高度）。

明确了当 $L<4h_b$ 时就是“短悬挑梁”，则当 $L\geqslant 4h_b$ 时就是“长悬挑梁”了。

〖关于“框架梁悬挑端上部纵筋是否与第一跨的上部纵筋贯通”的问题〗

〖问〗

框架梁悬挑端的上部纵筋与第一跨的上部纵筋贯通吗？

例题：带悬臂的框架梁悬挑上部筋标注为 4⌀22，而第一跨的左标注为 4⌀22/2⌀20，请问：

① 4⌀22 的长度如何计算？

② 2⌀20 的长度如何计算？

③ 如果悬挑端的上部钢筋也是 4⌀22/2⌀20，则第二排上部纵筋 2⌀20 的长度又如何计算？

〖答〗

这三个问题的解答如下：

（1）上部第一排钢筋 4Φ22 从第一跨贯通到悬挑端上。假设该上部钢筋不需要下弯 45°，则一直伸到悬挑梁端部，再拐直角弯直伸到梁底。其长度计算公式为：

第一跨的跨度/3＋柱宽度＋悬挑端长度－保护层＋梁端高度－2×保护层

（2）第一跨上部第二排钢筋 2Φ20 伸到边框架柱外侧纵筋的内侧，再弯 $15d$ 的直钩。其长度计算公式为：

第一跨的跨度/4＋柱宽度－保护层＋$15d$

（3）框架梁第二排上部纵筋 2Φ20 与悬挑端第二排上部纵筋贯通伸到悬挑端之后，按照 16G101-1 第 92 页的构造要求，有两种做法：

1）当 $l<5h_b$ 时，悬挑端的第二排上部纵筋不在端部弯下，而是伸至悬挑梁外端向下弯折 $12d$（此时的计算公式为）：

第一跨的跨度/4＋柱宽度＋悬挑端长度－保护层厚度－22－25＋$12d$

2）当 $l \geqslant 5h_b$ 时，悬挑端的第二排上部纵筋伸至悬挑端长度的 0.75 处，以 45°弯下之后，再向前延伸 $10d$（此时的计算公式为）：

第一跨的跨度/4＋柱宽度＋0.75×悬挑端长度＋45°斜坡长度＋$10d$

其中“45°斜坡长度”＝(中间截面高度－60－22－25)×1.414

其中“中间截面高度”＝ $h_2 + 0.25 \times (h_1 - h_2)$

（上述的 l 为悬挑端长度，h_1 为悬挑端根部高度，h_2 为悬挑端端部高度）

（注：“60”为上、下保护层厚度，“22”为第一排上部纵筋直径，“25”为第二排上部纵筋与第一排上部纵筋的净距。）

〖屋面框架梁的悬挑端配筋构造〗

〖问〗

11G101-1 增加了屋面框架梁悬挑端配筋构造，有哪些特点？

〖答〗

11G101-1 第 89 页增设了三个屋面框架梁的悬挑端构造，它们分别是 A、F、G 节点构造。16G101-1 第 92 页与 11G101-1 相同，对应的三个节点构造为①、⑥、⑦。

①节点构造：悬挑端与框架梁一平

框架梁上部纵筋与悬挑端上部纵筋贯通布置

悬挑端下部纵筋直锚 $15d$

⑥节点构造：悬挑端比框架梁低 Δ_h（$\Delta_h \leqslant h_b/3$）

框架梁上部纵筋弯锚：直钩长度“$\geqslant l_a$（$\geqslant l_{aE}$）且伸至梁底”

悬挑端上部纵筋直锚长度“$\geqslant l_a$ 且 $\geqslant 0.5l_c+5d$”

悬挑端下部纵筋直锚 $15d$

⑦节点构造：悬挑端比框架梁高 Δ_h（$\Delta_h \leqslant h_b/3$）

框架梁上部纵筋直锚长度“$\geqslant l_a$（$\geqslant l_{aE}$ 且支座为柱时伸至柱对边）”

悬挑端上部纵筋弯锚：弯锚水平段长度“$\geqslant 0.6\ l_{ab}$”

直钩长度“$\geqslant l_a$ 且伸至梁底”

在弯锚水平段增设 U 形钢筋，规格间距满足本图集第 58 页注 7。

悬挑端下部纵筋直锚 15d

图集第 92 页注 1 指出："括号内数字为框架梁纵筋锚固长度。当悬挑梁考虑竖向地震作用时（由设计明确），图中悬挑梁中钢筋锚固长度 l_a、l_{ab}应改为 l_{aE}、l_{abE}，悬挑梁下部钢筋伸入支座长度也应采用 l_{aE}。"

16G101-1 第 92 页"注 2"比起 11G101-1 来说，对屋面框架梁诸节点增加了一个限制条件"且下部纵筋通长设置时"，变成：

"①、⑥、⑦节点，当屋面框架梁与悬挑端根部底平，且下部纵筋通长设置时，框架柱中纵向钢筋锚固要求可按中柱柱顶节点（见本图集第 68 页）。"

这个限制条件实质上是加强了悬挑端下部钢筋的配置，因为它与框架梁下部纵筋贯通了（钢筋直径相同），再加上前面介绍的诸节点所做的构造措施，都能加强这些节点的结构可靠性。不过，在设计中追求建筑外观的同时，也要注意结构抗震的安全性，尤其是在建筑物的顶层。

2.10 井字梁的构造

井字梁 JZL 配筋构造：见 16G101-1 图集第 98 页（其中的信息量是不多的，可以说，单靠图集第 98 页的信息不能直接计算井字梁的钢筋）。

从 16G101-1 图集中能得到的信息：

（1）井字梁上部纵筋在端支座弯锚，弯折段 15d，弯锚水平段长度：

设计按铰接时：≥0.35 l_{ab}

充分利用钢筋的抗拉强度时：≥0.6 l_{ab}

图中"设计按铰接时"用于代号为 JZL 的井字梁，例如：JZL4(1)；"充分利用钢筋的抗拉强度时"用于代号为 JZLg 的井字梁，例如：JZLg2(2)。

（2）施工时，井字梁支座上部纵筋外伸长度的具体数值，梁的几何尺寸与配筋数值详具体工程设计。另外，在纵横两个方向的井字梁相交位置，两根梁位于同一层面钢筋的上下交错关系以及两方向井字梁在该相交处的箍筋布置要求，亦详具体工程说明。

（3）架立筋与支座负筋的搭接长度为 150mm。

（4）下部纵筋在端支座直锚 12d，当梁中纵筋采用光面钢筋时为 15d。

（5）下部纵筋在中间支座直锚 12d，当梁中纵筋采用光面钢筋时为 15d。

（6）从距支座边缘 50mm 处开始布置第一个箍筋。

（7）设计无具体说明时，井字梁上、下部纵筋均短跨在下，长跨在上；短跨梁箍筋在相交范围内通长设置；相交处两侧各附加 3 道箍筋，间距 50mm，箍筋直径及肢数同梁内箍筋。

（8）纵筋在端支座应伸至主梁外侧纵筋内侧后弯折，当直段长度不小于 l_a 时可不弯折。

（9）当梁上部有通长钢筋时，连接位置宜位于跨中 $l_{ni}/3$ 范围内；梁下部钢筋连接位置宜位于支座 $l_{ni}/4$ 范围内；且在同一连接区段内钢筋接头面积百分率不宜大于 50%。

（10）井字梁的集中标注和原位标注方法同非框架梁。

〖关于井字梁的讨论〗

〖问〗

井字梁图上只标“l_a”而没有“l_{aE}”，是否只考虑非抗震，而不考虑抗震？

〖答〗

11G101-1 版只考虑非抗震，且无框架梁参与组成井字梁。如果具体工程与标准设计不符，则需设计师另行设计。16G101-1 与 11G101-1 保持一致。

〖问〗

16G101-1 图集第 98 页井字梁的 a01、a01′、a02、a02′、a03、a03′、a04、a04′等是表示什么意思？a01 端部的 150 是表示什么意思？

〖答〗

16G101-1 第 98 页所标注的 a01、a01′、a02、a02′、a03、a03′、a04、a04′等是井字梁支座负筋的外伸长度，之所以用字母来表示，是表明“本图集未定的尺寸”——由具体工程的设计师自己去给定。

在“a01”端部的“150”表示架立筋与支座负筋的搭接长度为 150mm。

〖问〗

关于“井字梁”有哪些基本知识？

〖答〗

（1）井字梁楼盖是近似正方形的。如果楼盖平面为长方形，那就可能要分成两块“井字梁楼盖”。例如：16G101-1 第 98 页右下角的图，就是由中间的框架梁 KL2 把这块长方形面积划分成左右两块“井字梁楼盖”。

（2）井字梁并不是主次梁。构成井字梁的纵横各梁的截面高度一般是相等的。在一块“井字梁楼盖”中，相交的纵横各梁不互相打断。井字梁的跨度按大跨计算，而不是按彼此断开的小跨计算。

（3）井字梁在施工中，一般是短向的梁放在下面、长向的梁放在上面；梁的下部纵筋是短向梁的放在下面、长向梁的放在上面；上部纵筋也是短向梁的放在下面、长向梁的放在上面（在设计时考虑放在上面的梁的有效高度的扣减）。

（4）至于纵横交叉两种梁的箍筋，可以做成不一样的，也可以做成一样的。可以仿照主次梁的关系来制作和安装箍筋。

〖问〗

在井字梁交叉处，是否两个方向都布置箍筋？

〖答〗

当两向跨度不同的时候，可以选择跨度小的梁实行箍筋满布，另一根梁在与该梁重叠的部分内不布置箍筋。

当两向跨度相同的时候，可选距离支座较近的那根梁通布箍筋，另一根梁在与该梁重叠的部分内不布置箍筋。

2.11 框支梁和转换柱的构造

转换柱和框支梁的配筋构造见 16G101-1 图集第 96 页“框支梁 KZL、转换柱 ZHZ 配筋构造”。其中的要点为：

（1）框支柱钢筋构造（图 2-55）

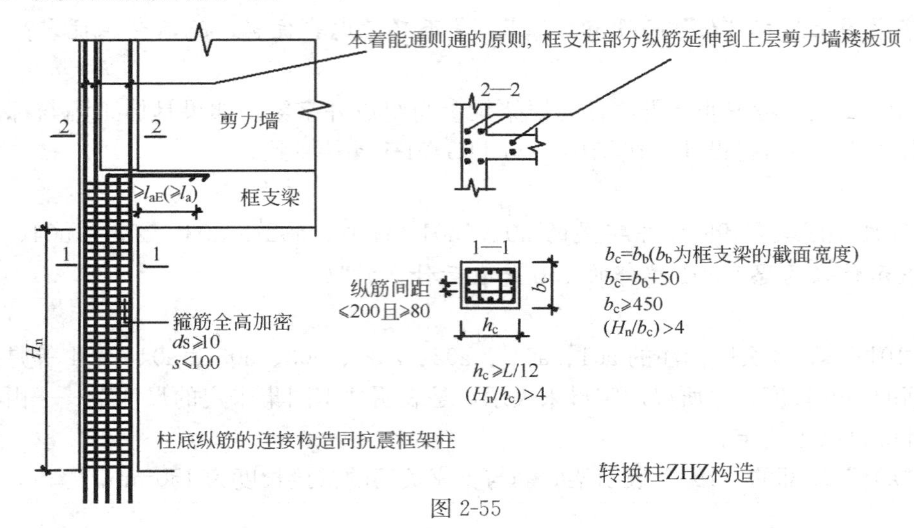

图 2-55

1）转换柱的柱底纵筋的连接构造同抗震框架柱。

2）柱纵向钢筋的连接宜采用机械连接接头。

3）转换柱部分纵筋延伸到上层剪力墙楼板底，部分纵筋直伸入上层剪力墙暗柱中去（原则为：能通则通）。转换柱纵筋中心距不应小于 80，且净距不应小于 50。

4）转换柱的箍筋同框架柱的箍筋。

（2）框支梁钢筋构造（图 2-56 为框支梁钢筋布置示意图）：

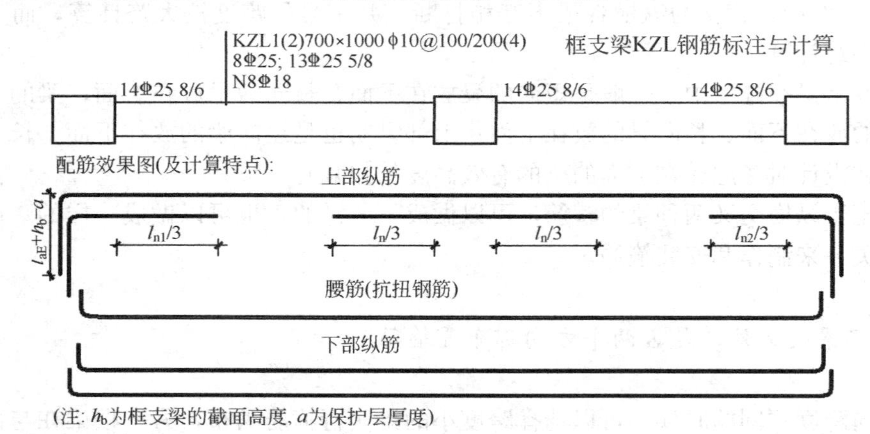

图 2-56

1）框支梁第一排上部纵筋为通长筋。第二排上部纵筋在端支座附近断在 $l_{n1}/3$ 处，在中间支座附近断在 $l_n/3$ 处（l_{n1} 为本跨的跨度值；l_n 为相邻两跨的较大跨度值）。

2）框支梁上部纵筋伸入支座对边之后向下弯锚，通过梁底线后再下插 l_{aE}，其直锚水平段≥0.4l_{abE}。

3）框支梁侧面纵筋也是全梁贯通，在梁端部直锚长度≥0.4l_{abE}横向弯锚 15d。

4）框支梁下部纵筋在梁端部直锚长度≥$0.4l_{abE}$向上弯锚$15d$。

5）当框支梁的下部纵筋和侧面纵筋直锚长度≥l_{aE}且≥$0.5h_c+5d$时，可不必往上或水平弯锚。

6）框支梁箍筋加密区长度为≥$0.2l_{n1}$且≥$1.5h_b$（h_b为梁截面高）。

7）11G101-1第90页“1-1断面”与旧图集的不同点（墙体竖向钢筋采用直锚，而取消了绕过梁底筋的U形筋）：

“墙体竖向钢筋锚固长度≥l_{aE}”（旧图集为“U形筋绕过梁底筋”）

“边缘构件纵向钢筋锚固长度≥$1.2l_{aE}$”

8）框支梁拉筋直径不宜小于箍筋两个规格，水平间距为非加密区箍筋间距的两倍，竖向沿梁高间距≤200mm，上下相邻两排拉筋错开设置。

9）梁纵向钢筋宜采用机械连接接头，同一截面内接头钢筋截面面积不应超过全部纵筋截面面积的50%，接头位置应避开上部墙体开洞部位、梁上托柱部位及受力较大部位。

（3）框支梁KZL上部墙体开洞部位加强做法

16G101-1第97页“框支梁KZL上部墙体开洞部位加强做法”给出三个构造详图（见图2-57）：

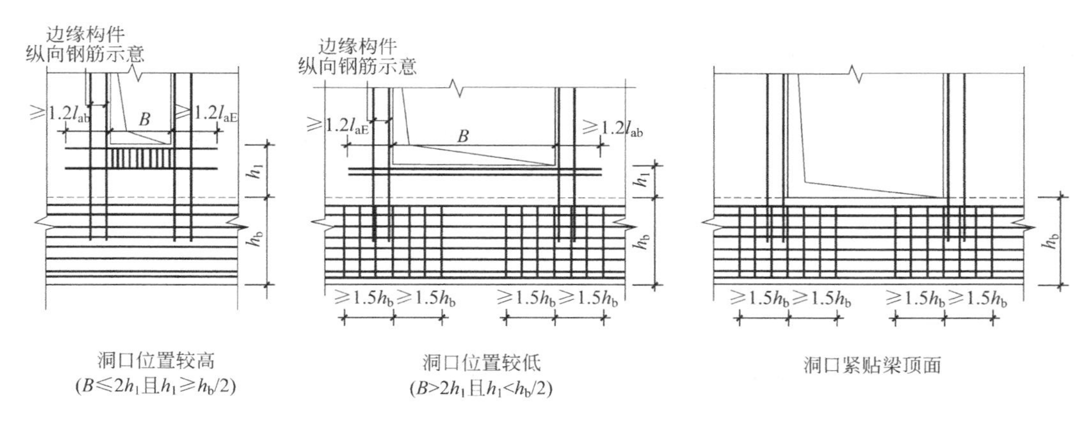

图2-57

1）洞口紧贴KZL顶面：

洞口左右两侧设置“边缘构件纵向钢筋”（竖向补强钢筋或暗柱纵筋）。

同时，KZL在洞口两个边缘处各设置长度为“$3\times h_b$”的箍筋加密区，其位置在洞口边缘垂直线两侧各“$1.5\times h_b$”的范围内。（h_b是框支梁KZL的梁高）

2）洞口到KZL顶面的距离h_1较低：（洞口宽度$B>2h_1$或$h_1<h_b/2$）

除了洞口左右两侧设置“边缘构件纵向钢筋”（竖向补强钢筋或暗柱纵筋）以外，还在洞口下方设置水平补强钢筋。水平补强钢筋在洞口两侧的锚固长度为“≥$1.2l_{aE}$”。

同时，KZL在洞口两个边缘处各设置长度为“$3\times h_b$”的箍筋加密区，其位置在洞口边缘垂直线两侧各“$1.5\times h_b$”的范围内。（h_b是框支梁KZL的梁高）

3）洞口到KZL顶面的距离h_1较高：（洞口宽度$B\leqslant 2h_1$且$h_1\geqslant h_b/2$）

洞口左右两侧设置“边缘构件纵向钢筋”（竖向补强钢筋或暗柱纵筋）。

同时，在洞口下方设置补强暗梁。补强暗梁纵筋在洞口两侧的锚固长度为“≥$1.2l_{aE}$”。

16G101-1第97页下方给出开洞部位的两个剖面图，并指出："补强钢筋设计指定"，"补强暗梁设计指定"。

16G101-1第97页"注2"指出："墙体竖向钢筋锚固长度及边缘构件纵向钢筋锚固做法见本图集第96页。"

(4) 托柱转换梁TZL

16G101-1第96页"框支梁KZL、转换柱ZHZ配筋构造"在"框支梁KZL"的图题下方注写："也可用于托柱转换梁TZL"。这是16G101-1图集的一个更新。

11G101-1图集曾经指出："本图集KZL用于托墙框支梁，当托柱转换梁采用KZL编号并使用本图集构造时，设计者应根据实际情况进行判定，并提供相应的构造变更。"而现在16G101-1图集明确指示：框支梁KZL构造可用于托柱转换梁TZL。

16G101-1第97页给出了"托柱转换梁TZL托柱位置箍筋加密构造"（见图2-58)。

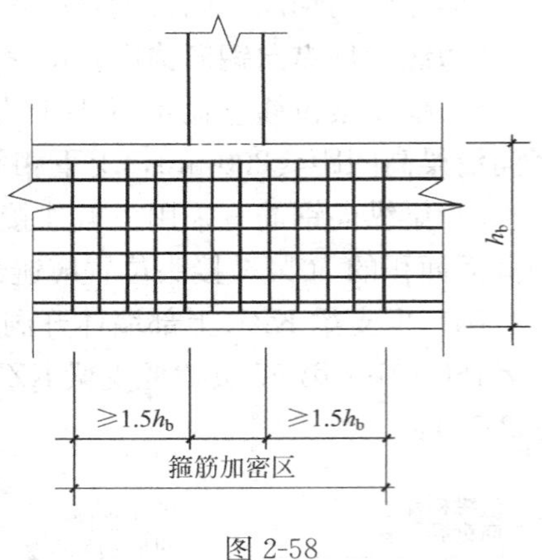

图2-58

在"托柱"的柱脚两侧各"≥1.5h_b"的范围内设置箍筋加密区，即箍筋加密区的长度是"柱宽＋3×h_b"。(h_b是托柱转换梁TZL的梁高)

图集本页的"注1"指出："托柱转换梁的纵向钢筋构造具体做法见本图集第96页。"而16G101-1第96页为"框支梁KZL配筋构造"，这就是说，托柱转换梁的纵向钢筋构造与框支梁相同。

〖关于转换柱和框支梁的讨论〗

〖问〗

什么是KZZ？什么是KZL？

怎样应用11G101-1图集第90页的内容？

〖答〗

底层大空间剪力墙结构由落地剪力墙和框支剪力墙组成。当高层剪力墙结构的底层要求有较大空间时，可将部分剪力墙设计为框支剪力墙，但还应设置足够的落地剪力墙。这种框支剪力墙下部是"柱"(当然还有梁)，上部是"墙"(剪力墙)。当然，下部的柱和梁已经不是框架柱和框架梁了，而变成框支柱(KZZ)和框支梁(KZL)。这里，就成为一个"结构转换层"。

换句话说，这个结构转换层上的框支柱和框支梁就成为上部剪力墙的"基础"。

但是，G101-1图集KZZ、KZL的内容并不是适用于所有的结构转换层的。03G101-1图集设计者说过，G101-1图集所给出的"KZZ、KZL配筋构造"，只能适用于低位的（即一、二层）的框支梁和框支柱，对于高位的框支梁和框支柱，应该由设计师给出具体配筋构造（所谓"高位的"的框支梁和框支柱，就是"结构转换层"位于第三层及以上)。

上面讨论的是11G101-1图集的事情，现在16G101-1图集做了一些更新，新图集第96页（即11G101-1第90页）的内容不但适用于"托墙框支梁KZL"，而且适用于"托柱转换梁 TZL”。

与此同时，11G101－1 的“框支柱 KZZ”也改名为“转换柱 ZHZ”。这样，转换柱 ZHZ 上方的梁可以是托墙框支梁 KZL，也可以是托柱转换梁 TZL。但是无论如何，其“结构转换层”的性质是不变的。

〖问〗

16G101-1 图集第 96 页的右下角有四个小图，其中 2-2 和 4-4 图中的粗虚线（其中 2-2 图中有三个方向的粗虚线，4-4 图中有 4 个方向的粗虚线）表示什么意思？

〖答〗

上面说过，ZHZ（转换柱）和 KZL（框支梁）就是表示底层是框架结构、上层为剪力墙结构的结构转换层。

“2-2”和“4-4”断面图就是说明这一道理的。图中的细线代表上层的剪力墙，细线之内的小黑点表示框架柱的纵筋在剪力墙内“能通则通”的情况；那些“粗虚线”表示不能伸入剪力墙内的框架柱纵筋的做法——拐 90°的直角弯伸入到框支梁或现浇板中去。

〖问〗

当框支梁与上面的剪力墙一侧面相平时，其剪力墙外侧的纵筋是在框支梁角筋的外侧还是内侧？规范里面有没有要求呢？

〖答〗

不要什么事情都去找规范，这类问题是工程结构方面的知识问题，首先要弄清楚“谁是谁的支座”，举例如下：

（1）框架柱是框架梁的支座，所以是“柱包梁”；

（2）而基础主梁是框架柱的支座，所以是“梁包柱”；

（3）现在，框支梁是剪力墙的支座，所以是“梁包墙”（即剪力墙外侧纵筋插在框支梁角筋的内侧）。

〖问〗

“底框上砖混”的结构（例如：底层框架上部砖混结构的综合楼），其底层框架梁 KL 是按 16G101-1 图集的“楼层框架梁”还是按“屋面框架梁”的构造？或者是采用 16G101-1 图集的“框支梁”？

〖答〗

16G101-1 图集适用于“现浇钢筋混凝土结构”，上述问题属于砌体结构的问题。如果选用 16G101-1 是设计者扩大了使用范围，问题最好由设计者解决。

如果要分析一下上述问题，则该问题是砌体结构中的“墙梁”问题（详见 GB 50003—2011）。墙梁不能按 16G101-1 图集的“楼层框架梁”，因为它不是楼层梁，而是“顶层梁”；墙梁也不能按“屋面框架梁”，因为屋面框架梁上面没有太大的结构荷载，而墙梁上面传递着复杂的上部砌体结构的荷载。承载着砖墙的墙梁和承载着剪力墙的框支梁倒是有点类似，可以借鉴 16G101-1 图集的“框支梁”，不过其构造也不能照搬，要经设计者按墙梁要求进行调整。

2.12 关于梁的几个相关问题

下面介绍几个经常讨论的问题。在以上各节中也随时讨论一些问题。不过这几个问题不便插入到前面任何一个小节中，只好把它们集中放在这一章的最后了。

〖问〗

当梁上部或下部的原位标注“缺省”的时候，如何配筋？

〖答〗

有好几种“缺省标注”的情况，下面分别讲述：

(1) 梁当前跨“左支座”标注缺省，但其左邻跨的“右支座”有标注时(图2-4)：

当前缺省标注的“左支座”的配筋值与其左邻跨的“右支座”相同(这就是支座原位标注的对称性原则)。

同理：梁当前跨“右支座”标注缺省，但其右邻跨的“左支座”有标注时：当前缺省标注的“右支座”的配筋值与其右邻跨的“左支座”相同。

(2) 梁当前跨“左支座”标注缺省，同时其左邻跨的“右支座”也没有原位标注，但左邻跨的“上部跨中”有原位标注时：

当前跨缺省标注的“左支座”的配筋值与其左邻跨的“上部跨中”的标注值相同(这就是原位标注“扩展”的对称性原则)。

举例：KL1的第一跨“上部跨中”原位标注“6Φ25 4/2”，其邻跨——第二跨左支座的原位标注“6Φ25 4/2”可以缺省(图2-7)。

KL5的第二跨“上部跨中”原位标注“6Φ22 4/2”，其左右邻跨——第一跨右支座以及第三跨左支座的原位标注“6Φ22 4/2”可以缺省(见图2-12)。

(3) 当整跨梁的上部没有任何原位标注，而且邻跨支座也没有原位标注可供参考的情况下：

当前跨的上部纵筋按集中标注的“上部通长筋”配筋(图2-6)。

(4) 当某跨梁的下部没有原位标注时：

该跨梁的下部纵筋按集中标注的“下部通长筋”配筋。——其前提条件时，该梁已经把下部通长筋进行了集中标注(图2-6)。

但是，当该梁在集中标注中没有“下部通长筋”的话，则任何一跨的下部纵筋原位标注都不能缺省。

(5) 当梁的“侧面纵向构造钢筋”缺省标注时：

如果该梁的腹板高度h_w<450mm时，不需要布置“侧面纵向构造钢筋”。

当梁的腹板高度$h_w \geqslant$450mm时，必须配置“侧面纵向构造钢筋”。但是根据16G101-1图集的精神，施工方不能擅自决定“侧面纵向构造钢筋”的配筋值，——此时的梁“侧面纵向构造钢筋”是不应该缺省的，属于设计失误，应该向设计师索要“侧面纵向构造钢筋”的配筋值。

但是，梁侧面纵向构造钢筋的拉筋标注是“缺省”的，不要试图在施工图上寻找“拉筋”的标注，而应该在16G101-1图集第90页去查找拉筋的构造要求。

〖问〗

无论什么梁，支座负筋延伸长度都是“$l_n/3$”和“$l_n/4$”？

〖答〗

16G101-1图集第84页是“平法梁”的一个最重要的图(图2-19)，里面包含很多的信息，一定要完全、彻底地掌握它。支座负筋延伸长度“$l_n/3$”和“$l_n/4$”就是其中的一个重要内容。

(1) 框架梁 (KL) “支座负筋延伸长度” 来说，端支座和中间支座是不同的。

1) 端支座负弯矩筋的水平长度：

第一排负弯矩筋从柱 (梁) 边起延伸至 $l_{n1}/3$ 位置；

第二排负弯矩筋从柱 (梁) 边起延伸至 $l_{n1}/4$ 位置。

(注：l_{n1} 是边跨的净跨长度)

2) 中间支座负弯矩筋的水平长度：

第一排负弯矩筋从柱 (梁) 边起延伸至 $l_n/3$ 位置；

第二排负弯矩筋从柱 (梁) 边起延伸至 $l_n/4$ 位置。

(注：l_n 是支座两边的净跨长度 l_{n1} 和 l_{n2} 的最大值)

从上面的介绍可以看出，第一排支座负筋延伸长度从字面上说，似乎都是“三分之一净跨”，但要注意，端支座和中间支座是不一样的，一不小心就会出错。

对于端支座来说，是按“本跨”(边跨) 的净跨长度来进行计算的；

而中间支座是按“相邻两跨”的跨度最大值来进行计算。

(2) 关于“支座负筋延伸长度”，16G101-1 标准图集只给出了第一排钢筋和第二排钢筋的情况，如果发生“第三排”支座负筋，其延伸长度应该由设计师给出。

(3) 16G101-1 图集第 84 页关于支座负筋延伸长度的规定，不但对“框架梁”(KL) 适用，对“非框架梁”(L) 的中间支座同样适用。关于这一点，看看图集第 35 页第 4.4.1 条的文字说明就清楚了：

为了方便施工，凡框架梁的所有支座和非框架梁 (不包括井字梁) 的中间支座上部纵筋的伸出长度 a_0 值在标准图中统一取值为：第一排非通长筋及与跨中直径不同的通长筋从柱 (梁) 边起伸出至 $l_n/3$ 位置；第二排非通长筋伸出至 $l_n/4$ 位置。l_n 的取值规定为：对于端支座，l_n 为本跨的净跨值；对于中间支座，l_n 为支座两边较大一跨的净跨值。

上面那段话中的“(梁)”就是专门针对非框架梁 (即次梁) 说的，因为非框架梁 (次梁) 以框架梁 (主梁) 为支座。

关于梁支座上部纵筋的伸出长度，请大家注意 16G101-1 第 35 页的 4.4.3 条的提醒：

设计者在执行第 4.4.1、4.4.2 条关于梁支座端上部纵筋伸出长度的统一取值规定时，特别是在大小跨相邻和端跨外为长悬臂的情况下，还应注意按《混凝土结构设计规范》(2015 版) GB 50010—2010 的相关规定进行校核，若不满足时应根据规范规定进行变更。

(4) 在这里，我们顺便把条形基础的基础梁、筏形基础的基础主梁和基础次梁也放在这里一块讨论一下。

对于基础梁 (基础主梁和基础次梁) 来说，如果不考虑水平地震力作用的话，它的受力方向和楼层梁刚好是上下相反，这样，基础梁的“底部贯通纵筋”与楼层梁的“上部贯通纵筋”的受力作用是相同的；基础梁的“底部非贯通纵筋”与楼层梁的“上部非通长筋”是相同的。

另外，框架梁与框架柱的关系是“柱包梁”，所以柱截面的宽度比较大、梁截面的宽度比较小；对于基础主梁来说，则是“梁包柱”。这样一来，基础主梁的截面宽度应该大于柱截面的宽度。当基础主梁截面宽度小于或等于柱截面宽度的时候，基础主梁就必须加侧腋。而说到"加腋"，框架梁的加腋是由设计标注的，但基础主梁的加侧腋是设计不标注的，由施工人员自己去处理。

还有，框架梁的箍筋加密区长度是标准图集指定的；而基础梁的箍筋加密区长度则在标准图集中没有规定，所以设计人员必须写明加密箍筋的根数和间距。如此等等，关于基础梁的详细内容我们将在第8章进行介绍。

〖问〗

图集第54页 $l_n/3$ 处的搭接点都包括什么内容？请举例说明。

〖答〗

图集第54页 $l_n/3$ 处的搭接有三层意思：

(1) 当上部通长筋直径不等于支座负筋直径的时候，上部通长筋在此处与支座负筋连接（见图2-19)。

根据抗震的构造要求，框架梁需要布置两根直径14mm以上的通长筋。当设计的通长筋直径小于支座负筋直径时，在支座附近可以使用支座负筋执行通长筋的职能，此时，跨中处的通长筋就在一跨的两端1/3跨距的地方与支座负筋进行连接。

例如，一个框架梁KL1集中标注的上部通长筋为2Φ22；支座原位标注为4Φ25。这时上部通长筋的直径小于支座负筋的直径，此时，2Φ22的上部通长筋在本跨两端与支座负筋4Φ25中（位于梁两侧）的两根Φ25钢筋在 $l_n/3$ 处进行连接。——由于两种钢筋直径在一个级差之内，不要进行绑扎搭接，进行机械连接或对焊连接即可。

一般情况下，结构设计师为了操作方便，往往设计两根和支座负筋直径相等的上部通长筋。此时，如果钢筋材料足够长，则无须接头；但由于钢筋的定尺长度有限，通长筋需要连接的时候，可以在跨中1/3跨度的范围内采用一次机械连接或对焊连接或绑扎搭接接长。

例如，一个框架梁KL1集中标注的上部通长筋为2Φ25；支座原位标注为4Φ25。这时上部通长筋和支座负筋直径相同，无须在一跨两端 $l_n/3$ 处进行连接。如果上部通长筋的长度超过9m（假定钢筋的定尺长度为9m)，则可以在跨中 $l_n/3$ 区域范围内的任意位置安排一个连接点——该连接点的具体位置可根据现有钢筋材料的长短而定。

(2) 当存在架立筋的时候，架立筋在此处与支座负筋搭接（图2-20)。

例如：一个框架梁KL1集中标注的上部纵筋为2Φ25+(2Φ12)，箍筋为Φ8@100/200(4)，即为四肢箍；支座原位标注为4Φ25。这时，集中标注上部纵筋"加号"前面的2Φ25是上部通长筋，它必须放在箍筋的角部；"括号"内的2Φ12为架立筋，它放在箍筋水平段的中部，两端与支座负筋4Φ25中间的两根Φ25钢筋在 $l_n/3$ 处进行绑扎搭接，搭接长度为150mm。

(3) 当不存在架立筋的时候，如果存在不与上部通长筋连接的支座负筋，在此处截断。

例如：一个框架梁KL1集中标注的上部通长筋为2Φ25，箍筋为Φ8@100/200(2)，即为二肢箍；支座原位标注为4Φ25。这时，支座负筋4Φ25角部的两根Φ25钢筋是上部通长筋，而中间的两根Φ25钢筋就在 $l_n/3$ 处截断，因为没有架立筋与它连接（二肢箍不需要架立筋)。

〖标准图上没有说明的：左右支座与上部跨中原位标注并存的问题〗

〖问〗

在施工图上不时出现“左右支座”与“上部跨中”原位标注并存的问题。(但是在03G101-1 图集上没有解释过这类问题。)

〖例 1〗

KL6(10) 集中标注的上部钢筋为 2Φ25，箍筋为Φ8@100/200(2)；

第 8 跨的左右支座原位标注为 4Φ25；

第 9 跨的左支座原位标注缺省，右支座原位标注为 8Φ25 4/4，同时有上部跨中原位标注为 4Φ25；

第 10 跨的左支座原位标注缺省，右支座原位标注为 8Φ25 4/4（图 2-59）。

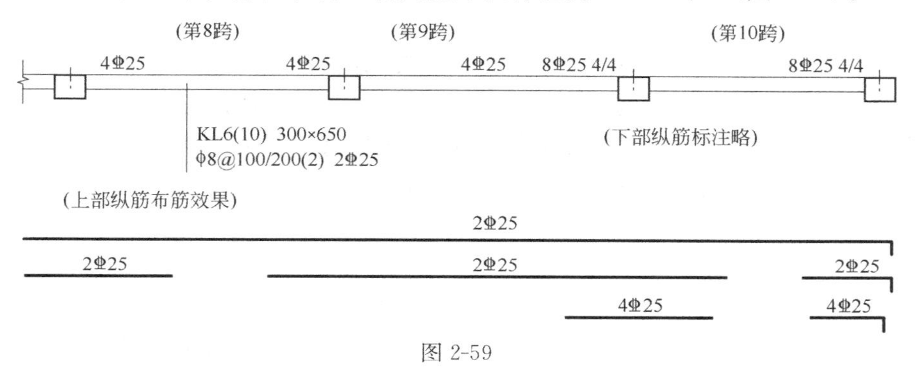

图 2-59

〖例 2〗

KL25（7）集中标注的上部钢筋为 2Φ25＋(2Φ12)，箍筋为Φ8@100/200(4)；

第 6 跨的左右支座原位标注为 7Φ25 5/2；

第 7 跨的左支座原位标注缺省，右支座原位标注为 5Φ25，同时有上部跨中原位标注为 5Φ25（图 2-60）。

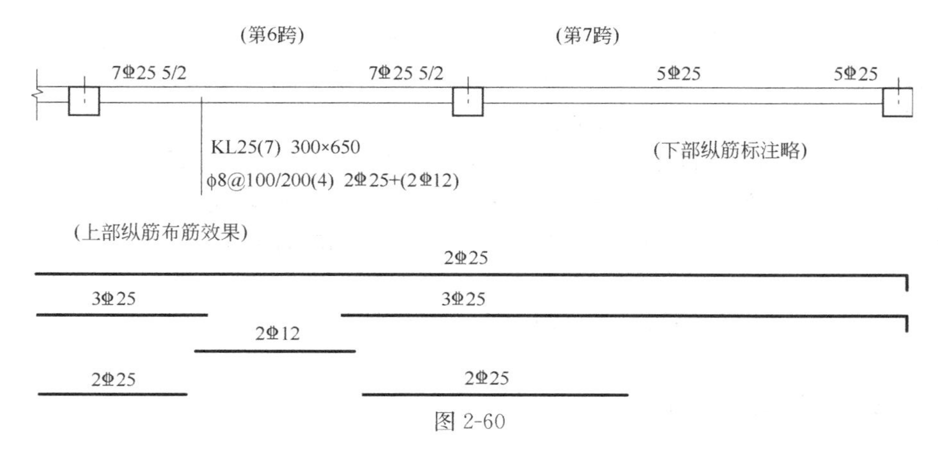

图 2-60

这类标注应该如何理解？

〖答〗

(1) 前面说过，“上部跨中”原位标注在 G101-1 图集中是一个遗漏说明的项目，在图集中没有做出任何解释。但是在96G101图集中对“上部跨中”原位标注有过解释，就是：“梁某跨支座与跨中的上部纵筋相同”，换句话说，就是“全跨贯通”。——这种标注方法已在全国工程界广泛应用，在16G101-1图集第37页的例子工程中也频频出现，只不过在图集中没有作出解释罢了。

（2）这样，对于“左右支座与上部跨中原位标注并存”的问题，在16G101-1图集中就更没有解释了。我们只好在上述“第1条”的理解基础上，做一些推理。

（3）我们可以这样认为：某跨梁“上部跨中”的原位标注是对该梁集中标注的上部纵筋的一种局部修正。例如，某跨梁“上部跨中”的原位标注是5Φ25，就是对集中标注的上部通长筋2Φ25的局部修正，就是说，在该跨的上部通长筋变成5Φ25了。——这样一来，“左右支座与上部跨中原位标注并存”的问题，就变成“集中标注”与“左右支座原位标注”的关系。——这正是我们已经熟练掌握了的内容。

下面，我们就以这样的“理论”去分析上面提出的两个工程实例。

（4）对于“KL6（10）”这个例子，我们关注的是第9跨的上部钢筋。它的前后两跨（第8跨和第10跨）都是“左右支座原位标注”，这就决定了这两跨的上部跨中（1/3跨度范围内）只有集中标注的上部通长筋2Φ25。但是第9跨就不同了，因为它的上部跨中原位标注为4Φ25，这就规定“4Φ25”代替了上部通长筋“2Φ25”而作为本跨的局部贯通筋。

问题是第9跨的这个“4Φ25”贯通到何处为止？第9跨的左支座原位标注缺省，然而邻跨（第8跨）的右支座原位标注为4Φ25，此时根据对称原则，我们可以知道第9跨的左支座钢筋也是4Φ25，——恰好与跨中的“4Φ25”贯通。再看第9跨的右支座原位标注为8Φ25 4/4，同时邻跨（第10跨）的左支座原位标注缺省，此时根据对称原则，我们可以知道第10跨的左支座钢筋也是8Φ25 4/4。

这样，本例的结果就出来了：第9跨跨中的“4Φ25”向左贯通到第8跨右支座1/3跨度处，向右贯通到第10跨左支座1/3跨度处。同时，第9、10两跨的中间支座处还有第二排4Φ25的“扁担筋”。

（5）对于“KL25（7）”这个例子，我们关注的是第7跨的上部钢筋。KL25集中标注的上部钢筋为2Φ25+(2Φ12)。第7跨的邻跨（第6跨）是“左右支座原位标注”7Φ25 5/2，这就决定了第6跨的上部跨中（1/3跨度范围内）只有上部通长筋2Φ25和架立筋2Φ12。但是第7跨就不同了，因为它的上部跨中原位标注为“5Φ25”，这就规定“5Φ25”作为本跨的局部贯通筋，它取代了上部通长筋“2Φ25”，同时也取代了架立筋“2Φ12”。

再看看第7跨的局部贯通筋“5Φ25”的长度：它向右伸到右端支座（因为右支座原位标注为5Φ25）；向左一直通到第6跨右支座1/3跨度处。同时，第6、7两跨的中间支座处还有第二排2Φ25的“扁担筋”（因为第6跨右支座原位标注为7Φ25 5/2）。

〖关于“梁变截面”的若干问题〗

〖问〗

（1）16G101-1图集关于“梁变截面”有哪些规定？

（2）有的设计把一道梁的某跨尺寸改变得与其他跨大相径庭，不仅截面尺寸不一样，而且梁顶面标高也不一样，甚至相邻的两跨梁完全错位，还不如另设一个

“梁编号”。

〖答〗

(1)“梁原位标注变截面”是16G101-1图集所允许的。

1)16G101-1图集第29页指出：当在梁上集中标注的内容(即梁截面尺寸、箍筋……)不适用于某跨或某悬挑部分时，则将其不同数值原位标注在该跨或该悬挑部位，施工时应按原位标注数值取用。

2)“梁原位标注变截面”在实际工程中是经常发生的。

(2)“梁变截面”问题是一个相当复杂的问题。

1)“梁变截面”可能变截面高度，也可能变截面宽度。

由此引起的相邻两跨梁的截面关系，可能有多种情况：上平下不平、下平上不平、左平右不平、右平左不平，

或者是这几种情况的组合。

2)由此引起的“钢筋”问题，不仅是“箍筋”，而且更为难于判断和处理的是：变截面跨与相邻左右两跨梁的纵筋的走向处理(详见03G101-1图集第61页)。

第87页有几个节点构造图。其实，第87页的构造做法的基本点的就是：

能通则通：能伸入另一侧梁的纵筋的直锚长度为l_{aE}且$\geqslant 0.5h_c+5d$；

不能伸入另一侧梁的纵筋就进行弯锚，即伸至对边后弯钩$15d$，其直锚水平段要求$\geqslant 0.4l_{abE}$。

〖注〗“能通则通”还表现在以下一点：

当梁下部纵筋抬升的斜率≤1/6时，(节点⑥)支座两边相同直径的下部纵筋可连续布置即抬升穿越支座。

3)什么事情都有个“度”。如果“梁变截面”变得太离谱了，造成某跨的截面长宽尺寸与邻跨大不相同，而且梁顶标高也不一样，甚至相邻的两跨梁完全错位(没有一丝一毫的连贯性可言)，那真的不明白把这样的两跨梁编成同一梁号还有什么意义？我以为，不同的各跨梁编成同一个梁号，是为了使梁的上部通长筋能够贯穿各跨。如果连“梁顶标高”都不一致，则这样拼凑起来的“一根梁”还有什么意思？还不如分开编成两个不同的梁编号算了。

2.13 楼层框架宽扁梁

2.13.1 楼层框架宽扁梁的编号

楼层框架宽扁梁的编号格式同框架梁(16G101-1第27页)：

梁类型	代号	序号	跨数及是否带有悬挑
楼层框架宽扁梁	KBL	××	(××)、(××A)或(××B)

〖例〗

KBL1(4)——表示框架扁梁第1号，4跨，无悬挑

KBL2(3A)——表示框架扁梁第2号，3跨，一端有悬挑

KBL5(3B)——表示框架扁梁第5号，3跨，两端有悬挑

与框架梁不同的是，楼层框架宽扁梁还有“节点核心区”：

楼层框架宽扁梁节点核心区代号 KBH

2.13.2　楼层框架宽扁梁的集中标注和原位标注

16G101-1 第 31 页 4.2.5 条对框架扁梁的注写规则作出如下规定：

“框架扁梁注写规则同框架梁，对于上部纵筋和下部纵筋，尚需注明未穿过柱截面的纵向受力钢筋根数。”

接着，图集给出一个框架扁梁注写的图例（见图 2-61）。从图中框架扁梁的集中标注可以看出：框架扁梁 KBL2 为三跨，截面尺寸为 650×400，箍筋为ϕ10@100/200(6)，上部通长筋为 4Φ25，下部通长筋为 10Φ25，有 4 根纵筋未穿过支座。各支座上部的原位标注均为 10Φ25，有 4 根纵筋未穿过支座。

图集对于未穿过支座的纵向受力钢筋还特别给出一个例子：

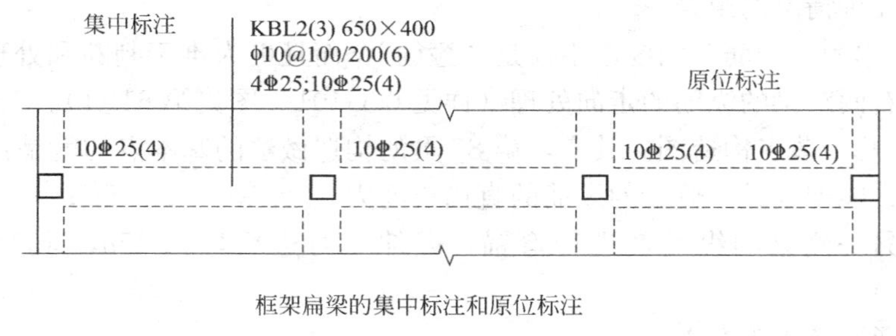

框架扁梁的集中标注和原位标注

图 2-61

〖例〗10Φ25(4) 表示框架扁梁有 4 根纵向受力钢筋未穿过柱截面，柱两侧各 2 根，施工时，应注意采用相应的构造做法。

图集这里存在两个问题：

① 关于框架扁梁未穿过柱截面受力纵筋的注写规则：

对于集中标注中的“4Φ25；10Φ25(4) ”，其中的“ (4) ”能否对分号（;）前面的“4Φ25”发生作用？即能否说明这 4 根上部通长筋“全部不穿过柱截面”？否则，这 4 根上部纵筋有多少根“不穿过柱截面”？

② 集中标注的箍筋为“ϕ10@100/200(6) ”，说明该箍筋为“6 肢箍”；但是上部通长筋的标注为“4Φ25”，只能适用于“4 肢箍”，这就造成矛盾。适应于“6 肢箍”的上部通长筋应注写为类似“4Φ25+(2ϕ12) ”这样的格式。

2.13.3　框架扁梁节点核心区的注写规则

16G101-1 第 31 页 4.2.6 条对框架扁梁节点核心区的注写规则作出如下规定：

框架扁梁节点核心区代号为 KBH，包括柱内核心区和柱外核心区两部分。框架扁梁节点核心区钢筋注写包括柱外核心区竖向拉筋及节点核心区附加纵向钢筋，端支座节点核心区尚需注写附加 U 形箍筋。

柱内核心区箍筋见框架柱箍筋（因此不需要另行标注）。

框架扁梁节点核心区需要标注的钢筋为：

柱外核心区竖向拉筋，注写其钢筋级别与直径；端支座柱外节点核心区尚需注写附加

U形箍筋的钢筋级别、直径及根数。

框架扁梁节点核心区附加纵向钢筋以大写字母“F”打头，注写其设置方向（X向或Y向）、层数、每层的钢筋根数、钢筋级别、直径及未穿过柱截面的纵向受力钢筋根数。

图集接着给出两个核心区注写的例子。

〖例〗KBH1 Φ10，F　X&Y　2×7Φ14(4)（见图2-62左图）

表示框架扁梁中间支座节点核心区KBH1：柱外核心区竖向拉筋Φ10；沿梁X向（Y向）配置两层7Φ14附加纵向钢筋，每层有4根纵向受力钢筋未穿过柱截面，柱两侧各2根；附加纵向钢筋沿梁高范围均匀布置。（注意：因为这是中间支座，所以两向的梁均为“框架扁梁”。）

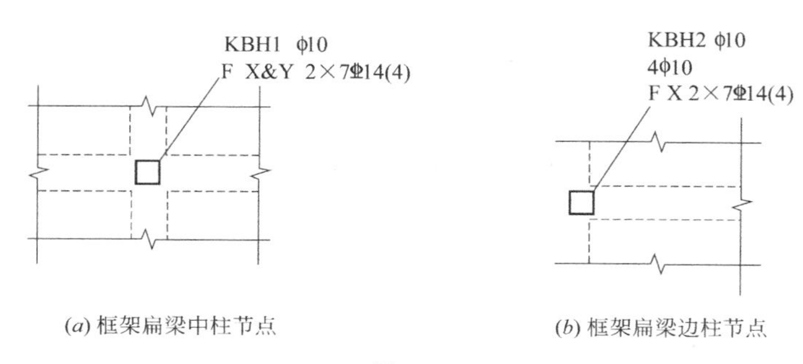

(a) 框架扁梁中柱节点　　(b) 框架扁梁边柱节点

图2-62

〖例〗KBH2 Φ10，**4Φ10**，F　X　2×7Φ14(4)（见图2-62右图）

表示框架扁梁端支座节点核心区KBH2：柱外核心区竖向拉筋Φ10；**附加U形箍筋Φ10共4道，柱两侧各两道**，沿框架扁梁X向配置两层7Φ14附加纵向钢筋，每层有4根纵向受力钢筋未穿过柱截面，柱两侧各2根；附加纵向钢筋沿梁高范围均匀布置。（注意：因为是端支座，一向为框架扁梁，另一向为框架梁，所以上面强调“沿框架扁梁X向配置两层……”。）

设计、施工时应注意：

1）柱外核心区竖向拉筋在梁纵向钢筋两向交叉位置均布置，当布置方式与图集要求不一致时，设计应另行绘制详图。

2）框架扁梁端支座节点，柱外核心区设置U形箍筋及竖向拉筋时，在U形箍筋与位于柱外的梁纵向钢筋交叉位置均布置竖向拉筋。当布置方式与图集要求不一致时，设计应另行绘制详图。

3）附加纵向钢筋应与竖向拉筋相互绑扎。

2.13.4　框架扁梁中柱节点构造

16G101-1第93页“框架扁梁中柱节点”（见图2-63）

（1）左图为“框架扁梁中柱节点竖向拉筋”：

在图中我们可以看到框架扁梁节点区的双向纵筋；这些纵筋在节点区柱截面外的交叉点上都绑扎着竖向拉筋，在图中还能看到每根拉筋端部的弯钩。

图集本页的注释都是与框架扁梁的上、下纵筋相关的：

“注1：框架扁梁上部通长钢筋连接位置、非贯通钢筋伸出长度要求同框架梁，见本图集第 84 页。”这就是说：

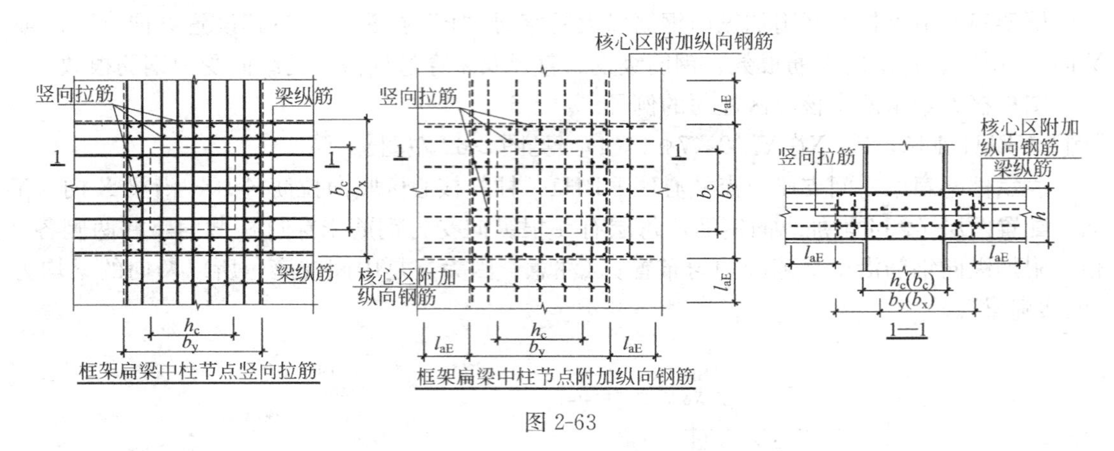

图 2-63

1）框架扁梁第一排非贯通纵筋的伸出长度为 $l_n/3$，第二排非贯通纵筋的伸出长度为 $l_n/4$；（因为目前是中间支座，l_n为支座两边较大一跨的净跨值。）

2）框架扁梁上部通长筋与非贯通纵筋的连接位置为距上柱内侧 $l_n/3$ 的位置（当上部通长筋直径与非贯通纵筋不同时）；而当框架扁梁上部通长筋直径与非贯通纵筋相同时，上部通长筋的连接位置在跨中 $l_n/3$ 范围内。

3）框架扁梁的架立筋与非贯通纵筋的连接位置为距上柱内侧 $l_n/3$ 的位置。

“注 2：穿过柱截面的框架扁梁下部纵筋，可在柱内锚固，做法同本图集第 84 页；未穿过柱截面下部纵筋应贯通节点区。”这就是说：

1）框架扁梁下部纵筋在中间支座锚固：其直锚长度为$\geqslant l_{aE}$且$\geqslant 0.5h_c+5d$；

2）框架扁梁下部纵筋在中间支座因变截面而不能直锚时则进行弯锚，弯折段 $15d$，其水平直锚段$\geqslant 0.4l_{abE}$；

3）框架扁梁未穿过柱截面的下部纵筋应在中柱外侧贯通节点区。

“注 3：框架扁梁下部纵筋在节点外连接时，连接位置宜避开箍筋加密区，并宜位于支座 $l_{ni}/3$ 范围之内”（l_{ni}为框架扁梁本跨的净跨长度）。

“注 5：竖向拉筋同时勾住扁梁上下双向纵筋，拉筋末端采用 135°弯钩，平直段长度为 $10d$。”

（2）中图为“框架扁梁中柱节点附加纵向钢筋”

这个图实际上是框架扁梁节点核心区的“水平剖面图”，在这个水平剖面上，我们看不到节点核心区的上部纵筋和下部纵筋，看到的是位于上下纵筋中间的“附加纵向钢筋”（在标准图中以红色线段表示，本书为粗虚线）。在图中看到的“竖向拉筋”就是那些一个个的红点。

如果交叉的两道框架扁梁的梁宽分别是 b_x 和 b_y，则它们在中柱节点上的附加纵筋的长度分别为：

$$b_y+2\times l_{aE}$$

$$b_x+2\times l_{aE}$$

（3）右图为“1-1”剖面图

在这个剖面图中，我们看到：位于框架扁梁立剖面的中间的，是框架扁梁中柱节点的附加纵向钢筋，在图中以红色线段（本书为粗虚线）表示；位于框架扁梁立剖面上表面和下表面的黑色线条，就是框架扁梁的上部纵筋和下部纵筋；而连接上下纵筋和中间的附加纵筋的红色垂直线段（本书为粗虚线），就是框架扁梁节点核心区的竖向拉筋。

2.13.5 框架扁梁边柱节点构造

一、框架扁梁边柱节点构造（一）：端柱与边梁平齐

16G101-1 第 94 页中的“框架扁梁边柱节点（一）”（见图 2-64），这个节点的特征是：边梁的宽度 b_s 等于 h_c，h_c 为端柱在框架扁梁方向上的截面高度。本页又分为三个构造详图：

（1）“框架扁梁边柱节点（一）”：其中的边梁是普通的框架梁；与之正交的是框架扁梁，图中红色的钢筋（本书为粗虚线）是框架扁梁两边的未穿过柱截面的上、下纵筋，而夹在中间的黑色钢筋是穿过柱截面的上、下纵筋。

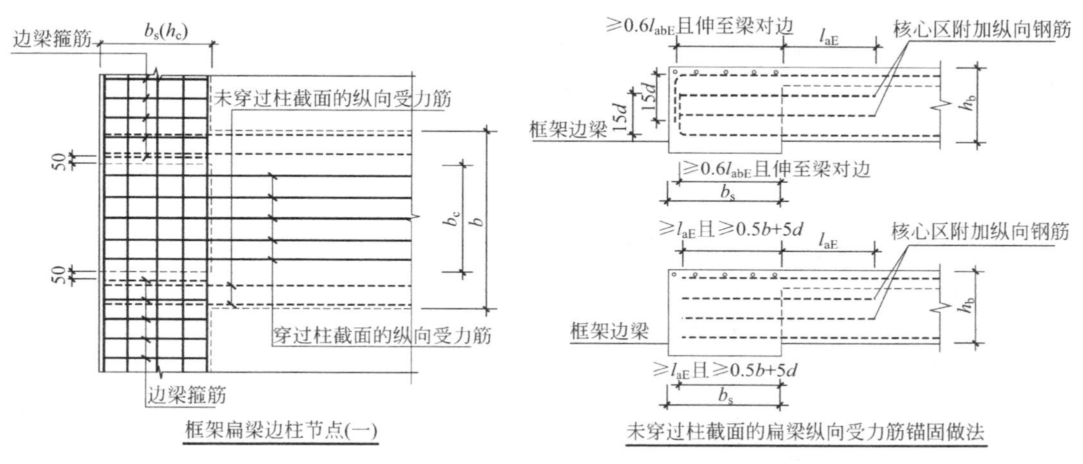

图 2-64

（2）“未穿过柱截面的扁梁纵向受力筋锚固做法”：图中红色的纵筋（本书为粗虚线）是未穿过柱截面的扁梁上、下纵筋以及核心区附加纵筋。在这里给出了两个锚固构造：

1）边梁宽度不满足纵筋直锚时：纵筋在边梁弯锚，水平直锚段长度“≥0.6l_{abE}且伸至梁对边”，弯折段长度“15d”。核心区附加纵筋伸入跨内“l_{aE}”。

图中的节点核心区附加纵筋是否弯锚，在图形上看不出来，但本页“注 4”指出：“节点核心区附加纵向钢筋在柱及边梁中锚固同框架扁梁纵向受力钢筋。”即是说，此时节点核心区附加纵筋同框架扁梁上、下纵筋一样采用弯锚。

2）边梁宽度满足纵筋直锚时：纵筋在边梁直锚，直锚长度“≥l_{aE}且≥0.5b+5d”，（其中 b 为框架扁梁宽度，而 b_s 是边梁的梁宽）。核心区附加纵筋伸入跨内“l_{aE}”。

一个问题的讨论：

图中框架扁梁纵筋在边梁内的直锚长度“≥l_{aE}且≥0.5b+5d”（b 为框架扁梁宽度）作何解释？（如果是“≥l_{aE}且≥0.5b_s+5d”（b_s 为边梁的宽度）的话，同框架梁在端柱上的直锚一样，“过支座中心线 5d”，比较好理解。不过，当 $b>b_s$ 的时候，执行“≥l_{aE}且≥0.5b+5d”更偏于安全。）

图集本页的其他几个注释内容都是与框架扁梁的上、下纵筋相关的：

"注1：穿过柱截面的框架扁梁纵向受力钢筋锚固做法同框架梁，见本图集第84页。"这就是说：

1）框架扁梁上部纵筋在端支座锚固：伸至柱外侧纵筋内侧，然后弯折15d，其水平直锚段≥0.4l_{abE}；

2）框架扁梁下部纵筋在端支座锚固：伸至梁上部纵筋弯钩段内侧或柱外侧纵筋内侧，然后弯折15d，其水平直锚段≥0.4l_{abE}；

3）当端支座满足直锚条件时，框架扁梁上部纵筋和下部纵筋可在端支座直锚：其直锚长度为≥l_{aE}且≥0.5h_c+5d；

"注2：框架扁梁上部通长钢筋连接位置、非贯通钢筋伸出长度要求同框架梁，见本图集第84页。"这就是说：

1）框架扁梁第一排非贯通纵筋的伸出长度为l_{ni}/3，第二排非贯通纵筋的伸出长度为l_{ni}/4；（因为目前是端支座，l_{ni}为本跨净跨值。）

2）框架扁梁上部通长筋与非贯通纵筋的连接位置为距上柱内侧l_{ni}/3的位置（当上部通长筋直径与非贯通纵筋不同时）；而当框架扁梁上部通长筋直径与非贯通纵筋相同时，上部通长筋的连接位置在跨中l_{ni}/3范围内。

3）框架扁梁的架立筋与非贯通纵筋的连接位置为距上柱内侧l_{ni}/3的位置。

"注3：框架扁梁下部纵筋在节点外连接时，连接位置宜避开箍筋加密区，并宜位于支座l_{ni}/3范围之内"（l_{ni}为框架扁梁本跨的净跨长度）。

（3）"框架扁梁箍筋构造"：（图形同框架梁）

箍筋加密区长度为"b+h_b、l_{aE}取最大值，且应满足框架梁箍筋加密区范围的要求"。（b为框架扁梁宽度，h_b为框架扁梁高度）

而"框架梁箍筋加密区范围的要求"则是：抗震等级为一级时，箍筋加密区长度为"≥2.0h_b且≥500"；抗震等级为二～四级时，箍筋加密区长度为"≥1.5h_b且≥500"。h_b为框架梁高度。在这里，把h_b解释为框架扁梁高度也是合适的。

综上所述，框架扁梁箍筋加密区的长度为：

抗震等级为一级：b+h_b、l_{aE}、2.0h_b、500取最大值；

抗震等级为二～四级：b+h_b、l_{aE}、1.5h_b、500取最大值。

二、框架扁梁边柱节点构造（二）：端柱凸出边梁之外

16G101-1第95页"框架扁梁边柱节点（二）"（见图2-65），这个节点的特征是：边梁的宽度b_s小于h_c，h_c为端柱在框架扁梁方向上的截面高度。本页又分为两个构造详图：

（1）"框架扁梁边柱节点（二）"：图形的格式与94页相似，不同之处是在h_c与b_s的尺寸差上标注"≥100"，关于这个标注可见本页"注2"：

"当h_c−b_s≥100时，需设置U形箍筋及竖向拉筋。"

图中的红色线段就是U形箍筋，在U形箍筋未伸入框架柱的部位设置竖向拉筋。本页"注3"指出："竖向拉筋同时勾住扁梁上下双向纵筋，拉筋末端采用135°弯钩，平直段长度为10d。"

从"1-1剖面"图可以看出，U形箍筋伸入框架柱内的直锚长度为l_{aE}。

（2）"框架扁梁附加纵向钢筋"：这个图实际上是"框架扁梁边柱节点（二）"的"水

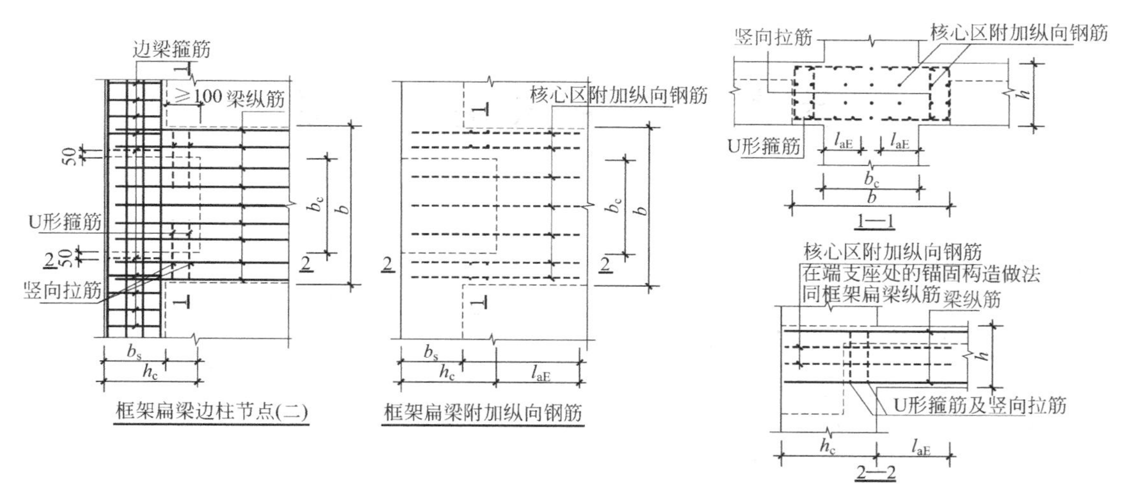

图 2-65

平剖面图”，在这个水平剖面上，我们看不到节点核心区的上部纵筋和下部纵筋，看到的是位于上下纵筋中间的“附加纵向钢筋”（在标准图中以红色线段表示，本书为粗虚线）。

在“2-2”剖面图引注：“核心区附加纵向钢筋在端支座处的锚固构造做法同框架扁梁纵筋”。关于这一点，在前面“框架扁梁边柱节点（一）”中已经分析过了。

本页注：“1. 框架扁梁纵向钢筋在支座区的锚固、搭接做法及箍筋加密区要求详见本图集第 94 页。”我们在上节已经讲述过了。

第3章　平法柱识图

本章内容提要：

介绍平法柱识图的基本知识，讲解柱平面布置图与柱变截面表的关系，柱钢筋的分类和特点。介绍平法柱的节点构造，主要结合图集第63页的内容，重点掌握柱纵筋的连接要求和箍筋加密的要求。

柱的标注包括：柱的编号、截面尺寸、箍筋规格和间距、角部纵筋、b边中部纵筋和h边中部纵筋的标注方法。

我们着重介绍比较常用的柱列表注写方式。这是通过把各种柱的编号、截面尺寸、角部纵筋、b边一侧中部筋和h边一侧中部筋、箍筋类型号和箍筋规格间距注写在一个"柱表"上，着重反映同一个柱在不同楼层上"变截面"的情况；同时，在结构平面图上标注每个柱的编号和偏中情况。

"顶梁边柱"节点构造（即屋面框架梁和边框架柱的节点构造）是16G101-1图集的重要内容，其中的主要内容在第2章中进行讲述。

由于柱是一种垂直构件，与楼层划分的情况密切相关，所以大家要注意正确地进行"楼层划分"，尤其要弄清楚有关"层号"的概念（这些概念在第1章里已经讲过了）。

3.1　列表注写方式

平法柱的注写方式分为列表注写方式和截面注写方式。一般的施工图都采用列表注写方式，所以，我们下面只介绍列表注写方式。

列表注写方式，系在柱平面布置图上，分别在同一个编号的柱中选择一个（有时要选择几个）截面标注几何参数代号，在柱表中注写柱号、柱段起止标高、几何尺寸（含柱截面对轴线的偏心情况）与配筋的具体数值，并配以各种柱截面形状及配筋类型图的方式，来表达柱平法施工图（这段话见图集第8页）。

列表注写方式通过把各种柱的编号、截面尺寸、偏中情况、角部纵筋、b边一侧中部筋和h边一侧中部筋、箍筋类型号和箍筋规格间距注写在一个"柱表"上，着重反映同一个柱在不同楼层上"变截面"的情况；同时，在结构平面图上标注每个柱的编号。下面先介绍"柱表"的内容。

3.2　柱表

3.2.1　柱表所包括的内容

柱表所包括的内容如下：

（1）柱编号：由类型代号和序号组成。

柱类型	代号	序号
框架柱	KZ	××
转换柱	ZHZ	××
芯柱	XZ	××
梁上柱	LZ	××
剪力墙上柱	QZ	××

〖注〗“编号时，当柱的总高、分段截面尺寸和配筋均对应相同，仅分段截面与轴线的关系不同时，仍可将其编为同一柱号，但应在图中注明截面与轴线的关系。”（这段话见图集第8页）。

根据这段话的精神，当柱的总高、分段截面尺寸和配筋均对应相同，仅柱在平面布置图上的偏中位置不同时，仍可将其编为同一柱号（这样看起来与本节前面引用的第8页关于柱表含有偏中情况标注的说明有矛盾）。

实际施工图经常把框架柱的偏中情况注写在平面布置图中，而在柱表中只注写框架柱的$b \times h$尺寸，而不注写偏中尺寸。我比较同意这样的做法。（否则，如果同一个KZ1，因为其偏中尺寸的不同，可能导致在柱表中被编为好几个编号，其结果是平面图中柱编号过于混杂。）

（2）各段柱的起止标高：自柱根部位往上以变截面位置或截面未变但钢筋改变处为分界分段注写。

框架柱和转换柱的根部标高系指基础顶面标高；

芯柱的根部标高系指根据结构实际需要而定的起始位置标高；

梁上柱的根部标高系指梁顶面标高；

剪力墙上柱的根部标高为墙顶面标高。

（3）截面尺寸

对于矩形柱，注写柱截面尺寸$b \times h$。（至于框架柱的偏中尺寸b_1、b_2和h_1、h_2，直接标注在柱平面布置图上，不是更加清楚吗?）

对于圆柱，表中$b \times h$一栏改用圆柱直径数字前加d表示。

对于芯柱，根据结构需要，可以在某些框架柱的一定高度范围内，在其内部的中心位置设置（分别引注其柱编号）。芯柱截面尺寸按构造确定，并按标准构造详图施工，设计不注；当设计者采用与本构造详图不同的做法时，应另行注明。芯柱定位随框架柱走，不需要注写其与轴线的几何关系。

（4）柱纵筋

当柱纵筋直径相同，各边根数也相同时（包括矩形柱、圆柱和芯柱），将纵筋注写在“全部纵筋”一栏中，除此之外，柱纵筋分角筋、截面b边中部筋和h边中部筋三项分别注写（对于采用对称配筋的矩形截面柱，可仅注写一侧中部筋，对称边省略不注；对于采用非对称配筋的矩形截面柱，必须每侧注写中部筋）。

值得注意的是，柱表中对柱角筋、截面b边中部筋和h边中部筋三项分别注写是必要的，因为这三种纵筋的钢筋规格有可能不同。（例如图集第11页的例子中，框架柱角筋为4Φ22、b边中部筋为5Φ22、h边中部筋为4Φ20。）

（5）箍筋类型

注写箍筋类型号及箍筋肢数，在箍筋类型栏内注写按本规则第2.2.3条规定的箍筋类型号与肢数。常见箍筋类型号所对应的箍筋形状见图 3-1。

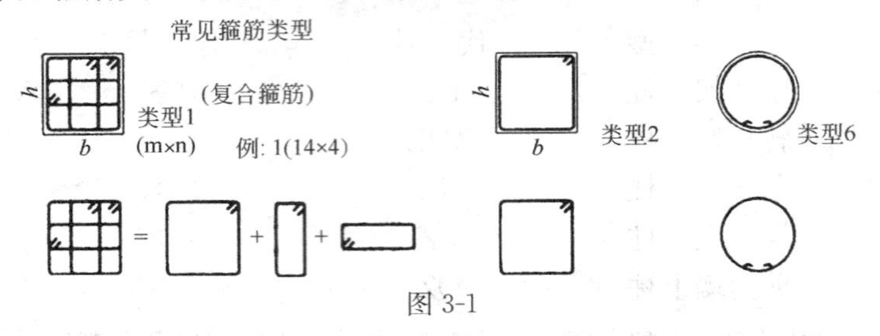

图 3-1

（6）箍筋注写

包括钢筋级别、直径与间距。

当为抗震设计时，用斜线“/”区分柱端箍筋加密区与柱身非加密区长度范围内箍筋的不同间距。施工人员根据标准构造详图的规定，在规定的几种长度值中取其最大者作为加密区长度。当框架节点核芯区内箍筋与柱端箍筋设置不同时，应在括号中注明核芯区内箍筋直径及间距。

〖例〗Φ10@100/200 表示箍筋为 HPB300 级钢筋，直径Φ10，加密区间距为 100mm，非加密区间距为 200mm。

Φ10@100/200（Φ12@100），表示柱中箍筋为 HPB300 级钢筋，直径为 10mm，加密区间距为 100mm，非加密区间距为 200mm，框架节点核心区箍筋为 HPB300 级钢筋，直径为 12mm，间距为 100mm。

当箍筋沿柱全高为一种间距时，则不用“/”线。

〖例〗Φ10@100，表示箍筋为 HPB300 级钢筋，直径Φ10，间距为 100mm，沿柱全高加密。

当圆柱采用螺旋箍筋时，需在箍筋前加“L”。

〖例〗LΦ10@100/200 表示采用螺旋箍筋，HPB300 级钢筋，直径Φ10，加密区间距为 100mm，非加密区间距为 200mm。

当柱（包括芯柱）纵筋采用搭接连接，且为抗震设计时，在柱纵筋搭接长度范围内（应避开柱端的箍筋加密区）的箍筋均应按 $\leqslant 5d$（d 为搭接纵筋最小直径）及≤100mm 的间距加密，搭接区内箍筋直径 $\geqslant d/4$（d 为搭接钢筋最大直径）。

（7）箍筋图形

具体工程所设计的各种箍筋类型图以及箍筋复合的具体方式，须画在表的上部或图中的适当位置，并在其上标注与表中对应的 b、h 和编上类型号。

当为抗震设计时，确定箍筋肢数时要满足对柱纵筋“隔一拉一”以及箍筋肢数的要求。

〖关于“截面偏中尺寸标注”的讨论〗

〖问〗

按照图集上面的说法，把截面偏中尺寸连同截面尺寸一起写入柱表，这样的做法存在一个问题，当同样的柱子因为布置在不同位置时的偏中尺寸不一样，而引起同一个柱子要编成不同的“柱编号”，造成柱表的编号太多。

而且，在图集第 10 页平面图上③轴线的两个 KZ1 的偏中尺寸标注，“h_1/h_2”的尺寸注写是矛盾的：D 轴线的 KZ1 是 h_1 在上、h_2 在下，而 C 轴线的 KZ1 是 h_1

在下、h_2在上。既然在柱表中注写了"截面偏中尺寸"，却还要在平面图上标注偏中尺寸，则柱表"截面偏中尺寸标注"岂不是多余的？

能不能不把"截面偏中尺寸"放进柱表，而直接在结构平面图布置柱子时标出"偏中尺寸"？

〖答〗

16G101-1图集第8页在"柱编号"表2.2.2的下面有一个"注"：

编号时，当柱的总高、分段截面尺寸和配筋均对应相同，仅分段截面与轴线的关系不同时，仍可将其编为同一柱号，但应在图中注明截面与轴线的关系。

这个"注"的内容正好解答了上述问题。

比较合适的做法是："截面偏中尺寸标注"不要写入"柱表"，而直接在结构平面图布置柱子时标注出框架柱的偏中尺寸。

而且，这样的做法与平法梁"截面偏中尺寸标注"的做法也是一致的。平法梁的集中标注中，并不注写梁的截面偏中尺寸。梁的截面偏中尺寸是直接在结构平面图布置梁的时候进行标注的。

3.2.2 弄清楚有关"层号"的概念

由于柱是一种垂直构件，所以柱纵筋的长度和箍筋的个数都与层高有关。同时，弄清楚"层号"的概念，以便清楚地知道一根框架柱在哪个楼层发生"变截面"的情况，这也是框架柱以及其他垂直构件（包括剪力墙）所必须注意的问题。

16G101-1图集总则第1.0.8条指出：

按平法设计绘制结构施工图时，应当用表格或其他方式注明包括地下和地上各层的结构层楼（地）面标高、结构层高及相应的结构层号。

一般工程"柱平法施工图"旁边有一个"结构层楼面标高、结构层高"的垂直分布图，也就是"层高表"（图3-2）。在这个图中，左边一列注写"层号"，中间一列注写"标高"，右边一列注写"层高"（注：标高和层高都以m为单位）。

16G101-1图集总则第1.0.8条后面的"注"中指出：

结构楼层号应与建筑楼层号对应一致。

〖例〗

我们结合图3-2的"结构层楼面标高、结构层高"的垂直分布图来说明这个问题。

从柱表看到，KZ1有三个"变截面"的楼层段，柱表中是以"标高段"来划分的：

−4.030～16.970　　750×700

16.970～31.970　　650×600

31.970～49.970　　550×500

以"16.970"这个变截面分界点为例，在"结构层楼面标高、结构层高"的垂直分布图中，标高"16.970"所对应的（左边的）层号为"6"。也就是说，KZ1的第一个变截面楼层在"第6层"。大家注意：这是建筑楼层号。

我们在第1章讲到，"建筑楼层号"和"结构楼层号"刚好差一层。

在施工中，当我们站在第三层的时候，如果说"铺三层的地面"，是指对我们脚下的地面进行施工，这是"建筑"的概念。但是，如果我们现在进行的是"三层主体结构"的

层号	标高(m)	层高(m)
屋面	49.970	3.00
16	46.970	3.00
15	43.970	3.00
14	40.970	3.00
13	37.970	3.00
12	34.970	3.00
11	31.970	3.00
10	28.970	3.00
9	25.970	3.00
8	22.970	3.00
7	19.970	3.00
6	16.970	3.00
5	13.970	3.00
4	10.970	3.00
3	7.970	3.00
2	3.970	4.00
1	−0.030	4.00
−1	−4.030	4.00
−2	−8.030	4.00

结构层楼面标高
结 构 层 高

上部结构嵌固部位
−4.030

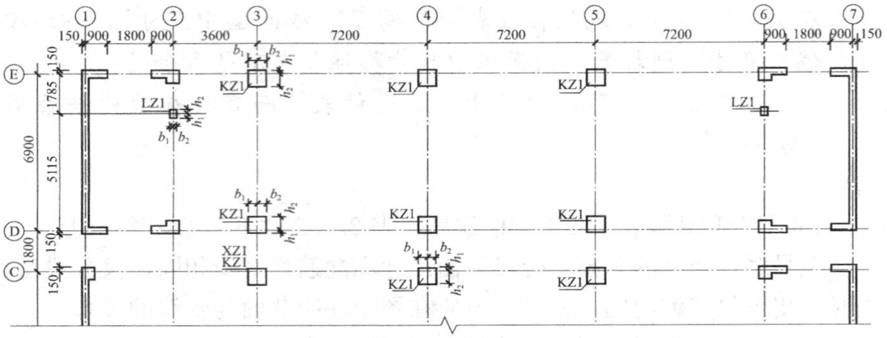

柱 表

柱号	标高	b×h(圆柱直径D)	b_1	b_2	h_1	h_2	全部纵筋	角筋	b边一侧中部筋	h边一侧中部筋	箍筋类型号	箍筋
KZ1	−4.030～−0.030	750×700	375	375	150	550	28Φ25				1(6×6)	Φ10@100/200
	−0.030～16.970	750×700	375	375	150	550	24Φ25				1(5×4)	Φ10@100/200
	16.970～31.970	650×600	325	325	150	450		4Φ22	5Φ22	4Φ20	1(4×4)	Φ10@100/200
	31.970～49.970	550×500	275	275	150	350		4Φ22	5Φ22	4Φ20	1(4×4)	Φ8@100/200
XZ1	−4.030～7.970						8Φ25				按标准构造详图	Φ10@100

注:1. 地下一层(−1层)、首层(1层)柱端箍筋加密区长度范围及纵筋连接位置均按嵌固部位要求设置。
2. XZ1在③×Ⓒ轴KZ1中设置。

−4.030～49.970柱平法施工图(局部)

图 3-2

现浇混凝土施工，那是指对眼前的柱和墙以及头顶的梁和板的施工，这是“结构”的概念。此时，第三层的顶板就是第四层的地面。所以说，“建筑”和“结构”对于层号的概念，刚好相差一层。

在16G101-1图集中，规定“结构层号应与建筑楼层号对应一致”，是因为在设计院里，结构设计师要与建筑设计师保持一致。我们在观看平法施工图的时候，一定要注意这一点。

但是在施工中，我们还是应该按“结构”的概念来进行操作的。以前有的设计院在出结构施工图的时候，总是说这是“三层顶板结构”的施工图，这是照顾了施工的习惯。所以，在根据平法施工图进行施工的时候，对平法施工图要进行一种层号的翻译工作。

就说上面KZ1柱表中的三个“变截面”的楼层段，翻译成结构施工的语言来说变成：

地下一层～第五层　　750 × 700
第六层～第十层　　650 × 600
第十一层～第十六层　　550 × 500

这对于处理框架柱的“变截面”是十分重要的，因为第五层和第十层就是变截面的“关节楼层”。

因为变截面的“关节楼层”在顶板以下要进行纵向钢筋的特殊处理（详见第3.6节），所以我们在第1章讲述“楼层划分”的时候，规定变截面的“关节楼层”不能纳入“标准层”。

3.2.3 上部结构嵌固部位的注写

16G101-1图集在“柱平法施工图制图规则”的“柱平法施工图的表示方法”中，增加了以下条目：

2.1.4 上部结构嵌固部位的注写

1 框架柱嵌固部位在基础顶面时，无需注明。

2 框架柱嵌固部位不在基础顶面时，在层高表嵌固部位标高下使用**双细线**注明，并在层高表下注明上部结构嵌固部位标高。

3 框架柱嵌固部位不在地下室顶板，但仍需考虑地下室顶板对上部结构实际存在嵌固作用时，可在层高表地下室顶板标高下使用**双虚线**注明，此时首层柱端箍筋加密区长度范围及纵筋连接位置均按嵌固部位要求设置。

上述规定告诉我们，“上部结构嵌固部位”在“层高表”中进行注写：

当“层高表”中没有注写的时候，表明上部结构嵌固部位就在基础顶面；

当“层高表”在某一标高位置采用了“双细线”标注时，就表明上部结构嵌固部位设置在这个标高的位置，例如：图 3-2 中的层高表在“－4.030”这个标高处进行了“**双细线**”标注，就表明**上部结构嵌固部位**设置在标高“－4.030”的位置；

图 3-2 所表示的工程，其地下室顶板的标高为“－0.030”，显然，目前上部结构嵌固部位没有在“地下室顶板”设置，但层高表在“－0.030”标高处进行了“**双虚线**”标注，这表明设计师已经考虑到“**地下室顶板对上部结构实际存在的嵌固作用**”，此时首层柱端箍筋加密区长度范围及纵筋连接位置均按嵌固部位要求设置。

“上部结构嵌固部位”直接关系到柱、墙的钢筋配置，所以，大家要十分留意施工图中的层高表的“双细线”或“双虚线”标注。

3.3 KZ纵向钢筋连接构造

平法柱的节点构造图中，16G101-1 图集第 63 页“KZ纵向钢筋连接构造”是平法柱节点构造的核心。在图 3-3 中，画出了柱纵筋在不同楼层上的连接构造，适用于柱纵筋机械连接和焊接连接。

第 57 页除了给出了柱纵筋的一般连接要求以外，还给出了几种特殊情况的连接要求，大家都要正确掌握。

3.3.1 KZ纵向钢筋的一般连接构造

16G101-1 图集第 63 页左面的三个图，讲的就是抗震框架柱 KZ 纵向钢筋的一般连接构造（图 3-3）。

图集第 63 页的三个图分别画出了柱纵筋绑扎搭接、机械连接和焊接连接三种连接方式。由于柱纵筋的绑扎搭接连接不适合在实际工程中使用，所以我们着重掌握柱纵筋的机械连接和焊接连接构造。

下面介绍柱纵筋一般连接构造。

（1）柱纵筋的非连接区。

所谓“非连接区”，就是柱纵筋不允许在这个区域之内进行连接。无论绑扎搭接连接、机械连接和焊接连接都要遵守这项规定。

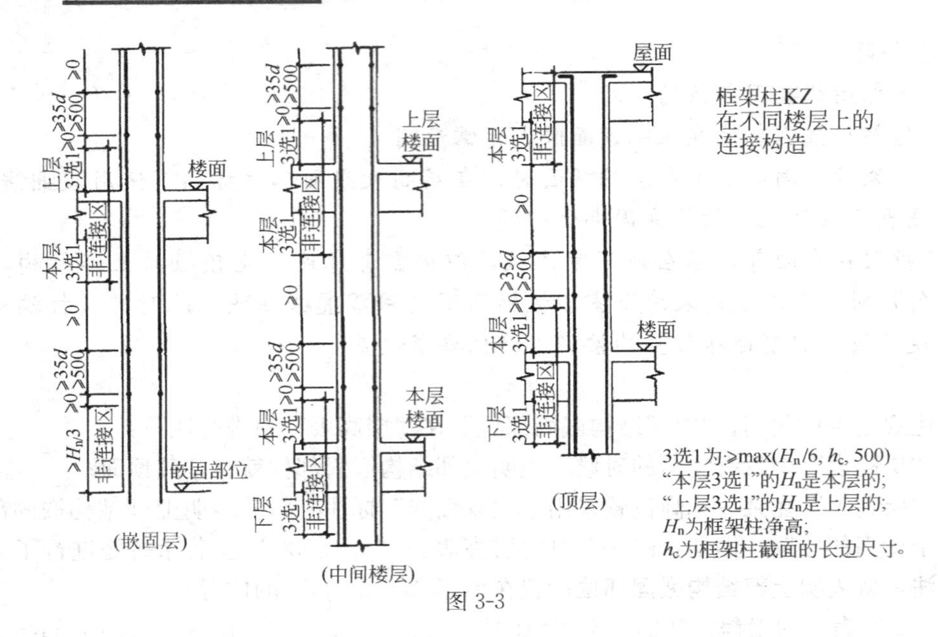

图 3-3

1）基础顶面以上有一个"非连接区"，其长度≥$H_n/3$（H_n是从基础顶面到顶板梁底的柱的净高）。

对于"≥"号，做工程预算或施工下料时，可以取"="号。也就是说，抗震框架柱的基础插筋伸出基础顶面嵌固部位的长度可取为$H_n/3$。

〖关于"基础顶面嵌固部位"的讨论〗

〖问〗

03G101-1图集第36页左面三个图的框架柱的柱根位置都标注着"基础顶面嵌固部位"。什么是"基础顶面嵌固部位"？如果是筏板基础，基础梁的顶面高于基础板的顶面，那么基础顶面嵌固部位是指基础板顶面还是基础梁顶面？

〖答〗

03G101-1图集的框架柱根部从基础顶面嵌固部位算起。要确定"基础顶面嵌固部位"，首先要明确本工程设置的是什么类型的基础？

如果本工程是筏形基础，而且是基础梁顶面高于基础板顶面的"正筏板"（用04G101-3图集的话来说就是"低板位"），则"基础顶面嵌固部位"就是基础主梁的顶面。

如果本工程是条形基础，则"基础顶面嵌固部位"就是基础主梁的顶面。

如果本工程是独立基础或桩承台，则"基础顶面嵌固部位"就是柱下平台的顶面。

大家注意，03G101-1图集关于柱纵筋的标注和构造，只限于"基础顶面嵌固部位"以上的部位。关于这一点，在图集第10页例子工程的"柱表"标注和图集第36页左面三个图都可以清楚看出来。至于"基础顶面嵌固部位"以下部位的构造，只能查找相关的基础图集。

〖新图集改成"嵌固部位"〗

11G101-1图集第57页把03G101-1第36页图中的"基础顶面嵌固部位"改为"嵌固部位"。这个"嵌固部位"就是上部结构嵌固部位。（16G101-1KZ纵筋连接构造同11G101-1）

“上部结构嵌固部位”可能存在3种情况：

(1) 上部结构嵌固部位在基础顶面；(即“基础顶面嵌固部位”)

(2) 上部结构嵌固部位在地下室顶面；(即08G101-5第53页)

(3) 上部结构嵌固部位在地下室中层。

“上部结构嵌固部位”位置的确定是个比较复杂的问题，施工单位无权也无法自行确定“上部结构嵌固部位”的位置，只能是由设计师来确定。11G101-1在“柱平法施工图制图规则”的第2.1.3条中规定：

“在柱平法施工图中，应按本规则第1.0.8条的规定注明各结构层的楼面标高、结构层高及相应的结构层号，尚应注明上部结构嵌固部位位置。”

16G101-1图集更是明确规定了“上部结构嵌固部位”的注写方法（见本书的第3.2.3节），这就是在层高表中使用“双细线”来标注上部结构嵌固部位的位置：

当在层高表中缺省“双细线注写”，就表明上部结构嵌固部位在基础顶面。

在图3-2所表示的例子工程中，层高表在“－4.030”这个标高处进行了“双细线”标注，就表明上部结构嵌固部位设置在标高“－4.030”的位置——也就是地下室“－2层”的顶板位置。

2) 楼层梁上下部位的范围形成一个“非连接区” 其长度由三部分组成：梁底以下部分、梁中部分和梁顶以上部分。这三个部分构成一个完整的“柱纵筋非连接区”。

① 梁底以下部分的非连接区长度

为下面三个数的最大者：(即所谓“三选一”)

$\geqslant H_n/6$ （H_n是所在楼层的柱净高）

$\geqslant h_c$ （h_c为柱截面长边尺寸，圆柱为截面直径）

$\geqslant 500$

如果把上面的“≥”号取成“＝”号，则上述的“三选一”可以用下式表示：

$$\max(H_n/6, h_c, 500)$$

② 梁中部分的非连接区长度

就是梁的截面高度。

③ 梁顶以上部分的非连接区长度

为下面三个数的最大者：(即所谓“三选一”)

$\geqslant H_n/6$ （H_n是上一楼层的柱净高）

$\geqslant h_c$ （h_c为柱截面长边尺寸，圆柱为截面直径）

$\geqslant 500$

如果把上面的“≥”号取成“＝”号，则上述的“三选一”可以用下式表示：

$$\max(H_n/6, h_c, 500)$$

注意：上面①和③的“三选一”的形式一样，但是内容却不一样。①中的H_n是当前楼层的柱净高，而③中的H_n是上一楼层的柱净高。

(2) 知道了柱纵筋非连接区的范围，就知道了柱纵筋切断点的位置。这个“切断点”可以选定在非连接区的边缘。

柱纵筋为什么要切断呢？因为工程施工是分楼层进行的。在进行基础施工的时候，有柱纵筋的基础插筋。以后，在进行每一楼层施工的时候，楼面上都要伸出柱纵筋的插筋。

柱纵筋的“切断点”就是下一楼层伸出的插筋与上一楼层柱纵筋的连接点。

柱纵筋的连接点还有下面的一些规定。

(3) 柱相邻纵向钢筋连接接头要相互错开。

柱相邻纵向钢筋连接接头相互错开。在同一连接区段内钢筋接头面积百分率不应大于50%。

柱纵向钢筋连接接头相互错开的距离：

1) 机械连接：(例如现在常用的“直螺纹套筒接头”)

接头错开距离≥35d。

〖说明〗

对于“≥”号，做工程预算或施工下料时，可以取“=”号。也就是说，接头错开距离可以取定为35d。

现在解释一下“接头错开距离35d”的意义。例如：抗震框架柱KZ1的基础插筋伸出基础梁顶面以上的长度是$H_n/3$，但是并不是KZ1所有的基础插筋都是伸出$H_n/3$的长度的，它们需要把接头错开。假如一个KZ1有20根基础插筋，其中有10根插筋是伸出基础顶面$H_n/3$，另外的10根插筋是伸出基础顶面($H_n/3+35d$)。柱插筋长短筋的这个差距向上一直维持，直到顶层。

在工程施工和预算时还要注意，柱纵筋的标注是按角筋、b边中部筋和h边中部筋来分别标注的，这三种钢筋的直径可能不一样，所以，在考虑“接头错开距离”的时候，要按这三种钢筋分别设置长短钢筋。

2) 焊接连接：

接头错开距离≥35d且≥500mm。

〖说明〗

“焊接连接”就是常用的“电渣压力焊”或“闪光对焊”。现在不提倡“搭接焊”，因为搭接焊造成上下纵向钢筋的轴心不能重合。即使可以把焊缝附近的钢筋弯折一下，但也很难保证上下纵筋的轴心在一条直线上。而且，弯折以后的焊缝区更加占空间，影响了柱纵筋的保护层和柱纵筋之间的净距。

〖可以把“机械连接”和“焊接连接”的接头错开距离统一起来吗?〗

〖问〗

根据上面的介绍，机械连接的接头错开距离≥35d；

焊接连接的接头错开距离≥35d且≥500mm。

请问可不可以把“机械连接”和“焊接连接”的接头错开距离统一起来?

〖答〗

回答是“可以的”。

可以这样来记忆和操作：即“机械连接”和“焊接连接”的接头错开距离都按“35d”来处理。

那如何解释“焊接连接的接头错开距离≥35d且≥500”呢?

当d=14mm时，35d=35×14=490mm

这说明当柱纵筋直径大于14mm时，35d必定大于500。而抗震框架柱的纵向钢筋直径一般都比较大，所以按“35d”来处理焊接连接的接头错开距离是可行的。

这样，我们就可以简化记忆了：“机械连接”和“焊接连接”的接头错开距离都可以按35d来处理。

3）绑扎搭接连接：

搭接长度l_{lE}（l_{lE}是抗震的绑扎搭接长度）

接头错开的净距离≥0.3l_{lE}。

〖说明〗

以上列出的是16G101-1图集第63页上对于“绑扎搭接连接”的有关技术要求。但是，这不等于说图集在鼓励使用“绑扎搭接连接”。相反地，钢筋的绑扎搭接连接是最不可靠和最不安全的连接，是最不经济的做法；当层高较小时，绑扎搭接连接的做法还不可使用。许多施工企业对绑扎搭接连接还有相当具体的规定。

〖关于“绑扎搭接连接”的讨论〗

〖问〗

为什么说钢筋的绑扎搭接连接是最不可靠和最不安全的连接，是最不经济的做法？

〖答〗

钢筋混凝土结构是钢筋和混凝土的对立统一体。钢筋的优势在于抗拉，混凝土的优势在于抗压，钢筋混凝土构件就是把它们有机地统一起来，充分发挥了这两种材料的优势。而钢筋混凝土结构维持安全和可靠的条件是：把钢筋用在适当的位置，并且让混凝土360°地包裹每一根钢筋。

但是，传统的钢筋绑扎搭接连接是把两根钢筋并排地紧靠在一起，再用绑丝（细铁丝）绑扎起来。这根细细的铁丝是不可能固定这两根搭接连接的钢筋的。固定这两根搭接连接的钢筋要靠包裹它们的混凝土。但是，这两根紧靠在一起的钢筋，每根钢筋只有约270°的周长被混凝土所包围，所以达不到360°周边被混凝土包裹的要求，从而大大地降低了混凝土构件的强度。许多力学实验都表明，构件的破坏点就在钢筋绑扎搭接连接点上。即使增大绑扎搭接的长度，也无济于事。

为了克服传统的钢筋绑扎搭接连接的缺点，最近提出了“有净距的绑扎搭接连接”的做法，对于改善混凝土360°包裹钢筋有所帮助，但是却较大地加大施工的难度。

同时，无论传统的钢筋绑扎搭接连接，还是改进的钢筋绑扎搭接连接，都不可避免地造成“两根钢筋轴心错位”的事实，而且“有净距的绑扎搭接连接”的做法还使得两根钢筋轴心的错位更大。这将会降低钢筋在混凝土构件中的力学作用。但是，如果采用机械连接和对焊连接，将保证被连接的两根钢筋轴心相对一致。

在钢筋绑扎搭接连接不可靠和不安全的同时，钢筋绑扎搭接连接又是不经济的。因为钢筋的绑扎搭接连接长度l_{lE}是受拉钢筋锚固长度l_{aE}的1.2倍以上。以Φ25钢筋（混凝土强度等级C30，二级抗震等级）为例，一个钢筋搭接点的绑扎搭接连接长度l_{lE}为：

$$l_{lE}=1.2l_{aE}=1.2\times40d=1.2\times40\times25=1200(\text{mm})$$

由此可见，一根钢筋的一个绑扎搭接连接点要多用1米多长的钢筋，而一个建筑有多少个楼层、每个楼层又有多少根钢筋呢？这样计算起来，绑扎搭接连接引起的钢筋浪费数量是惊人的。

钢筋绑扎搭接连接既浪费材料，又达不到质量和安全的要求，所以不少正规的施工企业都对钢筋绑扎搭接连接加以限制。例如，有的施工企业在工程的施工组织设计中明确规定，当钢筋直径在14mm以下时才使用绑扎搭接连接，而当钢筋直径在14mm以上时使用机械连接或对焊连接。

〖问〗

为什么说当层高较小时，绑扎搭接连接的做法不可使用？

〖答〗

例如，一个地下室的框架柱净高3600mm，即从基础主梁的顶面到地下室顶板梁的梁底面的高度H_n是3600mm，根据11G101-1图集的规定，

从基础梁顶面以上的非连接区高度为$H_n/3=3600/3=1200$mm

从这个非连接区顶部开始是第一个搭接区的起点，

则框架柱“短插筋”伸出基础梁的高度$=H_n/3+l_{lE}=1200+1200=2400$mm

而框架柱插筋第二个搭接区与第一个搭接区之间间隔$0.3l_{lE}$

则框架柱“长插筋”比短插筋高出$l_{lE}+0.3l_{lE}=1.3l_{lE}$

即框架柱“短插筋”伸出基础梁的高度$=2400+1.3\times1200=3960$mm

这个长度已经超过了3600mm（H_n），伸进了框架柱上部的非连接区之内，这是不允许的。

所以，在这样的地下室框架柱上，对柱纵筋不能采用绑扎搭接连接。所以，图集第63页在绑扎搭接构造图下方注写道：“当某层连接区的高度小于纵筋分两批搭接所需的高度时，应改用机械连接或焊接连接。”

〖问〗

采用机械连接和对焊连接有没有条件限制？什么条件下必须使用绑扎搭接连接？

〖答〗

采用机械连接和对焊连接，当上下层的柱纵筋直径相等时是没有问题的；

当上下层的柱纵筋直径在两个级差之内时，也是可以的。

当上下层的柱纵筋直径超过两个级差时，只能采用绑扎搭接连接。

不过，如果上下层的柱纵筋直径超过两个级差，这样的设计是否合适？设计师应该会妥善处理这个问题。

〖图集还有一些注释需要注意〗

16G101-1第63页注4：“轴心受拉及小偏心受拉柱内的纵向钢筋不得采用绑扎搭接接头，设计者应在柱平法结构施工图中注明其平面位置及层数。”

16G101-1第59页注4：“当受拉钢筋直径>25mm及受压钢筋直径>28mm时，不宜采用绑扎搭接。”

〖说明〗

“受拉钢筋直径>25mm及受压钢筋直径>28mm时，不宜采用绑扎搭接”这个规定，不等于说只有当柱纵筋直径$d>28$mm时，才能采用机械连接和对焊连接。前面已经介绍过，不少施工企业在施工组织设计中规定，当钢筋直径在14mm以下时才使用绑扎搭接连

接，而当钢筋直径在 14mm 以上时使用机械连接或对焊连接。

3.3.2 上柱钢筋比下柱多时的连接构造

16G101-1 图集第 63 页右上角有几个小图（图 1、图 2、图 3），它们表明了几种特殊情况的柱纵筋连接构造，不过，图集中只给出绑扎搭接连接的做法图示。在图 3-4 中我们给出了对应于图 1、图 2、图 3 的机械连接和对焊连接的做法。

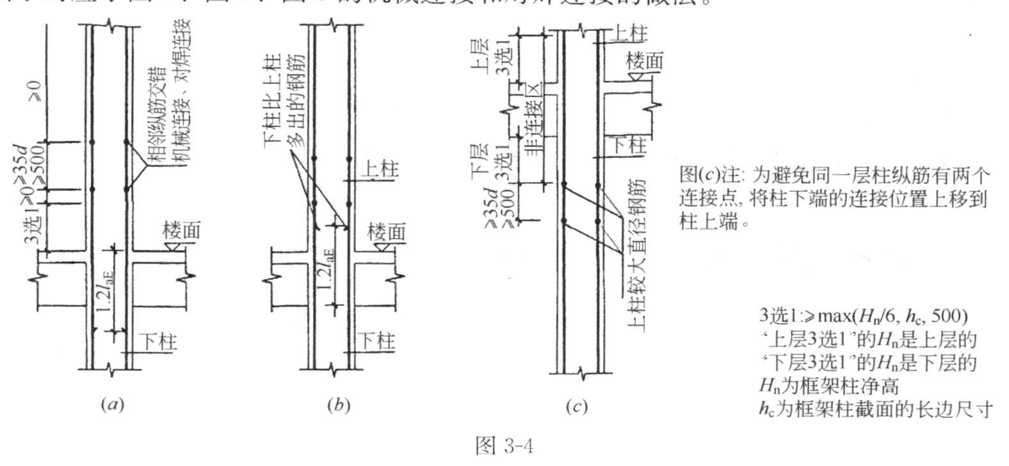

图 3-4

（a）上柱钢筋比下柱多；（b）下柱钢筋比上柱多；（c）上柱钢筋比下柱大

上柱钢筋比下柱多时见图 3-4(a)：上柱多出的钢筋锚入下柱（楼面以下）1.2l_{aE}。

（注意：在计算 l_{aE}的数值时，按上柱的钢筋直径计算。）

〖说明〗

看图 3-4(a) 的时候，重点看上柱多出的钢筋锚入下柱的做法和锚固长度。至于楼面以上部分，可以不去理会它。因为目前图 3-4(a) 在楼面以上部分画的是柱纵筋“绑扎搭接连接”的构造，而实际上很少采用绑扎搭接连接，而大多采用机械连接或对焊连接。

所以，在看图 3-4(a) 的时候关键是看“楼面”以下部分，至于楼面以上部分则是要按实际工程的柱纵筋连接方式（例如机械连接或对焊连接方式），具体连接构造还要依据图集第 63 页左边的三个图。

3.3.3 下柱钢筋比上柱多时的连接构造

下柱钢筋比上柱多时见图 3-4 中的图(b)：下柱多出的钢筋伸入楼层梁，从梁底算起伸入楼层梁的长度为 1.2l_{aE}。如果楼层框架梁的截面高度小于 1.2l_{aE}，则下柱多出的钢筋可能伸出楼面以上。

（注意：在计算 l_{aE}的数值时，按下柱的钢筋直径计算。）

〖说明〗

看图(b) 的时候，重点看下柱多出的钢筋锚入楼层顶梁的做法和锚固长度。至于下柱的其他钢筋与上柱钢筋的连接构造，则不必再看图(b)。因为目前图(b) 在楼面以上部分画的是柱纵筋“绑扎搭接连接”的构造，而实际上很少采用绑扎搭接连接，而大多采用机械连接或对焊连接。

所以，在看图(b) 的时候关键是看“下柱多出钢筋的处理”部分，至于其余的柱纵筋在楼面以上的连接方式，则是要按实际工程的柱纵筋连接方式（例如机械连接或对焊连接方式)，具体的连接构造还要依据图集第 57 页左边的三个图。

〖问〗

如果下柱的截面尺寸大于上柱的截面尺寸，则下柱比上柱多出的柱纵筋可能伸在上柱截面之外。这时该怎样处理?

〖答〗

在 16G101-1 图集第 63 页的图 3 只画出上下柱截面尺寸相等时的柱纵筋构造。

当下柱的截面尺寸大于上柱的截面尺寸时，应该参考 16G101-1 图集第 68 页的框架柱变截面构造。具体的做法是：下柱多出的柱纵筋伸至楼面之下弯直钩，直钩部分的长度可以参考图集第 68 页。

3.3.4 上柱钢筋直径比下柱大时的连接构造

上柱钢筋直径比下柱钢筋直径大时的柱纵筋连接构造见图 3-4 中的图（b)：上下柱纵筋的连接不在楼面以上连接，而改在下柱之内进行连接。在图（b）中只给出了绑扎搭接连接的构造，整个绑扎搭接连接区都在下柱的“上部非连接区”之外进行。

〖关于“上柱钢筋直径比下柱大时连接问题”的讨论〗

〖问〗

在 16G10101 图集第 63 页的左面三个图，上柱纵筋和下柱纵筋都在楼面之上进行连接。为什么“上柱钢筋直径比下柱大”时上下柱纵筋要在下柱进行连接?

〖答〗

由于在施工图设计时，出现了“上柱纵筋直径比下柱大”的情况，此时，如果还要执行图集第 63 页的左面三个图的做法，即上柱纵筋和下柱纵筋在楼面之上进行连接，就会造成上柱柱根部位的柱纵筋直径小于柱中部的柱纵筋直径的不合理现象。

之所以说这种现象“不合理”，是因为在水平地震力的作用下，上柱根部和下柱顶部这段范围是最容易被破坏的部位。设计师把上柱纵筋直径设计得比较大，说明他已经考虑了这一因素。如果我们在施工中，把下柱直径较小的柱纵筋伸出上柱根部以上和上柱纵筋连接，这样，上柱根部就成为“细钢筋”了，这就削弱了上柱根部的抗震能力，违背了设计意图。

所以，在遇到“上柱钢筋直径比下柱大”的时候，把上柱纵筋伸到下柱之内来进行连接是正确的。但下柱的顶部有一个非连接区，其长度就是前面讲过的“三选一”，所以必须把上柱纵筋向下伸到这个非连接区的下方，才能与下柱纵筋进行连接。这样一来，下柱顶部的纵筋直径变大了，柱钢筋的用量变大了，不过，这对于加强下柱顶部的抗震能力也是必需的。

〖问〗

16G101-1 图集第 63 页的图 2，在“上柱钢筋直径比下柱大”时只画出了绑扎搭接连接的做法，对于机械连接和焊接连接该怎样做?

〖答〗

16G101-1 图集第 63 页的图 1、图 2、图 3，都只画出了绑扎搭接连接的做法，大概设计者认为绑扎搭接连接的做法是最复杂的，读者只要看懂了绑扎搭接连接的做法，就自然明白机械连接和焊接连接的做法了。

下面，我们来分析一下图 2 给出的绑扎搭接连接的做法。柱纵筋的绑扎搭接连接有两个绑扎搭接区，每个绑扎搭接区的长度为 l_{lE}，两个绑扎搭接区之间的净距离为 $0.3l_{lE}$；而最上面的绑扎搭接区紧贴着下柱顶部非连接区的下边界——看懂这一点很重要。

现在，如果我们是采用机械连接或焊接连接，只要在下柱顶部非连接区的下边界处设置第一个连接点，再在第一个连接点的下方 $35d$ 处设置第二个连接点，就能满足“相邻柱纵筋连接接头相互错开”的要求了。（说明一下，现在把机械连接和焊接连接放在一块讨论，是因为当柱纵筋直径大于 14mm 时，机械连接和焊接连接的做法要求是一致的——这个问题在 3.3.1 中已经讨论过了。）

〖问〗

按 16G101-1 图集第 63 页图 2 所介绍的做法，在“上柱钢筋直径比下柱大”时，把上柱纵筋伸到下柱顶部非连接区之下进行连接，但是，下柱根部非连接区之外早就存在下一楼层伸出来的柱插筋，这样不就形成“下柱的同一根纵筋在同一楼层上存在两个连接点”？这不就违反了“施工时同一根钢筋不能有两个连接点”的规定？

〖答〗

在 03G101-1 图集第 36 页图 2 之下有一个题注：

“将柱下端的连接位置上移至柱上端。”

这行题注是在 03G101-1 图集的修订版上提出的，其意思就是把下柱的柱下端的连接点上移到柱上端，直接与上柱伸下来的粗钢筋进行连接。这就解决了“下柱的同一根纵筋在同一楼层上存在两个连接点”的问题。

不过，有人提出一个施工上的问题。如果以下柱作为“当前楼层”的话，那么当前楼层的“下一楼层”的柱纵筋怎样伸上“当前楼层”的柱上端？

因为，按照通常的施工规律，每一楼层的楼面上即柱下端（“三选一”的位置上）有下一层伸上来的柱纵筋的切断点，而当前楼层的柱纵筋的长度就是一个楼层高度，在与下一层柱纵筋连接之后，伸到上一楼层的楼面之上，刚好伸出“非连接区”之外。

但现在不能这样做了。以下柱作为“当前楼层”的“下一楼层”的柱纵筋只能以将近两倍楼层高度的钢筋长度，一直伸到“当前楼层”的柱上端，再与上柱的粗钢筋连接——这段粗钢筋的长度至少等于两个“三选一”的长度加上一个框架梁的高度。因此，“当前楼层”的“下一楼层”的柱纵筋（细钢筋）接上这段粗钢筋，其长度整整两个楼层的高度——想想看，在施工中如何支撑（固定）住数量如此之多的、长度如此之大的、晃晃悠悠的一大堆柱纵筋？

于是，有人提出这样的施工做法：“把上柱纵筋以柱插筋的方式锚固在下柱里”。其实这种做法就是 16G101-1 图集第 68 页“抗震框架柱变截面位置纵向钢筋构造”中的一种做法。

这种做法就是下柱钢筋伸至楼面以下弯直钩，直钩长度为 $12d$；而上柱钢筋以柱插筋的方式锚入下柱 $1.2l_{aE}$。

用这种办法来施工，每一层柱纵筋的长度就是“一个楼层高度”，因此不会带来施工的困难。不足之处，就是所用的钢筋比“图 2”的做法稍多一些，因为上柱钢筋与下柱钢筋有一个重叠部分。

〖下柱钢筋直径比上柱钢筋直径大〗

16G101-1图集第63页的图4，就是“下柱钢筋直径比上柱钢筋直径大”的KZ纵向钢筋连接构造。其实，图4的柱纵筋连接构造与本页“左面三图”完全一致，读者阅读本章第3.3.1节“KZ纵向钢筋的一般连接构造”即可。

3.3.5 地下室KZ钢筋构造

16G101-1第64页的标题叫做“地下室KZ的纵向钢筋连接构造，地下室KZ的箍筋加密区范围”。首先，我们看看图集在这一页面画了些什么：

1.“左面三图（绑扎搭接、机械连接、焊接连接）”与第63页左三图基本相同，不同之处：

底部为“基础顶面”：非连接区为“三选一”，即

max（$\geqslant H_n/6$，$\geqslant h_c$，$\geqslant 500$）；

中间为“地下室楼面”；（同第57页的“楼面”）

最上层为“嵌固部位”：其上方的非连接区为“$H_n/3$”。

2. 中间的细长条的图是：“箍筋加密区范围”：其中的箍筋加密区范围就是左图中的柱纵筋非连接区的范围。

3. 右边两个小图的标题是：“地下一层增加钢筋在嵌固部位的锚固构造”：

伸至梁顶，且 $\geqslant 0.5l_{aE}$ 时：弯锚（弯钩向内）

伸至梁顶，且 $\geqslant l_{aE}$ 时：直锚

题注：仅用于按《建筑抗震设计规范》第6.1.14条在地下一层增加的10%钢筋。由设计指定，未指定时表示地下一层比上层柱多出的钢筋。

16G101-1第64页注1：“本页图中钢筋连接构造及柱箍筋加密区范围用于嵌固部位不在基础顶面情况下地下室部分（基础顶面至嵌固部位）的柱。”

〖新增的“地下室抗震KZ构造”还告诉我们什么〗

第64页的注1表明“地下室抗震KZ构造”的适用范围，这就是：“嵌固部位”不在基础顶面。但是，这意味着嵌固部位还存在两种可能性：

（1）嵌固部位在地下室顶面（见图3-5）：

这种情形与08G101-5第53页“地下室抗震框架柱KZ构造（一）”（地下室顶板为上部结构的嵌固部位）基本相同，即：在“嵌固部位”（地下室顶面），其上方的非连接区为“$H_n/3$”；而在基础顶面的非连接区是“三选一”，即max（$\geqslant H_n/6$，$\geqslant h_c$，$\geqslant 500$）。

（2）嵌固部位在地下室的中间楼层：

此时，第64页的信息就显得不足了。第64页表示的内容是“从嵌固部位往下看”，展示了地下室中间各楼层直到基础顶面的柱钢筋构造。但是，第64页并未告诉我们“地下室顶面”的柱钢筋构造是什么？从嵌固部位往上看的构造是什么？

16G101-1图集告诉我们，“从嵌固部位往上看”的构造就是第63页的构造。虽然，第63页最下方画出的是“嵌固部位”，但这并不意味着指的就是“基础顶面嵌固部位”。实际上，第63页表示的嵌固部位有两种情况，而每一种情况都可以与“地下室顶面”建

立联系（见图 3-6）。

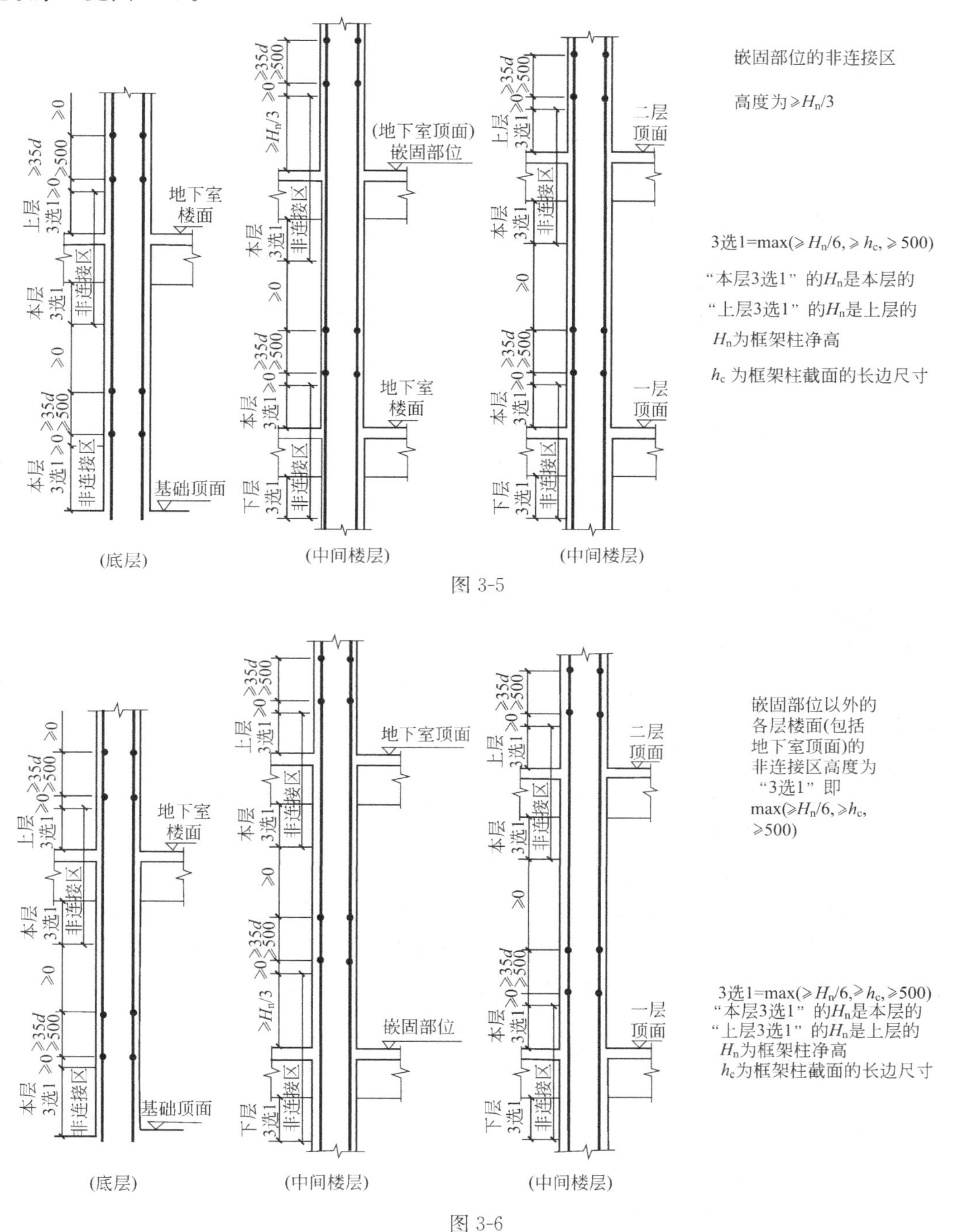

图 3-5

图 3-6

1）这个嵌固部位就是"基础顶面嵌固部位"：

此时，要是该工程不存在地下室的话，这个"基础顶面嵌固部位"以上的各楼层就是上部结构的各个楼层——各层楼面的柱纵筋非连接区都是"三选一"，即 max（≥H_n/6，≥h_c，≥500）——此时的 16G101-1 的第 63 页就是 03G101-1 的第 36 页，这已经是我们大家很熟悉的内容了。

但是，如果该工程存在地下室，则“嵌固部位”以上的各楼层也就包括了“地下室顶面”——也就是说，地下室顶面的柱纵筋非连接区也是“三选一”，即 max($\geqslant H_n/6$，$\geqslant h_c$，$\geqslant 500$)。

2）这个嵌固部位是“地下室的中间楼层”：

从地下室中间楼层的这个嵌固部位“往上看”，我们不但看到上部结构的各个楼层，而且首当其冲的应该看到的是“地下室顶面”。然而，第 63 页嵌固部位以上的各个“楼面”的柱纵筋非连接区都是“三选一”，即 max($\geqslant H_n/6$，$\geqslant h_c$，$\geqslant 500$)。这个事实告诉我们，“地下室顶面”的柱纵筋非连接区是“三选一”，即 max($\geqslant H_n/6$，$\geqslant h_c$，$\geqslant 500$)。这也就是说，11G101-1 图集取消了 08G101-5 第 54 页的构造，即取消了“地下室顶面柱纵筋非连接区是 $H_n/3$”的构造。

〖16G101-1 恢复了地下室顶面嵌固作用〗

当然，16G101-1 恢复“地下室顶面嵌固作用”是有条件的，这就是由设计师进行标注。这里，可能会出现下列两种情况：

(1) 框架柱嵌固部位就在地下室顶板。

如果设计师在层高表的地下室顶板标高（例如“－0.030”）处进行了“双细线标注”，则表明本工程的上部结构嵌固部位在地下室顶板，此时“1 层”柱下端 $H_n/3$ 为柱纵筋非连接区和箍筋加密区。

(2) 框架柱嵌固部位不在地下室顶板，但仍需考虑地下室顶板对上部结构实际存在嵌固作用。

16G101-1 图集在规定层高表中使用“双细线”来标注上部结构嵌固部位的位置的同时，还规定“在层高表地下室顶板标高下使用双虚线注明”来表示“考虑地下室顶板对上部结构实际存在嵌固作用”。

在图 3-2 所表示的例子工程中，层高表在“－4.030”这个标高处进行了“双细线”标注，就表明上部结构嵌固部位设置在地下室“－2 层”的顶板位置；同时，在层高表“－0.030”标高处进行了“双虚线”标注，以表明“地下室顶板对上部结构实际存在的嵌固作用”。此时，“－1 层”和“1 层”柱下端 $H_n/3$ 为柱纵筋非连接区和箍筋加密区。

3.4 KZ 边柱和角柱柱顶纵向钢筋构造

抗震框架柱 KZ 边柱和角柱柱顶纵向钢筋构造，我们在前面 2.5 节“顶梁边柱的节点构造”一节中已经讲过了，在这里只是对某些问题进一步讨论。

我们继续讨论“D 节点”构造。(见图 3-7)

〖关于 16G101-1 图集第 67 页“④节点”的讨论〗

〖问〗

节点④要求：不小于柱外侧纵筋面积的 65%伸入梁内。在实际工程中能做到吗？如果做不到，又该怎样办？

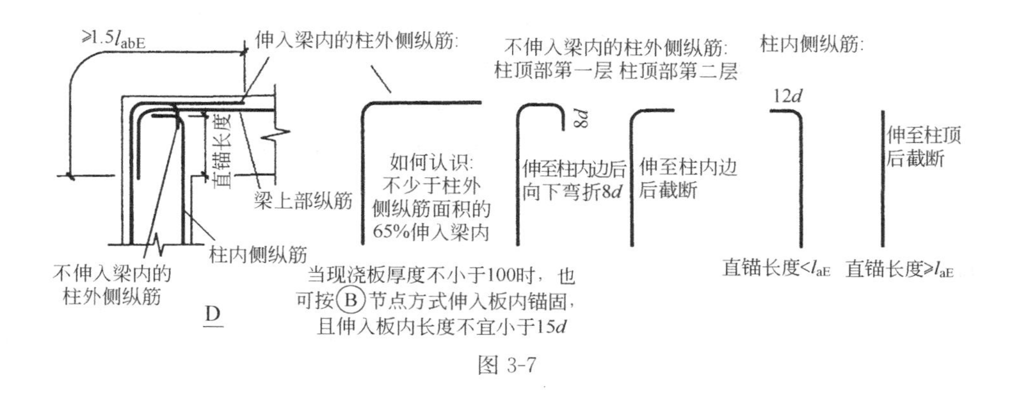

图 3-7

〖答〗

节点④“不小于柱外侧纵筋面积的65%伸入梁内”的要求，在很多情况下的确是难以实现的。

以16G101-1图集第37页的例子工程为例，KL3的截面宽度是250mm，而作为梁的支座的KZ1的宽度是750mm，也就是说，充其量只能有1/3的柱纵筋有可能伸入梁内，如何能够做到“不小于柱外侧纵筋面积的65%伸入梁内”呢?

如果在实际工程中不能做到“不小于柱外侧纵筋面积的65%伸入梁内”，又该怎么办呢?

16G101-1图集第67页“②节点”的做法可以解决这个问题，其做法就是：全部柱外侧纵筋伸入现浇梁及板内。这样的做法就万无一失了：能够伸入现浇梁的柱外侧纵筋伸入梁内；不能伸入现浇梁的柱外侧纵筋就伸入现浇板内。

但是，当框架梁两侧不存在现浇板时，就只能采用节点④的做法；只有当框架梁侧存在现浇板时，才能考虑采用节点②的做法。

16G101-1第67页的“③节点”构造是11G101-1起新增的节点构造。下面继续对这个节点构造进行讨论。

“③节点”构造主要是为“柱宽较大”或“梁高较大”的框架节点准备的。当框架的“柱宽很大”或“梁高很大”的时候，边柱或角柱的外侧纵筋从梁底开始向上弯折1.5 l_{abE}未超过柱内侧边缘。而“③节点”构造要求：要求柱纵筋弯折长度“≥15d”，梁上部纵筋下弯到梁底，且“≥15d”。

〖问〗

06G901-1图集要求边柱或角柱的外侧纵筋从梁底开始向上弯折，除了满足1.5 l_{abE}以外，还要超过柱内侧边缘500mm。现在16G101-1第67页“③节点”的构造要求，仅要求柱纵筋弯折水平段长度“≥15d”。如果实际工程中具体设计为类似06G901-1图集那样的构造，该如何执行?

〖答〗

16G101-1第67页“③节点”的构造要求，是以新规范为依据的，肯定是符合标准的。然而，03G101-1标准图集的设计人曾经说过，标准图集不能“包打天下”。这句话有两个意思：一是标准图集中没有的内容，在实际工程中设计师应该给出具体的构造设计；二是标准图集中已有的内容，如果在实际工程中已经给出了具体的构造设计，则应该按具体的构造设计执行。

具体到16G101-1第67页"③节点"的构造，规范所指定的边柱或角柱的外侧纵筋从梁底开始向上弯折，除了满足1.5 l_{abE}以外，还要保证柱纵筋弯折水平段长度"≥15d"，这只是提出了一个最低限度的要求。如果实际工程中设计师给出了类似06G901-1图集那样的设计，将"≥15d"的柱纵筋弯折水平段长度伸得更长，甚至超过柱内侧边缘500mm，这也是合理的，这不过是执行规范"大于等于15d"中的"大于"罢了。

〖KZ边柱角柱柱顶等截面伸出〗

16G101-1图集第69页"KZ边柱角柱柱顶等截面伸出时纵向钢筋构造"，这是16G101-1新增的一个节点构造（见图3-8），图中分为左右两图，分别适用于下列两种情况：

（1）左图适用于柱纵筋伸出梁顶长度≥l_{aE}的情况

从图集的图形语言来看，柱纵筋应该以直筋形式伸至柱顶。

（2）右图适用于柱纵筋伸出梁顶长度<l_{aE}的情况

此时柱纵筋伸至柱顶，同时保证伸出长度≥0.6 l_{abE}，柱外侧纵筋弯直钩15d，柱内侧纵筋弯直钩12d。

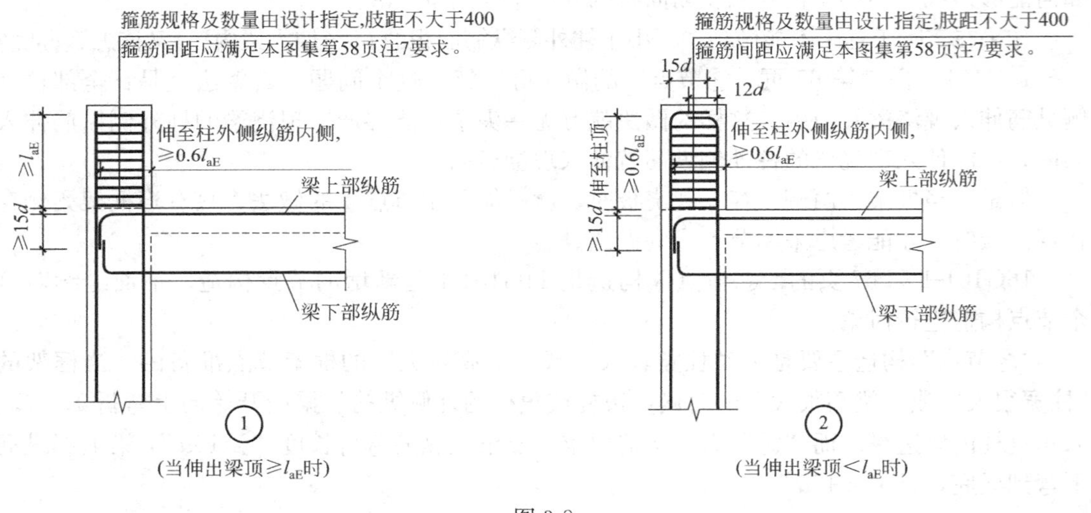

图3-8

上述两种情况对伸出部分的柱箍筋的共同要求是：箍筋规格及数量由设计指定，肢距不大于400mm；箍筋间距应满足本图集第58页注7要求。这个注7的内容为：

当锚固钢筋的保护层厚度不大于5d时，锚固钢筋长度范围内应设置横向构造钢筋，其直径不应小于d/4（d为锚固钢筋的最大直径）；对梁、柱等构件间距不应大于5d，对板、墙等构件间距不应大于10d，且均不应大于100mm（d为锚固钢筋的最小直径）。

这样一来，伸出部分的柱箍筋间距很可能是100mm。

上述两种情况对梁上部纵筋都有共同的要求：伸至柱外侧纵筋内侧然后弯15d直钩，同时保证梁上部纵筋在框架柱中的直锚水平段长度≥0.6 l_{abE}。

注意：图中只给出梁上部纵筋的构造要求，而对于梁下部纵筋则按屋面框架梁WKL纵向钢筋构造执行（16G101-1图集第85页）。

上述节点构造仅适用于框架柱等截面伸出的情况，当柱顶伸出屋面的截面发生变化时应由设计师另行设计。

3.5 KZ 中柱柱顶纵向钢筋构造

抗震框架柱（KZ）中柱柱顶纵向钢筋构造，见 16G101-1 图集第 68 页。

关于抗震框架柱中柱柱顶纵向钢筋有四个节点构造（图 3-9）：

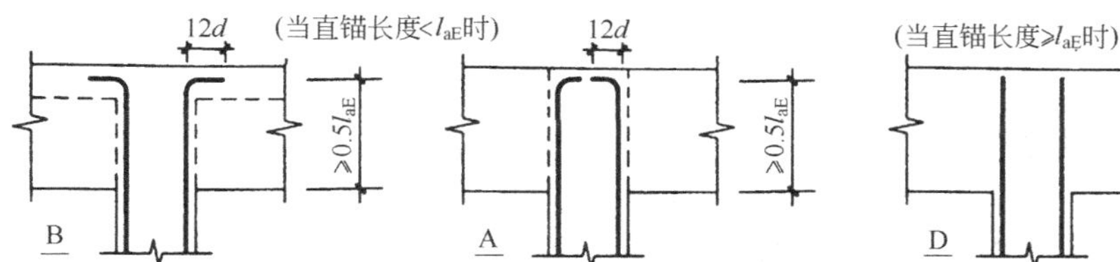

图 3-9

节点 A：当柱纵筋直锚长度$<l_{aE}$时，柱纵筋伸至柱顶后向内弯折 $12d$，

但必须保证柱纵筋的伸入梁内的长度$\geqslant 0.5l_{abE}$。

节点 B：当柱纵筋直锚长度$<l_{aE}$，且顶层为现浇混凝土板、其强度等级≥C20、板厚≥80mm 时，

柱纵筋伸至柱顶后向外弯折 $12d$，

但必须保证柱纵筋的伸入梁内的长度$\geqslant 0.5l_{abE}$。

节点 C：（16G101-1 新增的节点构造）柱纵筋端头加锚头（锚板）

技术要求同前，也是：伸至柱顶，且$\geqslant 0.5l_{abE}$。

节点 D：当柱纵筋直锚长度$\geqslant l_{aE}$时，可以直锚伸至柱顶。

〖说明〗

节点 A 和节点 B 的做法类似，只是一个是柱纵筋的弯钩朝内拐，一个是柱纵筋的弯钩朝外拐，显然，“弯钩朝外拐”的做法更有利些。

当然，节点 B 需要一定的条件：顶层为现浇混凝土板、板厚≥100mm，但是这样的“条件”一般工程都能够满足。

3.6 KZ 柱变截面位置纵向钢筋构造

抗震框架柱（KZ）变截面位置纵向钢筋构造，见 16G101-1 图集第 68 页。

在图集第 68 页中，关于抗震框架柱变截面位置纵向钢筋构造给出了五个节点构造图。

其实，前面的四个图形讲述了“变截面”构造的两个做法：一个是当“$\Delta/h_b\leqslant 1/6$”的情形下变截面的做法，另一个是当“$\Delta/h_b>1/6$”的情形下变截面的做法（图 3-10）。这里的 Δ 是上下柱同向侧面错台的宽度，h_b 是框架梁的截面高度。

下面分别介绍这两种变截面情形下的柱纵筋构造：

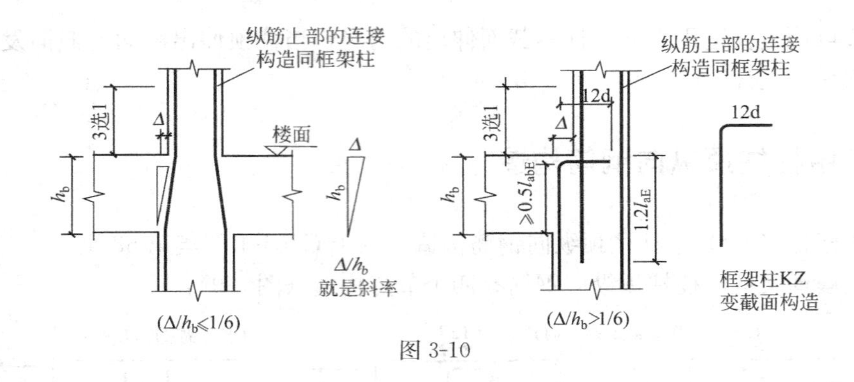

图 3-10

(1) 当“斜率比较小”($\Delta/h_b\leqslant1/6$) 时，

柱纵筋的做法：可以由下柱弯折连续通到上柱。

(2) 当“斜率较大”($\Delta/h_b>1/6$) 时，

柱纵筋的做法：

下柱纵筋伸至本层柱顶后，弯折到伸入上柱侧壁之内 200mm 处。此时须保证下柱纵筋直锚长度$\geqslant0.5l_{abE}$。

上柱纵筋必须伸入下柱$\geqslant1.5l_{aE}$。

〖关于“变截面”的讨论〗

〖问〗

框架柱纵筋在“变截面”的两种做法中采用哪一种做法，取决于什么条件？

〖答〗

影响框架柱在“变截面”处的纵筋做法的因素较多，下面来逐一进行分析。

(1) 首先，框架柱在“变截面”处的纵筋做法与“变截面的幅度”有关。

“变截面”的一般规律是上柱的截面尺寸比下柱小。例如：16G101-1 图集的例子工程，在第五层的结构楼层上时，KZ1 下柱的截面尺寸为 750×700，上柱截面尺寸为650×600；而在第十层的结构楼层上时，KZ1 下柱的截面尺寸为 650×600，上柱截面尺寸为 550×500。

如果上柱截面尺寸缩小的幅度越大，那“Δ”值也就大，对于一定的“h_b”值来说，此时的“Δ/h_b”的比值也就越大，就有可能使 $\Delta/h_b>1/6$ ，从而柱纵筋在“变截面”处就可能采用第二种做法。

(2) 还有，框架柱在“变截面”处的纵筋做法与框架柱平面布置的位置有关。

我们可以注意比较图 3-10 这两个图，虽然上柱和下柱截面尺寸的相对比值没有改变，但是上柱与下柱的相对位置改变了：“左图”，上柱轴心与下柱轴心是重合的，这时的“Δ”值就较小，以前面说到的例子工程来说，“Δ”值也就只有 50mm；“右图”，上柱轴心与下柱轴心是错位的，而上柱和下柱的外侧边线是重合的，这时的“Δ”值就较大，以前面说到的例子工程来说，“Δ”值就达到 100mm。

通过上面的分析，使我们体会到在一个结构平面图中，“中柱”和“边柱”在变截面处的纵筋做法是不同的：在变截面的结构楼层上，中柱采用图 3-10“左图”的做法，而边柱采用“右图”的做法。于是，这就造成“同一编号的框架柱在同一楼层上出现两种不同的变截面做法”。

当我们对边柱采取不同于中柱的变截面做法时，我们还要注意到有两种“不同方向的边柱”，一种是“b 边靠边”的边柱，另一种是“h 边靠边”的边柱，这两种边柱对于变截面的做法是不同的：前者要对框架柱“b 边上的中部筋”进行弯折截断的做法，后者要对框架柱“h 边上的中部筋”进行弯折截断的做法。

最后，在处理框架柱变截面的时候，我们要特别关注“角柱”，因为角柱在两个不同的方向上都是“边柱”。

〖11G101-1新增的柱变截面构造的用法〗

〖问〗

16G101-1第68页抗震KZ变截面纵向钢筋构造中，新增的第5个节点构造如何用法？

〖答〗

16G101-1第68页抗震KZ变截面纵向钢筋构造新增的第5个节点构造，讲述的是：端柱变截面，而且变截面的错台在外侧。

之所以说它是端柱，是因为其内侧有框架梁。这个节点构造的特点是：

（1）下层的柱纵筋伸至梁顶后弯锚进框架梁内，其弯折长度较长：

下层柱纵筋弯折长度$=\Delta+l_{aE}-$纵筋保护层

（2）上层柱纵筋锚入下柱1.2 l_{aE}。

看了这个节点构造之后，你也许会问：“端柱变截面，但变截面的错台在内侧”时，如何做法？

16G101-1第68页抗震KZ变截面纵向钢筋构造列出的第3个节点构造，就包括了“端柱变截面，而且变截面的错台在内侧”的内容（见图3-9的右图）。

3.7 剪力墙上柱QZ纵向钢筋构造

首先，我们来认识一下“剪力墙上柱QZ”是一个什么性质的结构？

在第2章中，我们认识了“转换柱ZHZ和框支梁KZL”，那是一种结构转换层：下层是转换柱和框支梁，上层是剪力墙。

现在，摆在我们面前的“剪力墙上柱QZ”也是一种结构转换层，不过刚好与第2章相反：上层是柱，下层是剪力墙。

抗震剪力墙上柱QZ纵向钢筋构造见16G101-1图集第65页。

抗震剪力墙上柱QZ与下层剪力墙有两种锚固构造（图3-11）。

第一种方法：剪力墙上柱QZ与下层剪力墙重叠一层。

剪力墙顶面以上的“墙上柱”，其纵筋连接构造同前面讲过的框架柱一样（可分为绑扎搭接连接、机械连接和焊接连接）。因此，看这些构造图不必关注“墙上柱”部分，而只要注意框架柱（即“墙上柱”）的柱根是如何在剪力墙上进行锚固的。

第一种锚固方法：“柱与墙重叠一层”，就是把上层框架柱的全部柱纵筋向下伸至下层剪力墙的楼面上，也就是与下层剪力墙重叠整整一个楼层。从外形上看，就好像“附墙柱”一样。在墙顶面标高以下锚固范围内的柱箍筋按上柱非加密区箍筋要求设置。

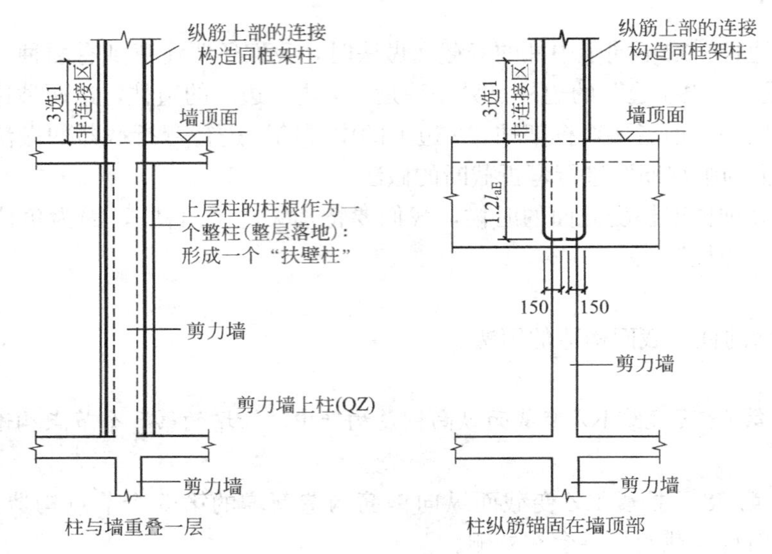

图 3-11 剪力墙上柱(QZ)

第二种方法：“柱纵筋锚固在墙顶部”。

11G101-1 第 61 页给出的新做法（见图 6-10），改变了旧图集“上柱纵筋下端的弯折段握手双面焊”的做法，而改为：上柱纵筋锚入下一层的框架梁内，直锚长度 1.2 l_{aE}，弯折段长度 150mm。16G-101-1 第 65 页继承了 11G-101-1 的做法。

显然，新图集的新做法使施工更加方便了。但是新图集的新做法是有条件的，这个条件正如本页注 7 所示：

墙上起柱（柱纵筋锚固在墙顶部时），墙体的平面外方向应设梁，以平衡柱脚在该方向的弯矩；当柱宽度大于梁宽时，梁应设水平加腋。

3.8 梁上柱 LZ 纵向钢筋构造

梁上柱是一种特殊的柱。它不是框架柱。

框架柱是“生根”在地面以下的基础里的。大家想想，框架柱作为支撑整个建筑的主要支柱，不牢牢生根在基础上行吗?

然而，梁上柱作为一种“半空中生出来的柱”，它不能生根在基础上，只能生根在“梁”上——所以称为“梁上柱”。

梁上柱 LZ 纵向钢筋构造见 16G101-1 图集第 65 页。

梁上柱既然以梁作为它的“基础”，这就决定了“梁上柱在梁上的锚固”同“框架柱在基础上的锚固”是类似的。

梁上柱在梁上的锚固构造见图 3-12 左图，其要点是：

梁上柱 LZ 纵筋“坐底”并弯直钩 15d，要求锚固垂直段长度≥0.5l_{abE}且≥20d。

柱插筋在梁内的部分至少设置两道箍筋，且间距不大于 500。(其作用是固定柱插筋。)

（注：所谓坐底就是“一脚掌踩到底”，柱纵筋的直钩“踩”在梁下部纵筋之上。）

03G101-1 第 39 页的“梁上柱”为两个图，从 11G101-1 开始就合并为一个图，这样图集的版面更加紧凑了。然而不仅如此，仔细对比两个图集的“梁上柱”构造图就会发现，新图集在柱脚的两侧增加了表示梁的虚线，这是有原因的，看看 16G101-1 第 65 页的注 7 就明白了：

“梁上起柱时，梁的平面外方向应设梁，以平衡柱脚在该方向的弯矩；当柱宽度大于梁宽时，梁应设水平加腋。”

〖“梁上柱”的应用举例〗

〖例〗

计算图 3-12 右图中的梁上柱 LZ1。

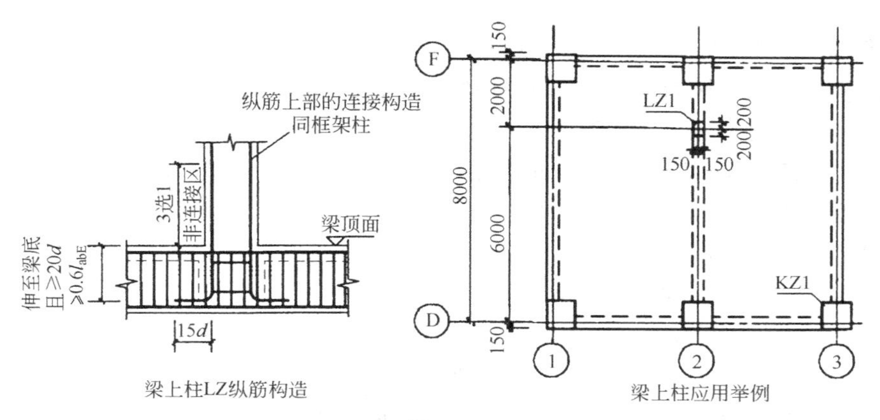

图 3-12

16G101-1 图集的例子工程中，使用了梁上柱。那是在楼梯间的层间平台（休息平台）的梯梁端支座处。在图 3-2②轴线和⑥轴线与楼梯层间平台梯梁的交叉点处，设置了梁上柱 LZ1。图 3-12 右图是一个梁上柱的例子。

梁上柱 LZ1 的截面尺寸和钢筋配置的有关信息：

LZ1　250×400　6Φ16　Φ8@200

〖分析〗

房屋的左右两端 D 轴线至 E 轴线的范围内（即①至②轴线）是一个楼梯间，层间平台梯梁为 L1（1），梁顶相对标高高差为“－1.800”——这表示梁顶面比楼板顶面“降低了 1.800”。

层间平台梯梁 L1（1）为单跨非框架梁，它的一个端支座在①轴线的框架梁上，另一个端支座由②轴线的梁上柱 LZ1 来充当。

所以，LZ1 的顶面标高就是层间平台梯梁 L1 的顶面标高，而 LZ1 的“基础”就是下一楼层②轴线处的框架梁(250×650)。

梁上柱的根部做法在前面已经介绍过了。柱纵筋的“坐底”应该是坐在支座梁的第一排下部纵筋上面。

梁上柱的顶部做法在 16G101-1 图集第 65 页没有特别加以介绍，可以执行框架柱“中柱”顶部的有关做法。

下面在进行 LZ1 的计算中混凝土强度等级为 C30，二级抗震等级。

〖解〗

（1）梁上柱LZ1的纵筋形状：

梁上柱LZ1的纵筋的下部“坐底”在框架梁上，弯直钩15d；梁上柱LZ1的纵筋的上部弯直钩12d。所以，梁上柱LZ1的纵筋是一根直形钢筋，而且两端各弯直钩15d和12d。

（2）梁上柱LZ1纵筋的计算：

楼层层高按3.60m计算。

L1的梁顶相对标高高差为“－1.800”，

则L1的梁顶距下一层楼板顶的距离为3600－1800＝1800mm

柱根下部的KL3截面高度为650mm

所以，LZ1的总长度＝1800＋650＝2450mm

柱纵筋垂直段长度＝2450－28－(22＋30)＝2370mm

(说明：上述28和30为柱和梁的纵筋保护层厚度；22为梁纵筋直径，也可取为25，此时的柱纵筋垂直段长度就成为2367mm)

柱纵筋上端弯钩长度＝12×16＝192mm，下端弯钩长度＝15×16＝240mm

柱纵筋的每根长度＝192＋2370＋240＝2802mm

每根LZ1的纵筋重量＝6×2.802×1.578＝26.53kg

（3）梁上柱LZ1箍筋的计算：

LZ1的箍筋根数＝2370/200＋1＝12＋1＝13

箍筋的每根长度＝（190＋340）×2＋26×8＝1268mm

每根LZ1的箍筋重量＝13×1.268×0.395＝6.51kg

所以，一根LZ1的钢筋用量是26.53＋6.51＝33.04kg

〖说明〗

上面计算中使用的1.578和0.395分别是Φ16钢筋和φ8钢筋的每米重量（kg）。

〖附录〗关于梁、柱保护层的计算：(混凝土强度等级为C30)

KL5箍筋保护层（查表)：20　纵筋保护层＝20＋10＝30

LZ1箍筋保护层（查表)：20　纵筋保护层＝20＋8＝28

〖验证LZ1在KL3中的直锚长度〗

LZ1在KL3中的直锚长度＝650－(30＋22)＝598mm

$20d=20\times16=320$mm

$0.6l_{abE}=0.6\times40d=0.6\times40\times16=384$mm

显然，598mm＞20d 且598mm＞0.6 l_{abE}，满足要求。

(注：$l_{abE}=40d$ 是使用C30和HRB400查表《抗震设计时受拉钢筋基本锚固长度 l_{abE}》得到。)

3.9 KZ、QZ、LZ箍筋加密区范围

3.9.1 图集第65页关于柱箍筋加密区范围的规定

在11G101-1图集第65页关于箍筋加密主要讲述了两件事：第一件事是抗震框架柱KZ、剪力墙上柱QZ、梁上柱LZ箍筋加密区范围；第二件事是底层刚性地面上下的箍筋

加密构造。

第一件事：抗震框架柱 KZ、剪力墙上柱 QZ、梁上柱 LZ 箍筋加密区范围。

这个问题其实很简单。我们在介绍图集第 57 页“抗震 KZ 纵向钢筋连接构造”时，着重讲述了框架柱“非连接区”的构造。现在，我们要把这章的前后内容联系起来，这就是：前面讲到的框架柱纵筋“非连接区”，就是现在要讲的“箍筋加密区”（图 3-13）。

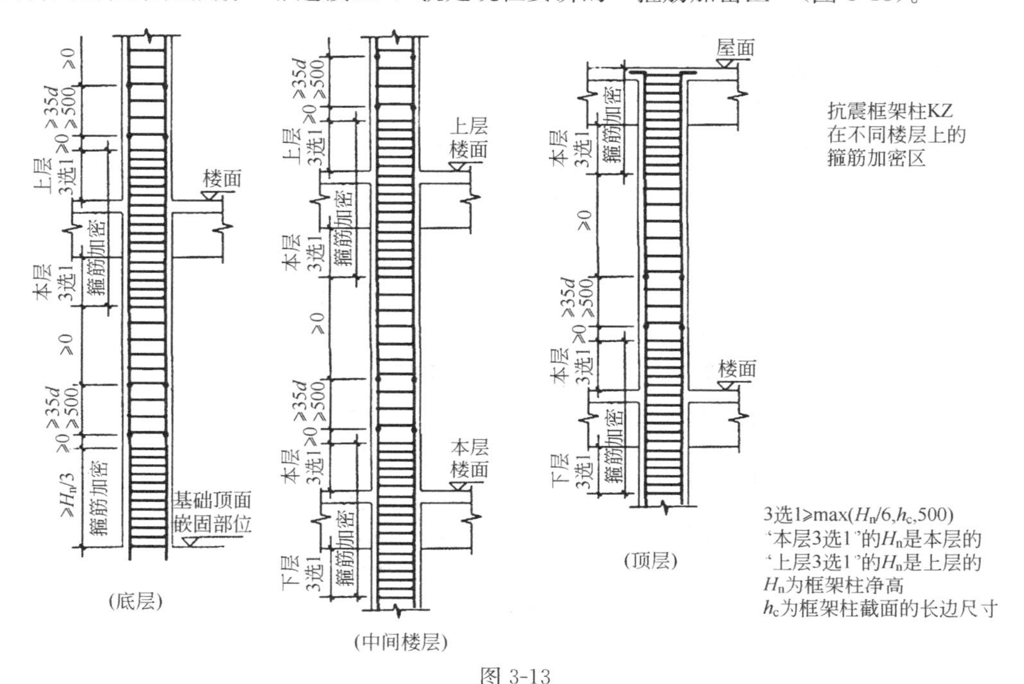

图 3-13

图集第 61 页把箍筋加密区重申一遍，这就是：

（1）底层柱根加密区≥H_n/3（H_n 是从基础顶面到顶板梁底的柱的净高）。

（2）楼板梁上下部位的“箍筋加密区”：

其长度由以下三部分组成：（构成一个完整的“箍筋加密区”）

1）梁底以下部分：“三选一”

≥H_n/6　（H_n 是当前楼层的柱净高）

≥h_c　（h_c 为柱截面长边尺寸，圆柱为截面直径）

≥500

2）楼板顶面以上部分：“三选一”

≥H_n/6　（H_n 是上一层的柱净高）

≥h_c　（h_c 为柱截面长边尺寸，圆柱为截面直径）

≥500

3）再加上一个梁截面高度。

（3）箍筋加密区直到柱顶。

11G101-1 第 61 页关于箍筋加密构造还有两个注释。本页注 2 指出：“当柱纵筋采用搭接连接时，搭接区范围内箍筋构造见本图集第 54 页。”

而第54页“纵向受力钢筋搭接区箍筋构造”下面的注2为：“搭接区内箍筋直径不小于$d/4$（d为搭接钢筋最大直径），间距不应大于100mm及$5d$（d为搭接钢筋最小直径）。”

第54页还有注3：“当受压钢筋直径大于25mm时，尚应在搭接接头两个端面外100mm的范围内各设置两道箍筋。”

第61页的注4是关于“跃层”的箍筋加密的：

“当柱在某楼层各向均无梁连接时，计算箍筋加密范围采用的H_n按该跃层柱的总净高取用，其余情况同普通柱。”

第二件事：关于底层刚性地面上下的箍筋加密构造，图集第61页只给出一句话：“底层刚性地面上下各加密500”（图3-14）。怎样理解这句话呢？

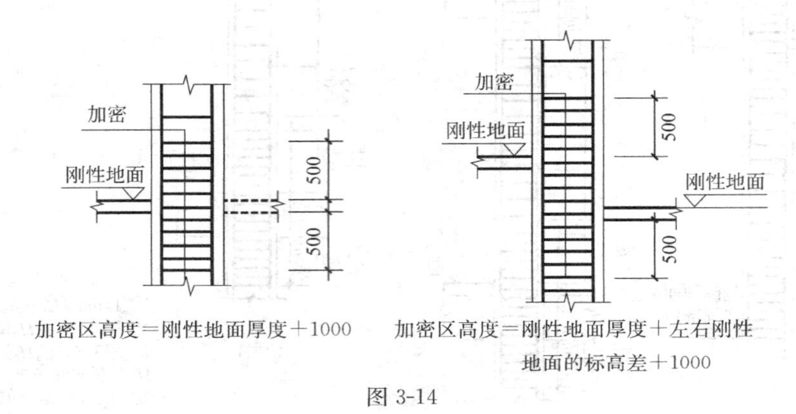

图3-14

有以下两点的认识：

（1）“KZ在底层刚性地面上下各加密500”只适用于没有地下室或架空层的建筑，因为有地下室的话，底层（即一层）就成了“楼面”而不是“地面”了。

（2）要是“地面”的标高（±0.00）落在基础顶面$H_n/3$的范围内，则这个上下500的加密区就与$H_n/3$的加密区重合了，这两种箍筋加密区不必重复设置。

〖新图集新的构造详图〗

注意到图3-13的左图，在柱右面的刚性地面画成“虚线”，这表示柱左面存在刚性地面，而柱右面可能有刚性地面、也可能没有刚性地面，但不论是哪一种情况，都属于“刚性地面为一个标高”，此时：

柱箍筋加密区高度＝刚性地面厚度＋1000

而图3-13的右图表示“刚性地面为两个标高”的情况，此时：

柱箍筋加密区高度＝刚性地面厚度＋左右地面的标高高差＋1000

〖关于“刚性地面”的讨论〗

〖问〗

什么是“刚性地面”？常见的混凝土地面可以算刚性地面吗？花岗岩板块地面才算

刚性地面?

〖答〗

横向压缩变形小、竖向比较坚硬的地面属于刚性地面。岩板地面是刚性地面。混凝土强度等级大于等于 C20,厚度≥200mm 的混凝土地面是刚性地面。(以上内容仅供参考)

3.9.2 图集第 66 页关于柱箍筋加密区范围的规定

16G101-1 图集第 66 页的一条注释:

"柱净高(包括因嵌砌填充墙等形成的柱净高)与柱截面长边尺寸(圆柱为截面直径)的比值$H_n/h_c \leqslant 4$时,箍筋沿柱全高加密。"

上述的意思,简单地说就是:"短柱"的箍筋沿柱全高加密。

而"短柱"的条件就是:$H_n/h_c \leqslant 4$。

在实际工程中,"短柱"出现较多的部位在地下室。当地下室的层高较小时,容易形成"$H_n/h_c \leqslant 4$"的情况。

根据《建筑抗震设计规范》GB 50011—2010 第 6.3.9 条:

"柱的箍筋加密范围,应按下列规定采用:……

4)剪跨比不大于 2 的柱、因设置填充墙等形成的柱净高与柱截面高度之比不大于 4 的柱、框支柱、一级和二级框架的角柱,取全高。"

上面列出的是抗震规范规定的箍筋沿柱全高加密的几种情况。

这在 16G101-1 图集第 96 页"框支梁 KZL、转换柱 ZHZ 配筋构造"图中能够看出来。

以上这些关于柱箍筋加密的规定,在实际工程的施工和预算工作中,都要加以注意。一般来说,施工图上对于框架柱箍筋加密的一些特殊要求都应该予以明确的说明。如果施工图上缺少这样的说明,则应该根据规范和标准图集的上述规定,向设计师落实具体的做法。

〖关于"图集第 66 页表格"的讨论〗

〖问〗

16G101-1 图集第 66 页"抗震框架柱和小墙肢箍筋加密区高度选用表"中,采用阶梯状的粗黑线把表格划分成四个区域,各表示什么意思?如何使用?

〖答〗

16G101-1 图集第 66 页的这个表格就是把前面讲过的箍筋加密区的那些规定,针对一组常用的数据经过运算,把计算结果填写在表格中。

使用这个表格的方法举例:已知 $H_n=3900$,$h_c=750$,如何查找"箍筋加密区的高度"?

方法是:从表格的左列表头 H_n 中找到"3900",从而找到"3900"这一行;从表格的上表头 h_c 中找到"750",从而找到"750"这一列。则这一行和这一列的交叉点上的数值"750"就是所求的"箍筋加密区的高度"。

其实,我们掌握了"三选一"的做法,很快就能够得出"箍筋加密区的高度"的结果,这通过下面的讲述就能明白(图 3-15)。

这个表格中,采用阶梯状的粗黑线把表格划分成四个区域,分别是:

① 右上角的"空白区域":箍筋沿柱全高加密——因为这是"短柱"($H_n/h_c \leqslant 4$)。

抗震框架柱和小墙肢箍筋加密区高度选用表(mm)																			
柱净高 H_n(mm)	柱截面长边尺寸h_c或圆柱直径D(mm)																		
	400	450	500	550	600	650	700	750	800	850	900	950	1000	1050	1100	1150	1200	1250	1300
1500												短柱全柱高加密箍筋							
1800																			
2100	箍筋加密区高度为500																		
2400				550															
2700				550	600	650													
3000				550	600	650	700												
3300	550	550	550	550	600	650	700	750	800										
3600	600	600	600	600	600	650	700	750	800	850									
3900	650	650	650	650	650	650	700	750	800	850	900	950							
4200	700	700	700	700	700	700	700	750											
4500	750	750	750	750	750	750	750	750											
4800	800										箍筋加密区高度为h_c								
5100	850																1200	1250	
5400	900									900							1200	1250	1300
5700	950									950	950	950	1000	1050	1100	1150	1200	1250	1300
6000	1000		箍筋加密区高度为$H_n/6$							1000	1000	1000	1000	1050	1100	1150	1200	1250	1300
6300	1050									1050	1050	1050	1050	1050	1100	1150	1200	1250	1300
6600	1100									1100	1100	1100	1100	1100	1100	1150	1200	1250	1300
6900	1150									1150	1150	1150	1150	1150	1150	1150	1200	1250	1300
7200	1200	1200	1200	1200	1200	1200	1200	1200	1200	1200	1200	1200	1200	1200	1200	1200	1200	1250	1300

图 3-15

② 对角线的上半截：箍筋加密区的高度为500——因为“三选一”的三个数当中，其他的两个数都比“500”小。

③ 对角线的下半截：箍筋加密区的高度就是 h_c——因为“三选一”的三个数当中，其他的两个数都比“h_c”小。

④ 左下角的区域：箍筋加密区的高度就是 $H_n/6$——因为“三选一”的三个数当中，其他的两个数都比“$H_n/6$”小。

（注意：第62页表内数值未包括框架嵌固部位柱根部箍筋加密区范围。）

〖问〗

什么是“小墙肢”？为什么把它与框架柱相提并论？

〖答〗

16G101-1第66页的注释：“小墙肢即墙肢长度不大于墙厚4倍的剪力墙。矩形小墙肢的厚度不大于300时，箍筋全高加密。”

根据《建筑抗震设计规范》GB 50011—2010第6.4.6条：

“抗震墙的墙肢长度不大于墙厚的3倍时，应按柱的有关要求进行设计；矩形墙肢的厚度不大于300mm时，尚宜全高加密箍筋。”

3.9.3 抗震框架柱箍筋根数的计算

下面，我们通过一些具体例子来说明抗震框架柱箍筋根数的计算方法。

〖一层以上各楼层的框架柱箍筋根数计算〗

〖例1〗

楼层的层高为4.50m，抗震框架柱KZ1的截面尺寸为750×700，箍筋标注为Φ10@

100/200，该层顶板的框架梁截面尺寸为 300×700。

求该楼层的框架柱箍筋根数。

〖分析〗

我们现在是分层计算构件钢筋。楼层的层高是本层楼板顶面到上一层楼板顶面的距离（图 3-16 左图）。

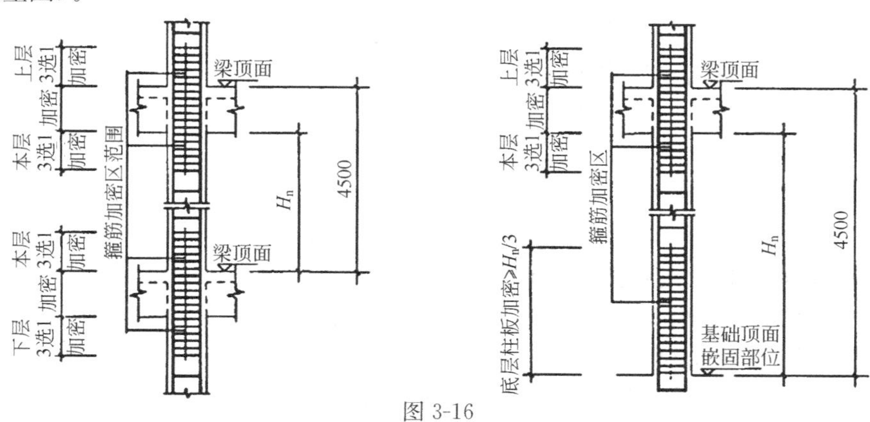

图 3-16

首先，判断这个框架柱是不是“短柱”。如果是短柱，则箍筋全高加密。现在本例不是短柱。

这个楼层的 KZ1 箍筋布局为：上下两端的箍筋加密区和中间的非加密区。

下端箍筋加密区或上端箍筋加密区的长度是 max（$H_n/6$，h_c，500）。

其中：H_n 是当前楼层的柱净高，h_c 为柱截面长边尺寸（本例中为 750）。

中间的非加密区的长度是：

$$本层层高-框架梁截面高度-2\times \max（H_n/6，h_c，500）$$

（说明：在实际计算中，我们根据“上下加密区的实际长度”来计算中间非加密区的长度。详见下面的例子。）

在下面的具体计算中，我们把框架梁截面高度纳入“上端箍筋加密区”。

（注意：柱的每楼层“加密区——非加密区——加密区”的箍筋根数算法与梁不同。）

对于梁来说，每跨的“加密区——非加密区——加密区”的箍筋根数算法是：在除以间距时要求小数进位以外，还要执行位于左右两端的加密区箍筋根数“加 1”和位于中间的非加密区箍筋根数“减 1”的算法。（这是因为每跨梁都是独立配箍的。）

对于柱来说就不同了，每楼层“加密区——非加密区——加密区”的箍筋根数算法是：仅在除以间距时要求小数进位，不要执行对于加密区和非加密区箍筋根数“加 1”或“减 1”的做法。（这是因为柱在各楼层的箍筋都是连续配箍的。）

在“范围/间距”的计算过程中，我们仍执行“有小数则进 1”的原则。

〖解〗

（1）基本数据计算：

本楼层的柱净高 $H_n=4500-700=3800$mm

框架柱截面长边尺寸 $h_c=750$mm

$H_n/h_c=3800/750=5.06>4$，所以该框架柱不是“短柱”。

“三选一”的数值 $\max(H_n/6, h_c, 500)=\max(3800/6, 750, 500)=750$mm

(2) 上部加密区箍筋根数的计算：

加密区的长度$=\max(H_n/6, h_c, 500)+$框架梁高度$=750+700=1450$mm

除以间距：1450/100＝14.5 根据“有小数则进 1”取定为 15。

所以，上部加密区的箍筋根数＝15 根

按照这个箍筋根数重新计算“上部加密区的实际长度”＝100×15＝1500mm

(3) 下部加密区箍筋根数的计算：

加密区的长度$=\max(H_n/6, h_c, 500)=750$mm

除以间距：750/100＝7.5，根据“有小数则进 1”取定为 8。

所以，下部加密区的箍筋根数＝8 根。

按照这个箍筋根数重新计算：下部加密区的实际长度＝100×8＝800mm。

(4) 中间非加密区箍筋根数的计算：

按照上下加密区的实际长度来计算“非加密区的长度”的长度。

非加密区的长度＝4500－1500－800＝2200mm

除以间距：2200/200＝11(其结果刚好是个整数)。

所以，中间非加密区的箍筋根数＝11 根。

(5) 本楼层 KZ1 箍筋根数的计算：

本楼层 KZ1 箍筋根数＝15＋8＋11＝34 根。

〖紧贴基础的地下室框架柱箍筋根数计算〗

〖例 2〗

筏形基础的基础梁高 900mm，基础板厚 500mm。

筏形基础以上的地下室层高为 4.50m，抗震框架柱 KZ1 的截面尺寸为 750×700，箍筋标注为φ10@100/200，地下室顶板的框架梁截面尺寸为 300×700。

求该地下室的框架柱箍筋根数。

〖分析〗

我们现在是分层计算构件钢筋。地下室的层高是筏板顶面到地下室顶板上表面的距离(图 3-16 右图)。

首先，判断这个框架柱是不是“短柱”(其结果是：不是短柱)。

本例框架柱的箍筋也是由上下两端的箍筋加密区和中间的非加密区构成，但是与例 1 有所不同。

上端箍筋加密区的长度还是由 max ($H_n/6$，h_c，500) 加上框架梁的高度组成。

但是，下端箍筋加密区的长度是 $H_n/3$。

中间非加密区的箍筋根数计算过程与例 1 相同。

〖解〗

(1) 基本数据计算：

框架柱的柱根就是基础主梁的顶面。

因此，要计算框架柱净高度，还要减去基础梁顶面与筏板顶面的高差。

本楼层的柱净高 $H_n=4500-700-(900-500)=3400$mm

框架柱截面长边尺寸 h_c=750mm

H_n/h_c=3400/750=4.53>4，所以该框架柱不是“短柱”。

“三选一”的数值 max(H_n/6，h_c，500)=max(3400/6，750，500)=750mm。

(2) 上部加密区箍筋根数的计算：

加密区的长度=max(H_n/6，h_c，500)+框架梁高度=750+700=1450

除以间距：1450/100=14.5 根据“有小数则进 1”取定为 15。

所以，上部加密区的箍筋根数=15 根。

按照这个箍筋根数重新计算“上部加密区的实际长度”=100×15=1500mm。

(3) 下部加密区箍筋根数的计算：

加密区的长度=H_n/3=3400/3=1133mm。

除以间距：1133/100=11.3 根据“有小数则进 1”取定为 12。

所以，下部加密区的箍筋根数=12 根。

按照这个箍筋根数重新计算“下部加密区的实际长度”=100×12=1200mm。

(4) 中间非加密区箍筋根数的计算：

按照上下加密区的实际长度来计算“非加密区的长度”的长度。

非加密区的长度=4500−1500−1200−(900−500)=1400mm

除以间距：1400/200=7 根。

所以，中间非加密区的箍筋根数=7 根。

(5) 本楼层 KZ1 箍筋根数的计算：

本楼层 KZ1 箍筋根数=15+12+7=34 根。

(注意：上述计算的箍筋个数未包括柱纵筋锚入基础梁内部需配置的箍筋。后面两例也如此。)

〖例 3〗

筏形基础的基础梁高 900mm，基础板厚 500mm。

筏形基础以上的地下室层高为 3.60m，抗震框架柱 KZ1 的截面尺寸为 750×700，箍筋标注为φ10@100/200，地下室顶板的框架梁截面尺寸为 300×700。

求该地下室的框架柱箍筋根数。

〖分析〗

我们现在是分层计算构件钢筋。地下室的层高是筏板顶面到地下室顶板上表面的距离(图 3-17 左图)。

首先，判断这个框架柱是不是“短柱”。

确定了本层的框架柱是“短柱”之后，就按全柱高箍筋加密来计算箍筋。

〖解〗

(1) 基本数据计算：

地下室的层高是筏板顶面到地下室顶板上表面的距离。

框架柱的柱根就是基础主梁的顶面。

因此，要计算框架柱净高度，还要减去基础梁顶面与筏板顶面的高差。

本楼层的柱净高 H_n=3600−700−(900−500)=2500mm

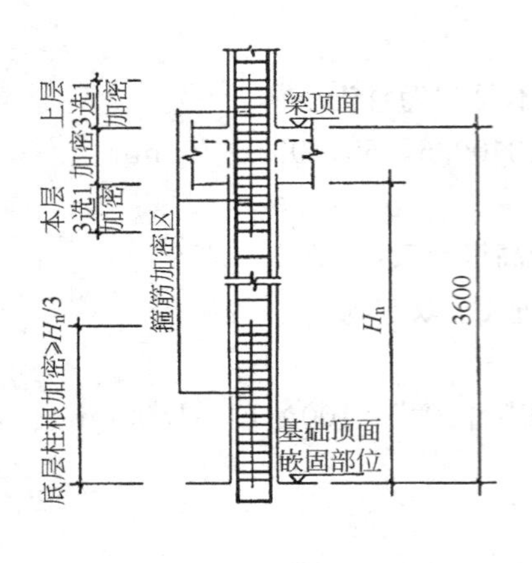

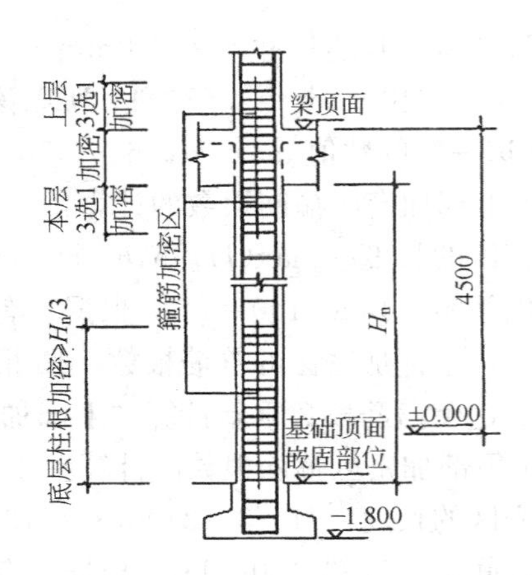

图 3-17

框架柱截面长边尺寸 h_c＝750mm

H_n/h_c＝2500/750＝3.33＜4，所以该框架柱是“短柱”。

则本层的框架柱沿全高箍筋加密。

（2）箍筋根数的计算：

加密区的范围＝3600－(900－500)＝3200mm

除以间距：3200/100＝32

所以，本层框架柱的箍筋根数＝32 根。

〖无地下室的“一层”框架柱箍筋根数计算〗

〖例 4〗

条形基础的基础梁高 900mm，基础板厚 500mm，板底标高为－1.800m。

条形基础以上无地下室，一层层高为 4.50m（从±0.00 算起），抗震框架柱 KZ1 的截面尺寸为 750×700，箍筋标注为Φ10@100/200，一层顶板的框架梁截面尺寸为 300×700。

求一层的框架柱箍筋根数。

〖分析〗

我们现在是分层计算构件钢筋。地下室的层高是筏板顶面到地下室顶板上表面的距离（图 3-17 右图）。

首先，框架柱的净高不能在这个“一层层高为 4.50m（从±0.000 算起）”的范围内计算，而应该从基础梁顶面算至一层框架梁的梁底。

还是先要判断这个框架柱是不是“短柱”。（其结果是：不是短柱。）

本例框架柱的箍筋也是由上下两端的箍筋加密区和中间的非加密区构成，但是与例 1 有所不同。

上端箍筋加密区的长度还是由 max(H_n/6，h_c，500）加上框架梁的高度组成。

但是，下端箍筋加密区的长度是 H_n/3。

中间非加密区的箍筋根数计算过程与例 1 相同。

〖解〗

（1）基本数据计算：

地下室的层高是筏板顶面到地下室顶板上表面的距离。

框架柱的柱根就是基础主梁的顶面。

框架柱的净高就是从基础梁顶面算至一层框架梁的梁底。

本楼层的柱净高 H_n＝4500＋1800－700－900＝4700mm

框架柱截面长边尺寸 h_c＝750mm

H_n/h_c＝4700/750＝6.3＞4，所以该框架柱不是“短柱”。

“三选一”的数值 max(H_n/6,h_c,500)＝max(4700/6,750,500)＝780mm

（2）上部加密区箍筋根数的计算：

加密区的长度＝max(H_n/6,h_c,500)＋框架梁高度＝780＋700＝1480mm

除以间距：1480/100＝14.8 根据“有小数则进 1”取定为 15。

所以，上部加密区的箍筋根数＝15 根。

按照这个箍筋根数重新计算“上部加密区的实际长度”＝100×15＝1500mm

（3）下部加密区箍筋根数的计算：

加密区的长度＝H_n/3＝4700/3＝1566mm

除以间距：1566/100＝15.7，根据“有小数进 1”取定为 16。

所以，下部加密区的箍筋根数＝16 根

按照这个箍筋根数重新计算“下部加密区的实际长度”＝100×16＝1600mm

（4）中间非加密区箍筋根数的计算：

按照上下加密区的实际长度来计算“非加密区的长度”的长度。

非加密区的长度＝4700－1500－1600＋700＝2300mm

除以间距：2300/200＝11.5，根据“有小数进 1”，取为 12。

所以，中间非加密区的箍筋根数＝12 根。

（5）本楼层 KZ1 箍筋根数的计算：

本楼层 KZ1 箍筋根数＝15＋16＋12＝43 根。

〖讨论〗

“条形基础”在 04G101-3 图集中没有涉及，但是我们可以借用 04G101-3 图集的有关知识来解决问题。（箍筋根数和柱插筋长度计算都如此。）

我们可以把条形基础下部的“平板”部分看作基础板（筏板）。这样，我们可以利用“例 2”的有关知识来解决框架柱在独立基础的插筋计算问题。（利用这个观点，可以套用处理“求地下室的框架柱箍筋根数”的程序来处理“条形基础以上的一层箍筋根数”的问题。不过，此时的“一层层高”不是从±0.000 算起，而是从“筏板”的上表面算起。）

3.10 芯柱 XZ 配筋构造

16G101-1 图集第 70 页有关于“芯柱”的配筋构造（图 3-18 左图），其要点是：

（1）芯柱是在柱的中心增加纵向钢筋与箍筋。

（2）芯柱配置的纵筋与箍筋详见设计标注。

（3）芯柱纵筋连接及根部锚固同框架柱，往上直通至芯柱柱顶标高。

"芯柱"是为了提高框架柱强度的构造措施。例如在图3-2所示的例子工程中出现的芯柱XZ1，就是在C轴线和③轴线的交叉点的KZ1的中心处设置的。这个节点是纵向的KL4和横向的KL2的交叉点，而作为主梁的KL2在邻近的②轴线上又被一个纵向的KL3所压住，这个集中荷载又分配到本跨右支座的（C，3）节点上，所以这个（C，3）节点上的KZ1的荷载是相当大的，于是，设计者就在这个（C，3）节点上给框架柱KZ1增加了一个芯柱XZ1——在图集第11页的平面图上可以看到XZ1的标注，而且在图集第10页的柱表中有芯柱XZ1的钢筋配置：XZ1纵筋8Φ25，箍筋ϕ10@100。

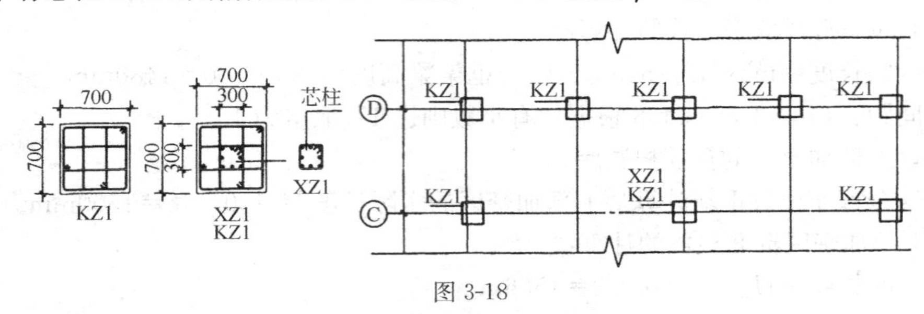

图3-18

图3-18是芯柱的示意图，C轴上的中柱由于承受较大的荷载，在这里设计成芯柱。不少搞设计的和搞施工的人，搞了一辈子工程也没有遇到过一根"芯柱"。如果在将来的某一天在某个具体工程中遇到一个真实的"芯柱"，其钢筋配置和具体做法，也还得按结构设计师的具体安排去执行。

3.11　框架柱的复合箍筋

3.11.1　矩形箍筋复合方式

矩形箍筋复合方式见16G101-1图集第70页。在图3-19中列出几例复合箍筋的构成及安装方法。

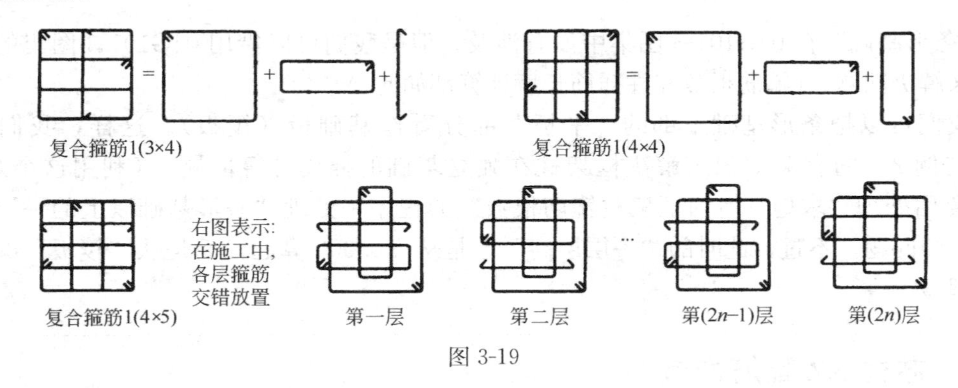

图3-19

根据构造要求：当柱截面短边尺寸大于400mm，且各边纵向钢筋多于3根时，或当截面短边尺寸不大于400mm，但各边纵向钢筋多于4根时，应设置复合箍筋。

设置复合箍筋要遵循下列原则：

（1）大箍套小箍

矩形柱的箍筋，都是采用"大箍"里面套若干"小箍"的方式。如果是偶数肢数，则用几个两肢“小箍”来组合；如果是奇数肢数，则用几个两肢“小箍”再加上一个“单肢”来组合。

（2）内箍或拉筋的设置要满足“隔一拉一”

设置内箍的肢或拉筋时，要满足对柱纵筋至少“隔一拉一”的要求。这就是说，不允许存在两根相邻的柱纵筋同时没有钩住箍筋的肢的现象。

（3）“对称性”原则

柱 b 边上箍筋的肢都应该在 b 边上对称分布。

同时，柱 h 边上箍筋的肢都应该在 h 边上对称分布。

（4）“内箍水平段最短”原则

在考虑内箍的布置方案时，应该使内箍的水平段尽可能的最短。（其目的是为了使内箍与外箍重合的长度为最短。）

（5）内箍尽量做成标准格式

当柱复合箍筋存在多个内箍时，只要条件许可，这些内箍都尽量做成标准的格式。从图集第 70 页可以看出，内箍尽量做成“等宽度”的形式，以便于施工。

（6）施工时，纵横方向的内箍（小箍）要贴近大箍（外箍）放置

我们可以结合图 3-19 的“各层箍筋交错放置”来理解下述问题：柱复合箍筋在绑扎时，以大箍为基准；或者是纵向的小箍放在大箍上面、横向的小箍放在大箍下面；或者是纵向的小箍放在大箍下面、横向的小箍放在大箍上面。（这就是图集第 70 页“注 1”的意思。）

〖关于“复合箍筋”的讨论〗

〖问〗

16G101-1 图集中对柱基本是大箍套小箍，柱为什么不能用几个等箍互套？还有的人主张柱复合箍筋的做法是“大箍套中箍、中箍再套小箍”，甚至套到四五层，这种做法对吗（图 3-20）？

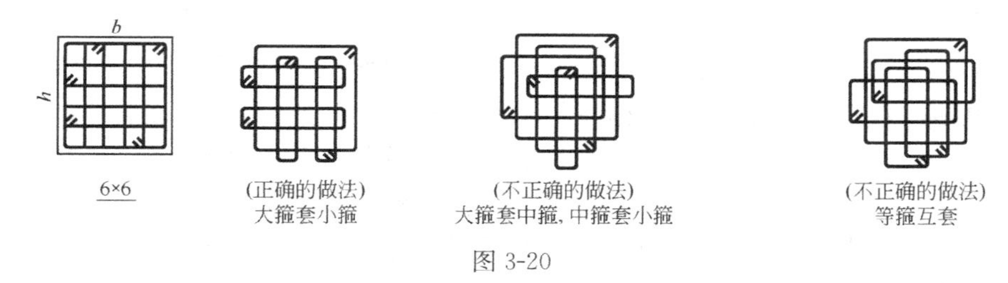

图 3-20

〖答〗

按照 16G101-1 图集第 70 页柱复合箍筋的做法，在柱子的四个侧面上，任何一个侧面上只有两根并排重合的一小段箍筋，这样可以基本保证混凝土对每根箍筋不小于 270°的包裹，这对保证混凝土对钢筋的有效粘结至关重要。

如果把“等箍互套”用于外箍上，就破坏了外箍的封闭性，这是很危险的；如果把“等箍互套”用于内箍上，就会造成外箍与互套的两段内箍有三段钢筋并排重叠在一起，影响了混凝土对每段钢筋的包裹，这是不允许的，而且还多用了钢筋。

如果采用“大箍套中箍、中箍再套小箍”的做法，柱侧面并排的箍筋重叠就会达到三根、四根甚至更多，这更影响了混凝土对每段钢筋的包裹，而且还浪费更多的钢筋。所

以，“大箍套中箍、中箍再套小箍”的做法是最不可取的做法。

〖来自工地现场的一个实际问题〗

〖问〗

请教一个柱大箍套小箍问题：柱一面8根纵筋，六肢箍，两小箍应如何箍？隔一拉一应如何理解？两小箍宽度是否必须一样？监理要求是小箍箍第2根、第4根，第5根和第7根钢筋（图3-21中图），对不对？应该如何说服固执的监理？

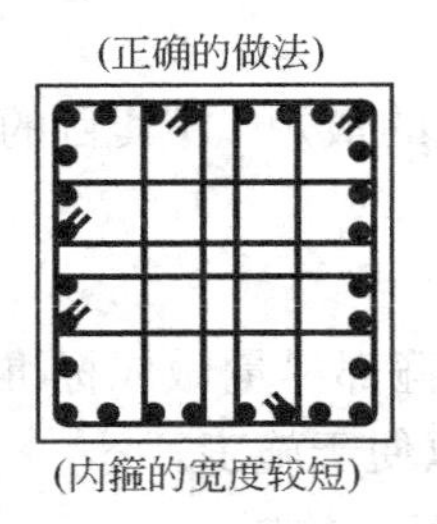

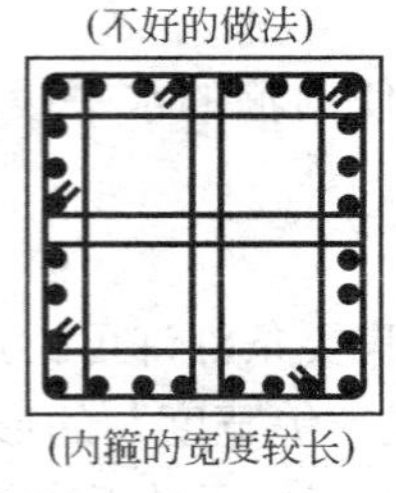

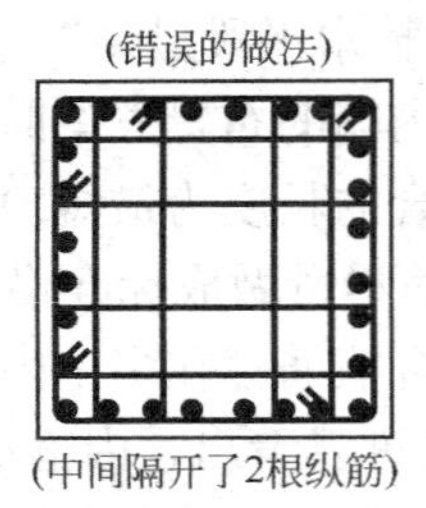

图3-21

〖答〗

（1）柱的大箍套小箍和梁的大箍套小箍情况类似，当使用多个内箍的时候，尽可能使内箍的宽度尺寸一致（这样方便施工）。

（2）同样的目标，就是尽可能使内箍的宽度达到最小（即减小箍筋水平段的重合长度）。

（3）上面的提法都是“尽可能”地做好，在实际工程中，由于各种条件的制约，实在做不到“最小”的时候，也不能勉强。

（4）柱的大箍套小箍问题中的“隔一拉一”的意思就是：相邻两根箍筋的垂直肢之间最多只允许有一根柱纵筋不被箍筋拉住。

（5）柱的大箍套小箍问题中的“隔一拉一”也并非机械地要求“隔一根柱纵筋拉一根箍筋”，因为如果这样，六肢箍的柱子应该具有11根柱纵筋。现在你所举出的例子是“柱一面8根纵筋，六肢箍”，根据“对称性”原则，两个内箍应该分别钩住第3、4根纵筋和第5、6根纵筋。——这样的分布方案，空出了第2根和第7根纵筋，符合“隔一拉一”；至于第3、4、5、6根纵筋只能是“每根都拉”了（见图3-21左图）。

（6）上述做法是最佳做法，它满足“尽可能使内箍的宽度达到最小”（即尽量减小箍筋水平段的重合长度）。

假设a为梁纵筋的净距，d为梁纵筋的直径，

两个内箍应该分别钩住第3、4根纵筋和第5、6根纵筋

$$箍筋水平段的重合长度=(a+2d)\times 2=2a+4d$$

（7）你所说的“监理的做法”虽然也满足隔一拉一的要求，但是他不使其满足“尽可能使内箍的宽度达到最小”，造成箍筋水平段的重合长度过大。

小箍箍第2根和第4根、第5根和第7根（见图3-20中图）

$$箍筋水平段的重合长度=(2a+3d)\times 2=4a+6d$$

可见，后者的箍筋水平段重合长度几乎是前者的两倍！

（8）下面再介绍一些能够说服人的道理：钢筋混凝土是钢筋和混凝土协同作用的统一

体，其基本要求就是混凝土要360°圆周地包裹钢筋，如果两根钢筋发生绑扎搭接，在搭接区段只能做到钢筋周边大约270°被混凝土包裹，而且这两根钢筋之间还是离散的，这是很不利的情况，所以要“尽量减小箍筋水平段的重合长度”。——因此，后者的做法对钢筋混凝土构件的安全性是不利的，而且还多用了钢筋（浪费了钢筋）。

（9）还有一种布置内箍的做法（图3-21右图），小箍第2根和第3根、第6根和第7根纵筋。这显然是错误的做法，因为它不满足箍筋对柱纵筋至少隔一拉一的要求，在大箍的中部隔开了2根纵筋。

〖关于“柱单肢箍”的讨论〗

〖问〗

11G101-1在柱箍筋复合方式的单肢箍规定上与03G101-1有何不同?

〖答〗

03G101-1图集第46页指出：“柱内复合箍可全部采用拉筋，拉筋须同时钩住纵向钢筋和外部封闭箍筋。”然而，11G101-1取消了“柱的复合箍可全部采用拉筋”的规定。

在11G101-1图集第67页复合箍筋的众多例图可以看到许多单肢箍，这些柱的单肢箍必须同时钩住纵向钢筋和外部封闭箍筋。16G101-1第70页继承了11G101-1的做法。

3.11.2　框架柱复合箍筋的计算

下面通过一个具体的框架柱复合箍筋的计算例题，来说明框架柱复合箍筋的计算方法。

〖例〗

计算框架柱KZ1复合箍筋的尺寸。

KZ1的截面尺寸为750×700，在柱表所标注的箍筋类型号为1(5×4)，箍筋规格为Φ10@100/200。

KZ1的角筋为4Φ25，b边一侧中部筋为5Φ25，h边一侧中部筋为4Φ25。混凝土强度等级为C30。

〖分析〗

如果箍筋类型号为“2”，则框架柱只有一个外箍（二肢箍）。

现在箍筋类型号为“1”，则为复合箍筋，即框架柱的箍筋由外箍和内箍构成。至于复合箍筋的内箍，当箍筋肢数为偶数时，所有的内箍都由二肢箍构成；当箍筋肢数为奇数时，所有的内箍由二肢箍和单肢箍（即拉筋）构成。

柱箍筋和梁箍筋不同。说到梁箍筋，其箍筋肢数只有一种，因为梁箍筋的垂直肢只有一个方向，那就是垂直于梁的底边。所以，梁箍筋的标注形式为“（2）”或“（4）”。

柱箍筋有两个方向，所以柱箍筋的标注形式为“（5×4）”。我们把箍筋的垂直肢垂直于柱b边的，叫做“b边上的箍筋”；把箍筋的垂直肢垂直于柱h边的，叫做“h边上的箍筋”。

在柱箍筋肢数“（5×4）”中，乘号（×）前面的“5”表示b边上的箍筋肢数，而乘号后面的“4”表示h边上的箍筋肢数。这就是说，在本例题中，b边上的内箍由一个二肢箍和一个单肢箍（即拉筋）构成；h边上的内箍由一个二肢箍构成（图3-22展示的是（4×5）的复合箍筋）。

计算框架柱某一边上的内箍宽度，不但和该边上的箍筋肢数有关，而且和该边上的纵筋根数有关（这个道理和框架梁计算大箍套小箍的小箍宽度是一样的）。

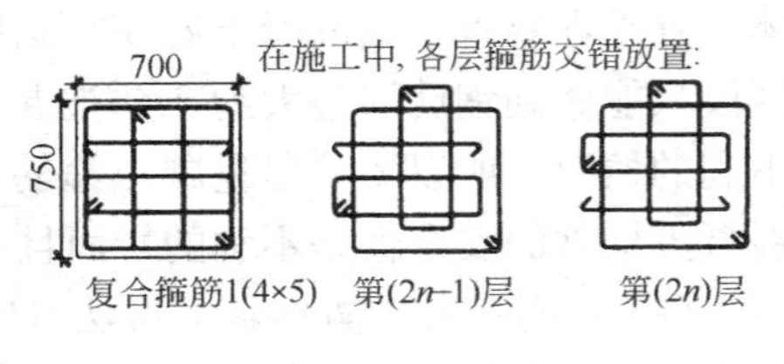

图 3-22

KZ1 的“b 边一侧中部筋”为 5Φ25，加上两端的两根角筋 2Φ25，则“b 边一侧的纵筋总数”为 7Φ25 。而 b 边上的箍筋肢数为 5，则箍筋的布局如下：外箍钩住第 1 根和第 7 根纵筋，内箍钩住第 3 根和第 4 根纵筋，拉筋钩住第 5 根纵筋和外箍。

KZ1 的“h 边一侧中部筋”为 4Φ25，加上两端的两根角筋 2Φ25，则“h 边一侧的纵筋总数”为 6Φ25 。而 h 边上的箍筋肢数为 4，则箍筋的布局如下：外箍钩住第 1 根和第 6 根纵筋，内箍钩住第 3 根和第 4 根纵筋。

〖解〗

（1）计算 KZ1 外箍的尺寸

KZ1 的截面尺寸为 750×700，

查表得箍筋保护层为 20，箍筋为 $\phi10$，柱的纵筋保护层是 30mm。

所以，KZ1 外箍的尺寸为：$B=750-30\times2=690$mm

$H=700-30\times2=640$mm

（和梁箍筋一样，柱箍筋所标注的尺寸都是“净内尺寸”。）

（2）计算 b 边上的内箍尺寸

1）计算二肢箍内箍的尺寸

根据以上的分析，内箍钩住第 3 根和第 4 根纵筋

设内箍宽度为 b，纵筋直径为 d，纵筋的间距为 a，则 $b=a+2d$

列方程　　$6a+7d=B$　　即　$6a+7d=690$mm

解得　　$a=85$mm

所以，b 边上的内箍宽度$=85+2\times25=135$mm

b 边上的内箍高度$=H=640$mm

由于箍筋弯钩的平直段长度为 $10d$（d 为箍筋直径），

我们计取箍筋的弯钩长度为 $26d$，

所以，箍筋的每根长度为$(135+640)\times2+26\times10=1810$mm。

2）计算单肢箍的尺寸

根据以上的分析，单肢箍钩住第 5 根纵筋，同时钩住外箍，

所以，单肢箍的垂直肢长度$=H+2\times$箍筋直径$+2\times$单肢箍直径

$=640+2\times10+2\times10=680$mm。

由于单肢箍弯钩的平直段长度为 $10d$（d 为单肢箍直径），

我们计取单肢箍的弯钩长度为 $26d$，

所以，单肢箍的每根长度为 $680+26.5\times10=940$mm。

（3）计算 h 边上的内箍尺寸

根据以上的分析，内箍钩住第 3 根和第 4 根纵筋

设内箍宽度为 b，纵筋直径为 d，纵筋的间距为 a，则 $b=a+2d$

列方程　　$5a+6d=H$，　　即　$5a+6d=640$mm

解得　　　　$a=98\text{mm}$

所以，b 边上的内箍宽度＝98＋2×25＝148mm

　　　b 边上的内箍高度＝H＝690mm。

由于箍筋弯钩的平直段长度为 10d（d 为箍筋直径），

我们计取箍筋的弯钩长度为 26d。

所以，箍筋的每根长度为(148＋690)×2＋26×10＝1936mm。

〖说明〗

(1) 上面讲到"我们计取单肢箍的弯钩长度为 26.5d"，其根据是：众所周知"HPB300 钢筋两端加 180°小弯钩"的弯钩长度为 12.5d，其中小弯钩的平直段长度为 3d。现在 16G101-1 图集要求的单肢箍弯钩的平直段长度为 10d，10d 比 3d 多了 7d，两端一共多了 14d，则单肢箍弯钩长度＝12.5d＋14d＝26.5d，如果考虑 135°弯钩与 180°弯钩的区别，也可以取整为 26d。

(2) 上面讲到"我们计取箍筋的弯钩长度为 26d"，其根据同上所述。"箍筋"不同于其他形状的钢筋，箍筋计算的是净内尺寸，钢筋下料以后，在弯曲制作的过程中也不受"弯曲伸长"的影响。所以，我们计算箍筋的每根长度采用的公式是：$(b+h)\times2+26d$（其中：b 是箍筋的净宽度，h 是箍筋的净高度，d 是箍筋的直径）。

由于目前国内关于"箍筋"每根长度的计算公式很多，在此也不便统一所有的计算公式。读者可以按照本地的计算公式予以调整。

(3) 上述例题讲到 KZ1"b 边上的内箍由一个二肢箍和一个单肢箍构成"，"内箍钩住第 3 根和第 4 根纵筋，单肢箍钩住第 5 根纵筋和外箍"。

在施工时，要把二肢箍和单肢箍交错布置。例如，第一层箍筋是内箍钩住第 3 根和第 4 根纵筋，单肢箍钩住第 5 根纵筋和外箍；第二层箍筋是单肢箍钩住第 3 根纵筋和外箍，内箍钩住第 4 根和第 5 根纵筋；如此这般地交错二肢箍和单肢箍的位置（见图 3-22 的中图和右图）。这就是 16G101-1 图集第 70 页"沿竖向相邻两道箍筋的平面位置交错布置"的意思。

3.12 框架柱的基础插筋

3.12.1 柱插筋在基础中的锚固

16G101-3 第 66 页"柱插筋在基础中的锚固"给出了四个构造做法（见图 3-23）。这些构造做法不外按两种原则进行分类：

一是按柱的位置分类，其中（一）和（二）为中柱（"柱插筋保护层厚度＞5d"），柱插筋在基础内设置间距≤500，且不少于两道矩形封闭箍筋（非复合箍）；（三）和（四）为边柱（"柱插筋保护层厚度≤5d"），柱插筋在基础内设置锚固区横向箍筋——所谓"锚固区横向箍筋"就是柱插筋在基础的锚固段满布箍筋（仅布置外围大箍）。其实，并不是"边柱"就一定得设置"锚固区横向箍筋"，关键条件是"柱外侧插筋保护层厚度≤5d"，这就是 16G101-3 第 59 页的注 7，对于 16G101-1 是第 57 页。

二是按基础的厚度分类，其中（一）和（三）的基础厚度"$h_j>l_{aE}$（l_a）"，（二）和（四）的基础厚度"$h_j\leq l_{aE}$（l_a）"。h_j 为基础底面至基础顶面的高度，对于带基础梁的基础为基础梁顶面至基础梁底面的高度，当柱两侧基础梁标高不同时取较低标高。

明确了这一点，就可以比较清楚地掌握这些构造图。

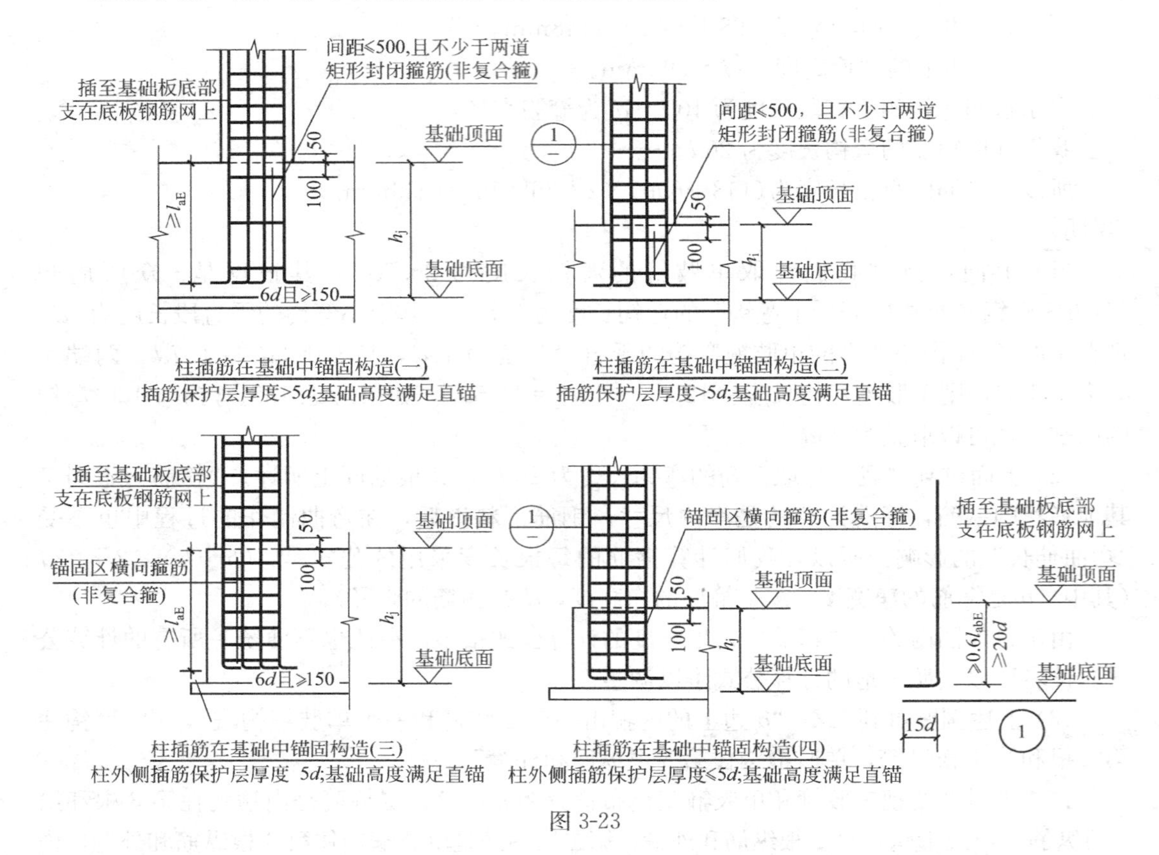

柱插筋在基础中锚固构造(一)
插筋保护层厚度>5d;基础高度满足直锚

柱插筋在基础中锚固构造(二)
插筋保护层厚度>5d;基础高度满足直锚

柱插筋在基础中锚固构造(三)
柱外侧插筋保护层厚度 5d;基础高度满足直锚

柱插筋在基础中锚固构造(四)
柱外侧插筋保护层厚度≤5d;基础高度满足直锚

图 3-23

①“柱插筋在基础中锚固构造（一）”（插筋保护层厚度＞5d，直锚长度≥l_{aE}）：

柱插筋“插至基础板底部支在底板钢筋网上”，弯折“6d 且≥150”；而且，墙插筋在基础内设置“间距≤500，且不少于两道矩形封闭箍筋（非复合箍）”

②“柱插筋在基础中锚固构造（二）”（插筋保护层厚度＞5d，直锚长度≥l_{aE}）：

柱插筋“插至基础板底部支在底板钢筋网上”，且锚固垂直段“≥0.6 l_{abE}（≥0.6l_{ab}）”，弯折“15d”；而且，墙插筋在基础内设置“间距≤500，且不少于两道矩形封闭箍筋（非复合箍）”

③“柱插筋在基础中锚固构造（三）”（插筋保护层厚度≤5d，直锚长度＜l_{aE}）：

柱插筋“插至基础板底部支在底板钢筋网上”，弯折“6d 且≥150”；而且，墙插筋在基础内设置“锚固区横向箍筋”。

④“柱插筋在基础中锚固构造（四）”（插筋保护层厚度≤5d，直锚长度＜l_{aE}）：

柱插筋“插至基础板底部支在底板钢筋网上”，且锚固垂直段“≥0.6 l_{abE}且≥20d”，弯折“15d”；而且，墙插筋在基础内设置“锚固区横向箍筋”。

图集本页注 2 指明了“锚固区横向箍筋”的做法：“锚固区横向箍筋应满足直径≥d/4（d 为插筋最大直径），间距≤5d（d 为插筋最小直径）且≤100mm 的要求。”

如果基础截面形状不规则，部分保护层厚度大于 5d、部分保护层厚度小于 5d，此时怎么办？本页注 3 解决了这一问题：“当插筋部分保护层厚度不一致情况下（如部分位于板中部分位于梁内)，保护层厚度小于 $5d$ 的部位应设置锚固区横向箍筋。”

图集本页注 4 指明了基础高度较大时柱插筋不必全部“坐底”的做法：

当符合下列条件之一时，可仅将柱四角纵筋伸至底板钢筋网片上或者筏形基础中间层钢筋网片上（伸至钢筋网片上的柱纵筋间距不应大于 1000mm)，其余纵筋锚固在基础顶面下 l_{aE} 即可：

1）柱为轴心受压或小偏心受压，基础高度或基础顶面至中间层钢筋网片顶面距离不小于 1200mm；

2）柱为大偏心受压，基础高度或基础顶面至中间层钢筋网片顶面距离不小于 1400mm。

〖说明〗

16G101-3 图集第 66 页所要求的柱插筋上的箍筋为“矩形封闭箍筋（非复合箍）”，其意义在于：柱插筋上的箍筋是为了保证插筋的稳定，所以只需要外箍就足够了，不需要复合箍筋的内箍。

3.12.2 框架柱基础插筋的计算

我们在这里根据 16G101-1 图集，结合 16G101-3 图集，讲解一下框架柱基础插筋的计算。在这里，我们假定“嵌固部位”就在基础顶面。

在施工过程中，总是把“基础”和“地下室”分成两个施工步骤来进行施工；如果没有地下室的话，就是把“基础”和“一层”分成两个施工步骤来进行施工。

所以，我们在前面讲到“楼层划分”的时候，是把“基础”作为一个“层”来进行考虑的。其实，“基础”并不是一个楼层，它没有楼层的层高。可以这样认为，“基础”是施工过程中的一个重要的层次。

我们现在以“筏形基础”为例，来说明在“基础”层上要考虑些什么问题。框架柱的基础插筋由两个部分组成：

（1）伸出基础梁顶面以上部分

框架柱伸出基础梁顶面以上部分的长度为 $H_n/3$（即紧挨基础的那一楼层的“柱净高的三分之一”——如果有地下室的话，这个楼层就是“地下室”；如果没有地下室的话，这个楼层就是“一层”)。

（2）锚入基础梁以内的部分

框架柱的基础插筋要求“坐底”，即框架柱基础插筋的直钩要踩在基础主梁下部纵筋的上面。

根据 16G101-3 图集的基本原则，筏形基础有上下两层钢筋网，基础主梁的下部纵筋要压住筏板下层钢筋网的底部纵筋。所以，框架柱基础插筋的直钩的下面有：基础主梁的下部纵筋、筏板下层钢筋网的底部纵筋、筏板的保护层。由此，得到框架柱插入到基础梁以内部分长度的计算公式：

基础梁截面高度－基础梁下部纵筋直径－筏板底部纵筋直径－筏板保护层

〖框架柱基础插筋计算的例子〗（有地下室）

〖例 1〗

计算 KZ1 的基础插筋。KZ1 的截面尺寸为 750×700，柱纵筋为 22Φ25，混凝土强度等级C30，二级抗震等级。

假设该建筑物具有层高为4.50m的地下室。地下室下面是“正筏板”基础（即“低板位”的有梁式筏形基础，基础梁底和基础板底一平）。地下室顶板的框架梁仍然采用KL1（300×700）。基础主梁的截面尺寸为700×900，下部纵筋为9⌀25。筏板的厚度为500，筏板的纵向钢筋都是⌀18@200（图3-24左图）。

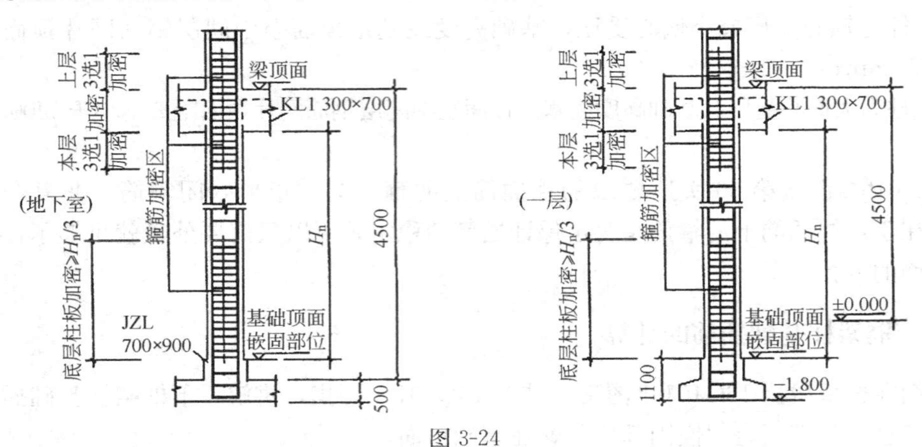

图3-24

〖分析〗

“层高”这个概念分为建筑层高和结构层高两种，但是，如果各层地面（楼面）的做法是一样的话，则对于每一楼层来说，建筑层高和结构层高是一致的。

结构层高是相邻两层现浇楼板顶面之间的距离。假定地下室层高为4.5m是指结构层高，那么，这个层高就是筏板上表面到地下室顶板上表面的距离。

能够把地下室层高与框架柱净高建立联系，只有通过“基础主梁顶面与筏板顶面的高差”，也就是基础主梁截面高度与筏板厚度之差。由此得出框架柱净高的计算公式：

地下室柱净高 H_n＝地下室层高－地下室顶框架梁高－基础主梁与筏板高差

这样，我们就可以计算出框架柱基础插筋伸出基础梁顶面以上的长度 $H_n/3$。

但是，根据16G101-1图集的要求，框架柱纵筋伸出基础梁顶面的高度不能“一刀切”，而应该形成“长短筋”的长度。

“短筋”伸出基础梁顶面的高度为 $H_n/3$。

“长筋”伸出基础梁顶面的高度为 $H_n/3+35d$。

至于框架柱基础插筋插入到基础梁以内的长度（直锚长度），则可以根据基础主梁的高度来进行计算，计算公式在上面已经介绍过了。

框架柱基础插筋的垂直段长度就等于上面的两段长度之和。

框架柱基础插筋的弯钩长度或者是 $6d$ 且≥150，或者是 $15d$——由直锚长度是否满足 l_{aE} 来决定。

〖解〗

（1）计算框架柱基础插筋伸出基础梁顶面以上的长度：

已知：地下室层高＝4500mm，地下室顶框架梁高＝700mm，

基础主梁高＝900mm，筏板厚度＝500mm，

所以，地下室框架柱净高 H_n＝4500－700－(900－500)＝3400mm

　　框架柱基础插筋(短筋)伸出长度＝H_n/3＝3400/3＝1133mm

　　则框架柱基础插筋(长筋)伸出长度＝1133＋35×25＝2008mm。

(2) 计算框架柱基础插筋的直锚长度：

已知：基础主梁高度＝900mm，基础主梁下部纵筋直径＝25mm，

　　筏板下层纵筋直径＝18mm，基础保护层＝40mm。

所以，框架柱基础插筋直锚长度＝900－25－18－40＝817mm。

(3) 框架柱基础插筋的总长度：

　　框架柱基础插筋的垂直段长度(短筋)＝1133＋817＝1950mm

　　框架柱基础插筋的垂直段长度(长筋)＝2008＋817＝2825mm

因为，l_{aE}＝40d＝40×25＝1000mm，

而现在的直锚长度＝817＜l_{aE}，

所以，框架柱基础插筋的弯钩长度＝15d＝15×25＝375mm，

　　框架柱基础插筋(短筋)的总长度＝1950＋375＝2325mm，

　　框架柱基础插筋(长筋)的总长度＝2825＋375＝3200mm。

〖框架柱基础插筋计算的例子〗(没有地下室)

〖例 2〗

计算 KZ1 的基础插筋。KZ1 的柱纵筋为 22Φ25，混凝土强度等级 C30，二级抗震等级。

假设该建筑物具有“一层”的层高为 4.5m（从±0.000 算起）。“一层”的框架梁采用 KL1(300×700)。“一层”框架柱的下面是独立柱基，独立柱基的总高度为 1100mm（即“柱基平台”到基础板底的高度为 1100mm）。独立柱基的底面标高为－1.800，独立柱基下部的基础板厚度为 500mm，独立柱基底部的纵向钢筋都是Φ18@200（图 3-23 右图）。

〖分析〗

我们可以把独立柱基的“平台”以下部分看作基础主梁，把独立柱基下部的“平板”部分看作基础板。这样，我们可以利用“例 1”的有关知识来解决框架柱在独立基础的插筋计算问题。(利用这个观点，可以套用处理“筏形基础的柱插筋”的程序来处理“独立基础的柱插筋”的问题。不过，此时的“一层层高”不是从±0.000 算起，而是从“筏板”的上表面算起。)

不过，下面我们还是一步步从头推导。注意：在这里的框架柱净高应该从独立基础的平台上表面算起。

〖解〗

(1) 计算框架柱基础插筋伸出基础梁顶面以上的长度：

已知：从±0.000 到一层板顶的高度＝4500mm，独立柱基的底面标高为－1.800，

　　“柱基平台”到基础板底的高度为 1100mm，

　　则“柱基平台”到一层板顶的高度＝4500＋1800－1100＝5200mm，

　　一层的框架梁高＝700mm，

所以，一层的框架柱净高＝5200－700＝4500mm

框架柱基础插筋(短筋)伸出长度＝4500/3＝1500mm

框架柱基础插筋(长筋)伸出长度＝1500＋35×25＝2375mm。

(2) 计算框架柱基础插筋的直锚长度：

已知："柱基平台"到基础板底的高度为1100mm，

独立柱基底部的纵向钢筋直径＝18mm，

基础保护层厚度＝40mm，

所以，框架柱基础插筋直锚长度＝1100－18－40＝1042mm。

(3) 框架柱基础插筋的总长度：

框架柱基础插筋(短筋)的垂直段长度＝1500＋1042＝2542mm，

框架柱基础插筋(长筋)的垂直段长度＝2375＋1042＝3417mm，

因为，$l_{aE}=40d=40\times25=1000$mm

而现在的直锚长度＝1042mm$>l_{aE}$。

所以，框架柱基础插筋的弯钩长度＝max($6d$,150)＝6×25＝150mm，

框架柱基础插筋(短筋)的总长度＝2542＋150＝2692mm，

框架柱基础插筋(长筋)的总长度＝3417＋150＝3567mm。

3.13　框架柱的纵向钢筋计算

在本节中，我们要介绍整根框架柱的纵向钢筋计算，即从基础到顶层的各个楼层的框架柱纵筋计算。在这里，我们假定"嵌固部位"就在基础顶面。

本节的内容，再加上前面讲过的框架柱箍筋根数的计算和箍筋尺寸的计算，就构成了完整的框架柱钢筋计算体系。

3.13.1　框架柱纵向钢筋计算的方法和内容

在进行施工图预算的工作中，不少预算员是从底部基础一直到顶层楼盖"一根筋"地进行框架柱钢筋计算的。当然，这样的算法也能计算出框架柱的钢筋工程量。

不过，从工程施工的角度来看，万丈高楼总是逐层盖起来的，所以分层计算框架柱的钢筋，既是工地施工、钢筋下料的需要，又是工程计划管理和进度管理的需要。

因此，我们在前面讲到"框架柱箍筋根数计算"的时候，是分层来进行计算的，这种"分层计算柱箍筋"的算法符合工程施工和计划统计管理的要求。现在，我们在讲"框架柱纵筋计算"的时候，也遵循分层计算的原则。

根据分层计算原则的框架柱纵筋计算包括下列内容：

(1) 框架柱纵筋的基础插筋

框架柱纵筋的基础插筋包括：锚入基础（梁）以内的部分和伸出基础（梁）顶面以上部分。

对于不同类型的基础来说，框架柱纵筋的基础插筋的计算方法是不同的，需要具体问题具体分析。在上一节中，我们已经通过一些具体例子介绍了分析问题的基本方法。

值得大家注意的是，柱基础插筋伸出基础梁顶面有"长短筋"的不同长度，其中"短筋"的伸出长度为$H_n/3$，"长筋"的伸出长度为$H_n/3+35d$。

(2) 地下室的柱纵筋

"地下室的柱纵筋"的计算长度：下端与伸出基础（梁）顶面的柱插筋相接，上端伸出地下室顶板以上一个"三选一"的长度，即 max（$H_n/6$，h_c，500）。

这样，"地下室的柱纵筋"的长度包括以下两个组成部分：

1）地下室顶板以下部分的长度：

柱净高 H_n＋地下室顶板的框架梁截面高度－$H_n/3$

注：上述的 H_n 是地下室的柱净高，$H_n/3$ 就是框架柱基础插筋伸出基础梁顶面以上的长度。

2）地下室板顶以上部分的长度：

$$\max(H_n/6, h_c, 500)$$

注：这里的 H_n 是地下室以上的那个楼层（例如"一层"）的柱净高。h_c 也是地下室以上的那个楼层（例如"一层"）的柱截面长边尺寸。

地下室的柱纵筋可以采用统一的长度。这个"统一的长度"与基础插筋伸出基础梁顶面的"长短筋"相接，伸到地下室顶板之上时，柱纵筋继续形成"长短筋"的两种长度。

(3) 一层的柱纵筋

在这里需要分两种情况进行讨论：

1）当"一层"的下面有"地下室"的时候：

按照前面分析问题的道理来看，此时的"一层的柱纵筋"的计算长度就是：下端与地下室伸出板顶的柱纵筋相连接，上端伸出一层顶板一个"三选一"的长度，即 max($H_n/6$,h_c,500)。

然而，为了简化计算，我们可以采用"一层的层高"来作为本楼层的框架柱纵筋的长度。这样，就把下面楼层两种框架柱纵筋长度的"长短筋"的差异向更上面的楼层"平移"。

2）当"一层"的下面没有"地下室"的时候：

关于这问题，我们在上一节的例 2"没有地下室的框架柱基础插筋"中已经分析过了。此时的"一层的柱纵筋"就和上面刚讨论过的"地下室的柱纵筋"类似。

(4) 标准层的柱纵筋

按照一般分析问题的道理，此时的"标准层的柱纵筋"的计算长度就是：下端与地下室伸出板顶的柱纵筋相连接，上端伸出本层顶板一个"三选一"的长度，即 max($H_n/6$，h_c,500)。

然而，为了简化计算，我们可以采用"标准层的层高"来作为本楼层所有的框架柱纵筋的长度。这样，就把下面楼层两种框架柱纵筋长度的"长短筋"的差异向更上面的楼层"平移"。

(5) 顶层的柱纵筋

"顶层的柱纵筋"的计算长度就是：下端与下一层伸出板顶的柱纵筋相连接，上端伸至本层楼板的板顶（减去保护层），再弯 $12d$ 的直钩。

由于从"下一层"伸上来的柱纵筋有长、短筋两种长度，所以，与长、短筋连接的相应"顶层的柱纵筋"的长度就有短、长筋两种不同的长度。

假如"下一层"伸上来的柱纵筋长度为短筋"max($H_n/6$,h_c,500)"和长筋"max($H_n/6$,h_c,500)＋$35d$"，则顶层柱纵筋的垂直段长度分别为：

顶层的层高－保护层厚度－max($H_n/6$,h_c,500)

顶层的层高－保护层厚度－max($H_n/6$,h_c,500)－$35d$

然后，顶层的每根柱纵筋都加上一个 $12d$ 的弯钩。

〖说明〗

上述的“柱纵筋计算的公式”是按机械连接或对焊连接（电渣压力焊或闪光对焊）考虑的。框架柱的纵向钢筋一般直径较大，在施工中采用机械连接或对焊连接。只有在上下楼层的柱纵筋直径相差在两个级差以上时，才不得不采用绑扎搭接连接。当两种不同直径的钢筋进行绑扎搭接时，其绑扎搭接连接长度 l_{lE} 按较小的直径计算。

〖绑扎搭接连接时的柱纵筋计算〗

下面，介绍一下在绑扎搭接连接时的柱纵筋计算。我们还是按照上面的楼层划分规律来进行介绍：

（1）框架柱纵筋的基础插筋

框架柱纵筋的基础插筋包括：锚入基础（梁）以内的部分和伸出基础（梁）顶面以上部分。

对于不同类型的基础来说，框架柱纵筋的基础插筋的计算方法是不同的，需要具体问题具体分析。在上一节中，我们已经通过一些具体例子介绍了分析问题的基本方法。

值得大家注意的是，柱基础插筋伸出基础梁顶面有“长短筋”的不同长度：

“短筋”的伸出长度 $=H_n/3+l_{lE}$

“长筋”的伸出长度 =“短筋”伸出长度 $+1.3l_{lE}$

（2）地下室的柱纵筋

“地下室的柱纵筋”的长度包括以下两个组成部分：

1）地下室顶板以下部分的长度：

$$\text{柱净高 } H_n + \text{地下室顶板的框架梁截面高度} - H_n/3$$

（注：上述的 H_n 是地下室的柱净高，$H_n/3$ 就是框架柱基础插筋伸出基础梁顶面以上的长度。）

2）地下室板顶以上部分的长度：

$$\max(H_n/6, h_c, 500) + l_{lE}$$

［注：这里的 H_n 是地下室以上的那个楼层（例如“一层”）的柱净高。h_c 也是地下室以上的那个楼层（例如“一层”）的柱截面长边尺寸。］

地下室的柱纵筋可以采用统一的长度。这个“统一的长度”与基础插筋伸出基础梁顶面的“长短筋”相接，伸到地下室顶板之上时，柱纵筋继续形成长、短筋的两种长度。

（3）一层的柱纵筋

关于“一层的柱纵筋”的分析方法与前面介绍的相同，这里不再重复（在分析时参考这里的“地下室柱纵筋”和“标准层柱纵筋”的柱纵筋长度计算方法）。

（4）标准层的柱纵筋

标准层的柱纵筋可以采用统一的长度。这个“统一的长度”就是：

$$\text{标准层的柱纵筋长度} = \text{标准层的层高} + l_{lE}$$

（5）顶层的柱纵筋

“顶层的柱纵筋”的计算长度就是：下端与下一层伸出板顶的柱纵筋相连接，上端伸至本层楼板的板顶（减去保护层），再弯 $12d$ 的直钩。

由于从“下一层”伸上来的柱纵筋有长、短筋两种长度，所以，与长、短筋连接的相应“顶层的柱纵筋”的长度就有短、长筋两种不同的长度。

假如“下一层”伸上来的柱纵筋长度为：

“短筋”：$\max(H_n/6, h_c, 500)+l_{lE}$

“长筋”：短筋伸出长度$+1.3l_{lE}$

则顶层柱纵筋与“短筋”和“长筋”相接的垂直段长度分别为：

顶层的层高－保护层$-\max(H_n/6, h_c, 500)$

顶层的层高－保护层$-\max(H_n/6, h_c, 500)-1.3\times l_{lE}$

然后，顶层的每根柱纵筋都加上一个 $12d$ 的弯钩。

3.13.2 框架柱纵向钢筋计算的例子

前面讲过，在进行“框架柱纵筋计算”时遵循分层计算的原则。

所以，框架柱纵筋的计算与“楼层划分”有密切联系。在计算中要注意不同的楼层（包括不同的标准层）的“层高”数值的变化，在“变截面”楼层要进行特殊的处理。

下面通过一个具体例子来介绍框架柱纵向钢筋计算的问题。

〖例 1〗

试进行框架柱 KZ1 的纵筋计算。为了简化计算，我们假设柱纵筋为 22Φ25，混凝土强度等级 C30，二级抗震等级。

框架柱 KZ1 的柱截面变化见图 3-2 的柱表。

本例子修改了“±0.000 以下”的构造：地下室一层，地下室层高 4.50m。地下室下面是“正筏板”基础（即“低板位”的有梁式筏形基础，基础梁底和基础板底一平）。地下室顶板的框架梁仍然采用 KL1(300×700)。基础主梁的截面尺寸为 700×900，下部纵筋为 9Φ25。筏板的厚度为 500，筏板的纵向钢筋都是Φ18@200。

首先，本例子解决一个整体的分析方法问题。

〖分析〗

解决问题的步骤是这样的：首先要进行楼层划分，然后针对不同的楼层段进行柱纵筋计算，尤其注意“变截面”处的柱纵筋计算。基础插筋要单独计算。

我们在第 1 章中已经讲过根据柱截面变化情况来进行“楼层划分”的方法，下面只是列出根据图 3-2 例子的柱表所开列的 KZ1 柱截面变化情况而形成的“楼层划分表”：

名　称	层　数	层高(m)
顶层(第 16 层)	1	3.00
标准层 3(第 11～15 层)	5	3.00
第 10 层(变截面)	1	3.00
标准层 2(第 6～9 层)	4	3.00
第 5 层(变截面)	1	3.00
标准层 1(第 3～4 层)	2	3.00
第 2 层	1	4.00
第 1 层	1	4.00
地下室(只设一个层高 4.50m 的地下室)	1	4.50
基础		

根据这样的楼层划分表，我们就对整个工程的柱纵筋布局就有了一个总体认识，并且

可以很方便地制定出下一步的计算方案：

标准层 1、标准层 2、标准层 3 都属于同一类型，不妨叫做“标准层”；

第 1 层、第 2 层单独计算；

顶层单独计算；

地下室单独计算；

基础单独计算。

〖解〗

(1)“基础”的柱纵筋计算：

读者可以看前面 3.13.2 节“例 1”的分析和计算过程。

(2)“地下室”的柱纵筋计算：

我们在前面 3.14.1 节已经介绍了“地下室”柱纵筋的计算原理，本例题的地下室柱纵筋计算我们在后面的“例 2”中单独进行介绍。

(3)“第 1 层”、“第 2 层”和“标准层”的柱纵筋计算：

这些楼层的柱纵筋长度分别等于本楼层的高度，即分别等于 4.00m、4.00m 和 3.00m。

(4)“顶层”的柱纵筋计算：

我们在前面 3.14.1 节已经介绍了“顶层”柱纵筋的计算原理，本例题的顶层柱纵筋计算我们在后面的“例 3”中单独进行介绍。

(5)“第 5 层”和“第 10 层”的柱纵筋计算：

这两层都属于“变截面”楼层，我们在后面的“例 4”中单独进行介绍。

〖地下室柱纵筋的计算〗

〖例 2〗

地下室层高为 4.50m，地下室下面是“正筏板”基础，基础主梁的截面尺寸为 700×900，下部纵筋为 9Φ25。筏板的厚度为 500，筏板的纵向钢筋都是Φ18@200。

地下室的抗震框架柱 KZ1 的截面尺寸为 750×700，柱纵筋为 22Φ25，混凝土强度等级 C30，二级抗震等级。地下室顶板的框架梁截面尺寸为 300×700。地下室上一层的层高为 4.50m，地下室上一层的框架梁截面尺寸为 300×700。

求该地下室的框架柱纵筋尺寸。

〖分析〗

地下室下面的筏形基础同前面 3.13.2 节的“例 1”。根据上一节例 1 的计算，框架柱 KZ1 伸出基础主梁顶面的“长短筋”长度分别为：

“短筋”伸出长度 $=H_n/3=3400/3=1133$mm

“长筋”伸出长度 $=H_n/3+35d=1133+35\times25=2008$mm

而地下室的柱纵筋就应该与这样的“长短插筋”连接，并且伸出上一层楼板顶面“三选一”的高度，即伸出上一层楼板顶面 $\max(H_n/6, h_c, 500)$

因此，“地下室的柱纵筋”的长度包括以下两个组成部分：

(1) 地下室顶板以下部分的长度：

$$柱净高\ H_n+地下室顶板的框架梁截面高度-H_n/3$$

(注：上述的 H_n 是地下室的柱净高，$H_n/3$ 就是框架柱基础插筋伸出基础梁顶面以上的长度。)

（2）地下室板顶以上部分的长度：

$$\max(H_n/6, h_c, 500)$$

（注：这里的 H_n 是上一层楼的柱净高。）

值得指出的是，地下室的柱纵筋可以没有“长、短筋”的区别，而是采用统一的长度（即按上述方法计算出来的长度）。其理由是：柱纵筋基础插筋伸出长度的长短差异为 $35d$，而地下室柱纵筋伸出上一层楼板顶面的长短差异也是 $35d$，所以“地下室柱纵筋”本身可以采用统一的长度。

〖解〗

下面分别计算地下室柱纵筋的两部分长度。

（1）地下室顶板以下部分的长度 H_1：

地下室的柱净高 $H_n=4500-700-(900-500)=3400$mm，

所以 $H_1=H_n+700-H_n/3=3400+700-1133=2967$mm。

（2）地下室板顶以上部分的长度 H_2：

上一层楼的柱净高 $H_n=4000-700=3300$mm

所以 $H_2=\max(H_n/6, h_c, 500)=\max(3300/6, 750, 500)=750$mm。

（3）这样就得到地下室柱纵筋的长度：

地下室柱纵筋的长度$=H_1+H_2=2967+750=3717$mm。

〖顶层柱纵筋的计算〗

〖例 3〗

顶层的层高为 3.00m，抗震框架柱 KZ1 的截面尺寸为 550×500，柱纵筋为 22Φ20，混凝土强度等级 C30，二级抗震等级。顶层顶板的框架梁截面尺寸为 300×700。

求顶层的框架柱纵筋尺寸。

〖分析〗

顶层框架柱纵筋计算要注意以下几个问题：

（1）顶层框架柱纵筋伸到顶层楼盖框架梁的顶部时，一般都要进行“收边”。11G101-1 图集的做法是弯一个 $12d$ 的直钩。

对于框架柱的“中柱”来说，每根柱纵筋都要弯 $12d$ 的直钩；对于“边柱”和“角柱”来说，那些“非外侧纵筋”也要弯 $12d$ 的直钩。

（2）“边柱”和“角柱”的外侧纵筋要执行“顶梁边柱”的节点构造。

“顶梁边柱”节点构造有两种做法：

“梁插柱”的做法：框架柱外侧纵筋伸到框架梁的顶部弯 $12d$ 的直钩。（在这种情况下，边柱、角柱的外侧纵筋的做法与中柱的做法一样。）

“柱插梁”的做法：框架柱外侧纵筋从顶层框架梁的底面算起，锚入顶层框架梁 $1.5l_{aE}$。

所以，我们在下面只介绍“柱插梁”做法的计算。

（3）顶层柱纵筋对“长、短筋”的处理：

在前面的“例 2”中刚刚讲过的地下室柱纵筋计算中，我们已经知道地下室的柱纵筋在伸出上一层楼面时，维持 $35d$ 的长、短筋的差异。在以后的一层、二层以及以上各楼层的柱纵筋计算中，各楼层的柱纵筋长度都等于本层的层高。这样，在地下室形成的柱纵筋“长、短筋”35d 的差异一直维持到顶层。

顶层柱纵筋与“短筋”和“长筋”相接的垂直段长度分别为：

顶层的层高－保护层－H_2（H_2 为地下室柱纵筋伸出顶板以上的长度）

顶层的层高－保护层－H_2－35d（d 为地下室柱纵筋的直径）

然后，顶层的每根柱纵筋都加上一个 12d 的弯钩。

下面分别列出上述三种情况的解题过程。

〖解〗

(1) 顶层框架柱纵筋伸到框架梁顶部弯 12d 的直钩。

顶层的柱纵筋净长度 H_n＝3000－700＝2300mm

根据地下室的计算，H_2＝750mm

因此，与“短筋”相接的柱纵筋垂直段长度 H_a 为：

H_a＝3000－30－750＝2220mm

加上 12d 弯钩的每根钢筋长度＝H_a＋12d＝2220＋12×20＝2460mm

与“长筋”相接的柱纵筋垂直段长度 H_b 为：

H_b＝3000－30－750－35×25＝1345mm

加上 12d 弯钩的每根钢筋长度＝H_b＋12d＝1345＋12×20＝1585mm

(2)“柱插梁”的做法：框架柱外侧纵筋从顶层框架梁的底面算起，锚入顶层框架梁 1.5l_{abE}。

首先，计算框架柱外侧纵筋伸入框架梁之后弯钩的水平段长度 A：

柱纵筋伸入框架梁的垂直长度＝700－30＝670mm

所以 A＝1.5l_{abE}－670＝1.5×40×20－670＝530mm

利用前面的计算结果，则

与“短筋”相接的柱纵筋垂直段长度 H_a 为 2220mm

加上弯钩水平段 A 的每根钢筋长度＝H_a＋A＝2220＋530＝2750mm

与“长筋”相接的柱纵筋垂直段长度 H_b 为 1345mm

加上弯钩水平段 A 的每根钢筋长度＝H_b＋A＝1345＋530＝1875mm

〖重要问题讨论〗

细心的预算员会发现，前面(1)在计算伸出顶层楼面的“短筋”和“长筋”长度时，是采用了伸出地下室顶板的纵筋长度

750mm 和

750＋35×25＝1625mm

而不是采用顶层的 H_n(＝2300) 和顶层柱纵筋的直径 d（＝20）来进行计算，即没有采用

$\max(H_n, h_c, 500)$＝550mm 和

$\max(H_n, h_c, 500)$＋35×20＝1250mm

如果采用后面的数据继续进行计算，则

H_a＝3000－30－550＝2420mm（比正确结果多算了 200mm）

H_b＝3000－30－1250＝1720mm（比正确结果多算了 375mm）

这样，在验算柱纵筋长度的计算结果时（把各层柱纵筋的长度加起来与框架柱的总高

度来比较)，就会发现各楼层柱纵筋垂直段之和不等于框架柱的总高度。因此，后一种算法是不正确的，前面的算法是正确的。

前面的算法之所以正确，是因为我们在计算了地下室的柱纵筋长度之后，在计算以上各楼层的柱纵筋长度时，采用了下式：

各楼层柱纵筋长度＝本楼层的层高

这样一来，就把柱纵筋在地下室顶板的伸出长度(长短筋)一直“推移”到了顶层，所以在计算顶层柱纵筋时，是顶层柱纵筋的短筋和长筋与“地下室伸出的”长筋和短筋进行对接。

但是，在这里还得解决一个算法的合理性问题：为什么在顶层柱纵筋计算中，不采用“公式” $\max(H_n/6, h_c, 500)=550$ 来计算柱纵筋的“伸出长度”，而可以采用 750 的数值呢？

11G101-1 图集规定抗震框架柱纵筋的非连接区高度为

$$\geqslant \max(H_n/6, h_c, 500)$$

可见大于或等于 $\max(H_n/6, h_c, 500)$ 都是合理的。而现在的 750 “大于” 550，即“大于”顶层的 $\max(H_n/6, h_c, 500)$，因此上述的算法是合理的。

〖“变截面”楼层柱纵筋的计算〗

〖例 4〗

第五层的层高为 3.00m，这是一个“变截面”的关节楼层，抗震框架柱 KZ1 在第五层的截面尺寸为 750×700，在第六层截面尺寸变为 650×600，柱纵筋为 22Φ25，混凝土强度等级 C30，二级抗震等级。第五层顶板的框架梁截面尺寸为 300×700。

计算第五层的框架柱纵筋尺寸。

〖分析〗

根据 16G101-1 图集第 68 页的规定，框架柱中柱和边柱的变截面构造是不一样的。一般来说，框架柱中柱的柱纵筋执行第 68 页“左图”的构造，即所有的纵筋都向柱截面轴心进行收缩拐弯；而边柱则执行第 68 页“右图”的构造，即外侧纵筋是直通上一层的，其余的纵筋是拐弯通到上一层的。

但是，柱纵筋“拐弯”是按一根筋拐弯直通上一层（我们称之为“一根筋弯曲上通”做法)，还是在本层板顶截断、上一层柱纵筋插入本层（我们称之为“本层截断、上层插筋”做法）呢？这取决于柱纵筋变截面弯折段的斜率是否“≤1/6”。

所以，在变截面楼层的柱纵筋计算中，我们要针对“中柱”、“边柱”和“角柱”分别进行计算。

(1)“中柱”的计算

全部柱纵筋（22Φ25）都执行同样的算法，即具有相同的形状和尺寸。所要做的工作是计算“柱纵筋变截面弯折段的斜率”，以便决定柱纵筋的形状。

(2)“边柱”的计算

注意：“b 边上的边柱”和“h 边上的边柱”要分别进行计算：

“b 边上的边柱”有 5 根 b 边上的外侧纵筋和 2 根角筋是“直筋”，其长度等于本层的层高 3600mm；其余 15 根柱纵筋是要“拐弯”的，同样要计算“柱纵筋变截面弯折段的斜率”，以便决定这些拐弯柱纵筋的形状。

“h 边上的边柱”有 4 根 h 边上的外侧纵筋和 2 根角筋是“直筋”，其长度等于本层的层高3600mm；其余16根柱纵筋是要“拐弯”的，同样要计算“柱纵筋变截面弯折段的斜率”，以便决定这些拐弯柱纵筋的形状。

(3)“角柱”的计算

“角柱”是两个方向上的“边柱”。

“角柱”上，有5根b边上的外侧纵筋、4根h边上的外侧纵筋和3根角筋是“直筋”，其长度等于本层的层高3000mm；其余10根柱纵筋是要“拐弯”的，同样要计算“柱纵筋变截面弯折段的斜率”，以便决定这些拐弯柱纵筋的形状。

还有一点要注意：无论“中柱”、“边柱”和“角柱”的柱纵筋都要区分出“长、短筋”，并且要分别对于“直筋”和“拐弯筋”分别设置长、短筋。

〖解〗

(1)“中柱”的计算

中柱只有一种形状的钢筋。

首先，确定柱纵筋的形状。这是由“弯折段斜率”所决定的。“弯折段斜率”就是柱纵筋收缩的幅度与框架梁截面高度的比值。

单侧柱纵筋收缩的幅度$C=(750-650)/2=50$mm

框架梁截面高度$H_b=700$mm

弯折段斜率$=C/H_b=50/700=1/14<1/6$

所以，柱纵筋采用“一根筋弯曲上通”做法。我们就根据柱纵筋的形状，分为三段来计算这根柱纵筋：框架梁以下部分、框架梁中的部分（即“斜坡段”）、框架梁以上伸出的部分。

还是“长、短筋”分开计算。

本工程“短筋”的伸出长度是750mm，“长筋”的伸出长度是1625mm。

1)“短筋”的计算（与下一层伸出的短筋连接，伸到上一层仍然是短筋）：

① 框架梁以下部分的直段长度H_1：

H_1=层高－框架梁截面高－短筋伸出长度$=3000-700-750=1550$mm

② 框架梁中部分（“斜坡段”）的长度H_2：

$H_2=\text{sqrt}(C\times C+H_b\times H_b)=\text{sqrt}(50\times 50+700\times 700)=702$mm

（注：sqrt就是“求平方根”，一般的计算器都有sqrt功能。）

③ 框架梁以上伸出部分的直段长度H_3：

$H_3=750$mm

（注：把下一层的“短筋伸出长度”原封不动地伸到上一层去。）

④ 本楼层“短筋”的每根长度：

钢筋每根长度$=H_1+H_2+H_3=1550+702+750=3002$mm

2)“长筋”的计算：（与下一层伸出的长筋连接，伸到上一层仍然是长筋）

① 框架梁以下部分的直段长度H_1：

H_1=层高－框架梁截面高－长筋伸出长度$=3000-700-1625=675$mm

② 框架梁中部分（“斜坡段”）的长度H_2：

$H_2=\text{sqrt}(C\times C+H_b\times H_b)=\text{sqrt}(50\times 50+700\times 700)=702$mm

③ 框架梁以上伸出部分的直段长度H_3：

$H_3=1625$mm

（注：把下一层的“长筋伸出长度”原封不动地伸到上一层去。）

④ 本楼层“长筋”的每根长度：

$$钢筋每根长度 = H_1 + H_2 + H_3 = 675 + 702 + 1625 = 3002\text{mm}$$

（注意：虽然“短筋”和“长筋”的钢筋每根长度相等，但是它们的细部尺寸不同，施工中要注意。）

（2）“b 边上的边柱”的计算

在“边柱”的计算中，“b 边上的边柱”和“h 边上的边柱”是不同的，我们在这里只进行“b 边上的边柱”的计算。（“h 边上的边柱”的计算与此类似，读者可以自己进行。）

b 边上的边柱有三种不同的钢筋：

1）第一种钢筋：b 边上的外侧柱纵筋。

b 边上的外侧柱纵筋（包括两根处于外侧的角筋）是直筋，其钢筋长度等于本楼层的层高，即

$$钢筋长度 = 3000\text{mm}。$$

在这些钢筋当中，不必区分出“长短筋”。

2）第二种钢筋：h 边上的柱纵筋。

h 边上的柱纵筋都是从两边向中间收缩的，其情形有点与中柱类似，即

单侧柱纵筋收缩的幅度 $C =（750 - 650）/2 = 50\text{mm}$

框架梁截面高度 $H_b = 700\text{mm}$

弯折段斜率 $= C/H_b = 50/700 = 1/14 < 1/6$

所以，柱纵筋采用“一根筋弯曲上通”做法。我们可以利用前面“中柱”的计算结果，即：

（a）“短筋”：

① 框架梁以下部分的直段长度 $H_1 = 1550\text{mm}$

② 框架梁中部分（“斜坡段”）的长度 $H_2 = 702\text{mm}$

③ 框架梁以上伸出部分的直段长度 $H_3 = 750\text{mm}$

④ 本楼层“短筋”的每根长度 $= H_1 + H_2 + H_3 = 1550 + 702 + 750 = 3002\text{mm}$

（b）“长筋”：

① 框架梁以下部分的直段长度 $H_1 = 675\text{mm}$

② 框架梁中部分（“斜坡段”）的长度 $H_2 = 702\text{mm}$

③ 框架梁以上伸出部分的直段长度 $H_3 = 1625\text{mm}$

④ 本楼层“长筋”的每根长度 $= H_1 + H_2 + H_3 = 675 + 702 + 1625 = 3002\text{mm}$

3）第三种钢筋：b 边上的内侧柱纵筋。

b 边上的内侧柱纵筋“单侧”向柱截面轴心进行收缩。

首先，确定柱纵筋的形状。这是由“弯折段斜率”所决定的。“弯折段斜率”就是柱纵筋收缩的幅度与框架梁截面高度的比值。

单侧柱纵筋收缩的幅度 $C = 750 - 650 = 100\text{mm}$

框架梁截面高度 $H_b = 700\text{mm}$

弯折段斜率 $= C/H_b = 100/700 = 1/7 < 1/6$

所以，柱纵筋仍然采用“一根筋弯曲上通”做法。我们就根据柱纵筋的形状，分为三

段来计算这根柱纵筋：框架梁以下部分、框架梁中的部分（即“斜坡段”）、框架梁以上伸出的部分。

还是“长短筋”分开计算。

(*a*)“短筋”的计算（与下一层伸出的短筋连接，伸到上一层仍然是短筋）：

① 框架梁以下部分的直段长度 H_1：

H_1=层高－框架梁截面高－短筋伸出长度=3000－700－750=1550mm

② 架梁中部分（“斜坡段”）的长度 H_2：

$H_2=\mathrm{sqrt}(C\times C+H_b\times H_b)=\mathrm{sqrt}(100\times100+700\times700)=707\mathrm{mm}$

③ 框架梁以上伸出部分的直段长度 H_3：

$H_3=750\mathrm{mm}$

（注：把下一层的“短筋伸出长度”原封不动地伸到上一层去。）

④ 本楼层“短筋”的每根长度：

钢筋每根长度=$H_1+H_2+H_3$=1550+707+750=3007mm

(*b*)“长筋”的计算（与下一层伸出的长筋连接，伸到上一层仍然是长筋）：

① 框架梁以下部分的直段长度 H_1：

H_1=层高－框架梁截面高－长筋伸出长度=3000－700－1625=675mm

② 框架梁中部分（“斜坡段”）的长度 H_2：

$H_2=\mathrm{sqrt}(C\times C+H_b\times H_b)=\mathrm{sqrt}(100\times100+700\times700)=707\mathrm{mm}$

③ 框架梁以上伸出部分的直段长度 H_3：

$H_3=1625\mathrm{mm}$

（注：把下一层的“长筋伸出长度”原封不动地伸到上一层去。）

④ 本楼层“长筋”的每根长度：

钢筋每根长度=$H_1+H_2+H_3$=675+707+1625=3007mm。

（注意：虽然“*b* 边上的内侧柱纵筋”和“*h* 边上的柱纵筋”的钢筋每根长度相差无几，但是它们的弯折段斜率不同，钢筋安装时就位的地点和朝向不同，施工中要注意。）

(3)“角柱”的计算

角柱有两类不同的钢筋：外侧的柱纵筋和内侧的柱纵筋。但每一类钢筋中又分为 *b* 边上的柱纵筋和 *h* 边上的柱纵筋，当 *b* 边上的柱纵筋和 *h* 边上的柱纵筋采用不同的钢筋规格时，是应该分别计算的。在本例子中，*b* 边上的柱纵筋和 *h* 边上的柱纵筋都是采用相同的钢筋规格，所以下面就不分开进行计算了。

下面，分开两类钢筋进行计算：

1）第一类钢筋：“角柱”外侧的柱纵筋。

“角柱”外侧的柱纵筋包括 *b* 边上的外侧柱纵筋、*h* 边上的外侧柱纵筋和 3 根处于外侧的角筋。在这个例子中，它包括 5+4+3=12 根钢筋。这些钢筋长度等于本楼层的层高，即

钢筋长度=3000mm

在这些钢筋当中，不必区分出“长、短筋”。

2）第二类钢筋：“角柱”内侧的柱纵筋。

这些柱纵筋“单侧”向柱截面轴心进行收缩，其情形类似“*b* 边上的边柱”的 *b* 边上的内侧柱纵筋，即

单侧柱纵筋收缩的幅度 $C=750-650=100\text{mm}$

框架梁截面高度 $H_b=700\text{mm}$

弯折段斜率 $=C/H_b=100/700=1/7<1/6$

所以，柱纵筋采用“一根筋弯曲上通”做法。我们可以利用前面“b 边上的边柱”的 b 边上的内侧柱纵筋的计算结果，即：

(a)“短筋”：

① 框架梁以下部分的直段长度 $H_1=1550\text{mm}$；

② 框架梁中部分（“斜坡段”）的长度 $H_2=707\text{mm}$；

③ 框架梁以上伸出部分的直段长度 $H_3=750\text{mm}$；

④ 本楼层“短筋”的每根长度 $=H_1+H_2+H_3=1550+707+750=3007\text{mm}$。

(b)“长筋”：

① 框架梁以下部分的直段长度 $H_1=675\text{mm}$；

② 框架梁中部分（“斜坡段”）的长度 $H_2=707\text{mm}$；

③ 框架梁以上伸出部分的直段长度 $H_3=1625\text{mm}$；

④ 本楼层“长筋”的每根长度 $=H_1+H_2+H_3=675+707+1625=3007\text{mm}$。

〖讨论〗

上面的例子中，所有“拐弯”的柱纵筋都是采用“一根筋弯曲上通”做法，这是由于弯折段斜率 $C/H_b<1/6$ 而造成的结果。其中，框架梁的截面高度 H_b 起到决定性的作用。

如果楼层框架梁的截面高度是 500mm 的话，情况就根本不同了。此时，“角柱”内侧柱纵筋的计算过程是：

单侧柱纵筋收缩的幅度 $C=750-650=100\text{mm}$

框架梁截面高度 $H_b=500\text{mm}$

弯折段斜率 $=C/H_b=100/500=1/5\geqslant 1/6$

此时的柱纵筋就应该采用“本层截断、上层插筋”做法。本层的柱纵筋伸到楼板顶面以下时，弯一个直钩，直钩长度 $=12d$；上一层的柱纵筋插入到本层楼面以下 $1.2l_{aE}$。下面分别计算这些长度。

还是“长短筋”分开计算。

(1)“短筋”的计算：（与下一层伸出的短筋连接，伸到上一层仍然是短筋）

1) 楼板顶面以下部分的垂直段长度 H_1：

$$H_1=\text{层高}-\text{保护层}-\text{短筋伸出长度}=3000-30-750=2220\text{mm}$$

2) 楼板顶面以下的直钩长度 H_2：

$$H_2=12d=12\times25=300\text{mm}$$

3) 本楼层“短筋”的每根长度：

$$\text{钢筋每根长度}=H_1+H_2=2220+300=2520\text{mm}$$

4) 上一层“短筋”柱纵筋的插筋长度：

$$H_3=\text{短筋伸出长度}+1.2l_{aE}=750+1.2\times40\times25=1950\text{mm}$$

（注：把下一层的“短筋伸出长度”原封不动地伸到上一层去。）

(2)“长筋”的计算：（与下一层伸出的长筋连接，伸到上一层仍然是长筋）

1) 楼板顶面以下部分的垂直段长度 H_1：

H_1=层高−保护层−长筋伸出长度=3000−30−1625=1345mm

2）楼板顶面以下的直钩长度 H_2：

$$H_2=12d=12\times25=300\text{mm}$$

3）本楼层“长筋”的每根长度：

$$\text{钢筋每根长度}=H_1+H_2=1345+300=1645\text{mm}$$

4）上一层“长筋”柱纵筋的插筋长度：

$$H_3=\text{长筋伸出长度}+1.2l_{aE}=1625+1.2\times40\times25=2825\text{mm}$$

（注：把下一层的“长筋伸出长度”原封不动地伸到上一层去。）

到这里为止，我们已经把框架柱变截面各种情况的处理方法都讲到了。读者可以根据实际工程的具体情况灵活运用。

3.13.3 当考虑地下室顶板实际存在的嵌固作用时

16G101-1 图集在规定“层高表”中进行上部结构嵌固部位的注写方法时指出：

“框架柱嵌固部位不在地下室顶板，但仍需考虑地下室顶板对上部结构实际存在嵌固作用时可在层高表地下室顶板标高下使用双虚线注明，此时首层柱端箍筋加密区长度范围及纵筋连接位置均按嵌固部位要求设置。”

现在就看看 3.14.2 节的“例子工程”，该工程上部结构嵌固部位设定在基础顶面，如果在层高表的地下室顶板标高下使用了“双虚线”注明，则表示这个工程需要考虑地下室顶板对上部结构实际存在嵌固作用，此时一层柱端箍筋加密区长度范围及纵筋连接位置均按嵌固部位要求设置。

在这种情况下，影响较大的是“地下室纵筋的计算”和“一层纵筋的计算”。下面就看看这两个部分到底会发生哪些变化。

〖地下室柱纵筋的计算〗

（对比 3.14.2 节中的〖例 2〗，其中黑体字是改变的内容：）

地下室层高为 4.50m，地下室下面是“正筏板”基础，基础主梁的截面尺寸为 700×900，下部纵筋为 9Φ25。筏板的厚度为 500mm，筏板的纵向钢筋都是Φ18@200。

地下室的抗震框架柱 KZ1 的截面尺寸为 750×700，柱纵筋为 22Φ25，混凝土强度等级 C30，二级抗震等级。地下室顶板的框架梁截面尺寸为 300×700。地下室上一层的层高为 4.50m，地下室上一层的框架梁截面尺寸为 300×700。

求该地下室的框架柱纵筋尺寸。

〖分析〗

地下室下面的筏形基础同前面 **3.13.2** 节的“例 1”。根据上一节例 1 的计算，框架柱 KZ1 伸出基础主梁顶面的“长、短筋”长度分别为：

$$\text{“短筋”伸出长度}=H_n/3=3400/3=1133\text{mm}$$

$$\text{“长筋”伸出长度}=H_n/3+35d=1133+35\times25=2008\text{mm}$$

而地下室的柱纵筋就应该与这样的“长短插筋”连接，并且伸出上一层楼板顶面“$H_n/3$”的高度 **（因为要考虑地下室顶板实际存在的嵌固作用）**。

因此，“地下室的柱纵筋”的长度包括以下两个组成部分：

（1）地下室顶板以下部分的长度：

柱净高 H_n＋地下室顶板的框架梁截面高度－$H_n/3$

（注：上述的 H_n是地下室的柱净高，$H_n/3$ 就是框架柱基础插筋伸出基础梁顶面以上的长度。）

（2）地下室板顶以上部分的长度：

$$H_n/3$$

（注：这里的 H_n是上一层楼的柱净高。）

值得指出的是，地下室的柱纵筋可以没有“长、短筋”的区别，而是采用统一的长度（即按上述方法计算出来的长度）。其理由是：柱纵筋基础插筋伸出长度的长短差异为 $35d$，而地下室柱纵筋伸出上一层楼板顶面的长短差异也是 $35d$，所以“地下室柱纵筋”本身可以采用统一的长度。

〖解〗

下面分别计算地下室柱纵筋的两部分长度。

（1）地下室顶板以下部分的长度 H_1：

地下室的柱净高 H_n＝4500－700－(900－500)＝3400mm

所以 H_1＝H_n＋700－H_n/3＝3400＋700－1133＝2967mm

（2）地下室板顶以上部分的长度 H_2：

上一层楼的柱净高 H_n＝4000－700＝3300mm

所以 H_2＝H_n/3＝3300/3＝1100mm

（3）这样就得到地下室柱纵筋的长度：

地下室柱纵筋的长度＝H_1＋ H_2＝2967 ＋ 1100＝4067mm

〖回顾一下 3.13.2 的例子〗

在 3.13.2 地下室计算的“例 2”，其计算结果是：

地下室柱纵筋的长度＝H_1＋H_2＝2967＋750＝3717mm

而在 3.13.2 的“例 1”的分析得知，“第 1 层”的柱纵筋长度等于本楼层高度，即

第 1 层柱纵筋的长度＝4000mm

“当考虑地下室顶板实际存在的嵌固作用时”，第 1 层柱纵筋的长度又会发生什么变化呢？请继续看下面的分析和计算。

〖一层柱纵筋的计算〗

一层层高为 4.00m，一层的抗震框架柱 KZ1 的截面尺寸为 750×700，柱纵筋为 22Φ25，混凝土强度等级 C30，二级抗震等级。一层顶板的框架梁截面尺寸为 300×700 。二层的层高为 4.00m，二层顶板的框架梁截面尺寸为 300×700 。

求一层的框架柱纵筋尺寸。

〖分析〗

由上例可知，框架柱 KZ1 伸出一层的“长、短筋”长度分别为：

“短筋”伸出长度＝H_n/3＝3300/3＝1100mm

“长筋”伸出长度＝H_n/3＋$35d$＝1100＋35×25＝1975mm

而一层的柱纵筋就应该与这样的“长、短插筋”连接，并且伸出上一层楼板顶面“max($H_n/6, h_c, 500$)”的高度。

因此，“一层的柱纵筋”的长度包括以下两个组成部分：

(1) 一层顶板以下部分的长度：

柱净高 H_n＋一层顶板的框架梁截面高度－$H_n/3$

(注：上述的 H_n是一层的柱净高，$H_n/3$ 就是框架柱纵筋伸出一层顶面以上的长度。)

(2) 一层板顶以上部分的长度：

$\max(H_n/6, h_c, 500)$

(注：这里的 H_n是二层的柱净高。)

同样指出的是，一层的柱纵筋可以没有“长、短筋”的区别，而是采用统一的长度(即按上述方法计算出来的长度)。其理由是：柱纵筋从地下室伸出长度的长短差异为 $35d$，而一层柱纵筋伸出二层楼板顶面的长短差异也是 $35d$，所以“一层柱纵筋”本身可以采用统一的长度。

〖解〗

下面分别计算一层柱纵筋的两部分长度。

(1) 一层顶板以下部分的长度 H_1：

层的柱净高 $H_n=4000-700=3300$mm

所以 $H_1=H_n+700-H_n/3=3300+700-1100=2900$mm

(2) 一层板顶以上部分的长度 H_2：

二层的柱净高 $H_n=4000-700=3300$mm

所以 $H_2=\max(H_n/6, h_c, 500)=\max(3300/6, h_c, 500)=750$mm

(3) 这样就得到一层柱纵筋的长度：

一层柱纵筋的长度$=H_1+H_2=2900+750=3650$mm

〖二层及以上各标准层的柱纵筋的计算〗

根据 3.14.2 节的分析，这些楼层的框架柱纵筋的长度都可以取定为“本楼层的层高”

至于各“变截面楼层”的柱纵筋计算的方法和结果也与 3.14.2 节不变。

〖顶层的柱纵筋的计算〗

顶层柱纵筋计算的过程和计算结果也同 3.14.2 节，只是有一句话需要修改一下，3.14.2 节在解题时说：

“根据地下室的计算：$H_2=750$mm”

现在应该改为：

“根据一层的计算：$H_2=750$mm”

上面所述的，就是在层高表的地下室顶板标高下使用了“双虚线”注明之后，在框架柱纵筋计算中所发生的影响。

此外，在框架柱箍筋计算中，在计算“一层”框架柱下端的箍筋加密区长度范围的时候，也要注意：不能按“max($H_n/6, h_c, 500$)”进行计算，而应该按“$H_n/3$”进行计算。

第4章　平法钢筋计算的一般流程

本章内容提要：

介绍平法钢筋计算的工作方法。当你拿到施工图纸，在进行钢筋计算之前，你需要做些什么准备工作？钢筋计算的步骤是什么？在钢筋计算中要注意什么问题？

计算前的准备工作，首先是阅读和审查施工图纸。这无论对于施工和做工程预算都是必须经历的过程，但是尤其要结合平法技术的要求进行图纸的阅读和审查。

在阅读施工图纸的同时，考虑平法钢筋计算的计划和部署。其中，要注意下列这些问题：在平法应用中除了平面尺寸以外还要注意什么？在楼层划分中如何认识“层号”这个概念？在楼层划分中如何正确划定“标准层”？这些问题我们在第1章里已经讲过了，大家可以复习一下。

在合理地进行楼层划分以后，就可以分层进行钢筋计算了。我们按照各类构件钢筋计算的要求，来进行柱钢筋的计算、梁钢筋的计算和楼板钢筋的计算等。其中，梁钢筋计算和柱钢筋计算的要求和要点，我们在前面的第2章和第3章中已经详细介绍过了，楼板钢筋的要求和要点将在后面的章节中介绍。

我们在介绍各种构件的钢筋计算时，主要是介绍这样一种方法，首先根据构件的特点和钢筋在构件中的位置和作用，决定钢筋的形状，然后根据图纸的尺寸标注来计算钢筋的细部尺寸，这就是《工程钢筋表》当中“钢筋形状及尺寸”的内容。事实上，无论施工员、钢筋工和预算员都需要根据平法图纸制出一个《工程钢筋表》，钢筋工还需要一个《钢筋下料表》。本章将介绍《工程钢筋表》、《钢筋下料表》的主要内容和各种汇总表的操作。

总之，本章在整个平法钢筋计算中，主要起到一个提纲挈领的作用。对于前面已经讲过的内容，我们不再重复，或者只作出一些补充；而本章的主要任务是讲一些新的内容。

本章还将介绍一种计算平法梁钢筋的简易方法，这就是本人总结出来的“平法梁图上作业法”。

在本章末尾，还将介绍一些关于地震和建筑抗震的基本知识。

4.1　钢筋计算前的准备工作

本节讲述钢筋计算前的准备工作，这需要我们认真地阅读和审查图纸，在这个基础上进行平法钢筋计算的计划和部署。在做好这些准备工作以后，我们就能够进行各类构件的钢筋计算，制出《工程钢筋表》，进行工程钢筋汇总，如果要指导钢筋制作和安装，则还要编制出《钢筋下料表》。

计算前的准备工作，首先是阅读和审查施工图纸。这无论对于施工和做工程预算都是必须经历的过程，但是尤其要结合平法技术的要求进行图纸的阅读和审查。

4.1.1 阅读和审查图纸的一般要求

我们现在所说的图纸是指土建施工图纸。施工图一般分为"建施"和"结施"，"建施"就是建筑施工图，"结施"就是结构施工图。钢筋计算主要使用结构施工图。如果房屋结构比较复杂，单纯看结构施工图不容易看懂时，可以结合建筑施工图的平面图、立面图和剖面图，以便于我们理解某些构件的位置和作用。

看图纸一定要注意阅读最前面的"设计说明"，里面有许多重要的信息和数据，还包含一些在具体构件图纸上没有画出的一些工程做法。对于钢筋计算来说，设计说明中的重要信息和数据有：房屋设计中采用哪些设计规范和标准图集、抗震等级（以及抗震设防烈度）、混凝土强度等级、钢筋的类型、分布钢筋的直径和间距等。认真阅读设计说明，可以对整个工程有一个总体的印象。

要认真阅读图纸目录，根据目录对照具体的每一张图纸，看看手中的施工图纸有无缺漏。

然后，浏览每一张结构平面图。首先，明确每张结构平面图所适用的范围：是几个楼层合用一张结构平面图，还是每一个楼层分别使用一张结构平面图？再对比不同的结构平面图，看看它们之间有什么联系和区别？各楼层之间的结构有哪些是相同的，有哪些是不同的？以便于我们划分"标准层"，制定钢筋计算的计划。

现在，平法施工图主要是通过结构平面图来表示。但是，对于某些复杂的或者特殊的结构或构造，设计师会给出构造详图，在阅读图纸时要注意观察和分析。

在阅读和检查图纸的过程中，要注意把不同的图纸进行对照和比较，要善于读懂图纸，更要善于发现图纸中的问题。设计师也难免会出错，而施工图是进行施工和工程预算的依据，如果图纸出错了，后果将是严重的。在将结构平面图、建筑平面图、立面图和剖面图对照比较的过程中，要注意平面尺寸的对比和标高尺寸的对比。

4.1.2 阅读和审查平法施工图的注意事项

现在的施工图纸都采用平面设计，所以在阅读和检查图纸的过程中，尤其要结合平法技术的要求进行图纸的阅读和审查。

下面举例说明如何结合平法技术的要求来阅读和检查平法施工图。这些例子都是实际发生过的。

（1）构件编号的合理性和一致性

例如，把某根"非框架梁"命名为"LL1"，这是许多设计人员容易犯的毛病。非框架梁的编号是"L"，因此，这根非框架梁只能编号为"L1"，而"LL1"是剪力墙结构中的"连梁"的编号。

又如，一个4跨框架梁KL1，其跨度分别为3000mm、3600mm、3600mm、3600mm，而同样编号是KL1的另一个4跨框架梁，其跨度分别为3600mm、3000mm、3600mm、3600mm。显然，这两个梁的第1跨和第2跨的跨度不一致，这两根梁不能同时编号为"KL1"。

（2）平法梁集中标注信息是否完整和正确

例如，抗震框架梁上部通长筋集中标注为“（2Φ14）”，设计者可能要传达“这两根Φ14 钢筋与支座负筋按架立筋搭接”这样的信息，但这是错误的。抗震框架梁不能没有上部通长筋，因此上述的集中标注只能是“2Φ14”，而且在实际施工中，这两根Φ14 钢筋与支座负筋只能按上部通长筋与支座负筋搭接，搭接长度为 l_{lE}，而不能按架立筋与支座负筋搭接（搭接长度为 150mm）。

又如，梁的侧面构造钢筋缺乏集中标注。某根框架梁 KL1，梁截面高度 700mm，但是集中标注中没有“侧面构造钢筋”（也没有“侧面抗扭钢筋”）。根据 16G101-1 图集的规定，梁的腹板高度超过 450mm 就需要设置侧面构造钢筋。而且，16G101-1 图集还不允许施工人员自行设计梁的侧面构造钢筋，因为图集上没有给出任何设计依据。

（3）平法梁原位标注是否完整和正确

例如，框架梁支座原位标注的缺漏。有人问过我这样的问题：架立筋伸入支座的锚固长度是多少？我觉得这个问题很奇怪。提问中是这样描述一个多跨框架梁的标注的：集中标注的上部纵筋为 2Φ25＋(2Φ12)，下部纵筋为 4Φ25，四肢箍，梁的支座上没有原位标注。这样的话，作为架立筋的 2Φ12 就只好“伸入支座”了。如果按钢筋标注的情况来分析，就只能是这样的结果。但是，我们就不能怀疑一下设计的正确性吗？作为一个框架梁或者多跨连续梁来说，梁支座上的负弯矩经常大于梁下部的正弯矩，所以梁的支座负筋配筋值一般都大于梁下部纵筋的配筋值。这是众所周知的事实，设计人员也知道支座负筋的重要性（在支座上不能产生塑性铰）。所以，这件事情，应该与设计人员进行充分的交流和咨询，避免产生设计上的失误。

又如，多跨梁中间的“短跨”不在跨中上部进行上部纵筋的原位标注，这是某些图纸上出现的问题。一个三跨的框架梁，第一跨和第三跨的跨度为 6500mm，中间的第二跨跨度为 1800mm，在第一跨和第三跨的左右支座上都有原位标注 6Φ25 4/2，而第二跨的上部没有任何原位标注，这样的后果是：第一跨右支座的支座负筋和第三跨左支座的支座负筋都要伸入第二跨将近 2000mm 的长度，这两种钢筋在第二跨内重叠，既造成钢筋的浪费，又带来施工上的困难。正确的设计标注方法是：在第二跨的跨中上部进行原位标注 6Φ25 4/2，这样，第一跨右支座的支座负筋就能够贯通第二跨，一直伸到第三跨左支座上，形成一个穿越三跨的局部贯通。所以，多跨梁中间的短跨，一般都在上部跨中进行原位标注，这是一个普遍规律。

又如，悬挑端缺乏原位标注，这也是某些图纸上出现的问题。我们在第 2 章中讲过，框架梁的悬挑端应该具有众多的原位标注：在悬挑端的上部跨中进行上部纵筋的原位标注、悬挑端下部钢筋的原位标注、悬挑端箍筋的原位标注、悬挑端梁截面尺寸的原位标注等。如果在平法施工图中缺乏这些原位标注，就有必要向设计人员咨询。

（4）关于平法柱编号的一致性问题

我们在第三章讲述框架柱的列表注写方式的例子时指出，框架柱 KZ1 在《柱表》中开列了三行，每行的“柱编号”都是 KZ1，这样才能便于看出同一根 KZ1 在不同楼层上的柱截面的变化。但是，有的设计人员不是这样做的，他把同一根框架柱，在一层时编号为 KZ1、在二层时编号为 KZ2、在三层时编号为 KZ3……这样一来，给《柱表》的编制带来了困难，也给软件的处理带来了困难。所以我们主张，同一根框架柱在不同的楼层时应该统一柱编号。

剪力墙的暗柱则可能存在一些麻烦，例如，同一根暗柱，在一、二层时可能是约束边缘暗柱，到了第三层及以上时，就变成构造边缘暗柱了。但是，这不妨碍把它们编成同一“序号”，例如，在一、二层时把这个暗柱编号为“YBZ1”，而在第三层及以上时编号为“GBZ1”。

（5）柱表中的信息是否完整和正确

在阅读和检查图纸的时候，既要检查平面图中的所有框架柱是否在《柱表》中能够找到，又要检查《柱表》中的柱编号是否全部标注在平面图中。

还有，如果在《柱表》中某个框架柱在第 N 层就“已经到顶”了，要注意检查第 $N+1$ 层以上的各楼层的平面图上是否还出现这个框架柱的标注。

对于“梁上柱”，也要注意检查《柱表》和平面图标注的一致性。

4.2　平法钢筋计算的计划和部署

在充分地阅读和研究图纸的基础上，就可以制定平法钢筋计算的计划和部署。这主要是楼层划分中如何正确划定“标准层”的问题。（这个问题在第1章中已经讲过了，在这里不再重复。）

在楼层划分时，要比较各楼层的结构平面图的布局，看看哪些楼层是类似的，尽管不能纳入同一个“标准层”进行处理，但是可以在分层计算钢筋的时候，尽量利用前面某一楼层计算的成果。在运行平法钢筋计算软件中，也可以使用“楼层拷贝”功能，把前面某一个楼层的平面布置连同钢筋标注都拷贝过来，稍加修改，就能计算出新楼层的钢筋工程量。

一般在楼层划分时，有些楼层是需要单独进行计算的，这包括：基础、地下室、一层、中间的柱（墙）变截面楼层、顶层。

在进入钢筋计算之前，还必须准备好进行钢筋计算的基础数据准备，这包括：抗震等级（以及抗震设防烈度）、混凝土强度等级、各类构件的保护层厚度、各类构件钢筋的类型、各类构件的钢筋锚固长度和搭接长度、分布钢筋的直径和间距等。

4.3　各类构件的钢筋计算

在进行了阅读和研究图纸、楼层划分、标准层设定和基础数据的准备工作之后，就可以进入各类构件的钢筋计算了。

框架柱的分楼层钢筋计算我们在第3章中已经讲过了。在框架柱纵筋计算中，主要是计算基础插筋、地下室柱纵筋、一层的柱纵筋、标准层的柱纵筋、顶层的柱纵筋和变截面楼层的柱纵筋。在框架柱箍筋的计算中，要注意加密区和非加密区的箍筋计算，还有复合箍筋的计算。

框架梁和非框架梁的钢筋计算（我们在第2章已经介绍过），由于梁是一种平面的构件，不受楼层层高影响，所以比较容易实现分楼层钢筋计算。关于平法梁的钢筋计算方法，我们将继续在本章的“平法梁图上作业法”加以介绍。

楼板也是一种平面的构件，不受楼层层高影响。我们将在第5章介绍楼板的钢筋计算，包括：单块板下部纵筋的计算、下部贯通钢筋的计算、上部贯通钢筋的计算、扣筋的计算和挑筋的计算等。

剪力墙是一种垂直的构件，受到楼层层高的影响，这一点与框架柱类似。我们将在后面第7章中介绍剪力墙各种钢筋的计算，包括：剪力墙的墙身、暗柱、端柱、连梁、暗梁和边框梁的钢筋计算。

我们还将在后面各章中介绍楼梯和各类基础的钢筋计算。

各种钢筋的计算结果，将体现在一个《工程钢筋表》中。下一节就是介绍《工程钢筋表》的内容。

4.4 《工程钢筋表》的内容

《工程钢筋表》是工程结构的一个重要文件。传统的工程结构设计方法，由设计院提供了从结构平面图、构造详图到工程钢筋表等一整套工程施工图。现在推行了平法设计方法，设计院只提供结构平面图，施工员、钢筋工和预算员要从平法标准图集中去查找相应的节点构造详图，自己动手编制出《工程钢筋表》。

本节将介绍《工程钢筋表》的主要内容（图4-1）。

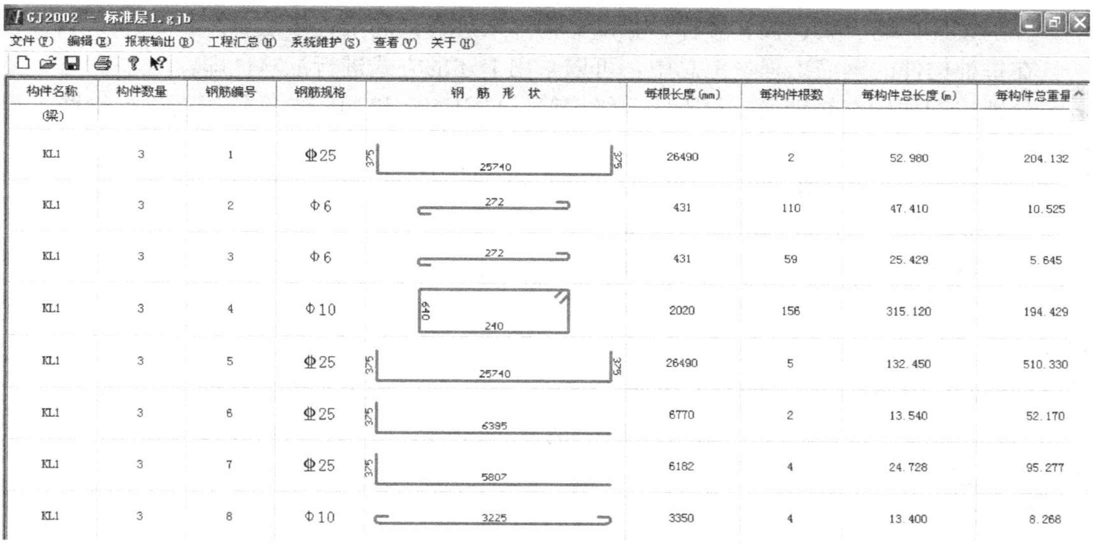

GJ2002 – 标准层1.gjb

文件(F) 编辑(E) 报表输出(B) 工程汇总(H) 系统维护(S) 查看(V) 关于(H)

构件名称 (梁)	构件数量	钢筋编号	钢筋规格	钢筋形状	每根长度(mm)	每构件根数	每构件总长度(m)	每构件总重量
KL1	3	1	Φ25	375 25740 375	26490	2	52.980	204.132
KL1	3	2	Φ6	272	431	110	47.410	10.525
KL1	3	3	Φ6	272	431	59	25.429	5.645
KL1	3	4	Φ10	640 240	2020	156	315.120	194.429
KL1	3	5	Φ25	375 25740 375	26490	5	132.450	510.330
KL1	3	6	Φ25	375 6395	6770	2	13.540	52.170
KL1	3	7	Φ25	375 5807	6182	4	24.728	95.277
KL1	3	8	Φ10	3225	3350	4	13.400	8.268

图4-1

《工程钢筋表》的项目包括：构件编号、构件数量、钢筋编号、钢筋规格、钢筋形状、钢筋根数、每根长度、每构件长度、每构件重量、总重量等。

其中：

每构件长度＝每根长度×钢筋根数

每构件重量＝每构件长度×该钢筋的每米重量

总重量＝单个构件的所有钢筋的重量之和×构件数量

钢筋形状为每种钢筋的大样图，图中标注钢筋的细部尺寸——这是钢筋计算的主要内容之一。

每根长度＝钢筋细部尺寸之和。

钢筋根数也是钢筋计算的主要内容之一。

(从上面的介绍可以看到，计算出“每根长度”和“钢筋根数”，就等于计算出钢筋工程量。)

4.5 工程钢筋汇总

从工程施工的钢筋备料需要出发，以及工程预算的需要出发，都需要进行钢筋工程量汇总工作。

常用的钢筋工程量汇总有三种形式：

(1) 按钢筋规格汇总

分别按HPB300级钢筋、HRB335级钢筋、HRB400和HRB500级钢筋进行钢筋工程量汇总。

在每种级别钢筋的汇总中，分别按不同的钢筋规格进行钢筋工程量汇总。钢筋的规格按直径（mm）的级差排列，例如：

6、8、10、12、14、16、18、20、22、25……

(2) 按构件汇总

分别按柱、墙、梁、板、楼梯、基础等构件来进行钢筋工程量汇总。

在每种构件的钢筋工程量汇总中，可以采用上述的方式进行汇总，即：

分别按HPB300级钢筋、HRB335级钢筋、HRB400和HRB500级钢筋进行钢筋工程量汇总。

在每种级别钢筋的汇总中，分别按不同的钢筋规格进行钢筋工程量汇总。

(3) 按定额的规定进行钢筋工程量汇总

由于不同的定额对钢筋工程量的划分各有不同，所以要具体问题具体分析。

例如，有的定额按“直径在10mm以内”、“直径在10mm以上、20mm以内”和“直径在20mm以上”来划分钢筋工程量：

“直径在10mm以内”的钢筋包括：6mm、8mm、10mm直径的钢筋；

“直径在10mm以上、20mm以内”的钢筋包括：12mm、14mm、16mm、18mm、20mm直径的钢筋；

“直径在20mm以上”的钢筋包括：22mm、25mm以及更大直径的钢筋。

又如，有的定额是直接按不同直径的钢筋进行计价，那就不必对不同直径的钢筋进行汇总了。

〖关于6.5mm直径钢筋的说明〗

现在的工程预算和工程结算中，6mm直径的钢筋都按照6.5mm直径进行计算，这是因为轧钢厂的模具直径偏大的缘故，定额管理部门已经认可这一事实，而且在新定额中已经正式把“6.5mm”直径的钢筋纳入定额项目。

4.6 《钢筋下料表》的内容

《钢筋下料表》是工程施工所必需的表格，钢筋工尤其需要这样的表格，因为它可以指导钢筋工进行钢筋下料（图4-2）。

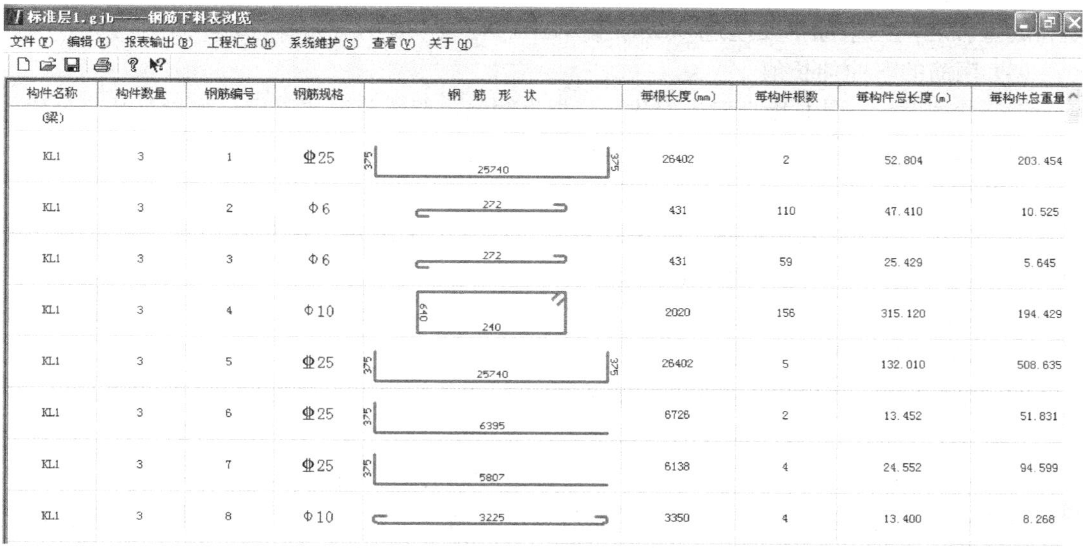

标准层1.gjb——钢筋下料表浏览

文件(F) 编辑(E) 报表输出(B) 工程汇总(H) 系统维护(S) 查看(V) 关于(H)

构件名称	构件数量	钢筋编号	钢筋规格	钢 筋 形 状	每根长度(mm)	每构件根数	每构件总长度(m)	每构件总重量
(梁)								
KL1	3	1	Φ25	375 25740 375	26402	2	52.804	203.454
KL1	3	2	Φ6	272	431	110	47.410	10.525
KL1	3	3	Φ6	272	431	59	25.429	5.645
KL1	3	4	Φ10	610 240	2020	156	315.120	194.429
KL1	3	5	Φ25	375 25740 375	26402	5	132.010	508.635
KL1	3	6	Φ25	375 6395	6726	2	13.452	51.831
KL1	3	7	Φ25	375 5807	6138	4	24.552	94.599
KL1	3	8	Φ10	3225	3350	4	13.400	8.268

图 4-2

本节将介绍《钢筋下料表》的主要内容，重点内容是《钢筋下料表》中的“每根长度”的计算，其中要考虑“钢筋弯曲伸长”的影响。

(1)《钢筋下料表》与《工程钢筋表》的相同点与不同点

《钢筋下料表》的内容与《工程钢筋表》相似，也具有下列的项目：构件编号、构件数量、钢筋编号、钢筋规格、钢筋形状、钢筋根数、每根长度、每构件长度、每构件重量、总重量。

其中，《钢筋下料表》的构件编号、构件数量、钢筋编号、钢筋规格、钢筋形状、钢筋根数这些项目与《工程钢筋表》完全一致，只是在“每根长度”这个项目上，《钢筋下料表》与《工程钢筋表》有很大的不同：

《工程钢筋表》某根钢筋的“每根长度”是钢筋形状中各段细部尺寸之和；

而《钢筋下料表》某根钢筋的“每根长度”不仅是钢筋各段细部尺寸之和，而且还要扣减在钢筋弯曲加工中的弯曲伸长值。

要了解钢筋的弯曲伸长值，还得从钢筋的弯曲加工操作谈起。

(2) 钢筋的弯曲加工操作

在弯曲钢筋的操作中，除了直径较小的钢筋（一般是 6mm、8mm、10mm 直径的钢筋）采用钢筋扳子进行手工弯曲之外，直径较大的钢筋都是采用钢筋弯曲机来进行钢筋弯曲的工作。

钢筋弯曲机的工作盘上面有成型轴和心轴，工作台上还有挡铁轴用以固定钢筋。在弯曲钢筋时工作盘转动，靠成型轴和心轴的力矩来使钢筋弯曲。钢筋弯曲机工作盘的转动是可以变速的，工作盘转速快，可以弯曲直径较小的钢筋；工作盘转速慢，可以弯曲直径较大的钢筋。

在弯曲不同直径的钢筋时，心轴和成型轴是可以更换成不同直径的。更换的原则是：

要考虑到弯曲钢筋的内圆弧，这样心轴直径应该是钢筋直径的2.5～3倍，同时钢筋在心轴和成型轴之间的空隙不要超过2mm。

(3) 钢筋的弯曲伸长值

钢筋弯曲之后，其长度会发生变化。一根直钢筋，弯曲几道弯以后，测量其几个分段的长度相加起来，其长度的汇总值超过了直钢筋原来的长度，这就是"弯曲伸长"的影响。

弯曲伸长的原因是：

1) 钢筋经过弯曲之后，弯角处不是直角，而是一个圆弧。但是我们量度钢筋是从钢筋外边缘线的交点量起，这样就把钢筋量长了；

2) 测量钢筋长度时，是量外包尺寸作为量度标准，这样就会把一部分长度重复测量了，尤其是弯曲90°及90°以上的钢筋；

3) 钢筋在实施弯曲操作的时候，在弯曲变形的外侧圆弧上会发生一定的伸长。

实际上，影响钢筋弯曲伸长的因素很多，不同的钢筋种类、不同的钢筋直径、弯曲操作时选用不同的钢筋弯曲机的心轴直径等，都会对钢筋的弯曲伸长率带来不同的影响。因此，应该在钢筋弯曲实际操作中收集实测数据，根据施工实践的第一手资料来确定具体的弯曲伸长率。现在有不少人单纯依靠几何图形的数值计算来测定"弯曲伸长率"，显然有失偏颇。

不过，在这里把当年进行钢筋工技术培训的某些数据开列于下，仅供大家参考：

几种角度的钢筋弯曲伸长率（d 为钢筋直径）

弯曲角度	30°	45°	60°	90°	135°
伸长率	0.35d	0.5d	0.85d	2d	2.5d

4.7 平法梁图上作业法

在编制平法钢筋自动计算软件的过程中，经常进行软件测试工作，就是把计算机软件计算出来的结果和手工计算的结果进行比较。我在进行手工计算的时候，习惯把计算手稿写得整整齐齐的。不想这样一来，倒整理出一个"平法梁图上作业法"来。

所以，所谓"平法梁图上作业法"就是一个手工计算平法梁钢筋的方法。它把平法梁的原始数据（轴线尺寸、集中标注和原位标注）、中间的计算过程和最后的计算结果都写在一张草稿纸上，层次分明，数据关系清楚，便于检查，提高了计算的可靠性和准确性。现在把这个方法介绍给大家，希望大家也能创造出更好的计算方法。

4.7.1 平法梁图上作业法的操作步骤

下面结合一个实例来介绍"平法梁图上作业法"的操作步骤。这个例子是一个普通的三跨框架梁。

〖平法梁图上作业法实例之一〗

以KL1(3)为例：那是一个3跨的框架梁，无悬挑。

KL1的截面尺寸为250×700，第一、三跨轴线跨度为6000mm，第二跨轴线跨度为1800mm，框架梁的集中标注和原位标注如图4-3所示。

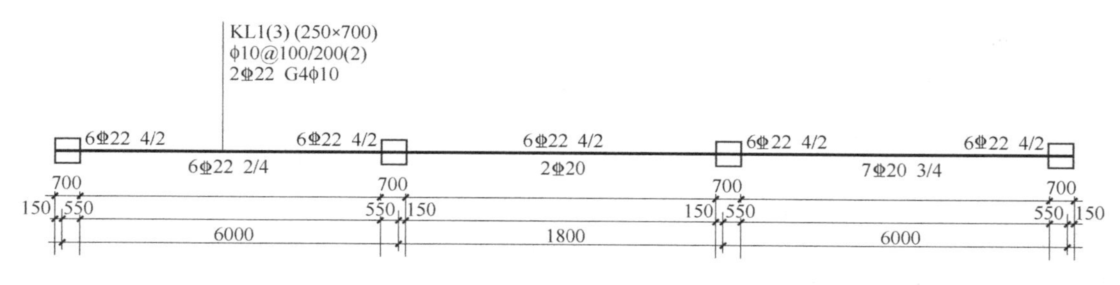

图 4-3

作为支座的框架柱 KZ1 截面尺寸为 700×750，作为 KL1 支座的宽度为 700mm，支座偏中情况：对于第一、三跨来说是偏内 550mm，偏外 150mm。

混凝土强度等级 C30，一级抗震等级。

（1）“平法梁图上作业法”的目标

1）目标是：根据“平法梁”的原始数据，计算钢筋。

2）原始数据：

① 轴线数据、柱和梁的截面尺寸；

② “平法梁”集中标注和原位标注的数据。

3）计算结果：

各种钢筋规格、形状、细部尺寸、根数（包括梁的上部通长筋、支座负筋、架立筋、下部纵筋、侧面构造钢筋、侧面抗扭钢筋、箍筋和拉筋）。

（2）工具

1）多跨梁柱的示意图，不一定按比例绘制，只要表示出轴线尺寸、柱宽及偏中情况；

2）梁内钢筋布置的“七线图”（一般为上部纵筋 3 线、下部纵筋 4 线），要求不同的钢筋分线表示（图 4-4）；

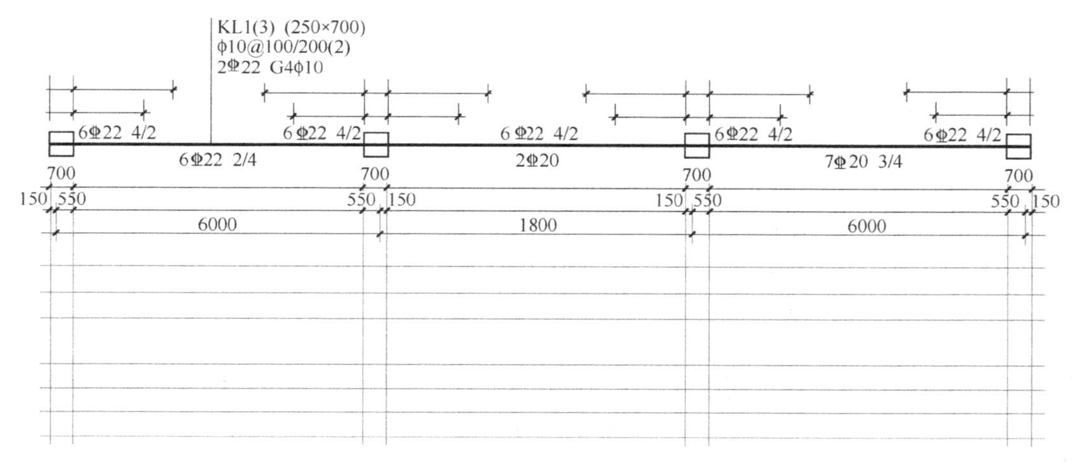

图 4-4

（说明：这样就避免了出现在梁的配筋构造详图中同一层面的钢筋互相重叠看不清楚的现象。）

3）同时，在每跨梁支座的左右两侧画出每跨梁 $l_n/3$ 和 $l_n/4$ 的大概位置；

4）图的下方空地用作中间数据的计算。如果有条件，可以把图中的原始数据、中间数据和计算结果用不同颜色的数据表示，更能便于观看。

（3）步骤

1）按一道梁的实际形状画出多跨梁柱的示意图，包括轴线尺寸、柱宽及偏中情况、每跨梁 $l_n/3$ 和 $l_n/4$ 的大概位置以及梁的"七线图"框架；

2）按照"先定性、后定量"的原则，画出梁的各层上部纵筋和下部纵筋的形状和分布图，同层次的不同形状或规格的钢筋要画在"七线图"中不同的线上，梁两端的钢筋弯折部分要按构造要求逐层向内缩进；

〖注〗缩进的层次由外向内分别为：梁的第一排上部纵筋、第二排上部纵筋；或者是梁的第一排下部纵筋、第二排下部纵筋（即所谓"1、2、1、2"配筋方案）。

3）标出每种钢筋的根数（图4-5）。

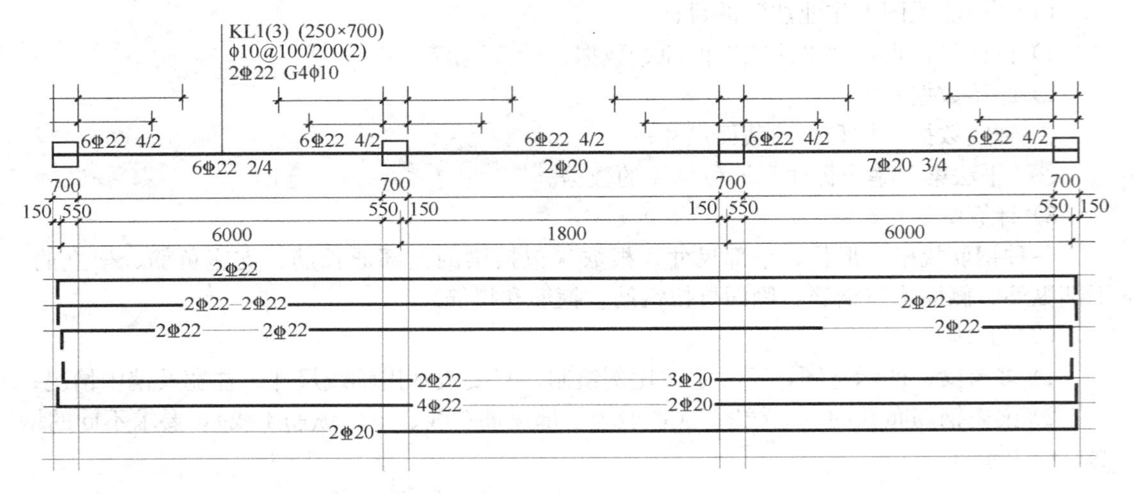

图 4-5

〖定性分析实例之一〗

以 KL1（3）为例：那是一个3跨的框架梁，无悬挑。先分析上部纵筋：

① 在集中标注中声明上部通长筋为2Φ22；

② 注意到第二跨的跨中上部进行了原位标注6Φ22 4/2，表示该跨左支座到右支座整个上部纵筋贯通，第一排纵筋4根，其中有2根为集中标注中声明的上部通长筋，另外2Φ22为局部贯通，第二排2Φ22为局部贯通；

③ 同时注意到第一跨右支座和第二跨左支座的原位标注均为6Φ22 4/2，除了2根为集中标注中声明的上部通长筋以外，余下的第一排2Φ22与第二跨的2Φ22形成局部贯通，余下的第二排2Φ22与第二跨的2Φ22形成局部贯通，这里的第一排和第二排的两种局部贯通筋由于 $l_n/3$ 和 $l_n/4$ 而形成了长度差别；

④ 同样，第三跨的左支座和第二跨的右支座的原位标注均为6Φ22 4/2，除了两根为集中标注中声明的上部通长筋以外，余下的第一排2Φ22与第二跨的2Φ22由于 $l_n/3$ 和 $l_n/4$ 而形成了长度差别；

⑤ 同时，第一跨的左支座和第三跨的右支座的上部纵筋伸入端支座，伸到柱纵筋内侧后弯直钩 15d，这些 15d 弯钩在端支座外侧形成了第一层和第二层的垂直层次；

上部纵筋分析完了，下面分析下部纵筋：

⑥ 第一跨的下部原位标注为 6Φ22 2/4，表示第一排下部纵筋为 4Φ22，第二排下部纵筋为 2Φ22，它们向右伸入中间支座的长度为 0.5h_c+5d 和 l_{aE}的最大者，向左伸入端支座尽量伸到外侧，其 15d 弯钩在端支座外侧形成了第一层和第二层的垂直层次（说明：我们在这个例子中执行"1、2、1、2"方案）；

⑦ 第二跨下部原位标注为 2Φ20，我们注意到第三跨的下部原位标注为7Φ20 3/4，执行钢筋配筋的"连通原则"，我们把第二跨 2Φ20 的下部纵筋和第三跨第一排下部纵筋 4Φ20中的 2Φ20 进行局部贯通处理；

⑧ 第三跨的下部原位标注为 7Φ20 3/4，表示第一排下部纵筋为 4Φ20，除了和第二跨的 2Φ20 局部贯通以外，还余下 2Φ20，第二排下部纵筋为 3Φ20，它们向左伸入中间支座的长度为 0.5h_c+5d 和 l_{aE}的最大者，向右伸入端支座尽量伸到外侧，其 15d 弯钩在端支座外侧形成了第一层和第二层的垂直层次（说明：我们在这个例子中执行"1、2、1、2"方案）；

⑨ 至此，KL1(3) 纵向钢筋的定性分析全部完成。

下面开始进行定量计算：

4）根据梁下方标出轴线尺寸、柱宽及偏中数据。

〖KL1(3) 计算实例〗

注意框架柱偏中的方向不要搞错了，对于第一跨和第三跨来说，KZ1 内偏 550mm、外偏 150mm。

5）计算并标出每跨梁的净跨尺寸、l_n/3 和 l_n/4 等数据（图 4-6）。

〖KL1(3) 计算实例〗

第一跨和第三跨的净跨长度＝6000－550×2＝4900mm

第二跨的净跨长度＝1800－150×2＝1500mm

由于第一跨和第三跨的净跨长度大于第二跨的净跨长度，所以计算端支座和中间支座的 l_n/3 和 l_n/4 时，均采用 4900mm 作为净跨长度计算，即

$$l_n/3=4900/3=1633\text{mm}$$

$$l_n/4=4900/4=1225\text{mm}$$

6）在图下方的中间数据区，计算"所有的弯折长度都为 15d"、l_{aE}的数值、"直锚部分长度梯度"的数值（第一排上部纵筋、第二排上部纵筋、第一排下部纵筋、第二排下部纵筋）。

〖KL1(3) 计算实例〗

Φ22 钢筋的 15d 垂直段长度＝15×22＝330mm

Φ20 钢筋的 15d 垂直段长度＝15×20＝300mm

l_{aE}按 HRB400 级钢筋、C30 混凝土计算，

Φ22 钢筋的 l_{aE}＝40d＝40×22＝880mm

Φ20 钢筋的 l_{aE}＝40d＝40×20＝800mm

第一排上部纵筋的直锚长度＝700－30－25－25＝620mm

第二排上部纵筋的直锚长度＝620－25－25＝570mm

第一排下部纵筋的直锚长度＝700－30－25－25＝620mm

第二排下部纵筋的直锚长度＝620－25－25＝570mm

上述4个直段长度均大于 $0.4l_{abE}$（计算过程从略）。

7）计算“$0.5h_c+5d$”的数值，并把它与“l_{aE}”比较，取其大者作为中间支座锚固长度；

〖KL1（3）计算实例〗

以Φ22为例：$0.5h_c+5d=0.5\times700+5\times22=460\text{mm}<880\text{mm}$（$l_{aE}$）

所以，我们取 l_{aE} 为纵筋伸入中间支座的锚固长度，对于Φ22为880mm，对于Φ20为800mm。

8）根据已有的数据计算每根钢筋的长度，并把它标在相应的钢筋上（图4-6）；

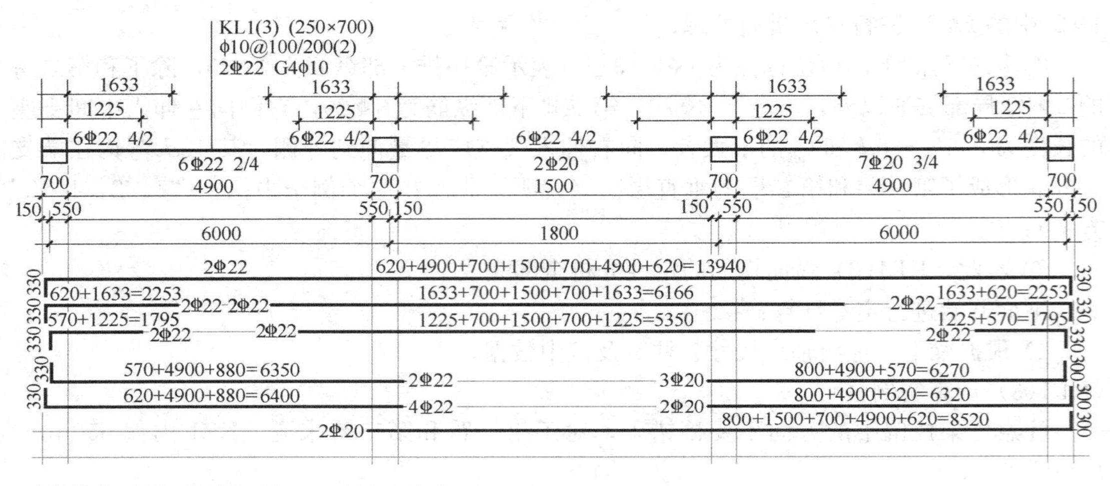

直钩长度：$15d=15\times22=330\text{mm}$，$15d=15\times20=300\text{mm}$；

l_{aE}：二级抗震，HRB400普通钢筋，$d\leqslant25\text{mm}$，C30：$40d=40\times22=880\text{mm}$，$40d=40\times20=800\text{mm}$；

端支座直锚部分长度：（第一排纵筋）＝700－30－25－25＝620mm，

（第二排纵筋）＝620－25－25＝570mm；

中间支座：$0.5h_c+5d=0.4\times700+5\times22=460\text{mm}<l_{aE}$，所以，以 l_{aE} 作为中间支座纵筋的锚固长度。

图4-6

〖KL1(3)计算实例〗

（以下计算的是水平段的尺寸，原始数据由左向右列举）

上部通长筋：620＋4900＋700＋1500＋700＋4900＋620＝13940mm

第一跨支座负筋：（第一排）620＋1633＝2253mm

（第二排）570＋1633＝1795mm

第三跨支座负筋：（第一排）1633＋620＝2253mm

（第二排）1633＋570＝1795mm

跨越中间支座的上部纵筋：（第一排）1633＋700＋1500＋700＋1633＝6166mm

（第二排）1225＋700＋1500＋700＋1225＝5350mm

第一跨下部纵筋：（第一排）620＋4900＋880＝6400mm

（第二排）570＋4900＋880＝6350mm

第三跨下部纵筋：（第一排）800＋4900＋620＝6320mm

（第二排）800＋4900＋570＝6270mm

第二跨和第三跨的局部贯通下部纵筋：800＋1500＋700＋4900＋620＝8520mm。

9）下面进行箍筋的计算：画出箍筋的形状，计算并标出箍筋的细部尺寸（图 4-7）。

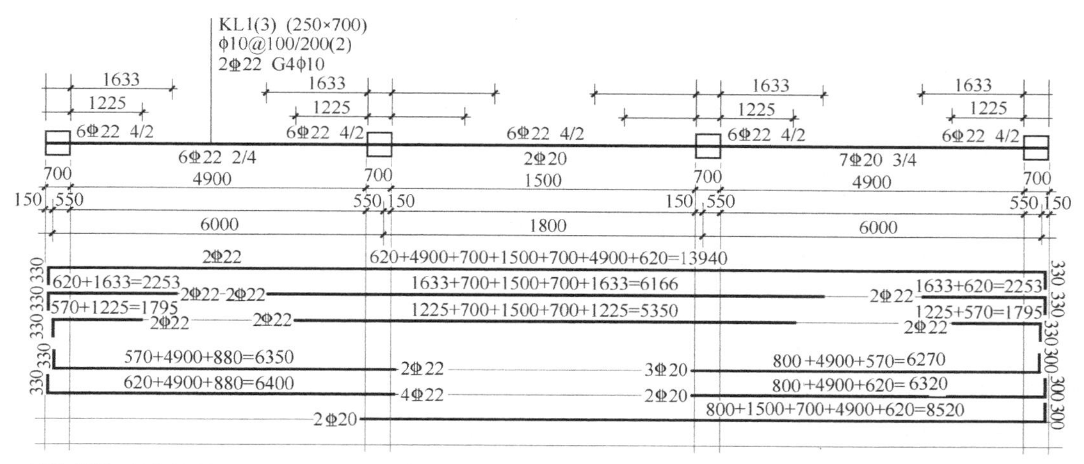

直钩长度：15d=15×22=330mm，15d=15×20=300mm；

l_{aE}：二级抗震，HRB400普通钢筋，d≤25mm，C30：40d=40×22=880mm，40d=40×20=800mm；

端支座直锚部分长度：（第一排纵筋）=700−30−25−25=620mm，

（第二排纵筋）=620−25−25=570mm；

中间支座：0.5h_c+5d=0.5×700+5×22=460mm<l_{aE}，所以，以l_{aE}作为中间支座纵筋的锚固长度

640 190 2h_b=2×700=1400>500mm，所以，箍筋加密区长度为1400mm，ϕ10箍筋总根数=39+15+39=93

其中：第一跨加密区(1400−50)/100+1=15根，非加密区(4900−1450×2)/200−1=9根，箍筋根数=15+9+15=39根

第三跨同第一跨。第二跨全部为加密区(1500−50×2)/100+1=15根；

ϕ10构造钢筋：锚固长度=15d=15×10=150mm，第一、三跨 150+4900+150=5200，第二跨 150+1500+150=1800。

图 4-7

〖KL1(3) 计算实例〗

下面计算的是箍筋的标注尺寸 b 和 h（净内尺寸）。

KL1 的截面尺寸（见集中标注）为 250×700，C30 的梁箍筋保护层为 20mm，梁纵筋保护层＝20＋10＝30，所以

$$b=250-60=190\text{mm}$$

$$h=700-60=640\text{mm}$$

10）计算"$2h_b$"的数值，并把它与"500"比较，取其大者作为箍筋加密区尺寸。

［注：本例为一级抗震，所以加密区长度为 max($2h_b$,500)。］

〖KL1(3) 计算实例〗

2×700＝1400mm＞500mm，所以取 1400mm 作为箍筋加密区尺寸。

11）逐跨计算箍筋根数（图 4-7）：

① 在柱侧面标出"50"（表示从柱内侧 50mm 处开始布置箍筋）；

② 标出"箍筋加密区－50"的数值（加密区可在数字下划线以示区别）；

③ 计算并标出"箍筋非加密区"的数值；

④ 分别计算每个"加密区"和"非加密区"的箍筋根数，并标注在相应区域上方；

〖注〗加密区箍筋根数＝范围/间距＋1，非加密区箍筋根数＝范围/间距－1。

注意"箍筋根数计算的要求"，即"小数位只入不舍"。

⑤ 计算出箍筋总根数。

〖KL1（3）计算实例〗

在第二跨的计算中，发现左右支座的1400mm箍筋加密区的长度之和大于净跨长度1500mm，所以该跨整个都为箍筋加密区，其箍筋个数=(1500−50−50)/100+1=15个。

第一跨的计算：先计算每个箍筋加密区的箍筋个数=1350/100+1=15个，这里考虑了“小数部分的进位”，所以需要进行“实际箍筋加密区长度的修正”：

(15−1)×100+50=1450mm

因此，实际的箍筋非加密区长度应为4900−1450−1450=2000mm

非加密区的箍筋个数=2000/200−1=9个

最后，计算第一跨的箍筋个数合计=15+9+15=39个

同理，第三跨的箍筋个数合计=15+9+15=39个

整个KL1(3)的箍筋总数=39+15+39=93个。

12）计算梁的“侧面构造钢筋”（如：G4Φ10），其锚固长度为15d（图4-7）；

〖KL1（3）计算实例〗

第一跨和第三跨的侧面构造钢筋：15×10+4900+15×10=5200mm

第二跨的侧面构造钢筋：15×10+1500+15×10=1800mm

13）计算侧面构造钢筋的“拉筋”（如Φ8）；

我们在这里选用的拉筋形状为“S”形钢筋（即拉筋的弯钩一个向左，另一个向右）。

拉筋要同时钩住侧面构造钢筋和箍筋，因此拉筋的弯钩在箍筋的外面。

拉筋的直段长度=190+10×2+8×2=226mm

14）计算梁的“侧面抗扭钢筋”（如：N4Φ16），其锚固长度为l_{aE}。

梁的侧面抗扭钢筋节点构造同梁的下部纵筋。

本例中没有侧面抗扭钢筋。

4.7.2 框架梁带悬挑端的计算例子

上一节讲到的普通框架梁计算例子的KL1，是一个三跨框架梁，无悬挑。本节要讲的KL2的计算例子，就是在KL1的基础上增加一个悬挑端。

〖平法梁图上作业法实例之二〗

以KL2(3A)为例：那是一个3跨的框架梁，一头带悬挑。

KL2的截面尺寸为250×700，第一、三跨轴线跨度为6000mm，第二跨轴线跨度为1800mm；悬挑端从轴线外挑2400mm，截面尺寸为250×500/300。框架梁的集中标注和原位标注见图4-8所示。

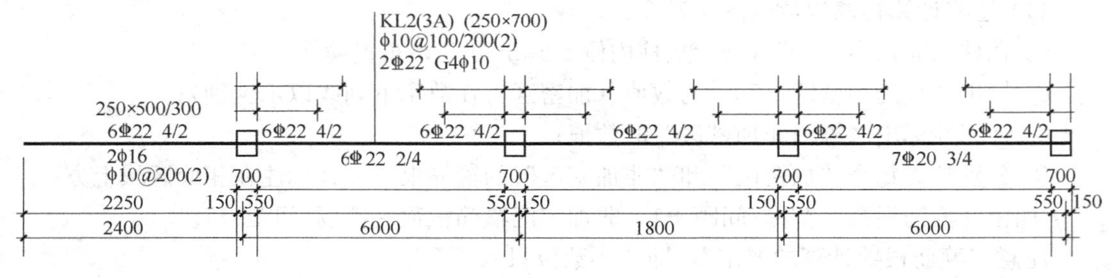

图4-8

作为支座的框架柱KZ1截面尺寸为700×750，作为KL2支座的宽度为700mm，支座偏中情况：对于第一、三跨来说是偏内550mm，偏外150mm。

混凝土强度等级C30，一级抗震等级。

〖定性分析〗

KL2(3A) 与KL1(3) 的结构大体相同，下面只分析悬挑端的影响（图4-9）。

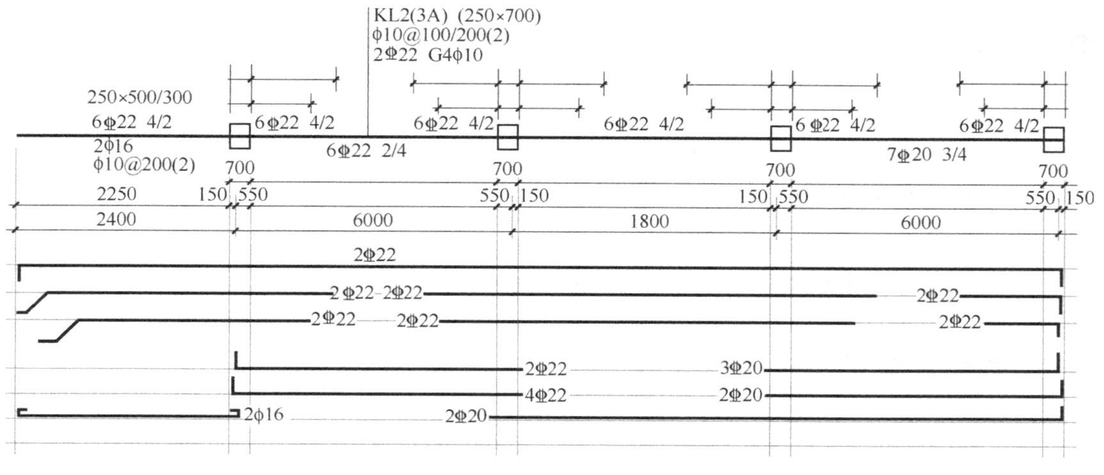

图4-9

① 悬挑端的上部原位标注为6Φ22 4/2，恰巧与第一跨的左支座上部原位标注相同；

② 上部通长筋2Φ22一直通到悬挑端，并且上部通长筋都应该放置在箍筋的两个顶角处，这两根悬挑端的角筋应该一直伸到悬挑端的尽端，然后下弯90°直到梁底；

③ 悬挑端的第一排上部纵筋为4Φ22，除了上部通长筋2Φ22以外，还余下2Φ22（恰巧是第一排上部纵筋根数的一半）作45°角的弯下处理，在斜边的前端还有10d的平直段；（说明：这根悬挑端不是"短悬挑梁"，因为$L>4h_b$，所以应该在端部附近作45°下弯。）

④ 悬挑端的第二排上部纵筋为2Φ22，它只伸出支座0.75L的长度（L为悬挑的净长度），悬挑端的第二排上部纵筋与第一跨左支座的第二排上部纵筋构成局部贯通筋；

⑤ 悬挑端的下部纵筋为2ϕ16，它伸入支座15d；

⑥ 由于有了悬挑端而且悬挑端上部纵筋配筋值与第一跨相同，所以第一跨左支座的上部纵筋不再弯钩15d，而直接伸到悬挑端上；第一跨左支座的第一排和第二排下部纵筋的15d弯钩在端支座外侧形成了第一层和第二层的垂直层次；

⑦ 其余部分的钢筋分析同KL1(3)，这里就不再重复了。

〖定量计算〗

在这里我们只进行和KL1不同部分的计算。

（以下计算的是水平段或斜坡段的尺寸，原始数据由左向右列举）

① 上部通长筋：与悬挑端的上部角筋贯通

$$2225+700+4900+700+1500+700+4900+620=16245\text{mm}$$

② 第一跨支座负筋（第一排）：与悬挑端（中间的两根）上部纵筋贯通

那是两根在悬挑端尽端作45°弯下的钢筋：

端部下方的平直段（10d）：10×22＝220mm

斜坡段（45°角）：240×1.4＝336mm（斜坡段的投影长度＝240mm）

钢筋上部的平直段＝(2225－220－250)＋700＋1633＝4088mm

③ 第一跨支座负筋（第二排）：与悬挑端（第二排）上部纵筋贯通

悬挑端第二排上部纵筋的外伸长度为 0.75L，然后弯下斜坡段（45°角），端部下方的平直段 10d：

端部下方的平直段（10d）：10×22＝220mm

斜坡段（45°角）：243×1.4＝340mm（0.75L 处的斜坡段投影长度＝243mm）

（注：350－60－22－25＝243）

钢筋上部的平直段长度＝0.75×2250＋700＋1225＝3613mm

④ 悬挑端的下部纵筋：

钢筋的直段长度＝2225＋15×16＝2465mm

⑤ 其余部分的钢筋计算同 KL1(3)，这里就不再重复了。

4.8 钢筋计算中常用的基本数据

本节介绍钢筋计算中常用的基本数据，主要有：钢筋的保护层、钢筋的锚固长度、钢筋的搭接长度和钢筋的每米重量。

4.8.1 钢筋的保护层

16G101-1 第 56 页和 16G101-3 第 57 页给出了“混凝土保护层的最小厚度”，但由于 16G101-3 图集的“混凝土保护层的最小厚度”内容更多一些，所以本书录用的是后者（可以看出，“≤C25”的数值比“≥C30”的数值多了 5mm）。

混凝土保护层的最小厚度（mm）

环境类别	板、墙		梁、柱		基础梁（顶面和侧面）		独立基础、条形基础、筏形基础（顶面和侧面）	
	≤C25	≥C30	≤C25	≥C30	≤C25	≥C30	≤C25	≥C30
一	20	15	25	20	25	20	—	—
二 a	25	20	30	25	30	25	25	20
二 b	30	25	40	35	40	35	30	25
三 a	35	30	45	40	45	40	35	30
三 b	45	40	55	50	55	50	45	40

注：

1. 表中混凝土保护层厚度指最外层钢筋外边缘至混凝土表面的距离，适用于设计使用年限为 50 年的混凝土结构。

2. 构件中受力钢筋的保护层厚度不应小于钢筋的公称直径 d。

3. 一类环境中，设计使用年限为 100 年的结构最外层钢筋的保护层厚度不应小于表中数值的 1.4 倍；二、三类环境中，设计使用年限为 100 年的结构应采取专门的有效措施。

4. 钢筋混凝土基础宜设置混凝土垫层，基础底部的钢筋的混凝土保护层厚度应垫层顶面算起，且不应小于 40mm；无垫层时，不应小于 70mm。

5. 桩基承台及承台梁：承台底面钢筋的混凝土保护层厚度，当有混凝土垫层时，不应小于 50mm，无垫层时不应小于 70mm；此外尚不应小于桩头嵌入承台内的长度。

〖新规范对混凝土保护层的调整〗

以上内容出自混凝土结构设计规范 GB 50010—2010 的第 8.2 节。根据我国对混凝土结构耐久性的调研及分析，并参考《混凝土结构耐久性设计规范》GB/T 50476 以及国外相应规范、标准的有关规定，新规范对混凝土保护层的厚度进行了一下调整。

可以看到，新规范是按平面构件（板、墙、壳）及杆状构件（梁、柱、杆）分两类确定保护层厚度的，表中不再列入混凝土强度等级的影响，C30 及以上统一取值，C25 及以下均增加 5mm。

新规范明确按结构最外层钢筋计算钢筋的混凝土保护层厚度。这是因为从混凝土碳化、脱钝和钢筋锈蚀的耐久性角度考虑，不再以纵向受力钢筋的外缘，而以最外层钢筋（包括箍筋、构造钢筋、分布筋等）的外缘计算混凝土保护层厚度。因此本次修订后的保护层实际厚度比原规范实际厚度有所加大。

在新规范编制的过程中，曾经由许多设计单位运用新规范对一些工程进行了试设计。试设计的经验说明，对于一般环境下混凝土结构的保护层厚度稍有增加，而对恶劣环境下的保护层厚度则增幅较大。保护层厚度的增加，意味着梁截面有效高度的减小，这将会导致钢筋用量的增加。

然而，新规范的另一个内容的修改，将会导致混凝土结构工程的用钢量大为减少，这就是钢筋材料的新规定。

〖新旧规范引起的保护层厚度的变化〗

旧规范以纵筋外缘计算保护层。以梁为例，就是以梁的受力纵筋计算保护层厚度。C25 及以上的保护层厚度为 25mm，C20 及以下的保护层厚度为 30。

新规范按结构最外层钢筋计算钢筋的混凝土保护层厚度。而且表中不再列入强度等级的影响，C30 及以上统一取值，C25 及以下均增加 5mm。以梁为例，就是以梁的箍筋外缘计算保护层厚度，C30 及以上的保护层厚度为 20mm，C25 及以下的保护层厚度为 20＋5＝25mm。

我们看看新旧规范的规定会引起保护层厚度有哪些具体的变化。

以框架梁为例，旧规范框架梁以纵筋外缘计算保护层，C30 的保护层厚度为 25mm。而新规范以梁箍筋外缘计算的保护层厚度为 20mm。如果箍筋直径为 6mm，则纵筋的保护层厚度为 26mm，比旧规范的保护层厚度增加了 1mm；如果箍筋直径为 8mm，则纵筋的保护层厚度为 28mm，比旧规范的保护层厚度增加了 3mm。

如果混凝土强度等级为 C25，则新规范的保护层就更大了。查“保护层表”得知箍筋保护层为 20mm，根据“混凝土强度等级不大于 C25 时，表中保护层厚度数值应增加 5mm”的规定，箍筋保护层厚度应为 20＋5＝25mm。如果箍筋直径为 6mm，则纵筋的保护层厚度为 31mm，比旧规范的保护层厚度增加了 6mm；如果箍筋直径为 8mm，则纵筋的保护层厚度为 33mm，比旧规范的保护层厚度增加了 8mm。

〖受力钢筋的保护层〗

新规范仍然规定“构件受力钢筋的保护层不应小于钢筋的公称直径 d”，所以，我们在执行按“结构最外层钢筋计算钢筋的混凝土保护层厚度”的同时，仍要注意检验各种构件受力钢筋的保护层是否满足大于等于钢筋直径 d 的要求。

对于墙、板构件来说，“结构最外层钢筋”一般就是墙、板构件的受力钢筋，所以“结构最外层钢筋”的保护层厚度就是墙、板构件受力钢筋的保护层厚度，不存在什么问题。

然而，对于梁、柱构件来说，“结构最外层钢筋”却是梁、柱构件的箍筋，而箍筋里面才是梁、柱构件的受力钢筋。所以，我们在进行梁、柱构件的钢筋计算时，总是先查表得到梁、柱构件的“箍筋保护层厚度”，再计算出梁、柱构件的“纵筋保护层厚度”。

我们在过去的钢筋计算中，习惯了从梁、柱构件的“纵筋保护层厚度”入手进行构件的钢筋计算，例如箍筋的尺寸量度，也习惯于“内皮尺寸”的标注。因此，在这本书的所有例题中，我们都是从“箍筋保护层厚度”得出“纵筋保护层厚度”，然后再进行后续的其他计算。这样，许多以前的计算程序在新环境下也能继续运行。

〖注意施工图设计中有无关于保护层的变更〗

《混凝土结构设计规范》GB 50010—2010 的第 8.2.2 节指出：

当有充分依据并采取下列措施时，可适当减小混凝土保护层的厚度。

1. 构件表面有可靠的防护层；

2. 采用工厂化生产的预制构件；

3. 在混凝土中掺加阻锈剂或采用阴极保护处理等防锈措施；

4. 当对地下室墙体采取可靠的建筑防水做法或防护措施时，与土层接触一侧钢筋的保护层厚度可适当减少，但不应小于 25mm。

新规范指出采取某些措施“可适当减小混凝土保护层的厚度”。这是因为，根据工程经验及具体情况采取有效的综合措施，可以提高构件的耐久性能，减小保护层的厚度。

其中第一条措施就是“构件表面有可靠的防护层”。规范的条文说明指出，“构件的表面防护层是指表面抹灰层以及其他各种有效的保护性涂料层”。在实际工程中，许多构件都有抹灰层，但是这些构件能够减小多少的保护层厚度呢？还有，哪些涂料层能够对构件表面实施“有效的保护”，而又能导致构件减小多少的保护层厚度呢？这些具体的问题，在新规范中没有作出明确的规定，这也是具体工程中设计人员和施工人员需要注意解决的问题。（因此，在阅读施工图的时候，尤其要注意在设计说明中有没有关于“保护层”的有关条款。）

如果在施工图设计中有关于保护层的变更，则按施工图的规定执行；如果施工图设计中没有关于保护层的特殊说明，则按标准图集的规定执行。

〖对保护层采取的构造措施〗

16G101-1 第 57 页（16G101-3 第 58 页）本页注 2 指出：

“当锚固钢筋的保护层厚度不大于 $5d$ 时，锚固钢筋长度范围内应设置横向构造钢筋，其直径不应小于 $d/4$（d 为锚固钢筋的最大直径）；对梁、柱等构件间距不应大于 $5d$，对板、墙等构件间距不应大于 $10d$，且均不应大于 100mm（d 为锚固钢筋的最小直径）。"

上述规定在柱插筋和墙插筋在基础中的锚固中，得到了应用。标准图集的这条规定，来自《混凝土结构设计规范》GB 50010—2010 的第 8.3.1 条。

《混凝土结构设计规范》GB 50010—2010 的第 8.2.3 条还指出：

"当梁、柱、墙中纵向受力钢筋的保护层厚度大于 50mm 时，宜对保护层采取有效的构造措施。当在保护层内配置防裂、防剥落的钢筋网片时，网片钢筋的保护层厚度不应小于 25mm。"

上述的这一条规定在平法标准图集中没有出现，但是，这是实际工程中设计人员和施工人员都要注意的一个问题。

〖关于钢筋保护层的讨论〗

〖问〗

梁的侧面构造钢筋的拉筋同时钩住构造钢筋和箍筋，墙的拉筋同时钩住竖向分布筋和外层的水平分布筋，这样拉筋的弯钩在箍筋的外面，造成拉筋弯钩的保护层厚度不足 15mm，怎么办?

〖答〗

保护层是保护一个面或一条线，不保护一个点的。所以，拉筋弯钩的保护层厚度不足 15mm 是正常现象。

还有一种说法，即构件的保护层只需要保护钢筋的纵向，钢筋的端头允许外露（可以在安装和装修时处理）。

〖问〗

16G101-1 图集第 56 页的表格名称是"混凝土保护层最小厚度"，是不是意味着这是保护层厚度的最小要求，保护层厚度越大越好吗?

〖答〗

虽然 16G101-1 图集第 56 页的表格名称是"混凝土保护层最小厚度"，例如，在混凝土强度等级为 C30 的情况下，梁箍筋保护层的最小厚度为 20mm，如果此时箍筋的直径是 10mm，则此时受力纵筋保护层为 20＋10＝30mm。

在施工中不要随便增大混凝土保护层的厚度。因为，如果增大了梁的上部纵筋和下部纵筋的保护层厚度，就会减小梁上部纵筋到梁底的高度或梁下部纵筋到梁顶的高度，即降低了梁的"有效高度"。结构设计师是按照原定的有效高度计算梁的配筋的，如果在施工中降低了梁的有效高度，就等于违背了设计意图，降低了梁的承载能力，这是相当危险的事情。

4.8.2 钢筋的锚固长度

16G101-1 图集给出了"受拉钢筋基本锚固长度 l_{ab}"、"抗震设计时受拉钢筋基本锚固长度 l_{abE}"、"受拉钢筋锚固长度 l_a" 和 "受拉钢筋抗震锚固长度 l_{aE}" 四个具体的表格，在实际工作中大家直接查表即可。

1. 受拉钢筋锚固长度

在 16G101-1 图集第 57 页中，把原先 11G101-1 的"受拉钢筋基本锚固长度 l_{ab}、l_{abE}"

表劈开，分成了现在的“受拉钢筋基本锚固长度 l_{ab}”、“抗震设计时受拉钢筋基本锚固长度 l_{abE}”，当然，表格中的数值是不会改变的。

受拉钢筋基本锚固长度 l_{ab}

钢筋种类	混凝土强度等级		
	C20	C25	C30
HPB300	39d	34d	30d
HRB335、HRBF335	38d	33d	29d
HRB400、HRBF400、RRB400	—	40d	35d
HRB500、HRBF500	—	48d	43d

抗震设计时受拉钢筋基本锚固长度 l_{abE}

钢筋种类及抗震等级		混凝土强度等级		
		C20	C25	C30
HPB300	一、二级	45d	39d	35d
	三级	41d	36d	32d
HRB335 HRBF335	一、二级	44d	38d	33d
	三级	40d	35d	31d
HRB400 HRBF400	一、二级	—	46d	40d
	三级	—	42d	37d
HRB500 HRBF500	一、二级	—	55d	49d
	三级	—	50d	45d

在新的表格中，再也不出现“非抗震”的字眼，因为在16G101-1图集中取消了“非抗震”。在新表格中也没有出现“四级（抗震）”的字眼，而在表格下面的附注中说明：“四级抗震时，$l_{abE}=l_{ab}$”。

表格下方的“注2”的内容是经常使用的：

“当锚固钢筋的保护层厚度不大于5d时，锚固钢筋长度范围内应设置横向构造钢筋，其直径不应小于$d/4$（d为锚固钢筋的最大直径）；对梁、柱等构件间距不应大于5d，对板、墙等构件间距不应大于10d，且均不应大于100（d为锚固钢筋的最小直径）。”

〖l_{abE}和l_{ab}的关系〗

l_{abE}和l_{ab}满足下面的关系：

$$l_{abE}=\zeta_{aE}\times l_{ab}$$

ζ_{aE}为抗震锚固长度修正系数，对一、二级抗震等级取1.15，对三级抗震等级取1.05，对四级抗震等级取1.00。

2. 受拉钢筋锚固长度

16G101-1图集第58页给出了两个表格：“受拉钢筋锚固长度 l_a”、“受拉钢筋抗震锚固长度 l_{aE}”，在实际工作中直接查表即可。

受拉钢筋锚固长度 l_a

钢筋种类	混凝土强度等级				
	C20	C25		C30	
	$d\leqslant25$	$d\leqslant25$	$d>25$	$d\leqslant25$	$d>25$
HPB300	39d	34d	—	30d	—
HRB335、HRBF335	38d	33d	—	29d	—
HRB400、HRBF400、RRB400	—	40d	44d	35d	39d
HRB500、HRBF500	—	48d	53d	43d	47d

受拉钢筋抗震锚固长度 l_{aE}

钢筋种类及抗震等级		混凝土强度等级				
		C20	C25		C30	
		$d\leqslant25$	$d\leqslant25$	$d>25$	$d\leqslant25$	$d>25$
HPB300	一、二级	45d	39d	—	35d	—
	三级	41d	36d	—	32d	—
HRB335 HRBF335	一、二级	44d	38d	—	33d	—
	三级	40d	35d	—	30d	—
HRB400 HRBF400	一、二级	—	46d	51d	40d	45d
	三级	—	42d	46d	37d	41d
HRB500 HRBF500	一、二级	—	55d	61d	49d	54d
	三级	—	50d	56d	45d	49d

表格下面的前三个注解是关于对上述表格数据的修正，其内容如下：

1. 当为环氧树脂涂层带肋钢筋时，表中数据尚应乘以 1.25。

2. 当纵向受拉钢筋在施工过程中易受扰动时，表中数据尚应乘以 1.1。

3. 当锚固长度范围内纵向受力钢筋周边保护层厚度为 3d、5d（d 为锚固钢筋的直径）时，表中数据可分别乘以 0.8、0.7；中间时按内插值。

而“注 4”指出了上述三个修正系数的“连乘关系”：

“当纵向受拉普通钢筋锚固长度修正系数（注 1-注 3）多于一项时，可按连乘计算。”

在表格下方还有几条重要的注解：

5. 受拉钢筋的锚固长度 l_a、l_{aE}计算值不应小于 200。

6. 四级抗震时，$l_{aE}=l_a$。

7. 当锚固钢筋的保护层厚度不大于 5d 时，锚固钢筋长度范围内应设置横向构造钢筋，其直径不应小于 $d/4$（d 为锚固钢筋的最大直径）；对梁、柱等构件间距不应大于 5d，对板、墙等构件间距不应大于 10d，且均不应大于 100（d 为锚固钢筋的最小直径）。

（这个“第 58 页注 7”是实际工作中经常用到的。）

〖l_a和 l_{aE}是如何计算的〗

受拉钢筋锚固长度 l_a、抗震锚固长度 l_{aE}的计算公式：

$$l_a=\zeta_a\times l_{ab}$$

$$l_{aE}=\zeta_{aE}\times l_a$$

注：

1. 锚固长度修正系数 ζ_a 按下表取用，当多于一项时，可按连乘计算，但不应小于0.6。

受拉钢筋锚固长度修正系数 ζ_a

锚固条件		ζ_a	
带肋钢筋的公称直径大于25		1.10	
环氧树脂涂层带肋钢筋		1.25	
施工过程中易受扰动的钢筋		1.10	
锚固区保护层厚度	$3d$	0.80	注：中间时按内插值。d 为锚固钢筋直径。
	$5d$	0.70	

2. ζ_{aE}为抗震锚固长度修正系数，对一、二级抗震等级取1.15，对三级抗震等级取1.05，对四级抗震等级取1.00。

〖l_{aE}与 l_{abE}应用在不同的地方〗

在16G101-1图集中，基本锚固长度 l_{ab}或 l_{abE}一般用于弯锚的直段长度，而直锚长度一般使用 l_a或 l_{aE}。

〖l_{aE}与 l_{abE}的关系〗

从前面的介绍我们知道：

$l_{aE}=\zeta_{aE}\times l_a$

$l_a=\zeta_a\times l_{ab}$

则 $l_{aE}=\zeta_{aE}\times l_a=\zeta_{aE}\times(\zeta_a\times l_{ab})=\zeta_a\times\zeta_{aE}\times l_{ab}$

而 $l_{abE}=\zeta_{aE}\times l_{ab}$

所以 $l_{aE}=\zeta_a\times l_{abE}$

这就是说，l_{aE}等于基本锚固长度 l_{abE}乘以受拉钢筋锚固长度修正系数 ζ_a。

在实际工程中，如果在具体施工图设计中没有发生受拉钢筋锚固长度修正系数 ζ_a，则可以认为受拉钢筋锚固长度修正系数 ζ_a等于1，此时"$l_{aE}=l_{abE}$"。

其实，你只要仔细校对16G101-1第58页的（l_a、l_{aE}）表格数据（当 $d\leqslant 25$ 时），可以发现它们与第57页对应的（l_{ab}、l_{abE}）表格数据完全一致。

〖规范是如何计算基本锚固长度 l_{ab}的〗

其实，上述内容都来源于《混凝土结构设计规范》(GB 50010—2010)。从《混凝土结构设计规范》(GB 50010—2010）的第8.3.1节可以看到：

当计算中充分利用钢筋的抗拉强度时，受拉钢筋的锚固应符合下列要求：

1. 基本锚固长度应按下列公式计算：

普通钢筋 $$l_{ab}=\alpha(f_y/f_t)d \quad (8.3.1\text{-}1)$$

式中 l_{ab}——受拉钢筋的基本锚固长度；

f_y——普通钢筋的抗拉强度设计值；

f_t——混凝土轴心抗拉强度设计值，当混凝土强度等级高于 C60 时，按 C60 取值；

d——锚固钢筋的直径；

α——锚固钢筋的外形系数，按表 8.3.1 取用。

锚固钢筋的外形系数 α **表 8.3.1**

钢筋类型	光圆钢筋	带肋钢筋	螺旋肋钢丝	三股钢绞线	七股钢绞线
α	0.16	0.14	0.13	0.16	0.17

注：光圆钢筋末端应做 180°弯钩，弯后平直段长度不应小于 3d，但作受压钢筋时可不做弯钩。

普通钢筋强度设计值（N/mm^2） **表 4.2.3-1**

牌号	抗拉强度设计值 f_y	抗压强度设计值 f'_y
HPB300	270	270
HRB335、HRBF335	300	300
HRB400、HRBF400、RRB400	360	360
HRB500、HRBF500	435	435

混凝土轴心抗拉强度设计值（N/mm^2） **表 4.1.4-2**

强度	混凝土强度等级													
	C15	C20	C25	C30	C35	C40	C45	C50	C55	C60	C65	C70	C75	C80
F_t	0.91	1.10	1.27	1.43	1.57	1.71	1.80	1.89	1.96	2.04	2.09	2.14	2.18	2.22

使用规范公式(8.3.1-1）计算 l_{ab}的实例：

(1) 钢筋 HPB300，混凝土强度等级 C25

$$l_{ab}=\alpha(f_y/f_t)d=0.16(270/1.27)d=34.0157d\approx34d$$

(2) 钢筋 HRB335，混凝土强度等级 C25

$$l_{ab}=\alpha(f_y/f_t)d=0.14(300/1.27)d=33.0709d\approx33d$$

(3) 钢筋 HRB400，混凝土强度等级 C25

$$l_{ab}=\alpha(f_y/f_t)d=0.14(360/1.27)d=39.6850d\approx40d$$

可见，计算结果与 11G101-1 第 53 页（11G101-3 第 54 页）的表格《受拉钢筋基本锚固长度 l_{ab}、l_{abE}》的内容完全一致。标准图集只不过事先按照规范公式(8.3.1-1）把各种条件下的 l_{ab}计算出来，省得用户逐一进行计算了。

〖关于"锚固长度≥0.4l_{aE}+15d"的讨论〗

〖问〗

在 03G101-1 图集第 34 页"注 2"中指出：

"当弯锚时，有些部位的锚固长度为≥0.4l_{aE}+15d，见各类构件的标准构造详图。"

如何理解这句话？

〖答〗

在 03G101-1 图集关于框架梁端支座的构造中（见 03G101-1 图集第 54 页），就有框架梁的上部纵筋或下部纵筋伸入端支座的直锚水平段长度≥$0.4l_{aE}$、直钩长度15d的规定。

03G101-1图集第54页的原文是这样的：（梁纵筋）“伸至柱外边（柱纵筋内侧），且≥$0.4l_{aE}$”。

后来，陈青来教授在讲课中这样解释“伸至柱外边（柱纵筋内侧）”的意义：

“梁受拉钢筋在端支座的弯锚，其弯锚直段≥$0.4l_{aE}$，弯钩段为15d并应进入边柱的‘竖向锚固带’，且应使钢筋弯钩不与柱纵筋平行接触。”（边柱的“竖向锚固带”的宽度为：柱中线过5d至柱纵筋内侧之间）。

我对“应使钢筋弯钩不与柱纵筋平行接触”这句话的理解是：倘若钢筋弯钩与柱纵筋平行接触，则这两根钢筋就形成“一条线”上的接触，那是不允许的；但是，如果把15d的直钩偏转一个角度（例如30°角），这样直钩与柱纵筋就形成“一个点”上的接触，那是允许的——于是，就不必强调15d直钩与柱纵筋保持25mm的净距，这对于保证梁纵筋在柱内的直锚水平段长度满足$0.4l_{aE}$是很有好处的。

在11G101-1图集中，取消了03G101-1图集“当弯锚时，有些部位的锚固长度为≥$0.4l_{aE}+15d$”的注释，这不能不说是一件好事，因为当时有的预算员、甚至有的钢筋软件居然把“$0.4l_{aE}+15d$”作为框架梁纵向钢筋长度的计算公式。

在11G101-1图集中，已经把框架梁的弯锚水平段长度“≥$0.4l_{aE}$”换成“≥$0.4l_{abE}$”了，但在这里我们还得重申前面讲述框架梁时再三强调过的这句话：在计算框架梁的弯锚长度时，框架梁的上部纵筋或下部纵筋必须伸至柱外侧纵筋内侧，然后弯折15d，而“≥$0.4l_{abE}$”只是作为弯锚水平段长度的一个验算条件。

时过境迁，03G101-1第34页“注2”已经不复存在了，但这个答问的内容还是有意义的，所以保留下来，供后来人学习时参考。

4.8.3 钢筋的搭接长度

钢筋的搭接长度也是钢筋计算中的一个重要参数，尽管钢筋的搭接长度不像钢筋锚固长度那样广泛地应用。因为，任何钢筋都要用到“锚固长度”，而只有绑扎搭接连接才使用“搭接长度”。

16G101-1图集第60、61页给出了“纵向受拉钢筋搭接长度l_l”、“纵向受拉钢筋抗震搭接长度l_{lE}”两个的表格，在实际工作中直接查表即可。

纵向受拉钢筋搭接长度 l_l

钢筋种类及同一区段内搭接钢筋面积百分率		混凝土强度等级				
		C20	C25		C30	
		d≤25	d≤25	d>25	d≤25	d>25
HPB300	≤25%	47d	41d	—	36d	—
	50%	55d	48d	—	42d	—
	100%	62d	54d	—	48d	—
HRB335 HRBF335	≤25%	46d	40d	—	35d	—
	50%	53d	46d	—	41d	—
	100%	61d	53d	—	46d	—

续表

钢筋种类及同一区段内搭接钢筋面积百分率		混凝土强度等级				
		C20	C25		C30	
		$d\leqslant25$	$d\leqslant25$	$d>25$	$d\leqslant25$	$d>25$
HRB400 HRBF400 RRB400	≤25%	—	48*d*	53*d*	42*d*	47*d*
	50%	—	56*d*	62*d*	49*d*	55*d*
	100%	—	64*d*	70*d*	56*d*	62*d*
HRB500 HRBF500	≤25%	—	58*d*	64*d*	52*d*	56*d*
	50%	—	67*d*	74*d*	60*d*	66*d*
	100%	—	77*d*	85*d*	69*d*	75*d*

纵向受拉钢筋抗震搭接长度 l_{lE}

钢筋种类及同一区段内搭接钢筋面积百分率			混凝土强度等级				
			C20	C25		C30	
			$d\leqslant25$	$d\leqslant25$	$d>25$	$d\leqslant25$	$d>25$
一、二级抗震等级	HPB300	≤25%	54*d*	47*d*	—	42*d*	—
		50%	63*d*	55*d*	—	49*d*	—
	HRB335 HRBF335	≤25%	53*d*	46*d*	—	40*d*	—
		50%	62*d*	53*d*	—	46*d*	—
	HRB400 HRBF400	≤25%	—	55*d*	61*d*	48*d*	54*d*
		50%	—	64*d*	71*d*	56*d*	63*d*
	HRB500 HRBF500	≤25%	—	66*d*	73*d*	59*d*	65*d*
		50%	—	77*d*	85*d*	69*d*	76*d*
三级抗震等级	HPB300	≤25%	49*d*	43*d*	—	38*d*	—
		50%	57*d*	50*d*	—	45*d*	—
	HRB335 HRBF335	≤25%	48*d*	42*d*	—	36*d*	—
		50%	56*d*	49*d*	—	42*d*	—
	HRB400 HRBF400	≤25%	—	50*d*	55*d*	44*d*	49*d*
		50%	—	59*d*	64*d*	52*d*	57*d*
	HRB500 HRBF500	≤25%	—	60*d*	67*d*	54*d*	59*d*
		50%	—	70*d*	78*d*	63*d*	69*d*

两个表格的下方有着相同的注解：

1. 表中数值为纵向受拉钢筋绑扎搭接接头的搭接长度。

2. 两根不同直径钢筋搭接时，表中 *d* 取较细钢筋直径。

下面的前三个注解是关于对上述表格数据的修正，其内容如下：

3. 当为环氧树脂涂层带肋钢筋时，表中数据尚应乘以 1.25。

4. 当纵向受拉钢筋在施工过程中易受扰动时，表中数据尚应乘以 1.1。

5. 当搭接长度范围内纵向受力钢筋周边保护层厚度为 3*d*、5*d*（*d* 为锚固钢筋的直径）时，表中数据尚可分别乘以 0.8、0.7；中间时按内插值。

而“注 6”指出了上述三个修正系数的“连乘关系”：

“当纵向受拉普通钢筋锚固长度修正系数（注3-注5）多于一项时，可按连乘计算。”

在表格下方还有几条重要的注解：

7. 任何情况下，搭接长度不应小于300。

8. 四级抗震等级时，$l_{lE}=l_l$。

〖搭接长度 l_l、l_{lE}的计算公式〗

这是虽然是一个历史资料，但是了解之后，有助于我们进一步理解如何正确地查阅上述的两个表格。

11G101-1图集，甚至更早的03G101-1图集没有给出现成的“纵向受拉钢筋搭接长度 l_l”、“纵向受拉钢筋抗震搭接长度 l_{lE}”表格，而是给出两个计算公式：

$$l_l=\zeta l_a$$

$$l_{lE}=\zeta l_{aE}$$

要计算搭接长度 l_{lE}的数值，首先要计算锚固长度 l_{aE}的数值，然后乘以搭接长度修正系数 ζ，求出 l_{lE}的数值。

首先要计算出锚固长度 l_a和 l_{aE}的数值（现在可以用查表的方法），如果是二级抗震等级、混凝土强度等级为C30，HRB400级钢筋，则

$$l_a=35d$$

$$l_{aE}=40d$$

这里的 d 是钢筋直径。现在的问题就出在这里：如果绑扎搭接连接的两根钢筋直径不同，一根是14mm，另一根是12mm，则上述公式中的 d 是选用14mm还是选用12mm呢？

正确的算法是选用钢筋直径12mm来进行计算。因为03G101-1图集第34页表格的“注1”指出：当不同直径的钢筋搭接时，其 l_{lE}与 l_l值按较小的直径计算。

接下来就是要确定“纵向钢筋搭接长度修正系数 ζ”的数值，它是由“纵向钢筋搭接接头面积百分率”由决定的。

在03G101-1图集第34页的“纵向钢筋搭接长度修正系数 ζ”的表格如下：

纵向钢筋搭接接头面积百分率(%)	≤25	50	100
纵向钢筋搭接长度修正系数 ζ	1.2	1.4	1.6

如果现在的“纵向钢筋搭接接头面积百分率”为50%，则“纵向钢筋搭接长度修正系数 ζ”为1.4。于是，

$$l_l=\zeta l_a=1.4\times 35d=49d$$

$$l_{lE}=\zeta l_{aE}=1.4\times 40d=56d$$

（这两个计算结果与上述两个表格的查表结果完全一致。）

我们还注意到，在“纵向受拉钢筋搭接长度 l_l”这个表格中，同一区段内搭接钢筋百分率有“≤25%”、“50”、“100”三种选择，而“纵向受拉钢筋抗震搭接长度 l_{lE}”表格中只有“≤25%”、“50”两种选择，这说明了纵向受拉钢筋抗震搭接时，不允许同一区段内钢筋搭接接头面积百分率为“100%”。

〖允许同一连接区段内钢筋搭接接头面积百分率为100%?〗

2017年初看见 www.chinabuilding.com.cn 发布的16G101-1～3的勘误文件，其中说到两处勘误：

16G101-1第61页“纵向受拉钢筋抗震搭接长度 l_{lE}”增加注7：

“当位于同一连接区段内的钢筋搭接接头面积百分率为100%时，$l_{lE}=1.6l_{aE}$。”

16G101-3第62页“纵向受拉钢筋抗震搭接长度 l_{lE}”增加注8：

“当位于同一连接区段内的钢筋搭接接头面积百分率为100%时，$l_{lE}=1.6l_{aE}$。”

由此引出一些用户的问题：

〖问〗

16G101的勘误竟然允许抗震构件的纵向钢筋搭接接头面积百分率为100%？并且搭接长度为 $1.6l_{aE}$？可不要误导我们工程技术人员啊？

〖答〗

16G101-1对柱、墙、梁、板等重要构件的受力钢筋的搭接要求都给出了明确的指示：

16G101-1第63页的注1：

“柱相邻纵向钢筋连接接头相互错开，在同一连接区段内钢筋接头面积百分率不宜大于50%。”

16G101-1第80页的注1：(剪力墙连梁LLk纵向钢筋)

“梁上部通长钢筋、梁下部钢筋连接位置……且同一连接区段内钢筋接头面积百分率不宜大于50%。”

16G101-1第84、85页的注3：

“梁上部通长钢筋、梁下部钢筋连接位置……且同一连接区段内钢筋接头面积百分率不宜大于50%。”

16G101-1第63页的注3：

“板贯通纵筋的连接要求见本图集第59页，且同一连接区段内钢筋接头面积百分率不宜大于50%。”

上述的各个要求有一个共同点，就是：同一连接区段内钢筋接头面积百分率“不宜大于50%”，这就留下一个问题：在实际工作中如果遇到同一连接区段内钢筋接头面积百分率大于50%的情况时如何处理？

其实，给出一个“钢筋搭接接头面积百分率为100%时，$l_{lE}=1.6l_{aE}$”，在许多情况下是为了“搭接长度内插取值”而准备的一个“端点数据”。

再说，如果遇到“同一连接区段内钢筋接头面积百分率大于50%”的时候，完全可以不采用绑扎搭接接头，而采用可靠性更好的机械连接接头。

〖关于“搭接接头面积百分率”的讨论〗

〖问〗

梁纵筋计算搭接接头面积百分率50%的时候，是按梁的上部纵筋计算百分率，还是对整个梁的纵筋计算百分率呢？为什么？

〖答〗

梁纵筋在计算“接头面积百分率”的时候，不能对“整个梁的纵筋”来计算，而应该分别按“梁的上部纵筋”和“梁的下部纵筋”各算各的“接头面积百分率”。

其原因是：梁是一个受弯构件。对于某一个梁截面来说，当截面上部为受拉区时，截面下部就是受压区；反之，当截面下部为受拉区时，截面上部就是受压区。因此，对某一个截面的梁纵筋来说，梁的上部纵筋和下部纵筋所起的作用是不同的。

对于“柱纵筋”来说，情况就和“梁”不一样了。不过，由于16G101-1图集规定柱“角筋”、“b边中部筋”和“h边中部筋”分别标注，所以，最好这三种钢筋各算各的“接头面积百分率”。

〖关于“在任何情况下l_l不得小于300mm”的讨论〗

〖问〗

有一个监理工程师规定，楼板上部的分布筋伸入楼板角部矩形区域（扣筋重叠区）的长度不得小于300mm，并且说，其理由是16G101-1图集规定“在任何情况下搭接长度不得小于300mm”。他的这种规定对吗？

〖答〗

这个监理工程师的这种规定不对。

当然，16G101-1图集第61页表格的“注7”中是这样说的：“任何情况下，搭接长度不应小于300”。但是，我们要注意到图集第55页的这个表格的名称叫做“纵向受拉钢筋绑扎搭接长度l_{lE}”，所以，这个表格的内容和有关规定只能适用于纵向受拉钢筋的绑扎搭接连接。

现在我们所面临的问题是“楼板上部的分布筋”的搭接长度，楼板上部的分布筋不是“受拉钢筋”，所以不适合“在任何情况下l_l不得小于300mm”的规定。

同样的例子可以看看16G101-1图集第84页，框架梁的架立筋与支座负筋的搭接长度被规定为150mm。梁的架立筋也是一种构造钢筋，而不是受拉钢筋。

4.8.4 钢筋的每米重量

钢筋每米重量的单位是kg/m（公斤/米）。

钢筋的每米重量是计算钢筋工程量（t）的基本数据，当计算出某种直径钢筋的总长度（m）的时候，根据钢筋的每米重量就可以计算出这种钢筋的总重量：

钢筋的总重量(kg)＝钢筋总长度(m)×钢筋每米重量(kg/m)

在本小节后面的附录中，我们给出了常用钢筋的理论重量表。表中直径为4mm和5mm的钢筋在习惯上和定额中称为“钢丝”。

钢筋工和预算员一般都能熟记常用钢筋的每米重量。其实，这些数据也不用死记硬背，用得多了自然能记住。但是，记不住也不要紧，可以通过简单的计算来获得钢筋的每米重量，这就是通过计算1m长度的某种直径钢筋的体积，再乘以钢的密度，就可以得到这种直径钢筋的每米重量。

例如：计算6mm直径钢筋的每米重量：

1m长度的钢筋重量＝3.14159×0.003×0.003×1.000×7850＝0.222kg

注：钢的密度为7850kg/m^3。

钢筋的每米重量还有一个作用，那就是作为钢筋“等截面代换”时的计算依据。从上面的计算过程可以知道，“3.14159×0.003×0.003”就是φ6钢筋的截面积，而“7850”是一个常数。所以，在计算钢筋的“等截面代换”时，可以采用钢筋的“每米重量”来代替钢筋的“截面积”。

〖附录〗常用钢筋的理论重量

钢筋直径（mm）	重量（kg/m）	钢筋直径（mm）	重量（kg/m）
4	0.099	16	1.578
5	0.154	18	1.998
6	0.222	20	2.466
6.5	0.260	22	2.984
8	0.395	25	3.853
10	0.617	28	4.834
12	0.888	30	5.549
14	1.208	32	6.313

4.9 关于地震和建筑抗震的基本知识

在钢筋计算中，经常能看见“抗震等级”、“抗震设防烈度”等字眼，在平时看新闻的时候，也不时看到“东经××度、北纬××度发生×级地震”的消息，于是，有人在网上论坛也这样提问：

“抗震设防烈度6度、抗震等级4级的结构，到底能抗几级地震?”

可见，搞清楚地震震级、地震烈度和抗震等级之间存在的联系与区别十分必要。本节的内容就是简单地介绍一下关于抗震的基本知识。

4.9.1 关于地震的几个基本概念

现在，大家都接受地球的板块运动是地震主要成因的这个基本认识。人们是从“大陆漂移现象”逐渐发现板块运动的规律的。从地球的纵深构造来看，地球由地核、地幔和地壳组成。地核是炽热的，地幔是介于地核与地壳之间可以流动的物质。地壳分成若干个板块，在地幔之上缓慢地漂移着。应该指出的是，板块并不是“大陆块”，事实上，大陆和海洋都存在于板块之上。板块的相互运动造成地质结构内部的能量积聚，一旦这种积聚的能量突然爆发，就引起地震。板块运动在地壳上造成许多断裂带，地震经常在这些地质断裂带上发生。例如，山西省中部就有一条从北到南的地质断裂带，北起大同，中间经过太原，南至临汾一带。历史上，临汾一带发生过八级以上的地震。

下面介绍几个和地震有关的基本概念：

（1）震源：能量爆发的地点。可能在地表以下几十公里到几百公里的深处。

（2）震中：从震源垂直投影到地表的位置。上面提到的“东经××度、北纬××度”就是震中的坐标。

（3）地震震级：地震震级，有时也叫地震强度，是衡量地震大小的一种度量。每一次地震只有一个震级。它是根据地震时释放能量的多少来划分的，震级可以通过地震仪器的记录计算出来，震级越高，释放的能量也越多。我国使用的震级标准是国际通用震级标准，叫“里氏震级”。已知最大地震的震级略小于9。

（4）地震烈度：地震烈度是指地面及房屋等建筑物受地震破坏的程度。对同一个地震，不同的地区，烈度大小是不一样的。距离震源近，破坏就大，烈度就高；距离震源远，破坏就小，烈度就低。

人们常以房屋等常见物的破坏现象来描述宏观地震烈度，例如：

1度：人不能感觉，只有仪器才能记录到；

2度：个别完全静止中的人才能感觉到；

3度：室内少数静止中的人感觉到振动，悬挂物有时轻微摇动；

4度：室内大多数人和室外少数人有感觉，少数人从梦中惊醒，门窗、顶盖、器皿等有时轻微作响；

5度：室内几乎所有人和室外大多数人能感觉到，多数人从梦中惊醒，墙上的灰粉散落，抹灰层上可能有细小裂缝；

6度：一般民房少数损坏，简陋棚窑少数破坏，甚至有倾倒的，潮湿疏松的土里有时出现裂缝，山区偶有不大的崩滑；

7度：一般民房大多数损坏，少数破坏，简陋棚窑少数破坏，坚固的房屋也可能有破坏，烟囱轻微损坏，井泉水位有时变化；

8度：一般民房多数破坏，少数倾倒，坚固的房屋也可能有倾倒，山坡的松土和潮湿的河滩上出现较大裂缝，水位较高地方常有夹泥沙的水喷出，土石松散的山区常有相当大的崩滑；

9度：一般民房多数倾倒，坚固的房屋许多遭受破坏，少数倾倒；

10度：坚固的房屋许多倾倒，地表裂缝成带，断续相连，有时局部穿过坚实的岩石；

11度：房屋普遍毁坏，山区有大规模崩滑，地表产生相当大的竖直和水平断裂，地下水剧烈变化；

12度：广大地区内，地形、地表水系及地下水剧烈变化，动物和植物遭到毁灭。

作为地震烈度的定量分析，人们还以地表水平加速度来衡量地震烈度。例如国家的抗震设防烈度标准中，就采用了0.20g、0.15g、0.10g、0.05g等几个档次的设计基本地震加速度值。但是，影响地震破坏作用的因素除了水平振动以外，还有竖向振动，尤其是在震中区。此外，连续振动的积累作用、地震波的周期、振幅和波形，以及建筑物本身的周期、振型和阻尼等动力特性，都影响地震的破坏作用。地震对建筑物的破坏过程，还没有完全查清，有待人们去深入研究。

地震学上用地震震级和地震烈度这两个不同概念来衡量地震的大小。然而对于建筑抗震来说，人们更关心的是所在地区的地震烈度。由于未来的地震还很难预报其发生的时间和破坏程度，所以人们一般是根据本地的地质结构的分析和历史上发生过的地震的统计资料来推测未来地震可能造成的破坏程度，即本地区的地震烈度。

4.9.2　抗震设防烈度和抗震等级

（1）抗震设防的目标

抗震设防的目标是：当遭受低于本地区抗震设防烈度的多遇地震影响时，一般不受损坏或不需修理可继续使用，当遭受相当于本地区抗震设防烈度的地震影响时，可能损坏，经一般修理或不需修理仍可继续使用，当遭受高于本地区抗震设防烈度预估的罕遇地震影响时，不致倒塌或发生危及生命的严重破坏。

建筑抗震设计规范规定：抗震设防烈度为6度及以上地区的建筑，必须进行抗震设计。

（2）抗震设防烈度的确定

抗震设防烈度必须按国家规定的权限审批、颁发的文件（图件）确定。

一般情况下，抗震设防烈度可采用中国地震动参数区划图的地震基本烈度（或与《建筑抗震设计规范》设计基本地震加速度值对应的烈度值）。对已编制抗震设防区划的城市，可按批准的抗震设防烈度或设计地震动参数进行抗震设防。

具体地区的抗震设防烈度可从国家有关规范获得。

《建筑抗震设计规范》（GB 50011）的附录A“我国主要城镇抗震设防烈度、设计基本地震加速度和设计地震分组”提供了我国抗震设防区各县级及县级以上城镇的中心地区建筑工程抗震设计时所采用的抗震设防烈度、设计基本地震加速度和所属的设计地震分组。

例如：（下列数据仅供参考，在后来的版本中可能发生修改）

A.0.1 首都和直辖市

1　抗震设防烈度为8度，设计基本地震加速度值为0.20g：

第一组：北京（东城、西城、崇文、宣武、朝阳、丰台、石景山、海淀、房山、通州、顺义、大兴、平谷）、延庆，天津（汉沽），宁河。

2　抗震设防烈度为7度，设计基本地震加速度值为0.15g：

第二组：北京（昌平、门头沟、怀柔），密云；天津（和平、河东、河西、南开、河北、红桥、塘沽、东丽、西青、津南、北辰、武清、宝坻），蓟县，静海。

3　抗震设防烈度为7度，设计基本地震加速度值为0.10g：

第一组：上海（黄浦、卢湾、徐汇、长宁、静安、普陀、闸北、虹口、杨浦、闵行、宝山、嘉定、浦东、松江、青浦、南汇、奉贤）；

第二组：天津（大港）。

4　抗震设防烈度为6度，设计基本地震加速度值为0.05g：

第一组：上海（金山），崇明；重庆（渝中、大渡口、江北、沙坪坝、九龙坡、南岸、北碚、万盛、双桥、渝北、巴南、万州、涪陵、黔江、长寿、江津、合川、永川、南川），巫山，奉节，云阳，忠县，丰都，壁山，铜梁，大足，荣昌，綦江，石柱，巫溪。

（3）建筑抗震设防分类和设防标准

建筑应根据其使用功能的重要性分为甲类、乙类、丙类、丁类四个抗震设防类别。甲类建筑应属于重大建筑工程和地震时可能发生严重次生灾害的建筑，乙类建筑应属于地震时使用功能不能中断或需尽快恢复的建筑，丙类建筑应属于除甲、乙、丁类以外的一切建筑，丁类建筑应属于抗震次要建筑。

各抗震设防类别建筑的抗震设防标准，应符合下列要求：

甲类建筑，地震作用应高于本地区抗震设防烈度的要求，其值应按批准的地震安全性评价结果确定；抗震措施，当抗震设防烈度为6～8度时，应符合本地区抗震设防烈度提高一度的要求，当为9度时，应符合比9度抗震设防更高的要求。

乙类建筑，地震作用应符合本地区抗震设防烈度的要求；抗震措施，一般情况下，当抗震设防烈度为6～8度时，应符合本地区抗震设防烈度提高一度的要求，当为9度时，应符合比9度抗震设防更高的要求；地基基础的抗震措施，应符合有关规定。对较小的乙类建筑，当其结构改用抗震性能较好的结构类型时，应允许仍按本地区抗震设防烈度的要求采取抗震措施。

丙类建筑，地震作用和抗震措施均应符合本地区抗震设防烈度的要求。

丁类建筑，一般情况下，地震作用仍应符合本地区抗震设防烈度的要求；抗震措施应允许比本地区抗震设防烈度的要求适当降低，但抗震设防烈度为6度时不应降低。

(4) 抗震设防烈度和抗震等级的关系

钢筋混凝土房屋应根据烈度、结构类型和房屋高度采用不同的抗震等级，并应符合相应的计算和构造措施要求。丙类建筑的抗震等级应按下表确定。

现浇钢筋混凝土房屋的抗震等级

<table>
<tr><th colspan="2" rowspan="2">结构类型</th><th colspan="12">设防烈度</th></tr>
<tr><th colspan="2">6</th><th colspan="4">7</th><th colspan="4">8</th><th colspan="2">9</th></tr>
<tr><td rowspan="3">框架结构</td><td>高度（m）</td><td>≤24</td><td>>24</td><td colspan="2">≤24</td><td colspan="2">>24</td><td colspan="2">≤24</td><td colspan="2">>24</td><td colspan="2">≤24</td></tr>
<tr><td>框架</td><td>四</td><td>三</td><td colspan="2">三</td><td colspan="2">二</td><td colspan="2">二</td><td colspan="2">一</td><td colspan="2">一</td></tr>
<tr><td>大跨度框架</td><td colspan="2">三</td><td colspan="4">二</td><td colspan="4">一</td><td colspan="2">一</td></tr>
<tr><td rowspan="3">框架-抗震墙结构</td><td>高度（m）</td><td>≤60</td><td>>60</td><td>≤24</td><td colspan="2">25～60</td><td>>60</td><td>≤24</td><td colspan="2">25～60</td><td>>60</td><td>≤24</td><td>25～50</td></tr>
<tr><td>框架</td><td>四</td><td>三</td><td>四</td><td colspan="2">三</td><td>二</td><td>三</td><td colspan="2">二</td><td>一</td><td>二</td><td>一</td></tr>
<tr><td>抗震墙</td><td colspan="2">三</td><td>三</td><td colspan="3">二</td><td>二</td><td colspan="3">一</td><td colspan="2">一</td></tr>
<tr><td rowspan="2">抗震墙结构</td><td>高度（m）</td><td>≤80</td><td>>80</td><td>≤24</td><td colspan="2">25～80</td><td>>80</td><td>≤24</td><td colspan="2">25～80</td><td>>80</td><td>≤24</td><td>25～60</td></tr>
<tr><td>剪力墙</td><td>四</td><td>三</td><td>四</td><td colspan="2">三</td><td>二</td><td>三</td><td colspan="2">二</td><td>一</td><td>二</td><td>一</td></tr>
</table>

从上表中可以看出抗震等级与抗震设防烈度的关系。例如，在一个抗震设防烈度为8度的地区，如果要建造一个高度在24m以内的框架结构房屋，其抗震等级应该是二级；如果要建造一个高度在24m以上的框架结构房屋，其抗震等级应该是一级。

抗震设防烈度与抗震等级的区别：抗震设防烈度是对于某个地区而言的，离开震中越远的地区，其抗震设防烈度就越小。而抗震等级是对于具体的建筑物而言，同一个地区的两个建筑物，因其重要性不同，他们的抗震等级也不同。

(5) 在工程中如何搞好抗震工作

选择建筑场地时，应根据工程需要，掌握地震活动情况、工程地质和地震地质的有关资料，对抗震有利、不利和危险地段作出综合评价。对不利地段，应提出避开要求；当无法避开时应采取有效措施；不应在危险地段建造甲、乙、丙类建筑。

例如，一个煤矿要搞一个坑口电厂，这本来是一个好事，可以把煤炭的运输转化为电能的运输。但是缺乏对场地地质构造的调查，把厂址选定在地质断裂带上。这就成为一件危险的事情：断裂带易发地震，而且临近地下采空区更会增加次生灾害。后来，遥感卫星发现了这个地质断裂带，电厂改在更安全的地方进行建设。

在一个地区执行建设任务，首先要弄清楚当地的抗震设防烈度。这个问题，可以通过查找《建筑抗震设计规范》，里面有全国各省（自治区）各地县的抗震设防烈度。例如，太原市的抗震设防烈度是 8 度，临汾市的抗震设防烈度是 8 度。

在施工图的"总说明"中，要注意看"本工程是×级抗震等级"的说明。抗震等级直接影响锚固长度的数值，这将直接影响钢筋工程量的数值，更是与钢筋混凝土施工质量有密切关系。

(6) 回到当初用户提出的问题：

"抗震设防烈度 6 度、抗震等级 4 级的结构，到底能抗几级地震？"

根据 16G101-1 图集第 58 页的"受拉钢筋基本锚固长度 l_{ab}、l_{abE}"表格，四级抗震等级的 l_{abE}与 l_{ab}的钢筋基本锚固长度数值是相同的。

此外，"抗震设防烈度 6 度"并不能与"抗几级地震"联系起来。前面说过，就算是同一次地震，与震中不同距离的两个地区，其地震烈度是不同的。所以，地震烈度与地震震级是两个不同的概念，不能把他们直接比较。

还有的人提问：

"16G101-1 图集适用于抗震设防烈度为 6、7、8、9 度地区，那么，对于抗震设防烈度为 1、2、3、4、5 度的地区怎么办?"

从前面介绍的知识可以知道，除了甲类建筑等地震作用应高于本地区抗震设防烈度要求的建筑以外，地震烈度在 5 度以下的地区不作抗震设防，即可按"抗震"来处理。

4.9.3 新的抗震规范告诉我们些什么

2010 年 5 月 31 日国家颁发了《建筑抗震设计规范》(GB 50011—2010)。

本规范根据原建设部《关于印发〈2006 年工程建设标准规范制定、修订计划（第一批)〉的通知》（建标［2006］77 号）的要求，由中国建筑科学研究院会同有关的设计、勘察、研究和教学单位对《建筑抗震设计规范》(GB 50011—2001) 进行修订而成。

修订过程中，编制组总结了 2008 年汶川地震震害经验，对灾区设防烈度进行了调整，增加了有关山区场地、框架结构填充墙设置、砌体结构楼梯间、抗震结构施工要求的强制性条文，提高了装配式楼板构造和钢筋伸长率的要求。此后，继续开展了专题研究和部分试验研究，调查总结了近年来国内外大地震（包括汶川地震）的经验教训，采纳了地震工程的新科研成果，考虑了我国的经济条件和工程实践，并在全国范围内广泛征求了有关设计、勘察、科研、教学单位及抗震管理部门的意见，经反复讨论、修改、充实和试设计，最后经审查定稿。

本规范对于建筑抗震设防的基本思想和原则继续同《建筑抗震设计规范》GBJ 11—89（以下简称 89 规范)、《建筑抗震设计规范》GB 50011—2001（以下简称 2001 规范）保持一致，仍以"三个水准"为抗震设防目标。

抗震设防是以现有的科学水平和经济条件为前提。规范的科学依据只能是现有的经验和资料。目前对地震规律性的认识还很不足，随着科学水平的提高，规范的规定会有相应的突破；而且规范的编制要根据国家的经济条件的发展，适当地考虑抗震设防水平，制定相应的设防标准。

本次修订，继续保持 89 规范提出的并在 2001 规范延续的抗震设防三个水准目标，即"小震不坏、中震可修、大震不倒"的某种具体化。根据我国华北、西北和西南地区对建筑工程有影响的地震发生概率的统计分析，50 年内超越概率约为 63%的地震烈度为对应于统计“众值”的烈度，比基本烈度约低一度半，本规范取为第一水准烈度，称为“多遇地震”；50年超越概率约10%的地震烈度，即1990中国地震区划图规定的“地震基本烈度”或中国地震动参数区划图规定的峰值加速度所对应的烈度，规范取为第二水准烈度，称为“设防地震”；50年超越概率2%～3%的地震烈度，规范取为第三水准烈度，称为“罕遇地震”，当基本烈度6度时为7度强，7度时为8度强，8度时为9度弱，9度时为9度强。

与三个地震烈度水准相应的抗震设防目标是：一般情况下（不是所有情况下），遭遇第一水准烈度——众值烈度（多遇地震）影响时，建筑处于正常使用状态，从结构抗震分析角度，可以视为弹性体系，采用弹性反应谱进行弹性分析；遭遇第二水准烈度——基本烈度（设防地震）影响时，结构进入非弹性工作阶段，但非弹性变形或结构体系的损坏控制在可修复的范围［与89规范、2001规范相同，其承载力的可靠性与《工业与民用建筑抗震设计规范》TJ 11—78（以下简称78规范）相当并略有提高］；遭遇第三水准烈度——最大预估烈度（罕遇地震）影响时，结构有较大的非弹性变形，但应控制在规定的范围内，以免倒塌。

第 5 章　平法板识图与钢筋计算

本章内容提要：

16G101-1 图集中的板平法制图规则适用于现浇钢筋混凝土框架、剪力墙、有梁楼盖和无梁楼盖以及砌体结构，适用于现浇混凝土楼面板和屋面板的设计与施工。

本章介绍板的分类（双向板、单向板、悬挑板），钢筋分类（下部贯通纵筋、上部贯通筋、扣筋、分布筋）。介绍 16G101-1 图集关于板钢筋标注的各项规定，帮助读者看懂平法板的钢筋布置。在平法板的钢筋构造方面，主要结合 16G101-1 图集第 99、100 页讲有梁楼盖板筋构造，让读者重点掌握楼板端支座的钢筋构造。在本章中也介绍悬挑板的构造。

介绍各种钢筋（下部贯通纵筋、上部贯通筋、扣筋、分布筋）的计算方法，重点介绍“双向板”贯通纵筋的计算方法、不同几何形状楼板贯通纵筋的计算方法、各类扣筋的计算、分布筋长度缩减的原理和计算方法。

本章主要讲述常用的楼板（楼面板和屋面板）的钢筋构造，同时，也简单介绍一下无梁楼盖的钢筋构造。

5.1　板的分类和钢筋配置的关系

我们首先总结一下常见的板钢筋配置的特点，以便于对比 16G101-1 图集所规定的平法楼板钢筋标注。板的配筋方式有分离式配筋和弯起式配筋两种（图 5-1）。目前，一般的民用建筑都采用分离式配筋，16G101-1 图集所讲述的也是分离式配筋，所以，在下面的内容中我们按分离式配筋进行讲述。有些工业厂房，尤其是具有振动荷载的楼板必须采用弯起式配筋，当遇到这样的工程时，应该按施工图所给出的钢筋构造详图进行施工。（注：所谓分离式配筋就是分别设置板的下部主筋和上部的扣筋；而弯起式配筋是把板的下部主筋和上部的扣筋设计成一根钢筋。）

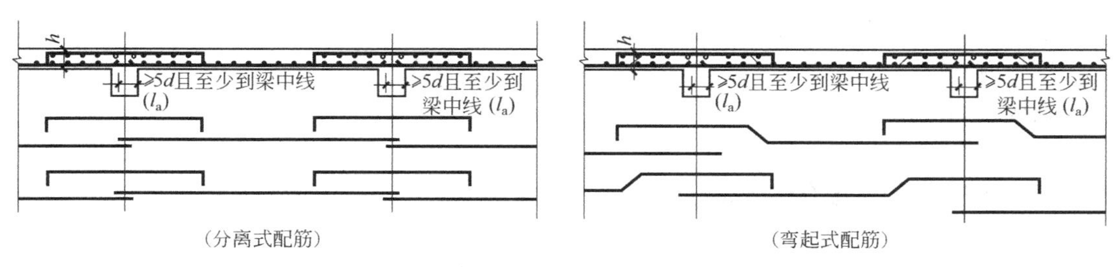

图 5-1

（1）“板”的种类可以从几个方面来划分

1）从施工方法上来划分：有“现浇板”和“预制板”两种。预制板又可分为“平板”、“空心板”、“槽形板”、“大型屋面板”等。但现在的民用建筑已经大量采用现浇板，而很少采用预制板了。

2）从板的力学特征来划分：有“悬臂板”和“楼板”之分。“悬臂板”是一面支承的板。挑檐板、阳台板、雨篷板等都是悬臂板。我们讨论的“楼板”是两面支承或四面支承的板，不管它是铰接的还是刚接的，是单跨的还是连续的。

3）从配筋特点来划分：

(A) 楼板的配筋有“单向板”和“双向板”两种。

“单向板”在一个方向上布置“主筋”，而在另一个方向上布置“分布筋”。

“双向板”在两个互相垂直的方向上都布置“主筋”。(使用较广泛)

此外，配筋的方式有“单层布筋”和“双层布筋”两种。

楼板的“单层布筋”就是在板的下部布置贯通纵筋，在板的周边布置“扣筋”（即非贯通纵筋)。

楼板的“双层布筋”就是板的上部和下部都布置贯通纵筋。

(B) 悬挑板都是“单向板”，布筋方向与悬挑方向一致。

(2) 不同种类板的钢筋配置

1）楼板的下部钢筋：

“双向板”：在两个受力方向上都布置贯通纵筋。

“单向板”：在受力方向上布置贯通纵筋，另一个方向上布置分布筋。

在实际工程中，楼板一般都采用双向布筋。因为根据规范，当板的

（长边长度/短边长度）≤2.0，应按双向板计算；

2.0＜（长边长度/短边长度）≤3.0，宜按双向板计算；

2）楼板的上部钢筋：

“双层布筋”：设置上部贯通纵筋。

“单层布筋”：不设上部贯通纵筋，而设置上部非贯通纵筋（即扣筋)。

对于上部贯通纵筋来说，同样存在双向布筋和单向布筋的区别。

对于上部非贯通纵筋（即扣筋）来说，需要布置分布筋。

3）悬挑板纵筋：

顺着悬挑方向设置上部纵筋。悬挑板又可分为两种：

(A) 延伸悬挑板

悬挑板的上部纵筋与相邻跨内的上部纵筋贯通布置。

(B) 纯悬挑板

悬挑板的上部纵筋单独布置。

5.2 平法标准图集的板钢筋标注

16G101-1图集的平法板钢筋标注模仿平法梁的做法，对板钢筋标注分为“集中标注”和“原位标注”两种。集中标注的主要内容是板的贯通纵筋，原位标注主要是针对板的非贯通纵筋（图5-2给出了一个标注的例子）。

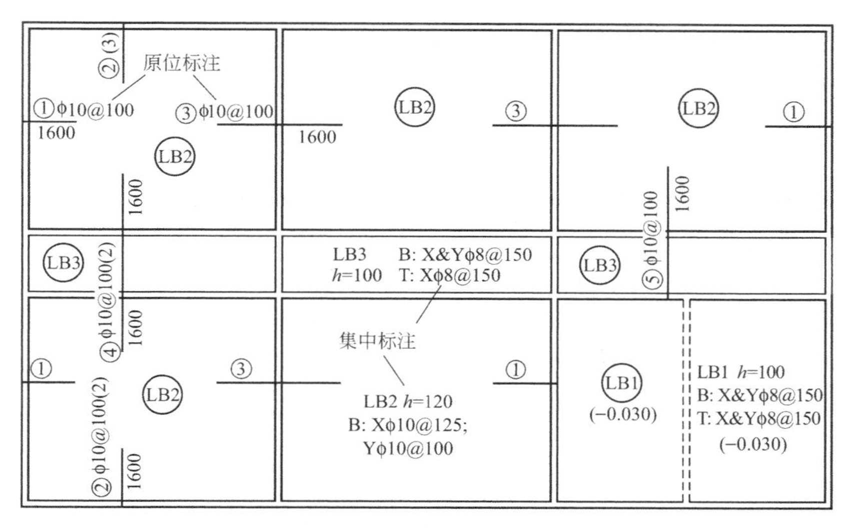

图 5-2

下面分别介绍平法板的“集中标注”和“原位标注”，并且与前面介绍的各种板配筋的特点建立联系。

5.2.1 板块集中标注

16G101-1 图集的集中标注以“板块”为单位。对于普通楼面，两向均以一跨为一块板。

板块集中标注的内容为：板块编号，板厚，上部贯通纵筋，下部纵筋，以及当板面标高不同时的标高高差。

（1）板块编号：

板类型	代　　号	序　　号	例　　子
楼面板	LB	××	LB1
屋面板	WB	××	WB3
悬挑板	XB	××	XB2

〖说明〗

同一编号板块的类型、板厚和纵筋均相同，但板面标高、跨度、平面形状以及板支座上部非贯通纵筋可以不同，如同一编号板块的平面形状可为矩形、多边形及其他形状等。施工和预算时，应根据其实际平面形状，分别计算各块板的混凝土与钢材用量。例如，图 5-2 中的 LB1 就包括大小不同的矩形板，还包括一块“刀把形板”。在图中，仅在其中某一块板上进行了集中标注，就等于对其他相同编号的板进行了钢筋标注。我们的平法钢筋自动计算软件也是执行这个原则，只要对其中某一块板上进行标注，就能自动计算出所有相同编号楼板的贯通纵筋。

（2）板厚注写：

板厚注写为h＝×××（为垂直于板面的厚度）

例如：h＝100

当悬挑板的端部改变截面厚度时，注写为 h＝×××/×××（斜线前为板根的厚度，斜线后为板端的厚度。）

例如：h＝80/60

（3）纵筋

纵筋按板块的下部纵筋和上部贯通纵筋分别注写（当板块上部不设贯通纵筋时则不注）。

16G101-1 图集规定：

以 B 代表下部纵筋，T 代表上部贯通纵筋，B&T 代表下部与上部；

X 向纵筋以 X 打头，Y 向纵筋以 Y 打头，两向纵筋配置相同时以 X&Y 打头。

〖例 1〗双向板的配筋（单层布筋）

LB5　h＝100

B：XΦ12@120，YΦ10@110

〖说明〗

上述标注表示：编号为 LB5 的楼面板，厚度为 100mm，

板下部布置 X 向纵筋为Φ12@120，Y 向纵筋Φ10@110，

板上部未配置贯通纵筋——板的周边需要布置扣筋。

〖例 2〗双层板的配筋（双向布筋）

LB3　h＝120

B：XΦ12@120，YΦ10@110

T：X&YΦ12@150

〖说明〗

上述标注表示：编号为 LB3 的楼面板，厚度为 120mm，

板下部布置 X 向纵筋为Φ12@120，Y 向纵筋Φ10@110，

板上部配置的纵筋无论 X 向和 Y 向都是Φ12@150。

〖例 3〗双层板的配筋（双向布筋）

WB2　h＝120

B&T：X&YΦ12@150

〖说明〗

上述标注表示：编号为 WB2 的屋面板，厚度为 120mm，

板下部配置的纵筋无论 X 向和 Y 向都是Φ12@150，

板上部配置的贯通纵筋无论 X 向和 Y 向都是Φ12@150。

〖例 4〗单向板的配筋（单层布筋）

LB4　h＝100

B：YΦ10@150

〖说明〗

上述标注表示：编号为 LB4 的楼面板，厚度为 100mm，

板下部布置 Y 向纵筋Φ10@150，

板下部 X 向布置的分布筋不必进行集中标注，而在施工图统一注明。

16G101-1 图集第 44 页关于楼板配筋的例子工程，与 16G101-1 图集第 37 页的例子工程是一致的，只不过在第 37 页图集中是介绍这个例子工程的框架梁、框架柱和剪力墙的

标注，在第44页图集中是介绍这个例子工程的楼面板的标注。下面我们再结合一些例子来说明各种类型楼板的钢筋标注。

〖例5〗双层双向板的标注（图5-3左侧）：

LB1　h＝100

B：X&Yϕ8@150

T：X&Yϕ8@150

〖说明〗

上述标注表示：编号为LB1的楼面板，厚度为100mm，

板下部配置的纵筋无论X向和Y向都是ϕ8@150，

板上部配置的贯通纵筋无论X向和Y向都是ϕ8@150。

在这里要说明的是，虽然LB1的钢筋标注只在某一块楼板上进行，但是，本楼层上所有注明“LB1”的楼板都执行上述标注的配筋，尤其值得指出的是，无论大小不同的矩形板还是“刀把形板”，都执行同样的配筋。当然，对这些尺寸不同或形状不同的楼板，要分别计算每一块板的钢筋配置。

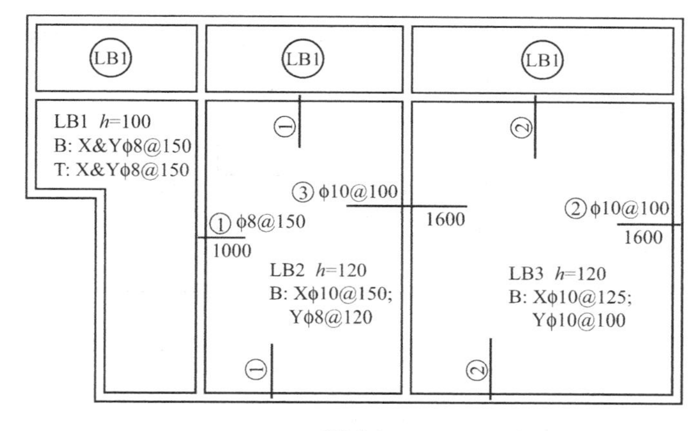

图5-3

〖例6〗单层双向板的标注（图5-3右侧）：

LB3　h＝120

B：Xϕ10@125；

Yϕ10@100

〖说明〗

上述标注表示：编号为LB3的楼面板，厚度为120mm，

板下部配置的X向纵筋为ϕ10@125，Y向纵筋为ϕ10@100，

由于没有“T：”的钢筋标注，说明板上部不设贯通纵筋。这就是说，每一块板的周边需要进行扣筋（上部非贯通纵筋）的原位标注。应该理解的是，同为“LB3”的板，但周边设置的扣筋可能各不相同。由此可见，楼板的编号与扣筋的设置无关。

〖例7〗图5-4中“走廊板”的标注：

LB3　h＝100

B：X&Yϕ8@150

T：XΦ8@150

〖说明〗

上述标注表示：编号为LB3的楼面板，厚度为100mm，

板下部配置的纵筋无论X向和Y向都是Φ8@150，

板上部配置的X向贯通纵筋为Φ8@150。

我们注意到，板上部Y向没有标注贯通纵筋，但是并非没有配置钢筋——Y向的钢筋有支座原位标注的横跨两道梁的扣筋Φ10@100。

我们还注意到，该“LB3”的集中标注虽然是注写在第二跨的“走廊板”上，但在第一跨和第三跨的“走廊板LB3”都执行上述标注的贯通纵筋，然而横跨这几块板的扣筋规格和间距可能各不相同。

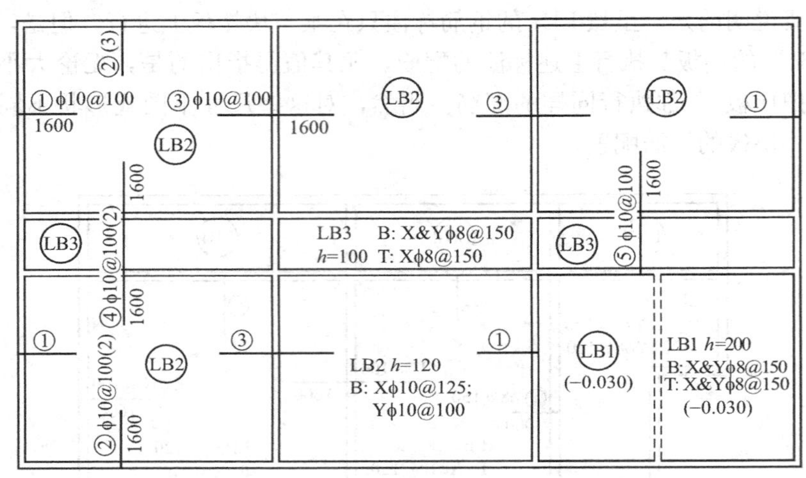

图5-4

(4) 板面标高高差

板面标高高差系指相对于结构层楼面标高的高差，应将其注写在括号内，且有高差则注，无高差不注。

例如：(－0.100) 表示本板块比本层楼面标高低0.100m。

〖例8〗(例子工程的)“低板”的标注(图5-4右下角)：

例子工程的右下角有两块“LB1”板，在这些板上都标注有“(－0.030)”表示这两块板比本层楼面标高低0.030m。

由于这两块板的板面标高比周围的板要低0.030m，所以周边板上的扣筋只能做成“单侧扣筋”，即周边扣筋不能跨越边梁扣到标高较低的“LB1”板上。

5.2.2 板支座原位标注

板支座原位标注为：板支座上部非贯通纵筋(即扣筋)和纯悬挑板上部受力钢筋。

(1) 板支座原位标注的基本方式为：

1) 采用垂直于板支座(梁或墙)的一段适宜长度的中粗实线来代表扣筋，在扣筋的上方注写：

钢筋编号、配筋值、横向连续布置的跨数(注写在括号内，且当为一跨时可不注)，

以及是否横向布置到梁的悬挑端。例如，(3A) 表示横向布置 3 跨及一端的悬挑部位；(3B) 表示横向布置 3 跨及两端的悬挑部位。

2) 在扣筋的下方注写：自支座中线向跨内的延伸长度。

(2) 下面通过具体例子来说明板支座原位标注的各种情况：

1) 单侧扣筋布置的例子（单跨布置）

例如：图 5-5 左图上面一跨的单侧扣筋①号钢筋，

在扣筋的上部标注：①ϕ10@100

在扣筋的下部标注：1600

表示这个编号为 1 号的扣筋，规格和间距为ϕ10@100，从梁中线向跨内的延伸长度为 1600mm（图 5-5 左图）。

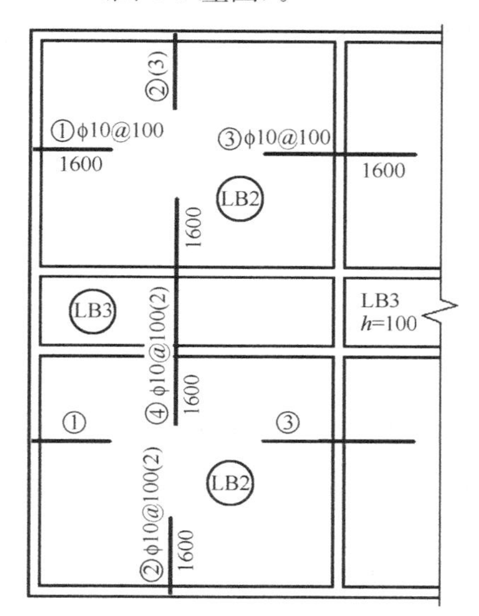

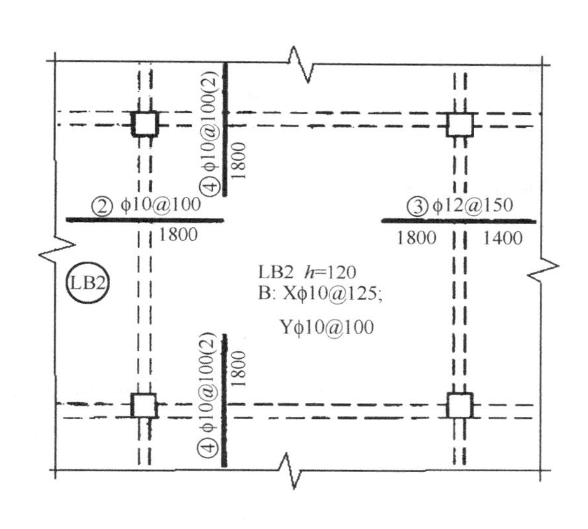

图 5-5

〖注意〗这个扣筋上部标注的后面没有带括号“( )”的内容，说明这个扣筋①只在当前跨（即一跨）的范围内进行布置。

又例：图 5-5 左图下面一跨的一个①号扣筋只作了这样的标注：

在扣筋的上部标注：①

在扣筋的下部没有任何标注

这表示这个“①号扣筋”执行前面①号扣筋的原位标注，而且这个①号扣筋是“1 跨”的。注意到图 5-5 左图上有这样的扣筋标注方式。

在扣筋的上部标注：②（3）

则表示这个②号扣筋是“3 跨”的。(即在相邻的三跨连续布置：从标注跨起算向右数三跨)

2) 双侧扣筋布置的例子（向支座两侧对称延伸）

例如：一根横跨一道框架梁的双侧扣筋②号钢筋（图 5-5 右图），

在扣筋的上部标注：②ϕ10@100

在扣筋下部的右侧标注：1800

而在扣筋下部的左侧为空白，没有尺寸标注。

表示这根②号扣筋从梁中线向右侧跨内的延伸长度为1800mm；而因为双侧扣筋的右侧没有尺寸标注，则表明该扣筋向支座两侧对称延伸，即向左侧跨内的延伸长度也是1800mm。

所以，②号扣筋的水平段长度＝1800＋1800＝3600mm。

作为通用的计算公式：

双侧扣筋的水平段长度＝左侧延伸长度＋右侧延伸长度

3）双侧扣筋布置的例子（向支座两侧非对称延伸）：

例如：一根横跨一道框架梁的双侧扣筋③号钢筋，（图5-5右图）

在扣筋的上部标注：③ϕ12@150

在扣筋下部的左侧标注：1800

在扣筋下部的右侧标注：1400

则表示这根③号扣筋向支座两侧非对称延伸：从梁中线向左侧跨内的延伸长度为1800mm；从梁中线向右侧跨内的延伸长度为1400mm（图5-5右图）。

所以，③号扣筋的水平段长度＝1800＋1400＝3200mm。

4）贯通短跨全跨的扣筋布置例子

例如：图5-6左边第一跨的④号扣筋：

在扣筋的上部标注：④ϕ10@100(2)

在扣筋下部左端标注延伸长度：1600

在扣筋中段横跨两梁之间没有尺寸标注

在扣筋下部右端标注延伸长度：1600

平法板的标注规则，对于贯通短跨全跨的扣筋，规定贯通全跨的长度值不注。对于本例来说，这两道梁都是“正中轴线”的，这两道梁中心线的距离，见平面图上标注的尺寸为1800mm。

这样的扣筋水平长度计算公式为：

扣筋水平段长度＝左侧延伸长度＋两梁(墙)的中心间距＋右侧延伸长度

所以，⑨号扣筋的水平段长度＝1600＋1800＋1600＝5000mm。

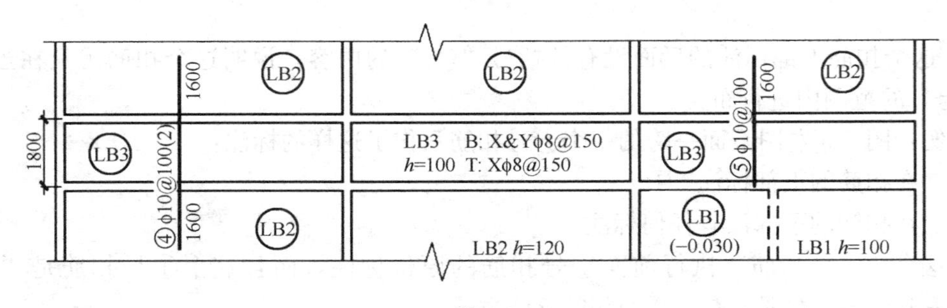

图5-6

〖说明〗这个扣筋上部标注的后面有带括号的内容：“(2)”说明这个扣筋⑨在相邻的两跨之内设置。实行标注的当前跨即是“第一跨”，第二跨在第一跨的右边。

又例：图5-6第3跨上的横跨两道梁的⑤号扣筋：

在扣筋的上部标注：⑤ϕ10@100

在扣筋右端下部标注延伸长度：1600

在扣筋横跨两梁之间没有尺寸标注。

这种扣筋与上例不同，它在Ⓒ轴线的外侧没有向跨内的延伸长度，也就是说，Ⓒ轴线的梁是这根扣筋的一个端支座节点。

所以，这样的扣筋水平长度计算公式为：

扣筋水平段长度=单侧延伸长度+两梁(墙)的中心间距+端部梁(墙)中线至外侧部分长度

其中，关于"端部梁(墙)中线至外侧部分的扣筋长度"我们在后面"楼板端支座的节点构造"一节中再详细讲述。

5）贯通全悬挑长度的扣筋布置例子

例如：①号扣筋覆盖整个延伸悬挑板，应该做如下原位标注（图5-7左图）：

在扣筋的上部标注：①ф12@150

在扣筋下部向跨内的延伸长度标注为：2500

覆盖延伸悬挑板一侧的延伸长度不作标注。

因为扣筋所标注的向跨内延伸长度是从支座（梁）中心线算起的，所以，这根扣筋的水平长度的计算公式为：

扣筋水平段长度=跨内延伸长度+梁宽/2+悬挑板的挑出长度-保护层厚度

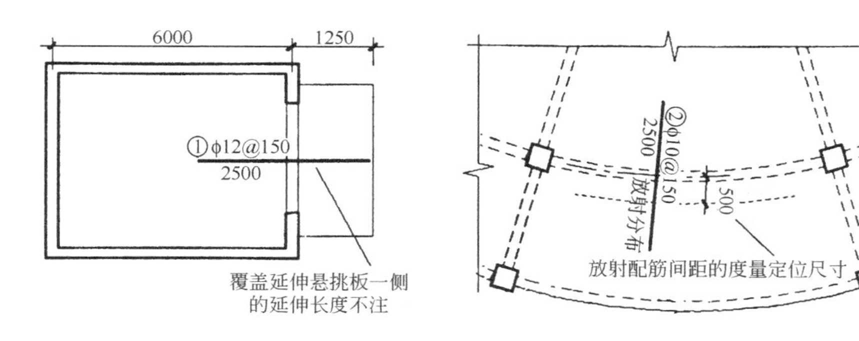

图5-7

6）弧形支座上的扣筋布置例子

当板支座为弧形，支座上方非贯通纵筋呈放射状分布时，设计者应注明配筋间距的度量位置并加注"放射分布"四字，必要时应补绘平面配筋图（图5-7右图）。

(3) 与板支座上部非贯通纵筋垂直且绑扎在一起的构造钢筋或分布钢筋，应由设计者在图中注明。

例如，在结构施工图的总说明里规定板的分布钢筋为ф8，间距为250mm。或者在楼层结构平面图上规定板分布钢筋的规格和间距。

5.2.3 上部非贯通纵筋特殊情况的处理

5.2.3.1 板支座上部非贯通纵筋与贯通纵筋并存

当板的上部已配置有贯通纵筋，但需增配板支座上部非贯通纵筋时，应结合已配置的同向贯通纵筋的直径与间距采用"隔一布一"方式配置。

"隔一布一"方式，为非贯通纵筋的标注间距与贯通纵筋相同，两者组合后的实际间距为各自标注间距的1/2。

〖例1〗板的集中标注为

LB1 h=100

B：X&YΦ10@150

T：X&YΦ12@250

同时该跨Y方向原位标注的上部支座非贯通纵筋为⑤Φ12@250。

〖分析〗

在这个例子中，集中标注的Y方向贯通纵筋为Φ12@250，而在支座上部Y方向的非贯通纵筋为⑤Φ12@250（图5-8左图），则该支座上部Y方向设置的纵向钢筋实际为Φ12@125。

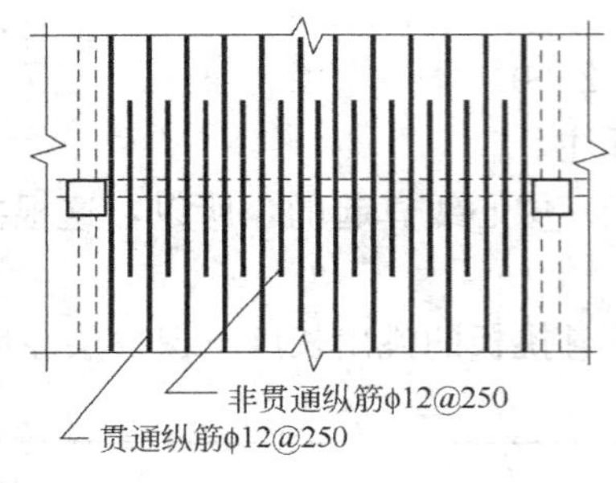

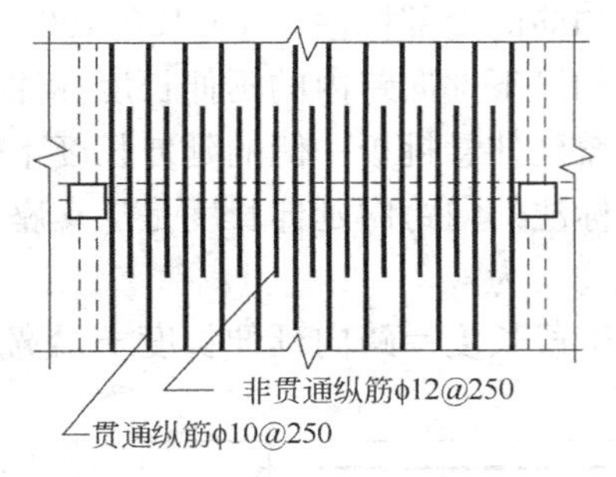

图5-8

〖例2〗板的集中标注为

LB2 h=100

B：X&YΦ10@150

T：X&YΦ10@250

同时该跨Y方向原位标注的上部支座非贯通纵筋为③Φ12@250。

〖分析〗

在这个例子中，集中标注的Y方向贯通纵筋为Φ10@250，而在支座上部Y方向的非贯通纵筋为③Φ12@250（图5-8右图），则该支座上部Y方向设置的纵向钢筋实际为（1Φ10+1Φ12）/250。

实际的钢筋间距为125mm，即放置1根Φ10纵筋以后，在距这根Φ10纵筋125mm处再放置1根Φ12纵筋，再在距这根Φ12纵筋125mm处再放置1根Φ10纵筋，照此方式布置下去。

5.2.3.2 上部非贯通纵筋与邻跨上部贯通纵筋并存

我们以一个实例来说明问题。

〖问题〗

图5-9左图板的集中标注为

LB1 h=100

B：X&YΦ8@150

T：X&YΦ8@150

而在相邻的②～③轴线的LB2板中，在②轴线上原位标注了非贯通纵筋（扣筋）

①Φ8@150

现在的问题是：LB2板中的非贯通纵筋（扣筋）①Φ8@150与LB1的上部贯通纵筋Φ8@150

同时在中间支座上锚固，造成该支座上的钢筋密度太大，而且不便于施工（图 5-9 中图）。

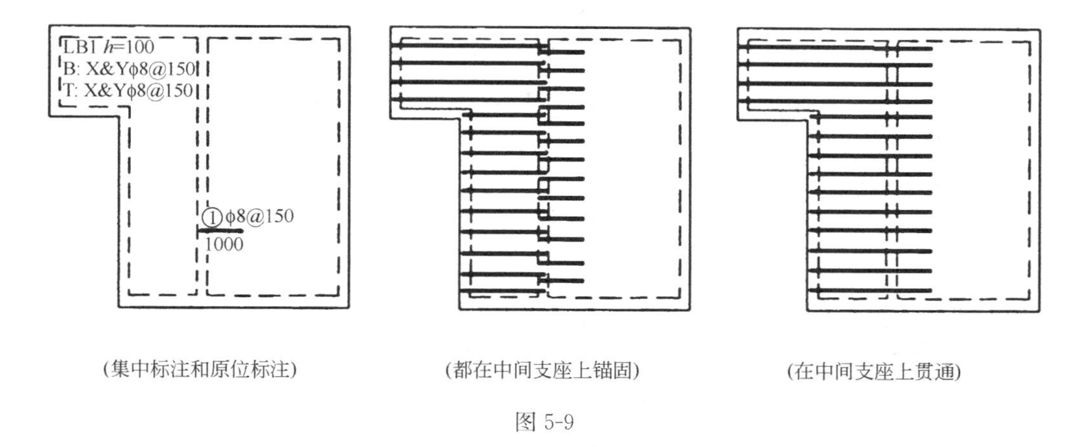

（集中标注和原位标注）　（都在中间支座上锚固）　（在中间支座上贯通）

图 5-9

〖分析〗

在 16G101-1 图集第 40 页已经解答了这一问题。

施工应注意：当支座一侧设置了上部贯通纵筋（在板集中标注中以 T 打头），而在支座另一侧仅设置了上部非贯通纵筋时，如果支座两侧设置的纵筋直径、间距相同，应将二者连通，避免各自在支座上部分别锚固。

对于本例题来说，应该把非贯通纵筋（扣筋）①Φ8@150 与邻跨 LB1 的上部贯通纵筋 Φ8@150 连通跨越中间支座（图 5-9 右图）。这也是体现了钢筋配置上“能通则通”的原则。

5.3 楼板的钢筋构造

楼面板和屋面板在端部支座的锚固构造见 11G101-1 图集第 92 页。

由于 11G101-1 图集同时适用于框架结构、剪力墙结构和砌体结构（即砖混结构）的工程，所以在图集第 92 页介绍“板在端部支座的锚固构造”时，对支座为梁、剪力墙、圈梁和砌体墙的情况分别进行了介绍。

5.3.1 楼板端部支座的钢筋构造

(1) 端部支座为梁（用于普通楼屋面板）：（图 5-10 左图）

1) 板下部贯通纵筋

① 板下部贯通纵筋在支座的直锚长度≥5d 且至少到梁中线；

② 梁板式转换层的板，下部贯通纵筋在支座的直锚长度为 l_{aE}。

2) 板上部贯通纵筋

上部纵筋伸至梁外侧角筋内侧弯钩，弯折段长度 15d；弯锚的平直段长度：设计按铰接时：“≥0.35l_{ab}”，充分利用钢筋的抗拉强度时：“≥0.6l_{ab}”。（其实在钢筋计算时，上述弯锚平直段是作为一个验算条件的。）

图中“设计按铰接时”、“充分利用钢筋的抗拉强度时”由设计指定。

〖问〗

在板上部贯通纵筋弯锚长度的计算中，为什么采用 l_{ab} 而不是 l_{abE}？

〖答〗

原因就是一个：在板的设计中不考虑抗震的因素。

在房屋结构设计中是这样考虑抗震因素的：当水平地震力到来的时候，框架柱和剪力墙首当其冲，是第一道防线；框架梁是耗能构件，起到了化解地震能量的作用，相当于一个缓冲区；到了非框架梁（次梁）这一层次，已经不考虑地震作用了；再到了板这一层次，就更不考虑地震作用了。

鉴于这种原因，即使整个房屋考虑抗震作用（例如一、二级抗震等级），然而对于板来说，也是不考虑地震影响的，所以，在板上部贯通纵筋弯锚长度的计算中，是采用 l_{ab} 而不是 l_{abE}。

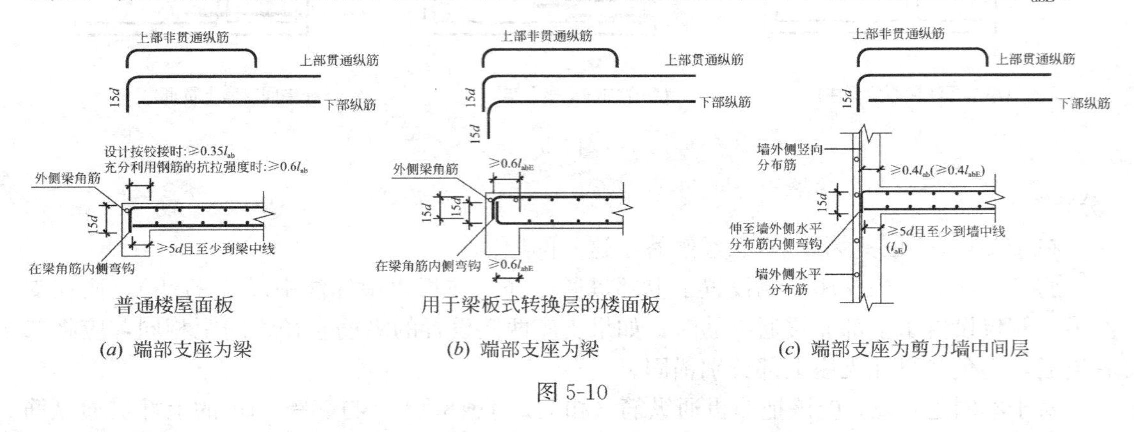

(*a*) 端部支座为梁　(*b*) 端部支座为梁　(*c*) 端部支座为剪力墙中间层

图 5-10

(2) 端支座为梁（用于梁板式转换层的楼面板）：(图 5-10 中图)

板上部纵筋和下部纵筋都伸至梁角筋内侧弯钩，直钩长度 $15d$；同时，板上部纵筋和下部纵筋都要保证水平直锚段长度≥$0.6l_{abE}$。(图中讲的是板端支座的弯锚构造。)

16G101-1 第 99 页注 7：“图(*a*)、(*b*) 中纵筋在端支座应伸至梁外侧纵筋内侧后弯折 $15d$，当平直段长度分别≥l_a、≥l_{aE}时可不弯折。”

其中“≥l_a”是对于图“(*a*) 普通楼屋面板”的上部纵筋而言的；而“≥l_{aE}”是对于“(*b*) 用于梁板式转换层的楼面板”的上部纵筋和下部纵筋而言的。(显然，这里讲的是板端支座的直锚构造。)

16G101-1 第 99 页注 9：“梁板式转换层的板中 l_{abE}、l_{aE}按抗震等级四级取值，设计也可根据实际工程情况另行指定。”其中“l_{abE}”可从图“(*b*) 用于梁板式转换层的楼面板”中看到，而“l_{aE}”则应结合上面注 7 的内容来理解。

(3) 端部支座为剪力墙中间层：(图 5-10 右图)

1) 板下部贯通纵筋

板下部贯通纵筋在支座的直锚长度≥$5d$ 且至少到墙中线。

梁板式转换层的板，下部贯通纵筋在支座的直锚长度为 l_a。

2) 板上部贯通纵筋

板上部贯通纵筋伸到墙身外侧水平分布筋的内侧，然后弯直钩 $15d$，同时验算其弯锚平直段长度≥$0.4l_{ab}$。

16G101-1 第 100 页的图注中指出：“括号内的数据用于梁板式转换层的板，当板下部纵筋直锚长度不足时，可弯锚”，如同图(*b*) 的下部纵筋。

16G101-1 第 100 页注 3："梁板式转换层的板中，按抗震等级四级取值，设计也可根据实际工程情况另行指定。"

（4）端支座为剪力墙墙顶：（图 5-11）

这是 16G101-1 新增的三个构造详图。16G101-1 第 100 页注 1 指出："板端部支座为剪力墙墙顶时，图（a）、（b）、（c）做法由设计指定。"下面介绍这三个构造详图。

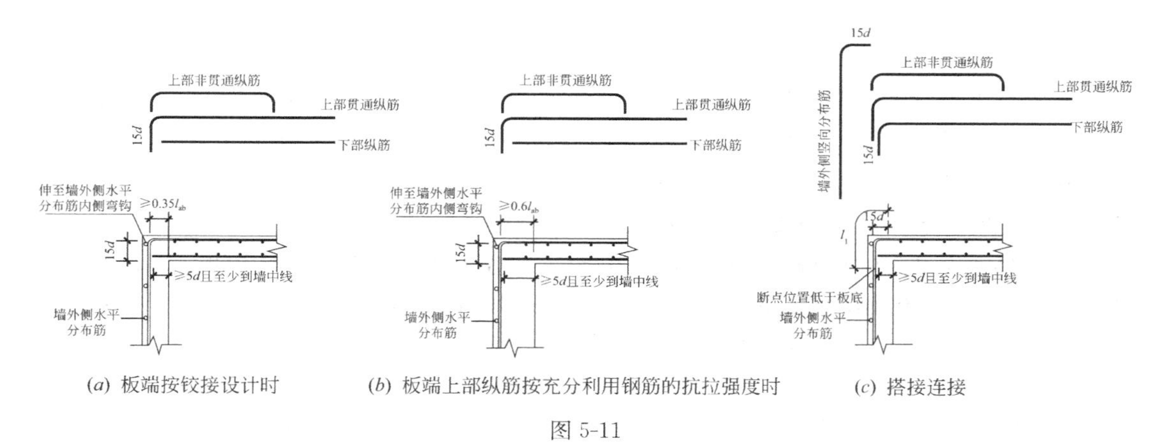

（a）板端按铰接设计时　（b）板端上部纵筋按充分利用钢筋的抗拉强度时　（c）搭接连接

图 5-11

（a）"板端按铰接设计时"：（图 5-11 左图）

板上部纵筋伸至墙外侧水平分布筋内侧弯钩，直钩段 $15d$，同时保证水平直锚段长度 $\geqslant 0.35l_{ab}$；板下部纵筋伸入支座直锚，直锚长度 $\geqslant 5d$ 且至少到墙中线。

（b）"板端上部纵筋按充分利用钢筋的抗拉强度时"：（图 5-11 中图）

板上部纵筋伸至墙外侧水平分布筋内侧弯钩，直钩段 $15d$，同时保证水平直锚段长度 $\geqslant 0.6l_{ab}$；板下部纵筋伸入支座直锚，直锚长度 $\geqslant 5d$ 且至少到墙中线。

本页注 2 指出："板在端部支座的锚固长度（二）中，纵筋在端支座应伸至墙外侧水平分布钢筋内侧后弯折 $15d$，当平直段长度分别 $\geqslant l_a$、$\geqslant l_{aE}$ 时可不弯折。"这条注适用于上面的（a）、（b）节点。

（c）"搭接连接"：（图 5-11 右图）

这是 16G101-1 图集新增的节点构造，本构造适用于剪力墙外侧竖向钢筋与板上部纵向受力钢筋搭接传力：墙外侧竖向分布筋伸至板顶后向板内弯折，弯折水平段长度 $=15d$；板上部纵筋伸至墙外侧水平分布筋内侧向下弯折，直到满足板上部纵筋与墙外侧竖向分布筋的搭接长度等于 l_l（断点位置低于板底）。

16G101-1 第 43 页的 5.4.3 条指出：

"板支承在剪力墙顶的端节点，当设计考虑墙外侧竖向钢筋与板上部纵向受力钢筋搭接传力时，应满足搭接长度要求，设计者应在平法施工图中注明。"

〖问〗

图集中多次提到"梁板式转换层的板"，请问什么是"梁板式转换层"？

〖答〗

首先要了解一下"转换层"的概念。

转换层的全称为"结构转换层"。首先，"某一楼层"的上部和下部采用了不同的结构类型，例如上部为剪力墙结构，下部为框架结构，则这个“某一楼层”就是结构转换层，我们已经介绍过的“框支梁和转换柱”就是这一类型；又如，“某一楼层”的上部为框架结构，下部为剪力墙结构，则这个“某一楼层”也是结构转换层，我们已经介绍过的“剪力墙上柱”就是这一类型。

然而更多的情况是，“某一楼层”的上部和下部属于同一类型的结构，例如都是框架结构，但由于不同用途，使这一楼层的上部和下部的开间大小差别很大，也会导致这个“某一楼层”形成结构转换层。

从前，出于建筑结构的自然性和合理性，建筑物的下部多为小开间（例如办公室），而顶层可以做成大开间（例如大会场）。但现在的许多情况与这种结构的合理和自然布置正好相反，在“某一楼层”的上部为小开间的住宅或办公室，而下部却是大开间的商场或汽车库，此时，这个“某一楼层”必须设计成结构转换层。

结构转换层的类型很多，有梁式、桁架式、空腹桁架式、箱形和板式转换层等等。纯粹的板式转换层的板厚度太大（1800～2000mm），其自重较大；箱形转换层的自重也较大。目前国内使用较多的是梁板式转换层，以梁为主，梁板协同。梁板式转换层的板厚度较小（一般200～300mm），但此时的板承担一定的力学作用，所以图集对梁板式转换层的板提高了构造要求。作为普通楼层的板，其下部纵筋的直锚长度为“≥5d且至少到梁中线”，而对于梁板式转换层的板，其下部纵筋的直锚长度增强为“l_{aE}”了。

5.3.2　楼板中间支座的钢筋构造

16G101-1图集第99页图中板的中间支座均按梁绘制，当支座为混凝土剪力墙时，其构造相同。（图5-12主要看中间支座，其端支座仅适用于普通楼屋面板。）

（1）下部纵筋（图5-12）

与支座垂直的贯通纵筋：伸入支座5d且至少到梁中线；梁板式转换层的板，下部贯通纵筋在支座的直锚长度为l_{aE}。

与支座同向的贯通纵筋：第一根钢筋在距梁边为1/2板筋间距处开始设置。

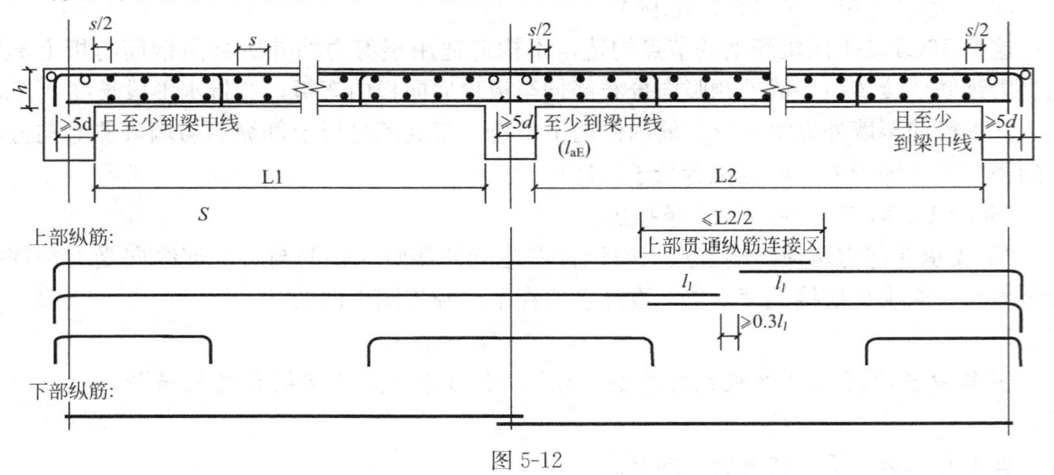

图5-12

注：s为板筋间距。

下部纵筋的连接位置宜在距支座 1/4 净跨内。

（2）上部纵筋（图 5-12）

1）扣筋（非贯通纵筋）

① 向跨内延伸长度详设计标注

② 扣筋及其分布筋的构造在后面的第 5.5 节“扣筋的计算方法”中讲述。

2）贯通纵筋

（A）与支座垂直的贯通纵筋：

① 贯通跨越中间支座；

② 上部贯通纵筋连接区在跨中 1/2 跨度范围之内（$l_n/2$）——l_n 为扣除了支座宽度的净跨跨度；

当相邻等跨或不等跨的上部贯通纵筋配置不同时，应将配置较大者越过其标注的跨数终点或起点延伸至相邻跨的跨中连接区域连接。

（B）与支座同向的贯通纵筋：第一根钢筋在距梁边为 1/2 板筋间距处开始设置。

5.3.3 板上部贯通纵筋的计算方法

（1）板上部贯通纵筋的配筋特点

1）横跨一个整跨或几个整跨；

2）两端伸至支座梁（墙）外侧纵筋的内侧，再弯直钩 $15d$。

（说明：板上部贯通纵筋在端支座的构造参看前面的图 5-10 和图 5-11，在中间支座及跨中的构造参看前面的图 5-12。）

（2）端支座为梁时板上部贯通纵筋的计算

1）计算板上部贯通纵筋的长度：

板上部贯通纵筋两端伸至梁外侧角筋的内侧，再弯直钩 $15d$。具体的计算方法是：

① 先计算直锚长度＝梁截面宽度－保护层－梁角筋直径。

② 弯直钩 $15d$。检验直锚长度是否满足要求（$\geqslant 0.35 l_{ab}$ 或 $0.6 l_{ab}$）。

以单块板上部贯通纵筋的计算为例：

板上部贯通纵筋的直段长度＝净跨长度＋两端的直锚长度

2）计算板上部贯通纵筋的根数：

按照 16G101-1 图集的规定，第一根贯通纵筋在距梁边为 1/2 板筋间距处开始设置。这样，板上部贯通纵筋的布筋范围就是净跨长度。在这个范围内除以钢筋的间距，所得到的“间隔个数”就是钢筋的根数。（因为在施工中，我们可以把钢筋放在每个“间隔”的中央位置。）

〖例 1〗图 5-13 的例子：

板 LB1 的集中标注为

LB1　h＝100

B：X&Y ϕ 8@150

T：X&Y ϕ 8@150

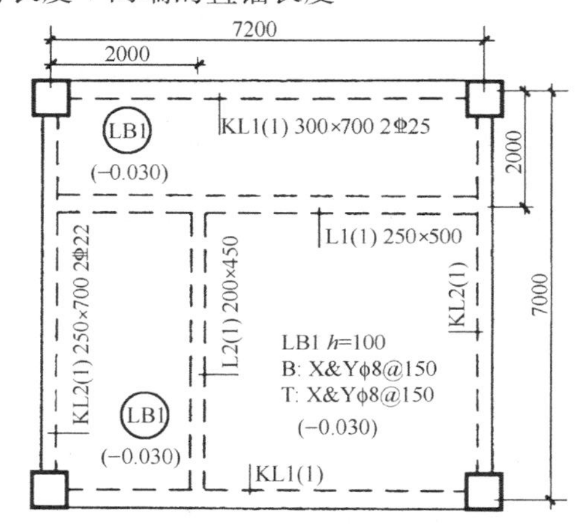

图 5-13

这块板 LB1 的尺寸为 7200×7000，X 方向的梁宽度为 300mm，Y 方向的梁宽度为 250mm，均为正中轴线。X 方向的 KL1 上部纵筋直径为 25mm，Y 方向的 KL2 上部纵筋直径为 22mm，梁箍筋直径为 10mm。

混凝土强度等级 C30，二级抗震等级。

〖解〗

首先计算梁纵筋保护层＝梁箍筋保护层＋10＝20＋10＝30

1）计算 LB1 板 X 方向的上部贯通纵筋的长度：

① 支座直锚长度＝梁宽－纵筋保护层－梁角筋直径＝250－30－22＝198mm

验证水平直锚段是否合适：$l_a=30d=30\times8=240$mm

可以看出：198mm＜l_a，所以上部贯通纵筋在支座不能直锚，只能弯锚。

$0.6\ l_{ab}=0.6\times240=144$mm，现在 198mm＞$0.6l_{ab}$，（当然也＞$0.35l_{ab}$）

所以，水平直锚段 198mm 是合适的。 弯折段 $15d=15\times8=120$mm。

② 上部贯通纵筋的直段长度＝净跨长度＋两端的直锚长度

＝(7200－250)＋198×2＝7346mm

2）计算 LB1 板 X 方向的上部贯通纵筋的根数：

板上部贯通纵筋的布筋范围＝净跨长度＝7000－300－250＝6450

X 方向的上部贯通纵筋的根数＝6450/150＝43 根

3）计算 LB1 板 Y 方向的上部贯通纵筋的长度：

① 支座直锚长度＝梁宽－纵筋保护层－梁角筋直径＝300－30－25＝245mm

② $l_a=30d=30\times8=240$　　$15d=15\times8=120$mm

在①计算出来的支座长度＝245mm 已经大于 l_a（240mm），当然也大于 $0.35l_{ab}$ 或 $0.6l_{ab}$，所以，这根上部贯通纵筋在支座的直锚长度满足要求。

③ 上部贯通纵筋的直段长度＝净跨长度＋两端的直锚长度

＝(7000－300)＋245×2＝7190mm

4）计算 LB1 板 Y 方向的上部贯通纵筋的根数：

板上部贯通纵筋的布筋范围＝净跨长度＝7200－250＝6950mm

Y 方向的上部贯通纵筋的根数＝6950/150＝47 根

〖关于“上部贯通纵筋与相邻扣筋关系”的讨论〗

Ⓒ轴线到Ⓓ轴线、⑤轴线到⑥轴线的这块板 LB1，板顶相对标高高差为（－0.050），即这块板比周围的楼板低了 0.050m，所以，这块板的上部贯通纵筋与周边楼板（例如 LB5）的扣筋没有联系、各布各的。

（3）端支座为剪力墙时板上部贯通纵筋的计算

1）计算板上部贯通纵筋的长度：

板上部贯通纵筋两端伸至剪力墙外侧水平分布筋的内侧，弯钩 $15d$。具体的计算方法是：

① 先计算直锚长度＝墙厚度－保护层－墙身水平分布筋直径

② 再计算弯钩长度＝$15d$

以单块板上部贯通纵筋的计算为例：

板上部贯通纵筋的直段长度＝净跨长度＋两端的直锚长度

2）计算板上部贯通纵筋的根数：

按照 16G101-1 图集的规定，第一根贯通纵筋在距墙边为 1/2 板筋间距处开始设置。

这样，板上部贯通纵筋的布筋范围＝净跨长度。

在这个范围内除以钢筋的间距，所得到的"间隔个数"就是钢筋的根数。（因为在施工中，我们可以把钢筋放在每个"间隔"的中央位置。）

〖例 2〗图 5-14 的例子：

板 LB1 的集中标注为

LB1　h＝100

B：X&Yφ8@150

T：X&Yφ8@150

图中这块 LB1，其尺寸为 3600×7000，板左边的支座为框架梁 KL1（250×700），板的其余三边均为剪力墙结构（厚度为 300mm），在板中距上边梁 2100mm 处有一道非框架梁 L1（250×450）。

混凝土强度等级 C30，二级抗震等级。墙身水平分布筋直径为 12mm，KL1 上部纵筋直径为 22mm，梁箍筋直径 10mm。

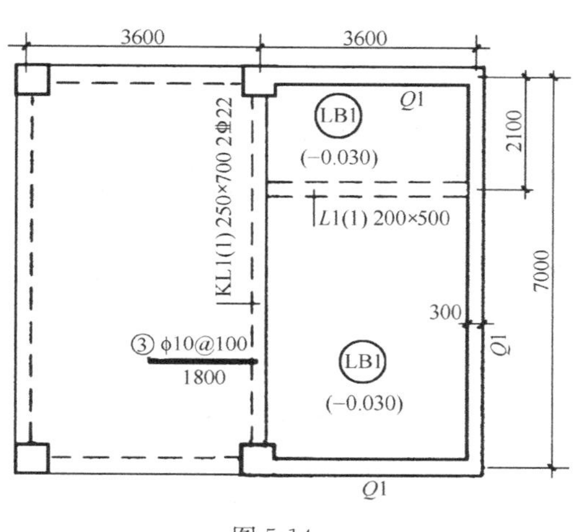

图 5-14

〖解〗

1）计算 LB1 板 X 方向的上部贯通纵筋的长度：

① 由于左支座为框架梁、右支座为剪力墙，所以两个支座锚固长度分别计算。

左支座直锚长度＝梁宽－纵筋保护层－梁角筋直径＝250－30－22＝198mm

右支座直锚长度＝墙厚度－保护层－墙身水平分布筋直径

＝300－15－12＝273mm

② l_a＝30×8＝240mm，支座直锚长度均大于 0.4l_{ab}，满足要求。

弯直钩＝15d＝15×8＝120mm

③ 上部贯通纵筋的直段长度＝净跨长度＋两端的直锚长度

＝(3600－125－150)＋198＋273＝3796mm

2）计算 LB1 板 X 方向的上部贯通纵筋的根数：

板上部贯通纵筋的布筋范围＝净跨长度＝7000－300＝6700mm

X 方向的上部贯通纵筋的根数＝6700/150＝45 根

〖讨论〗

上述算法是把 LB1 板 X 方向上部贯通纵筋的分布范围——即"板的 Y 方向"按一块整板考虑的，实际上这块板的中部存在一道非框架梁 L1，所以准确地计算就应该按两块板进行计算。这两块板的跨度分别为 4900mm 和 2100mm，下面分别进行计算在这两块板上的钢筋根数：

左板的根数＝(4900－150－125)/150＝31根

右板的根数＝(2100－125－150)/150＝13根

所以，LB1板X方向的上部贯通纵筋的根数＝31＋13＝44根

3）计算LB1板Y方向的上部贯通纵筋的长度：

① 左、右支座均为剪力墙，则：

支座直锚长度＝墙厚度－保护层－墙身水平分布筋直径

＝300－15－12＝273mm

② 支座直锚长度均大于 $0.4l_{ab}$，满足要求。

弯直钩 $15d$＝15×8＝120mm。

③ 上部贯通纵筋的直段长度＝净跨长度＋两端的直锚长度

＝(7000－150－150)＋273×2＝7246mm

4）计算LB1板Y方向的上部贯通纵筋的根数：

板上部贯通纵筋的布筋范围＝净跨长度

＝3600－125－150＝3325mm

Y方向的上部贯通纵筋的根数＝3325/150＝23根

〖关于“上部贯通纵筋与相邻扣筋关系”的讨论〗

上面例2的这块板LB1，板顶相对标高高差为（－0.030），即这块板比周围的楼板低了0.030m，所以，这块板的上部贯通纵筋与周边楼板（例如LB5）的扣筋没有联系、各布各的。

〖例3〗图5-15的例子：

板LB1的集中标注为

LB1　h＝100

B：X&YΦ8@150

T：X&YΦ8@150

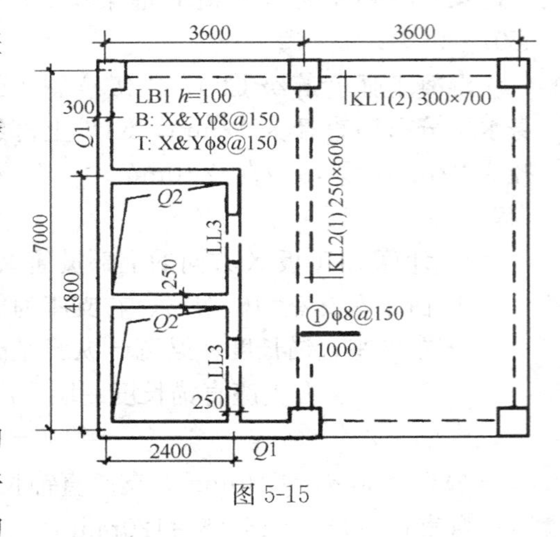

图5-15

图中这块LB1，是一块“刀把形”的楼板，板的大边尺寸为3600×7000，在板的左下角有两个并排的电梯井（尺寸为2400×4800）。该板上边的支座为框架梁KL1(300×700)，右边的支座为框架梁KL2（250×600），板的其余各边均为剪力墙（厚度为300mm）

混凝土强度等级C30，二级抗震等级。墙身水平分布筋直径为12mm，KL2上部纵筋直径为22mm，梁箍筋直径10mm。

〖分析〗

计算“刀把形”楼板的钢筋，无论X方向的钢筋计算、还是Y方向的钢筋计算，都要把“刀把形”楼板分成两块板来进行计算，即：X方向的钢筋有长筋和短筋两种，Y方向的钢筋也有长筋和短筋两种。

但是，对于各向的长、短钢筋要分析其钢筋长度和布筋范围的计算依据。下面解题过程中括号部分的内容，就是这些计算依据的分析结果。

〖解〗

1）X方向的上部贯通纵筋计算

（A）长筋

① 钢筋长度的计算

（轴线跨度3600mm；左支座为剪力墙，厚度300mm；右支座为框架梁，宽度250mm）

左支座直锚长度$=l_a=30d=30\times8=240$mm

右支座直锚长度＝250－30－22＝198mm

上部贯通纵筋的直段长度＝(3600－150－125)＋240＋198＝3763mm

右支座弯钩长度$=15d=15\times8=120$mm

上部贯通纵筋的左端无弯钩。

② 钢筋根数的计算

（轴线跨度2200mm；左端到250mm剪力墙的右侧；右端到300mm框架梁的左侧）

钢筋根数＝(2200－125－150)/150＝13根

（B）短筋

① 钢筋长度的计算

（轴线跨度1200mm；左支座为剪力墙，厚度250mm；右支座为框架梁，宽度250mm）

左支座直锚长度＝250－15－12＝223mm

右支座直锚长度＝250－30－22＝198mm

上部贯通纵筋的直段长度＝(1200－125－125)＋223＋198＝1371mm

左、右支座弯钩长度均为$15d=15\times8=120$mm

② 钢筋根数的计算

（轴线跨度4800mm；左端到300mm剪力墙的右侧；右端到250mm剪力墙的右侧）

钢筋根数＝(4800－150＋125)/150＝32根

〖说明〗

上面算式“＋125”的理由：“刀把形”楼板分成两块板来计算长短筋，这两块板之间在分界线处应该是连续的。现在，(A)②中的板左端算至“250mm剪力墙”右侧，所以(B)②中的板右端也应该算至“250mm剪力墙”右侧。

2）Y方向的上部贯通纵筋计算

（A）长筋

① 钢筋长度的计算

（轴线跨度7000mm；左支座为剪力墙，厚度300mm；右支座为框架梁，宽度300mm）

左支座直锚长度$=l_a=30d=30\times8=240$mm

右支座直锚长度$=l_a=30d=30\times8=240$mm

上部贯通纵筋的直段长度＝(7000－150－150)＋240＋240＝7180mm

上部贯通纵筋的两端无弯钩。

② 钢筋根数的计算

（轴线跨度1200mm；左支座为剪力墙，厚度250mm；右支座为框架梁，宽度250mm）

钢筋根数＝(1200－125－125)/150＝7根

（B）短筋

① 钢筋长度的计算

(轴线跨度2200mm；左支座为剪力墙，厚度250mm；右支座为框架梁，宽度300mm)

左支座直锚长度＝250－15－12＝223mm

右支座直锚长度＝l_a＝30d＝30×8＝240mm

上部贯通纵筋的直段长度＝(2200－125－150)＋240＋223＝2388mm

上部贯通纵筋的左端弯钩120mm，右端无弯钩。

② 钢筋根数的计算

(轴线跨度2400mm；左支座为剪力墙，厚度300mm；右支座为框架梁，宽度250mm)

钢筋根数＝(2400－150＋125)/150＝16根

〖关于"上部贯通纵筋与相邻扣筋贯通"的讨论〗

例3的这块板LB1，没有标注板顶相对标高高差，说明这块板LB1与周围的楼板一平。

16G101-1图集第43页有这样一段话：

"施工应注意：当支座一侧设置了上部贯通纵筋（在板集中标注中以T打头），而在支座另一侧仅设置了上部非贯通纵筋时，如果支座两侧设置的纵筋直径、间距相同，应将二者连通，避免各自在支座上部分别锚固。"

现在这块LB1板的X方向的上部贯通纵筋与相邻板上的扣筋①ϕ8@150/1000重叠，不仅钢筋规格一致，而且钢筋间距也相同。

对于本例题来说，应该把右邻板中的非贯通纵筋（扣筋）①ϕ8@150与LB1的上部贯通纵筋ϕ8@150连通跨越中间支座。

这样，LB1板X方向上部贯通纵筋的水平段长度应该是：

长筋的长度＝(3600－150－125)＋240＋250/2＋1000＝4690mm

短筋的长度＝(1200－125－125)＋240＋250/2＋1000＝2315mm

5.4 板下部纵筋的计算方法

(1) 板下部纵筋的配筋特点

1) 横跨一个整跨或几个整跨；

2) 两端伸至支座梁（墙）的中心线，且直锚长度≥5d。这句话包括下列两种情况之一：

① 伸入支座的直锚长度为1/2的梁厚（墙厚），此时已经满足≥5d；

② 满足直锚长度≥5d的要求，此时直锚长度已经大于1/2的梁厚（墙厚）。

(说明：板下部纵筋在端支座的构造参看前面的图5-10和图5-11，在中间支座的构造参看前面的图5-12。)

(2) 端支座为梁时板下部纵筋的计算

1) 计算板下部纵筋的长度：

具体的计算方法一般为：

① 先选定直锚长度＝梁宽/2；

② 再验算一下此时选定的直锚长度是否≥5d——如果满足"直锚长度≥5d"，则没有问题；如果不满足"直锚长度≥5d"，则取定5d为直锚长度。(实际工程中，1/2梁厚一

般都能够满足“≥5d”的要求。）

以单块板下部纵筋的计算为例：

板下部纵筋的直段长度＝净跨长度＋两端的直锚长度

2）计算板下部纵筋的根数：

计算方法和前面介绍的板上部贯通纵筋根数算法是一致的。即：

按照16G101-1图集的规定，第一根下部纵筋在距梁边为1/2板筋间距处开始设置。这样，板下部纵筋的布筋范围＝净跨长度

在这个范围内除以钢筋的间距，所得到的“间隔个数”就是钢筋的根数。（因为在施工中，我们可以把钢筋放在每个“间隔”的中央位置。）

〔例〕图5-13的例子：

板LB1的集中标注为

LB1　h＝100

B：X&Yφ8@150

T：X&Yφ8@150

这块板LB1的尺寸为7200×7000，X方向的梁宽度为300mm，Y方向的梁宽度为250mm，均为正中轴线。

混凝土强度等级C30，二级抗震等级。

〔解〕

1）计算LB1板X方向的下部纵筋的长度：

① 直锚长度＝梁宽/2＝250/2＝125mm

② 验算：5d＝5×8＝40mm，显然，直锚长度＝125mm>40mm，满足要求。

〔讨论〕

就算钢筋直径d＝12mm，则5d＝60mm，所以“梁宽/2≥5d”的要求还是容易满足的。

③ 下部纵筋的直段长度＝净跨长度＋两端的直锚长度

＝(7200－250)＋125×2＝7200mm

2）计算LB1板X方向的下部纵筋的根数：

板下部纵筋的布筋范围＝净跨长度＝7000－300＝6700mm

X方向的下部纵筋的根数＝6700/150＝46根

3）计算LB1板Y方向的下部纵筋的长度：

直锚长度＝梁宽/2＝300/2＝150mm

下部纵筋的直段长度＝净跨长度＋两端的直锚长度

＝(7000－300)＋150×2＝7000mm

4）计算LB1板Y方向的下部纵筋的根数：

板下部纵筋的布筋范围＝净跨长度＝7200－250＝6950mm

Y方向的下部纵筋的根数＝6950/150＝47根

(3) 端支座为剪力墙时板下部纵筋的计算

1）计算板下部纵筋的长度：

具体的计算方法一般为：

① 先选定直锚长度＝墙厚/2；

② 再验算一下此时选定的直锚长度是否≥5d——如果满足“直锚长度≥5d”，则没有问题；如果不满足“直锚长度≥5d”，则取定5d为直锚长度。（实际工程中，1/2墙厚一般都能够满足“≥5d”的要求。）

以单块板下部纵筋的计算为例：

板下部纵筋的直段长度＝净跨长度＋两端的直锚长度

2）计算板下部纵筋的根数：

计算方法和前面介绍的板上部贯通纵筋根数算法是一致的。

〖例〗图5-14的例子：

板LB1的集中标注为

LB1　h＝100

B：X&Yϕ8@150

T：X&Yϕ8@150

这块板LB1，其尺寸为3600×7000，板左边的支座为框架梁KL1（250×700），板的其余三边均为剪力墙结构（厚度为300mm），在板中距上边梁2100mm处有一道非框架梁L1（250×450）。

混凝土强度等级C30，二级抗震等级。

〖解〗

1）计算LB1板X方向的下部纵筋的长度：

① 左支座直锚长度＝墙厚/2＝300/2＝150mm

右支座直锚长度＝墙厚/2＝250/2＝125mm

② 验算：5d＝5×8＝40mm，显然，直锚长度＝125mm>40mm，满足要求。

〖讨论〗

就算钢筋直径d＝12mm，则5d＝60mm，所以“墙厚/2≥5d”的要求还是容易满足的。

③ 下部纵筋的直段长度＝净跨长度＋两端的直锚长度

＝(3600－125－150)＋150＋125＝3600mm

2）计算LB1板X方向的下部纵筋的根数：

注意：LB1板的中部存在一道非框架梁L1，所以准确地计算就应该按两块板进行计算。这两块板的跨度分别为4900mm和2100mm，下面分别进行计算在这两块板上的钢筋根数：

左板的根数＝(4900－150－125)/150＝31根

右板的根数＝(2100－125－150)/150＝13根

所以，LB1板X方向的下部贯通纵筋的根数＝31＋13＝44根

3）计算LB1板Y方向的下部纵筋的长度：

直锚长度＝墙厚/2＝300/2＝150mm

下部纵筋的直段长度＝净跨长度＋两端的直锚长度

＝(7000－150－150)＋150×2＝7000mm

4）计算LB1板Y方向的下部纵筋的根数：

板下部纵筋的布筋范围＝净跨长度

＝3600－125－150＝3325mm

Y 方向的下部纵筋的根数＝3325/150＝23 根

〖讨论：用于梁板式转换层的楼面板该怎样计算〗

16G101-1 第 99 页“板在端部支座的锚固构造（一）”的图(b) 为用于梁板式转换层的楼面板的端部锚固构造（见图 5-10 的右图）。在实际工程中若遇到这种情况，对板纵筋计算会产生什么影响？我们就以前面“图 5-13”的计算例题，讨论一下这个问题。（由于对钢筋根数计算没有影响，所以略去。）

（1）板上部贯通纵筋的计算

1）计算 LB1 板 X 方向的上部贯通纵筋的长度：

① 支座直锚长度＝梁宽－纵筋保护层－梁角筋直径＝250－30－22＝198mm

在此，“用于梁板式转换层的楼面板”只影响验证上部贯通纵筋在支座弯锚的水平直锚段是否合适：$l_{aE}=35d=35\times8=280$mm，$0.6l_{abE}=0.6\times280=168$mm，现在 198mm＞$0.6l_{abE}$，所以，水平直锚段 198mm 是合适的。弯折段 $15d=15\times8=120$mm。

② 上部贯通纵筋的直段长度＝净跨长度＋两端的水平直锚段长度

＝(7200－250)＋198×2＝7346mm

2）计算 LB1 板 Y 方向的上部贯通纵筋的长度：

① 支座直锚长度＝梁宽-纵筋保护层-梁角筋直径＝300－30－25＝245mm

因为这段“支座直锚长度”245mm＜l_{aE}（280mm），

所以上部贯通纵筋不能在支座直锚，只能采用弯锚，而 245mm＞$0.6\ l_{abE}$（168mm），所以验证弯锚的水平直锚段 245mm 是合适的。弯折段 $15d=15\times8=120$mm。

② 上部贯通纵筋的直段长度＝净跨长度＋两端的水平直锚段长度

＝(7000－300)＋245×2＝7190mm

（2）板下部纵筋的计算

注意：对“板下部纵筋的计算”影响较大，因为“普通楼层”的下部纵筋是“伸入支座≥$5d$ 且至少到梁中线”，而“梁板式转换层的板”的下部纵筋是“伸至外侧梁角筋的内侧之后向下弯折 $15d$，还要验证水平直锚段≥$0.6l_{abE}$”。

1）计算 LB1 板下部纵筋的长度：

① 支座直锚长度＝梁宽－纵筋保护层－梁角筋直径＝250－30－22＝198mm

因为 198mm＞$0.6l_{abE}$(168mm)，

所以，水平直锚段 198mm 是合适的。弯折段 $15d=15\times8=120$mm。

② 下部纵筋的直段长度＝净跨长度＋两端的水平直锚段长度

＝(7200－250)＋198×2＝7346mm

2）计算 LB1 板 Y 方向的下部纵筋的长度：

① 支座直锚长度＝梁宽－纵筋保护层－梁角筋直径＝300－30－25＝245mm

因为这段“支座直锚长度”245mm＜l_{aE}(280mm)，

所以下部纵筋不能在支座直锚，只能采用弯锚，而 245mm＞$0.6l_{abE}$(168mm)，

所以验证弯锚的水平直锚段 245mm 是合适的。弯折段 $15d=15\times8=120$mm。

② 下部纵筋的直段长度＝净跨长度＋两端的水平直锚段长度

＝(7000－300)＋245×2＝7190mm

（读者可以把这一段讨论的结果，与本节前面“图5-13”的计算进行比较以加深认识。）

（3）梯形板钢筋计算的算法分析

实际工程中遇到的楼板平面形状，大多数为矩形板，少数为异形板。我们在上一节中，讲述了“刀把形板”的钢筋计算方法，现在，再介绍一种梯形板的钢筋计算方法。

异形板的钢筋计算与矩形板不同。矩形板的同向钢筋（X向钢筋或Y向钢筋）的长度都是一样的，于是问题就剩下钢筋根数的计算；而异形板的同向钢筋（例如X向钢筋）的钢筋长度就各不相同，需要每根钢筋分别进行计算。

如何计算一块梯形板的每一根钢筋长度呢？仔细分析一块梯形板，可以划分为矩形板加上三角形板，于是梯形板钢筋的变长度问题就转化为三角形板的变长度问题（图5-16）。而计算三角形板的变长度钢筋，可以通过相似三角形的对应边成比例的原理来进行计算。

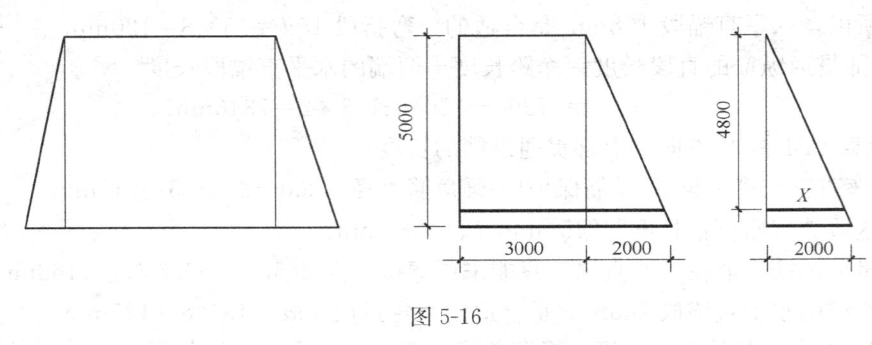

图5-16

〖算法分析〗

例如，一个直角梯形的两条底边分别是3000mm和5000mm，高为5000mm。这个梯形可以划分成一个宽3000mm、高5000mm的矩形和一个底边为2000mm、高为5000mm的三角形。假设梯形的5000mm底边是楼板第一根钢筋的位置，这根5000mm的钢筋现在分解成3000mm矩形的底边和三角形的2000mm底边。这样，如果我们要计算梯形板的第二根钢筋长度，只需在这个三角形中进行计算即可。

相似三角形的算法是这样的：

假设钢筋间距为200mm，在高5000mm、底边2000mm的三角形，将底边平行回退200mm，得到一个高4800mm、底边为X的三角形，这两个三角形是相似的，而X就是所求的第二根钢筋的长度（图5-16右图）。根据相似三角形的对应边成比例这一原理，有下面的计算公式：

$$X : 2000 = 4800 : 5000$$

所以 $$X = 2000 \times 4800/5000 = 1920\text{mm}$$

因此，梯形的第二根钢筋长度$=3000+X=3000+1920=4920$mm

根据这个原理，我们可以计算出梯形楼板的第三根以及更多的钢筋长度。

（4）弧形板钢筋计算的算法分析

上面介绍的“刀把形板”、梯形板，都是一些“直边形”的楼板，当板的某一边缘线不是直线，而是弧线的时候，这样的板就是“弧形板”了。弧形板也是比较常见的一种异形板。下面，我们再介绍一种弧形板的钢筋计算方法。我们的本意不在于介绍一种两种具体的计算步骤，而在于介绍一种思考的方法。因为，异形板形状各异，不可能一一列举。

〖图算法原理〗

对于异形板的钢筋计算，经验丰富的钢筋下料人员都有一种解决办法，那就是“大样图法”。所谓大样图法就是在白纸上或者绘图纸上，采用一定的比例尺（例如 1/100 或者 1/200的比例尺），画出实际工程楼板的平面形状——例如，画出楼板内边缘的轮廓线；然后，按照第一根钢筋的位置和钢筋间距来画出每一根钢筋的具体位置——画一条线段代表这一根钢筋，这条线段与楼板内边缘轮廓线有两个交点，用比例尺量出这两个交点之间的距离，就得到这根钢筋的净跨长度（图 5-17 左图），再加上钢筋两端的支座锚固长度，就得到整根钢筋的长度。其实，整个过程就是“图算法”的过程。

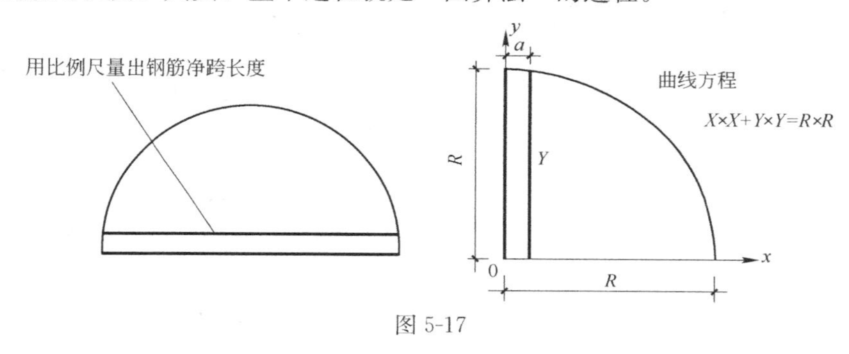

图 5-17

〖解析算法原理〗

解析几何就是代数几何，其基本原理是求出弧线的代数方程，然后求解每根钢筋的长度。下面就两个简单的情形介绍一下解析算法的基本原理。

〖例 1〗半圆弧和 1/4 圆弧的解法

半圆弧和 1/4 圆弧都有一个共同的特点，那就是其弓高都等于半径。那就是说，在弓形板中最长的钢筋直径等于半径，我们不妨从这根最长的钢筋出发，来推导“下一根”钢筋的计算过程。

我们知道，当以圆心为原点时，半径为 R 的圆的方程就是：

$$X \times X + Y \times Y = R \times R \qquad (1)$$

当 $X=0$ 时，就得到 $Y=R$，这就是弓高（即最长的钢筋）的长度。

当 X 发生一个偏移 a（一个间距）的时候，把 $X=a$ 代入方程(1)，就得到

$$Y \times Y = R \times R - a \times a$$

$$Y = \mathrm{sqrt}(R \times R - a \times a)$$ （其中的 sqrt 是求平方根）

若要计算第二个间距处的钢筋长度，把 $X=2a$ 代入方程(1)，就得到

$$Y = \mathrm{sqrt}[R \times R - (2a) \times (2a)]$$

于是，我们可以得到计算第 n 个间距处的钢筋长度的通用公式：

$$Y = \mathrm{sqrt}[R \times R - (na) \times (na)]$$

〖例2〗普通圆弧的解法

我们仍然可以模仿上面的算法，只需要把圆的方程改变一下。

当弓形的弓高小于半径 R 的时候，设弓高 $=R-b$

即当 $X=0$ 时，能得到 $Y=R-b$

则此时的圆方程为：

$$X\times X+(Y+b)\times(Y+b)=R\times R \tag{2}$$

这个方程可以由方程(1) 所表示的图形进行坐标变换而得到，即把 X 轴向上平移 b 的距离，就可以由方程(1) 得到方程(2)。

方程(2) 所对应的图形见图5-18右图。

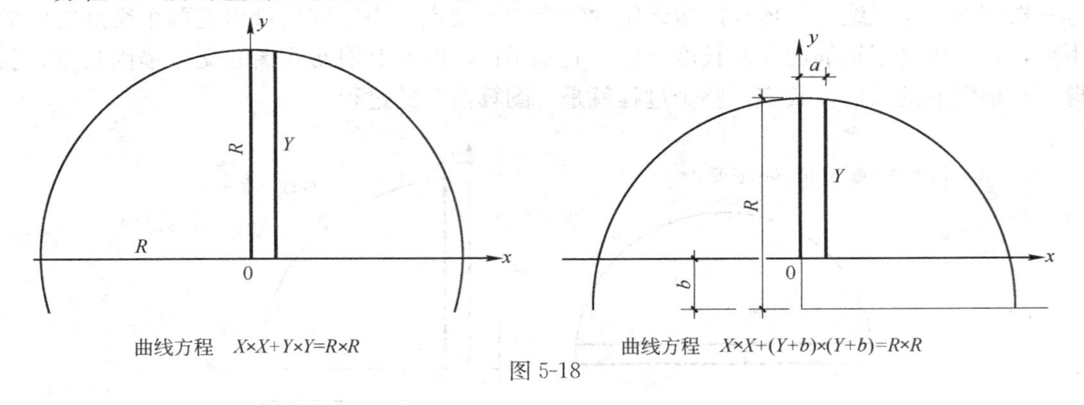

图 5-18

验证方程(2) 的正确性很简单，我们可以把 $X=0$ 代入方程(2)，就得到

$$Y+b=R$$

即
$$Y=R-b$$

这就是弓高（即最长的钢筋）的长度。

当 X 发生一个偏移 a（一个间距）的时候，把 $X=a$ 代入方程(2)，就得到

$$(Y+b)\times(Y+b)=R\times R-a\times a$$

$$Y=\mathrm{sqrt}(R\times R-a\times a)-b$$ （其中的 sqrt 是求平方根）

若要计算第二个间距处的钢筋长度，把 $X=2a$ 代入方程(2)，就得到

$$Y=\mathrm{sqrt}[R\times R-(2a)\times(2a)]-b$$

于是，我们可以得到计算第 n 个间距处的钢筋长度的通用公式：

$$Y=\mathrm{sqrt}[R\times R-(na)\times(na)]-b$$

〖讨论〗

上述的例1和例2都是假设弓形的对称轴（即弓高所在直线）就在 Y 轴上，而实际工程弧形板不一定都是这样规矩的，所以，想要推导出一个通用的弧形板配筋公式不是一件容易的事情。就算推导出一个算法，其计算过程也是相当复杂和繁琐的。其实，整个工程的钢筋计算本身就存在庞大而繁琐的计算工作量。因此，使用计算机来进行辅助计算势在必行。平法钢筋自动计算软件具有这些钢筋计算功能。人们可以把这些繁琐的、复杂的、枯燥无味的计算工作交给计算机来做，从而可以把人的手和脑解放出来，向生产的深度和广度进军。

5.5 扣筋的计算方法

扣筋（即板支座上部非贯通筋），是在板中应用得比较多的一种钢筋，在一个楼层当中，扣筋的种类又是最多的，所以在板钢筋计算中，扣筋的计算占了相当大的比重。

（1）扣筋计算的基本原理

扣筋的形状为“┌──┐”形，其中有两条腿和一个水平段。

1）扣筋腿的长度与所在楼板的厚度有关。

① 单侧扣筋：扣筋腿的长度＝板厚度－15(可以把扣筋的两条腿都采用同样的长度）

② 双侧扣筋（横跨两块板）：扣筋腿 1 的长度＝板 1 的厚度－15

扣筋腿 2 的长度＝板 2 的厚度－15

〖关于历史上扣筋腿长计算方法发生的讨论〗

主要有两种意见：一种意见认为，扣筋腿的长度＝板厚度－2 个保护层

这种意见的理由是，扣筋的水平段上方有一个保护层，而扣筋腿的下端点以下还要有一个保护层，否则就会发生露筋。

另一种意见认为，扣筋腿的长度＝板厚度－1 个保护层

这种意见的理由是，扣筋的水平段上方有一个保护层，是应该的；但是扣筋腿端部的下方没必要有保护层，而是直接站立在模板之上。反正保护层是保护一个面或一条线，不保护一个点的。在实际工程施工的效果上，扣筋腿的端点也没有发生露筋。就算你减了两倍的保护层，也难免扣筋腿接触模板。

04G101-4 图集第 25 页上曾经明确规定：扣筋腿长度 $a=h-15$（h 为板厚）。但是，后来的 11G101-1 以及 16G101-1 图集没有明确规定扣筋腿的长度，于是这个问题的争论又回到了原点。所以，在实际工程中，施工单位必须要求设计方明确这个问题。在本书中，我们暂采用“$h-15$”的规定。

2）扣筋的水平段长度可根据扣筋延伸长度的标注值来进行计算。如果单纯根据延伸长度标注值还不能计算的话，则还要依据平面图板的相关尺寸来进行计算。下面，主要讨论不同情况下如何计算扣筋水平段长度的问题。

（2）最简单的扣筋计算

横跨在两块板中的“双侧扣筋”的扣筋计算：

1）双侧扣筋（两侧都标注了延伸长度）：

扣筋水平段长度＝左侧延伸长度＋右侧延伸长度

〖例 1〗

一根横跨一道框架梁的双侧扣筋③号钢筋，扣筋的两条腿分别伸到 LB1 和 LB2 两块板中（图 5-19 左图），

在扣筋的上部标注：③Φ12@150

在扣筋下部的左侧标注：1800

在扣筋下部的右侧标注：1400

则　③号扣筋的水平段长度＝1800＋1400＝3200mm

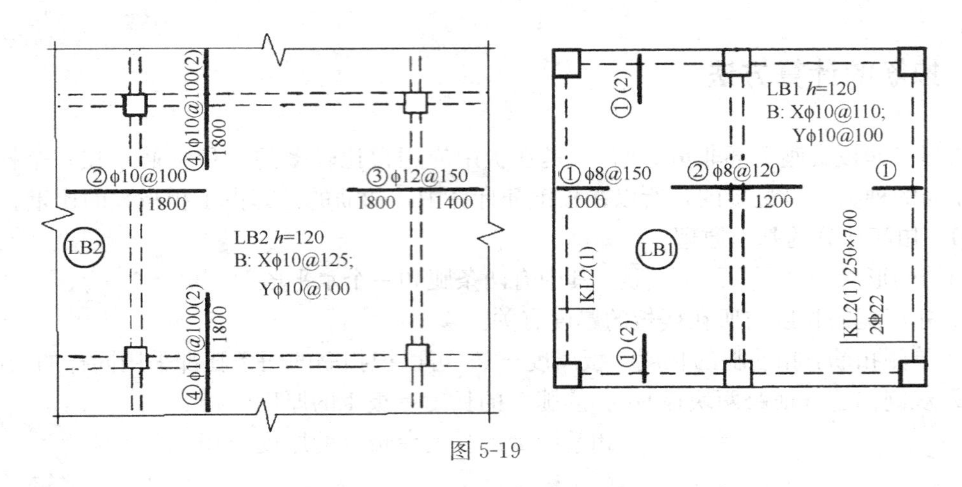

图 5-19

2）双侧扣筋（单侧标注延伸长度）：表明该扣筋向支座两侧对称延伸

扣筋水平段长度＝单侧延伸长度×2

〖例2〗

一根横跨一道框架梁的双侧扣筋②号钢筋，扣筋的两条腿分别伸到 LB1 和 LB2 两块板中（图 5-19 左图），

在扣筋的上部标注：②Φ10@100

在扣筋下部的右侧标注：1800

而在扣筋下部的左侧为空白，没有尺寸标注

则　　②号扣筋的水平段长度＝1800×2＝3600mm

(3) 需要计算端支座部分宽度的扣筋计算

单侧扣筋：［一端支承在梁(墙)上，另一端伸到板中］

扣筋水平段长度＝单侧延伸长度＋端部梁中线至外侧部分长度

〖例3〗

图 5-19 右图边梁 KL2 上的单侧扣筋①号钢筋，

在扣筋的上部标注：①Φ8@150

在扣筋的下部标注：1000

表示这个编号为①号的扣筋，规格和间距为Φ8@150，从梁中线向跨内的延伸长度为 1000mm（见图 5-19 右图）。

如何计算"端部梁中线至外侧部分的扣筋长度"？

根据 16G101-1 图集规定的板在端部支座的锚固构造，板上部受力纵筋伸到支座梁外侧角筋的内侧，则

板上部受力纵筋在端支座的直锚长度＝梁宽度－梁纵筋保护层－梁纵筋直径

端部梁中线至外侧部分的扣筋长度＝梁宽度/2－梁纵筋保护层－梁纵筋直径

现在，边框架梁 KL3 的宽度为 250mm，梁箍筋保护层为 20mm，梁上部纵筋的直径为 22mm，箍筋直径 10mm，则

扣筋水平段长度＝1000＋(250/2－30－22)＝1073mm

（4）横跨两道梁的扣筋的计算（贯通短跨全跨）：

1）在两道梁之外都有延伸长度：

扣筋水平段长度＝左侧延伸长度＋两梁的中心间距＋右侧延伸长度

〖例 4〗

图 5-20 的④号扣筋横跨两道梁（图 5-20 左端），

在扣筋的上部标注：④Φ10@100（2）

在扣筋下端延伸长度标注 1600

在扣筋横跨两梁的中段没有尺寸标注

在扣筋上端延伸长度标注 1600

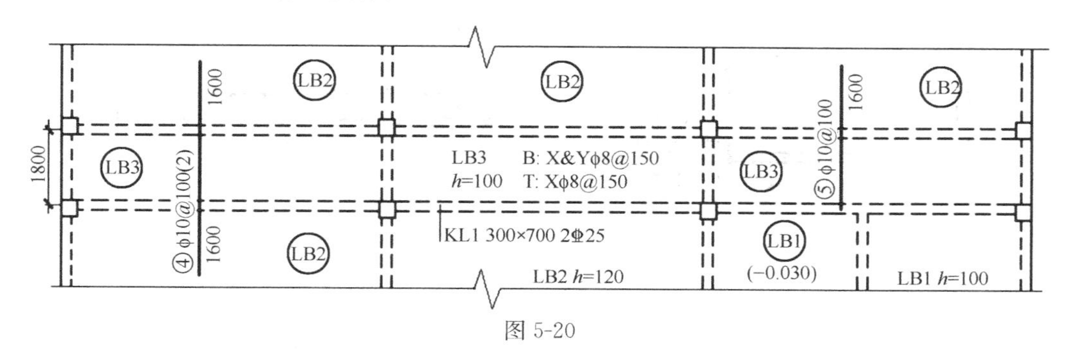

图 5-20

对于本例来说，这两道梁都是“正中轴线”的，所以这两道梁中心线的距离，就是轴线距离 1800mm。所以，

④号扣筋的水平段长度＝1600＋1800＋1600＝5000mm。

2）仅在一道梁之外有延伸长度：

扣筋水平段长度＝单侧延伸长度＋两梁的中心间距＋端部梁中线至外侧部分长度

式中

端部梁中线至外侧部分的扣筋长度＝梁宽度/2－梁纵筋保护层－梁纵筋直径

〖例 5〗

图 5-20 的⑤号扣筋横跨两道梁（图 5-20 右端），

在扣筋的上部标注：⑤Φ10@100

在扣筋上端延伸长度标注 1600

在扣筋横跨两梁之间没有尺寸标注

这种扣筋与上例不同，下端的梁是这根扣筋的一个端支座节点。

本例的情况是：

这两道梁都是“正中轴线”的，所以这两道梁中心线的距离，就是轴线之间的距离 1800mm。

这两道框架梁的宽度为 300mm，梁箍筋保护层为 20mm，梁上部纵筋的直径为 25mm，箍筋直径 10mm 则

⑩号扣筋的水平段长度＝1600＋1800＋(300/2－30－25)＝3495mm。

（5）贯通全悬挑长度的扣筋的计算

贯通全悬挑长度的扣筋的水平段长度计算公式如下：

扣筋水平段长度＝跨内延伸长度＋梁宽/2＋悬挑板的挑出长度－保护层

〖例6〗

⑤号扣筋覆盖整个延伸悬挑板，其原位标注如下：

在扣筋的上部标注：①ϕ12@150

在扣筋下部向跨内的延伸长度标注为：2500

覆盖延伸悬挑板一侧的延伸长度不作标注（图5-21左图）。

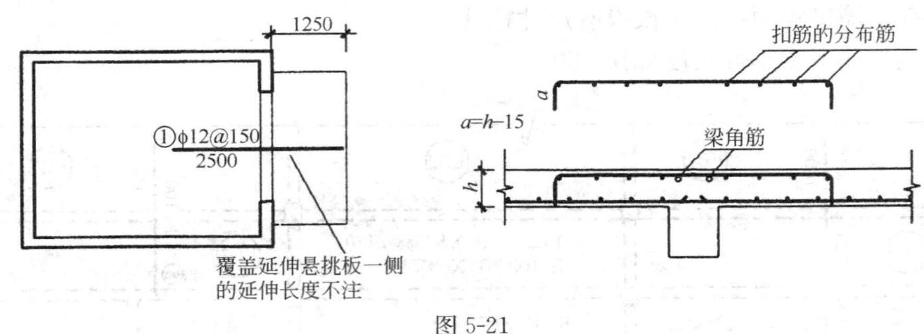

图5-21

本例的实际情况是：

悬挑板的挑出长度（净长度）为1250mm，悬挑板的支座梁宽为300mm，则

扣筋水平段长度＝2500＋300/2＋1250－15＝3885mm

（6）扣筋分布筋的计算：

1）扣筋分布筋根数的计算原则（图5-21右图）：

① 扣筋拐角处必须布置一根分布筋；

② 在扣筋的直段范围内按分布筋间距进行布筋。板分布筋的直径和间距在结构施工图的说明中应该有明确的规定；

③ 当扣筋横跨梁（墙）支座时，在梁（墙）的宽度范围内不布置分布筋。也就是说，这时要分别对扣筋的两个延伸净长度计算分布筋的根数。

2）扣筋分布筋的长度：

① 扣筋分布筋的长度没必要按全长计算。有的人把扣筋分布筋的长度算至两端梁（墙）支座的中心线，那是错误的。因为在楼板角部矩形区域，横竖两个方向的扣筋相互交叉，互为分布筋，所以这个角部矩形区域不应该再设置扣筋的分布筋，否则，四层钢筋交叉重叠在一块，混凝土如何能够覆盖住钢筋？

② 那么，扣筋分布筋伸进角部矩形区域多少长度才合适呢？历史上发生过这样的讨论：

有的人认为，扣筋分布筋不需要伸进角部矩形区域。

有的人认为，扣筋分布筋应该伸进角部矩形区域300mm的长度。其理由是：03G101-1图集第34页规定“在任何情况下 l_l 不得小于300”。但是，这种理由是站不住脚的。03G101-1图集第34页的这个规定是对于“纵向受拉钢筋绑扎搭接长度”的规定，而分布钢筋是构造钢筋而不是受拉钢筋，所以不适用这条规定。

我们的观点是，分布钢筋的功能与梁上部架立筋类似，那就不妨按梁上部架立筋的做法“搭接 150”（详见 16G101-1 图集第 84 页），即扣筋分布筋伸进角部矩形区域 150mm。（09G901-4 图集中也是这样规定的。）

3）扣筋分布筋的形状：

一种观点是：分布钢筋并非一点都不受力，所以 HPB300 钢筋做的分布钢筋需要加 180°的小弯钩。

另一种观点是：HPB300 钢筋做的分布钢筋不需要加 180°的小弯钩。

现在多数钢筋工的施工习惯是，HPB300 钢筋做的扣筋分布筋是直形钢筋，两端不加 180°的小弯钩。

但是，单向板下部主筋的分布筋是需要加 180°弯钩的。

（7）一根完整的扣筋的计算过程

1）扣筋计算的全过程：

① 计算扣筋的腿长。如果横跨两块板的厚度不同，则扣筋的两腿长度要分别计算。

② 计算扣筋的水平段长度。

③ 计算扣筋的根数。如果扣筋的分布范围为多跨，也还是“按跨计算根数”，相邻两跨之间的梁（墙）上不布置扣筋。扣箍根数的计算方法采用贯通纵筋根数的计算方法。

④ 计算扣筋的分布筋。

2）扣筋计算的例子：

〖例〗

一根横跨一道框架梁的双侧扣筋③号钢筋，扣筋的两条腿分别伸到 LB1 和 LB2 两块板中，LB1 的厚度为 120mm，LB2 的厚度为 100mm。

在扣筋的上部标注：③φ10@150(2)

在扣筋下部的左侧标注：1800

在扣筋下部的右侧标注：1400

扣筋标注的所在跨及相邻跨的轴线跨度都是 3600mm，两跨之间的框架梁 KL5 宽度为 250mm，均为正中轴线。扣筋分布筋为φ8@250（图 5-22）。

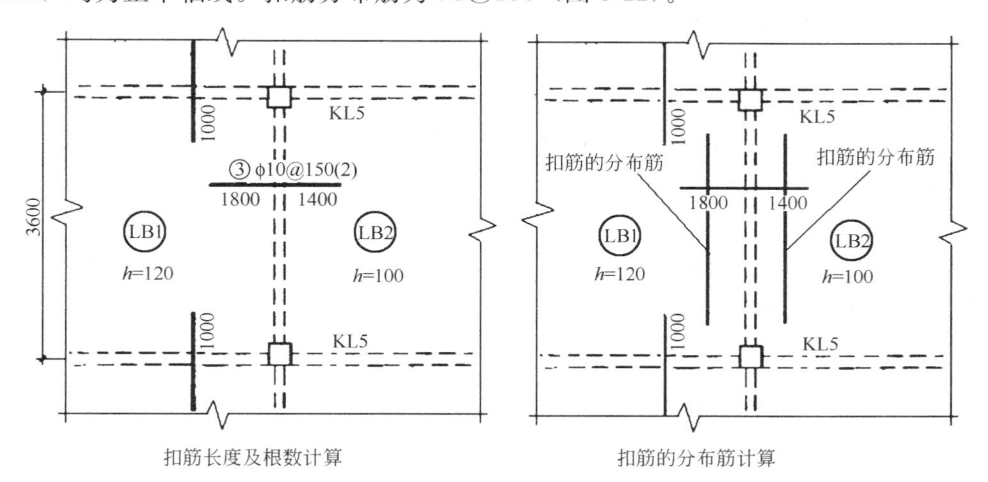

图 5-22

〖分析〗

扣筋标注 ③φ10@150（2）中的“(2)”表示③号扣筋的分布范围为两跨，
每跨的轴线跨度为3600mm，净跨度为3600－250＝3350mm
扣筋也是受力钢筋，在每跨中计算扣筋根数的算法与贯通纵筋相同。

另外，由于LB1和LB2两块板的厚度不同，所以扣筋两腿的长度不同。

〖解〗

① 计算扣筋的腿长

扣筋腿1的长度＝LB1的厚度－15＝120－15＝105mm

扣筋腿2的长度＝LB2的厚度－15＝100－15＝85mm

② 计算扣筋的水平段长度

扣筋水平段长度＝1800＋1400＝3200mm

③ 计算扣筋的根数

单跨的扣筋根数＝3350/150＝23根

（说明：3350/150＝22.3，本着有小数进1的原则，取整为23）

两跨的扣筋根数＝23×2＝46根

④ 计算扣筋的分布筋

计算扣筋分布筋长度的基数是3350mm，还要减去另向扣筋的延伸净长度，然后加上搭接长度150mm。

如果另向扣筋的延伸长度是1000mm，延伸净长度＝1000－125＝875mm，
则扣筋分布筋长度＝3350－875×2＋150×2＝1900mm

下面计算扣筋分布筋的根数：

扣筋左侧的分布筋根数＝（1800－125）/250＋1＝7＋1＝8根，

扣筋右侧的分布筋根数＝（1400－125）/250＋1＝6＋1＝7根，

所以，扣筋分布筋的根数＝8＋7＝15根。

两跨的扣筋分布筋根数＝15×2＝30根

5.6　悬挑板的注写方式

工程上常说的“悬挑板”有两种：

一种是“延伸悬挑板”，即是16G101-1图集楼面板或屋面板标注中的“悬挑端”。工程中常见的挑檐板、阳台板，就是这一类型。

另一种是“纯悬挑板”。工程中常见的雨篷板，就是这一类型。

“延伸悬挑板”和“纯悬挑板”在11G101-1图集中的编号都是“XB”，其标注方式见16G101-1图集第39～42页。

“悬挑板”的构造见16G101-1图集第103页。

5.6.1　延伸悬挑板的标注方式

（1）延伸悬挑板的集中标注

延伸悬挑板集中标注的内容：在延伸悬挑板上注写板的编号、厚度、板的贯通纵筋和

构造钢筋。

〖例〗

在某一块延伸悬挑板上有如下的集中标注（图 5-23 左图）：

XB1　h＝120/80

B：XcΦ8@180，YcΦ8@150

T：XΦ8@180

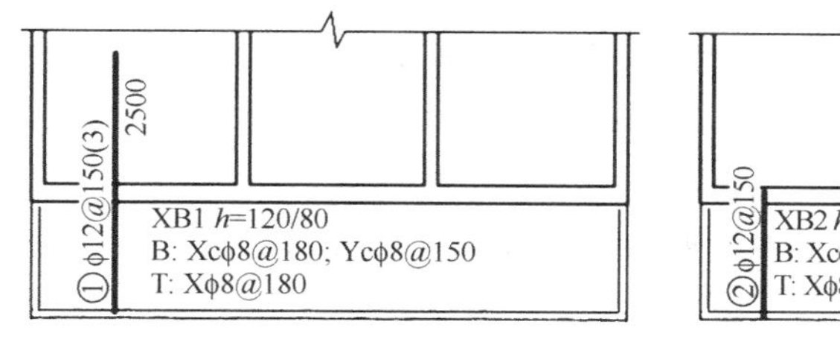

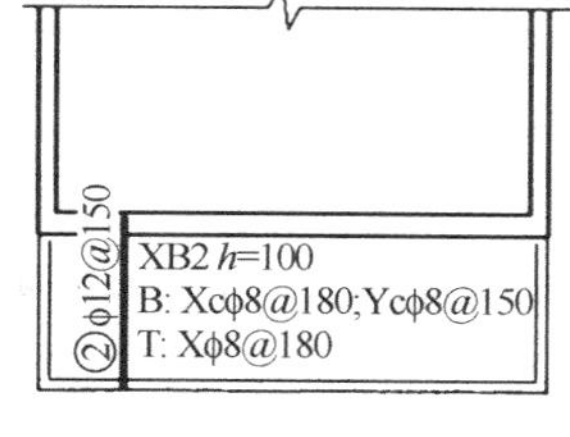

图 5-23

〖说明〗

① 延伸悬挑板的编号以“XB”打头。

② 延伸悬挑板的板厚“h＝120/80”表示该板的板根厚度为 120mm、板前端厚度为 80mm。

③ 上述标注的“Xc”表示 X 方向的构造钢筋，“Yc”表示 Y 方向的构造钢筋。所以，上述“B：XcΦ8@180，YcΦ8@150”表示这块延伸悬挑板的下部设置纵横方向的构造钢筋。

④ 上述标注的“T：XΦ8@180”表示这块延伸悬挑板的上部设置 X 方向的贯通纵筋（这个方向的贯通纵筋其实起到悬挑板受力主筋的分布筋的作用）。

⑤ 在这个例子中，没有进行 Y 方向顶部贯通纵筋的集中标注（这个方向的钢筋是延伸悬挑板的主要受力钢筋）。这个方向的钢筋由“延伸悬挑板的原位标注”来布置。

（2）延伸悬挑板的原位标注

延伸悬挑板原位标注的内容：横跨延伸悬挑板的支座梁（墙）上标注板的非贯通纵筋。这些非贯通纵筋是垂直于梁（墙）的，它实际上就是横跨延伸悬挑板的主要受力钢筋。

〖例〗

在延伸悬挑板 XB1 上有如下的原位标注：在垂直于延伸悬挑板的支座梁上画一根非贯通纵筋，前端伸至延伸悬挑板的尽端，后端延伸到楼板跨内。

在这根非贯通纵筋的上方注写：①Φ12@150(3)

在这根非贯通纵筋的跨内下方注写延伸长度：2500

在这根非贯通纵筋的悬挑端下方不注写延伸长度。（图 5-23 左图）

〖说明〗

① 延伸悬挑板非贯通纵筋上方注写的钢筋编号、钢筋规格和间距同普通扣筋，本例中的“(3)”代表分布范围是 3 跨，其标注方式和意义也与扣筋相同。

② 延伸悬挑板非贯通纵筋下方注写的跨内延伸长度也与扣筋相同，即本例中的“2500”也是从梁（墙）的中心线算起。

③ 延伸悬挑板非贯通纵筋的跨内延伸部分，也像扣筋一样弯一个直钩，其直钩长度＝

板厚度－15。

④ 延伸悬挑板非贯通纵筋的覆盖延伸悬挑板一侧的延伸长度不作标注。其钢筋长度根据悬挑板的悬挑长度来决定。

⑤ 延伸悬挑板非贯通纵筋的悬挑尽端的钢筋形状，取决于板边缘的“翻边”构造。

5.6.2 纯悬挑板的标注方式

(1) 纯悬挑板的集中标注

纯悬挑板集中标注的内容：在纯悬挑板上注写板的编号、厚度、板的贯通纵筋和构造钢筋。

〖例〗

在某一块纯悬挑板上有如下的集中标注（图5-23右图）：

XB2 $h=100$

B：XcΦ8@180，YcΦ8@150

T：XΦ8@180

〖说明〗

① 纯悬挑板的编号以“XB”打头。

② 纯悬挑板的板厚“$h=100$”表示该板的厚度为100mm，板的厚度是均匀的。

③ 上述标注的“Xc”表示X方向的构造钢筋，“Yc”表示Y方向的构造钢筋。所以，上述“B：XcΦ8@180，YcΦ8@150”表示这块纯悬挑板的下部设置纵横方向的构造钢筋。

④ 上述标注的“T：XΦ8@180”表示这块纯悬挑板的上部设置X方向的贯通纵筋（这个方向的贯通纵筋其实起到悬挑板受力主筋的分布筋的作用）。

⑤ 在这个例子中，没有进行Y方向顶部贯通纵筋的集中标注（这个方向的钢筋是纯悬挑板的主要受力钢筋）。这个方向的钢筋由“纯悬挑板的原位标注”来布置。

(2) 纯悬挑板的原位标注

纯悬挑板原位标注的内容：由纯悬挑板的支座梁（墙）向悬挑板标注非贯通纵筋。这些非贯通纵筋是垂直于梁（墙）的，它实际上就是横跨纯悬挑板的主要受力钢筋。

〖例〗

在纯悬挑板XB2上有如下的原位标注：在垂直于纯悬挑板的支座梁上，向悬挑板的方向画一根非贯通纵筋，前端伸至纯悬挑板的尽头。

在这根非贯通纵筋的上方注写：②Φ12@100(2)

在这根非贯通纵筋的悬挑端下方不注写延伸长度。（见图5-23右图）

〖说明〗

① 纯悬挑板非贯通纵筋上方注写的钢筋编号、钢筋规格和间距同普通扣筋，本例中的“(2)”代表分布范围是两跨，其标注方式和意义也与扣筋相同。

② 纯悬挑板上部纵筋伸至梁角筋内弯钩，弯折段长度$15d$，弯锚水平段长度$\geq 0.6l_{ab}$。

③ 纯悬挑板非贯通纵筋的覆盖纯悬挑板一侧的延伸长度不作标注。其钢筋长度根据悬挑板的悬挑长度来决定。

④ 纯悬挑板非贯通纵筋的悬挑尽端的钢筋形状，取决于板边缘的“翻边”构造。

5.6.3 悬挑板的钢筋构造

“悬挑板 XB 钢筋构造”见 16G101-1 图集第 103 页。对比延伸悬挑板和纯悬挑板的钢筋构造，可以看出，在“悬挑板端部”这个范围之内（即从梁根部到悬挑板尽端的范围内），它们的配筋构造是一样的。延伸悬挑板和纯悬挑板钢筋构造的不同之处，在于它们的锚固构造。

在研究悬挑板端部钢筋构造的时候，一定要与板端部的“翻边 FB 构造”结合起来。“板翻边 FB 构造”见 16G101-1 图集第 100 页的下方。在工程中，板的翻边构造分为“不翻边”、“上翻边”和“下翻边”三种。细看图集第 103 页上方的“延伸悬挑板 YXB 钢筋构造”和“纯悬挑板 XB 钢筋构造”两图，可以发现这其实就是当悬挑板端部“不翻边”时的钢筋构造。

下面，我们先研究延伸悬挑板和纯悬挑板钢筋构造的不同点，然后再研究悬挑板和纯悬挑板钢筋构造的相同点，最后结合悬挑板端部的翻边构造给出各种悬挑钢筋的大样图。

5.6.3.1 延伸悬挑板和纯悬挑板钢筋构造的不同点

延伸悬挑板和纯悬挑板钢筋构造的不同之处，在于它们的锚固构造。

（1）延伸悬挑板上部纵筋的锚固构造（图 5-24）

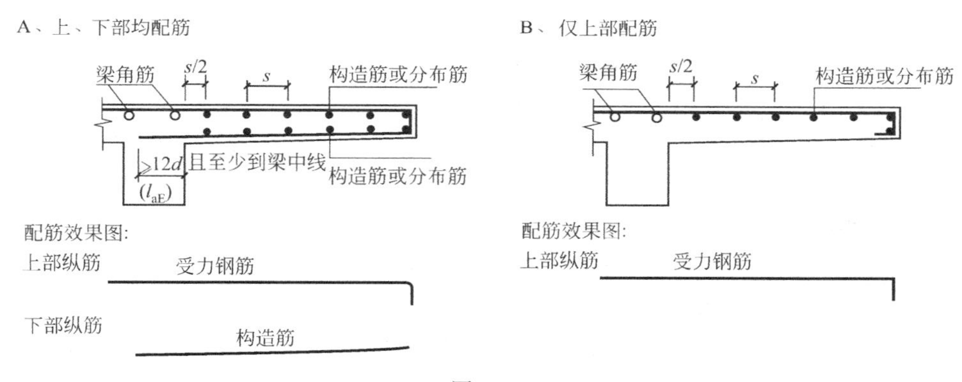

图 5-24

注：s 为板筋间距。括号中数值用于需考虑竖向地震作用时（由设计明确）。

1）延伸悬挑板上部纵筋的构造特点：延伸悬挑板的上部纵筋与相邻跨板同向的顶部贯通纵筋或顶部非贯通纵筋贯通。

2）当跨内板的上部纵筋是顶部贯通纵筋时，把跨内板的顶部贯通纵筋一直延伸到悬挑端的尽头。此时的延伸悬挑板上部纵筋的锚固长度是不成问题的。

3）当跨内板的上部纵筋是顶部非贯通纵筋（即扣筋）时，原先插入支座梁中的“扣筋腿”没有了，而把扣筋的水平段一直延伸到悬挑端的尽头。由于原先扣筋的水平段长度也是足够长的，所以此时的延伸悬挑板上部纵筋的锚固长度也是足够的。

（2）纯悬挑板上部纵筋的锚固构造（图 5-25）

1）纯悬挑板上部纵筋伸至支座梁远端的梁角筋的内侧，然后弯直钩。

2）纯悬挑板上部纵筋伸入梁的弯锚长度为 l_a（包括水平锚固段长度和弯钩段长度）。

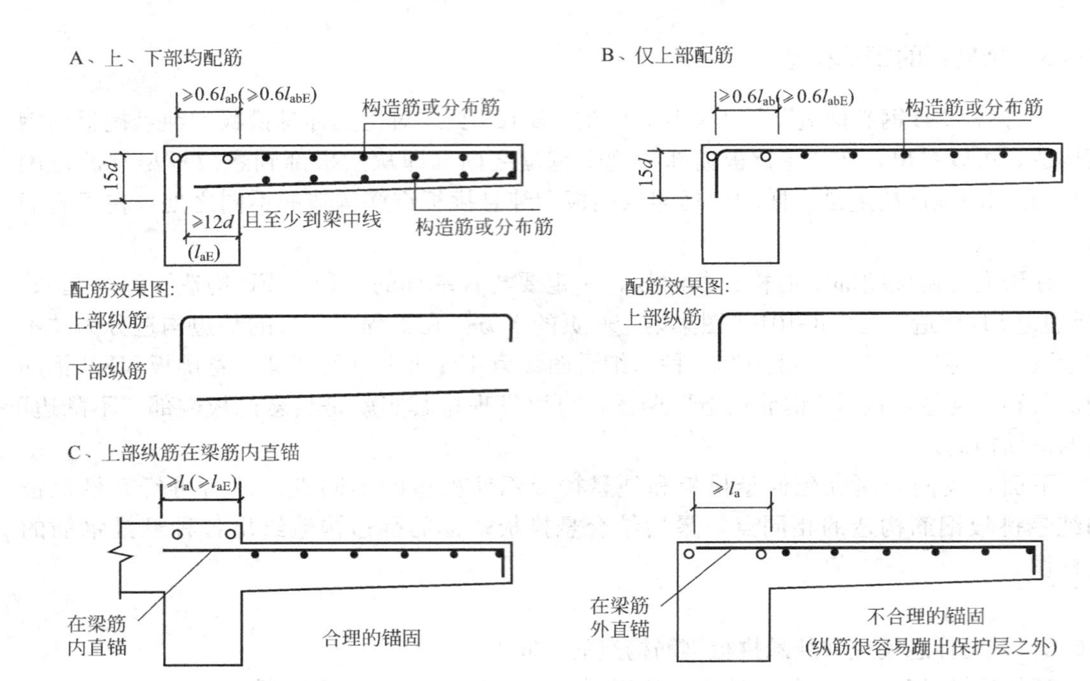

图 5-25

注：括号中数值用于需考虑竖向地震作用时（由设计明确）。

〖注意〗

16G101-1 第 103 页“悬挑板 XB 钢筋构造”新增了一个构造图，如图 5-25 的图 C 所示，我们把它称为“悬挑板上部纵筋在梁筋内直锚”，其构造特点是：

1）作为悬挑板支座的梁顶面比悬挑板顶面要高，所以悬挑板上部纵筋可以直锚插入梁内（悬挑板上部纵筋插入到梁上部纵筋的下面），这样就保证了悬挑板上部纵筋在梁内有一个可靠的锚固；

2）悬挑板上部纵筋在梁内的直锚长度“$\geqslant l_a$”——这符合板贯通纵筋“在支座内的直锚长度$\geqslant l_a$时可不弯折”的规定。

然而，上述悬挑板上部纵筋的锚固构造之所以称为“合理的锚固”，是因为悬挑板上部纵筋直锚在梁上部纵筋之下。

作为一个对比，我们在图 C 的右面给出了一个“不合理的锚固”构造：悬挑板上部纵筋“在梁筋外直锚”——悬挑板上部纵筋在梁上部纵筋之上直锚：这样就造成了悬挑板上部纵筋之外只有一层薄薄的保护层，悬挑板上部纵筋这样的锚固是很不可靠的，一受震动便有可能导致悬挑板上部纵筋蹦出保护层之外，造成悬挑板的倒塌。这在悬挑板位于顶层的时候尤其有害。我们应该避免这样的锚固。

5.6.3.2 延伸悬挑板和纯悬挑板钢筋构造的相同点

（1）延伸悬挑板和纯悬挑板的配筋情况都可能是单层配筋或双层配筋。

1）当悬挑板的集中标注不含有底部贯通纵筋的标注（即“B:”打头的标注），则是单层配筋。

2）当悬挑板的集中标注含有底部贯通纵筋的标注（即“B:”打头的标注），则是双层配筋。此时的底部贯通纵筋标注成“构造钢筋”(即“Xc 和 Yc”打头的标注)。例如：

YXB1 $h=120/80$

B：XcΦ8@150，YcΦ8@200

T：XΦ8@150

(2) 延伸悬挑板和纯悬挑板具有相同的上部纵筋构造：

1) 上部纵筋是悬挑板的受力主筋。所以，无论延伸悬挑板和纯悬挑板的上部纵筋都是贯通筋，一直伸到悬挑板的尽头。

2) 延伸悬挑板和纯悬挑板的上部纵筋伸至尽头之后，都要弯直钩到悬挑板底。

3) 然后，根据延伸悬挑板和纯悬挑板端部的翻边情况(上翻还是下翻)，来决定悬挑板上部纵筋的端部是继续向下延伸，或转而向上延伸。

4) 平行于支座梁的悬挑板上部纵筋，从距梁边 1/2 板筋间距处开始设置。

(3) 延伸悬挑板和纯悬挑板如果具有下部纵筋的话，则它们的下部纵筋构造是相同的。

1) 延伸悬挑板和纯悬挑板的下部纵筋为直形钢筋(当为 HPB300 钢筋时，钢筋端部应设 180 度弯钩，弯钩平直段为 $3d$)。

2) 延伸悬挑板和纯悬挑板的下部纵筋在支座梁内的锚固长度≥$12d$，当考虑竖向地震作用时锚固长度为 L_{aE}。

3) 平行于支座梁的悬挑板下部纵筋，从距梁边 1/2 板筋间距处开始设置。

从前面的构造图中看到，当考虑竖向地震作用时，悬挑板下部纵筋(或上部纵筋)的直锚长度为 l_{aE}(或弯锚的水平锚固段长度≥$0.6l_{abE}$)若要查表求得 l_{aE}、l_{abE}等数值，必须知道“抗震等级”。

所以，16G101-1 第 47 页新增的 6.5.1 条指出：“当悬挑板需要考虑竖向地震作用时，设计应注明该悬挑板纵向钢筋抗震锚固长度按何种抗震等级。”

5.6.3.3 板翻边 FB 构造

(1) 板翻边 FB 的标注方式见 16G101-1 图集第 53 页(图 5-26 表示上翻边的标注和构造)。

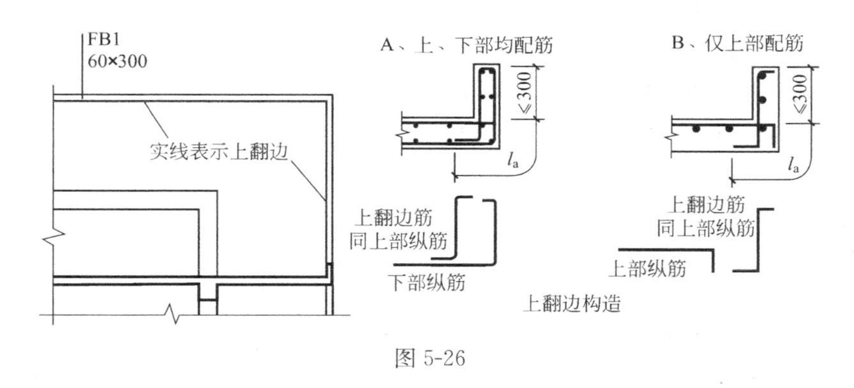

图 5-26

板翻边的编号以“FB”打头，例如：FB1。

板翻边的特点：翻边高度≤300，可以是上翻或下翻。

〖注意〗

板翻边的上翻或下翻可以从平面图板边缘线的形式来区分：

① 当两条板边缘线都是实线时，表示“上翻边”；

② 当外边缘线是实线、而内边缘线是虚线时，表示“下翻边”。

〖说明〗翻边高度>300mm时，例如为阳台栏板，按“板挑檐”构造进行处理。

(2) 板翻边的标注：(举例)

FB1(3)　　表示编号为1的板翻边，跨数为3跨（当为1跨时可不标注跨数）；

60×300　　表示该翻边的宽度为60mm，高度为300mm；

B2ф6　　表示该翻边的下部贯通纵筋（当与板内同向纵筋相同时可不标注）；

T2ф6　　表示该翻边的上部贯通纵筋（当与板内同向纵筋相同时可不标注）。

上面列出的“翻边”标注是03G101-1图集里出现的标注，现在16G101-1图集的“翻边”标注如图5-26所示，在新图集的“翻边”标注中取消了“翻边下部贯通纵筋”和“翻边上部贯通纵筋”的标注。这究竟是为什么呢?

这用得着03G101-1图集的那句话：“当与板内同向纵筋相同时可不标注”。看看16G100-1第100页的“翻边”构造（见图5-26和图5-27)，我们可以看到：无论是“上翻边筋”还是“下翻边筋”，都是“同板上部纵筋”的。

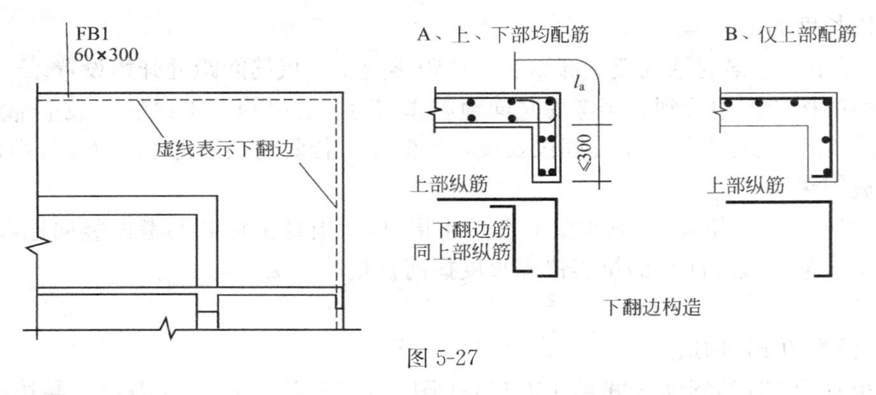

图5-27

(3) 板翻边FB构造：见16G101-1第100页。

图5-26展示了上翻边标注和上翻边构造；图5-27展示了下翻边标注和下翻边构造。下面，我们继续看看“上翻边”和“下翻边”构造的特点：

1）悬挑板的上翻边：都使用“上翻边筋”。当悬挑板为上下部均配筋时，悬挑板下部纵筋上翻与“上翻边筋”的上沿相接；当悬挑板仅上部配筋时，“上翻边筋”直接插入悬挑板的端部。

“上翻边筋”的尺寸计算：

“上翻边筋”上端水平段＝翻边宽度－2倍保护层

“上翻边筋”垂直段＝翻边高度＋悬挑板端部厚度－2倍保护层

“上翻边筋”下端水平段＝l_a－（悬挑板端部厚度－保护层）

2）悬挑板的下翻边：都是利用悬挑板上部纵筋下弯作为下翻边的钢筋使用。当悬挑板仅上部配筋时，“下翻边”仅用悬挑板上部纵筋下弯就足够了；当悬挑板为上下部均配筋时，除了利用悬挑板上部纵筋下弯以外，还得使用“下翻边筋”。

“下翻边筋”的尺寸计算：

“下翻边筋”上端水平段＝l_a－（悬挑板端部厚度－保护层）

“下翻边筋”垂直段＝翻边高度＋悬挑板端部厚度－2 倍保护层

“下翻边筋”下端水平段＝翻边宽度－2 倍保护层

5.6.3.4 结合板翻边构造的悬挑板钢筋

延伸悬挑板和纯悬挑板的上部纵筋和下部纵筋，结合板翻边的上翻和下翻，就组合出多种多样的形状。

我们结合本节的例题，介绍延伸悬挑板的上部纵筋与上翻边的钢筋所组合出来的形状，并且介绍这根钢筋的细部尺寸的计算方法与该钢筋上面分布钢筋（即悬挑板的横向钢筋）的计算方法。

5.6.3.5 悬挑板钢筋的计算

下面通过一个计算延伸悬挑板上部纵筋的例子来说明悬挑板钢筋的计算方法。

〖例〗

在某一块延伸悬挑板上有如下的集中标注（图 5-28 左图）：

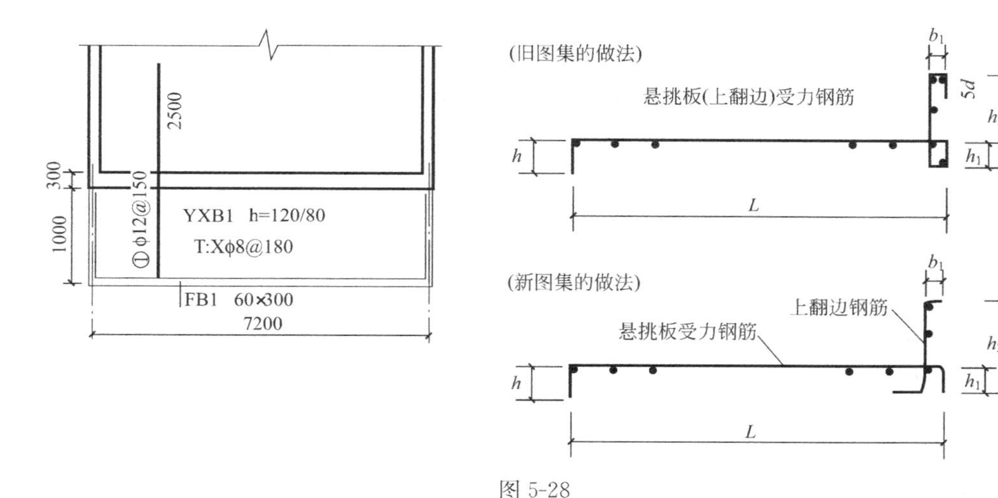

图 5-28

YXB1 h＝120/80

T：Xϕ8@180

在这块延伸悬挑板上有如下的原位标注：在垂直于延伸悬挑板的支座梁上画一根非贯通纵筋，前端伸至延伸悬挑板的尽端，后端延伸到楼板跨内。楼板厚度 120mm。

在这根非贯通纵筋的上方注写：①ϕ12@150

在这根非贯通纵筋的跨内下方注写延伸长度：2500

在这根非贯通纵筋的悬挑端下方不注写延伸长度

延伸悬挑板的端部翻边 FB1 为上翻边，翻边尺寸标注为 60×300（表示该翻边的宽度为 60mm，高度为 300mm。）

这块延伸悬挑板的宽度为 7200mm，悬挑净长度为 1000mm，支座梁宽度为 300mm。

计算这块延伸悬挑板的钢筋。

〖分析〗

（1）延伸悬挑板的纵向受力钢筋

1）在本例题中，这块延伸悬挑板的纵向受力钢筋是原位标注的非贯通纵筋①Φ12@150，这根钢筋的形状和细部尺寸见图5-28右下图的钢筋大样。

2）纵向受力钢筋的尺寸计算：

这根钢筋的水平长度L由三部分构成：跨内延伸长度标注值为2500，算至支座梁的中心线；悬挑的净长度1000（需要扣减一个保护层）；这两段长度之间还有半个梁的宽度。

这根延伸悬挑板纵筋相当于一根扣筋，跨内部分的腿长h＝板厚－15；悬挑端部的腿长h_1＝板厚$_2$－15。

这根延伸悬挑板纵筋的端部钢筋构造就是“上翻边”的钢筋构造。注意，“翻边高度”不含板的厚度——这里所说的“板的厚度”应该是悬挑板端的厚度，在本例来说，由于板厚的标注为“h＝120/80”，所以悬挑板端厚度是80mm。

因此，上翻边钢筋的垂直段长度h_2＝上翻高度标注值＋板端厚度－2×保护层

上翻边钢筋的其余部分尺寸：

上端水平段长度b_1＝翻边宽度－2×保护层

下端水平段长度＝l_a－（悬挑板端部厚度－保护层）（在本例题中，我们假定l_a为$30d$）

从本例题的分析可以看出，新图集对翻边构造的改变简化了翻边钢筋的计算，施工更简便了，翻边钢筋的锚固也有所加强。

3）纵向受力钢筋的根数计算：

对于悬挑板来说，它的第一根纵筋距板边缘一个保护层开始设置。对于本例来说，悬挑板纵筋的布筋范围是：7200＋60/2×2－15×2。

（2）延伸悬挑板的横向钢筋

1）在本例题中，这块延伸悬挑板的横向钢筋是集中标注的上部贯通纵筋T：XΦ8@180，它的形状为直形钢筋。

2）横向钢筋的尺寸计算：

横向钢筋的长度＝悬挑板宽度－2×保护层

3）横向钢筋的根数计算：

在计算这根横向钢筋的根数时，把跨内部分与悬挑部分水平段长度的横向钢筋分别进行计算。

对于“跨内部分”，它的第一根纵筋距梁边半个板筋间距开始设置。另外，在扣筋的拐角处要布置一根钢筋。对于本例来说，横向钢筋的布筋范围是：2500－300/2－180/2（说明：在上述的布筋范围除以间距之后再加一根钢筋。）

对于“悬挑水平段部分”，它的第一根纵筋也是距梁边半个板筋间距开始设置。在扣筋拐角处布置一根钢筋，另外，在上翻钢筋与水平段的交叉点上要布置一根钢筋。对于本例来说，横向钢筋的布筋范围是：1000－180/2－保护层（说明：在上述的布筋范围除以间距之后再加两根钢筋。）

还要对“上翻边部分”的根数进行计算：

由于这个悬挑板在“翻边”标注中没有进行翻边下部贯通纵筋和上部贯通纵筋的标注，说明它们与板内同向纵筋相同。

16G101-1 图集第 100 页的板翻边构造图告诉我们，上翻边钢筋的上端和中部还要增加两根钢筋。

〖解〗

（1）延伸悬挑板的纵向受力钢筋

1）纵向受力钢筋的尺寸计算：

钢筋水平段长度 $L=2500+300/2+1000-15=3635$mm

跨内部分的扣筋腿长度 $h=120-15=105$mm 悬挑部分的扣筋腿长 $h_1=80-15=65$mm

2）翻边钢筋的尺寸计算：

上翻边钢筋的垂直段长度 $h_2=300+80-2\times15=350$mm

翻边上端水平段长度 $b_1=60-2\times15=30$mm

翻边下端水平段长度 $=l_a-(80-15)=30\times12=65=295$mm

上翻边钢筋的每根长度 $=350+30+295=675$mm。

3）纵向受力钢筋的根数计算（翻边钢筋根数与之相同）：

纵向受力钢筋的根数＝（7200＋60－15×2）/100＋1＝73＋1＝74 根

（2）延伸悬挑板的横向钢筋

1）横向钢筋的尺寸计算：

横向钢筋的长度＝7200＋60－2×15＝7230mm

2）横向钢筋的根数计算：

“跨内部分”钢筋根数＝（2500－300/2－180/2）/180＋1＝14 根

“悬挑水平段部分”钢筋根数＝（1000－180/2－15）/180＋2＝7 根

上翻边部分的上端和中部钢筋根数：2 根

所以，横向钢筋的根数＝14＋7＋2＝23 根

5.6.3.6 悬挑板阴角构造

悬挑板阴角构造见 16G101-1 第 113 页（图 5-29），图集在这里给出了两个悬挑板阴角构造。

悬挑板阴角构造（一）的特点是：位于阴角部位的悬挑板受力纵筋比其他受力纵筋多伸出“l_a”的长度，其作用是加强了悬挑板阴角部位的钢筋锚固。

悬挑板阴角构造（二）的特点是：虽然阴角部位的悬挑板受力纵筋没有伸长，但是增设了“悬挑板阴角附加筋”，该附加钢筋设置在板上部悬挑受力钢筋的下面，自阴角位置向内分布，间距不大于 100，直径由设计指定。悬挑板阴角附加筋的长度为“$\geq 2\times l_a$”。

“悬挑板阴角附加筋 Cis 引注图示”见 16G101-1 第 54 页。悬挑板阴角附加筋的引注格式为：Cis ϕxx@xxx

〖例〗 Cis ϕ12@100

〖说明〗

“悬挑板阴角附加筋”在历届平法图集中变动较大。11G101-1 图集取消了 04G101-4

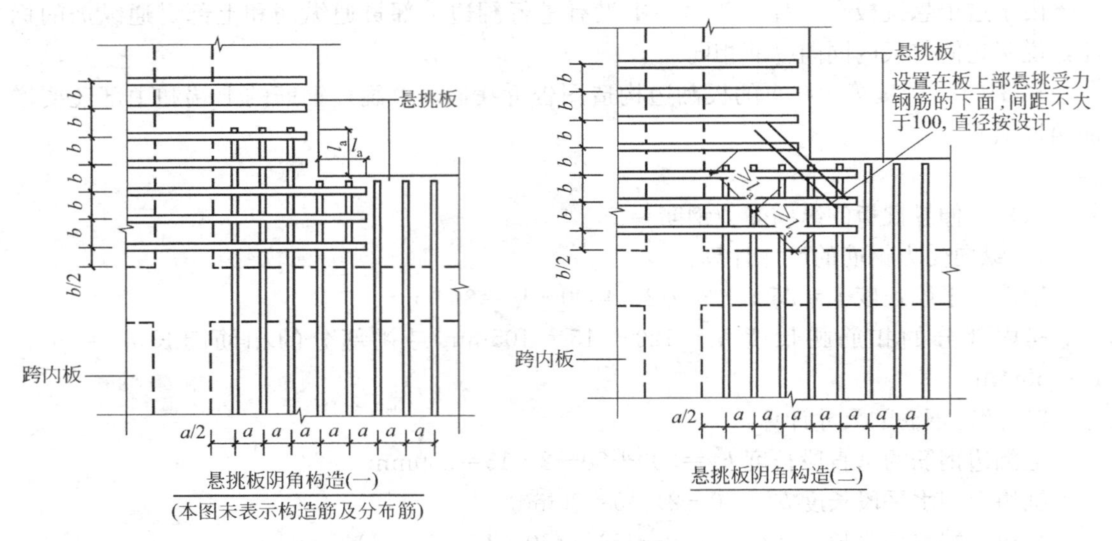

图 5-29

图集的“悬挑板阴角附加筋 Cis”的标注和构造，而采用了将位于阴角部位的悬挑板受力纵筋适当伸长的做法（即现在的“悬挑板阴角构造（一）”）。16G101-1 图集又恢复了“悬挑板阴角附加筋 Cis 引注图示”及构造详图（见“悬挑板阴角构造（二）”）。

对于两个“悬挑板阴角构造”，在实际工程中执行哪一个呢？我的看法是：当施工图在悬挑板阴角部位进行了悬挑板阴角附加筋 Cis 的原位标注，则执行“悬挑板阴角构造（二）”；如果施工图没有悬挑板阴角附加筋 Cis 的原位标注，则执行“悬挑板阴角构造（一）”。

5.6.3.7 悬挑板阳角放射筋的标注

悬挑板阳角放射筋分为两类：延伸悬挑板的悬挑阳角放射筋和纯悬挑板的悬挑阳角放射筋。

悬挑板阳角放射筋的标注方法（图 5-30）：

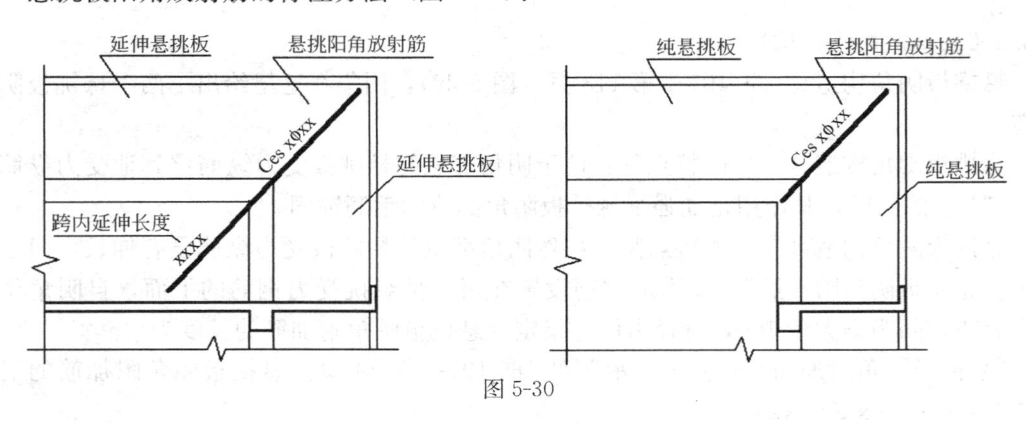

图 5-30

“悬挑阳角放射筋 Ces 引注图示”见 16G101-1 图集第 54～55 页。

从图中看到出，其实悬挑板阳角放射筋就是在表示钢筋的粗线段上进行原位标注。

（1）延伸悬挑板的阳角放射筋：

阳角放射筋在悬挑端原位标注的格式：Ces ×Φ××

阳角放射筋跨内延伸长度原位标注的格式：××××

（注：当设计不标注时，按标准构造详图中的规定取值。）

〖说明〗

在 16G101-1 图集第 112 页的“板悬挑阳角放射筋 Ces 构造”上（图 5-31），对阳角放射筋跨内延伸长度原位标注的说明为：

$$\geqslant l_x \text{ 与 } l_y \text{ 之较大者}$$

其中，l_x 与 l_y 为 X 方向与 Y 方向的悬挑长度。

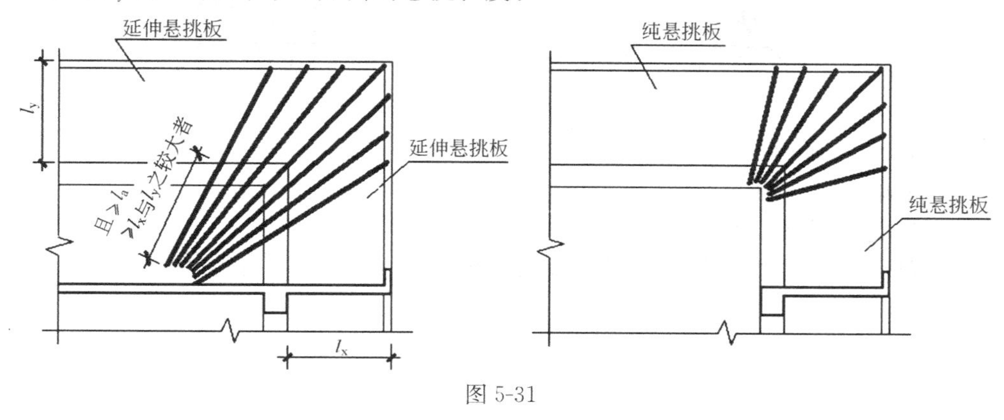

图 5-31

〖例〗

阳角放射筋在悬挑端的原位标注　　Ces 7Φ12

阳角放射筋跨内延伸长度的原位标注　　2100

（2）纯悬挑板的阳角放射筋：

仅存在阳角放射筋在悬挑端原位标注：　　Ces ×Φ××

〖例〗

阳角放射筋在悬挑端的原位标注：　　Ces 7Φ12

5.7 无梁楼盖的平法标注

本节介绍的关于无梁楼盖的板平法标注规则，同样适用于地下室内无梁楼盖的平法施工图设计。

5.7.1 无梁楼盖的一些基本概念

（1）什么是无梁楼盖

首先，我们复习一下什么是“有梁楼盖”？我们常见的楼板就是这个形式：框架梁支承在框架柱上面，而板支承在梁上面。

然而，“无梁楼盖”则是把板直接支承在柱上面，为了加大柱顶部的支承面积，所以在柱顶部设置了“柱帽”（图 5-32 为其中两种柱帽的配筋示意图）。

（2）无梁楼盖板平法标注的主要内容

无梁楼盖板平法施工图，系在楼面板和屋面板布置图上，采用平面注写的表达方式。

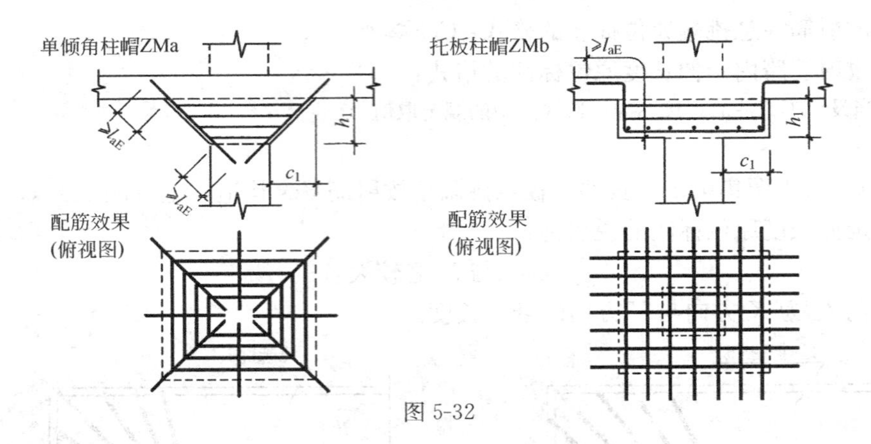

图 5-32

板平面注写主要有两部分内容：

1）板带集中标注；

2）板带支座原位标注。

由此可见，无论是集中标注或是原位标注都是针对“板带”进行的。因此，在无梁楼盖结构中，弄清楚板带的概念十分必要。

（3）无梁楼盖板平法标注的基本方法

1）首先，要弄清楚什么是“板带”

在有梁楼盖中，楼板的周边是梁。扩展到剪力墙结构和砌体结构，楼板的周边是梁或墙。因此，一个面积硕大的楼面板，可以由不同位置的梁或墙把它分割为一块一块面积较小的平板，我们就能够很方便地对之进行配筋处理。所以说，16G101-1图集对于有梁楼盖板的标注是针对“板块”进行的。

但是，同样面对一个面积硕大的无梁楼盖板，我们如何对它进行划分呢？为此，提出了按“板带”划分的理论。所谓板带，就是把无梁楼盖板这块大蛋糕，沿一定方向平行切开成若干条带子。沿X方向进行划分的板带，可称之为X方向板带；沿Y方向进行划分的板带，可称之为Y方向板带。

2）无梁楼盖的板带划分

无梁楼盖的板带分为“柱上板带”和“跨中板带”。

那些通过柱顶之上的板带，就称作“柱上板带”。按不同的方向来划分，柱上板带又可以分为X方向柱上板带和Y方向柱上板带。

相邻两条柱上板带之间部分的板带，就称作“跨中板带”。同样，按不同的方向来划分，跨中板带又可以分为X方向跨中板带和Y方向跨中板带。

面对着“柱上板带”和“跨中板带”这两个稍为陌生的概念，我们不妨借用两个比较熟悉的概念来认识它们。那就是有梁楼盖中的“框架梁（主梁）”和“非框架梁（次梁）”的概念。框架梁（主梁）是支承在框架柱上面的，次梁是支承在主梁上面的。现在，我们不妨进行这样的一个比喻：“柱上板带”类似于主梁，“跨中板带”类似于次梁。（在设计计算中，板的计算也经常是取出一条板带来进行计算的。一条板带，有板带宽度和厚度、有长度，和一根梁有截面宽度和高度、有长度，相比之下是十分类似的。）

3）16G101-1图集中的无梁楼盖各类板带

在 16G101-1 图集第 48 页的“无梁楼盖平法施工图示例”中，我们可以看到，无梁楼盖的“板”分为“柱上板带 ZSB”和“跨中板带 KZB”两类。

图 5-33 是一个无梁楼盖配筋示意图（画出了部分贯通纵筋和非贯通纵筋），图中阴影部分为柱上板带。在图 5-33 中，“X 向柱上板带”一共有 4 条，其中第 1 条和第 4 条包括悬挑部分；“X 向跨中板带”一共有 3 条，相邻两条柱上板带夹着一条跨中板带。“Y 向柱上板带”一共有 5 条，其中第 1 条和第 5 条柱上板带的宽度是其他柱上板带宽度的一半左右；“Y 向跨中板带”一共有 4 条。无梁楼盖周边应设置边梁。

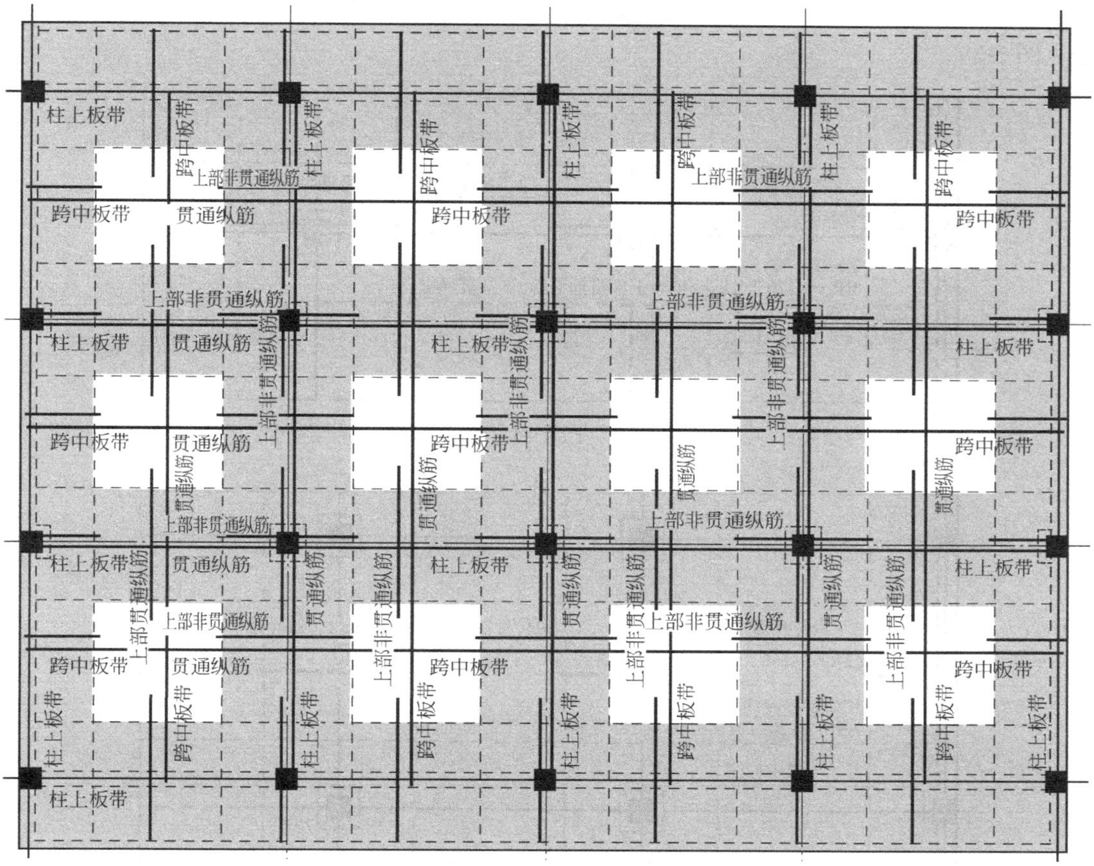

图 5-33

请大家注意，每条板带只标注纵向钢筋，其横向钢筋由垂直向的板带来标注。关于这一点，可以从图集第 96 页“无梁楼盖柱上板带 ZSB 与跨中板带 KZB 纵向钢筋构造”图中看出来。

集中标注就是对一条板带的贯通纵筋进行标注。

一条板带只有一个集中标注。同一类板带可能有许多条，只需要对其中的一条板带进行集中标注。——这些规定，与平法梁的集中标注是一致的。

原位标注就是对一条板带各支座的非贯通纵筋进行标注。——同样，这与平法梁原位标注的规定也是一致的。

“柱上板带”和“跨中板带”都具有上部非贯通纵筋。从板带的方向上看，“柱上板带”和“跨中板带”也分为“X向”和“Y向”的两类。

例如，第48页图中的①号筋、②号筋和③号筋构成“X向柱上板带”的上部非贯通纵筋，⑦号筋和⑧号筋构成“Y向柱上板带”的上部非贯通纵筋。

④号筋、⑤号筋和⑥号筋构成“X向跨中板带”的上部非贯通纵筋，⑨号筋和⑩号筋构成“Y向跨中板带”的上部非贯通纵筋。

5.7.2　板带的集中标注

柱上板带的集中标注和原位标注的例子见图5-34，跨中板带的集中标注和原位标注的例子见图5-35。

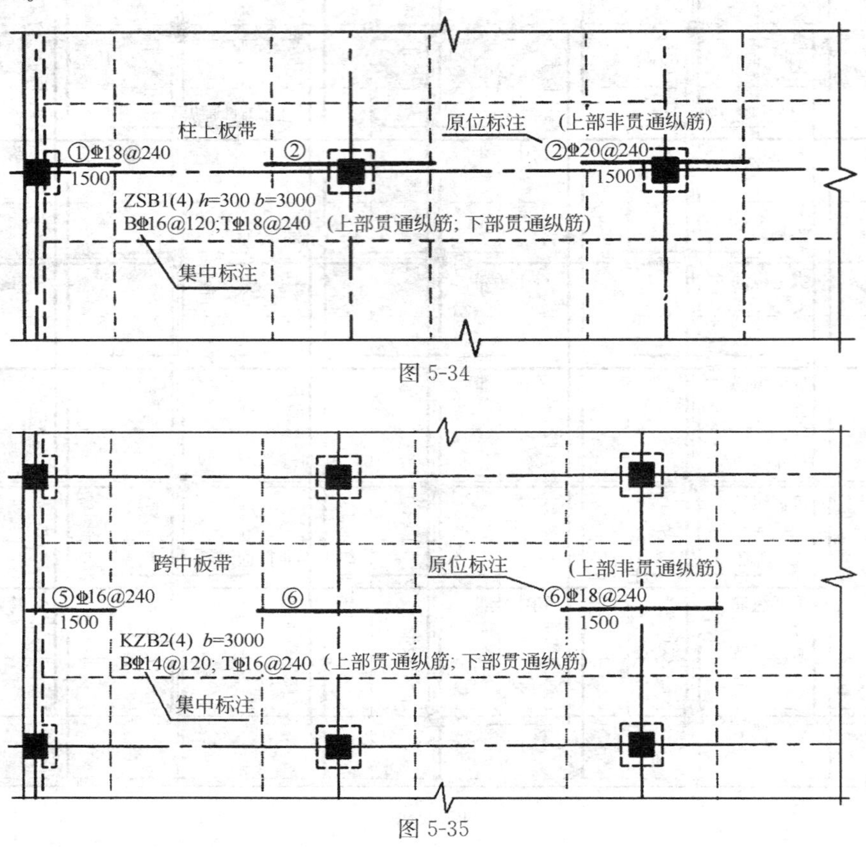

图5-34

图5-35

板带集中标注的内容为：板带编号，板带厚及板带宽和贯通纵筋。

与旧图集比较，11G101-1取消了“箍筋”的集中标注，而增加了“暗梁”这个构件（包括暗梁集中标注和暗梁支座原位标注的内容）16G101-1与11G101-1相同。

（1）板带编号

1）柱上板带的编号：

〖例〗

ZSB1(5)　　其中1是柱上板带的序号，(5)表示本板带为5跨；

ZSB5(3A)　其中5是柱上板带的序号，(3A）表示本板带为3跨、一端带悬挑；

ZSB3(3B)　其中3是柱上板带的序号，(3B）表示本板带为3跨、两端带悬挑。

〖说明〗跨数按柱网轴线计算，两相邻柱轴线之间为一跨。

2）跨中板带的编号：

〖例〗

KZB2(5)　其中 2 是柱上板带的序号，(5)表示本板带为 5 跨；

KZB6(3A)　其中 6 是柱上板带的序号，（3A）表示本板带为 3 跨、一端带悬挑；

KZB4(3B)　其中 4 是柱上板带的序号，（3B）表示本板带为 3 跨、两端带悬挑。

〖说明〗上述“A”表示一端带悬挑、“B”表示两端带悬挑等规定，与平法梁的表示方法是完全一致的。

（2）板带厚

〖例〗$h=100$（标注在板带上）

或者不在每条板带上分别标注，而在无梁楼盖板平法施工图上统一标注，例如：（板厚均为 100mm）

（3）板带宽

〖例〗$b=2500$（标注在板带上）

同样，板带宽度也可以在无梁楼盖板平法施工图上统一标注，这样就不必在每条板带上分别标注了。

（4）贯通纵筋

〖例〗BΦ16@100；TΦ18@200

表示下部贯通纵筋为Φ16@100，上部贯通纵筋为Φ18@200。

〖说明〗

设计人员与施工人员注意：相邻等跨板带的上部贯通纵筋应在跨中 1/3 跨长范围内连接；当同向连续板带的上部贯通纵筋配置不同时，应将配置较大者越过其标注的跨数终点或起点，伸至相邻跨的跨中连接区域连接。

等跨与不等跨板上部贯通纵筋的连接构造要求见相关标准构造详图，当具体工程对板带上部纵向钢筋的连接有特殊要求时，其连接部位及方式应由设计者注明。

当局部区域的板面标高与整体不同时，应在无梁楼盖的板平法施工图上注明板面标高高差及分布范围。

5.7.3 板带支座的原位标注

板带支座原位标注的具体内容为板带支座上部非贯通纵筋。

柱上板带的原位标注见图 5-34，跨中板带的原位标注见图 5-35。

（1）标注的基本方法：

① 以一段与板带同向的中粗实线段代表板带支座上部非贯通纵筋：

对柱上板带：实线段贯穿柱上区域绘制；

对跨中板带：实线段贯穿柱网轴线绘制。

② 在线段上方注写钢筋编号、配筋值。

③ 在线段下方注写自支座中线向两侧跨内的伸出长度。

（2）当板带支座非贯通纵筋仅在一侧跨内方向进行标注延伸长度（例如 1500），而在另一侧没有进行标注延伸长度，则认为板带支座非贯通纵筋自支座中线向两侧对称延伸，即另一侧的延伸长度也是1500mm。

此时，这根非贯通纵筋的长度为1500+1500=3000mm

(3) 当板带非贯通纵筋配置在有悬挑端的边柱上时，该筋延伸至悬挑尽端的延伸长度不标注，只标注支座中线到另侧跨内的延伸长度（例如1500）。

此时，该非贯通纵筋延伸至悬挑尽端的延伸长度根据平面图上的悬挑长度来计算。

例如，板自支座中线起算的悬挑长度为1000mm，混凝土强度等级为C30。

则该非贯通纵筋延伸至悬挑尽端的延伸长度=1000−15=985mm

即该非贯通纵筋的长度为985+1500=2485mm。

(4) 不同部位的板带支座上部非贯通纵筋相同者，可仅在一个部位进行注写，其余则在代表非贯通纵筋的线段上注写编号。

〖说明〗从上述介绍的内容可以看出，无梁楼盖的板带支座非贯通纵筋的原位标注方式和有关规定，与有梁楼盖板的上部非贯通纵筋（即扣筋）的标注方式和有关规定是完全一致的。

(5) 当支座上部非贯通纵筋呈放射分布时，设计者应注明配筋间距的定位位置。

〖说明〗这一点也可以参看有梁楼盖板的上部非贯通纵筋的相应标注方式。

(6) 当板带上部已经配有贯通纵筋，但需增加配置板带支座上部非贯通纵筋时，应结合已配同向贯通纵筋的直径与间距，采用“隔一布一”的方式。

〖说明〗这种贯通纵筋与非贯通纵筋“隔一布一”的注写规定与有梁楼盖板的相应规定完全一致。

〖例1〗设有一板带集中标注的上部贯通纵筋为TΦ18@240

原位标注的板带支座非贯通纵筋为⑤Φ18@240

则板带在该位置实际配置的上部纵筋为Φ18@120

〖例2〗设有一板带集中标注的上部贯通纵筋为TΦ18@240

原位标注的板带支座非贯通纵筋为③Φ20@240

则板带在该位置实际配置的上部纵筋为（1Φ18+1Φ20）/240

二者之间间距为120mm。

5.7.4　板带的纵向钢筋构造

（一）板带与柱（边梁）连接

柱上板带和跨中板带的纵向钢筋构造与有梁楼板的纵向钢筋构造类似，其上部贯通纵筋连接区的位置也和有梁楼板大体一致。

(1) 柱上板带ZSB纵向钢筋构造

16G101-1图集第104页给出了柱上板带ZSB纵向钢筋构造（图5-36为配筋示意图）。

① 上部贯通纵筋的连接区在跨中区域。

② 板带上部非贯通纵筋向跨内伸出长度按设计标注。非贯通纵筋的端点就是上部贯通纵筋连接区的起点。

③ 图集第104页注1指出：

当相邻等跨或不等跨的上部贯通纵筋配置不同时，应将配置较大者越过其标注的跨数

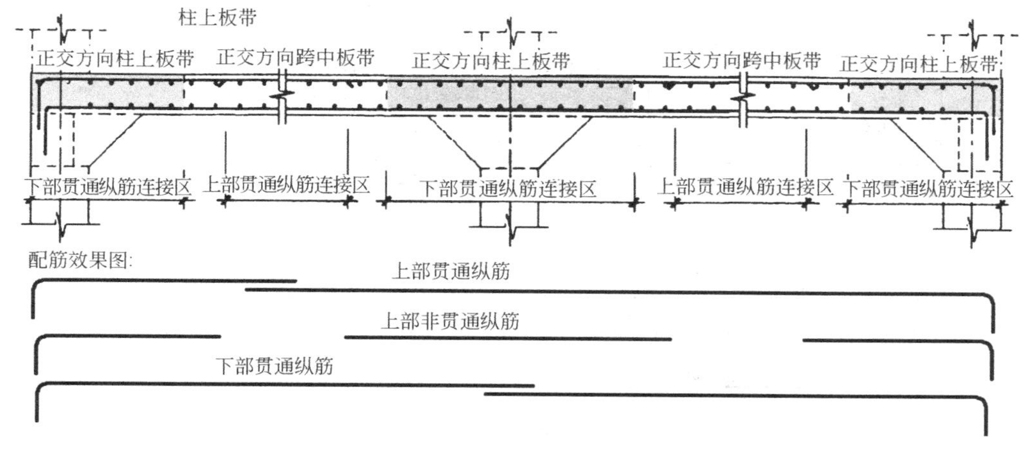

图 5-36

终点或起点伸出至相邻跨的跨中连接区域连接。

这个“注 1”的内容与图集第 99 页（有梁楼板）注 1 完全一致。

④ 图集第 104 页注 5 指出“本图构造同样适用于无柱帽的无梁楼盖”。

⑤ 图集第 104 页注 7 指出：“无梁楼盖柱上板带内贯通纵筋搭接长度为 l_{lE}，无柱帽柱上板带的下部贯通纵筋，宜在距柱面 2 倍板厚以外连接，采用搭接时钢筋端部宜设置垂直于板面的弯钩。”

16G101-1 第 47 页新增的 6.5.2 条指出：“无梁楼盖板纵向钢筋的锚固和搭接需满足受拉钢筋的要求。”

（2）跨中板带 KZB 纵向钢筋构造

16G101-1 图集第 104 页给出了跨中板带 KZB 纵向钢筋构造（图 5-37 为配筋示意图）。

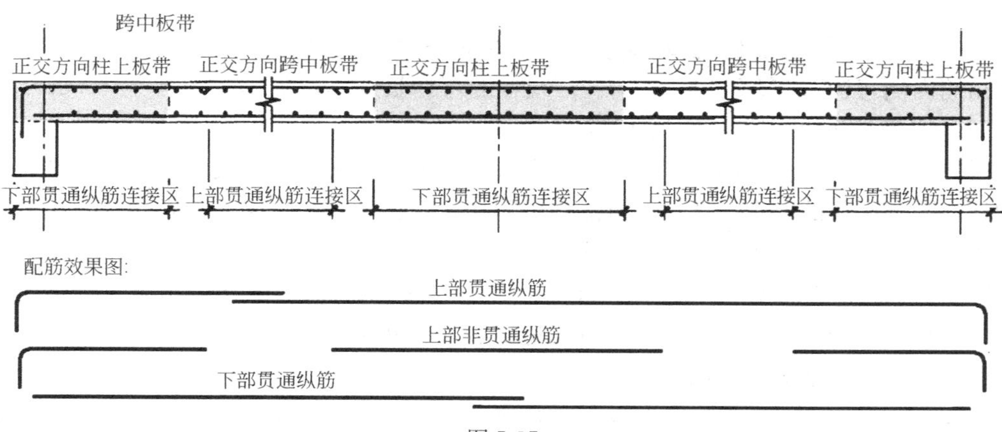

图 5-37

① 跨中板带上部贯通纵筋连接区的规定与柱上板带类似。

② 跨中板带下部贯通纵筋连接区的位置就在正交方向柱上板带的下方。

注意：这一点与有梁楼板不同，因为楼板下部纵筋锚固在支座梁内。

（3）板带端支座纵向钢筋构造

16G101-1 图集第 105 页给出了板带端支座纵向钢筋构造（图 5-38 为配筋示意图）。

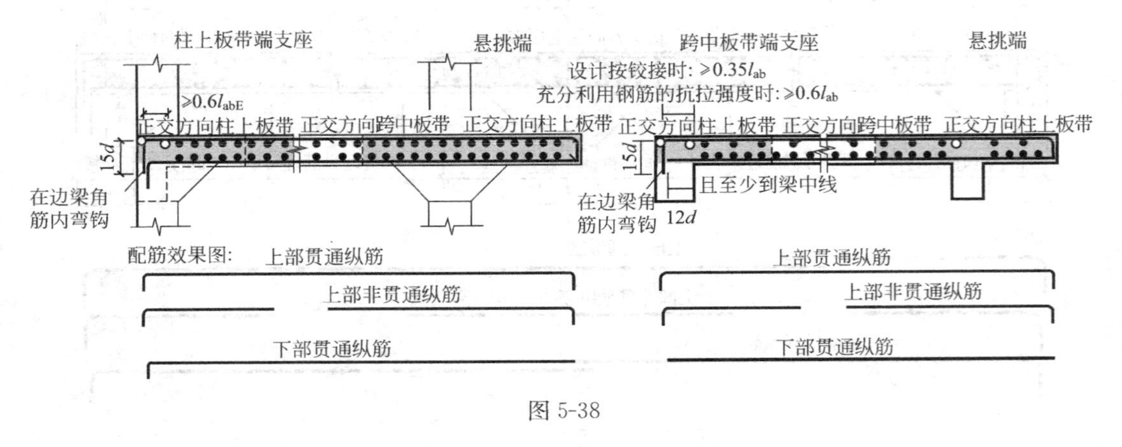

图 5-38

应在无梁楼盖的周边设置边梁。

板带端支座纵向钢筋构造：

① 柱上板带：

上部纵筋“在梁角筋内侧弯钩”，弯折段长度 15d；弯锚的平直段长度为“≥0.6l_{abE}”。

下部纵筋做法同上部纵筋。

② 跨中板带：

上部纵筋“在梁角筋内侧弯钩”，弯折段长度 15d；弯锚的平直段长度：设计按铰接时：“≥0.35l_{ab}”，充分利用钢筋的抗拉强度时：“≥0.6l_{ab}”。

下部纵筋直锚长度“12d 且至少到梁中线”。

上述的“设计按铰接时”、“充分利用钢筋的抗拉强度时”由设计指定。

〖注意〗

11G101-1 图集的无梁楼盖端支座构造较之旧图集变化较大：旧图集的上部纵筋“在边梁角筋内侧弯钩”，弯锚长度“≥l_a”；现在的弯钩长度固定为 15d，而“≥0.35l_{ab}”和“≥0.6l_{ab}”等是作为弯锚水平段的验算条件。

另外，仔细比较新旧图集“柱上板带端支座”的构造图，就会发现：旧图集端支座上方的柱是画成虚线的，表示该楼层可能为中间楼层，也可能是顶层；而新图集支座上方的柱是画成实线的，这是为什么呢？11G101-1 第 97 页的注 1 回答了这个问题：

“本图板带端支座纵向钢筋构造、板带悬挑端纵向钢筋构造同样适用于无柱帽的无梁楼盖，且仅用于中间楼层。屋面处节点构造由设计者补充。”

（4）板带悬挑端纵向钢筋构造

04G101-4 图集第 30 页给出了板带悬挑端纵向钢筋构造（图 5-38 的两图已包含了悬挑端）。

① 板带的上部贯通纵筋与非贯通纵筋一直伸至悬挑端部，然后拐 90°的直钩伸至板底。

② 板带悬挑端的整个悬挑长度包含在正交方向边柱列柱上板带宽度范围之内。

③ 16G101-1 第 105 页注 1 指出“本图板带端支座纵向钢筋构造、板带悬挑端纵向钢

筋构造同样适用于无柱帽的无梁楼盖”。

（二）板带与剪力墙中间层或墙顶连接

16G101-1 第 106 页“板带端支座纵向钢筋构造（二）”，这是 16G101-1 新增的无梁楼盖板带支承在剪力墙中间层和剪力墙墙顶的构造。图集共给出四类五个构造详图。

（1）跨中板带与剪力墙中间层连接（图 5-39 左图）

板上部贯通纵筋伸至墙外侧水平分布筋内侧弯钩，直钩段 $15d$，同时保证水平直锚段长度≥$0.4l_{ab}$；板下部贯通纵筋伸入支座直锚，直锚长度≥$12d$ 且至少到墙中线。

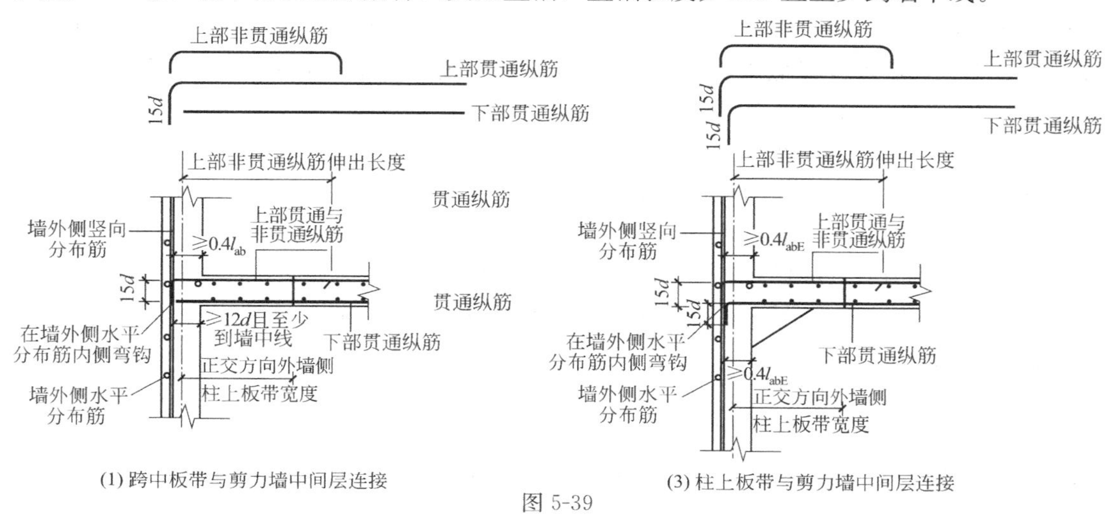

图 5-39

（2）跨中板带与剪力墙墙顶连接（分为两个构造详图）：

1）墙外侧竖向钢筋与板上部纵向受力钢筋搭接传力（图 5-40 左图）

墙外侧竖向分布筋伸至板顶后向板内弯折，弯折水平段长度＝$15d$；板上部贯通纵筋伸至墙外侧水平分布筋内侧向下弯折，直到满足板上部贯通纵筋与墙外侧竖向分布筋的搭接长度等于 l_l（断点位置低于板底）。板下部贯通纵筋伸入支座直锚，直锚长度≥$12d$ 且至少到墙中线。

2）板端上部纵筋按充分利用钢筋的抗拉强度时（图 5-40 中图）

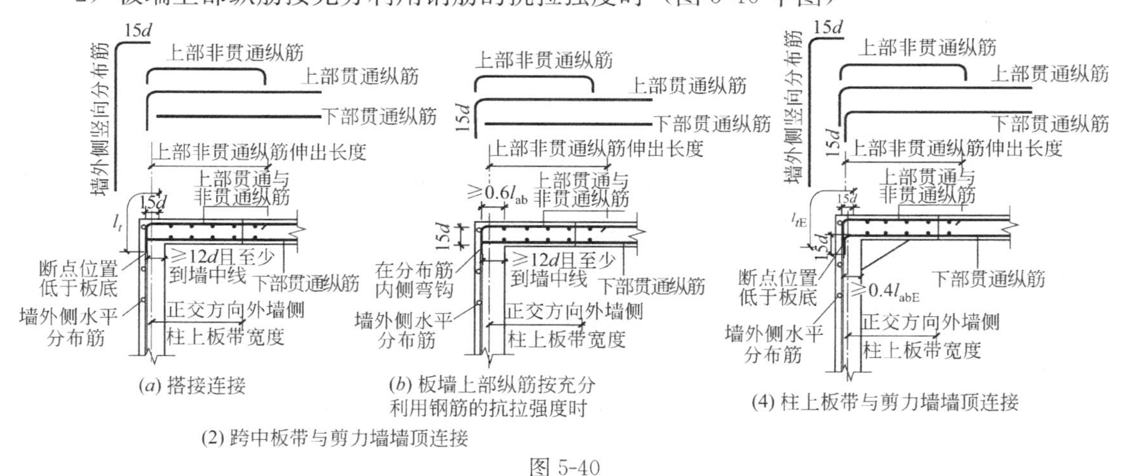

图 5-40

板上部贯通纵筋伸至墙外侧水平分布筋内侧弯钩，直钩段15d，同时保证水平直锚段长度≥0.6l_{ab}；板下部贯通纵筋伸入支座直锚，直锚长度≥12d且至少到墙中线。

（3）柱上板带与剪力墙中间层连接（图5-39右图）

板上部贯通纵筋和下部贯通纵筋都伸至墙外侧水平分布筋内侧弯钩，直钩段15d，同时保证水平直锚段长度≥0.4l_{abE}。

（4）柱上板带与剪力墙墙顶连接（图5-40右图）

墙外侧竖向分布筋伸至板顶后向板内弯折，弯折水平段长度＝15d；板上部贯通纵筋伸至墙外侧水平分布筋内侧向下弯折，直到满足板上部贯通纵筋与墙外侧竖向分布筋的搭接长度等于l_l（断点位置低于板底）。板下部贯通纵筋伸至墙外侧水平分布筋内侧弯钩，直钩段15d，同时保证水平直锚段长度≥0.4l_{abE}。

16G101-1第47页新增6.5.4条："无梁楼盖跨中板带支承在剪力墙顶的端节点，当板上部纵向钢筋充分利用钢筋的抗拉强度时（锚固在支座中），直段伸至端支座对边后弯折，且平直段长度≥0.6l_{ab}，弯折段投影长度15d，当设计考虑墙外侧竖向钢筋与板上部纵向受力钢筋搭接传力时，应满足搭接长度要求；设计者应在平法施工图中注明采用何种构造，当多数采用同种构造时可在图注中写明，并将少数不同之处在图中注明。"

5.7.5 暗梁的标注和钢筋构造

前面讲板带的集中标注的时候，讲到11G101-1图集取消了"箍筋"的集中标注，在04G101-4图集中，"箍筋"是作为一个选注项，只有在设置"暗梁"的时候才选择标注箍筋的。

现在，16G101-1图集把"暗梁"作为一个构件来对待，增加了"暗梁"的集中标注和原位标注。然而，结合04G101-4的认识，我们也可以把"暗梁"看成一个选注项，换句话说，并不是所有的柱上板带都一定设置"暗梁"的。

11G101-1，第97页的注2就说明了这个问题："柱上板带暗梁仅用于无柱帽的无梁楼盖"。16G101-1删去了这个"注2"，但第105页上的"柱上板带暗梁构造"图中画的依然是无柱帽的无梁楼盖。

5.7.5.1 暗梁的集中标注和原位标注

（1）暗梁的表示方法

暗梁设置在柱上板带之内。施工图中在柱轴线处画中粗虚线表示暗梁。暗梁平面注写包括暗梁集中标注、暗梁支座原位标注两部分内容。

（2）暗梁的集中标注：

暗梁集中标注包括暗梁编号、暗梁截面尺寸（箍筋外皮宽度×板厚）、暗梁箍筋、暗梁上部通长筋或架立筋四部分内容。暗梁集中标注的注写方式同"梁的集中标注"，图5-41给出了"暗梁集中标注"的例子。暗梁编号如下表：

暗 梁 编 号

构件类型	代号	序号	跨数及有无悬挑
暗梁	AL	××	(××)、(××A) 或 (××B)

注：1. 跨数按柱网轴线计算（两相邻柱轴线之间为一跨）。

2. (××A) 为一端有悬挑，(××B) 为两端有悬挑，悬挑不计入跨数。

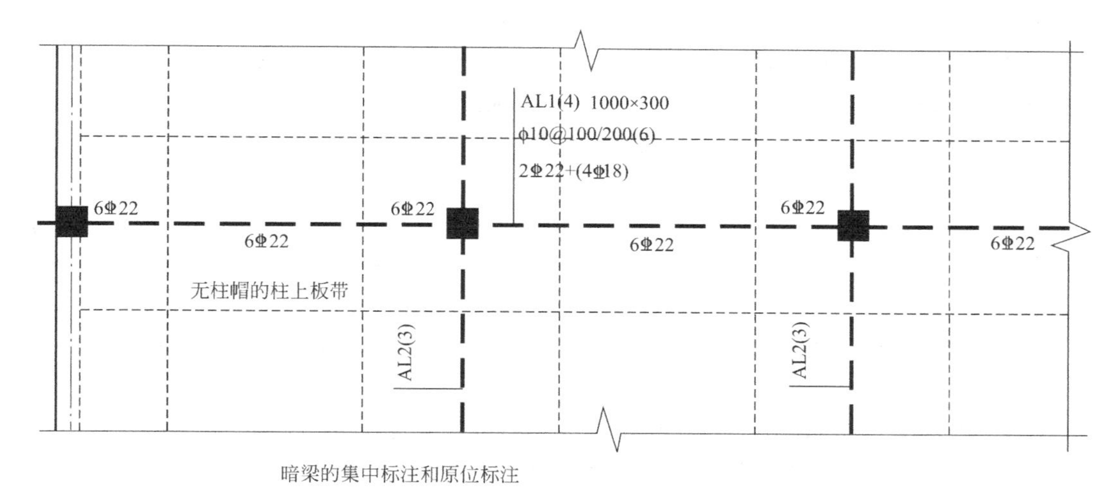

暗梁的集中标注和原位标注

图 5-41

(3) 暗梁的原位标注：

暗梁支座原位标注包括梁支座上部纵筋、梁下部纵筋。当在暗梁上集中标注的内容不适用于某跨或某悬挑端时，则将其不同数值标注在该跨或该悬挑端，施工时按原位注写取值。暗梁原位标注的注写方式同“梁的原位标注”，图 5-41 给出了“暗梁原位标注”的例子。

当设置暗梁时，柱上板带及跨中板带标注方式与 16G101-1 第 6.2、6.3 节一致。柱上板带标注的配筋仅设置在暗梁之外的柱上板带范围内。

5.7.5.2 暗梁的钢筋构造

16G101-1 第 105 页“柱上板带暗梁钢筋构造”（见图 5-42）告诉我们下列要点：

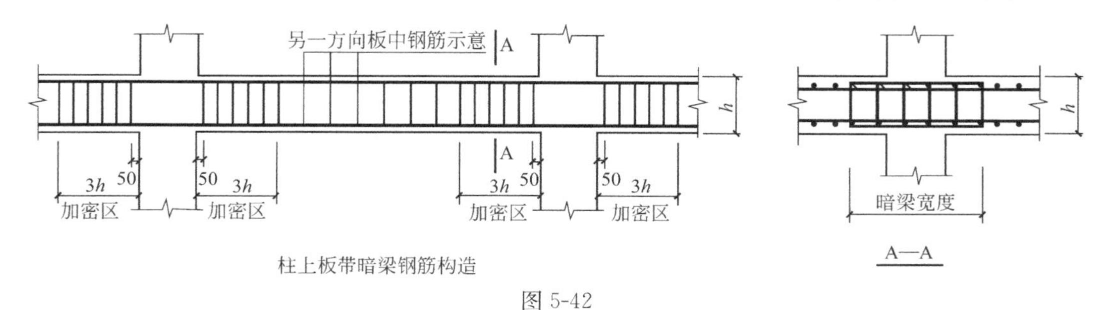

柱上板带暗梁钢筋构造

A—A

图 5-42

(1) 箍筋从柱外侧 50 开始布置。

(2) 箍筋加密区长度：从柱外侧算起“$3h$”（h 为板厚度）。

(3) 在“柱上板带暗梁钢筋构造”的题注指出：“纵向钢筋做法同柱上板带钢筋”，其中的含义就是 16G101-1 第 6.4.5 条所说的：

“暗梁中纵向钢筋连接、锚固及支座上部纵筋的伸出长度等要求同轴线处柱上板带中纵向钢筋。”

(4) 暗梁配筋详见具体工程设计。

下面，我们就图 5-41 的暗梁集中标注和原位标注的内容，分析一下暗梁配筋的特点：

首先，暗梁 AL1 集中标注“1000×300”的暗梁截面尺寸，表示暗梁的宽度为 1000mm，如果柱上板带的宽度为 3000mm 的话，则柱上板带中间 1000mm 的部分按暗梁配筋，而其余 2000mm 部分按柱上板带标注的集中标注和原位标注（贯通纵筋和非贯通纵筋）配筋。

暗梁 AL1 集中标注的箍筋“Φ10@100/200（6）”，表示暗梁的箍筋为 6 肢箍，非加密区箍筋间距为 200，加密区箍筋间距为 100，加密区范围为柱两侧各 3 倍梁高（3×300＝900mm）。

暗梁 AL1 集中标注的上部纵筋为“2Φ22＋（4Φ18）”，表示上部通长筋为 2Φ22，架立筋为 4Φ18。

结合到左右支座的原位标注“6Φ22”，我们可以知道上部非贯通纵筋为 4Φ22，刚好与 4Φ18 的架立筋连接。但是连接点在什么地方？

根据“暗梁中纵向钢筋连接、锚固及支座上部纵筋的伸出长度等要求同轴线处柱上板带中纵向钢筋”，我们终于清楚了：暗梁的上部非贯通纵筋的伸出长度与柱上板带原位标注的非贯通纵筋的伸出长度一致。假定柱上板带上部非贯通纵筋的伸出长度标注为 1500，则暗梁的架立筋就在这里与上部非贯通纵筋连接。

暗梁 AL1 原位标注的下部贯通纵筋为“6Φ22”，这与集中标注的上部纵筋“2Φ22＋（4Φ18）”一起，与暗梁集中标注的“6 肢箍”保持一致。

第 6 章　平法楼梯识图与钢筋计算

本章内容提要：

16G101-2 图集适用于抗震设防烈度为 *6～9* 度地区的现浇钢筋混凝土板式楼梯。

16G101-2 与 *11G101-2* 的不同点，新增了 *2* 种有抗震构造措施的楼梯类型，对非抗震楼梯加强了梯板的构造措施。本章对这些不同点进行了介绍。

本章介绍板式楼梯所包含的构件内容（踏步段、层间梯梁、层间平板、楼层梯梁和楼层平板等），不同种类板式楼梯所包含的构件内容也有所不同；介绍板式楼梯的钢筋分类（梯板下部纵筋、低端扣筋、高端扣筋等）。并且，结合具体的楼梯类型简单介绍非抗震板式楼梯和抗震板式楼梯的钢筋计算方法。

本章讲述了各类板式楼梯的特点，以及各类板式楼梯钢筋计算所包括的范围，从而划分清楚楼梯钢筋计算和其他构件钢筋计算的分界线，使我们在工程钢筋计算中既不漏算、也不重算。

6.1　16G101-2 图集的适用范围

16G101-2 图集适用于抗震设防烈度为 6～9 度地区的现浇钢筋混凝土板式楼梯。

03G101-2 图集的 11 种类型的楼梯均按非抗震构件设计，而 11G101-2 图集把以前的 11 种非抗震楼梯类型缩减为 8 种，而新增了 3 种抗震楼梯类型。然而，这些新旧楼梯类型有一个共同点，那就是都属于板式楼梯。16G101-2 把非抗震楼梯减少了 1 种，新增 2 种抗震楼梯。

因此，下面我们首先介绍什么是板式楼梯，然后介绍那 7 种非抗震楼梯，最后介绍新增的 5 种抗震楼梯。

6.1.1　16G101-2 图集适用于板式楼梯

（1）楼梯的分类

从结构上划分，现浇混凝土楼梯可以分为板式楼梯、梁式楼梯、悬挑楼梯和旋转楼梯等。

1）板式楼梯

板式楼梯的踏步段是一块斜板，这块踏步段斜板支承在高端梯梁和低端梯梁上，或者直接与高端平板和低端平板连成一体。

2）梁式楼梯

梁式楼梯踏步段的左右两侧是两根楼梯斜梁，把踏步板支承在楼梯斜梁上；这两根楼梯斜梁支承在高端梯梁和低端梯梁上。这些高端梯梁和低端梯梁一般都是两端支承在墙或者柱上。

3）悬挑楼梯

悬挑楼梯的梯梁一端支承在墙或者柱上，形成悬挑梁的结构，踏步板支承在梯梁上。也有的悬挑楼梯直接把楼梯踏步直接做成悬挑板（一端支承在墙或者柱上）。

4）旋转楼梯

旋转楼梯一改普通楼梯两个踏步段曲折上升的形式，而采用围绕一个轴心螺旋上升的做法。旋转楼梯往往与悬挑楼梯相结合，作为旋转中心的柱就是悬挑踏步板的支座，楼梯踏步围绕中心柱形成一个螺旋向上的踏步形式。

16G101-2 标准图集只适用于板式楼梯。

(2) 板式楼梯所包含的构件内容

我们在这里讨论的就是一个"楼梯间"所包含的构件内容。

板式楼梯所包含的构件内容一般有踏步段、层间梯梁、层间平板、楼层梯梁和楼层平板等（图 6-1）。

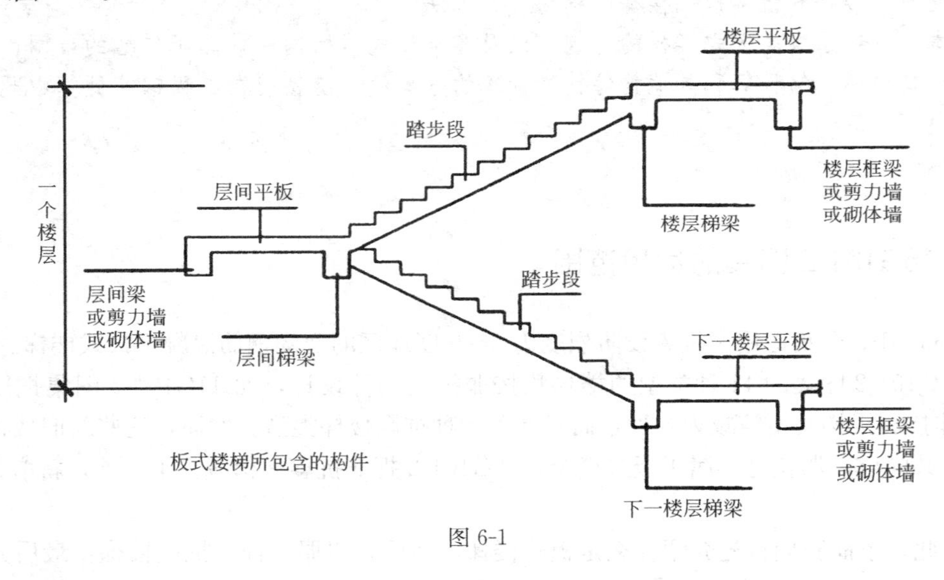

图 6-1

1）踏步段

任何楼梯都包含踏步段。每个踏步的高度和宽度应该相等。根据"以人为本"的设计原则，每个踏步的宽度和高度一般以上下楼梯舒适为准，例如，踏步高度为 150mm，踏步宽度为 280mm。而每个踏步的高度和宽度之比，决定了整个踏步段斜板的斜率。

2）层间平板

楼梯的层间平板就是人们常说的"休息平台"。注意：在 16G101-2 图集中，"两跑楼梯"包含层间平板；而"一跑楼梯"不包含层间平板，在这种情况下，楼梯间内部的层间平板就应该另行按"平板"进行计算。

3）层间梯梁

楼梯的层间梯梁起到支承层间平板和踏步段的作用。16G101-2 图集的"一跑楼梯"需要有层间梯梁的支承，但是一跑楼梯本身不包含层间梯梁，所以在计算钢筋时，需要另行计算层间梯梁的钢筋。16G101-2 图集的“两跑楼梯”没有层间梯梁，其高端踏步段斜板和低端踏步段斜板直接支承在层间平板上。

4）楼层梯梁

楼梯的楼层梯梁起到支承楼层平板和踏步段的作用。16G101-2 图集的“一跑楼梯”需要有楼层梯梁的支承，但是一跑楼梯本身不包含楼层梯梁，所以在计算钢筋时，需要另行计算楼层梯梁的钢筋。16G101-2 图集的“两跑楼梯”分为两类：FT 没有楼层梯梁，其高端踏步段斜板和低端踏步段斜板直接支承在楼层平板上；GT 需要有楼层梯梁的支承，但是楼梯本身不包含楼层梯梁，所以在计算钢筋时，需要另行计算楼层梯梁的钢筋。

11G101-2 第 8 页规定了梯梁的构造做法：

“梯梁按双向受弯构件计算，当支承在梯柱上时，其构造做法按 11G101-1 中框架梁 KL；当支承在梁上时，其构造做法按 11G101-1 中非框架梁 L。”

16G101-1 的第 2.2.8 条指出：“梯梁支承在梯柱上时，其构造应符合 16G101-1 中框架梁 KL 的构造做法，箍筋宜全长加密。”

5）楼层平板

楼层平板就是每个楼层中连接楼层梯梁或踏步段的平板，但是，并不是所有楼梯间都包含楼层平板的。16G101-2 图集的“两跑楼梯”中的 FT、GT 包含楼层平板；而“两跑楼梯”中的 HT，以及“一跑楼梯”不包含楼层平板，在计算钢筋时，需要另行计算楼层平板的钢筋。

6.1.2 16G101-2 的非抗震楼梯

6.1.2.1 不同种类的板式楼梯所包含的构件内容不同

16G101-2 图集包含 12 种常用的现浇混凝土板式楼梯，它们的编号以 AT～GT 的字母打头，而这 12 种板式楼梯又分为“一跑楼梯”和“两跑楼梯”两大类，其中两跑楼梯中又分为两小类。不同类别的板式楼梯所包含的构件内容各不相同。

（1）一跑楼梯

16G101-2 标准图集的非抗震“一跑楼梯”包括 AT～ET 的 5 种板式楼梯。其中，每个代号（例如 AT）代表一跑楼梯。

1）一跑楼梯的共同点：

只包含踏步段——低端梯梁和高端梯梁之间的一跑矩形梯板；

踏步段的每一个踏步的水平宽度相等、高度相等；

设置低端梯梁和高端梯梁，但不计入“楼梯”范围；

不包含层间平板和楼层平板；

踏步段的钢筋只锚入低端梯梁和高端梯梁，与平板不发生联系。

2）一跑楼梯的不同点：

AT 矩形梯板全部由踏步段构成。

BT 矩形梯板由低端平板和踏步段构成。

CT 矩形梯板由踏步段和高端平板构成。

DT 矩形梯板由低端平板、踏步段和高端平板构成。

ET 矩形梯板由低端踏步段、中位平板和高端踏步段构成。

其中AT至DT比较有规律，是根据有无低端平板或高端平板组合而成（图6-2）。只有ET比较特别，在踏步段的中间插入一块中位平板（图6-3）。

高端梯梁
踏步段
低端梯梁
AT
高端梯梁
踏步段
低端平板
低端梯梁
BT
高端平板
高端梯梁
踏步段
低端梯梁
CT
高端平板
高端梯梁
踏步段
低墙平板
低端梯梁
DT
(阴影部分不包含在AT-DT的范围内)

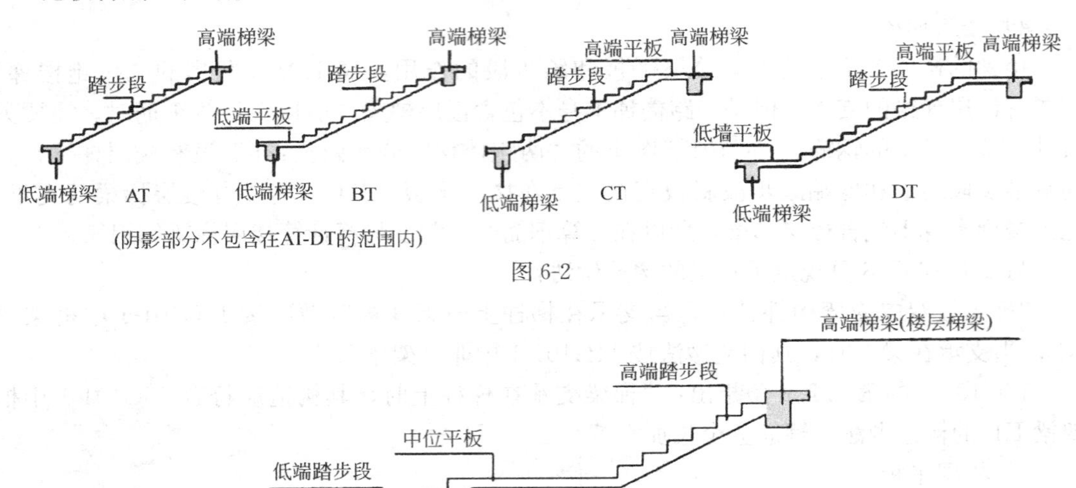

图6-2

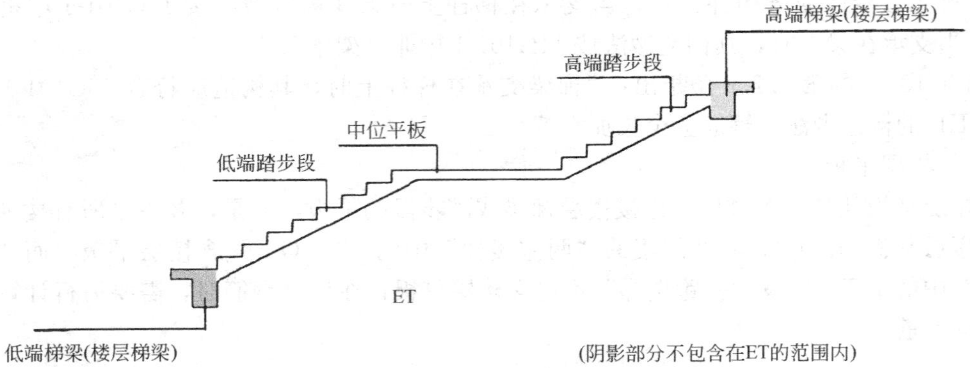

高端梯梁(楼层梯梁)
高端踏步段
中位平板
低端踏步段
ET
低端梯梁(楼层梯梁)
(阴影部分不包含在ET的范围内)

图6-3

〖说明〗

民用建筑中使用最广泛的是一跑楼梯AT。例如，普通住宅楼的楼梯间的构成，从二楼的楼层平板经过一个踏步段，到达休息平台（层间平板），又经过一个踏步段，到达三楼的楼层平板。这个楼梯间我们经过了两个踏步段，似乎是“两跑楼梯”，但其实是两个“一跑楼梯”AT。这是需要注意的第一个问题。

需要注意的第二个问题是：16G101-2标准图集的“一跑楼梯”只包含一个踏步段斜板，不包含层间平板和楼层平板，也不包含层间梯梁和楼层梯梁，这些板和梁的钢筋都要另行计算。

（2）两跑楼梯

16G101-2标准图集的“两跑楼梯”又分为两类：FT，GT。

1）包含整个楼梯间的两跑楼梯：

FT两跑楼梯的特点：

矩形梯板由楼层平板、两跑踏步段与层间平板构成；

同一楼层内各踏步段的水平净长相等，总高度相等（即等分楼层高度）；

包含层间平板，层间平板与高端踏步段、低端踏步段连续配筋；

不设置层间梯梁，高端踏步段、低端踏步段直接支承在层间平板上；

包含楼层平板，楼层平板与低端踏步段、高端踏步段连续配筋；

不设置楼层梯梁，低端踏步段、高端踏步段直接支承在楼层平板上。

楼层平板及层间平板均采用三边支承。

因此，16G101-2 的 FT 两跑楼梯如下图所示（图 6-4）。

2）不包含楼层梯梁的两跑楼梯：

（现在的“GT 型楼梯”就是 11G101-1 图集的“HT 型楼梯”）

GT 两跑楼梯的特点：

矩形梯板由两跑踏步段与层间平板构成；

同一楼层内各踏步段的水平净长相等，总高度相等（即等分楼层高度）；

包含层间平板，层间平板与高端踏步段、低端踏步段连续配筋；

不设置层间梯梁，高端踏步段、低端踏步段直接支承在层间平板上；

需设置层间梯梁，但不计入“楼梯”范围；

不包含楼层平板；

踏步段的钢筋只锚入楼层梯梁，与楼层平板不发生联系。

层间平板采用三边支承。

就这样，16G101-2 的 GT 楼梯如下图所示（图 6-5）。

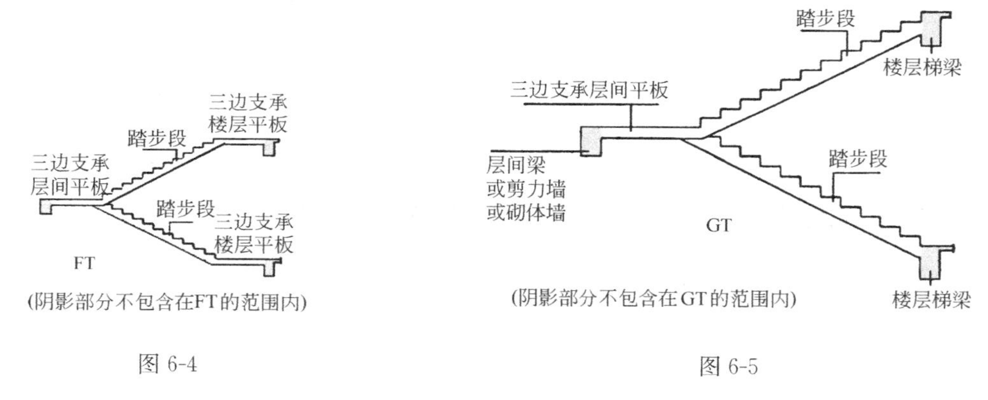

图 6-4　　　　图 6-5

03G101-2 中已被淘汰的几种楼梯，都是楼梯平台板单边支承的。现在提倡平台板三边支承，是结构抗震的需要。

6.1.2.2 11G101-2 对非抗震楼梯的改进措施

不论你手中的施工图的抗震等级如何，你眼前楼房的楼梯始终是防灾避险的主要疏散通道，其结构应有足够的抗倒塌能力，这是 2010 抗规和高规一再强调的。因此，11G101-2 对楼梯采取了一定的加强措施。

11G101-2 把梯板支座上部纵筋纳入梯板集中标注。（参见图 6-10）

旧图集 03G101-2 的规定是：上部纵筋设计不注，施工按标准图集规定——“按下部纵筋的 1/2，且不小于φ 8@200”。

这就把梯板的支座负筋排除在设计的干预之外，这不仅降低了梯板的安全性，而且给施工和预算人员计算梯板扣筋（即支座负筋）带来极大的麻烦。现在，11G101-2 加强了梯板支座上部纵筋的设计要求，这也是加强楼梯抗震性能的一项重要措施。

11G101-2 加强了梯板的构造措施：

ET 型楼梯板低端踏步段、中位平板、高端踏步段均采用双层配筋。FT～GT 型梯板当梯板厚度 $h \geqslant 150$ 时采用双层配筋（即上部纵筋贯通设置）。例如 FT 型梯板的构造（见图 6-6），从图中可以看到梯板的扣筋在 $h \geqslant 150$ 时沿梯板贯通设置。（当然，抗震楼梯

ATa、ATb、ATc 型梯板除了采用双层双向配筋以外，还采取了更多的构造措施。）

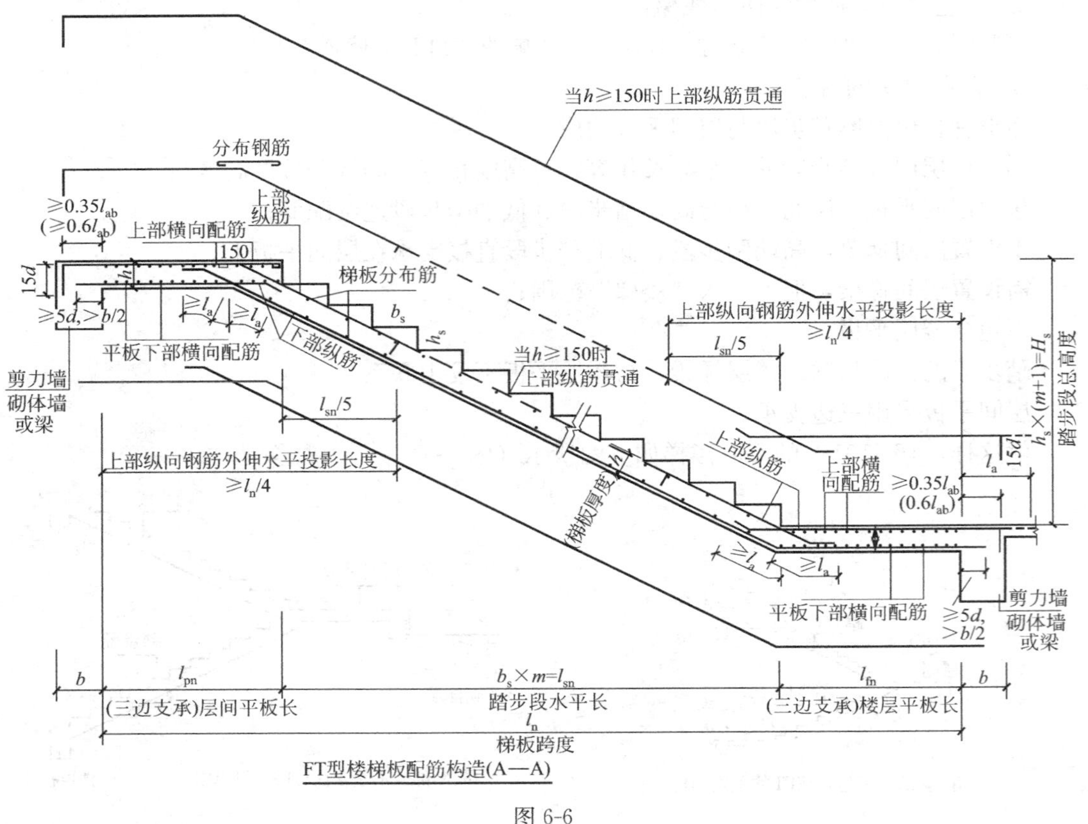

图 6-6

下面介绍各种非抗震楼梯（对比 03G101-2）的主要变更：

11G101-2 图集第 20 页"AT 型楼梯板配筋构造"：

下部纵筋、上部纵筋、梯板分布筋配筋形状同旧图集，

但端部尺寸标注有所不同：	（旧图集）
下部纵筋锚固长度："≥5d 且至少伸过支座中线"	"≥5d，≥h"
下端上部纵筋锚固平直段："≥0.35l_{ab}（≥0.6l_{ab}）"	弯锚总长"≥l_a"
弯折段："15d"	
上端上部纵筋锚固平直段："≥0.35l_{ab}（≥0.6l_{ab}）"	"≥0.4l_a"
弯折段："15d"	"15d"

"上部纵筋有条件时可直接伸入平台板内锚固 l_a"

第 20 页注：

1. 图中上部纵筋锚固长度 0.35l_{ab}用于设计按铰接的情况，括号内数据 0.6l_{ab}用于设计考虑充分发挥钢筋抗拉强度的情况，具体工程中设计应指明采用何种情况。

2. 上部纵筋有条件时可直接伸入平台板内锚固，从支座内边算起总锚固长度不小于 l_a，如图中虚线所示。

3. 上部纵筋需伸至支座对边再向下弯折。（旧图集没有强调"伸至对边"）

11G101-2 图集第 22 页“BT 型楼梯板配筋构造”：

（与旧图集不同处）：踏步段低端扣筋外伸水平投影长度：

新图集为“$\geqslant 20d$”　（旧图集为“$\geqslant l_{sn}/5$”）

11G101-2 图集第 24 页“CT 型楼梯板配筋构造”：

（与旧图集不同处）：踏步段高端扣筋外伸水平投影长度：

虽然新图集和旧图集一样为“$\geqslant l_{sn}/5$”，但是新图集的尺寸起算点在第一踏步的下边缘处，而旧图集在扣筋的曲折拐点处。

11G101-2 图集第 26 页“DT 型楼梯板配筋构造”：

（与旧图集不同处）：踏步段下端扣筋从低端平板分界处算起向段内伸出长度：

新图集为“$\geqslant 20d$”　（旧图集为“$\geqslant l_{sn}/5$”）

（注：踏步段高端扣筋外伸水平投影长度：新图集和旧图集一样为“$\geqslant l_{sn}/5$”，而且尺寸起算点也在扣筋的曲折拐点处。）

11G101-2 图集第 28 页“ET 型楼梯板配筋构造”：

（与旧图集不同处）：低端踏步段、中位平板、高端踏步段均采用双层配筋：

上部纵筋：低端踏步段与中位平板的上部纵筋为一根贯通筋，与高端踏步段的上部纵筋相交、直达板底；

下部纵筋的配筋方式同旧图集：高端踏步段与中位平板的下部纵筋为一根贯通筋，与低端踏步段的下部纵筋相交、直达板顶。

而且，端部尺寸标注有所不同：　　（旧图集）

下部纵筋锚固长度：“$\geqslant 5d$ 且至少伸过支座中线”　“$\geqslant 5d$，$\geqslant h$”

低端上部纵筋锚固平直段：“$\geqslant 0.35l_{ab}$（$\geqslant 0.6l_{ab}$）”弯锚总长“$\geqslant l_a$”

弯折段：“$15d$”

高端上部纵筋锚固平直段：“$\geqslant 0.35l_{ab}$（$\geqslant 0.6l_{ab}$）”“$\geqslant 0.4l_a$”

弯折段：“$15d$”　“$15d$”

“上部纵筋有条件时可直接伸入平台板内锚固 l_a”

11G101-2 图集第 30、31 页“FT 型楼梯板配筋构造”：

尤其重要的一点：“当 $h \geqslant 150$ 时上部纵筋贯通”

与旧图集的不同处还有：踏步段低端扣筋外伸水平投影长度：

对于 FT（A-A）：新图集为“$\geqslant 20d$”　（旧图集为“$\geqslant l_{sn}/5$”）

对于 FT（B-B）：新图集为“$\geqslant 20d$”　（旧图集为“$\geqslant (l_{sn}+l_{fn})/5$”）

11G101-2 图集第 36、37 页“HT 型楼梯板配筋构造”（16G101-2 改名为 GT 型楼梯）：

尤其重要的一点：“当 $h \geqslant 150$ 时上部纵筋贯通”

与旧图集不同处还有：踏步段扣筋外伸水平投影长度：

HT（A-A）：踏步段低端扣筋伸出长度“$\geqslant l_n/4$”

（旧图集为“$\geqslant (l_n-0.6\,l_{pn})/4$”）

踏步段高端扣筋伸出长度“$\geqslant l_{sn}/5$”（同旧图集）

HT（B-B）：踏步段低端扣筋伸出长度“$\geqslant l_{sn}/5$ 且 $\geqslant 20d$”

（旧图集为“$\geqslant l_{sn}/5$”）

踏步段高端扣筋伸出长度“$\geqslant l_n/4$”

(旧图集为“$\geqslant (l_n - 0.6\ l_{pn})\ /4$”)

11G101-2 图集第 38 页“C-C、D-D 剖面楼梯平板配筋构造”:

与旧图集不同之处:上部横向钢筋锚固水平段长度“$\geqslant 0.35 l_{ab}$ ($\geqslant 0.6 l_{ab}$)”

(旧图集为“$\geqslant 0.4 l_a$”)

第 38 页注:

2. 图中上部纵筋锚固长度 $0.35 l_{ab}$ 用于设计按铰接的情况,括号内数据 $0.6 l_{ab}$ 用于设计考虑充分发挥钢筋抗拉强度的情况,具体工程中设计应指明采用何种情况。

〖16G101-2 对比 11G101-2 的改变(非抗震楼梯)〗

16G101-2 的主要改变有:

16G101-2 第 1.0.11 条指出:“本图集 AT~GT 楼梯,设计者可根据具体工程的实际情况增加抗震构造措施,同时将图集中 l_a、l_{ab} 变更为 l_{aE}、l_{abE}。”

16G101-2 的 BT、DT、FT(两处)的“楼梯板配筋构造”中,踏步段上部纵筋伸出长度的标注,把 11G101-2 的“$\geqslant 20d$”改为“$l_{sn}/5$”。

6.1.3 16G101-2 的抗震楼梯

16G101-2 比 03G101-2 新增了 3 种抗震楼梯,它们是 ATa、ATb、ATc 型楼梯(见图 6-7)。其中,ATa、ATb 不参与结构整体抗震计算,而 ATc 型楼梯参与结构整体抗震计算。

抗震楼梯

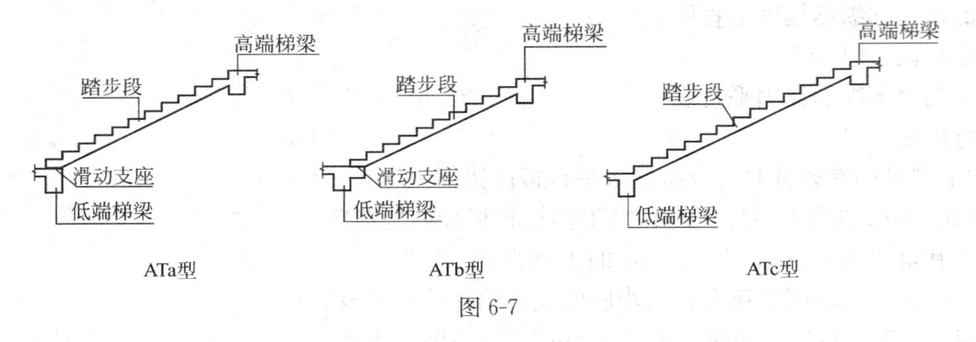

图 6-7

ATa、ATb 型楼梯设滑动支座,不参与结构整体抗震计算;ATc 型楼梯参与结构整体抗震计算。

ATa、ATb、ATc 型楼梯的主要特点为:

① ATa、ATb、ATc 型楼梯是全部由踏步段组成的楼梯,这一点与 AT 楼梯类似。

② ATa、ATb、ATc 型楼梯加强了梯板的构造措施:

ATa、ATb、ATc 型梯板除了采用双层双向配筋(即上部纵筋贯通设置)以外,还有:

ATa、ATb 型梯板两侧设置附加钢筋。

ATc 型梯板两侧设置边缘构件(暗梁)。

16G101-2 图集在第 1.0.8 条指出,为了确保施工人员准确无误地按平法施工图施工,在具体工程的结构设计总说明中必须写明以下与平法施工图密切相关的内容：

当选用 ATa、ATb、ATc、CTa 或 CTb 型楼梯时，设计者应根据具体工程情况给出楼梯的抗震等级。

当选用 ATa、ATb、CTa 或 CTb 型楼梯时，可选用图集中滑动支座的做法，当采用与图集不同的构造做法时，由设计者另行处理。

下面介绍各种抗震楼梯：

（1）ATa 型楼梯：

16G101-2 图集第 40 页“ATa 型楼梯平面注写方式与适用条件”：

“标高×××—标高×××楼梯平面图”：

集中标注的内容：	（例）
梯板编号　ATa××	ATa3
梯板厚度　h	$h=150$
踏步段总高度 Hs/踏步级数（m+1）	1650/11
上部纵筋；下部纵筋	Φ10@150，Φ12@150
梯板分布筋	FΦ8@200
（踏步段下方尺寸标注）：“$b_s \times m = l_{sn}$”	280×10=2800

“踏步宽×踏步数=踏步段水平长”

（平面标注与 AT 的不同点：）

ATa 的 l_{sn}尺寸标注含一道梯梁的宽度（含梁上滑动支座）

而 AT 的 l_{sn}尺寸标注不含梯梁的宽度

设计和施工应注意：鉴于 ATa 的 l_{sn}尺寸包含梯梁滑动支座的宽度，所以，当 ATa 作为两跑楼梯中的一跑时，上下梯段平面位置应错开一个踏步宽。

“滑动支座构造”：

1）“预埋钢板”：同样大小的两块，分别预埋在梯梁顶和踏步段下端。施工时，“钢板之间满铺石墨粉”。

预埋钢板“M-1”：

钢板　—8×踏步宽×梯板宽

锚筋　L=120 两根×Φ6@200

2）“设聚乙烯四氟板”：“梯段浇筑时应在垫板上铺塑料薄膜”

聚乙烯四氟板：5 厚×踏步宽×梯板宽

平头螺钉 M4 与混凝土连接，两个螺钉×间距不大于 200

（踏步段下端与平板面层留缝）：缝 50 宽，填充聚苯板，表面由建筑设计处理

16G101-2 图集第 42 页“ATa 型楼梯板配筋构造”：（图 6-8 包含滑动支座构造）

3）“设塑料片”：这是 16G101-2 新增的做法。

在梯板下表面与梯梁上表面之间设置“两层≥0.5 厚塑料片，宽度同踏步宽”，其余做法同前。

注：ATa 的三种滑动支座做法对 CTa 同样适用。其实，除了滑动支座为“梯梁”与“挑板”的不同之外，这三种滑动支座做法对 ATb 和 CTb 同样适用。

16G101-2 第 40 页和第 47 页注 6 要求：“滑动支座做法中建筑构造应保证梯板滑动

要求。”

ATa型楼梯板配筋构造：

双层配筋：下端平伸至踏步段下端的尽头

上端：下部纵筋及上部纵筋均伸进平台板，锚入梁（板）l_{ab}

分布筋：分布筋两端均弯直钩，长度＝$h-2\times$保护层

下层分布筋设置在下部纵筋的下面；

上层分布筋设置在上部纵筋的上面。

附加纵筋：分别设置在上、下层分布筋的拐角处

附加纵筋2⌀16且不小于梯板纵向受力钢筋直径。

注：

1. 当采用HPB300光面钢筋时，除梯板上部纵筋的跨内端头做90°直角弯钩外，所有末端应做180°的弯钩。

2. 踏步两头高度调整见本图集第50页。

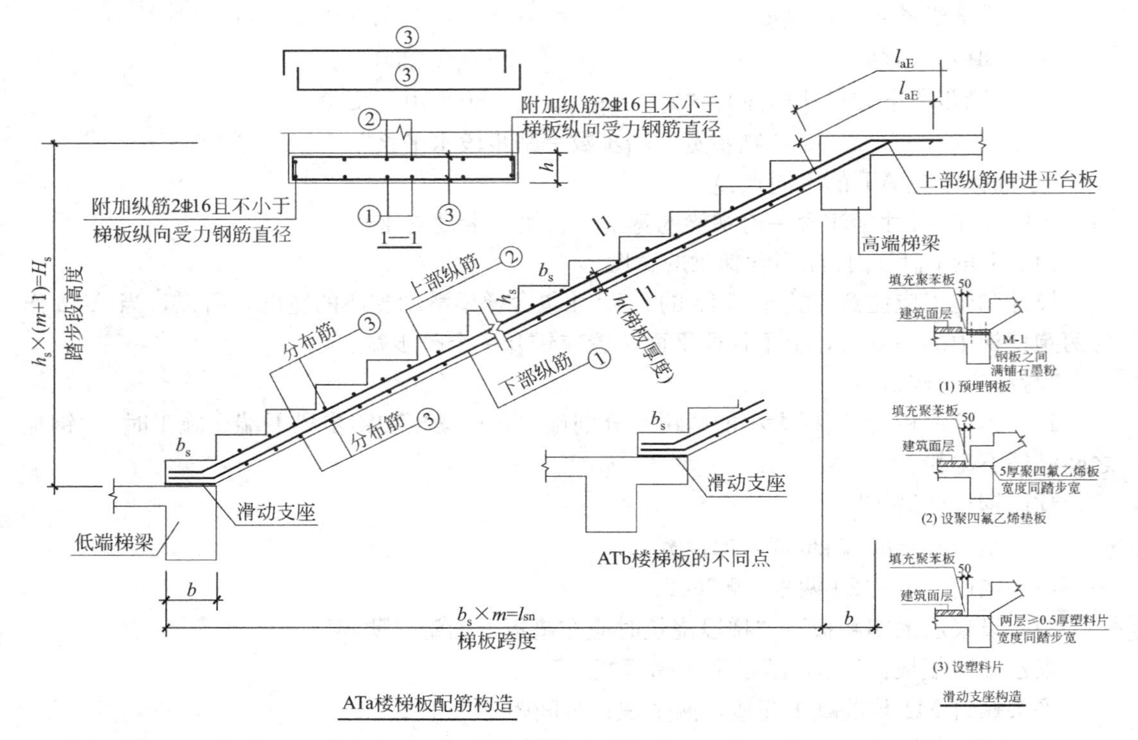

图 6-8

（2）ATb型楼梯：

16G101-2图集第40页“ATb型楼梯平面注写方式与适用条件”：

集中标注的内容：（同ATa型楼梯）

“滑动支座构造”：（滑动支座直接落在梯梁挑板上）

“挑板”：伸出长度等于“踏步宽”，“厚度不小于梯板厚度”。

（其余同ATa型楼梯）

16G101-2 图集第 44 页“ATb 型楼梯板配筋构造”：

ATb 型楼梯板配筋构造：(同 ATa 型楼梯)

注意：我们在图 6-8 的“ATa 型楼梯板配筋构造”中插入了一个“ATb 型楼梯”的滑动支座，在图中可以看到，ATa 型楼梯与 ATb 型楼梯除了滑动支座一个在梯梁上、另一个在梯梁的挑板上之外，其余的配筋构造都是一样的。

16G101-2 第 40 页的注 7 要求：“地震作用下，ATb 型楼梯悬挑板尚承受梯板传来的附加竖向作用力，设计时应对挑板及与其相连的平台梁采取加强措施。”

16G101-2 第 47 页的注 7，对 CTb 也提出同样的要求。

(3) ATc 型楼梯：

16G101-2 图集第 45 页“ATc 型楼梯平面注写方式与适用条件”：

ATc 型楼梯休息平台与主体结构可整体连接，也可脱开连接（见图集第 43 页的图 1 和图 2）。平台板按双层双向配筋。按 11G101-2 的说法：梯梁按双向受弯构件计算，当支承在梯柱上时，其构造做法按 11G101-1 中框架梁 KL；当支承在梁上时，其构造做法按 11G101-1 中非框架梁 L。

1) 图 1：“注写方式：标高×××—标高×××楼梯平面图”（楼梯休息平台与主体结构整体连接）：

休息平台下设置 2 个梯柱，3 道梯梁和平台板与框架柱连接。

16G101-2 第 45 页的注 5 指出：

“楼梯休息平台与主体结构整体连接时，应对短柱、短梁采用有效的加强措施，防止产生脆性破坏”

2) 图 2：“注写方式：标高×××—标高×××楼梯平面图”（楼梯休息平台与主体结构脱开连接）

休息平台下设置 4 个梯柱，所有梯梁和平台板与框架柱脱开。楼梯休息平台与主体结构脱开连接可避免框架柱形成短柱。

16G101-2 图集第 46 页“ATc 型楼梯板配筋构造”：(见图 6-9)

ATc 型楼梯梯板配筋构造：

ATc 型楼梯梯板厚度应按计算确定，且不宜小于 140mm，梯板采用双层配筋。(见本图集制图规则第 2.2.6 条)

1. 踏步段纵向钢筋：(双层配筋)

踏步段下端：下部纵筋及上部纵筋均弯锚入低端梯梁，锚固平直段“$\geqslant l_{aE}$”，弯折段“$15d$”。上部纵筋需伸至支座对边再向下弯折（见注 2）。

踏步段上端：下部纵筋及上部纵筋均伸进平台板，锚入梁（板）l_{ab}

2. 分布筋：分布筋两端均弯直钩，长度$=h-2\times$保护层

下层分布筋设在下部纵筋的下面；上层分布筋设在上部纵筋的上面。

3. 拉结筋：在上部纵筋和下部纵筋之间设置拉结筋ϕ 6，拉结筋间距为 600mm。

4. 边缘构件（暗梁）：设置在踏步段的两侧，宽度为“$1.5h$”（“见本图集制图规则第 2.2.6 条”）

16G101-2 第 2.2.6 条第 4 款指出：

“梯板两侧设置边缘构件（暗梁），边缘构件的宽度取 1.5 倍板厚；边缘构件纵筋数

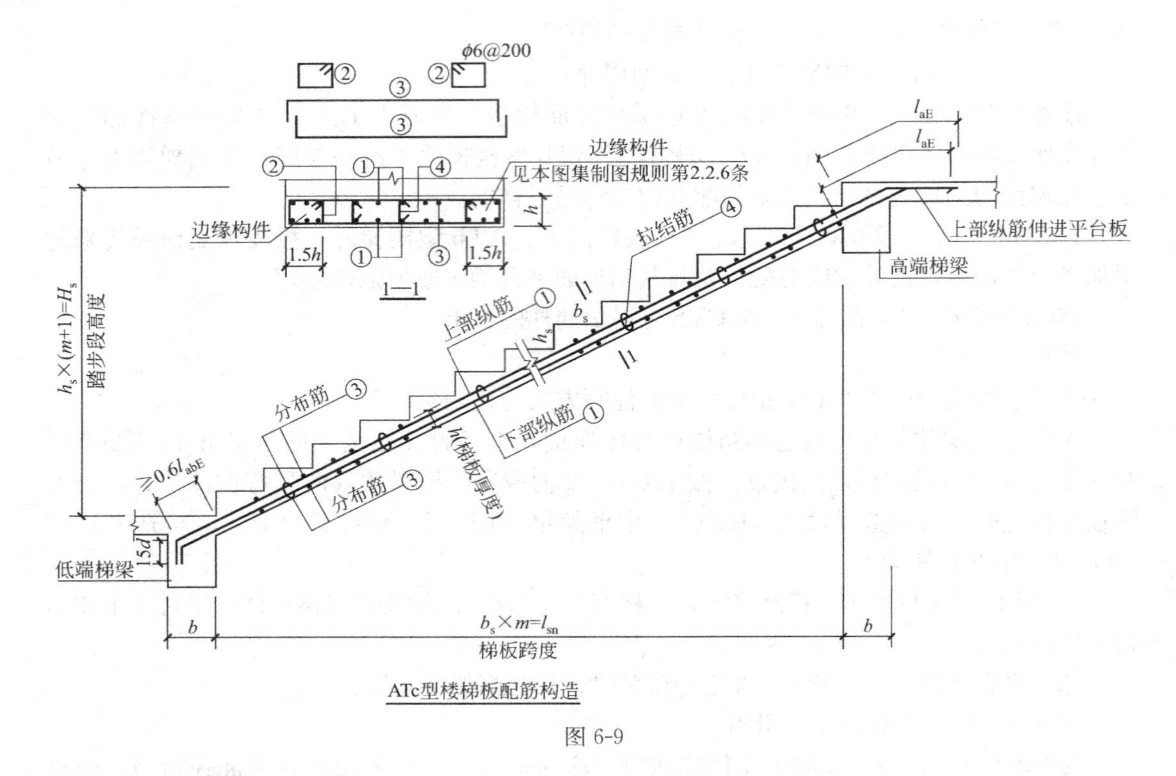

ATc型楼梯板配筋构造

图 6-9

量，当抗震等级为一、二级时不少于 6 根，当抗震等级为三、四级时不少于 4 根；纵筋直径不小于Φ12 且不小于梯板纵向受力钢筋的直径；箍筋直径不小于Φ 6，间距不大于 200。”

注：11G101-2 为“纵筋直径为Φ12 且不小于梯板纵向受力钢筋的直径；箍筋直径为Φ6 @200”，可见 16G101-2 对暗梁配筋有所加强。

由于 16G101-2 对于暗梁配筋的不确定性，所以 16G101-2 把“边缘构件纵筋及箍筋”规定为楼梯集中注写的 6 项内容之一（见 16G101-2 第 45 页）。

〖ATc 型楼梯的钢筋〗

16G101-2 第 2. 2. 6 条第 5 款指出：

“ATc 型楼梯作为斜撑构件，钢筋均采用符合抗震性能要求的热轧钢筋，钢筋的抗拉强度实测值与屈服强度实测值的比值不应小于 1. 25；钢筋的屈服强度实测值与屈服强度标准值的比值不应大于 1. 3，且钢筋在最大拉力下的总伸长率实测值不应小于 9%。”

众所周知，符合上述三个条件的钢筋就是所谓“带 E 的钢筋”。

在 16G101-2 第 46 页“ATc 型楼梯板配筋构造”的注 1，也有同样的要求。

〖16G101-2 新增的两种抗震楼梯〗

16G101-2 新增了两种抗震楼梯：CTa 和 CTb（见图 6-10）。

CTa、CTb 型楼梯设滑动支座，不参与结构整体抗震计算。

CTa、CTb 型楼梯的主要特点为：

① CTa、CTb 型为带滑动支座的板式楼体，梯板由踏步段和高端平板构成。其支承方式为梯板高端均支承在梯梁上；CTa 型梯板低端带滑动支座支承在梯梁上，CTb 型梯板低端带滑动支座支承在挑板上（这一点与 CT 楼梯相似）。

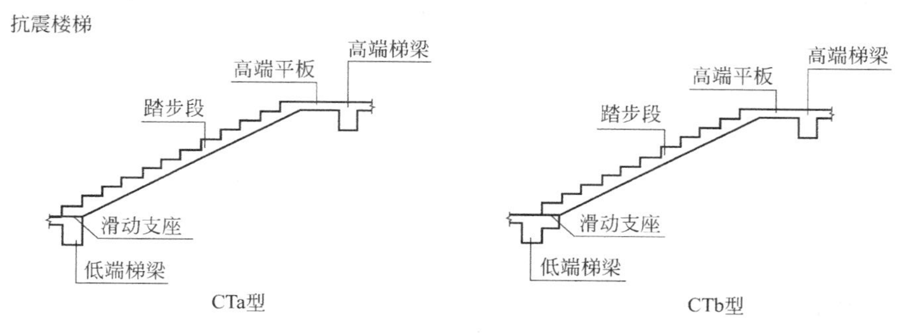

图 6-10

② CTa、CTb 型楼梯加强了梯板的构造措施：梯板除了采用双层双向配筋（即上部纵筋贯通设置）以外，还在梯板两侧设置附加纵筋。

③ CTa、CTb 型楼梯的滑动支座构造同 ATa、ATb 型楼梯。

下面介绍 CTa、CTb 型楼梯的配筋构造。

（4）CTa 型楼梯

16G101-2 第 48 页给出了“CTa 型楼梯板配筋构造”（见图 6-11）

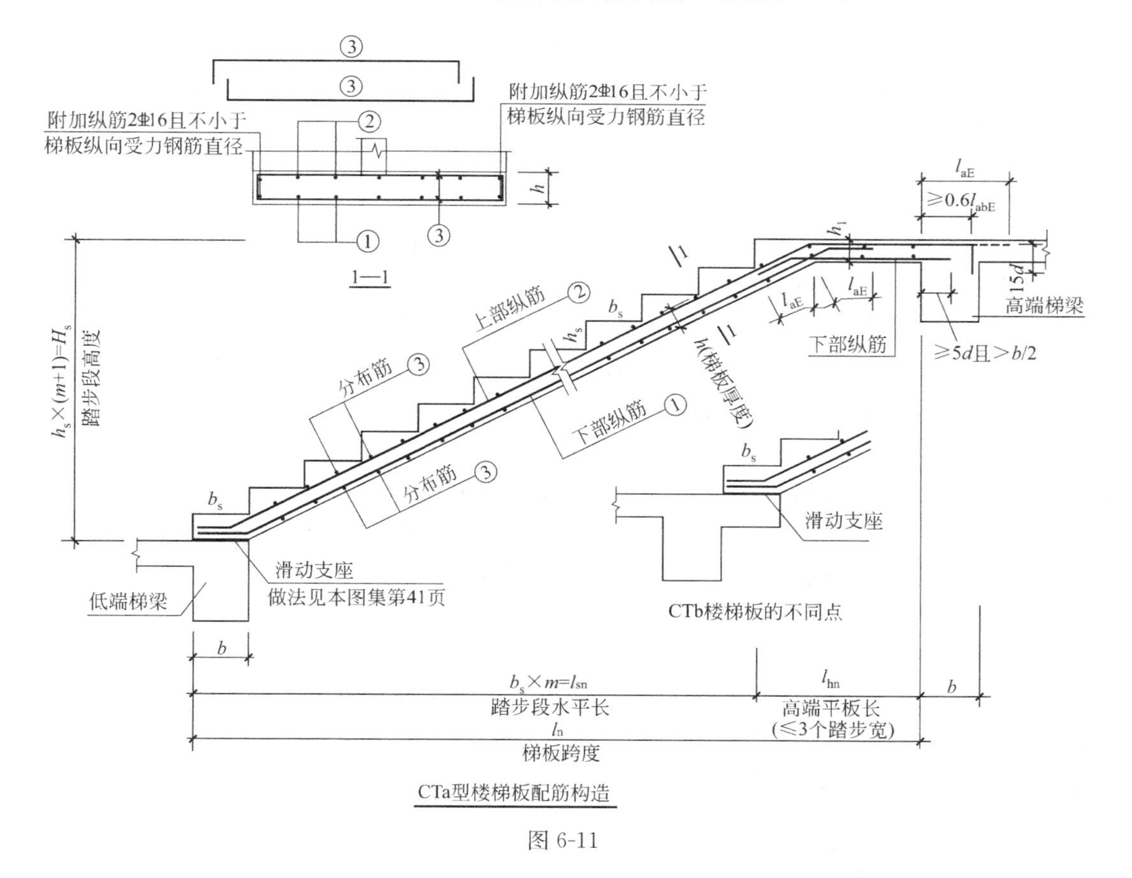

图 6-11

从“CTa 型楼梯板配筋构造”可以看出，其“高端平板”的配筋构造与 CT 楼梯相同，只是梯板进行双层双向配筋；其梯板低端的配筋构造以及滑动支座做法与ATa型楼梯相同。梯板分布筋构造与ATa型楼梯相同，附加纵筋也是设置在上下分布筋的拐角处，每侧的附加纵筋设置为：

附加纵筋2Φ16且不小于梯板纵向受力钢筋直径

所以，前面介绍的关于ATa型楼梯的配筋构造的内容对于CTa型楼梯也适用。

（5）CTb型楼梯

16G101-2第49页给出了“CTb型楼梯板配筋构造”。

CTb型楼梯板配筋构造与CTa型楼梯完全一致，只有一点不同，就是：滑动支座支承在挑板上——我们已经把CTb型楼梯的滑动支座构造的小图放在图6-11的中间了。

前面介绍的关于ATb型楼梯的滑动支座和挑板的构造要求CTb型楼梯也适用。

〖附录〗

2010新规范关于楼梯抗震的规定：

〖“高规”关于楼梯抗震的规定〗

《高层建筑混凝土结构技术规程》JGJ 3—2010

第6.1.4条：抗震设计时，框架结构的楼梯间应符合下列规定：

1. 楼梯间的布置应尽量减小其造成结构平面不规则。

2. 宜采用现浇钢筋混凝土楼梯，楼梯结构应有足够的抗倒塌能力。

3. 宜采取构造措施减小楼梯对主体结构的影响。

4. 当钢筋混凝土楼梯与主体结构整体连接时，应考虑楼梯对地震作用及其效应的影响，并应对楼梯构件进行抗震承载力验算。

本条为新增加内容。

（6.1.4条文说明：）

2008年汶川地震震害进一步表明，框架结构中的楼梯及周边构件破坏严重。本次修订增加了楼梯的抗震设计要求。

抗震设计时，楼梯间为主要疏散通道，其结构应有足够的抗倒塌能力，楼梯应作为结构构件进行设计。框架结构中楼梯构件的组合内力设计值应包括与地震作用效应的组合，楼梯梁、柱的抗震等级应与所在的框架结构相同。

框架结构中，钢筋混凝土楼梯自身的刚度对结构地震作用和地震反应有着较大的影响。若其位置布置不当会造成结构平面不规则，抗震设计时应尽量避免出现这种情况。

震害调查中发现框架结构中的楼梯板破坏严重，被拉断的情况非常普遍，因此应进行抗震设计，并加强构造措施，宜采用双排（层）配筋。

第6.1.5条：抗震设计时，砌体填充墙及隔墙应具有自身稳定性，并应符合下列要求：

……

4. 楼梯间采用砌体填充墙时，应设置间距不大于层高且不大于4米的钢筋混凝土构造柱并采用钢丝网砂浆面层加强。

〖“抗规”关于楼梯抗震的规定〗

《建筑抗震设计规范》（GB 50011—2010）的“前言”说：

修订过程中，编制组总结了2008年汶川地震震害经验，对灾区设防烈度进行了调整，增加了有关山区场地、框架结构填充墙设置、砌体结构楼梯间、抗震结构施工要求的强制性条文，提高了装配式楼板构造和钢筋伸长率的要求。

《建筑抗震设计规范》(GB 50011—2010) 在“多层和高层钢筋混凝土房屋”的“一般规定”中规定：

第 6.1.15 条 楼梯间应符合下列要求：

1. 宜采用现浇钢筋混凝土楼梯。

2. 对于框架结构，楼梯间的布置不应导致结构平面特别不规则；楼梯构件与主体结构整浇时，应计入楼梯构件对地震作用及其效应的影响，应进行楼梯构件的抗震承载力验算；宜采取构造措施，减少楼梯构件对主体结构刚度的影响。

3. 楼梯间两侧填充墙与柱之间应加强拉结。

“多层砖砌体房屋抗震构造措施”除了满足上述要求外，

第 7.3.8 条 楼梯间尚应符合下列要求：

1. 顶层楼梯间墙体应沿墙高每隔 500mm 设 2φ6 通长钢筋和φ4 分布短钢筋平面内点焊组成的拉结网片或φ4 点焊网片；7～9 度时其他各层楼梯间墙体应在休息平台或楼层半高处设置 60mm 厚、纵向钢筋不应少于 2φ10 的钢筋混凝土带或配筋砖带，配筋砖带不少于 3 皮，每皮的配筋不少于 2φ6，砂浆强度等级不应低于 M7.5 且不低于同层墙体的砂浆强度等级。

2. 楼梯间及门厅内墙阳角处的大梁支承长度不应小于 500mm，并应与圈梁连接。

3. 装配式楼梯段应与平台板的梁可靠连接，8、9 度时不应采用装配式楼梯段；不应采用墙中悬挑式踏步或踏步竖肋插入墙体的楼梯，不应采用无筋砖砌栏板。

4. 突出屋顶的楼、电梯间，构造柱应伸到顶部，并与顶部圈梁连接，所有墙体应沿墙高每隔 500mm 设 2φ6 通长钢筋和φ4 分布短筋平面内点焊组成的拉结网片或φ4 点焊网片。

6.2 板式楼梯钢筋计算

16G101-2 图集中的 7 种现浇混凝土非抗震板式楼梯都有各自的楼梯板钢筋构造图，而且钢筋构造各不相同，因此，要根据工程选定的具体楼梯类别来进行计算。

下面，我们以最常用的 AT 楼梯为例，来分析楼梯板钢筋的计算过程。

〖AT 钢筋计算分析〗

AT 楼梯平法标注的一般模式：(图 6-12 左图给出具体的标注数据)。

(1) AT 楼梯板的基本尺寸数据

梯板净跨度 l_n

梯板净宽度 b_n

梯板厚度 h

踏步宽度 b_s

踏步高度 h_s

(2) 楼梯板钢筋计算中可能用到的系数

斜坡系数 k

说明：在钢筋计算中，经常需要通过水平投影长度计算斜长：

$$\text{斜长}=\text{水平投影长度}\times\text{斜坡系数}\ k$$

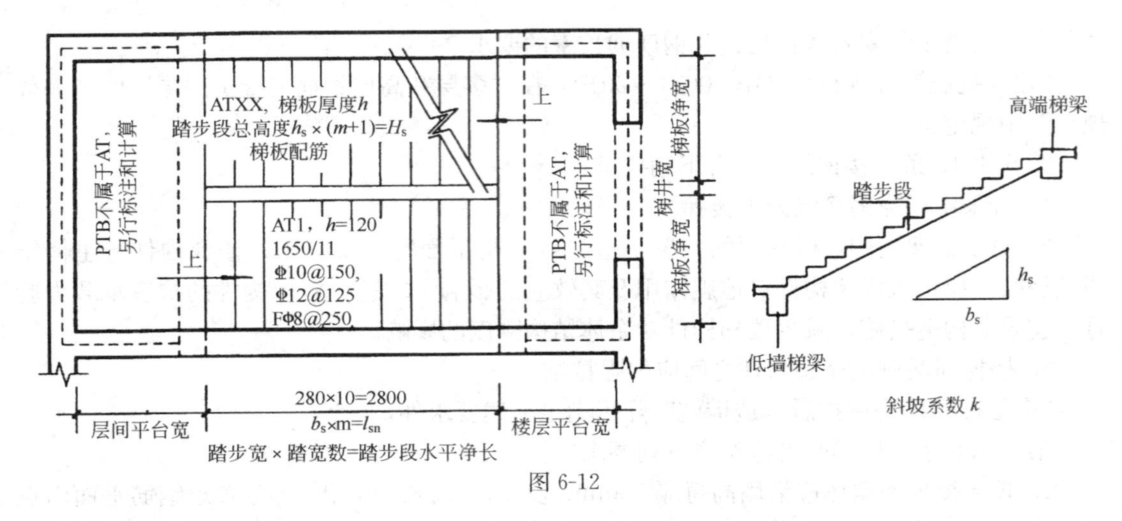

图 6-12

其中，斜坡系数 k 可以通过踏步宽度和踏步高度来进行计算（图 6-12 右图）：

$$斜坡系数\ k = \mathrm{sqrt}\ (b_s \times b_s + h_s \times h_s)\ /b_s$$

上述公式中的 sqrt（）为求平方根函数。

图 6-13 为 AT 楼梯板钢筋构造的示意图。下面根据 AT 楼梯板钢筋构造图来分析 AT 楼梯板钢筋计算过程。

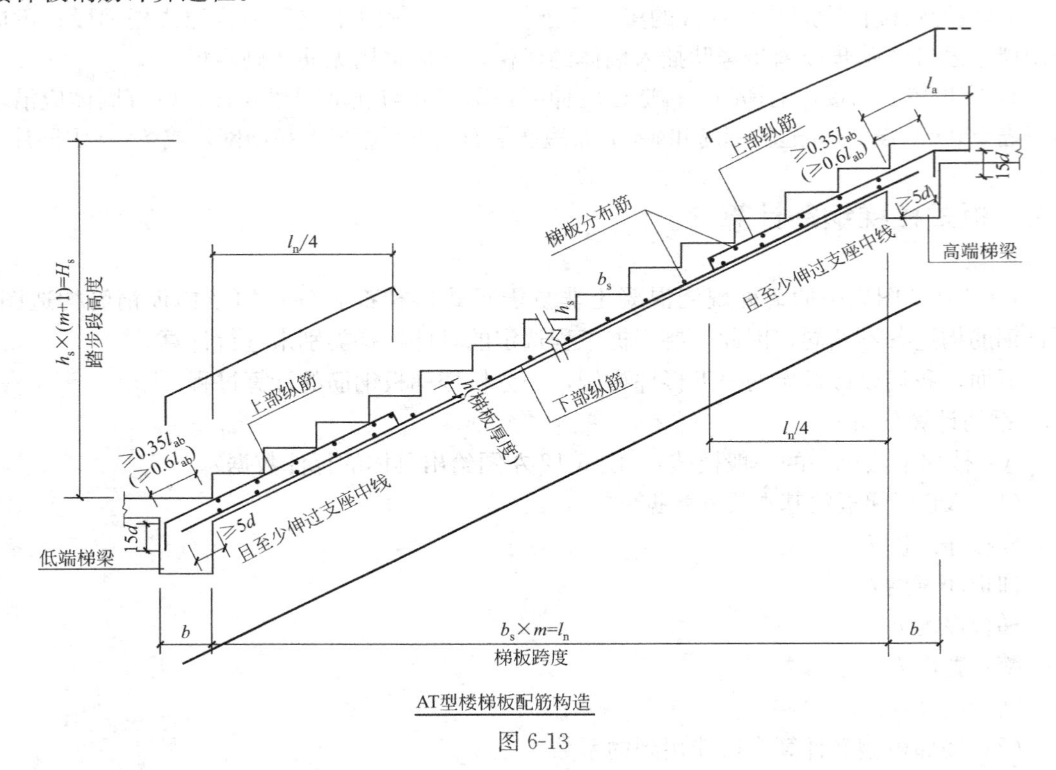

AT型楼梯板配筋构造

图 6-13

（3）AT 楼梯板的纵向受力钢筋（见图 6-13）

1）梯板下部纵筋：

梯板下部纵筋位于 AT 踏步段斜板的下部，其计算依据为梯板净跨度 l_n
梯板下部纵筋两端分别锚入高端梯梁和低端梯梁。
其锚固长度为满足≥$5d$ 且至少伸过支座中线。
在具体计算中，可以取锚固长度 a=max（$5d$，$b/2$）。（b 为支座宽度）

根据上述分析，梯板下部纵筋的计算过程为：

下部纵筋以及分布筋长度的计算：

梯板下部纵筋的长度 $l=l_n$×斜坡系数 $k+2\times a$，其中 a=max（$5d$，$k\times b/2$）
分布筋长度=b_n-2×保护层

下部纵筋以及分布筋根数的计算：

梯板下部纵筋的根数=（b_n-2×保护层）/间距+1
分布筋的根数=（l_n×斜坡系数 $k-50\times2$）/间距+1

2）梯板低端扣筋：

梯板低端扣筋位于踏步段斜板的低端，
扣筋的一端扣在踏步段斜板上，直钩长度为 h_1。
扣筋的另一端伸至低端梯梁对边再向下弯折 $15d$，弯锚水平段长度≥$0.35l_{ab}$（≥$0.6l_{ab}$）。
扣筋的延伸长度水平投影长度为 $l_n/4$。

根据上述分析，梯板低端扣筋的计算过程为：

低端扣筋以及分布筋长度的计算：

l_1=[$l_n/4$+（b−保护层）]×斜坡系数 k

$l_2=15d$

$h_1=h$−保护层

分布筋=b_n-2×保护层

低端扣筋以及分布筋根数的计算：

梯板低端扣筋的根数=（b_n-2×保护层）/间距+1
分布筋的根数=（$l_n/4$×斜坡系数 k）/间距+1

3）梯板高端扣筋

梯板高端扣筋位于踏步段斜板的高端，
扣筋的一端扣在踏步段斜板上，直钩长度为 h_1，
扣筋的另一端锚入高端梯梁内，锚入直段长度≥$0.4l_a$，直钩长度 l_2 为 $15d$。
扣筋的延伸长度水平投影长度为 $l_n/4$。

根据上述分析，梯板高端扣筋的计算过程为：

高端扣筋以及分布筋长度的计算：

$h_1=h$−保护层

l_1=[$l_n/4$+（b−保护层）]×斜坡系数 k

$l_2=15d$

分布筋=b_n-2×保护层

高端扣筋以及分布筋根数的计算：

梯板高端扣筋的根数=（b_n-2×保护层）/间距+1
分布筋的根数=（$l_n/4$×斜坡系数 k）/间距+1

〖注〗梯板扣筋弯锚水平段“$\geqslant 0.35l_{ab}$（$\geqslant 0.6l_{ab}$）”为验算弯锚水平段（b－保护层）×k的条件。(验算过程从略)

〖AT钢筋计算举例〗

我们现在以图6-14的例子来展示AT钢筋的计算过程。

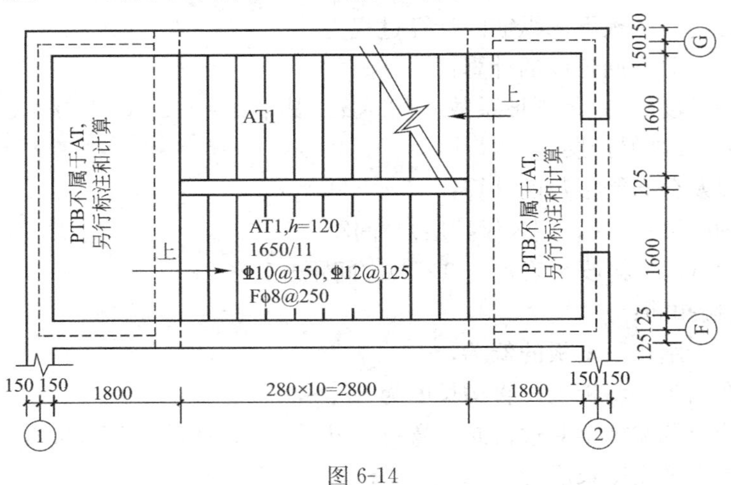

图6-14

楼梯平面图的AT标注（楼梯间的两个一跑楼梯都标注为“AT1”）：

AT1 h＝120

150×11＝1650

Φ10@150，Φ12@125

FΦ8@250

楼梯平面图的尺寸标注：

梯板净跨度尺寸 280×10＝2800mm

梯板净宽度尺寸 1600mm

楼梯井宽度 125mm

楼层平板宽度 1800mm

层间平板宽度 1800mm

混凝土强度等级为C30，梯梁宽度 b＝200mm

〖分析〗

从楼梯平面图的标注中可以获得与楼梯钢筋计算有关的下列信息：

梯板净跨度 l_n＝2800mm

梯板净宽度 b_n＝1600mm

梯板厚度 h＝120mm

踏步宽度 b_s＝280mm

踏步高度 h_s＝150mm

上述数据已经满足楼梯钢筋计算的需要。

楼层平板或层间平板的宽度＝1800mm，长度＝1600×2＋125＝3325mm

但是楼层平板和层间平板不属于AT楼梯的内容，应该按平板进行计算，不在本例题的范围之内。

〖解〗

（1）首先进行斜坡系数 k 的计算：

斜坡系数 k＝sqrt（$b_s \times b_s + h_s \times h_s$）/$b_s$＝sqrt（280×280＋150×150）/280＝1.134。

（2）梯板下部纵筋的计算：

下部纵筋以及分布筋长度的计算：

a＝max（5d，$k \times b/2$）＝max（5×12，1.134×200/2）＝113.4mm

下部纵筋长度 $l = l_n \times k + 2 \times a$＝2800×1.134＋2×113.4＝3402mm

分布筋长度＝b_n－2×保护层厚度＝1600－2×15＝1570mm

下部纵筋以及分布筋根数的计算：

下部纵筋根数＝（b_n－2×保护层厚度）/间距＋1＝（1600－2×15）/125＋1＝14 根

分布筋根数＝（$l_n \times k$－50×2）/间距＋1＝（2800×1.134－50×2）/250＋1＝14 根

（3）梯板低端扣筋的计算：

低端扣筋以及分布筋长度的计算：

l_1＝（l_n/4＋b－保护层）×k＝（2800/4＋185）×1.134＝1163mm

l_2＝15d＝15×10＝150mm

h_1＝h－保护层厚度＝120－15＝105mm

低端扣筋的每根长度＝1163＋150＋105＝1418mm

分布筋＝b_n－2×保护层厚度＝1600－2×15＝1570mm

低端扣筋以及分布筋根数的计算：

低端扣筋根数＝（b_n－2×保护层厚度）/间距＋1＝（1600－2×15）/250＋1＝5 根

分布筋根数＝（l_n/4×k）/间距＋1＝（2800/4×1.134）/250＋1＝5 根

（4）梯板高端扣筋的计算：

高端扣筋以及分布筋长度的计算：

h_1＝h－保护层厚度＝120－15＝105mm

l_1＝（l_n/4＋b－保护层）×k＝（2800/4＋185）×1.134＝1163mm

l_2＝15d＝15×10＝150mm

高端扣筋的每根长度＝105＋1163＋150＝1418mm

分布筋＝b_n－2×保护层厚度＝1600－2×15＝1570mm

高端扣筋以及分布筋根数的计算：

高端扣筋根数＝（b_n－2×保护层厚度）/间距＋1＝（1600－2×15）/125＋1＝14 根

分布筋根数＝（l_n/4×k）/间距＋1＝（2800/4×1.134）/250＋1＝5 根

〖说明〗

上面只计算了一跑 AT1 的钢筋，一个楼梯间有两跑 AT1，就把上述的钢筋数量乘以 2。

6.2.1 抗震楼梯的钢筋计算

16G101-2 图集中的 5 种抗震楼梯的梯板构造相差不大，主要区别在梯板下端支座的构造上，有的采用滑动支座，有的采用与支座刚接。

下面，我们以 ATc 型楼梯为例，来分析楼梯板钢筋的计算过程。（前面在 AT 型楼梯曾

经讨论过的内容不再重复）

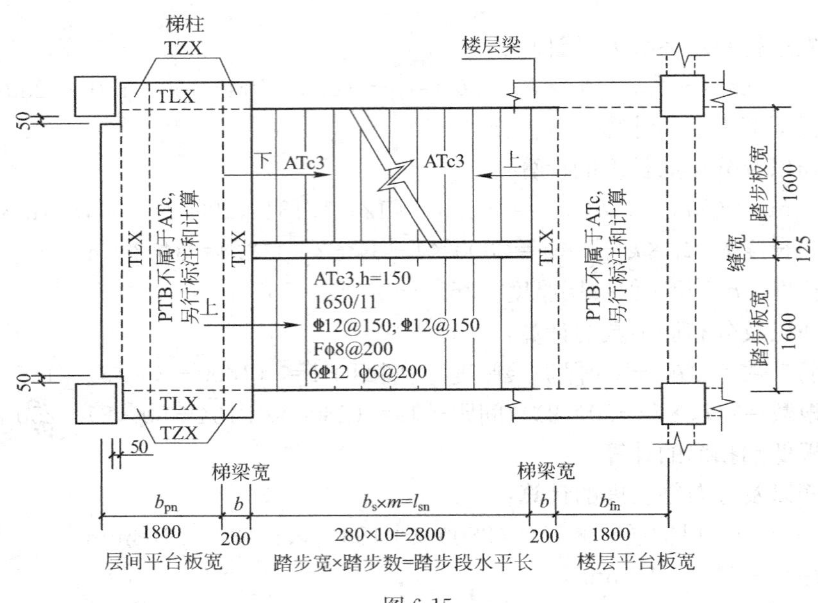

图 6-15

〖ATc 楼梯计算举例〗

我们现在以图 6-15 的例子来展示 ATc 楼梯的钢筋计算过程。假设楼梯平面图的楼梯间两个一跑楼梯都标注为“ATc 3”。楼梯板的集中标注为：

ATc 3 （梯板编号）

$h=150$ （梯板厚度 h）

1650/11 （踏步段总高度 Hs/踏步级数 $m+1$）

Φ 12@150；Φ 12@150 （上部纵筋；下部纵筋）

F φ 8@200 （梯板分布筋）

6 Φ 12（梯板暗梁纵筋）

φ 6@200（梯板暗梁箍筋）

踏步段下方尺寸标注：280×10=2800mm （$b_s \times m = l_{sn}$即“踏步宽×踏步数=踏步段水平长”）

梯板净宽尺寸 1600mm

楼梯井宽度 125mm

楼层平板宽度 1800mm

层间平板宽度 1800mm

梯梁宽度 200mm

混凝土强度等级为 C30，一级抗震等级，l_{aE}取为 $40d$

〖分析〗

从楼梯平面图中可以获得与楼梯钢筋计算有关的下列信息：

梯板净跨度 l_n＝2800mm

梯板净宽度 b_n＝1600mm

梯板厚度 h＝150mm

踏步宽度 b_s＝280mm

踏步高度 h_s＝150mm

上述数据已经满足楼梯钢筋计算的需要。

楼层平板或层间平板不属于楼梯的内容，应该按平板单独进行计算，不在本例题的范围之内。

〖解〗

（1）首先进行斜坡系数 k 的计算：

斜坡系数 k＝sqrt（$b_s \times b_s + h_s \times h_s$）/ b_s＝sqrt（280×280＋150×150）/280＝1.134

（2）梯板下部纵筋和上部纵筋（即①号钢筋）的计算：

下部纵筋长度＝$15d$＋（b－保护层＋l_{sn}）×k＋l_{aE}

＝15×12＋（200－15＋2800）×1.134＋40×12

＝4045mm

下部纵筋范围＝b_n－2×1.5h＝1600－3×150＝1150mm

下部纵筋根数＝1150/150＝8 根

本题的上部纵筋长度与下部纵筋相同，

上部纵筋长度＝4045mm

上部纵筋范围与下部纵筋相同，

上部纵筋根数＝1150/150＝8 根

（3）梯板分布筋（即③号钢筋）的计算：（“扣筋”形状）

分布筋的水平段长度＝b_n－2×保护层＝1600－2×15＝1570mm

分布筋的直钩长度＝h－2×保护层＝150－2×15＝120mm

分布筋每根长度＝1570＋2×120＝1790mm

分布筋根数的计算：

分布筋设置范围＝l_{sn}×k＝2800×1.134＝3175mm

分布筋根数＝3175/200＝16（这仅是上部纵筋的分布筋根数）

上下纵筋的分布筋总数＝2×16＝32 根

（4）梯板拉结筋（即④号钢筋）的计算：

根据 16G101-2 第 46 页的注 4，梯板拉结筋ϕ6，间距 600mm

拉结筋长度＝h－2×保护层＋2×拉筋直径＝150－2×15＋2×6＝132mm

拉结筋根数＝3175/600＝6 根（注：这是一对上下纵筋的拉结筋根数）

每一对上下纵筋都应该设置拉结筋（相邻上下纵筋错开设置），

拉结筋总根数＝8×6＝48 根

（5）梯板暗梁箍筋（即②号钢筋）的计算：

根据梯板的集中标注，梯板暗梁箍筋为ϕ6@200

箍筋尺寸计算：（箍筋仍按内围尺寸计算）

箍筋宽度＝1.5h－保护层－2d ＝1.5×150－15－2×6＝198mm

箍筋高度＝h－2×保护层－$2d$＝150－2×15－2×6＝108mm

箍筋每根长度＝（198＋108）×2＋26×6＝768mm

箍筋分布范围＝$l_{sn}\times k$＝2800×1.134＝3175mm

箍筋根数＝3175/200＝16（这是一道暗梁的箍筋根数）

两道暗梁的箍筋根数＝2×16＝32根

（6）梯板暗梁纵筋的计算：

根据梯板的集中标注，每道暗梁纵筋根数6根，暗梁纵筋直径Φ12（不小于纵向受力钢筋直径）

两道暗梁的纵筋根数＝2×6＝12根

本题的暗梁纵筋长度同下部纵筋，

暗梁纵筋长度＝4045mm

〖说明〗

上面只计算了一跑ATc楼梯的钢筋，一个楼梯间有两跑ATc楼梯，两跑楼梯的钢筋要把上述钢筋数量乘以2。

〖重要问题讨论〗

ATc型楼梯板的上部纵筋和下部纵筋之间设置"拉结筋"，这是ATc型楼梯区别于其他类型楼梯的一个特点。通过上面计算"拉结筋"的过程，我们看到拉结筋是"拉结"每一对上下部纵筋的，换句话说，上部纵筋和下部纵筋应该是成对出现的，即ATc型楼梯板的上部纵筋和下部纵筋的间距必须是相同的。

另外，从16G101-2第46页"ATc型楼梯板配筋构造"来看，其中的上部纵筋和下部纵筋的钢筋编号都是"①号钢筋"，即是说，ATc型楼梯板的上部纵筋和下部纵筋的钢筋直径规格是相同的。

既然如此，对于ATc型楼梯板来说，其钢筋的集中标注只需要标注一个"上部纵筋"或者"下部纵筋"就可以了。但是在16G101-2第45页"ATc型楼梯平面注写方式与适用条件"的图中，却是对"上部纵筋"和"下部纵筋"分别进行集中标注，很是让人不得其解。当若设计师一不留神，把ATc型楼梯板的"上部纵筋"和"下部纵筋"标注成不同间距不同规格的钢筋，那我们该如何进行钢筋计算和施工呢？敬请设计者三思。

第7章　平法剪力墙识图与钢筋计算

本章内容提要：

介绍剪力墙的基本知识。

介绍剪力墙的构件组成：一墙（墙身）、二柱（暗柱、端柱）、三梁（连梁、暗梁、边框梁）。

剪力墙最复杂的构件是暗柱。结合图集第13、14和23页，掌握直墙暗柱、翼墙暗柱、转角墙暗柱的构造特点。知道单节点暗柱和多节点暗柱的区别。

剪力墙暗柱和墙身的节点构造，主要结合图集第71、72页的内容，重点掌握剪力墙水平分布筋的布置方法。

掌握剪力墙各构件的标注，尤其是暗柱翼缘长度的标注方法，提高识图能力。

剪力墙和框架柱一样是一种垂直构件，与楼层划分的情况密切相关，所以大家要注意正确地进行"楼层划分"，尤其要弄清楚有关"层号"的概念。(这些概念在第1章里已经讲过了。)

分别按照框剪结构和纯剪结构的不同特点和构造要求，介绍剪力墙的各种构件（墙身、墙柱、墙梁）的计算方法。

在剪力墙的墙身钢筋、暗梁和连梁钢筋的计算中，介绍平法剪力墙图上作业法"先定性、后定量"的基本原则，如何从已知条件推导出钢筋形状和计算出钢筋的尺寸。

7.1　剪力墙的一些基本概念

7.1.1　什么是剪力墙

首先，要弄清楚什么是剪力墙，剪力墙有什么作用。我在讲课的时候，不少人向我提出这样的问题。

这是本书第1版时所说的话：剪力墙是最近十多年来才大量应用的结构，当时，各地、县的欠发达地区基本上还没有应用到剪力墙结构。我跟他们说，你们进过那些高楼大厦乘坐电梯吧？电梯间的墙就是剪力墙。还有，框架结构中有时把框架梁柱之间的矩形空间设置一道现浇钢筋混凝土墙，用以加强框架的空间刚度和抗剪能力，这面墙就是剪力墙。这样的结构就称为"框架-剪力墙结构"，简称"框剪结构"。

16G101-1图集第37页的例子工程中，主体是框架结构，但是在①～②轴线之间、⑥～⑦轴线之间（也就是在两端的楼梯间处）设置了一些剪力墙，所以，第37页的例子工程就是一个框剪结构。在图7-1中给出了剪力墙结构和框架剪力墙结构的例子。

现在城市中越来越多的高层住宅楼，不设置框架柱、框架梁，而把所有的外墙和内

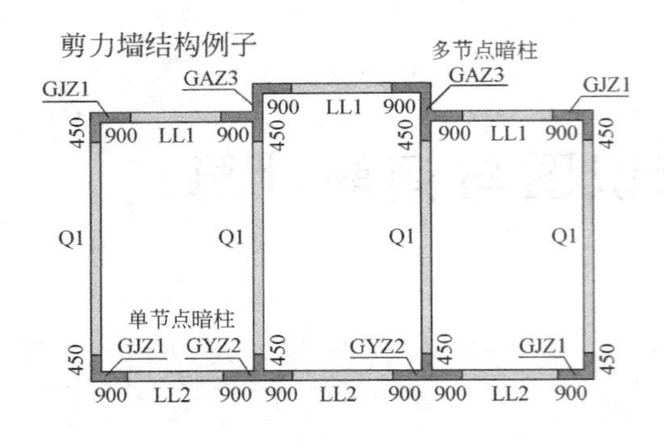

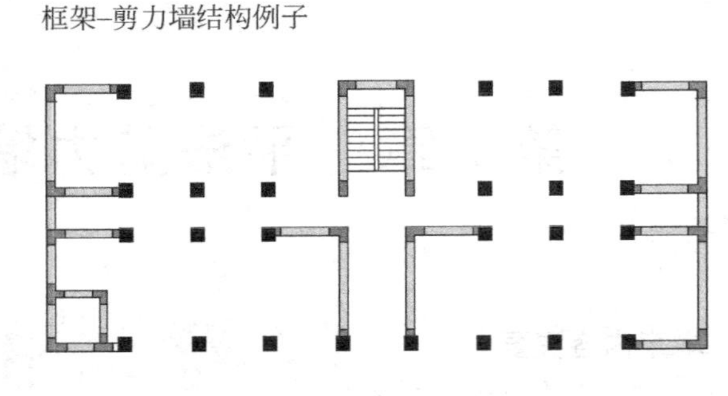

图 7-1

墙都做成混凝土墙，直接支承混凝土楼板，人们称这样的结构为“纯剪结构”。03G101-1图集封面上的名称《现浇混凝土框架、剪力墙、框架—剪力墙、框支剪力墙结构》中的“剪力墙”结构，就是指这样的结构。

剪力墙的主要作用是抵抗水平地震力。一般抗震设计主要考虑水平地震力，这是基于建筑物不在地震中心、甚至远离地震中心的假定的。我们知道，地震冲击波是以震源为中心的球面波，因此地震力包括水平地震力和垂直地震力。在震中附近，地震力以垂直地震力为主，如果考虑这种情况的发生，则设计师需要研究如何克服垂直地震力的影响。在离开震中较远的地方，地震力以水平地震力为主，这是一般抗震设计的基本出发点。前面说过的“框架柱和剪力墙首当其冲，框架梁是耗能构件、非框架梁和楼板不考虑抗震”就是以抵抗水平地震力为出发点考虑的。

从抵抗水平地震力出发设计的剪力墙，其主要受力钢筋就是水平分布筋。前面讲述梁、柱保护层时说过，保护层是针对梁、柱的箍筋而言的，现在，剪力墙的保护层是直接针对水平分布筋而言的。

从分析剪力墙承受水平地震力的过程来看，剪力墙受水平地震力作用来回摆动时，基本上以墙肢的垂直中线为拉压零点线，墙肢中线两侧一侧受拉一侧受压且周期性变化，拉应力或压应力值越往外越大，至边缘达最大值。为了加强墙肢抵抗水平地震力的能力，需要在墙肢边缘处对剪力墙身进行加强，这就是为什么要在墙肢边缘设置“边缘构件”（暗柱或端柱）的原因。所以说，暗柱或端柱不是墙身的支座，相反地，暗柱和端柱这些边缘构件与墙身本身是一个共同工作的整体（属于同一个墙肢）。

7.1.2 剪力墙结构包含哪些构件

16G101-1图集中的剪力墙结构包含哪些构件呢？

剪力墙结构包含“一墙、二柱、三梁”，这就是说，包含一种墙身、两种墙柱、三种墙梁。

（1）一种墙身

剪力墙的墙身（Q）就是一道混凝土墙，常见的墙厚度在200mm以上，一般配置两排钢筋网。当然，更厚的墙也可能配置三排以上的钢筋网。

剪力墙身的钢筋网设置水平分布筋和垂直分布筋（即竖向分布筋）。布置钢筋时，把水平分布筋放在外侧，垂直分布筋放在水平分布筋的内侧。因此，剪力墙的保护层是针对水平分布筋来说的。

剪力墙身采用拉筋把外侧钢筋网和内侧钢筋网连接起来。如果剪力墙身设置三排或更多排的钢筋网，拉筋还要把中间排的钢筋网固定起来。剪力墙的各排钢筋网的钢筋直径和间距是一致的，这也为拉筋的连接创造了条件。（图 7-2 的短斜线表示钢筋的绑扎）

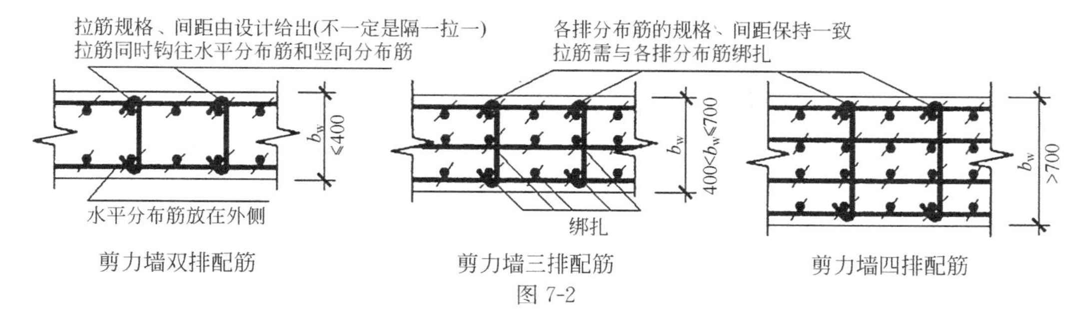

图 7-2

〖关于剪力墙水平分布筋和竖向分布筋的讨论〗

〖问〗

从剪力墙的受力情况来看，剪力墙竖向分布筋与水平分布筋有什么区别？

如何理解“在水平地震力的作用下剪力墙竖向分布筋受到拉弯，而水平分布筋是受拉”？受拉与受拉弯的区别在哪里？

〖答〗

剪力墙的设计主要考虑水平地震力的作用。

剪力墙水平分布筋是剪力墙身的主筋。所以，剪力墙身水平分布筋放在竖向分布筋的外侧，剪力墙的保护层是针对墙身水平分布筋而言的。

剪力墙水平分布筋除了抗拉以外，很主要的一个作用是抗剪。剪力墙身竖向分布筋也可能受拉，但是墙身竖向分布筋不抗剪。一般墙身竖向分布筋按构造设置。

理解剪力墙水平分布筋抗剪作用十分重要。所以剪力墙水平分布筋必须伸到墙肢的尽端，即伸到边缘构件（暗柱和端柱）外侧纵筋的内侧；而不能只伸入暗柱一个锚固长度，暗柱虽然有箍筋，但是暗柱的箍筋不能承担墙身的抗剪功能。

如何理解“剪力墙竖向分布筋受到拉弯”？有人说过，剪力墙像一个支座在地下基础的垂直的悬臂梁。我分析，应该考虑各层楼板的作用，此时的剪力墙更像一个垂直的多跨连续梁，而且是一个深梁。这样，剪力墙身竖向分布筋是“悬臂梁”或“多跨连续梁”的纵向钢筋，在一定程度上起到受弯构件纵筋的作用，即受弯拉的作用。

（2）两种墙柱

传统意义上的剪力墙柱分成两大类：暗柱和端柱。00G101 图集就是这样划分的。暗柱的宽度等于墙的厚度，所以暗柱是隐藏在墙内看不见的，这就是“暗柱”这个名称的来由。端柱的宽度比墙厚度要大——在 16G101-1 图集第 13 页中规定，约束边缘端柱的长宽尺寸要大于等于两倍墙厚。

11G101-1 图集中把暗柱和端柱统称为“边缘构件”（BZ），这是因为这些构件被设置在墙肢的边缘部位。（墙肢可以理解为一个直墙段。）16G101-1 继承了 11G101-1 的做法。

这些边缘构件又划分为两大类：“构造边缘构件”和“约束边缘构件”。构造边缘构件在编号时以字母 G 打头（GBZ 见图 7-3），约束边缘构件在编号时以字母 Y 打头（YBZ 见图 7-4）。这两类构件的区别在图集第 13～14 页上可以看到，配筋的区别见第 77 页和第75页。

根据GB 50010—2010规范，剪力墙有下列构造边缘构件：

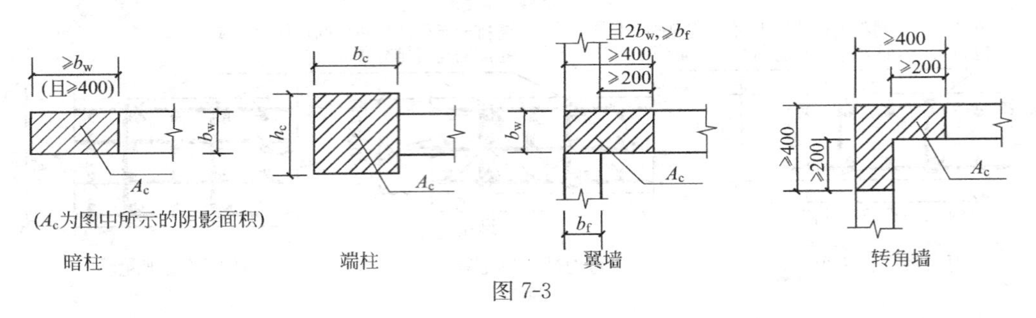

图 7-3

根据GB 50010—2010规范，剪力墙有下列约束边缘构件：

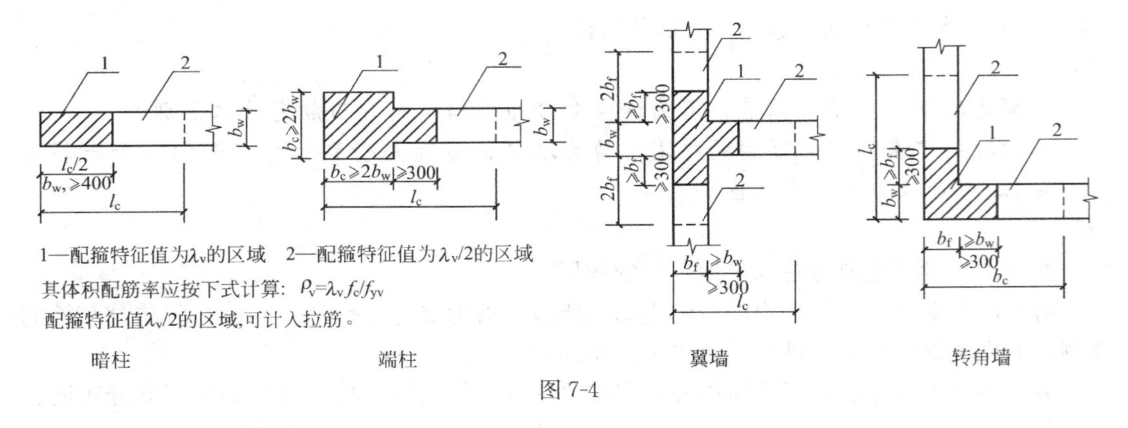

图 7-4

〖关于构造边缘构件和约束边缘构件的讨论〗

〖问〗

00G101-1图集只有一种"暗柱"和"端柱"，03G101-1图集变成许多暗柱（YAZ、YYZ、YJZ、GAZ、GYZ、GJZ等），现在11G101-1图集又变成一种"BZ"（YBZ和GBZ），这是怎么一回事？

〖答〗

《混凝土结构设计规范》（GB 50010—2002）与89规范在剪力墙规定上的主要区别，一是在整体上提出"约束边缘构件"和"构造边缘构件"的概念，二是在部分上明确了"暗柱、端柱、翼墙、转角墙"的规定。03G101-1图集与2002规范相对应，才有了上述的改变。

现在的《混凝土结构设计规范》（GB 50010—2010）与2002规范没有太大的变更，只是在局部尺寸上有一些变动，而在大的方面则与2002规范保持一致，依然维持"约束边缘构件"和"构造边缘构件"的概念，以及"暗柱、端柱、翼墙、转角墙"的规定。

无论是2002规范还是2010规范的正文，都只是把上述的构件称为"暗柱、端柱、翼墙、转角墙"，而那些符号名称"AZ、YZ、JZ"和"BZ"之类，都只是G101-1图集的命名。就算是在11G101-1图集中，称呼"YBZ"内部的具体构件，也是称之为"约束边缘暗柱、约束边缘端柱、约束边缘翼墙、约束边缘转角墙"的；称呼"GBZ"内部的具体构件，也是称之为“构造边缘暗柱、构造边缘端柱、构造边缘翼墙、构造边缘转角墙”的。标准图集总是与现行规范保持一致的。

现在的11G101-1图集把“约束边缘构件”统称为“YBZ”，把“构造边缘构件”统称为“GBZ”，而另外保留了两个“AZ”、“FBZ”编号。注意，这个“AZ”不是边缘暗柱，而是设置在墙肢中部的“非边缘暗柱”；这个“FBZ”也是设置在墙肢中部的，类似砌体结构中的附墙砖柱，见图集第77页的构造图。（16G101-1与11G101-1保持一致。）

〖问〗

构造边缘构件和约束边缘构件在抗震作用上有什么不同？它们各自应用在什么不同的地方？

〖答〗

从16G101-1图集第77页和第75页构造边缘构件和约束边缘构件的构造可以看到，约束边缘构件要比构造边缘构件“强”一些，因而在抗震作用上也强一些。所以，约束边缘构件（约束边缘暗柱和约束边缘端柱）应用在抗震等级较高（例如一级抗震等级）的建筑；而构造边缘构件（构造边缘暗柱和构造边缘端柱）应用在抗震等级较低的建筑。有时候，底部的楼层（例如，第一层和第二层）采用约束边缘构件，而在以上的楼层采用构造边缘构件。这样，同一位置上的一个暗柱，在底层的楼层编号为YBZ，而到了上面的楼层却变成了GBZ了，在审阅图纸时尤其要注意这一点。

（3）三种墙梁

16G101-1图集里的三种剪力墙梁是连梁（LL）、暗梁（AL）和边框梁（BKL）。图集第78页给出了连梁的钢筋构造详图，但对于暗梁和边框梁只给出一个断面图。图7-5为配筋示意图。

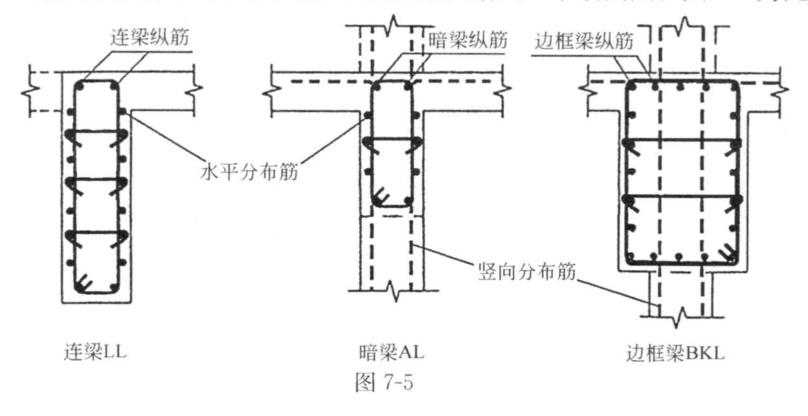

图7-5

1）连梁（LL）

连梁（LL）其实是一种特殊的墙身，它是上下楼层窗（门）洞口之间的那部分水平的窗间墙。（至于同一楼层相邻两个窗口之间的垂直窗间墙，一般是暗柱。）

如果你仔细研究一下16G101-1图集第22页例子工程的连梁表，里面的连梁的截面高度一般都在2000mm以上（例如LL2的截面尺寸为300×2520），这表明这些连梁是从本楼层窗洞口的上边沿直到上一楼层的窗台处。

但是，有的工程设计的连梁截面高度只有几百毫米，也就是从本楼层窗洞口的上边沿直到上一楼层的楼面标高为止，至于从楼面标高到窗台这个高度范围之内，是用砌砖来补齐——砖砌体到底不如整体现浇混凝土来得结实，因此后一种设计形式对于高层建筑来说更是危险，尽管它对于施工来说提供了某些方便——因为施工到上一楼面时，不必留下“半个连梁”的槎口。

2）暗梁（AL）

暗梁（AL）与暗柱有些共同性，因为它们都是隐藏在墙身内部看不见的构件，它们都是墙身的一个组成部分。事实上，剪力墙的暗梁和砖混结构的圈梁有些共同之处，它们都是墙身的一个水平线性“加强带”。如果说，梁的定义是一种受弯构件的话，则圈梁不是梁，暗梁也不是梁。认识清楚暗梁的这种属性，在研究暗梁的构造时，就更容易理解了。16G101-1图集里没有对暗梁的构造作出详细的介绍，只在第78页给出一个暗梁的断面图。因此，可以这样来理解：暗梁的配筋就是按照这个断面图所标注的钢筋截面全长贯通布置的——这与框架梁有上部非贯通纵筋和箍筋加密区，存在极大的差异。

大量的暗梁存在于剪力墙中。正如前面所说的，剪力墙的暗梁和砖混结构的圈梁有些共同之处：圈梁一般设置在楼板之下，现浇圈梁的梁顶标高一般与板顶标高相齐；而暗梁也一般是设置在楼板之下，暗梁的梁顶标高一般与板顶标高相齐（这个从图7-5中可以看出来）。认识这一点很重要，有的人一提到“暗梁”就联想到门窗洞口的上方，其实，墙身洞口上方的暗梁是“洞口补强暗梁”，我们在后面讲到剪力墙洞口时会介绍补强暗梁的构造，与楼板底下的暗梁还是不一样的。暗梁纵筋也是“水平筋”，可以参考16G101-1图集第71页水平钢筋构造。

3）边框梁（BKL）

边框梁（BKL）与暗梁有很多共同之处：边框梁也一般是设置在楼板以下的部位；边框梁也不是一个受弯构件，所以边框梁也不是梁；甚至16G101-1图集里对边框梁也与暗梁一视同仁，也只在第78页给出一个边框梁的断面图。因此，边框梁的配筋就是按照这个断面图所标注的钢筋截面全长贯通布置的——这与框架梁有上部非贯通纵筋和箍筋加密区，存在极大的差异。

但是边框梁毕竟和暗梁不一样，它的截面宽度比暗梁宽，也就是说，边框梁的截面宽度大于墙身厚度，因而形成了凸出剪力墙墙面的一个“边框”。由于边框梁与暗梁都设置在楼板以下的部位，所以，有了边框梁就可以不设暗梁。

例如，图7-6的左图有一个例子工程的“暗梁、边框梁布置简图”，在这个平面布置图中似乎把暗梁AL1和边框梁BKL1放在一起布置，其实不然，从剪力墙梁表（图7-6右图）可以看出，暗梁AL1在第2层到第16层（指建筑楼层）上设置，而边框梁BKL1仅在“屋面”上设置（即仅在最高楼层的顶板处设置）。

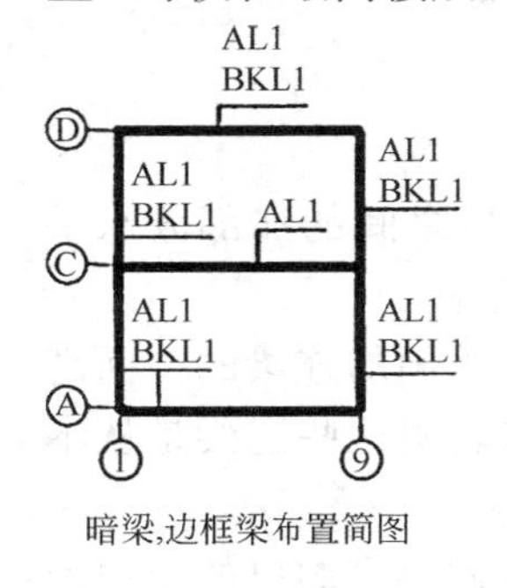

暗梁,边框梁布置简图

剪力墙梁表

编　号	楼层号	梁顶相对标高高差	梁截面 $b\times h$	上部纵筋	下部纵筋	箍　筋
AL1	2～9		300×600	3Φ18	3Φ18	Φ8@200(2)
	10～16		250×500	3Φ16	3Φ16	Φ8@200(2)
BKL1	屋面		450×700	4Φ25	4Φ25	Φ10@200(2)

注意：1. C轴上只有暗梁AL1，没有边框梁BKL1；

2. AL1与BKL1并不重叠（屋面是顶层，16层是顶层的下一层）。

图7-6

〖关于边框梁的讨论〗

〖问〗

如果说，框架梁伸到剪力墙区域就成了边框梁（BKL）的话，那么，边框梁（BKL）的钢筋保护层是按框架梁的保护层来计算，还是按剪力墙的保护层来取定呢？

如果是按剪力墙的保护层来取定的话，会不会造成同一道直通的梁在框架柱（端柱）两边的保护层不一样呢？因为这时若有直通筋的话，有点别扭。

〖答〗

边框梁有两种，一种是纯剪力墙结构设置的边框梁，另一种是框剪结构中框架梁延伸入剪力墙中的边框梁。前者保护层按梁取还是按墙取均可（当然按梁取钢筋省一点），后者则宜按梁取，以保证钢筋笼的尺寸不变。

7.1.3 剪力墙的综合印象

（1）剪力墙的主要作用是抵抗水平地震力，“剪力墙”顾名思义其主要受力方式是抗剪。

（2）剪力墙抗剪的主要受力钢筋是水平分布钢筋。剪力墙水平分布筋不是抗弯的，它有抗拉作用，但很主要的一个作用是抗剪。然而，暗柱箍筋没有提供抵抗横向水平力的功能。所以，剪力墙水平分布筋配置按总墙肢长度考虑，并未扣除暗柱长度。

〖注〗“剪力墙墙肢”就是一个剪力墙的整个直段，其长度算至墙外皮（包括暗柱）。

（3）剪力墙的暗柱并不是剪力墙身的支座，暗柱本身是剪力墙边缘的加强构件。剪力墙尽端不存在水平钢筋的支座，只存在“收边”问题。正如16G101-1图集第71页所表示的：剪力墙身水平分布筋伸至暗柱外侧纵筋的内侧，再弯一个15d的直钩。

有的工程技术人员认为“剪力墙水平分布筋伸入暗柱一个锚固长度”是错误的，其错误的根源在于把剪力墙身与暗柱的关系混同于框架梁与框架柱的关系。框架梁以框架柱为支座，所以框架梁纵筋锚入框架柱一个锚固长度（l_{aE}）是正确的。但是，剪力墙身不以暗柱为支座，剪力墙身和暗柱的支座在下面的基础。所以，剪力墙暗柱与墙身、剪力墙端柱与墙身本身是一个共同工作的整体，不是几个构件的连接组合，不能套用梁与柱两种不同构件的连接概念。

（4）剪力墙水平分布筋是剪力墙身的主筋，剪力墙的保护层是针对墙身水平分布筋而言的，也就是说，剪力墙身水平分布筋放在竖向分布筋的外侧。

从这个观点出发，很容易理解剪力墙水平分布筋与暗柱的关系：剪力墙的水平分布筋从暗柱纵筋的外侧通过暗柱（图集第71页）。也就是说，墙的水平分布筋与暗柱箍筋平行、与暗柱箍筋在同一个垂直层面上通过暗柱。

剪力墙竖向分布筋与暗柱的关系：由于暗柱本身已经设置了竖向钢筋（暗柱的纵筋），所以在暗柱的内部不需要再布置墙身的竖向分布筋。剪力墙身竖向分布筋在暗柱之外进行布置。

（5）剪力墙的暗梁也不是剪力墙身的支座，暗梁本身是剪力墙的加强带。所以，当每个楼层的剪力墙顶部设置有暗梁时，剪力墙竖向钢筋不能锚入暗梁。如果当前层是中间楼层，则剪力墙竖向钢筋穿越暗梁直伸入上一层；如果当前层是顶层，则剪力墙竖向钢筋应该穿越暗梁锚入现浇板内。（在这里有个概念要弄清楚：剪力墙竖向分布钢筋弯折伸入板内的构造不是“锚入板中”，而是完成墙与板的相互连接，因为板不是墙的支座。）

剪力墙水平分布筋与暗梁的关系：暗梁是剪力墙的加强带，在某种意义上，可以把暗梁看成剪力墙身的一个组成部分。因此，剪力墙身水平分布筋从暗梁的外侧通过暗梁，这一点在16G101-1图集第78页的暗梁断面图已经表示得很清楚。

（6）相对于整个剪力墙（含墙柱、墙身、墙梁）而言，基础是其支座；但相对于连梁而言，其支座就是墙柱和墙身。所以，连梁的钢筋设置（包括连梁的纵筋和箍筋的设置），具备“有支座”的构件的某些特点，与“梁构件”有些类似。

剪力墙水平分布筋与连梁的关系：我们讲过，连梁其实是一种特殊的墙身，它是上下楼层窗洞口之间的那部分水平的窗间墙。所以，剪力墙身水平分布筋从暗梁的外侧通过连梁，这一点在16G101-1图集第78页的连梁断面图已经表示得很清楚。

（7）如果框架梁延伸入剪力墙内其性质就发生了改变，成为“剪力墙中的边框梁”，设计时要正确对其编号（即不能继续以KL作为编号，而应该把梁的编号改为BKL），并按相应注写规定标注。施工时按16G101-1第78页相应构造，剪力墙水平分布筋在边框梁箍筋之内通过边框梁。边框梁不是梁，可以认为它也是剪力墙的加强带，是剪力墙的“边框”。

剪力墙竖向钢筋不能锚入边框梁：如果当前层是中间楼层，则剪力墙竖向钢筋穿越边框梁直伸入上一层；如果当前层是顶层，则剪力墙竖向钢筋应该穿越边框梁锚入现浇板内。

正如框架梁一般与框架柱建立联系一样，边框梁一般与端柱建立联系。

（8）建立一个“剪力墙”的印象模型。

我给工程技术人员讲课时曾经讲过一个比喻，剪力墙好比一个玻璃镜框：镜框左右两边的立框就是剪力墙的端柱，镜框上下两边的横框就是剪力墙的边框梁，而镜框中间的玻璃以内就是剪力墙的墙身，而剪力墙的暗柱和暗梁都隐藏在玻璃里面。

（9）钢筋的“直通原则”：“能直通则直通”是结构配筋的重要原则。

在分析剪力墙的钢筋布置时，也不要忘记这个原则。例如，剪力墙的竖向钢筋（包括墙身的垂直分布筋和暗柱的纵筋），能直通伸到上一层时，则穿越暗梁或边框梁直通到上一层。

当剪力墙变截面时，剪力墙的竖向钢筋也是“能直通则直通”的直通伸到上一层，只有在上下层的钢筋规格不同时，当前楼层的竖向钢筋弯锚插入顶板，而上一层的竖向钢筋直锚插入当前楼层。

在框支剪力墙结构中也是这样，下层的转换柱纵筋当其上方是剪力墙时，则直通伸入上一楼层的剪力墙内，只有不能伸入剪力墙的柱纵筋才弯折锚入梁或板内。

（10）剪力墙和框架柱一样是一种垂直构件，与楼层划分的情况密切相关，所以大家要注意正确地进行“楼层划分”，其中尤其要弄清楚有关“层号”的概念。注意，在这套G101系列标准图集中，层号的定义都是按建筑楼层来进行划分的，在进行结构施工和工程预算中要多加小心。（这些概念在第1章里已经讲过了。）

在楼层划分的过程中，要掌握剪力墙的“变截面”概念，不仅剪力墙的端柱和暗柱可能变截面，而且剪力墙身也可能变截面；不仅构件尺寸可能变截面，而且构件的钢筋也可能变截面。如果发生了上述任何一种变截面的情况，则该楼层就不能纳入标准楼层。这些情况，在工程预算和工程施工中都要充分注意。

7.1.4 墙身竖向分布钢筋在基础中的构造

16G101-3 第 64 页“墙身竖向分布钢筋在基础中的构造”给出了三个剪力墙墙身竖向分布钢筋在基础中的锚固构造，可以把它们分为两类，其中构造（a）和（b）为第一类，我们不妨称之为“墙身竖向分布钢筋在基础直接锚固”；构造（c）为第二类，我们称之为“墙外侧钢筋与底板纵筋搭接”。我们先讨论第一类。

（1）墙身竖向分布钢筋在基础直接锚固（见图 7-7）：

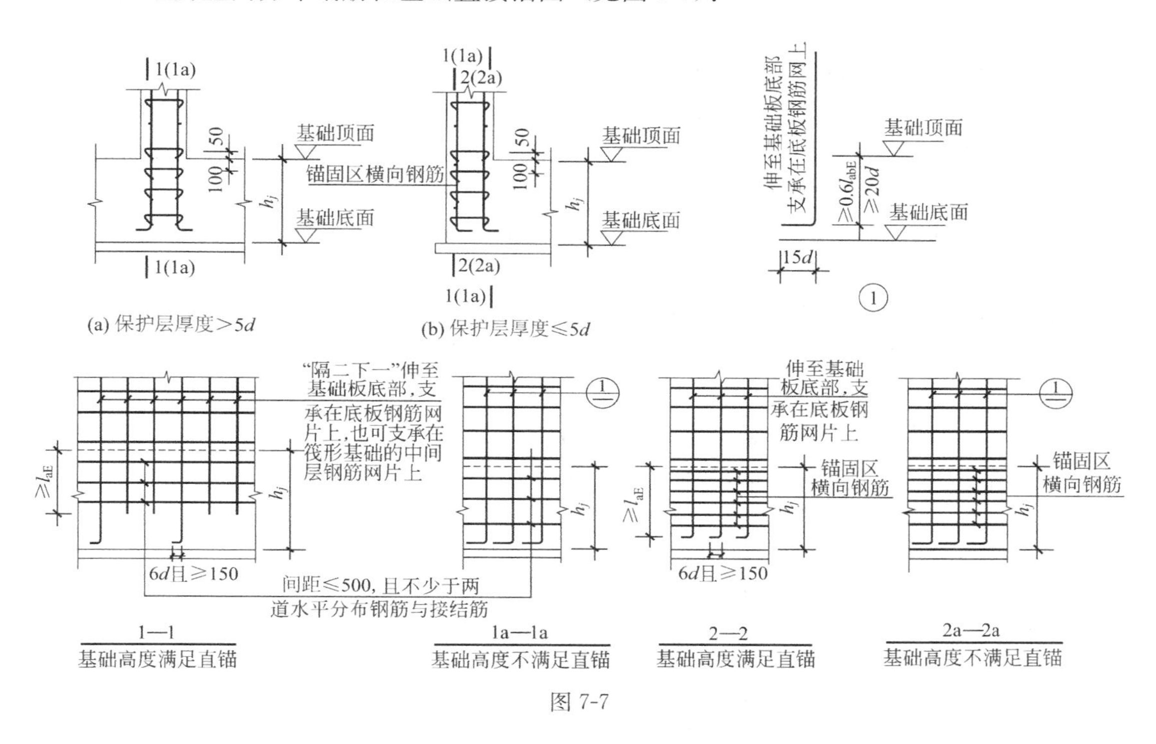

图 7-7

构造（a）和构造（b）及其断面图一般按两种情况进行划分：一种是按“保护层厚度>5d”或“保护层厚度≤5d”来划分，另一种是按基础厚度“$h_j > l_{aE}$（l_a）”或“$h_j \leq l_{aE}$（l_a）”来划分（h_j 为基础底面至基础顶面的高度，对于带基础梁的基础为基础梁顶面至基础梁底面的高度）。明确了这一点，就可以比较清楚地掌握这些构造图。

1）“墙身竖向分布钢筋在基础中构造（a）”（墙插筋保护层厚度>5d）：

（例如墙插筋在板中）

16G101-3 第 64 页划分为“1-1”和“1a-1a”两个剖面：

“1-1”（基础高度满足直锚）：16G101-3 图集增加了竖向分布筋“隔二下一”的做法：

“隔二下一”的竖向分布筋伸至基础板底部，支承在底板钢筋网片上，也可支承在筏形基础的中间层钢筋网片上。

其中“隔二下一”伸至钢筋网片上的纵筋弯折（直钩）6d 且≥150mm；至于那些不伸至钢筋网片的纵筋，也需要保证直锚长度≥l_{aE}。

由此可见“基础高度满足直锚”的含义是：保证所有的纵筋的直锚长度都≥l_{aE}。

“1a-1a”（基础高度不满足直锚）：墙身竖向分布筋插至基础底部弯折（直钩）。此时的竖向分布筋“做法①”为：垂直锚固段长度“≥0.6l_{abE}且≥20d”，直钩长度15d。

无论“1-1”和“1a-1a”都要求：墙纵筋在基础内设置“间距≤500且不少于两道水平分布钢筋与拉结筋”。

2）“墙身竖向分布钢筋在基础中构造（b）”（墙插筋保护层厚度≤5d）：

（例如，墙插筋在板边（梁内）——墙外侧根据第59页注7处理：）

墙内侧插筋构造见“1—1”剖面和“1a—1a”剖面（同上）

墙外侧插筋构造见“2—2”剖面和“2a—2a”剖面：

“2—2”（竖向分布筋直锚长度≥l_{aE}）：墙纵筋插至基础板底部支在底板钢筋网上，弯折15d；而且，墙纵筋在基础内设置“锚固区横向钢筋”（构造要求见本页注2）。

“2a—2a”（竖向分布筋直锚长度<l_{aE}）：墙纵筋插至基础板底部支在底板钢筋网上，且锚固垂直段“≥0.6l_{abE}（≥0.6l_{ab}）”，弯折15d；而且，墙纵筋在基础内设置“锚固区横向钢筋”（构造要求见本页注2）。

图集本页注2为：“锚固区横向钢筋应满足直径≥d/4（d为纵筋最大直径），间距≤10d（d为纵筋最小直径）且≤100mm的要求。”

如果基础截面形状不规则，部分保护层厚度大于5d、部分保护层厚度小于5d，此时怎么办？本页注3解决了这一问题：“当插筋部分保护层厚度不一致情况下（如部分位于板中部分位于梁内），保护层厚度不大于5d的部位应设置锚固区横向钢筋。”

本页注5：图中d为墙身竖向分布钢筋直径。

（2）墙外侧钢筋与底板纵筋搭接（见图7-8）：

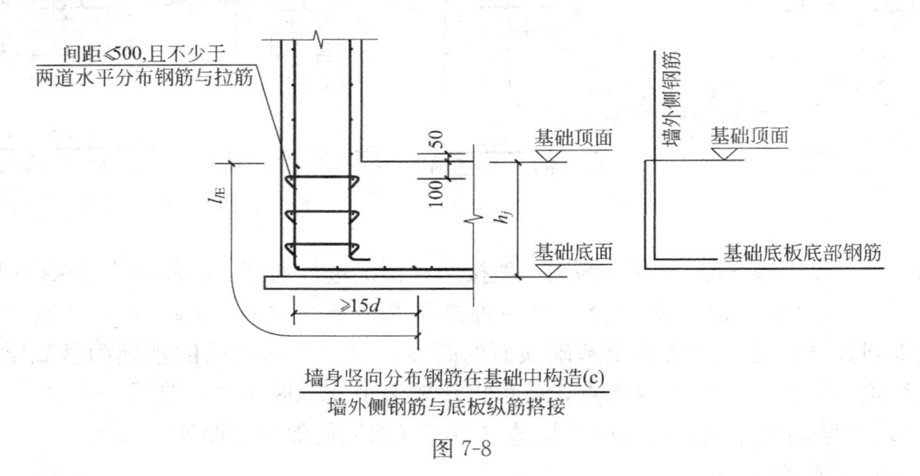

墙身竖向分布钢筋在基础中构造(c)
墙外侧钢筋与底板纵筋搭接

图7-8

“墙身竖向分布钢筋在基础中构造（c）”（墙外侧钢筋与底板纵筋搭接）：

基础底板下部钢筋弯折段应伸至基础顶面标高处，墙外侧钢筋插至板底后弯锚、与底板下部纵筋搭接“l_{lE}”，且弯钩水平段≥15d；而且，墙插筋在基础内设置“间距≤500，且不少于两道水平分布钢筋与拉筋”。

墙内侧竖向分布钢筋的插筋构造同上。

上面介绍了“墙身竖向分布钢筋在基础直接锚固”与“墙外侧钢筋与底板纵筋搭接”两种构造做法，具体工程中到底该采用哪一种构造做法呢？图集本页注4规定了：“当选用‘墙身竖向分布钢筋在基础中构造（c）’时，设计人员应在图纸中注明。”

（3）柱和墙纵筋在基础平板中间层钢筋网片上的构造

我们知道，当筏形基础的基础平板厚度＞2000mm的时候需要设置中间层钢筋网片，然而11G101-3图集没有给出柱和墙纵筋在基础平板中间层钢筋网片上的构造，所以我们在本书第二版中引用了04G101-3图集的有关内容并做了一个插图。现在，16G101-3图集增加了柱和墙纵筋在筏形基础平板中间层钢筋网片上的构造。

16G101-3第64页在介绍墙身竖向分布钢筋“隔二下一”做法时，说到了墙身竖向分布钢筋“也可支承在筏形基础的中间层钢筋网片上”，当然应该注意这样做的条件，就是保证墙身竖向分布筋在基础平板中间层钢筋网片上的直锚长度“$\geqslant l_{aE}$”，包括那些“隔二”而没有下插到钢筋网片上的墙纵筋的直锚长度也要“$\geqslant l_{aE}$”。

16G101-3第65页介绍剪力墙边缘构件纵向钢筋在基础中构造时，也讲到剪力墙的各种暗柱（包括转角墙、翼墙）的角部纵筋“也可支承在筏形基础的中间层钢筋网片上”。而端柱“纵筋在基础中构造按本图集第66页”。

16G101-3第66页“柱纵向钢筋在基础中构造”，其中的内容既适用于框架柱，又适用于剪力墙端柱。在这里明确指出：当符合下列条件之一时，可仅将柱四角纵筋伸至底板钢筋网片上或者筏形基础中间层钢筋网片上（伸至钢筋网片上的柱纵筋间距不应大于1000mm），其余纵筋锚固在基础顶面下l_{aE}即可：

1）柱为轴心受压或小偏心受压，基础高度或基础顶面至中间层钢筋网片顶面距离不小于1200mm；

2）柱为大偏心受压，基础高度或基础顶面至中间层钢筋网片顶面距离不小于1400mm。

以上综述的，就是16G101-3图集有关柱和墙纵筋在基础平板中间层钢筋网片上构造的所有内容。

除了不是“坐底”以外，这时柱纵筋（包括端柱和暗柱的纵筋）和墙身竖向分布钢筋的基础插筋的锚固构造，与前面“柱和墙插筋在基础主梁中的锚固构造”类似，只不过在计算基础插筋的直锚长度（即锚固竖直长度）时，只能算到基础的中部钢筋网。

7.1.5 边缘构件纵向钢筋在基础中构造

16G101-3第65页“边缘构件纵向钢筋在基础中构造”是本图集新增的。虽然剪力墙“边缘构件”应该包括端柱和暗柱，但是从本页右上角“边缘构件角部纵筋”的图形来看，本页内容主要讲述各种暗柱，包括端部暗柱墙、转角墙、“I形”翼墙和“T形”翼墙（见16G101-3第65页右上角的图形）。

16G101-3第65页给出了（*a*）、（*b*）、（*c*）、（*d*）四种构造（见图7-9）。

构造（*a*）和（*b*）同属于“基础高度满足直锚”的情况。其实“满足直锚”的主要控制条件是边缘构件纵筋的直锚长度“$\geqslant l_{aE}$”。此时，伸至基础底板钢筋网上的纵筋弯直钩，直钩长度为$6d$且$\geqslant 150$。

构造（*c*）和（*d*）同属于“基础高度不满足直锚”的情况。此时边缘构件纵筋的“做法①”为：伸至基础板底部，支承在底板钢筋网上，直锚长度“$\geqslant 0.6l_{abE}$且$\geqslant 20d$”，直钩长度“$15d$”。

构造（*a*）和（*c*）同属于“保护层厚度＞$5d$”：边缘构件纵筋在基础内设置“间距≤

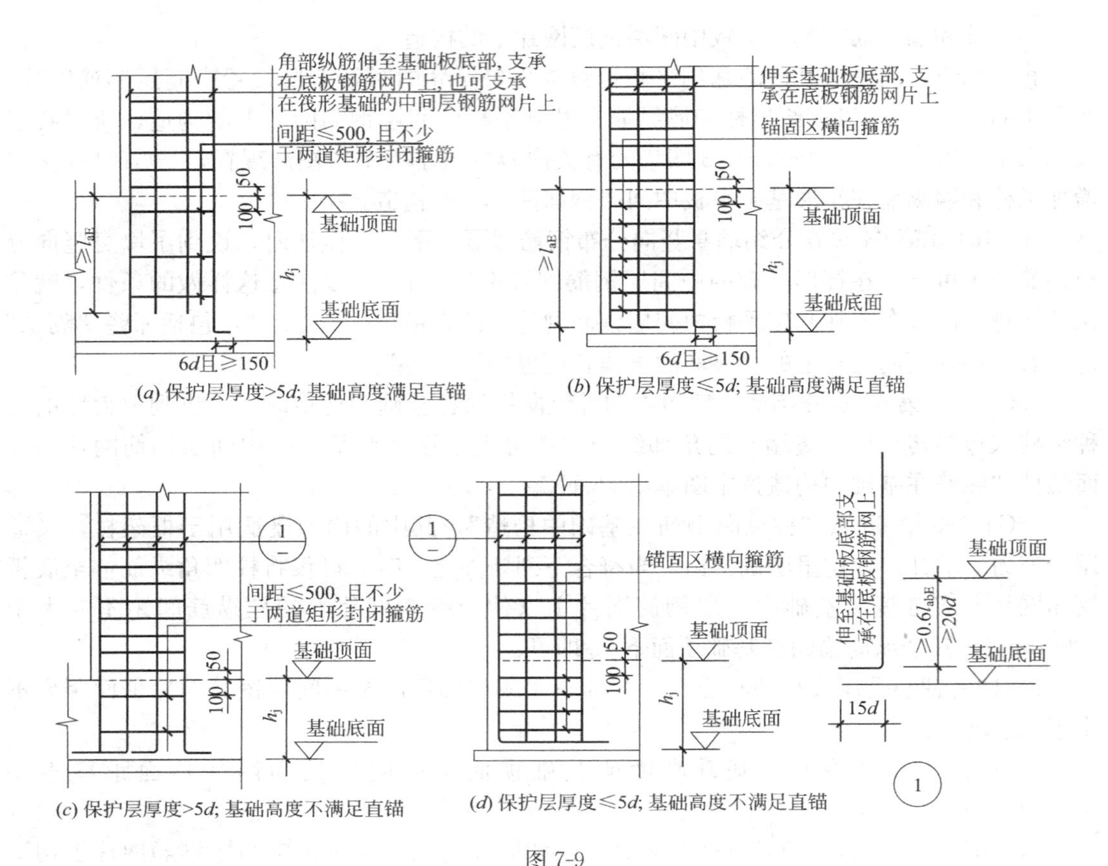

图 7-9

500，且不少于两道矩形封闭箍筋”。

（1）关于锚固区横向钢筋的设置：

构造（*b*）和（*d*）同属于“保护层厚度≤5*d*”：边缘构件纵筋在基础内设置“锚固区横向钢筋”。在“注 2”中指明了锚固区横向钢筋的构造：

“锚固区横向钢筋应满足直径≥*d*/4（*d* 为纵筋的最大直径），间距≤10*d*（*d* 为纵筋的最小直径），且≤100 的要求。”

“注 3”指出：“当边缘构件纵筋在基础中保护层厚度不一致（如纵筋部分位于梁中，部分位于板内），保护层厚度不大于 5*d* 的部分应设置锚固区横向钢筋。”

“注 5”指出：“当边缘构件（包括端柱）一侧纵筋位于基础外边缘（保护层厚度≤5*d* 且基础高度满足直锚）时，边缘构件内所有纵筋均按本图（*b*）构造；对于端柱锚固区横向钢筋要求应按本图集第 66 页；其他情况端柱纵筋在基础中构造按本图集第 66 页。”

（2）关于角部纵筋下伸做法：

构造（*b*）的引注是：“伸至基础板底部，支承在底板钢筋网片上”。

构造（*a*）有一个引注：“角部纵筋伸至基础板底部，支承在底板钢筋网片上，也可支承在筏形基础的中间层钢筋网片上”。

“注 6”指出：“伸至钢筋网上的边缘构件角部纵筋（不含端柱）之间间距不应大于 500，不满足时应将边缘构件其他纵筋伸至钢筋网上。”

“注7”解释了“边缘构件角部纵筋”的含义：

“边缘构件角部纵筋”图中角部纵筋（不包含端柱）是指边缘构件阴影区角部纵筋，图示为红色点状钢筋，图示红色的箍筋为在基础高度范围内采用的箍筋形式。

仔细观察16G101-3第65页右上角的“边缘构件角部纵筋”图就可以看出：

所谓“红色的箍筋”就是各种暗柱的“外箍”(不包括内箍及拉筋)；

所谓“红色点状钢筋”就是上述各个外箍的四个顶角上的纵向钢筋——这就是上面所讨论到的“角部纵筋”。(看到这里，就应该清楚了：不是暗柱的所有纵筋都是“角部纵筋”。)

7.2 列表注写方式

剪力墙平法施工图系在剪力墙平面布置图上采用列表注写方式或截面注写方式表达。因为在施工图中，大多采用前一种方法，所以本章主要介绍列表注写方式。

剪力墙可视为由剪力墙柱、剪力墙身和剪力墙梁三类构件组成。

列表注写方式，系分别在剪力墙柱表、剪力墙身表和剪力墙梁表中，对应于剪力墙平面布置图上的编号，用绘制截面配筋图并注写几何尺寸与配筋具体数值的方式，来表达剪力墙平法施工图（见16G101-1图集的第22页及第23页）。

编号规定：将剪力墙按剪力墙柱、剪力墙身、剪力墙梁（简称为墙柱、墙身、墙梁）三类构件分别编号。

7.2.1 剪力墙身表（见表7-1）

剪力墙身表（举例） **表7-1**

编　号	标　高	墙厚（mm）	水平分布筋	垂直分布筋	拉筋（矩形）
Q1（2排）	−0.030～30.270	300	Φ12@200	Φ12@200	Φ6@600@600
	30.270～59.070	250	Φ10@200	Φ10@200	Φ6@600@600
Q2（2排）	−0.030～30.270	250	Φ10@200	Φ10@200	Φ6@600@600
	30.270～59.070	200	Φ10@200	Φ10@200	Φ6@600@600

注：垂直分布筋也就是竖向分布钢筋。

剪力墙身表中表达的内容：

1）注写墙身编号（含水平与竖向分布钢筋的排数）。

〖关于墙身编号〗

墙身编号由墙身代号、序号以及墙身所配置的水平与竖向分布筋的排数组成，其中，排数注写在括号内。当排数为2时可不注写。

表达形式为　　Q××（×排）

例如　　Q1（2排）

〖注〗

① 在编号中，如若干墙身的厚度尺寸和配筋均相同，仅墙厚与轴线的关系或墙身长度不同时，可将其编为同一墙身号。

② 对于分布钢筋网的排数规定：

非抗震：当剪力墙厚度大于 160mm 时，应配置双排；当其厚度不大于 160mm 时，宜配置双排。

抗震：当剪力墙厚度不大于 400mm 时，应配置双排；当其厚度大于 400mm，但不大于 700mm 时，宜配置三排；当剪力墙厚度大于 700mm 时，宜配置四排。

各排水平分布筋和竖向分布筋的直径和根数宜保持一致。

当剪力墙配置的分布钢筋多于两排时，剪力墙拉结筋两端应同时钩住外排水平纵筋和竖向纵筋，还应与剪力墙内排水平纵筋和竖向纵筋绑扎在一起。

2）注写各段墙身起止标高，自墙身根部往上以变截面位置或截面未变但配筋改变处为界分段注写。墙身根部标高系指基础顶面标高（如为框支剪力墙结构则为框支梁顶面标高）。

3）注写水平分布钢筋、竖向分布钢筋和拉结筋的具体数值。注写数值为一排水平分布钢筋和竖向分布钢筋的规格与间距，具体设置几排已经在墙身编号后面表达。

〖剪力墙分布钢筋采用拉结筋〗

拉结筋用于剪力墙分布钢筋的拉结，宜同时勾住外侧水平及竖向分布钢筋。拉结筋应注明布置方式“矩形”或“梅花”布置。

16G101-1 把用于剪力墙分布钢筋拉结的拉筋的名称改成了“拉结筋”。这不仅仅是名称上的改变，从 16G101-1 第 62 页的构造图上得知，拉筋的弯钩平直段为“$10d$，75 中较大值”，而拉结筋的弯钩平直段长度为“$5d$”。

但是，请大家注意，16G101-1 仅仅把“用于剪力墙分布钢筋拉结”的拉筋改成了“拉结筋”，而对于剪力墙的约束边缘构件、构造边缘构件、连梁、暗梁、边框梁中使用的拉筋保持不变（即拉筋的弯钩平直段仍是“$10d$，75 中较大值”）。

在这里特别指出的是，剪力墙身的拉结筋配置需要设计师在剪力墙身表中明确给出其钢筋规格和间距，这和梁侧面纵向构造钢筋的拉筋不须设计师标注是截然不同的。拉筋的间距一般是水平分布钢筋和竖向分布钢筋间距的两倍或三倍。关于拉结筋更多问题的讨论见后面的剪力墙身水平钢筋构造一节。

7.2.2　剪力墙柱表

平法剪力墙柱表举例：

表 7-2

截面	950；300；300；300	1050；300；300；300	900；250；250	800；300；500；500	1000；300；500；500
编号	GBZ1	GBZ2	GBZ3	GBZ4	GBZ5
标高	−0.030～7.970 7.970～49.970	−0.030～7.970 7.970～49.970	−0.030～7.970 7.970～49.970	−0.030～7.970 7.970～49.970	−0.030～7.970 7.970～49.970
纵筋	24Φ22　24Φ20	24Φ22　24Φ20	20Φ22　20Φ20	18Φ25　18Φ22	22Φ25　22Φ22
箍筋	φ10@100 φ10@150	φ10@100 φ10@150	φ10@100 φ10@150	φ10@100 φ10@100/200	φ10@100 φ10@100/200

注：未注明的尺寸按标准构造详图。

〖说明〗

03G101-1的约束边缘暗柱、约束边缘端柱、约束边缘翼墙、约束边缘转角墙的代号分别为YAZ、YDZ、YYZ、YJZ，而在11G101-1、16G101-1中，这几种约束边缘构件的代号都是YBZ；03G101-1的构造边缘暗柱、构造边缘端柱、构造边缘翼墙、构造边缘转角墙的代号分别为GAZ、GDZ、GYZ、GJZ，而在11G101-1、16G101-1中，这几种约束边缘构件的代号都是GBZ。也就是说，在11G101-1、16G101-1中，单从字面上分辨不出YBZ、GBZ是暗柱、端柱、翼墙或是转角墙。

在目前平法剪力墙暗柱、端柱标注方法中，仍然使用着传统的节点大样图方法。在剪力墙柱表中，画出每个暗柱、端柱的形状、尺寸和配筋，只要两个柱的形状、尺寸或配筋稍有一点儿变化，就得另画一个大样图。因此，一般的剪力墙结构房屋的施工图，这样的柱表图纸就有两三大张，几十个甚至上百个暗柱和端柱的大样图，这对于画图和看图都是一件麻烦事。

我们期望剪力墙的平法标注改革得更彻底一些，可以参考平法梁的注写方式（集中标注和原位标注），创造出一种简洁方便的平法剪力墙注写方式。例如，暗柱的形状与墙肢走向有关，我们就可以不画暗柱的大样图，而在剪力墙结构的平面图上沿着墙肢的走向来标注暗柱和端柱的翼缘长度，还可以在其上标注配筋数据，这就是“墙肢自然走向法”。在图7-1中给出了这种标注的例子。当然，这仅是作者的一点建议，期望大家关注这一问题。

剪力墙柱表中表达的内容：

1）注写墙柱编号和绘制墙柱的截面配筋图。

墙柱编号

墙柱类型	代号	序号
约束边缘构件	YBZ	××
构造边缘构件	GBZ	××
非边缘暗柱	AZ	××
扶壁柱	FBZ	××

〖注〗在编号中，如若干墙柱的截面尺寸与配筋均相同，仅截面与轴线的关系不同时，可将其编为同一墙柱号。

① 对于约束边缘端柱，需增加标注几何尺寸$b_c \times h_c$（端柱的长宽尺寸）。该柱在墙身部分的几何尺寸（翼缘长度）按本图集第13页约束边缘端柱的标准构造图取值，设计不注。当设计者采用与该构造详图不同的做法时，应另行注明。

〖注〗16G101-1图集第13页图示：

约束边缘端柱YBZ阴影部位伸出净长度=300，非阴影区净长度$=l_c-b_c-300$

（l_c为整个端柱或暗柱沿墙肢的长度，b_c为端柱的宽度）

② 对于构造边缘端柱，需增加标注几何尺寸$b_c \times h_c$（端柱的长宽尺寸）。

③ 对于约束边缘暗柱、翼墙（柱）、转角墙（柱），其几何尺寸由设计标注。

〖注〗16G101-1图集第13～14页图示：

约束边缘暗柱阴影部位长度$a=\max(b_w, l_c/2, \geqslant 400)$，非阴影区净长度$=l_c-a$

（b_w 为墙厚）

约束边缘翼墙翼板阴影部位伸出净长度 $a=\max$（b_f，≥300），非阴影区净长度$=2b_f-a$

约束边缘翼墙腹板阴影部位伸出净长度 $a=\max$（b_w，≥300），非阴影区净长度$=l_c-a-b_t$

（b_f 为暗柱翼板墙的厚度，b_w 为暗柱腹板墙的厚度）

约束边缘转角墙纵墙阴影部位伸出净长度 $a=\max$（b_f，≥300），非阴影区净长度$=l_c-a-b_w$

约束边缘转角墙横墙阴影部位伸出净长度 $a=\max$（b_w，≥300），非阴影区净长度$=l_c-a-b_f$

（b_f 为纵墙的厚度，b_w 为横墙的厚度）

④ 对于构造边缘暗柱、翼墙（柱）、转角墙（柱），其几何尺寸由设计标注。

〖注〗16G101-1 图集第 14 页图示：

构造边缘暗柱的暗柱长度$=\max$（$\geq b_w$，≥400）（b_w 是墙厚度）

构造边缘翼墙的腹板长度$=\max$（$\geq b_w$，$\geq b_f$，≥400）（b_w 是腹板墙厚度，b_f 是翼板墙厚度），用于高层建筑时，翼墙的腹板净长度≥300mm。

构造边缘转角墙两个方向的翼缘净长度≥200mm，用于高层建筑时，翼缘净长度≥300mm；翼缘总长度≥400mm。

⑤ 对于非边缘暗柱 AZ，需增加标注几何尺寸。

⑥ 对于扶壁柱 FBZ，需增加标注几何尺寸。

2）注写各段墙柱的起止标高，自墙柱根部往上以变截面位置或截面未变但配筋改变处为界分段注写。墙柱根部标高系指基础顶面标高（如为框支剪力墙结构则为框支梁顶面标高）。

3）注写各段墙柱的纵向钢筋，注写值应与在表中绘制的截面对应一致。纵向钢筋注写总配筋值；墙柱箍筋的注写方式与柱箍筋相同。对于约束边缘端柱、约束边缘暗柱、约束边缘翼墙（柱），约束边缘转角墙（柱），除注写 16G101-1 图集的相应标准构造详图中所示阴影部位内的箍筋外，尚应注写非阴影区内布置的拉筋（或箍筋）。

7.2.3 剪力墙梁表

剪力墙梁表（举例）见表 7-3。

剪力墙梁表 表 7-3

编号	楼层号	梁顶相对标高高差	梁截面 $b\times h$	上部纵筋	下部纵筋	侧面纵筋	箍筋
LL1	2～9	0.800	300×2000	4⏀25	4⏀25	同 Q1 水平分布筋	Φ10@100（2）
	10～16	0.800	250×2000	4⏀22	4⏀22		Φ10@100（2）
	屋面		250×1200	4⏀20	4⏀20		Φ10@100（2）
LL2	3	−1.200	300×2500	4⏀25	4⏀25	同 Q1 水平分布筋	Φ10@150(2)
	4～9	−0.950	300×1800	4⏀22	4⏀22		Φ10@150(2)
	10～屋面	−0.950	250×1800	3⏀22	3⏀22		Φ10@150(2)

剪力墙梁表中表达的内容：

(1) 注写墙梁编号。

墙梁编号

墙 梁 类 型	代 号	序 号
连梁	LL	××
连梁（对角暗撑配筋）	LL (JC)	××
连梁（交叉斜筋配筋）	LL (JX)	××
连梁（集中对角斜筋配筋）	LL (DX)	××
连梁（跨高比不小于5）	LLk	××
暗梁	AL	××
边框梁	BKL	××

〖注〗在具体工程中，当某些墙身需设置暗梁或边框梁时，宜在剪力墙平法施工图中绘制暗梁或边框梁的平面布置简图并编号（见16G101-1图集第22页），以明确其具体位置。

(2) 注写墙梁所在楼层号。

(3) 注写墙梁顶面标高高差，系指相对于墙梁所在结构层楼面标高的高差值，高于者为正值，低于者为负值，当无高差时不注。

(4) 注写墙梁截面尺寸 $b \times h$、上部纵筋、下部纵筋和箍筋的具体数值。

(5) 墙梁侧面纵筋的配置：当墙身水平分布钢筋满足连梁、暗梁及边框梁的梁侧面构造钢筋的要求时，该筋配置同墙身水平分布钢筋，表中不注，施工按标准构造详图的要求即可；当不满足时，应在表中注明梁侧面纵筋的具体数值（其在支座内的锚固要求同连梁中受力钢筋）。

(6) 当连梁设有对角暗撑时（代号为LL (JC) ××），注写暗撑的截面尺寸（箍筋外皮尺寸）；注写一根暗撑的全部纵筋，并标注×2表明有两根暗撑相互交叉；注写暗撑箍筋的具体数值。

(7) 当连梁设有交叉斜筋时（代号为LL (JX) ××），注写连梁一侧对角斜筋的配筋值，并标注×2表明对称设置；注写对角斜筋在连梁端部设置的拉筋根数、规格及直径，并标注×4表示四个角都设置；注写连梁一侧折线筋配筋值，并标注×2表明对称设置。

(8) 当连梁设有集中对角斜筋时（代号为LL (DX) ××），注写一条对角线上的对角斜筋，并标注×2表明对称设置。

(9) 跨高比不小于5的连梁，按框架梁设计时（代号为LLk××），采用平面注写方式，注写规则同框架梁，可采用适当比例单独绘制，也可与剪力墙平法施工图合并绘制。

7.3 各类墙柱的截面形状与几何尺寸

16G101-1图集第13～14页给出了各类墙柱的截面形状与几何尺寸。

(1) 图集第14页给出了构造边缘构件的截面形状与几何尺寸（图7-3），这包括构造边缘暗柱、构造边缘端柱、构造边缘翼墙柱和构造边缘转角墙柱。

1）剪力墙柱表中的构造边缘端柱和暗柱。关于构造边缘构件的部分实例见图集第23页的“剪力墙柱表”。注意：这个墙柱表所列出的内容并不是剪力墙柱的“标准构造图”，它们只不过是图集第22页例子工程中出现的部分端柱和暗柱的大样图。在实际工程中，这种端柱和暗柱的大样图可能密密麻麻地充满两三张图纸，因此，看清楚这些墙柱大样图，并把每一个具体大样对应到平面图的节点上（而且要摆对方向），是一件费时费事、需要耐心细致的工作。可以这样说，“大样图方法”不是平法技术的特色，它不过是照搬传统结构施工图的方法，即“将构件从结构平面布置图中索引出来，再逐个绘制配筋详图的繁琐方法”（这句话见平法图集的“总说明”）。我看，这是平法剪力墙需要改进的地方。相比之下，平法梁的改革是比较彻底的，在这里就不能借鉴一下平法梁的经验吗？

2）16G101-1的剪力墙柱表中需标注完整尺寸：

在03G101-1图集中声明，“对于构造边缘暗柱GAZ、翼墙（柱）GYZ、转角墙（柱）GJZ，其几何尺寸按本图集GAZ、GYZ、GJZ的标准构造详图取值，设计不注”。这是因为在标准图集中，构造边缘翼墙和构造边缘转角墙的翼缘部分标有确定的尺寸“300”，所以在柱表中有可能出现“不完整尺寸标注”的现象（见03G101-1第20页的柱表例子）。

但在16G101-1图集中，情况就不一样了。在标准构造详图中，所有构造边缘构件的翼缘部分标注的都是不确定尺寸，例如“≥200”、“≥400”等（见图7-10）。所以在图集中声明“构造边缘构件需注明阴影部分尺寸”，在具体工程在柱表中也必须标注完整的尺寸（例子见前面的表7-3）。

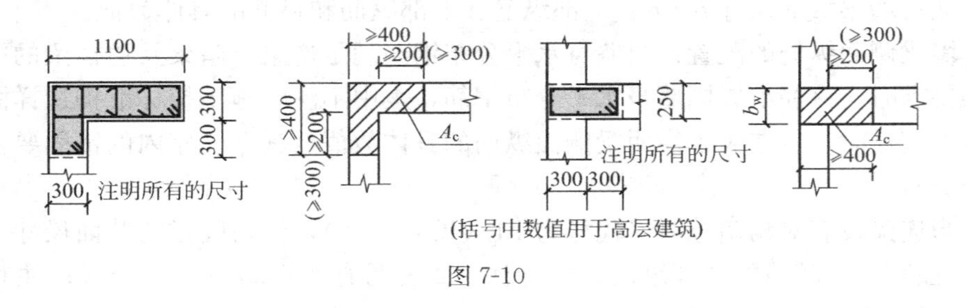

图7-10

3）剪力墙柱表中的构造边缘翼墙柱的形状问题。关于“丁字墙柱”节点，即03G101-1图集第18页的构造边缘翼墙柱GYZ，对照以前的图集我们发现，阴影部分不一样了：以前是整个“丁”字的三向翼缘都有阴影，现在是只有腹板翼缘有阴影。我们知道，暗柱配筋详图的阴影部分就是配置箍筋的地方。以前是两个方向都配置箍筋，现在只有在腹板方向配置箍筋［图7-11(*a*)］。

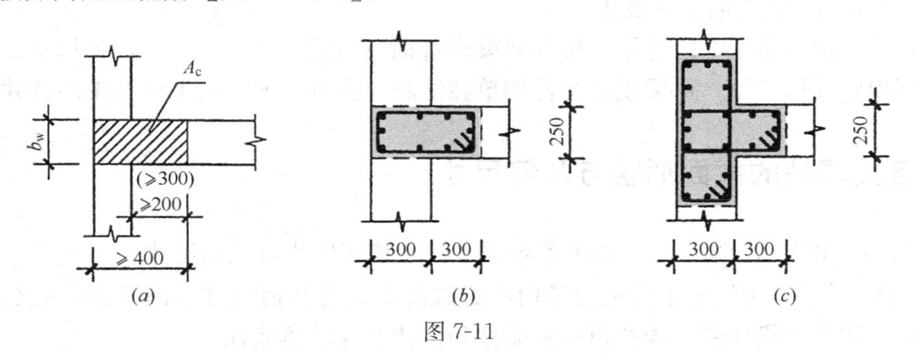

图7-11

再对照03G101-1图集第20页的剪力墙柱表，我们发现“GYZ2”居然有两种配筋方案（图7-11（*b*）和（*c*））：其中一个图是两个方向都配置箍筋，而另一个图只在腹板方向配置箍筋。在16G101-1第24页的构造边缘翼墙柱，也是两个方向的翼缘都配置箍筋的。这又作何解释呢？原来，正如配筋详图的尺寸数据标注有“≥35*d*”那种形式一样，在配筋方式上也有“≥”的选择，当选择“>”时，就是两个方向都配置箍筋；而当选择“=”时，就只在腹板方向配置箍筋。

（2）图集第13～14页给出了约束边缘构件的截面形状与几何尺寸（见图7-4），这包括约束边缘暗柱、约束边缘端柱、约束边缘翼墙柱和约束边缘转角墙柱。

1）约束边缘端柱和暗柱与构造边缘构件的区别

约束边缘构件适用于较高抗震等级剪力墙的较重要部位，其纵筋、箍筋配筋率和形状有较高的要求。设置约束边缘构件和构造边缘构件的范围请参见《混凝土结构设计规范》GB 50010—2010第17～19条。

对比图集第13～14页上两类不同的端柱和暗柱，构造边缘构件只有“阴影部分”；而约束边缘构件除了“阴影部分”（λ_v区域）以外，还有一个“虚线部分”（$\lambda_v/2$区域）（见图7-12）。

剪力墙约束边缘构件：

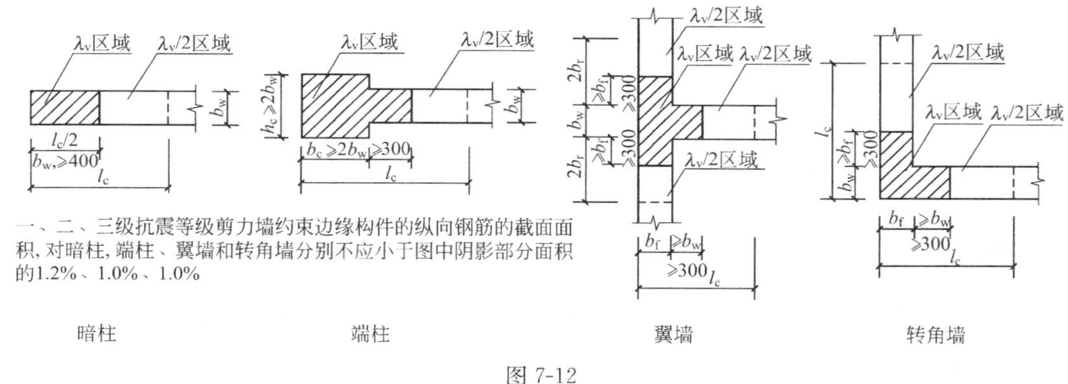

图7-12

我们知道，阴影部分是配置箍筋的地方，那么“虚线部分”有哪些配筋特点呢？我们在后面将讨论约束边缘构件的构造。

2）16G101-1的剪力墙柱表中需标注完整尺寸

在《混凝土结构设计规范》GB 50010—2010中，所有约束边缘构件的翼缘部分标注的都是不确定尺寸，例如“≥300”、“≥400”等（见图7-12）。所以在16G101-1图集中声明“约束边缘构件需注明阴影部分尺寸”，在具体工程在柱表中也必须标注完整的尺寸。

〖问〗

03G101-1中第18页的“配箍特征值λ_v”表示什么意思？

我刚学习施工，正在学习这本图集，对这个问题不太容易理解。

〖答〗

① 我查过《混凝土结构设计规范》（GB 50010—2010），“l_c”是约束边缘构件沿墙肢

的长度，“λ_v”是“配箍特征值”，“$\lambda_v/2$”的区域可计入拉筋。

本页的表6.4.8及下面的“注”都是设计上的规定和要求。

作为施工人员和预算人员，问题不在于知道一些名词术语，而在于看懂实际的工程结构图纸，正确地按设计意图施工。

② 03G101-1图集中的“约束边缘暗柱”由λ_v区域和$\lambda_v/2$区域组成。从第49页看，λ_v区域的钢筋构造就是大箍套小箍，$\lambda_v/2$区域的钢筋构造是加密拉筋。第49页中的$l_c/2$区域就是λ_v区域，紧跟其后应该还有l_c的另外一半区域（$\lambda_v/2$区域）。

③ 更深入的研究可学习新修编的大学教科书，参阅《混凝土结构设计规范》GB 50010—2010、《建筑抗震设计规范》GB 50011—2010、《高层建筑混凝土结构技术规程》JGJ 3—2010中的有关章节和后面的条文说明。

7.4 暗柱和端柱的钢筋构造

暗柱的钢筋设置包括：暗柱的纵筋、箍筋和拉筋。

端柱的钢筋设置也是包括：端柱的纵筋、箍筋和拉筋。在框架—剪力墙结构中，剪力墙的端柱经常担当框架结构中的框架柱的作用，这时候端柱的钢筋构造应该遵照框架柱的钢筋构造。

暗柱和端柱在16G101-1图集中统称为边缘构件，并且把它们划分为约束边缘构件和构造边缘构件两大类，下面分别介绍构造边缘构件和约束边缘构件的钢筋构造及适用范围。

7.4.1 构造边缘构件构造

构造边缘构件构造见16G101-1图集第77页，规定了构造边缘暗柱和端柱的纵筋和箍筋的构造。

1）构造边缘端柱仅在矩形柱的范围内布置纵筋和箍筋。其箍筋布置为复合箍筋，与框架柱类似。

需要注意的是，在图集第77页的端柱断面图中没有规定端柱伸出的翼缘长度，也没有在伸出的翼缘上布置箍筋（如图7-13左图）。但是，不能由此断定构造边缘端柱就一定没有翼缘。在本图集第24页的构造边缘端柱GBZ2就有伸出净长度为600mm的端柱翼缘，而且在1200mm的长度上还配置了箍筋，在600mm的翼缘长度上还配置了纵向钢筋和拉筋。（图7-13右图给出了翼缘上配置钢筋的例子）

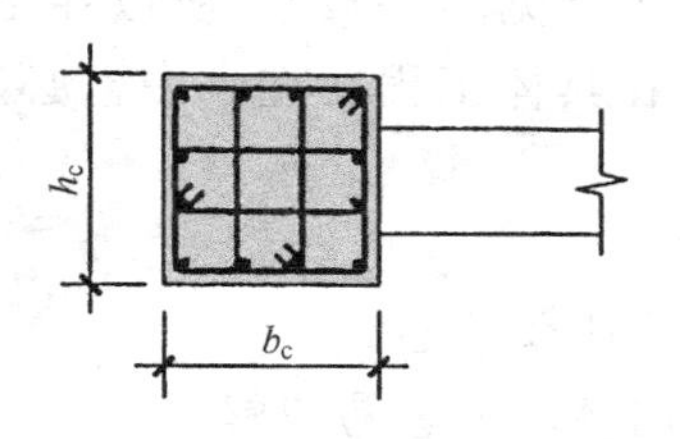

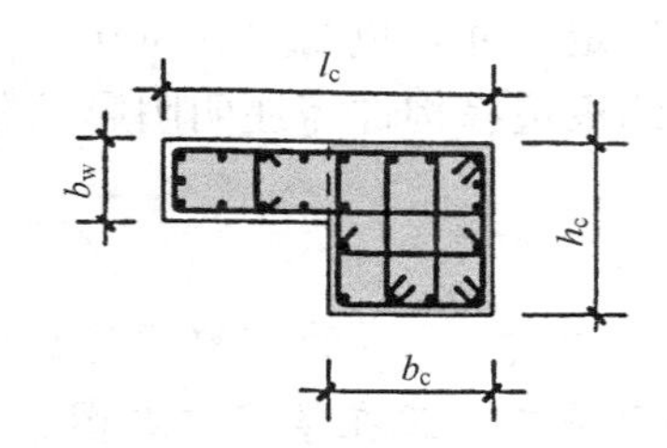

图7-13

图集第24页上构造边缘端柱GBZ2的这种设计并不奇怪，因为GBZ2位于外墙窗口的左侧或右侧，窗洞口宽度为1800mm，这正是窗口上下方的连梁LL2的净跨长度，而窗口的左右两侧为暗柱GBZ1和端柱GBZ2。这也是我们经常看到的情况：窗口的上下窗间墙是剪力墙的连梁，而窗口的左右窗间墙是剪力墙的暗柱或端柱。

〖端柱钢筋计算应注意的问题〗

在框剪结构的端柱钢筋计算时要注意一个问题，就是剪力墙的端柱有可能同时充当框架结构中的框架柱。例如，图集第24页的GBZ2就同时充当KL1第一跨或第四跨的边框架柱，GBZ3同时充当KL2第一跨的边框架柱。在进行这种剪力墙端柱的钢筋计算时，注意不要把“框架柱中已经计算过的钢筋”，在剪力墙端柱钢筋计算时又重复计算一次。

在图集第24页的GBZ3的纵筋配置为12Φ20，如果在框架柱的计算中已经计算了12Φ20，则在剪力墙端柱的钢筋计算中，就不再计算这些12Φ20钢筋。而在图集第24页的GBZ2配置20Φ20的柱纵筋，则除了在框架柱计算中已经计算的12Φ20以外，在剪力墙端柱的钢筋计算中还要计算余下的10Φ20钢筋。

还要注意的是，当端柱存在翼缘时，例如图集第24页上的GBZ2，翼缘长度1200上的箍筋插入在600×600的矩形柱中，因此柱截面水平方向的小箍没有了，而代之以1200mm的长箍和一根拉筋，这是GBZ2和GBZ3不同的地方（GBZ3柱截面水平方向和垂直方向上都有二肢小箍）。

2）构造边缘暗柱的构造（图7-14）

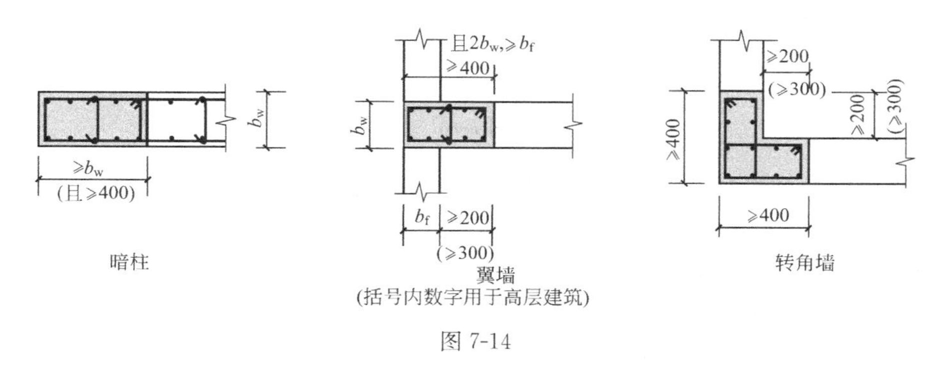

图7-14

图集第77页暗柱的阴影部分与图集第14页的阴影部分相同，现在，在阴影部分中配置了暗柱的纵筋、箍筋和拉筋，在第77页图中的引注标明“纵筋、箍筋及拉筋详见设计标注”。

凡是拉筋都应该拉住纵横方向的钢筋，所以，暗柱的拉筋也要同时钩住暗柱的纵筋和箍筋。

〖构造边缘构件GBZ新增两种构造〗

16G101-1第77页增加了两种构造边缘构件GBZ的构造详图：

（1）新增“构造边缘暗柱（二）”、“构造边缘翼墙（二）”、“构造边缘转角墙（二）”三个构造详图（见图7-15），其构造特点是：剪力墙水平分布筋连续绕过边缘构件阴影区的外端，取代边缘构件的箍筋。

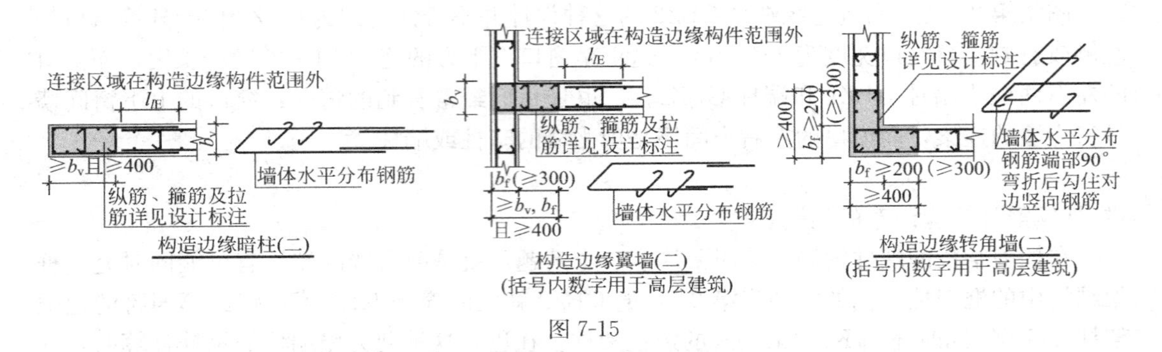

图 7-15

（2）新增“构造边缘翼墙（三）”、“构造边缘转角墙（三）”两个构造详图（见图 7-16），其构造特点：也是用剪力墙水平分布筋取代边缘构件阴影区的箍筋，所不同的是，墙体两侧的水平分布筋伸至阴影区端部交叉搭接，并钩住对边竖向钢筋。

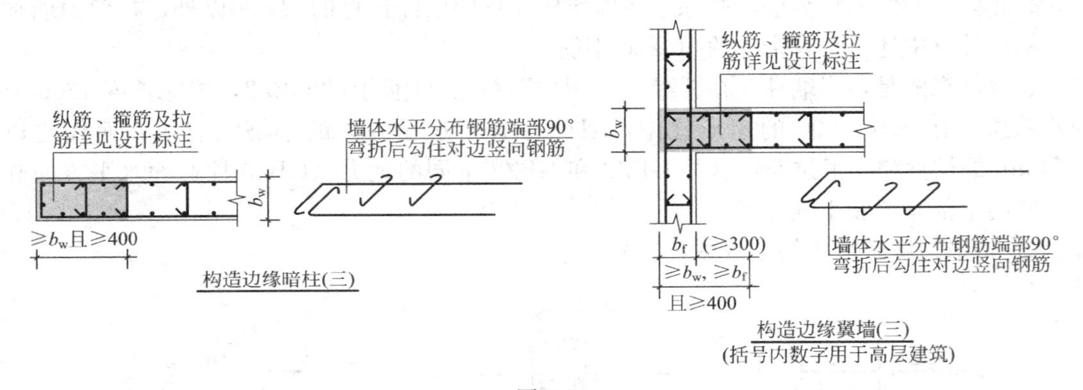

图 7-16

图集本页的两个注释说明了这两种新增构造的适用范围和注意事项：

注 1：构造边缘构件（二）、（三）用于非底层加强部位，当构造边缘构件的箍筋、拉筋位置（标高）与墙体水平分布筋相同时采用，此构造做法应由设计者指定后使用。

注 2：构造边缘暗柱（二）、构造边缘翼墙（二）中墙体水平分布筋宜在构造边缘构件范围外错开搭接，连接做法见第 71 页。

〖问〗

16G101-1 第 77 页中构造边缘构件（二）、（三）中，非底部加强部位的墙身水平分布筋代替构造边缘构件的箍筋，是可以全部替代吗？还是如约束边缘构件有个 30%的比例？

〖答〗

16G101-1 第 77 页“构造边缘构件（二）、（三）”的注 1 指出：

“构造边缘暗柱（二）、（三）用于非底部加强部位，当构造边缘构件内箍筋、拉筋位置（标高）与墙体水平分布筋相同时采用，此构造做法应由设计指定之后使用。”

大前提是：“应由设计指定之后使用”。

小前提是：“当构造边缘构件内箍筋、拉筋位置（标高）与墙体水平分布筋相同时采用”。

这里存在两种可能性：

（1）一种可能性是：某些（标高）层次的箍筋、拉筋与墙体水平分布筋相同，因而采用上述“构造边缘暗柱（二）、（三）”，而另外一些（标高）层次的箍筋、拉筋与墙体水平分布筋不同，不能采用上述做法。

这正如图集 76 页的约束边缘暗柱、转角墙、翼墙一样，当“位置（标高）相同时”则采用墙体水平分布筋，而当“位置（标高）不同时”仍采用箍筋与拉筋——要不然，何来的“计入的墙水平分布筋的体积配箍率不应大于总体积配箍率的 30%”之说呢？

当然，构造边缘构件不存在“体积配箍率”之说，但这种“局部采用”的可能性是存在的。

（2）另一种可能性是：构造边缘构件内所有的箍筋、拉筋位置（标高）都与墙体水平分布筋相同时，因而全部采用墙体水平分布筋。

前一种可能性是“局部采用”，后一种可能性是“全部采用”，至于实际工程遇到的是哪一种？需要具体问题具体分析，谁来分析？当然是结构设计师，这不是施工人员能够操心的问题。如果设计师“指定”了这种工程做法，在施工图上明文规定了，那么施工人员就踏踏实实去执行好了。

3）构造边缘构件纵向钢筋连接构造

图集第 73 页标出了剪力墙边缘构件纵向钢筋连接构造：

机械连接构造：第一个连接点距楼板顶面或基础顶面≥500mm，相邻钢筋交错连接，错开距离 $35d$。焊接构造与机械连接构造类似。

搭接构造：搭接长度 l_{lE}，交错搭接，错开距离≥$0.3l_{lE}$。

〖关于搭接连接的讨论〗

我和一些结构设计师讨论过钢筋的搭接连接和机械连接、焊接连接问题，他们说，钢筋直径在 20mm 以上时不宜采用绑扎搭接连接。

我也和一些施工单位的工程技术人员讨论过这些问题，他们说，不少施工组织设计都提出：钢筋直径在 14mm 以上时都采用机械连接和对焊连接，只有在钢筋直径在 14mm 以内时才使用绑扎搭接连接。

16G101-1 第 73 页“剪力墙边缘构件纵向钢筋连接构造”的注 1 指出：

“约束边缘构件阴影部分、构造边缘构件、扶壁柱及非边缘暗柱的纵筋搭接长度范围内，箍筋直径应不小于纵向搭接钢筋最大直径的 0.25 倍，箍筋间距不大于 100。”

而 11G101-1 的这条注释为：“箍筋间距不大于纵向搭接钢筋最小直径的 5 倍，且不大于 100mm。”当时有的施工技术人员提出，当搭接钢筋直径较小时（例如 12mm），5 倍钢筋直径为 60mm，加密箍筋的间距过小。现在 16G101-1 取消了“箍筋间距不大于纵向搭接钢筋最小直径的 5 倍”的限制，改为“箍筋间距不大于 100”，比较切合施工实际了。

在实际施工中，尽量采用机械连接和焊接连接，这样可以不进行连接点的箍筋加密。

7.4.2 约束边缘构件构造

约束边缘构件构造见 16G101-1 图集第 75 页，规定了约束边缘暗柱和端柱纵筋和箍筋的构造，以及暗柱和端柱纵向钢筋的连接构造。

（1）约束边缘端柱与构造边缘端柱的共同点和不同点

它们的共同点是在矩形柱的范围内布置纵筋和箍筋。其纵筋和箍筋布置与框架柱类似，尤其是在框剪结构中端柱往往会兼当框架柱的作用。

约束边缘端柱与构造边缘端柱的不同点是：

1）约束边缘端柱的"λ_v区域"，也就是阴影部分（即配箍区域），不但包括矩形柱的部分，而且伸出一段翼缘，从图集第13页和图集第75页都可以看到，这段伸出翼缘的净长度为300mm。

但是，不能由此断定约束边缘端柱的伸出翼缘就一定是300mm，在本图集第23页上墙柱表中的YBZ2有伸出净长度为600mm的端柱翼缘。所以，我们只能说，当设计上没有定义约束边缘端柱的翼缘长度时，我们就把端柱翼缘净长度定义为300mm；而当设计上有明确的端柱翼缘长度标注时，就按设计要求来处理（图7-17）。

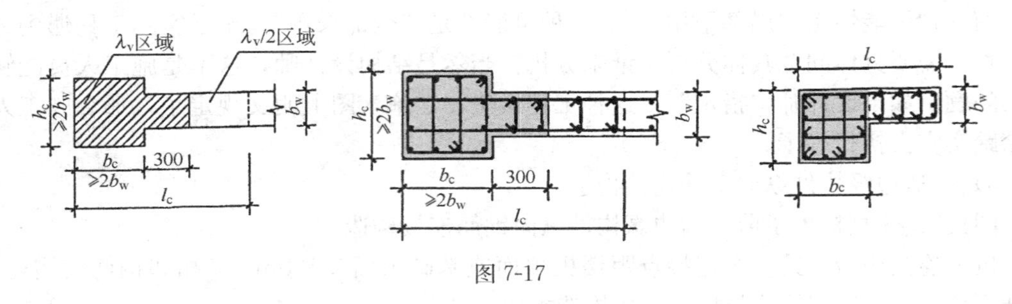

图7-17

2）与构造边缘端柱不同的是，约束边缘端柱还有一个"$\lambda_v/2$区域"，即图集第13～14页和图集第75页的"虚线部分"。这部分的配筋特点为加密拉筋：普通墙身的拉筋是"隔一拉一"或"隔二拉一"，而在这个"虚线区域"内是每个竖向分布筋都设置拉筋。

（2）约束边缘暗柱与构造边缘暗柱的共同点和不同点

它们的共同点是在暗柱的端部或者角部都有一个阴影部分（即配箍区域）。在第75页图中的引注标明"纵筋、箍筋及拉筋详设计标注"。

凡是拉筋都应该拉住纵横方向的钢筋，所以，暗柱的拉筋也要同时钩住暗柱的纵筋和箍筋。

约束边缘暗柱与构造边缘暗柱的不同点是：

约束边缘暗柱除了阴影部分（即配箍区域）以外，在阴影部分与墙身之间还存在一个"非阴影区"，这个"非阴影区"有两种配筋方式：

1）非阴影区设置拉筋：

此时，非阴影区的配筋特点为加密拉筋：普通墙身的拉筋是"隔一拉一"或"隔二拉一"，而在这个非阴影区是每个竖向分布筋都设置拉筋（图7-18）。

在实际工程中，在这个非阴影区还可能出现墙身垂直分布筋加密的情况，这样一来，不仅拉筋的根数增加了，而且垂直分布筋的根数也增加了。

2）非阴影区外围设置封闭箍筋：

16G101-1第75页还给出了一个"非阴影区外围设置封闭箍筋"的构造，并且还按照约束边缘暗柱、约束边缘端柱、约束边缘翼墙、约束边缘转角墙分别画出"非阴影区外围设置封闭箍筋"时，非阴影区设置的封闭箍筋和阴影区的箍筋的相互关系示意图

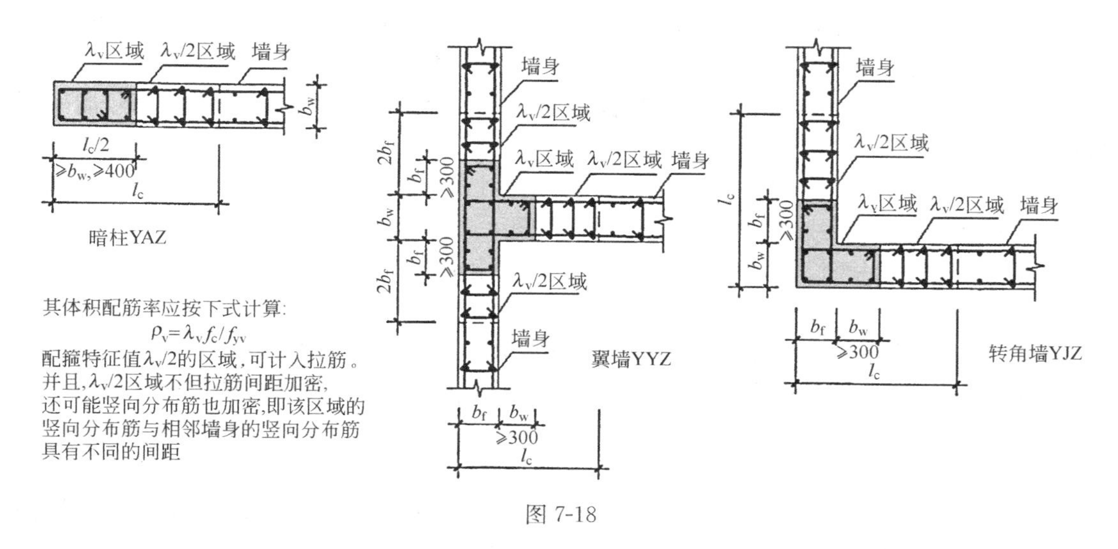

图 7-18

（见图 7-19）。

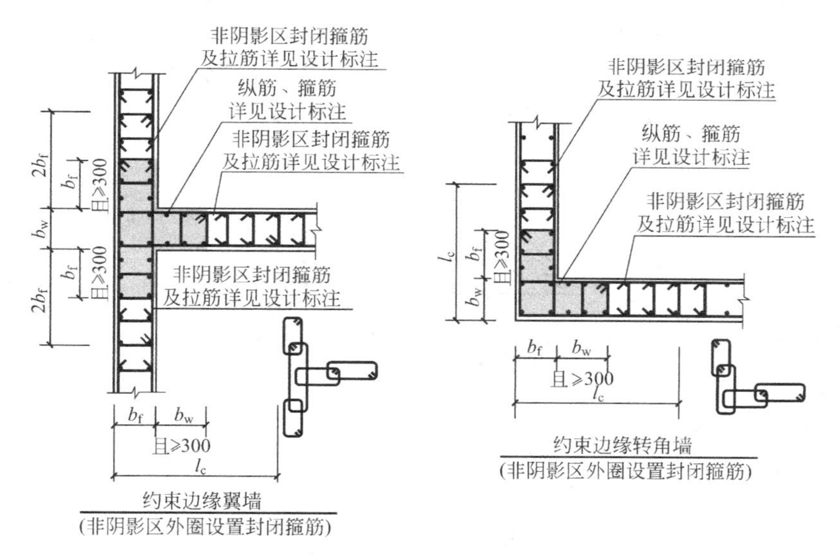

图 7-19

图中的要点是：

当非阴影区设置外围封闭箍筋时，该封闭箍筋伸入到阴影区内一倍纵向钢筋间距，并箍住该纵向钢筋。封闭箍筋内设置拉筋，拉筋应同时钩住竖向钢筋和外封闭箍筋。（这是06G901-1 给我们的提示）

16G101-1 第 15 页提醒设计施工时应注意：

在剪力墙平面布置图中需注写约束边缘构件非阴影区内布置的拉筋或箍筋直径，与阴影区箍筋直径相同时，可不注。（言下之意是：当施工图中约束边缘构件非阴影区内的拉筋或箍筋直径没有标注的时候，表示“与阴影区箍筋直径相同”。）

本图集约束边缘构件非阴影区拉筋是沿剪力墙竖向分布钢筋逐根设置。施工时应注意，非阴影区外圈设置箍筋时，箍筋应包住阴影区内第二列竖向纵筋（见本图集第75页图）。当设计采用与本构造详图不同的做法时，应另行注明。

在阅读图集第75页时，注意注2后面增加的一句话："非阴影区箍筋、拉筋竖向间距同阴影区。"

还有新增加的注3："当约束边缘构件内箍筋、拉筋位置（标高）与墙体水平分布筋相同时可采用详图（一）或（二），不同时采用详图（二）。"

非阴影区外围是否设置封闭箍筋或满足条件时由剪力墙水平分布筋替代，具体方案由设计确定。

（3）剪力墙水平分布筋计入约束边缘构件体积配箍率的构造做法

16G101-1第76页给出了一个"剪力墙水平分布筋计入约束边缘构件体积配箍率的构造做法"（见图7-20）。

请读者注意，图7-20是按照11G101的图形绘制的，当时给人的印象是"水平分布筋和暗柱箍筋为分层间隔布置，即一层水平分布筋、一层箍筋，再一层水平分布筋、一层箍筋……"，其实不然。16G101-1第76页的每个构造详图中，在所有非阴影区外圈设置封闭箍筋的图例旁都加上了引注："当墙水平分布钢筋与约束边缘构件箍筋位置（标高）不同时"——这就是说，当墙水平分布钢筋与约束边缘构件箍筋位置（标高）相同时，采用墙体水平分布筋伸入暗柱端部取代暗柱箍筋的做法；而墙水平分布钢筋与约束边缘构件箍筋位置（标高）不同时，则采用非阴影区封闭箍筋的做法。

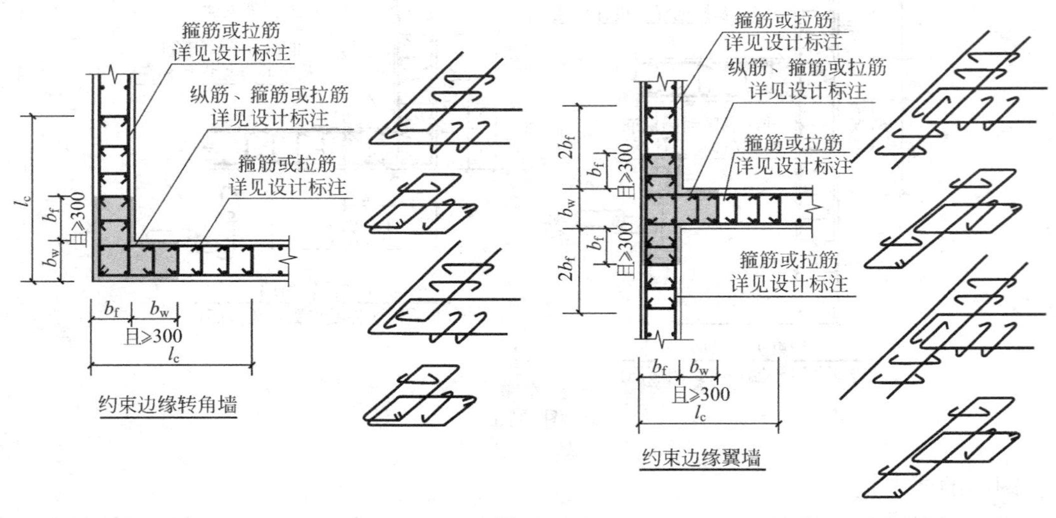

图7-20

16G101-1第76页的注1指出："计入的墙水平分布钢筋的体积配箍率不应大于总体积配箍率的30%。"

"计入的墙水平分布筋"又分为两种做法：

一种做法是：剪力墙水平分布筋连续绕过边缘构件阴影区的外端，取代边缘构件的箍筋。这就是"约束边缘暗柱（一）"、"约束边缘翼墙（一）"、"约束边缘转角墙"的做法。

本页注 3 指出："详图（一）中墙体水平分布筋宜在 l_c范围外错开连接，连接做法详见的 71 页。"

另一种做法是：墙体两侧的水平分布筋伸至阴影区端部交叉搭接，并钩住对边竖向钢筋。这就是"约束边缘暗柱（二）"、"约束边缘翼墙（二）"的做法。

图中只画出了"阴影区"的构造，但在本页注 3 指出"约束边缘构件非阴影区部位构造做法详见本图集第 71 页"（即我们在上一条说到的构造做法）。

在图集第 72 页只画出约束边缘暗柱、约束边缘转角墙和约束边缘翼墙的构造图，但是在本页注 2 指出："约束边缘端柱水平分布筋的构造做法参照约束边缘暗柱"。可见，剪力墙水平分布筋计入约束边缘构件体积配箍率的构造做法同样适用于约束边缘端柱。

（4）约束边缘构件的适用范围

约束边缘构件适用于较高抗震等级剪力墙的较重要部位，其纵筋、箍筋配筋率和形状有较高的要求。设置约束边缘构件和构造边缘构件的范围请参见《混凝土结构设计规范》GB 50010—2010 第 11.7.17 条：

11.7.17 剪力墙两端及洞口两侧应设置边缘构件，并宜符合下列要求：

1 一、二、三级抗震等级剪力墙，在重力荷载代表值作用下，当墙肢底截面轴压比大于表 11.7.17 规定时，其底部加强部位及其以上一层墙肢应按本规范第 11.7.18 条的规定设置约束边缘构件；当墙肢轴压比不大于表 11.7.17 规定时，可按本规范第 11.7.19 条的规定设置构造边缘构件；

剪力墙设置构造边缘构件的最大轴压比 表 11.7.17

抗震等级（设防烈度）	一级（9 度）	一级（7、8 度）	二级、三级
轴压比	0.1	0.2	0.3

2 部分框支剪力墙结构中，一、二、三级抗震等级落地剪力墙的底部加强部位及以上一层的墙肢两端，宜设置翼墙或端柱，并应按本规范第 11.7.18 条的规定设置约束边缘构件；不落地的剪力墙，应在底部加强部位及以上一层剪力墙的墙肢两端设置约束边缘构件；

3 一、二、三级抗震等级的剪力墙的一般部位剪力墙以及四级抗震等级剪力墙，应按本规范第 11.7.19 条设置构造边缘构件；

4 对框架一核心筒结构，一、二、三级抗震等级的核心筒角部墙体的边缘构件尚应按下列要求加强：底部加强部位墙肢约束边缘构件的长度宜取墙肢截面高度的 1/4，且约束边缘构件范围内宜全部采用箍筋；底部加强部位以上宜按本规范图 11.7.18 的要求设置约束边缘构件。

16G101-1 第 21 页的第 2.6.1 条要求："在剪力墙平法施工图中应注明底部加强部位高度范围，以便使施工人员明确在该范围内应按照加强部位的构造要求进行施工。"

〖工程中见到的约束边缘构件〗

1）"底部加强部位"的楼层采用约束边缘构件，而以上楼层采用构造边缘构件。

什么是"底部加强部位"？本图集的例子工程的楼层划分表中看"底部加强部位"——就是第一层和第二层。在我们遇到的许多工程中，的确存在这种情况，即"底部加强部位”的第一层和第二层（甚至第三层）的墙肢端部采用约束边缘构件，而以上楼层采用构造边缘构件。

用这个观点来理解03G101-1图集第49页的“注1”，就能够理解其内涵了。图集第49页的“注1”说到：

“本图的剪力墙约束边缘构件，仅用于一、二级抗震设计的剪力墙底部加强部位及其以上一层墙肢。”

这段话的意思是，一、二级抗震设计的剪力墙底部加强部位及其以上一层墙肢端部，适宜采用图集所提供的约束边缘端柱和约束边缘暗柱的构造，这是第一层的意思；还有第二层的意思，这个图集所提供的约束边缘端柱和约束边缘暗柱的构造，仅仅适用于一、二级抗震设计的剪力墙底部加强部位及其以上一层墙肢，言下之意是除了这些部位，在剪力墙结构的其他部位上也有可能采用约束边缘构件，这时只能由结构设计师出示约束边缘端柱和约束边缘暗柱的具体构造，而不能简单地套用图集的构造。

16G101-1第22页的工程例子也说明了上述问题。这个工程的“底部加强部位”是第一层和第二层，于是这两个楼层及其以上一层（即“第三层”）都采用了约束边缘构件。

但是，处于“底部加强部位”的边缘构件不一定是约束边缘构件。例如03G101-1图集第19页例子工程的“－0.030～59.070剪力墙平法施工图”上，所出现的端柱和暗柱全部是构造边缘端柱和构造边缘暗柱，然而“－0.030～59.070”这个标高范围正是包括了第一层和第二层这个“底部加强部位”。对于这个现象的解释，只能说明当前的情况是符合《建筑抗震设计规范》GB 50011—2010第6.4.5条第1款的规定。

2）同一楼层可能同时出现约束边缘构件和构造边缘构件，在工程施工和做工程预算时须注意。

有人问：我怎样知道某个暗柱或端柱是约束边缘构件还是构造边缘构件呢？这个问题很简单，看这个暗柱或端柱的编号就可以了：编号的头字母为Y的就是约束边缘构件，编号的头字母为G的就是构造边缘构件。

3）约束边缘构件在非阴影区内一般布置拉筋，正如图7-16所示；但在实际工程中也可能布置箍筋，这时设计师要给出非阴影区布置箍筋的具体构造要求。正如16G101-1图集第71页所引注的话“箍筋或拉筋详设计标注”。

4）约束边缘构件在非阴影区会发生竖向分布筋加密，同时导致拉筋也跟着加密：

从16G10-1图集第75页约束边缘暗柱的非阴影区（即$\lambda_v/2$区域）可以看到，这个“虚线区域”内是每个竖向分布筋都设置拉筋，而普通墙身的拉筋是“隔一拉一”或“隔二拉一”。

但是在实际工程中，还可能遇到在这个“非阴影区”内不仅是加密拉筋的问题，而且竖向分布筋也进行了加密，而拉筋的根数也随着竖向分布筋根数的增加而增加。这种情况在施工中和做工程预算时都要予以注意。

7.5 剪力墙身的基本构造

剪力墙身的钢筋设置包括：水平分布筋、垂直分布筋（即竖向分布筋）和拉结筋。

一般剪力墙身设置两层或两层以上的钢筋网，而各排钢筋网的钢筋直径和间距是一致的。剪力墙身采用拉筋把外侧钢筋网和内侧钢筋网连接起来。如果剪力墙身设置三层或更多层的钢筋网，拉结筋还要把中间层的钢筋网固定起来。

下面分别讨论剪力墙身的水平分布筋和垂直分布筋的构造。

7.5.1 剪力墙身水平钢筋构造

剪力墙身的主要受力钢筋是水平分布筋，所以我们首先讨论水平分布筋的构造。16G101-1 图集第 71～72 页的标题就是“剪力墙水平分布钢筋构造”。剪力墙身的水平钢筋除了水平分布筋以外，还有暗梁的纵筋和边框梁的纵筋。关于暗梁和边框梁的构造，在 16G101-1 图集中只有第 78 页中给出一个断面图，因此，可以认为暗梁纵筋和边框梁纵筋在剪力墙身的构造、包括暗梁纵筋和边框梁纵筋在暗柱和端柱中的连接构造，都可以参考图集第 71～72 页的相应节点构造图。所以，16G101-1 图集第 71～72 页是剪力墙结构的一个重要的构造图。

图集第 68～69 页的内容包括：水平钢筋在剪力墙身中的构造，水平钢筋在暗柱中的构造和水平钢筋在端柱中的构造。

(1) 水平钢筋在剪力墙身中的构造

1) 剪力墙多排配筋的构造

图集第 71 页的下方给出了剪力墙布置两排配筋、三排配筋和四排配筋时的构造图，其特点是：(图 7-21 给出了剪力墙钢筋绑扎图，注意拉筋钩在水平分布筋的外面)

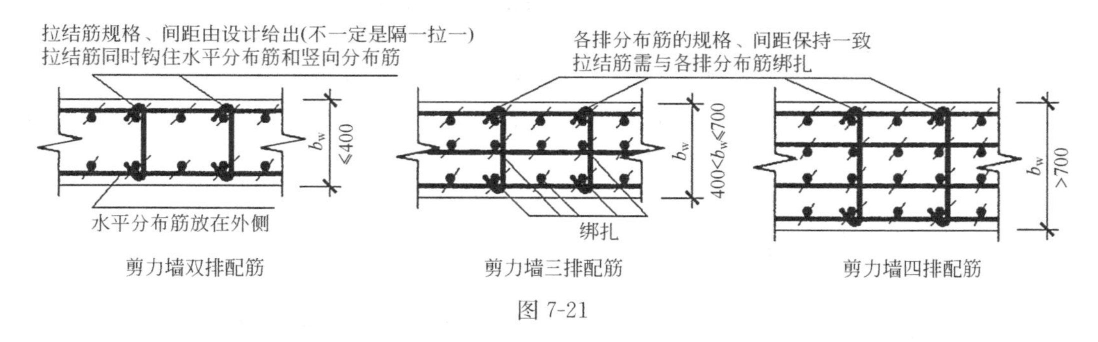

图 7-21

① 剪力墙布置两排配筋、三排配筋和四排配筋的条件为：

当墙厚度≤400mm 时，设置两排钢筋网；

当 400mm＜墙厚度≤700mm 时，设置三排钢筋网；

当墙厚度＞700mm 时，设置四排钢筋网。

② 剪力墙身的各排钢筋网设置水平分布筋和垂直分布筋。布置钢筋时，把水平分布筋放在外侧，垂直分布筋放在水平分布筋的内侧。因此，剪力墙的保护层是针对水平分布筋来说的。

③ 拉结筋要求拉住两个方向上的钢筋，即同时钩住水平分布筋和垂直分布筋。由于剪力墙身的水平分布筋放在最外面，所以拉结筋连接外侧钢筋网和内侧钢筋网，也就是把拉结筋钩在水平分布筋的外侧。这样看起来，第 71 页的图有一个缺点，即拉结筋的弯钩与水平分布筋是“一平”的，给人一种感觉即拉结筋仅仅钩住垂直分布筋——正确的画图应该把拉结筋“钩”在水平分布筋的外面。

于是就产生一个问题：拉结筋保护层的问题。有人担心拉结筋的保护层不够，剪力墙水平分布筋的保护层为 15mm，再减去拉结筋直径 8mm 的话，则拉结筋的保护层就只有 7mm。关于这个问题的解释是这样的：混凝土保护层保护一个“面”或一条“线”，但难以做到保护每一个“点”，因此，局部钢筋“点”的保护层厚度不够属正常现象。

2）剪力墙水平钢筋的搭接构造

剪力墙水平钢筋的搭接长度≥$1.2l_{aE}$，沿高度每隔一根错开搭接，相邻两个搭接区之间错开的净距离≥500mm。

3）端部无暗柱时剪力墙水平钢筋端部做法

11G101-1 图集给出了两种方案：（图 7-22 给出了配筋示意图，注意拉筋钩住水平分布筋）

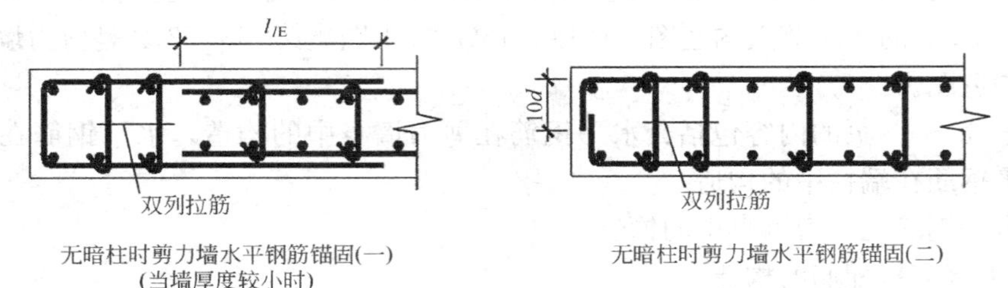

无暗柱时剪力墙水平钢筋锚固(一)
(当墙厚度较小时)

无暗柱时剪力墙水平钢筋锚固(二)

图 7-22

① 端部 U 形筋与墙身水平钢筋搭接 l_{lE}，墙端部设置双列拉筋。这种方案适用于墙厚较小的情况。（尽管 16G101-1 没给出这个构造详图，本书还是保留此图以供参考。）

② 墙身两侧水平钢筋伸至墙端弯钩 $10d$，墙端部设置双列拉筋。

实际工程中，剪力墙墙肢的端部一般都设置边缘构件（暗柱或端柱），墙肢端部无暗柱的情况应该是不多的。

（2）水平分布筋在暗柱中的构造

1）剪力墙水平分布筋在端部暗柱墙中的构造（图 7-23）：

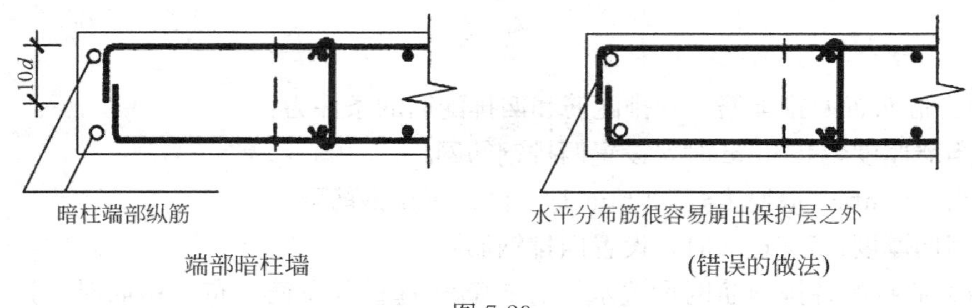

端部暗柱墙

(错误的做法)

图 7-23

剪力墙的水平分布筋从暗柱纵筋的外侧插入暗柱，伸到暗柱端部纵筋的内侧，然后弯 $15d$ 的直钩。

如何理解“剪力墙的水平分布筋从暗柱纵筋的外侧插入暗柱”这样一个现象呢？因为剪力墙水平分布筋的位置在墙身的外侧，伸入暗柱之后也不例外，这样就形成剪力墙水平分布筋在暗柱的外侧与暗柱的箍筋平行，而且与暗柱箍筋处于同一垂直层面，即在暗柱箍筋之间插空通过暗柱。

于是，引出了下面问题的讨论。

〖关于如何计算暗柱箍筋宽度的讨论〗

如何根据剪力墙的厚度来计算暗柱箍筋的宽度呢?

首先，剪力墙的保护层是针对水平分布筋、而不是针对暗柱纵筋的，所以在计算暗柱箍筋宽度时，不能套用“框架柱箍筋宽度＝柱宽度－2×保护层”这样的算法。那么，应该如何计算呢?

这个问题不是一个简单公式就能解决了的。我们来分析一下，由于水平分布筋与暗柱箍筋处于同一垂直层面，则暗柱纵筋与混凝土保护层之间，同时隔着暗柱箍筋和墙身水平分布筋。

我们知道，箍筋的尺寸是以“净内尺寸”来表达的。因为柱纵筋的外侧紧贴着箍筋的内侧，我们就以“暗柱纵筋的外侧”作为参照物，来分析暗柱箍筋宽度的算法。我们发现，这应该是一个“分支”的算法，即有条件的算法:

当水平分布筋直径大于箍筋直径时，

暗柱箍筋宽度＝墙厚－2×保护层－2×水平分布筋直径

否则（即水平分布筋直径≤箍筋直径时），

暗柱箍筋宽度＝墙厚－2×保护层－2×箍筋直径

2）剪力墙水平钢筋在翼墙柱中的构造（图 7-24 左图）:

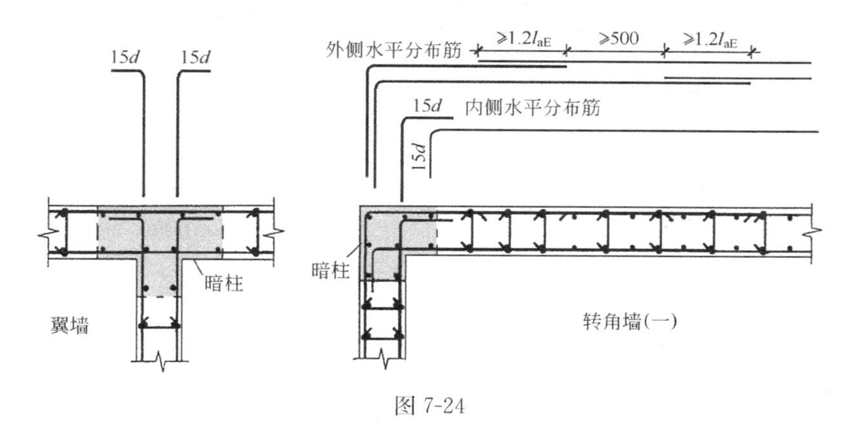

图 7-24

端墙两侧的水平分布筋伸至翼墙对边，顶着暗柱外侧纵筋的内侧后弯钩 15d。

如果剪力墙设置了三排、四排钢筋，则墙中间的各排水平分布筋同上述构造。

3）剪力墙水平钢筋在转角墙柱中的构造:

16G101-1 第 71 页“剪力墙水平分布钢筋构造”给出了 3 种转角墙构造:

① 剪力墙外侧水平分布筋连续通过转角，在转角的单侧进行搭接:

这个构造做法是 03G101-1 图集传统的构造做法（见图 7-24 的右图）。

剪力墙的外侧水平分布筋从暗柱纵筋的外侧通过暗柱，绕出暗柱的另一侧以后同另一侧的水平分布筋搭接≥1.2l_{aE}，上下相邻两排水平筋交错搭接，错开距离≥500mm。

对于剪力墙水平分布筋在转角墙柱的连接，有两种情况需要注意:

第一种情况是：剪力墙转角墙柱两侧水平分布筋直径不同时，要转到直径较小一侧搭接，以保证直径较大一侧的水平抗剪能力不减弱。

第二种情况是：当剪力墙转角墙柱的另外一侧不是墙身而是连梁的时候，墙身的外侧水平分布筋不能拐到连梁外侧进行搭接，而应该把连梁的外侧水平分布筋拐过转角墙柱，与墙身的水平分布筋进行搭接。这样做法的原因是：连梁的上方和下方都是门窗洞口，所以连梁这种构件比墙身较为薄弱，如果连梁的侧面纵筋发生截断和搭接的话，就会使本来薄弱的构件更加薄弱，这是不可取的。

剪力墙的内侧水平分布筋伸至转角墙对边纵筋内侧后弯钩 $15d$。

当剪力墙为三排、四排配筋时，中间各排水平分布筋构造同剪力墙内侧钢筋。

② 剪力墙外侧水平分布筋连续通过转角，轮流在转角的两侧进行搭接：

这是 11G101-1 图集新增的构造做法。其特点是：剪力墙外侧水平分布筋分层在转角的两侧轮流搭接（见图 7-25 的左图）。例如，图中某一层水平分布筋从某侧（水平墙）连续通过转角，伸至另一侧（垂直墙）进行搭接$\geqslant 1.2l_{aE}$；而下一层的水平分布筋则从垂直墙连续通过转角，伸至水平墙进行搭接$\geqslant 1.2l_{aE}$；再下一层的水平分布筋又从水平墙连续通过转角，伸至垂直墙进行搭接；再下一层的水平分布筋又从垂直墙连续通过转角，伸至水平墙进行搭接……

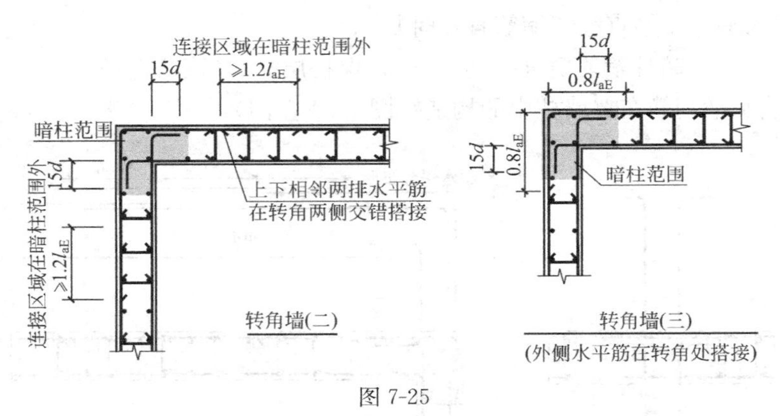

图 7-25

剪力墙内侧水平分布筋伸至转角墙对边纵筋内侧后弯钩 $15d$。

当然，我们经过上面（构造做法①）的讨论可以知道，构造做法②的条件是转角两侧的墙厚和配筋应该是相同的，不会出现前面讨论的那两种特别情况。

③ 剪力墙外侧水平分布筋在转角处搭接（见图 7-25 的右图）：

这是 11G101-1 新增的构造做法，16G101-1 又对它进行了修改。现在的做法是：剪力墙外侧水平分布筋不是连续通过转角，而是直接在转角处进行弯折搭接，每侧水平分布筋在转角另侧的弯折长度“$\geqslant 0.8l_{aE}$”。

剪力墙内侧水平分布筋伸至转角墙对边纵筋内侧后弯钩 $15d$。

以上介绍了 16G101-1 给出的 3 种转角墙构造，具体工程到底采用哪一种构造，要看该工程的设计师在施工图中给出的明确指示。

（3）水平钢筋在端柱中的构造

1）剪力墙水平钢筋在端柱端部墙中的构造：（图 7-26 右图）。

剪力墙水平钢筋伸至端柱对边，然后弯 $15d$ 的直钩。

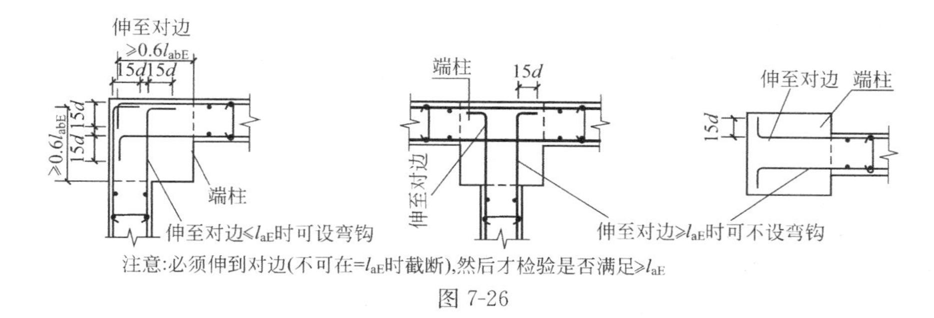

图 7-26

剪力墙水平钢筋伸至对边≥l_{aE}时可不设弯钩，但必须伸至端柱对边竖向钢筋内侧位置。

〖关于“伸至对边”的讨论〗

〖问〗

11G101-1 图集在剪力墙水平钢筋构造时多次出现“伸至对边”，如何理解“伸至对边”的含义?

〖答〗

如果当前墙肢的对边有一个剪力墙的钢筋网（我们知道，剪力墙的钢筋网外层为水平分布筋，内层为竖向分布筋），则当前墙的水平分布筋应该是伸至对边的竖向分布筋上；

如果当前墙水平分布筋伸入的是暗柱或端柱，则水平分布筋应该是伸至对边暗柱或端柱对边的外侧纵筋的内侧。

2）剪力墙水平钢筋在端柱翼墙中的构造（图 7-26 中图）：

剪力墙水平钢筋伸至端柱对边，然后弯 15d 的直钩。

剪力墙水平钢筋伸至对边≥l_{aE}时可不设弯钩，但必须伸至端柱对边竖向钢筋内侧位置。

3）剪力墙水平钢筋在转角墙端柱中的构造（图 7-26 左图）：

16G101-1 第 72 页给出了 3 种“端柱转角墙”的构造。其中的要点是：剪力墙外侧水平分布筋从端柱纵筋的外侧伸入端柱，伸至端柱对边（即伸至端柱角部纵筋的内侧），然后弯 15d 的直钩；同时保证水平分布筋的弯锚平直段长度≥0.6l_{abE}（这是一个验算条件）。

剪力墙内侧水平钢筋伸至端柱对边，然后弯 15d 的直钩。

剪力墙内侧水平钢筋伸至对边≥l_{aE}时可不设弯钩，但必须伸至端柱对边竖向钢筋内侧位置。

〖关于剪力墙身拉筋的讨论〗

〖问〗

剪力墙身的拉结筋与梁侧面纵向构造钢筋的拉筋有何相同点和不同点?

〖答〗

它们的相同点是：凡是拉筋都应该拉住纵横方向的钢筋。梁的拉筋要同时钩住梁的侧面纵向构造钢筋和箍筋；而剪力墙身的拉结筋要同时钩住水平分布筋和垂直分布筋。

剪力墙身拉结筋与梁侧面纵向构造钢筋拉筋的不同点：

1）定义的方式不同

梁侧面纵向构造钢筋的拉筋在施工图中不进行定义，而由施工人员和预算人员根据16G101-1图集的有关规定来自行处理其钢筋规格和间距。

然而，剪力墙身的拉结筋必须由设计师在施工图上明确定义。

2）具体的工程做法不同

梁侧面纵向构造钢筋拉结筋的间距是梁非加密区箍筋间距的两倍，也就是“隔一拉一”的做法，这是固定的做法。

但是，剪力墙身拉筋的间距不一定是“隔一拉一”的做法。

当剪力墙身水平分布筋和垂直分布筋的间距设计为200mm，而拉结筋间距设计为400mm时，就是“隔一拉一”的做法；

然而，当剪力墙身水平分布筋和垂直分布筋的间距设计为200mm，而拉结筋间距设计为600mm时，就是“隔二拉一”的做法。

〖问〗

如何实现剪力墙身拉结筋的“隔一拉一”和“隔二拉一”？

有的说法是，剪力墙身拉结筋按“梅花”状设置，到底是怎样的绑扎方法？

〖答〗

16G101-1第16页已经给出了两种布置拉结筋的方法：一种是“矩形”方式，另一种是“梅花”方式。在施工图中应注明拉筋采用“矩形”或“梅花”方式。具体如何布置，在16G101-1第16页中已经给出了明确的图样，此处不再叙述。

至于拉筋的根数如何计算？可以通过图集第16页的大样图来推算。方法可以是：“单位面积计数法”——采用“数”出图中布置拉筋的个数，推算出单位面积布置多少根拉筋。

16G101-1第74页的“注”有助于我们确定拉筋的计算范围：“剪力墙层高范围最下一排拉结筋位于底部板顶以上第二排水平分布钢筋位置处，最上一排拉结筋位于层顶部板底（梁底）以下第一排水平分布钢筋位置处。”

〖问〗

通过“隔一拉一”和“隔二拉一”的讨论，我们可以进行拉筋根数的计算了。如何计算剪力墙身拉筋的长度呢？

〖答〗

我们在讲述梁侧面纵向构造钢筋的拉筋时就说过，拉筋是同时钩住纵横两向的钢筋的，对于梁来说，拉筋是同时钩住箍筋和侧面纵向构造钢筋的。

现在，剪力墙身拉结筋就是要同时钩住水平分布筋和垂直分布筋。

另外，从前面对于剪力墙的分析可以知道，剪力墙的保护层是对于剪力墙身水平分布筋而言的。这样，剪力墙的厚度减去保护层就到了水平分布筋的外侧，而拉结筋钩在水平分布筋之外。

根据上述分析，拉结筋的直段长度（就是工程钢筋表中的标注长度）的计算公式为：

拉结筋直段长度＝墙厚－2×保护层＋2×拉结筋直径

知道了拉筋的直段长度，再加上拉筋弯钩长度，就得到拉筋的每根长度。但如何计算拉筋的弯钩长度呢？我们从16G101-1图集第62页知道，拉筋弯钩的平直段长度为10d。

于是，我们可以从已知的知识来推导出未知的知识。众所周知，光面圆钢筋的 180°小弯钩长度是：一个弯钩为 $6.25d$，两个弯钩为 $12.5d$；而 180°小弯钩的平直段长度为 $3d$，小弯钩的一个平直段长度比拉筋少 $7d$，则两个平直段长度比拉筋少 $14d$。

由此可知拉筋两个弯钩的长度为 $12.5d+14d=26.5d$，考虑到角度差异，可取其为 $26d$。

所以，拉筋每根长度＝拉筋直段长度＋$26d$

这个计算公式适用于剪力墙的墙柱（约束边缘构件、构造边缘构件）和墙梁（连梁、暗梁、边框梁）的拉筋长度计算，但不适用于剪力墙身分布钢筋的拉结筋长度计算，因为拉结筋的弯钩平直段长度是 $5d$ 而不是 $10d$。也就是说，拉结筋的每根长度比剪力墙其他构件的拉筋缩短了 $10d$。

因此，拉结筋每根长度＝拉结筋直段长度＋$16d$

即：拉结筋每根长度＝墙厚－2×保护层＋2×拉结筋直径＋$16d$

〖问〗

在规范上和 16G101-1 图集第 78 页上的暗梁断面图规定暗梁的下部纵筋处不要布置外侧的水平分布筋。在计算本楼层剪力墙水平分布筋根数的时候，是否把楼层层高除以水平分布筋的间距之后，还要减去暗梁纵筋位置上的一根水平分布筋？

〖答〗

计算本楼层剪力墙水平分布筋根数的时候，一般是用楼层层高除以水平分布筋的间距来求得水平分布筋的根数。在具体施工时，墙身水平分布筋也是自下而上地按照间距进行布置，除非某根水平分布筋刚好遇到暗梁纵筋的位置，这根水平分布筋才不须设置；但是，更多的情况是，水平分布筋与暗梁纵筋的距离是“半个间距”，此时暗梁纵筋不影响墙身水平分布筋的布置。

目前，工地现场使用竖向的“梯子筋”来控制墙身水平分布筋的绑扎，这是一个很好的办法。在制作这样的“梯子筋”时，应该考虑到暗梁纵筋对水平分布筋的影响。

7.5.2 剪力墙墙身竖向钢筋构造

16G101-1 图集第 70 页的内容包括：垂直分布筋在剪力墙身中的构造、剪力墙竖向钢筋顶部构造、剪力墙变截面处竖向钢筋构造和剪力墙竖向分布筋连接构造。

在阅读 11G101-1 图集剪力墙构造的有关内容时，需要分清楚“竖向钢筋”和“竖向分布筋”这两个不同名词的不同内涵：竖向钢筋包括墙身的竖向分布筋和墙柱（暗柱和端柱）的纵向钢筋，而“竖向分布筋”仅仅包括剪力墙身钢筋网中的垂直分布筋（即竖向分布筋）。

例如，该页的“剪力墙竖向钢筋顶部构造”就包含了墙柱和墙身。

（1）垂直分布筋（即竖向分布筋）在剪力墙身中的构造

图集第 73 页左部给出了剪力墙布置两排配筋、三排配筋和四排配筋时的构造图，其特点我们在上一节“剪力墙多排配筋的构造”中已经详细讲过了，在这里不再重复。

其实，图集第 73 页左部的三图和图集第 71 页下部的三图，只不过是同一事物不同侧面的反映：图集第 71 页下部的三图是剪力墙身在水平方向的断面图，而图集第 73 页左部三图是剪力墙身在垂直方向的断面图，它们描述的都是剪力墙多排钢筋网的钢筋构造。

在暗柱内部（指暗柱阴影区）不布置剪力墙竖向分布钢筋。第一根竖向分布钢筋距暗柱主筋中心1/2竖向分布钢筋间距的位置绑扎。

（2）剪力墙竖向钢筋顶部构造

“剪力墙竖向钢筋顶部构造”包含墙柱和墙身的竖向钢筋顶部构造。

图集第74页给出了两幅剪力墙竖向钢筋顶部构造（墙体顶部为暗梁）：左图为边柱或边墙的竖向钢筋顶部构造；中图为中柱或中墙的竖向钢筋顶部构造。它们的共同点是（图7-27）：

剪力墙竖向钢筋伸入屋面板或楼板顶部，然后弯直钩≥12d。

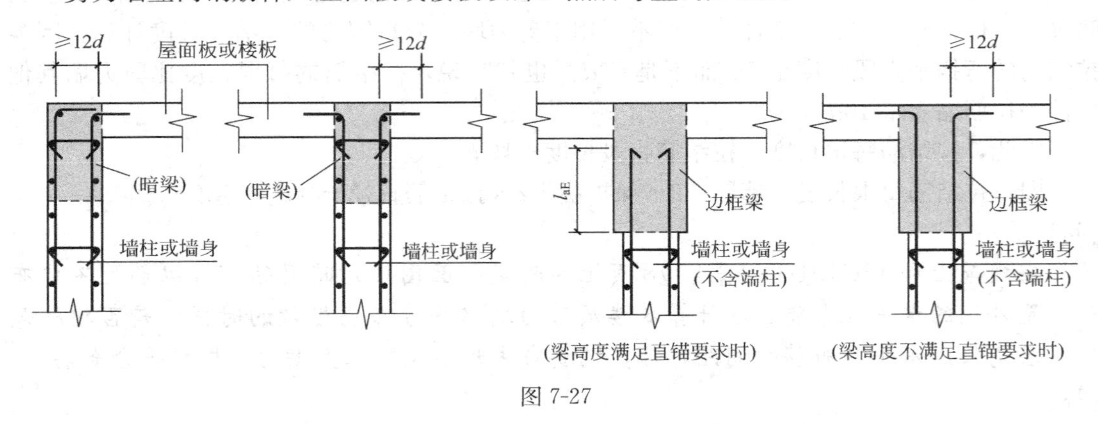

图7-27

16G101-1第74页还给出了两个剪力墙竖向钢筋顶部构造（墙体顶部为边框梁），见图7-27。

其中11G101原有的构造详图为“梁高度满足直锚要求时”，墙体竖向钢筋（竖向分布筋或暗柱纵筋）伸入边框梁“l_{aE}”。

16G101-1新增的构造详图为“梁高度不满足直锚要求时”，墙体竖向钢筋（竖向分布筋或暗柱纵筋）伸至边框梁顶部，然后弯折12d。

（3）剪力墙变截面处竖向钢筋构造

“剪力墙变截面处竖向钢筋构造”见图集第70页。图7-28给出了剪力墙变截面处竖向钢筋计算示意图，下面讲述一下对这几幅变截面构造图的理解。

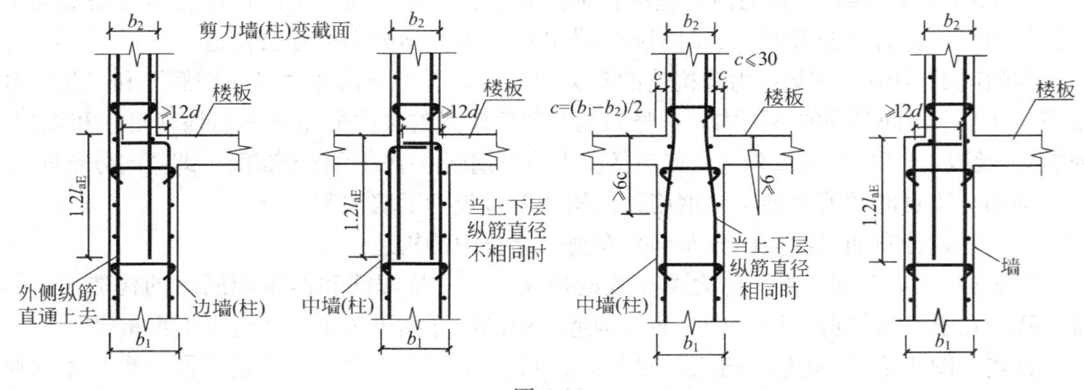

图7-28

1）中墙的竖向钢筋变截面构造：

图集第 74 页的下部给出了四幅剪力墙变截面处竖向钢筋构造图：

左图和右图为边墙的竖向钢筋变截面构造；

中间两图是中墙的竖向钢筋变截面构造，这两幅图的钢筋构造做法分别为：中左图的构造做法为当前楼层的墙身的竖向钢筋伸到楼板顶部以下然后弯折到对边切断，上一层的墙身竖向钢筋插入当前楼层 $1.2l_{aE}$；中右图的做法是当前楼层的墙身的竖向钢筋不切断，而是以 1/6 钢筋斜率的方式弯曲伸到上一楼层。

虽然我们可以说，竖向钢筋不切断而以 1/6 钢筋斜率的方式弯曲伸到上一楼层，这样的做法是符合“能通则通”的精神的，在框架柱变截面构造中也有类似的做法，但是与框架柱又有所不同。框架柱变截面构造以“变截面斜率≤1/6”作为柱纵筋弯曲上通的控制条件，而剪力墙变截面构造只是把斜率等于 1/6 作为钢筋弯曲上通的具体做法。另外一个不同点就是：框架柱纵筋的“1/6 斜率”完全在框架梁柱的交叉节点内完成（即斜钢筋整个位于梁高范围内），但剪力墙的斜钢筋如果要在楼板之内完成“1/6 斜率”是不可能的，竖向钢筋早在楼板下方很远的地方就开始进行弯折。

2）边墙的竖向钢筋变截面构造（图 7-28 左图和右图）：

边墙外侧的竖向钢筋垂直地通到上一楼层，这符合“能通则通”的原则。

边墙内侧的竖向钢筋伸到楼板顶部以下然后弯折≥$12d$，上一层的墙柱和墙身竖向钢筋插入当前楼层 $1.2l_{aE}$。

3）上下楼层竖向钢筋规格发生变化时的处理：

上下楼层的竖向钢筋规格发生变化，我们不妨称之为“钢筋变截面”。此时的构造做法可以选用图集第 70 页中图的做法：当前楼层的墙身的竖向钢筋伸到楼板顶部以下然后弯折≥$12d$，上一层的墙身竖向钢筋插入当前楼层 $1.2l_{aE}$。

（4）剪力墙垂直分布筋（即竖向分布筋）连接构造

16G101-1 第 73 页给出剪力墙身竖向分布钢筋的连接构造（见图 7-29）。至于剪力墙边缘构件纵向钢筋连接构造在图集第 73 页另图给出。

1）搭接构造：

① 一、二级抗震剪力墙底部加强部位竖向分布钢筋搭接构造：

剪力墙身竖向分布筋的搭接长度≥$1.2l_{aE}$，相邻竖向分布筋错开 500mm 进行搭接。

② 一、二级抗震剪力墙底部非加强部位，或三、四级抗震等级，或非抗震剪力墙竖向分布钢筋搭接构造：

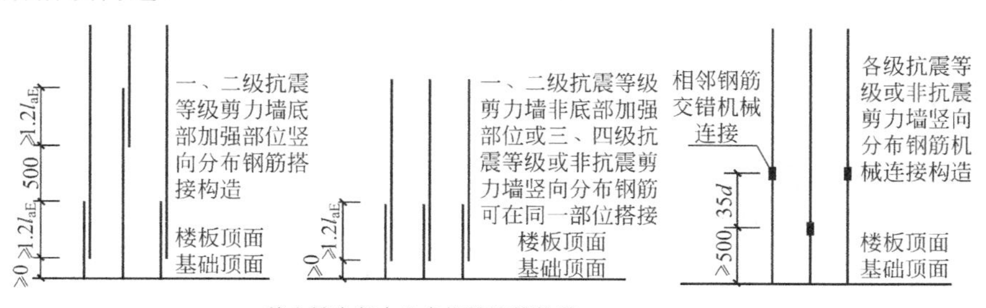

图 7-29

剪力墙身竖向分布筋的搭接长度≥$1.2l_{aE}$，可在同一部位进行搭接。

2）机械连接构造：

剪力墙身竖向分布筋可在楼板顶面或基础顶面≥500mm处进行机械连接，相邻竖向分布筋的连接点错开35d的距离。

剪力墙边缘构件纵向钢筋机械连接构造要求与剪力墙身竖向分布筋相同。

3）焊接构造：

剪力墙身竖向分布筋的焊接构造要求与机械连接类似，只是相邻竖向分布筋的连接点错开距离的要求，除了35d以外，还要求≥500mm。其实，后面这个要求当钢筋直径≥14mm时自然满足。

剪力墙边缘构件纵向钢筋焊接构造要求与剪力墙身竖向分布筋相同。

16G101-1第21页的第3.6.2条指出："当剪力墙中有偏心受拉墙肢时，无论采用何种直径的竖向钢筋，均应采用机械连接或焊接接长，设计者应在剪力墙平法施工图中加以注明。"

（5）小墙肢的处理（16G101-1把小墙肢称为"矩形截面独立墙肢"）

11G101-1第70页的注1指出：端柱、小墙肢的竖向钢筋与箍筋构造与框架柱相同。抗震竖向钢筋构造详见第57页到62页——这些页面内容就是：框架柱KZ纵向钢筋连接构造、KZ边柱和角柱柱顶纵向钢筋构造、KZ中柱柱顶纵向钢筋构造、KZ柱变截面位置纵向钢筋构造和KZ箍筋加密区范围。

图集第70页的注2对小墙肢有一个明确的解释：本图集所指小墙肢为截面高度不大于截面厚度4倍的矩形截面独立墙肢。

〖问〗

如何计算剪力墙竖向分布筋的根数？剪力墙第一根竖向分布筋在什么位置上开始布置？

〖答〗

竖向分布筋根数计算的原理如下：假设墙肢的两端设有暗柱，把墙身两端暗柱角筋之间的这段距离，除以竖向分布筋的间距（有小数则进1），得出N个间隔数，就布置$N-1$根竖向分布筋。如果前面的除法刚好整除，则第一根竖向分布筋在距暗柱角筋1个间距的位置开始设置；如果前面的除法有小数，则第一根竖向分布筋到暗柱角筋的距离就小于1个间距。因此，在开始布筋之前，要规划好竖向分布筋的具体位置。

目前，工地现场使用水平的"梯子筋"来控制墙身竖向分布筋的绑扎，这是一个很好的办法。

7.5.3 地下室外墙

11G101-1新增了地下室外墙的标注和地下室外墙的构造，这是原来08G101-5的内容。16G101-1继承了11G101-1的做法。

7.5.3.1 地下室外墙的标注

地下室外墙的表示方法见16G101-1第19～20页。其适用范围为：地下室外墙仅适用于起挡土作用的地下室外围护墙。地下室外墙中墙柱、连梁及洞口等的表示方法同地上剪力墙。下面只介绍地下室外墙墙身的注写方式。

地下室外墙平面注写方式，包括集中标注墙体编号、厚度、贯通筋、拉筋等和原位标注附加非贯通筋等两部分内容。当仅设置贯通筋，未设置附加非贯通筋时，则仅做集中标注。地下室外墙平法施工图平面注写示例见 16G101-1 第 25 页。

1. 地下室外墙集中标注的内容：

（1）注写地下室外墙编号，包括代号 DWQ、序号、墙身长度（注为××～××轴）。

（2）注写地下室外墙厚度 b_w=×××。

（3）注写地下室外墙的外侧、内侧贯通筋和拉结筋：

1）以 OS 代表外墙外侧贯通筋。其中，外侧水平贯通筋以 H 打头注写，外侧竖向贯通筋以 V 打头注写。

2）以 IS 代表外墙内侧贯通筋。其中，内侧水平贯通筋以 H 打头注写，内侧竖向贯通筋以 V 打头注写。

3）以 tb 打头注写拉筋直径、强度等级及间距，并注明“矩形”或“梅花”。

〖例〗16G101-1 第 25 页的地下室外墙平法施工图平面注写示例：

DWQ1（①～⑥），bw=250

OS：HΦ18@200，VΦ20@200

IS：HΦ16@200，VΦ18@200

tbφ6@400@400 矩形

表示 1 号外墙，长度范围为①～⑥之间，墙厚为 250；外侧水平贯通筋为Φ18@200，竖向贯通筋为Φ20@200；内侧水平贯通筋为Φ16@200，竖向贯通筋为Φ18@200；矩形布置拉结筋为φ6，水平间距为 400，竖向间距为 400。

2. 地下室外墙的原位标注

地下室外墙的原位标注，主要表示在外墙外侧配置的水平非贯通筋或竖向非贯通筋。

（1）水平非贯通筋（标注示例见 16G101-1 第 25 页）

当配置水平非贯通筋时，在地下室墙体平面图上原位标注。在地下室外墙外侧绘制粗实线段代表水平非贯通筋，在其上注写钢筋编号并以 H 打头注写钢筋强度等级、直径、分布间距，以及自支座中线向两边跨内的伸出长度值。当自支座中线向两侧对称伸出时，可仅在单侧标注跨内伸出长度，另一侧不注，此种情况下非贯通筋总长度为标注长度的 2 倍。边支座处非贯通钢筋的伸出长度值从支座外边缘算起。

地下室外墙外侧非贯通筋通常采用“隔一布一”方式与集中标注的贯通筋间隔布置，其标注间距应与贯通筋相同，两者组合后的实际分布间距为各自标注间距的 1/2。

（2）竖向非贯通筋（标注示例见 11G101-1 第 25 页）

当在地下室外墙外侧底部、顶部、中层楼板位置配置竖向非贯通筋时，应补充绘制地下室外墙竖向剖面图并在其上原位标注。表示方法为在地下室外墙竖向剖面图外侧绘制粗实线段代表竖向非贯通筋，在其上注写钢筋编号并以 V 打头注写钢筋强度等级、直径、分布间距，以及向上（下）层的伸出长度值，并在外墙竖向截面图名下注明分布范围（××～××轴）。

注：竖向非贯通纵筋向层内的伸出长度值注写方式：

1. 地下室外墙底部非贯通钢筋向层内的伸出长度值从基础底板顶面算起。

2. 地下室外墙顶部非贯通钢筋向层内的伸出长度值从板底面算起。

3. 中层楼板处非贯通钢筋向层内的伸出长度值从板中间算起，当上下两侧伸出长度值相同时可仅注写一侧。

7.5.3.2 地下室外墙的构造

16G101-1 第 82 页“地下室外墙 DWQ 钢筋构造”，主要讲述地下室外墙水平钢筋构造和地下室外墙竖向钢筋构造。

1.“地下室外墙水平钢筋构造”：

（1）地下室外墙水平钢筋分为：外侧水平贯通筋、外侧水平非贯通筋，内侧水平贯通筋。

（2）角部节点构造（“①”节点）：地下室外墙外侧水平筋在角部弯折搭接，每侧水平筋在转角另侧的弯折长度“$\geqslant 0.8l_{aE}$”——“当转角两边墙体外侧钢筋直径及间距相同时可连通设置”；地下室外墙内侧水平筋伸至对边后弯 15d 直钩。

（3）外侧水平贯通筋非连接区：端部节点“$l_{n1}/3$，$H_n/3$ 中较小值”，中间节点“$l_{nx}/3$，$H_n/3$ 中较小值”；外侧水平贯通筋连接区为相邻“非连接区”之间的部分。（“l_{nx}为相邻水平跨的较大净跨值，H_n 为本层层高”）

〖关于水平贯通筋的注意事项〗

1）是否设置水平非贯通筋由设计人员根据计算确定，非贯通筋的直径、间距及长度由设计人员在设计图纸中标注。

2）上述“$l_{n1}/3$，$H_n/3$”、“$l_{nx}/3$，$H_n/3$”的起算点为扶壁柱或内墙的中线。扶壁柱、内墙是否作为地下室外墙的平面外支承应由设计人员根据工程具体情况确定，并在设计文件中明确。当扶壁柱、内墙不作为地下室外墙的平面外支承时，水平贯通筋的连接区域不受限制。

2.“地下室外墙竖向钢筋构造”：

（1）地下室外墙竖向钢筋分为：外侧竖向贯通筋、外侧竖向非贯通筋，内侧竖向贯通筋，还有“墙顶通长加强筋”（按具体设计）。

按照 16G101-1 第 82 页的“地下室外墙竖向钢筋构造”，外墙外侧竖向贯通筋设置在外侧，水平贯通筋设置在竖向贯通筋之内。当具体工程的钢筋的排布与本图集不同时（如将水平筋设置在外层），应按设计要求进行施工。

（2）角部节点构造：

“②”节点（顶板作为外墙的简支支承）：地下室外墙外侧和内侧竖向钢筋伸至顶板上部弯 12d 直钩。

“③”节点（顶板作为外墙的弹性嵌固支承）：地下室外墙外侧竖向钢筋伸至板顶后向板内弯折，弯折水平段长度＝15d；顶板上部纵筋伸至墙外侧向下弯折，直到满足顶板上部纵筋与地下墙外侧竖向钢筋的搭接长度等于 l_{lE}（l_l）。顶板下部纵筋伸至墙外侧后弯 15d 直钩；地下室外墙内侧竖向钢筋伸至顶板上部后弯 15d 直钩。

外墙和顶板的连接节点做法②、③的选用由设计人员在图纸中注明。

（3）外侧竖向贯通筋非连接区：底部节点“$H_{-2}/3$”，中间节点为两个“$H_{-x}/3$”，顶部节点“$H_{-1}/3$”；外侧竖向贯通筋连接区为相邻“非连接区”之间的部分。（“H_{-x}为

H_{-1}和H_{-2}的较大值”）

内侧竖向贯通筋连接区：底部节点“$H_{-2}/4$”，中间节点：楼板之下部分“$H_{-2}/4$”，楼板之上部分“$H_{-1}/4$”。

地下室外墙与基础的连接同普通剪力墙，见 16G101-3 第 64 页。

7.6 剪力墙暗梁 AL 钢筋构造

剪力墙暗梁的钢筋种类包括：纵向钢筋、箍筋、拉筋、暗梁侧面的水平分布筋。

16G101-1 图集关于剪力墙暗梁 AL 钢筋构造只有在图集第 78 页的一个断面图，所以我们可以认为暗梁的纵筋是沿墙肢方向贯通布置，而暗梁的箍筋也是沿墙肢方向全长布置，而且是均匀布置，不存在箍筋加密区和非加密区（注意：第 78 页连梁构造详图对暗梁不适用）。

关于暗梁要掌握下面几方面的内容。

1）暗梁是剪力墙的一部分，所以，暗梁纵筋不存在“锚固”的问题，只有“收边”的问题。

暗梁对剪力墙有阻止开裂的作用，是剪力墙的一道水平线性加强带。暗梁一般设置在剪力墙靠近楼板底部的位置，就像砖混结构的圈梁那样。

注意：暗梁的概念不要与剪力墙洞口补强暗梁混为一谈。剪力墙洞口补强暗梁的纵筋仅布置到洞口两侧 l_{aE}处，而暗梁的纵筋贯通整个墙肢；剪力墙洞口补强暗梁仅在洞口范围内布箍筋（从洞口侧壁 50mm 处开始布第一个箍筋），而暗梁的箍筋在整个墙肢范围内都要设置。

2）墙身水平分布筋按其间距在暗梁箍筋的外侧布置（图 7-30）。

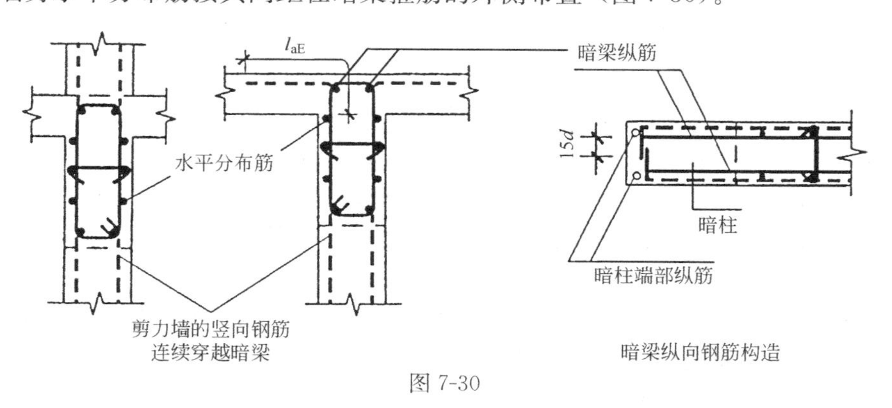

图 7-30

从 03G101-1 图集第 51 页的题注中可以看到：当设计未注写时，侧面构造钢筋同剪力墙水平分布筋。暗梁隐藏在墙内，墙身水平分布筋在整个墙面（包括暗梁区域）满布也是很自然的事情。16G101-1 第 78 页的题注只写道“侧面纵筋详见具体工程设计”。

从图集第 78 页的断面图来看，在暗梁上部纵筋和下部纵筋的位置上不需要布置水平分布筋。但是，整个墙身的水平分布筋按其间距布置到暗梁下部纵筋时，可能不正好是一个水平分布筋间距，此时的墙身水平分布筋是否还按其间距继续向上布置，就看施工人员的安排了。

3）墙身垂直分布筋穿越暗梁（图 7-30 左图和中图）：

剪力墙的暗梁不是剪力墙身的支座，暗梁本身是剪力墙的加强带。所以，当每个楼层的剪力墙顶部设置有暗梁时，剪力墙竖向钢筋不能锚入暗梁：如果当前层是中间楼层，则剪力墙竖向钢筋穿越暗梁直伸入上一层；如果当前层是顶层，则剪力墙竖向钢筋应该穿越暗梁锚入现浇板内。（在这里有个概念要弄清楚：剪力墙竖向分布钢筋弯折伸入板内的构造不是“锚入板中”，而是完成墙与板的相互连接，因为板不是墙的支座。）

4）暗梁的箍筋：

（A）暗梁箍筋的尺寸和位置，不仅与工程预算有关，而且与工程施工有关。在这里，我们首先分析一下暗梁箍筋宽度计算的算法。

暗梁箍筋的宽度计算不能和框架梁箍筋宽度计算那样用梁宽度减两倍保护层来得到，其主要区别在于框架梁的保护层是针对梁纵筋，而暗梁的保护层（和墙身一样）是针对水平分布筋的。

由于暗梁的宽度也就是墙的厚度，所以，暗梁的宽度计算以墙厚作为基数。当墙厚减去两侧的保护层，就到了水平分布筋的外侧；再减去两个水平分布筋直径，才到了暗梁箍筋的外侧；再减去两个暗梁箍筋直径，这才到达暗梁箍筋的内侧——此时就得到暗梁箍筋的宽度尺寸。所以暗梁箍筋宽度 b 的计算公式就是：

箍筋宽度 b＝墙厚－2×保护层－2×水平分布筋直径－2×箍筋直径

（B）关于暗梁箍筋的高度计算，这是一个颇有争议的话题。由于暗梁的上方和下方都是混凝土墙身，所以不存在面临一个保护层的问题。因此，在暗梁箍筋高度计算中，是采用暗梁的标注高度尺寸直接作为暗梁箍筋的高度，还是需要把暗梁的标注高度减去保护层？人们往往采用下面的计算公式：（我们认定暗梁的标注高度时箍筋外围高度）

箍筋高度 h＝暗梁标注高度－2×钢筋直径

（C）关于暗梁箍筋根数的计算：

暗梁箍筋的分布规律，不但影响箍筋个数的计算，而且直接影响钢筋施工绑扎的过程。我们在前面说过：暗梁在墙肢的全长布置箍筋，但这只是一个宏观的说法。那么在微观上，暗梁箍筋将如何分布呢？在实际施工中，经常有人提出这样的问题：在墙肢端部的暗柱内部是否布置暗梁箍筋呢？回答是否定的。那么，暗梁的第一根箍筋距暗柱多少距离开始布置呢？权威的答案是：距暗柱主筋中心为暗梁箍筋间距的 1/2 的地方布置暗梁的第一根箍筋。

5）暗梁的拉筋：《剪力墙梁表》主要定义暗梁的上部纵筋、下部纵筋和箍筋，不定义拉筋的规格和间距。而拉筋的直径和间距可从图集第 78 页的注 4 中获得：

拉筋直径：当梁宽≤350mm 时为 6mm，梁宽＞350mm 时为 8mm，拉筋间距为两倍箍筋的间距，竖向沿侧面水平筋隔一拉一。

暗梁拉筋的计算同剪力墙身拉筋（我们在前面已经介绍过了）。

6）暗梁的纵筋：16G101-1 图集第 78 页只给出暗梁的一个断面图，而且该页上方的连梁钢筋构造图不适用于暗梁。那么，暗梁纵筋执行什么样的构造呢？由于暗梁纵筋也是布置在剪力墙身上的水平钢筋，因此可以参考图集第 71～72 页的剪力墙身水平钢筋构造。

从暗梁的基本概念也可以知道，暗梁的长度是整个墙肢，所以暗梁纵筋也应该贯通整个墙肢。暗梁纵筋在墙肢端部的收边构造是弯 $15d$ 直钩。在图集第 71～72 页可以看到水平钢筋在暗柱和端柱中的构造。

（A）暗梁纵筋在暗柱中的构造：

① 剪力墙暗梁纵筋在端部暗柱墙中的构造（图 7-30 右图）：

剪力墙的暗梁纵筋从暗柱纵筋的内侧伸入暗柱，伸到暗柱端部纵筋的内侧，然后弯 $15d$ 的直钩。

〖关于“剪力墙暗梁纵筋与暗柱纵筋”的讨论〗

〖问〗

剪力墙水平分布筋从暗柱纵筋的外侧伸入暗柱。

如果说剪力墙暗梁纵筋参考剪力墙身水平钢筋构造，那么，剪力墙的暗梁纵筋也是从暗柱纵筋的外侧伸入暗柱吗？

还是说，仿照框架柱与框架梁的“柱包梁”，则暗柱纵筋应该在暗梁纵筋的外面？

〖答〗

框架柱与框架梁的“柱包梁”关系，是因为框架柱是框架梁的支座。而不论暗柱纵筋与暗梁纵筋是“柱包梁”还是“梁包柱”，暗柱都不是暗梁的支座，因为暗柱和暗梁都是剪力墙的一个组成部分。

剪力墙水平分布筋从暗柱纵筋的外侧伸入暗柱——这是正确的做法。

但是，剪力墙的暗梁纵筋是不是从暗柱纵筋的外侧伸入暗柱？这需要一步一步地进行分析：

在前面讲到暗柱钢筋构造时，讲到水平分布筋和暗柱箍筋共同处在第一个层次（即在剪力墙的最外边），而暗柱的纵筋处在第二个层次——在剪力墙身中，垂直分布筋也是处在第二个层次。

现在，在暗梁中，水平分布筋处在第一个层次，暗梁箍筋和垂直分布筋共同处在第二个层次，而暗梁纵筋则处在第三个层次。

综合以上的分析，我们终于看清楚了：在剪力墙中，暗柱的纵筋处在第二个层次，而暗梁纵筋处在第三个层次——这就是说，暗梁纵筋在暗柱纵筋之内伸入暗柱。

〖综合分析剪力墙各种钢筋的层次关系〗

综合分析剪力墙各种钢筋的层次关系，弄清楚哪些钢筋同处在第一层次？哪些钢筋同处在第二层次？第三层次上又有哪些钢筋？对于我们今后分析剪力墙各部分的构造大有益处。

第一层次的钢筋有：水平分布筋、暗柱箍筋；

第二层次的钢筋有：垂直分布筋、暗柱纵筋、暗梁箍筋、连梁箍筋；

第三层次的钢筋有：暗梁纵筋、连梁纵筋。

上述分析结果的应用：例如我们要分析连梁纵筋在两端暗柱上的锚固时，我们就能够清楚地知道，连梁纵筋在暗柱纵筋之内伸入暗柱。

上面对于各种钢筋在剪力墙之内的层次关系时，没有考虑边框梁的箍筋和端柱的箍筋——当边框梁和端柱凸出墙面之外时，边框梁的箍筋和端柱的箍筋处于“特外层次”，即处在水平分布筋之外；当然，此时箍筋角部的边框梁纵筋和端柱纵筋也处在水平分布筋之外。

② 剪力墙暗梁纵筋在翼墙柱中的构造：

端墙的暗梁纵筋伸至翼墙对边，顶着暗柱外侧纵筋的内侧后弯钩 $15d$。这个构造形式同16G101-1图集第72页右上角“翼墙”图中的水平分布筋构造。

(B) 暗梁纵筋在端柱中的构造：

① 当端柱凸出墙面之外时：

前面在分析剪力墙各种钢筋的层次关系时，我们已经指出：当端柱凸出墙面之外时，端柱的箍筋处于“特外层次”，即处在水平分布筋之外，此时箍筋角部的端柱纵筋也处在水平分布筋之外；

但是，暗梁的纵筋处在水平分布筋和暗梁箍筋之内；

所以，暗梁的纵筋在端柱纵筋之内伸入端柱。

② 当“端柱外侧面与墙身一平”时：

我们一步一步地分析一下当“端柱外侧面与墙身一平”时各种钢筋的层次关系：

剪力墙的水平分布筋从端柱外侧绕过端柱，此时的水平分布筋与端柱箍筋处在第一层次；

此时，垂直分布筋、暗梁箍筋和端柱外侧纵筋处在第二层次；

而这时的暗梁纵筋也还是处在第三层次。

所以，暗梁的纵筋也还是在端柱纵筋之内伸入端柱。

16G101-1图集第79页指出，暗梁端部在边框柱的节点做法同框架结构。具体工程的施工中要与结构设计师落实具体的节点做法，尤其是顶层暗梁在端部边框柱的节点构造。

7.7 剪力墙边框梁BKL配筋构造

剪力墙边框梁的钢筋种类包括：纵向钢筋、箍筋、拉筋、边框梁侧面的水平分布筋。

16G101-1图集关于剪力墙边框梁BKL钢筋构造只有在图集第78页的一个断面图。(注意第78页连梁构造详图对边框梁不适用)

关于边框梁要掌握下面几方面的内容。

(1) 边框梁是剪力墙的一部分

边框梁纵筋不存在“锚固”的问题，只有“收边”的问题。

(2) 墙身水平分布筋按其间距在边框梁箍筋的内侧通过

从03G101-1图集第51页的题注中可以看到：当设计未注写时，侧面构造钢筋同剪力墙水平分布筋。墙身水平分布筋按其间距在边框梁箍筋的内侧通过。因此，边框梁侧面纵筋的拉筋是同时钩住边框梁的箍筋和水平分布筋。(11G101-1第74页题注只写道“侧面纵筋详见具体工程设计”。)

从图集第78页的断面图来看，在边框梁上部纵筋和下部纵筋的位置上不需要布置水平分布筋。

(3) 墙身垂直分布筋穿越边框梁（见图7-31左图）

剪力墙的边框梁不是剪力墙身的支座，边框梁本身也是剪力墙的加强带。所以，当剪力墙顶部设置有边框梁时，剪力墙竖向钢筋不能锚入边框梁：如果当前层是中间楼层，则剪力墙竖向钢筋穿越边框梁直伸入上一层；如果当前层是顶层，则剪力墙竖向钢筋应该穿越边框梁锚入现浇板内。(在这里有个概念要弄清楚：剪力墙竖向分布钢筋弯折伸入板内的构造不是“锚入板中”，而是完成墙与板的相互连接，因为板不是墙的支座。）

〖关于墙竖向钢筋“锚入”边框梁的讨论〗

〖问〗

剪力墙上有KL，就是所谓的边框梁吧。请问墙钢筋还要与板连接一个长度吗？还是锚入KL里就可以呢？

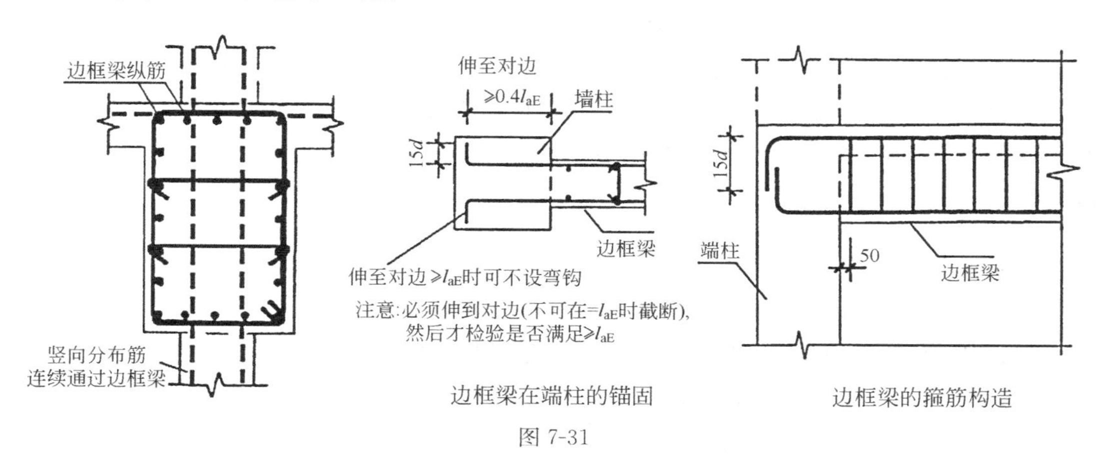

边框梁在端柱的锚固　　边框梁的箍筋构造

图 7-31

〖答〗

如果框架梁延伸入剪力墙内其性质就发生了改变，成为“剪力墙中的边框梁”，设计时要正确对其编号（即不能继续以KL作为编号，而应该把梁的编号改为BKL），并按相应注写规定标注。施工时按16G101-1第78页相应构造，剪力墙水平分布筋在边框梁箍筋之内通过边框梁。边框梁不是梁，可以认为它也是剪力墙的加强带，是剪力墙的“边框”。

剪力墙竖向钢筋不能锚入边框梁：如果当前层是中间楼层，则剪力墙竖向钢筋穿越边框梁直伸入上一层；如果当前层是顶层，则剪力墙竖向钢筋应该穿越边框梁锚入现浇板内。

（4）边框梁的箍筋（图7-31右图）

关于边框梁的构造，在16G101-1图集中只有第78页的一个断面图，所以我们可以认为边框梁的纵筋是沿墙肢方向贯通布置，而边框梁的箍筋也是沿墙肢方向全长布置，而且是均匀布置，不存在箍筋加密区和非加密区。

边框梁一般都与端柱建立联系。由于端柱的钢筋构造同框架柱，因此可以认为边框梁的第一个箍筋在端柱外侧50mm处开始布置。

（5）边框梁的拉筋

《剪力墙梁表》主要定义边框梁的上部纵筋、下部纵筋和箍筋，不定义拉筋的规格和间距。而拉筋的直径和间距可从图集第78页的注4中获得：

拉筋直径：当梁宽≤350时为6mm，梁宽>350时为8mm，拉筋间距为两倍箍筋的间距，竖向沿侧面水平筋隔一拉一。

（6）边框梁的纵筋（图7-31中图）

1）虽说“框架梁延伸入剪力墙内，就成为剪力墙中的边框梁”，但是边框梁的钢筋设置还是与框架梁大不相同的：框架梁的上部纵筋分为上部通长筋、非贯通纵筋和架立筋等，但边框梁的上部纵筋和下部纵筋都是贯通纵筋；框架梁的箍筋存在箍筋加密区和非加密区，但边框梁的箍筋沿墙肢方向全长均匀布置。

2）边框梁一般都与端柱发生联系，而端柱的竖向钢筋与箍筋构造与框架柱相同，所以，边框梁纵筋与端柱纵筋之间的关系也可以参考框架梁纵筋与框架柱纵筋的关系。这也就是说，边框梁纵筋在端柱纵筋之内伸入端柱。

3）16G101-1图集第79页指出，边框梁端部在边框柱中的节点做法同框架结构。在混凝土结构施工钢筋排布规则和构造详图中也类似表述。在具体工程施工中，要与该工程的结构设计师落实具体的节点做法，尤其是顶层边框架在端部边框柱的节点构造。

7.8　剪力墙LL配筋构造

本节内容包括剪力墙LL基本配筋构造和连梁内部的斜向交叉加强构造，后者包括剪力墙连梁LL（JG）斜向交叉钢筋构造和剪力墙连梁LL（JC）斜向交叉暗撑构造。

7.8.1　剪力墙LL基本配筋构造

剪力墙连梁LL配筋构造见16G101-1图集第78页。（图7-32给出了连梁钢筋与暗柱纵筋关系示意图）

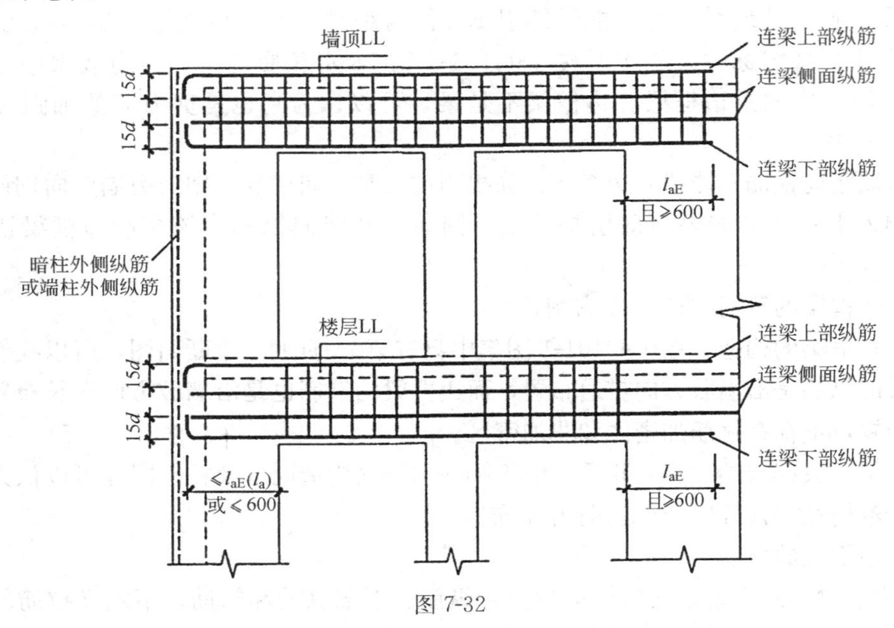

图7-32

连梁LL的配筋在《剪力墙梁表》中进行定义，在《剪力墙梁表》中定义了连梁的梁编号、梁高、上部纵筋、下部纵筋、箍筋、侧面纵筋、相对标高。

（注：连梁的上部纵筋、下部纵筋的标注格式，除了“梁表”所示外，还可以注写成：

6Φ22 4/2，6Φ22 2/4的格式。）

剪力墙连梁的钢筋种类包括：纵向钢筋、箍筋、拉筋、墙身水平钢筋。

关于连梁要掌握下面几方面的内容：

（1）连梁的纵筋

我们曾经讲过：相对于整个剪力墙（含墙柱、墙身、墙梁）而言，基础是其支座；但相对于连梁而言，其支座就是墙柱和墙身。所以，连梁的钢筋设置（包括连梁的纵筋和箍筋的设置），具备“有支座”的构件的某些特点，与“梁构件”有些类似。

连梁以暗柱或端柱为支座，连梁主筋锚固起点应当从暗柱或端柱的边缘算起。

连梁主筋锚入暗柱或端柱的锚固方式和锚固长度：

① 直锚的条件和直锚长度：

当端部洞口连梁的纵向钢筋在端支座（暗柱或端柱）的直锚长度≥l_{aE}且≥600时，可不必往上（下）弯锚；

当端部支座为小墙肢时，连梁纵向钢筋锚固与第54～59页框架梁纵筋锚固相同；

连梁纵筋在中间支座的直锚长度为l_{aE}且≥600mm。

② 弯锚长度：

当暗柱或端柱的长度小于钢筋的锚固长度或≤600时，连梁主筋伸至暗柱或端柱外侧纵筋的内侧后弯钩15d。

〖关于连梁与暗梁相接的讨论〗

〖问〗

连梁LL与暗梁AL发生局部的重叠，两个梁的纵筋如何搭接？

〖答〗

暗梁AL与连梁LL重叠的特点一般是两个梁顶标高相同，而暗梁的截面高度小于连梁，所以暗梁的下部纵筋在连梁内部穿过，我们只要关心两个梁的上部纵筋如何处理。同样，边框梁BKL与连梁LL也可能发生上述的重叠现象。

16G101-1第79页给出了“剪力墙BKL或AL与LL重叠时配筋构造”。我们在图7-33画出了AL（或BKL）纵筋与LL纵筋的配筋示意图。

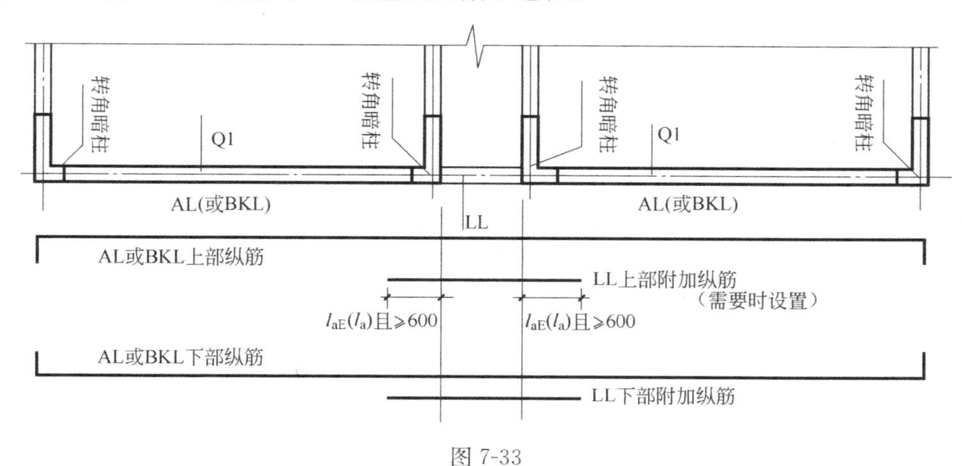

图7-33

图集第79页给出了BKL和AL与LL重叠时的断面图（见图集第79页的“1—1”断面）。

从“1—1”断面图可以看出，重叠部分的梁上部纵筋：

第一排上部纵筋为BKL或AL的上部纵筋

第二排上部纵筋为“连梁上部附加纵筋，当连梁上部纵筋计算面积大于边框梁或暗梁时需设置”。

连梁上部附加纵筋、连梁下部纵筋的直锚长度为“l_{aE}（l_a）且≥600”

以上是BKL或AL的纵筋与LL纵筋的构造。至于它们的箍筋：

由于LL的截面宽度与AL相同（LL的截面高度大于AL），所以重叠部分的LL箍筋兼做AL箍筋。但是BKL就不同，BKL的截面宽度大于LL，所以BKL与LL的箍筋是各布各的，互不相干。

（2）剪力墙水平分布筋与连梁的关系

我们讲过，连梁其实是一种特殊的墙身，它是上下楼层窗洞口之间的那部分水平的窗间墙。所以，剪力墙身水平分布筋从暗梁的外侧通过连梁，见图7-34左图。

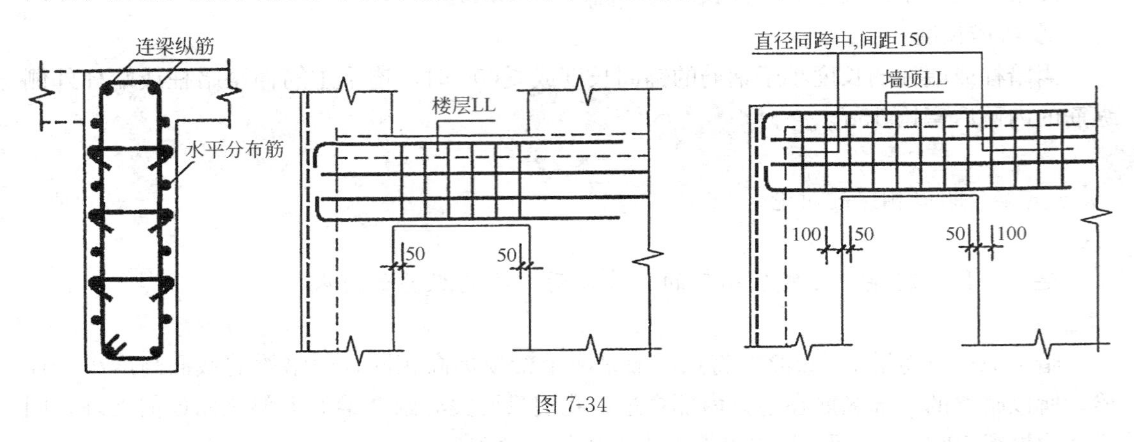

图7-34

03G101-1图集第51页的连梁LL配筋构造的注释中，以明确的文字信息表达这样的意思：

“注3：洞口范围内的连梁箍筋详具体工程设计。连梁的侧面筋，即为剪力墙的水平分布筋。”

然而，还要注意在图集第51页的连梁、暗梁和边框梁侧面纵筋和拉筋构造，在图题的下方有这样的注释：

“当连梁截面高度＞700mm时，侧面纵向构造钢筋直径应≥10mm，间距应≤200mm；当跨高比≤2.5时，侧面构造钢筋的面积配筋率应≥0.3%。”

根据这条注释，连梁的侧面纵向构造钢筋有大于水平分布筋的可能。这就要看结构设计师在具体工程中如何设计了。

〖连梁侧面纵筋的变迁〗

G101-1图集早些时候的版本，确凿地规定“连梁的侧面筋，即为剪力墙配置的水平分布筋”。

到了03G101-1图集出版“修订本”的时候，在“连梁、暗梁和边框梁侧面纵筋和拉筋构造”的题注下面，增加了“设计未注写时”的限定语，变成了“设计未注写时，侧面构造纵筋同剪力墙水平分布筋”。言下之意是，“设计”可以把连梁侧面纵筋注写成不同于水平分布筋的钢筋；如果设计未注写，则施工和预算人员可以按水平分布筋来处理。但可能是“修订”得不彻底之故，该页的注3上仍写着“连梁的侧面筋，即为剪力墙配置的水平分布筋”。

11G101-1和16G101-1列表注写方式的“剪力墙梁表”仍然没有设置“侧面纵筋”这个表头项。

图集在第3.3.2条中说：“当墙身水平分布钢筋不能满足连梁、暗梁及边框梁的梁侧面纵向构造钢筋的要求时，应补充注明梁侧面纵筋的具体数值；注写时，以大写字母N打头，接续注写直径与间距。其在支座内的锚固要求同连梁中受力钢筋。”（图集把这段话放在“截面注写方式”中去了。看来，平法施工图的剪力墙注写需要列表注写方式和截面注写方式并用了。）

图集下面还给出例子：

〖例〗N⌀10@150，表示墙梁两个侧面纵筋对称配置，强度级别为HRB400，钢筋直径为10mm，间距为150mm。

前面这段话的意思是，“当墙身水平分布钢筋能满足连梁、暗梁及边框梁的梁侧面纵向构造钢筋的要求时”，就采用墙身的水平分布筋；“当墙身水平分布钢筋不能满足连梁、暗梁及边框梁的梁侧面纵向构造钢筋的要求时”，就“以N打头”注写梁侧面纵筋的直径与间距——注写在什么地方？应该是在平法施工图上进行“原位标注”吧。

16G101-1第78页“连梁LL配筋构造”的注4指出：“连梁、暗梁及边框梁拉筋直径：当梁宽≤350时为6，梁宽>350为8，拉筋间距为2倍箍筋间距，竖向沿侧面水平筋隔一拉一。”（所以，拉筋仍是不需设计标注的。）

（3）连梁的箍筋

连梁箍筋的分布范围：

1）楼层连梁的箍筋仅在洞口范围内布置。第一个箍筋在距支座边缘50mm处设置（图7-34中图）。

2）顶层连梁的箍筋在全梁范围内布置。洞口范围内的第一个箍筋在距支座边缘50mm处设置；支座范围内的第一个箍筋在距支座边缘100mm处设置（图7-34右图）。

注意顶层连梁构造图支座范围内箍筋的引注：直径同跨中，间距150——这样的话，在“连梁表”中定义的箍筋直径和间距指的是跨中的间距，而支座范围内箍筋间距就是150mm（设计时不必进行标注）。

以上这些规定将会影响连梁箍筋根数的计算。

连梁箍筋尺寸的计算。

连梁箍筋高度的计算：根据《连梁表》的“梁高”减去两倍保护层及两倍箍筋直径。

连梁箍筋宽度的计算：我们在前面讲述暗梁的时候，详细讲述了暗梁箍筋尺寸的计算。连梁箍筋宽度b的计算公式和暗梁箍筋宽度b的计算公式完全一样，这就是：

$$箍筋宽度\ b=梁宽-2\times保护层-2\times水平分布筋直径-2\times箍筋直径$$

〖剪力墙连梁变截面构造〗

16G101-1第78页增加了“LL（三）”剖面图（连梁变截面构造）：楼板以下连梁的宽度较大，楼板以上连梁的宽度较小。

此时的连梁采用“变梁宽的箍筋”。剖面图在变梁宽处的箍筋水平段上标出附加钢筋的设置为：“不少于2根直径不小于12的钢筋”。

〖关于连梁截面高度的讨论〗

在11G101-1图集的例子中，连梁的截面高度都在2m以上，例如LL2的截面高度为2000mm，这就是说，连梁的位置是从本层窗口上沿直通到上一层的窗台处。这样设计的优点是窗口上下周围的墙整体现浇，对于外墙的安全性有利；就是施工到上一层楼板顶面的时候，要留下半个箍筋的茬口。

于是就出现了另一种形式的连梁设计，这种连梁不是通到上一楼层的窗台，而是向上通到上一层的楼面。这种设计对施工来说似乎比较方便，但是上一层楼面到窗台这部分墙体采用砖砌体墙来代替连梁。这种做法的最大缺点是砖砌体墙和周围的混凝土墙之间的整体性不好，用在高层建筑上尤其有害。

（4）连梁的拉筋

《剪力墙梁表》主要定义连梁的上部纵筋、下部纵筋和箍筋，不定义拉筋的规格和间距。而拉筋的直径和间距可从图集第78页的注4中获得：

拉筋直径：当梁宽≤350mm时为6mm，梁宽>350mm时为8mm，拉筋间距为两倍箍筋的间距，竖向沿侧面水平筋隔一拉一。

连梁拉筋的计算同剪力墙身拉筋（我们在前面已经介绍过了）。

7.8.2　剪力墙连梁（跨高比不小于5）LLk

16G101-1新增了一种剪力墙连梁（跨高比不小于5）LLk。顾名思义，这是一种“跨度/梁高≥5”的连梁。

〖剪力墙连梁LLk的标注〗

（1）16G101-1第15页的表3.2.2-2“墙梁编号”表中增加了一行：

墙梁类型	代号	序号
连梁（跨高比不小于5）	LLk	××

（2）16G101-1第17页第3.2.5条剪力墙梁表新增的第8款指出：

跨高比不小于5的连梁，按框架梁设计时（代号为LLk××），采用平面注写方式，注写规则同框架梁，可采用适当比例单独绘制，也可与剪力墙平法施工图合并绘制。

16G101-1第22、24页的例子工程中，增加了LLk的集中标注示例：

LLk1
2～9层：300×400
Φ10@100/200（2）
3Φ16；3Φ16

〖剪力墙连梁LLk配筋构造〗

剪力墙连梁LLk不但标注方式同框架梁，而且其配筋构造也同框架梁（见图7-35）。16G101-1第80页给出了LLk的配筋构造。

（1）LLk的上部纵筋：

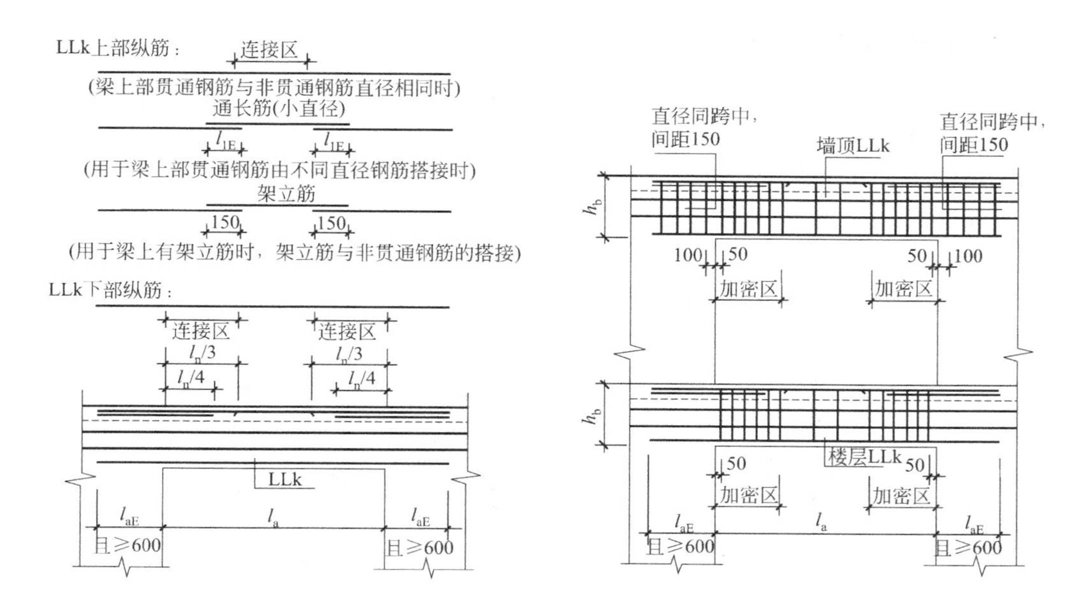

图 7-35

LLk 的上部纵筋有：上部贯通纵筋、上部非贯通纵筋和架立筋。

第一排非贯通纵筋的伸出长度为 $l_n/3$，第二排非贯通纵筋的伸出长度为 $l_n/4$。

当上部贯通纵筋（上部通长筋）与非贯通纵筋直径相同时，连接位置宜位于跨中 $l_n/3$ 范围内；当上部贯通纵筋直径小于非贯通纵筋时，上部通长筋与非贯通纵筋的搭接长度为 l_{lE}。

当 LLk 有架立筋时，架立筋与非贯通纵筋的搭接长度为 150mm。

由上可见，这些配筋构造都与框架梁相同。

（2）LLk 的下部纵筋

LLk 的下部纵筋的连接位置宜位于支座 $l_n/3$ 范围内。

（3）LLk 的侧面构造钢筋

LLk 侧面构造钢筋做法同连梁。（见图集注 4）

（4）LLk 的箍筋

LLk 的箍筋设置加密区，加密区的长度为：

抗震等级为一级：　　　$\geqslant 2.0h_b$ 且 $\geqslant 500$

抗震等级为二～四级：　$\geqslant 1.5h_b$ 且 $\geqslant 500$

LLk 在跨内的第一个箍筋在支座外 50mm 处设置。

以上这些规定也同框架梁一致。

（5）LLk 的钢筋锚固和连接

LLk 的上部纵筋和下部纵筋在支座的直锚长度都是“l_{aE} 且 $\geqslant 600$”。

图集注 2 指出：“钢筋连接要求见本图集第 59 页。”（同框架梁）

图集注 3 指出：“当梁纵筋（不包括架立筋）采用绑扎搭接接长时，搭接区内箍筋直径及间距要求见本图集第 59 页。”（同框架梁）

7.8.3 剪力墙连梁 LL（JX）交叉斜筋构造

16G101-1 图集规定：当洞口连梁截面宽度不小于 250mm 时，可采用交叉斜筋配筋；当连梁截面宽度不小于 400mm 时，可采用集中对角斜筋配筋或对角暗撑配筋。

16G101-1 第 81 页给出了连梁交叉斜筋配筋、集中对角斜筋配筋和对角暗撑配筋构造。

关于连梁斜向交叉钢筋构造要掌握下面的基本计算方法：

（1）斜向交叉钢筋的根数为 2 根。连梁斜向交叉钢筋的规格详具体设计。

（2）斜向交叉钢筋的长度计算：（钢筋计算示意图见图 7-36 左图）

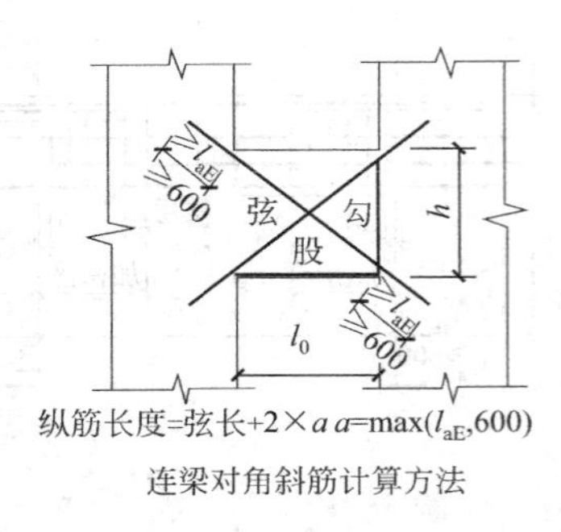

连梁对角斜筋计算方法

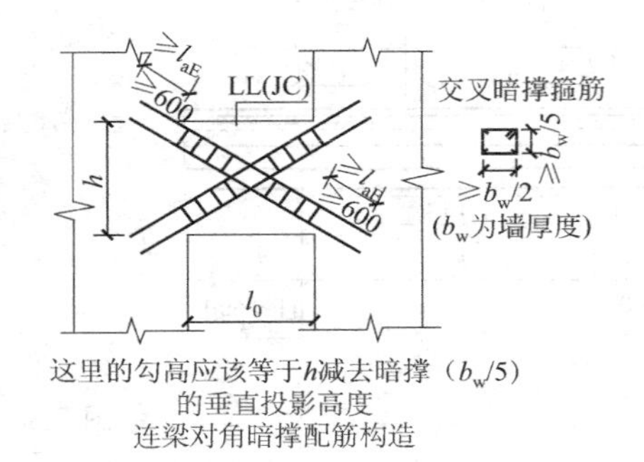

连梁对角暗撑配筋构造

图 7-36

交叉钢筋的长度可由连梁的梁高（h）和跨度（l_0）求斜长，两端再加上 l_{aE}（l_a）得到。当为“抗震”时，钢筋长度的计算公式为：

钢筋长度＝sqrt（$h\times h+l_0\times l_0$）＋2×a　　　（a＝max（l_{aE}，600））

（其中 sqrt（）为求平方根函数）

〖连梁交叉斜筋的标注〗

当连梁设有交叉斜筋时（代号为 LL（JX）××），注写连梁一侧对角斜筋的配筋值，并标注×2 表明对称设置；注写对角斜筋在连梁端部设置的拉筋根数、规格及直径，并标注×4 表示四个角都设置；注写连梁一侧折线筋配筋值，并标注×2 表明对称设置。

〖连梁交叉斜筋配筋构造〗

连梁交叉斜筋配筋构造见图 7-37 的左图。

由“折线筋”和“对角斜筋”组成。锚固长度均为“≥l_{aE}且≥600”。

“对角斜筋”就是一根贯穿连梁对角的斜筋，其长度完全按前面介绍的“对角斜筋计算方法”进行计算，即

“对角斜筋”长度＝sqrt（$h\times h+l_0\times l_0$）＋2×a

“折线筋”的一半为斜筋，其长度＝sqrt（$h\times h+l_0\times l_0$）/2＋a

“折线筋”的另一半为水平筋，其长度＝l_0/2＋a

所以，“折线筋”长度＝l_0/2＋sqrt（$h\times h+l_0\times l_0$）/2＋2×a

（a＝max（l_{aE}，600））

交叉斜筋配筋连梁的对角斜筋在梁端部位应设置拉筋，具体值见设计标注。

交叉斜筋配筋连梁的水平钢筋及箍筋形成的钢筋网之间应采用拉筋拉结，拉筋直径不宜小于6mm，间距不宜大于400mm。

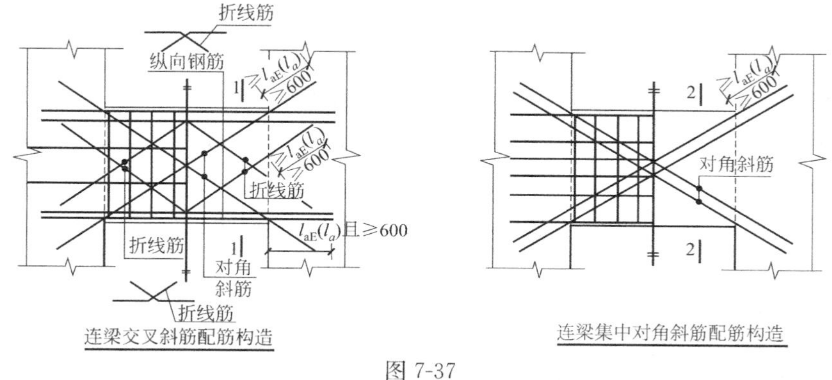

图7-37

7.8.4 剪力墙连梁LL（DX）集中对角斜筋钢筋构造

〖连梁集中对角斜筋的标注〗

当连梁设有集中对角斜筋时（代号为LL（DX）××），注写一条对角线上的对角斜筋，并标注×2表明对称设置。

〖连梁集中对角斜筋配筋构造〗

连梁集中对角斜筋配筋构造见图7-37的右图。

仅有“对角斜筋”。锚固长度为“≥l_{aE}且≥600”。连梁集中对角斜筋的纵筋长度可参照对角斜筋的算法进行计算。

集中对角斜筋配筋连梁应在梁截面内沿水平方向及竖直方向设置双向拉筋，拉筋应勾住外侧纵向钢筋，间距不应大于200mm，直径不应小于8mm。

7.8.5 剪力墙连梁LL（JC）对角暗撑构造

〖连梁集中对角暗撑的标注〗

当连梁设有对角暗撑时（代号为LL（JC）××），注写暗撑的截面尺寸（箍筋外皮尺寸）；注写一根暗撑的全部纵筋，并标注×2表明有两根暗撑相互交叉；注写暗撑箍筋的具体数值。

〖连梁对角暗撑配筋构造〗

连梁对角暗撑配筋构造示意图见图7-36的右图。

每根暗撑由纵筋、箍筋和拉筋组成。

纵筋锚固长度为“≥l_{aE}且≥600”。对角暗撑的纵筋长度可参照对角斜筋的算法进行计算。

对角暗撑配筋连梁中暗撑箍筋的外缘沿梁截面宽度方向不宜小于梁宽的一半，另一方向不宜小于梁宽的1/5；对角暗撑约束箍筋肢距不应大于350mm。

对角暗撑配筋连梁的水平钢筋及箍筋形成的钢筋网之间应采用拉筋拉结，拉筋直径不宜小于6mm，间距不宜大于400mm。

7.9 剪力墙洞口补强构造

16G101-1图集第83页给出了剪力墙洞口补强构造。

首先，这里所说的“洞口”是剪力墙身上面开的小洞，它不应该是众多的门窗洞口，后者在剪力墙结构中以连梁和暗柱所构成。

剪力墙洞口钢筋种类包括：补强钢筋或补强暗梁纵向钢筋、箍筋、拉筋。同时，引起剪力墙纵横钢筋的截断或连梁箍筋的截断。

关于剪力墙洞口要掌握下面几方面的内容。

（1）剪力墙洞口的表示方法

剪力墙洞口的表示方法详见16G101-1图集第18～19页。一般的方法是建立剪力墙洞口表。

1）剪力墙洞口表的内容包括：

洞口编号：例如 （矩形洞口） JD1 （圆形洞口） YD1

宽×高（mm）：例如（矩形洞口）1800×2100 （圆形洞口直径）300

洞口中心标高（m）：例如＋1.800 （注：“＋”号可以不输入）

补强钢筋：例如6Φ20 （当有“箍筋”时，表示每边暗梁的纵筋）

补强暗梁箍筋：例如Φ8@150 （暗梁高度为400，不须设计标注）

11G101-1图集增加了：当洞宽、洞高方向补强钢筋不一致时，分别注写洞宽方向、洞高方向补强钢筋，以“/”分隔。

〖例〗JD4 800×300 ＋3.100 3Φ18/3Φ14，表示4号矩形洞口，洞宽800，洞高300，洞口中心距本结构层楼面3100，洞宽方向补强钢筋为3Φ18，洞高方向补强钢筋为3Φ14。

当圆形洞口的直径大于800时，在洞口的上、下除了需设置补强暗梁，还要设置环向加强钢筋。所以，在进行洞口标注时，圆形洞口尚需注明环向加强钢筋的具体数值。

〖例〗YD5 1000 ＋1.800 6Φ20 Φ8@150 2Φ16，表示5号圆形洞口，直径1000，洞口中心距本结构层楼面1800，洞口上下设置补强暗梁，每边暗梁纵筋为6Φ20，箍筋为Φ8@150，环向加强钢筋2Φ16。

2）进行“洞口标注”

在剪力墙平面布置图的墙身或连梁的洞口位置上，注写洞口编号JD1（矩形洞口）或YD1（圆形洞口）。

（2）洞口引起的钢筋截断

1）墙身钢筋的截断

在洞口处被截断的剪力墙水平筋和竖向筋，在洞口处打拐扣过加强筋，直钩长度≥15d且与对边直钩交错不小于10d绑在一起（图7-38）。如果墙的厚度较小或墙水平钢筋直径较大，使水平设置的15d直钩长出墙面时，可斜放或伸至保护层位置为止。

2）连梁箍筋的截断

截断过洞口的箍筋；设置补强纵筋与补强箍筋。补强纵筋每边伸过洞口l_{aE}（l_a），洞口上下的补强箍筋的高度根据洞口中心标高和洞口高度进行计算（也可以看成是截断一个大箍成为两个小箍）。

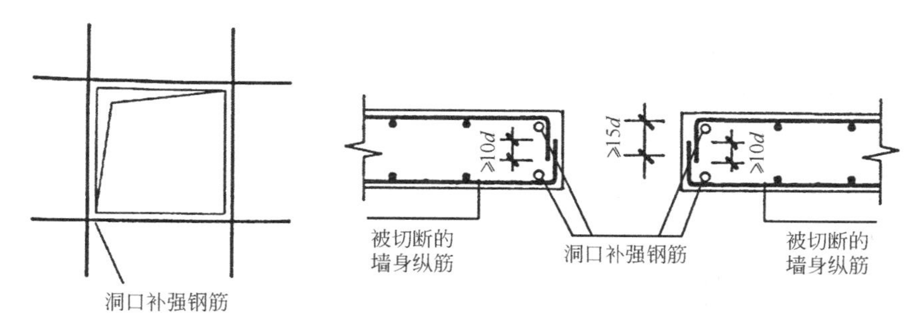

图 7-38

(3) 剪力墙洞口构造

1) 矩形洞口

(A) 洞宽、洞高均≤300mm 时

做工程预算时不扣除混凝土体积(及表面积);过洞口的钢筋不截断;设置补强钢筋。

(洞口标注例)　JD1　300×300　3.100

16G101-1 取消了矩形洞口补强钢筋缺省标注(即“按标准构造详图设置补强钢筋”)的做法。

16G101-1 第 18 页洞口补强钢筋的第 1 种情况为:

当矩形洞口的洞宽、洞高均不大于 800 时,此项注写为洞口每边补强钢筋的具体数值。当洞宽、洞高方向补强钢筋不一致时,分别注写洞宽方向、洞高方向补强钢筋,以“/”分隔。

与此对应,16G101-1 第 83 页“矩形洞宽和洞高均不大于 800 时洞口补强钢筋构造”图中补强钢筋的引注为:“洞口每侧补强钢筋按设计注写值”。(洞口补强钢筋的标注举例见图 7-39)

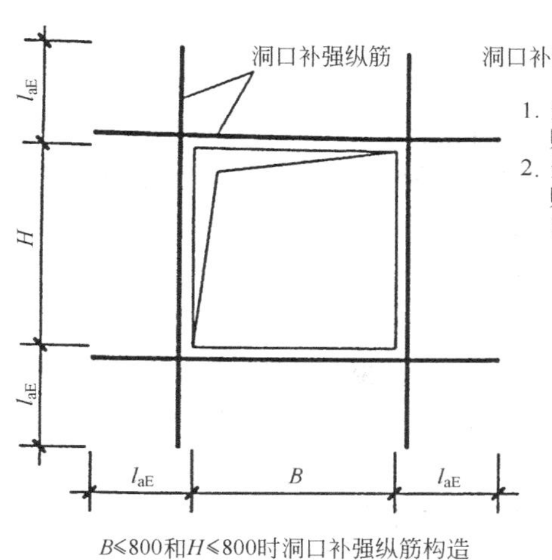

图 7-39

补强钢筋每边伸过洞口 l_{aE}。

〖补强纵筋的计算〗

〖例1〗洞口表标注为 JD1 300×300 3.100 2Φ12

(混凝土强度等级为C30，纵向钢筋为HRB400级钢筋)

〖解〗

对于洞宽、洞高均≤300的洞口不考虑截断墙身水平分布筋和垂直分布筋。

补强纵筋“2Φ12”是指洞口一侧的补强纵筋，因此补强纵筋的总数量应该是8Φ12。

水平方向补强纵筋的长度=洞口宽度+2×l_{aE}=300+2×40×12=1260mm

垂直方向补强纵筋的长度=洞口高度+2×l_{aE}=300+2×40×12=1260mm

(B) 300<洞宽、洞高≤800时

当面积>0.3m^{2}时，做工程预算时扣除混凝土体积（及表面积）；截断过洞口钢筋；设置补强钢筋。

(洞口标注例) JD3 400×300 3.100 3Φ14

若标注了补强钢筋，则认为补强钢筋就是标注值（如本例为每边3Φ14）。

补强钢筋每边伸过洞口l_{aE}。

〖补强纵筋的计算〗

〖例2〗洞口表标注为 JD3 400×300 3.100 3Φ14

(混凝土强度等级为C30，纵向钢筋为HRB400级钢筋)

〖解〗

按上述例子标注的补强纵筋“3Φ14”是指洞口一侧的补强纵筋，因此，
水平方向和垂直方向的补强纵筋均为6Φ14。

水平方向补强纵筋的长度=洞口宽度+2×l_{aE}=400+2×40×14=1520mm

垂直方向补强纵筋的长度=洞口高度+2×l_{aE}=300+2×40×14=1420m

〖例3〗洞口表标注为 JD2 700×300 3.100 3Φ18/3Φ14

(混凝土强度等级为C30纵向钢筋为HRB400级钢筋)

〖解〗

洞宽方向每边补强钢筋为3Φ18，洞高方向每边补强钢筋为3Φ14。

水平方向补强纵筋的总数量应该是6Φ18，垂直方向补强纵筋的总数量是6Φ14。

水平方向补强纵筋的长度=洞口宽度+2×l_{aE}=700+2×40×18=2140mm

垂直方向补强纵筋的长度=洞口高度+2×l_{aE}=300+2×40×14=1420mm

(C) 洞宽>800时

做工程预算时扣除混凝土体积（及表面积）；截断过洞口的钢筋；洞口上下设置补强暗梁，洞口竖向两侧设置剪力墙边缘构件（即暗柱）。(见图7-40)

〖例〗 JD5 1800×2100 1.800 6Φ20 Φ8@150

当有“补强暗梁箍筋”标注时，必须标注“补强钢筋”内容，写明每边暗梁的纵筋总数。

洞口补强暗梁和暗柱的布置图见图7-40，补强暗梁纵筋每边伸过洞口l_{aE}；补强暗梁箍筋的外围高度为400mm。暗梁宽度同所在的剪力墙，暗柱和端柱详见具体的工程设计。

暗梁箍筋的宽度计算：等于墙厚减去两倍的墙保护层、再减去两倍墙水平筋的直径、还要再减去两倍箍筋的直径。

B>800和H>800时洞口补强纵筋构造

图 7-40

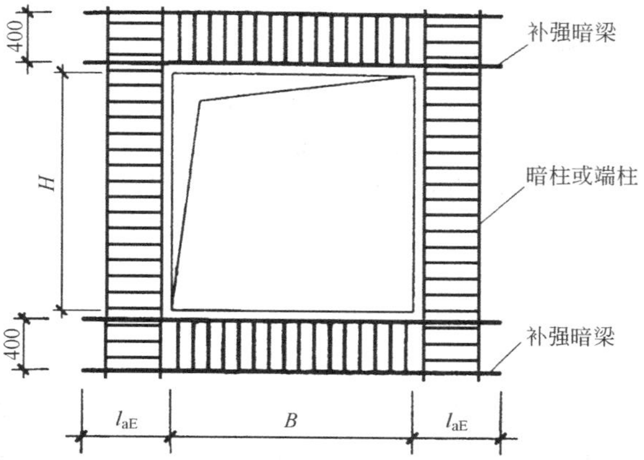

〖补强纵筋的计算〗

〖例 4〗 洞口表标注为 JD5 1800×2100 1.800 6Φ20 Φ8@150

剪力墙厚度为 300，混凝土强度等级为 C25，纵向钢筋为 HRB400 级钢筋。

墙身水平分布筋和垂直分布筋均为 Φ12@250。

〖解〗

补强暗梁的长度 $=1800+2\times l_{aE}=1800+2\times40\times20=3400$mm

这也就是补强暗梁纵筋的长度，

每个洞口上下的补强暗梁纵筋总数为 12Φ20。

补强暗梁纵筋的每根长度为 3400mm。

但是补强暗梁箍筋并不在整个纵筋长度上设置，而只在洞口内侧 50mm 处开始设置，则

一根补强暗梁的箍筋根数＝（1800－50×2）/150＋1＝13 根

一个洞口上下两根补强暗梁的箍筋总根数为 26 根。

箍筋的外围宽度＝300－2×15－2×12－2×8＝230mm

箍筋的高度为 400mm，则箍筋的净内高度为 400－2×8＝384

箍筋的每根长度＝（230＋384）×2＋26×8＝1436mm

2）圆形洞口

（A）直径≤300 时

做工程预算时不扣除混凝土体积（及表面积）；过洞口的钢筋不截断；设置补强钢筋。

〖例〗 YD1 300 3.100 2Φ12

补强纵筋的计算见图 7-41，与矩形洞口相同，一共有两个“对边”，即 4 边。补强钢筋每边伸过洞口 l_{aE}。

剪力墙圆形洞口直径 D≤ 300时补强纵筋构造　　剪力墙圆形洞口直径 300<D≤800时补强纵筋构造

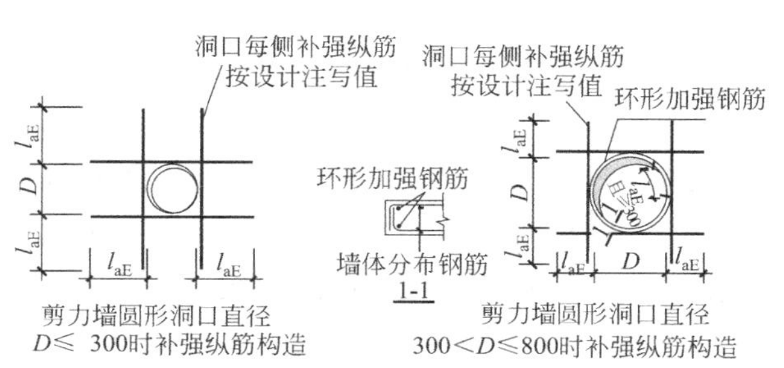

图 7-41

〖补强纵筋的计算〗

按上述例子标注的补强纵筋“2Φ12”是指洞口一侧的补强纵筋，

补强纵筋的根数及规格应该是8Φ12。

补强纵筋的长度＝洞口直径＋2×l_{aE} （按抗震要求计算）

(B) 300＜直径≤800时

当面积＞0.3m^{2}时，做工程预算时扣除混凝土体积（及表面积）；截断过洞口钢筋；设置补强钢筋。

〖例〗 YD3 400 3.100 3Φ14 3Φ12

补强纵筋的计算见图7-38右图，与矩形洞口类似，一共有两个“对边”。补强钢筋每边直锚长度l_{aE}（这个锚固长度从钢筋交叉点算起）。

〖补强纵筋的计算〗

按上述例子标注的补强纵筋“3Φ14”是指洞口一侧的补强纵筋，环向加强钢筋“3Φ12”。

补强纵筋的根数及规格应该是12Φ14。

补强纵筋的每根长度 ＝ D ＋ 2×l_{aE} （D为圆洞直径）

我们下面分析一下环形加强钢筋每根长度的计算原理：

1）环形加强钢筋到圆洞边沿的距离为一个保护层，计算环形加强钢筋长度的时候，我们要按钢筋的中心线来计算圆环的周长。所以，

环形加强钢筋的圆环中心线的直径 ＝ D ＋ 2×保护层厚度＋ 12

这里的“12”是环形加强钢筋的直径。

2）环形加强钢筋的每根长度等于圆环周长加上封口搭接长度，这个搭接长度为“l_{aE}且≥300”。

综合上述分析，我们得到环形加强钢筋的每根长度：

每根长度 ＝ 3.14×（D ＋ 2×保护层厚度＋ 12）＋ max（l_{aE}，300）

(C) 直径＞800时

做工程预算时扣除混凝土体积（及表面积）；截断过洞口的钢筋；洞口上下设置补强暗梁，洞口竖向两侧设置剪力墙边沿构件（即暗柱），并在圆洞四角45°切线位置加斜筋。

〖例〗 YD5 900 1.800 6Φ20 Φ8@150

〖圆形洞口：直径＞800〗

原先03G101-1图集没有“圆形洞口：直径＞800”的构造。后来，图集设计者回答咨询时说：在剪力墙上开直径800mm的圆洞情况比较少见，如果圆洞直径大于800mm，建议按洞宽大于800mm的矩形洞处理，并在圆洞四角45°切线位置加斜筋，抹圆即可。后来在09G901-2图集中也明确了这种构造做法。从11G101-1开始改变了这个局面。

16G101-1第83页给出了“剪力墙圆形洞口直径大于800时补强纵筋构造”。其构造特点也是洞口上下设置补强暗梁，洞口竖向两侧设置剪力墙边缘构件，新的要求是：洞口边缘设置“环形加强钢筋”。(图7-42左图)

(4) 连梁洞口构造

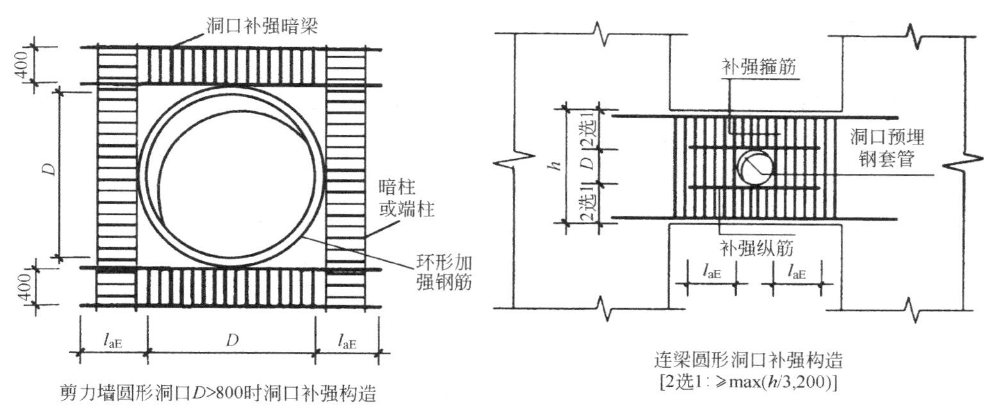

图 7-42

1）圆形洞口

① 直径≤300 时

做工程预算时不扣除混凝土体积（及表面积）；但截断过洞口的箍筋；按设计注写值设置补强纵筋与补强箍筋。

〖例〗 YD1 200 －0.800 2Φ16 Φ10@100（2）

连梁中部圆形洞口补强钢筋构造见图 7-42 右图，从图中我们能够获得如下的信息：

左侧的高度尺寸注写明确地告诉我们，连梁开洞有严格的限制条件，首先是连梁圆形洞口不能开得太大，直径不能大于 300mm，而且不能大于连梁高度的 1/3；而且，连梁圆形洞口必须开在连梁的中部位置，洞口到连梁上下边缘的净距离不能小于 200mm 和不能小于 1/3 的梁高。

注意“连梁中部圆形洞口补强钢筋构造”图题下面的题注：“圆形洞口预埋钢套管”——这是墙身洞口所没有的要求。

补强纵筋每边伸过洞口 l_{aE}，洞口上下的补强箍筋的高度根据洞口中心标高和洞口高度进行计算。补强箍筋的规格和间距可能和原来的箍筋不同。应该注意到，从图集的图形语言来看，连梁圆形洞口的补强箍筋不仅是洞口上下方的短箍筋，而且还包括洞口左右的第一根长箍筋。

〖补强纵筋的计算〗

按上述例子标注的补强纵筋“2Φ16”是指洞口一侧的补强纵筋，因此

补强纵筋的根数及规格应该是 4Φ16

补强纵筋的长度＝洞口直径＋2×l_{aE} （按抗震要求计算）

② 图集没有“直径＞300”的连梁圆形洞口

2）图集没有连梁矩形洞口

〖关于连梁洞口的讨论〗

〖问〗

为什么连梁圆形洞口要求预埋钢套管（而墙身洞口没有要求）？

为什么连梁没有“直径＞300”的圆形洞口和矩形洞口？

〖答〗

对比一下剪力墙的连梁和墙身这两种构件，我们曾经说过，连梁实际上是上下楼层之间的窗间墙，由于连梁的上方和下方都是洞口，所以连梁这种构件比墙身较为薄弱。如果在连梁这种较为薄弱的构件上进行开洞的话，就可能使本来薄弱的构件更加薄弱，所以，03G101-1图集对连梁洞口进行了严格的限制，除了规定连梁直径不能大于300mm和不能大于连梁高度的1/3以外，还规定连梁圆形洞口必须开在连梁的中部位置，而且规定在连梁圆形洞口预埋钢套管，这些措施都是力求使连梁开洞对连梁构件整体强度的影响降低到最低程度。

上面说到，限制连梁圆形洞口梁直径≤300mm和预埋钢套管，都是为了使对连梁构件安全性的影响降低到最低程度。如果采用矩形洞口的话，会在洞口的矩形拐角处发生应力集中，对结构安全不利。

7.10　剪力墙图上作业法

我们在前面讲述平法梁的时候，介绍了采用“平法梁图上作业法”来进行钢筋分析和钢筋计算的方法。现在，在进行剪力墙钢筋计算的时候，能不能采用类似的方法来进行钢筋分析和计算呢？下面，我们就来介绍“剪力墙图上作业法”，探讨一下如何分析和计算剪力墙的钢筋。（说明：这是旧时写下的文章。新编号BZ反映不出翼墙、转角墙或端柱，因此这里还是沿用旧的编号。）

（1）目标

1）这是一种手工计算钢筋的方法。目标是：根据结构平面图的轴线尺寸和平法剪力墙的原始数据，计算钢筋。

这种方法对分析平面部分钢筋（例如水平分布筋、连梁和暗梁的箍筋等）的钢筋走向和计算钢筋长度较为有效，而对于立面部分的钢筋（例如垂直分布筋、暗柱的纵筋等）不够直观。

2）原始数据：

① 轴线数据、结构平面示意图以及剪力墙、柱和梁的截面尺寸；

② 平法剪力墙的数据表：墙身表、墙柱表（包括端柱和各种暗柱）、墙梁表（包括连梁、暗梁、边框梁）。

3）计算结果：

钢筋规格、形状、细部尺寸、根数。

（2）工具

1）结构平面示意图（也就是计算简图），不一定按比例绘制，只要表示出轴线尺寸、墙（柱）宽及偏中情况；

2）各种水平钢筋的走向和形状在墙线旁边画出，不同的钢筋分线表示；

3）图中原始数据用黑字表示，中间数据用红字表示。

（3）步骤

① 在结构平面示意图的节点上标注端柱和暗柱的名称，在墙线上标注墙身、暗梁和连梁的名称。

② 在结构平面示意图标注端柱和暗柱的翼缘长度（以轴线距离标注）。

③ 按照“先定性、后定量”的原则，先在墙线的旁边画出连梁、暗梁和墙身水平钢筋的走向和形状。只有正确地画出各种钢筋的形状，才能够准确地计算出钢筋的长度，获得准确的钢筋工程量。

④ 然后，根据轴线尺寸和翼缘长度等数据计算各种水平钢筋的细部尺寸，标注在钢筋上。

（其中，连梁、暗梁、边框梁的纵筋根数可以从梁表中得到。）

⑤ 根据层高可以计算墙身水平分布筋的根数。（连梁、暗梁、边框梁的水平分布筋根数应该和墙身水平分布筋根数分别计算。）

⑥ 根据翼缘长度可以计算出暗柱箍筋的尺寸。

（其中，暗柱纵筋的根数可以从暗柱表中得到。端柱的纵筋在剪力墙中只能计算翼缘部分根数。）

⑦ 根据轴线尺寸和翼缘长度等数据可以计算出墙身竖向分布筋的根数，其计算公式为：

墙身竖向分布筋根数＝墙身净长度/墙身竖向分布筋间距

⑧ 计算墙身竖向分布筋长度，其计算公式为：

（当钢筋直径较小时按搭接计算）

（中间楼层）墙身竖向分布筋长度＝层高＋$1.2l_{aE}$

（当底层或顶层时长短筋的差异为）$500+1.2l_{aE}$

⑨ 计算暗柱纵筋长度，其计算公式为：

（当钢筋直径较小时按搭接计算）

（中间楼层）暗柱纵筋长度＝层高＋$1.2l_{aE}$

（当底层或顶层时长短筋的差异为）$500+1.2l_{aE}$

（当钢筋直径较大时按机械连接计算）

（中间楼层）暗柱纵筋长度＝层高

（当底层或顶层时长短筋的差异为）$35d$

在本节中，我们结合一个例子工程，对几种常见的情况进行钢筋的“定性”分析。（见图 7-43）。

在图 7-43 中，我们在平面图上直接标注暗柱和端柱的翼缘长度，而没有采用墙柱表大样图的方法，我想，这应该是剪力墙平法标注的发展方向。无论单节点暗柱和多节点暗柱都可以采用这样的标注方法，我们可以很方便地从平面图上的标注尺寸计算出暗柱和端柱的箍筋。

在剪力墙的钢筋计算中，做好钢筋的定性分析是十分重要的，这包括钢筋的走向和钢筋的形状，尤其是水平钢筋（水平分布筋、暗梁和连梁的纵筋等）的走向和形状。而上述的结构平面示意图对于这些水平钢筋的分析是十分有效的。图 7-44 就是这个例子工程水平钢筋的分析结果，其中直径 12mm 和 10mm 的钢筋是水平分布筋，直径 20mm 的钢筋是暗梁的纵筋，直径 22mm 的钢筋是连梁的纵筋。

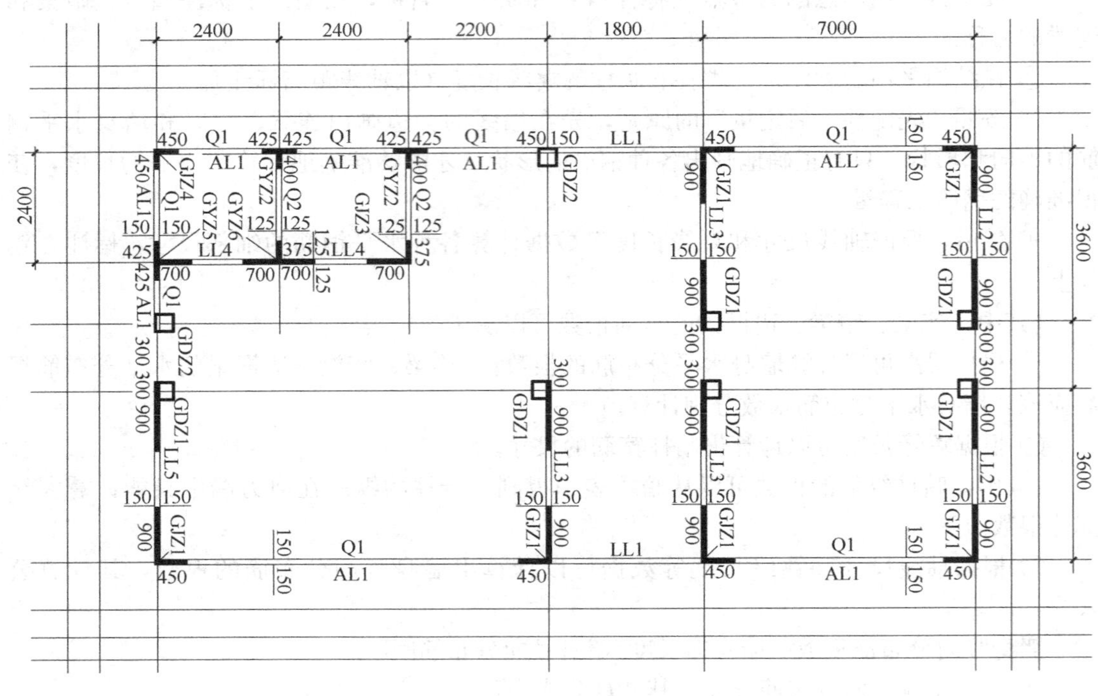

图 7-43

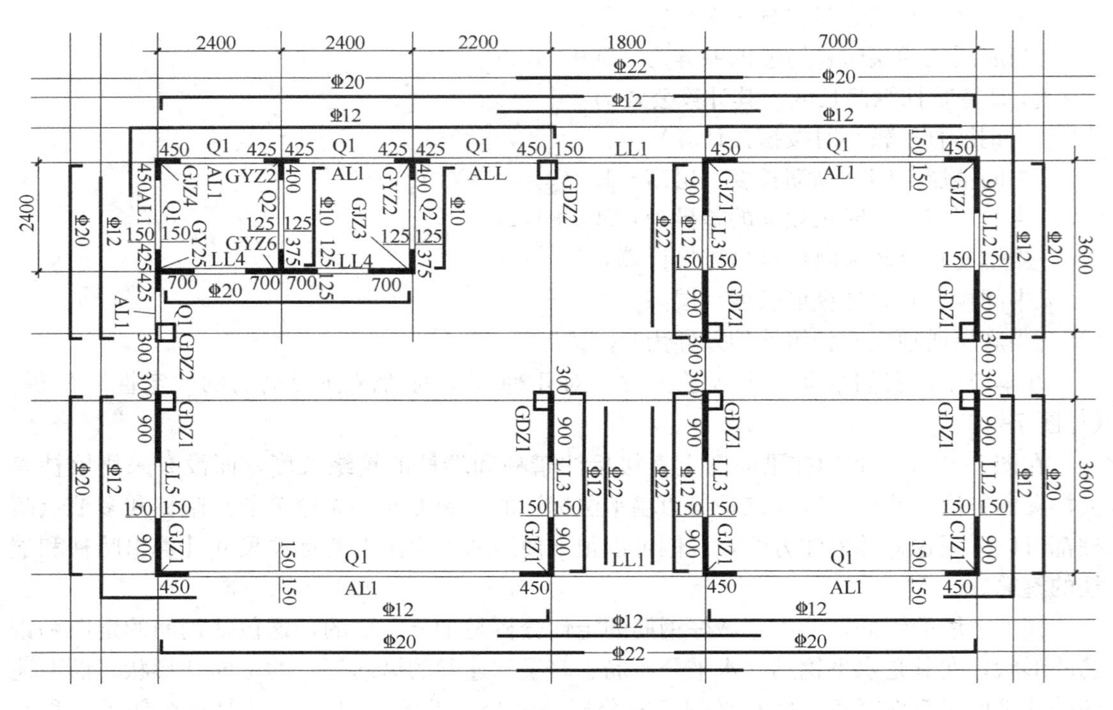

图 7-44

关于剪力墙各种构件的钢筋构造我们在前面各节已经讲过了，下面我们再把有关要点归纳一下。同时，根据例子工程的具体情况进行一些具体的分析。

〖暗梁纵筋〗

暗梁纵筋伸到墙肢的尽端，顶住暗柱外侧纵筋的内侧，然后弯 15d 的直钩。

〖连梁纵筋〗

连梁纵筋在端支座的锚固长度不满足 l_{aE}时，需要弯 15d 的直钩。

连梁纵筋在中间支座的锚固长度为 l_{aE}且不小于 600mm。

〖连梁纵筋和暗梁纵筋的重叠〗

根据 16G101-1 图集，连梁 LL 的纵筋伸入支座一个 l_{aE}且≥600，暗梁 AL 纵筋贯通布置；连梁下部纵筋照常布置，连梁上部设置附加纵筋。

〖相邻洞口连梁纵筋的连通〗

由于连梁纵筋在支座的锚固长度为 l_{aE}，当相邻连梁的中间支座长度不足“$2\times l_{aE}$”时，就会发生左右两根连梁纵筋在中间支座上“重叠”的现象，这时不如把左右两根连梁纵筋贯通为一根钢筋，对结构更为有利。

电梯间门口的两根连梁 LL4，其上部纵筋和下部纵筋就应该进行贯通处理。

〖端部暗柱墙的水平分布筋〗

剪力墙的水平分布筋从暗柱纵筋的外侧插入暗柱，伸到暗柱端部纵筋的内侧，然后弯 15d 的直钩。

〖翼墙的水平分布筋〗

端墙两侧的水平分布筋伸至翼墙对边，顶着暗柱外侧纵筋的内侧后弯钩 15d。

电梯间隔墙 Q2 上的水平分布筋，就应该按照上述的做法。

〖转角墙的水平分布筋〗

剪力墙的外侧水平分布筋从暗柱纵筋的外侧通过暗柱，绕出暗柱的另一侧以后同另一侧的水平分布筋搭接≥$1.2l_{aE}$，上下相邻两排水平筋交错搭接，错开距离≥500mm。

剪力墙的内侧水平分布筋伸至转角墙对边纵筋内侧后弯钩 15d。

当剪力墙为三排、四排配筋时，中间各排水平分布筋构造同剪力墙内侧钢筋。

在例子工程外墙的左下角，就是一个转角墙，应该执行上述的做法。

注意，当剪力墙转角墙柱两侧水平分布筋直径不同时，要转到直径较小一侧搭接，以保证直径较大一侧的水平抗剪能力不减弱。

〖连梁的水平分布筋〗

当剪力墙转角墙柱的另外一侧不是墙身而是连梁的时候，墙身的外侧水平分布筋不能拐到连梁外侧进行搭接，而应该把连梁的外侧水平分布筋拐过转角墙柱，与墙身的水平分布筋进行搭接。

例子工程的左上角和右上角是连梁与墙身相交转角墙柱节点。墙身 Q1 在Ⓓ轴与转角墙柱 GJZ1 和连梁 LL2 连接。连梁 LL2 的侧面水平筋要保持连续，所以连梁 LL2 的外侧水平筋要转过转角墙角 GJZ1 与 Q1 的外侧水平分布筋搭接。由于拐角处的连梁端部未设墙身，全部做成了 GJZ1，所以 Q1 的水平筋不必转弯，按“端部暗柱”处理即可，即伸至暗柱端头再弯钩 $15d$。

例子工程外墙窗洞口上方的连梁 LL5，也是执行上述的构造做法。

〖两根连梁的水平分布筋与同一墙身水平分布筋相交〗

前面说过，例子工程外墙窗洞口上方的连梁 LL2、LL5，应该把连梁的外侧水平分布筋拐过转角墙柱，与墙身的水平分布筋进行搭接——这是正确的做法。但是，内墙窗洞口上方的连梁 LL3，能不能把外侧水平分布筋拐过转角墙柱，与墙身的水平分布筋进行搭接呢？我们下面分析一下这个具体工程的具体问题。

在这个节点中：与 Q1 直通的连梁 LL1 的侧面水平筋直接穿过暗柱 GJZ1 与剪力墙 Q1 水平分布筋搭接，如果连梁 LL3 的侧面水平筋也要拐过转角墙柱 GJZ1 与剪力墙 Q1 水平分布筋搭接的话，这样就会造成两根连梁的水平筋同时与一根 Q1 水平分布筋搭接，即造成三根水平分布筋绑在一起的不利局面。

解决上述问题的方法是：连梁 LL3 的侧面水平筋直锚入转角墙柱 GJZ1，如同其上下纵筋构造一致也可，不过我们在图 7-38 中采用了伸到外侧暗柱纵筋的内侧再弯 $15d$ 直钩的方案。连梁 LL1 的侧面水平筋直插入转角墙柱 GJZ1 一个锚固长度。由于拐角处的连梁端部未设墙身，全部做成了 GJZ1，所以 Q1 的水平筋不必转弯，按“端部暗柱”处理即可，即伸至暗柱端头再弯钩 $15d$。

例子工程的其他两处的 LL3 也采用上述做法。这个事例说明了在执行“连梁的外侧水平分布筋拐过转角墙柱与墙身的水平分布筋进行搭接”这个构造做法时，要具体问题具体分析，灵活地执行。

〖具体工程的具体问题要具体分析〗

以上所列举的只是部分的分析钢筋走向和钢筋形状的分析方法和原则。实际工程中遇到的问题可能比这个要丰富得多、复杂得多。标准图集不可能事先规定好一切工程问题的构造做法。具体问题具体分析，永远是我们工作的原则。

第8章　平法筏形基础识图与钢筋计算

本章内容提要：

11G101-3 图集综合了以前发布的 04G101-3、06G101-6、08G101-5 图集的内容。新图集主要的内容有独立基础、条形基础、筏形基础和桩基承台。由于箱形基础现在设计上很少使用，所以淡出了标准设计。16G101-3 基本上同 11G101-3，增加了桩基础部分内容。筏形基础是使用最多的基础形式，在本章中将主要介绍筏形基础的内容。

我们在前面讲述框架柱和剪力墙纵筋在基础中的锚固时，已经介绍了这些插筋如何在独立基础和条形基础里的锚固，在本章的末尾也将介绍这些基础底板的配筋方式。

在本章末尾介绍基础相关的构造中，着重介绍新图集的一种新命名的构件“基础联系梁”。

16G101-3 图集的筏形基础包括两种类型：“梁板式筏形基础”和“平板式筏形基础”。前者和土建定额中的有梁式满堂基础相对应，后者与定额中的无梁式满堂基础相对应。

在本章中，我们重点介绍较为常见的梁板式筏形基础。并且，对照我们已经比较熟悉的框架梁、楼板的构造来掌握基础梁、筏板的构造特点。同时，结合 16G101-3 图集的构造要求介绍筏形基础的各种构件（基础主梁、基础次梁和基础平板）的钢筋计算的方法。

8.1　筏形基础的分类及其特点

筏形基础，有人称之为筏板基础或者满堂基础。16G101-3 图集的筏形基础包括两种类型：“梁板式筏形基础”和“平板式筏形基础”。

（1）梁板式筏形基础的特点

1）梁板式筏形基础由基础主梁 JL、基础次梁 JCL、基础平板 LPB 构成。

基础主梁 JL 就是具有框架柱插筋的基础梁。

基础次梁 JCL 就是以基础主梁为支座的基础梁。

基础平板 LPB 就是基础梁之间部分及外伸部分的平板。

2）由于基础平板与基础梁之间的相对位置不同，16G101-3 图集又把梁板式筏形基础分为“低板位”、“高板位”和“中板位”（图 8-1）。

“低板位”的基础梁底与基础板底一平。

“高板位”的基础梁顶与基础板顶一平。

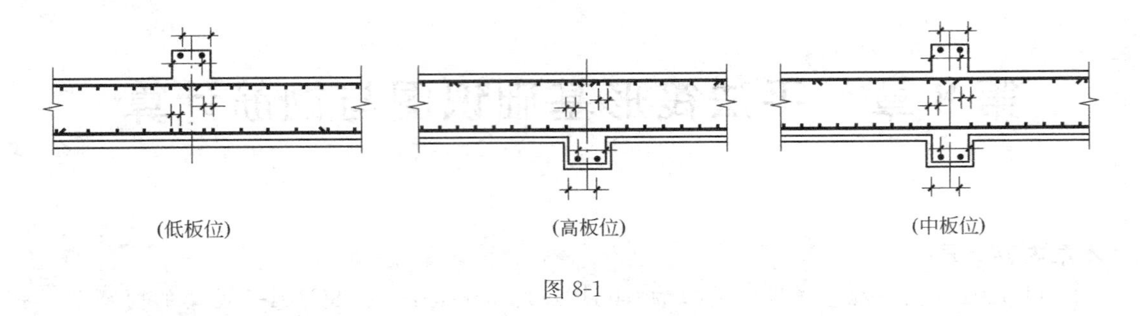

图 8-1

“中板位”的基础平板位于基础梁的中部。

“低板位”的筏形基础较为多见，我们习惯称之为“正筏板”，即基础梁高于基础平板的筏形基础。“高板位”的筏形基础我们习惯称之为“倒筏板”，在工程中也时有发生，其形状就好比把“正筏板”倒过来一样。

(2) 平板式筏形基础的特点

1) 当按板带进行设计时，平板式筏形基础由柱下板带 ZXB、跨中板带 KZB 构成。所谓按板带划分，就是把筏板基础按纵向和横向切开成许多条板带，其中：

柱下板带 ZXB 就是含有框架柱插筋的那些板带。

跨中板带 KZB 相邻两条柱下板带之间所夹着的那条板带。

2) 当设计不分板带时，平板式筏形基础则可按基础平板 BPB 进行表达。

基础平板 BPB 就是把整个筏板基础作为一块平板来进行处理。

(3) 把基础结构与楼盖结构进行比较

1) 以“正筏板”为例：把有梁楼盖颠倒过来（反转 180°），就变成了“正筏板”。在有梁楼盖中，楼板在上面、楼盖梁在楼板的下面；颠倒过来之后，基础板在下面，基础梁在基础板的上面。

2) 再以“平板式筏形基础”为例：把无梁楼盖颠倒过来（反转 180°），就变成了“平板式筏形基础”。在无梁楼盖中，楼板在上面、柱直接支承在楼板的下面；颠倒过来之后，基础板在下面，柱直接插在基础板的上面。在无梁楼盖的楼板中，也可以划分柱上板带和跨中板带；颠倒过来之后，就成为柱下板带和跨中板带。

3) 以上就是“倒楼盖”的说法。当然，把基础结构比喻为“倒楼盖”并不是完全恰当。楼盖梁要考虑抗震，当承受地震横向作用时，框架柱是第一道防线，框架梁是耗能构件，梁还要考虑箍筋加密区、塑性铰等问题；而筏形基础的基础梁通常不考虑参与抵抗地震作用的计算。

但是，进行“倒楼盖”的思考还是有意义的。首先，“正筏板”与有梁楼盖从垂直方向的受力情况来看是上下颠倒的，这是由于有梁楼盖所承受的竖向荷载其方向是从上向下的，而筏形基础所承受的竖向荷载其方向是从下向上的。于是，这就决定了基础板的上部纵筋和下部纵筋的受力作用，与楼盖板的上部纵筋和下部纵筋的受力作用刚好是上下颠倒的。同样，基础梁的上部纵筋和下部纵筋的受力作用，与楼盖梁的上部纵筋和下部纵筋的受力作用也刚好是上下颠倒的。明白了这个道理，对于根据框架梁和楼板的钢筋构造来认识基础梁和基础板的钢筋构造，是很有好处的。

8.2 梁板式筏形基础

在本节首先介绍梁板式筏形基础，包括梁板式筏形基础的平法标注、梁板式筏形基础的钢筋构造。至于平板式筏形基础，在下一节中介绍。

8.2.1 梁板式筏形基础的平法标注

16G101-3“梁板式筏形基础平法施工图制图规则”第 4.1.2 条指出：“当绘制基础平面布置图时，应将梁板式筏形基础与其所支承的柱、墙一起绘制。梁板式筏形基础以多数相同的基础平板底面标高作为基础底面基准标高。当基础底面标高不同时，需注明与基础底面基准标高不同之处的范围和标高。”

梁板式筏形基础的平法标注包括基础主梁 JL 和基础次梁 JCL 的平法标注、基础平板 LPB 的平法标注。

8.2.1.1 基础主梁 JL 和基础次梁 JCL 的平法标注

与框架梁的平法标注类似，16G101-3 图集规定在基础主梁和基础次梁的平法标注中，也要进行集中标注和原位标注（图 8-2 给出一个基础梁平法标注的例子）。

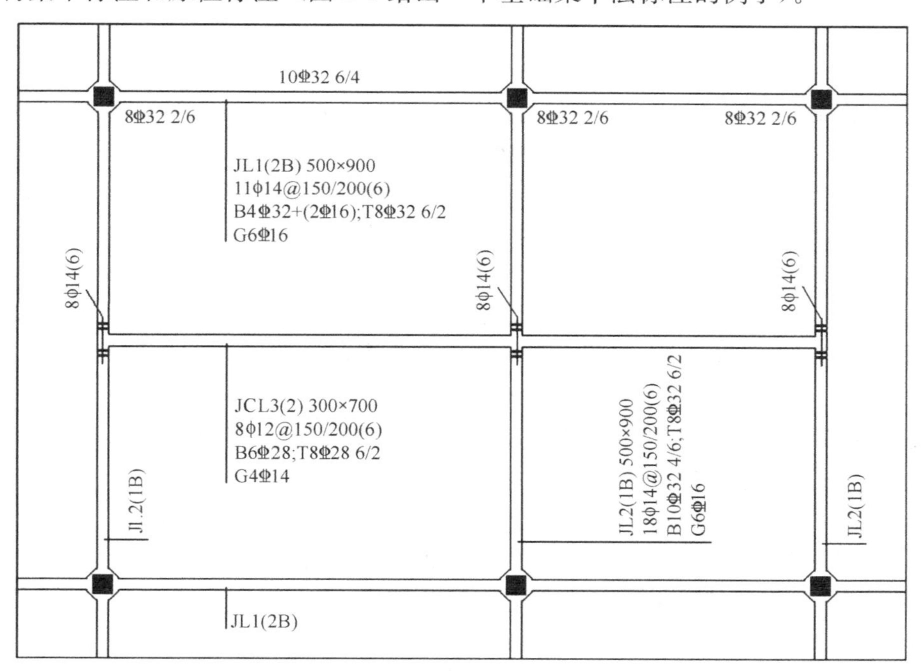

图 8-2

（1）基础主梁和基础次梁的集中标注

集中标注包括以下内容：

1）注写基础梁的编号：

梁板式筏形基础构件编号

构件类型　　代号　　序号　　跨数及有否外伸

基础主梁	JL	××	（××）或（××A）或（××B）
基础次梁	JCL	××	（××）或（××A）或（××B）
基础平板	LPB	××	

〖例〗

JL1（2B）表示第1号基础主梁，2跨，两端有外伸

JCL2（3A）表示第2号基础次梁，3跨，一端有外伸

JCL3（2）表示第3号基础次梁，2跨，无外伸

LPB1 表示梁板式筏形基础的第1号基础平板

〖注〗

对于梁板式筏形基础的基础平板，其跨数及是否有外伸，分别在X、Y两向的贯通纵筋之后表达。

2）注写基础梁的截面尺寸：

矩形梁截面标注 $b \times h$（其中 b 为梁宽，h 为梁高）

加腋梁截面标注 $b \times h$ Y $c_1 \times c_2$（其中 c_1 为腋长，c_2 为腋高）

〖例〗普通梁截面尺寸标注

300×700　表示：截面宽度300，截面高度700

〖例〗加腋梁截面尺寸标注

300×700 Y500×250　表示：腋长500，腋高250

〖说明〗

① 从上面的介绍中可以看出，基础梁的截面尺寸标注格式与框架梁完全一致。

② 与框架梁一样，基础梁的立面加腋是必须在平面施工图中进行标注的。所不同的是：框架梁的加腋位置在每跨梁两端的下方，而基础梁的加腋位置在每跨梁两端的上方——这和前面讨论过的"倒楼盖"的理论是一致的。

③ 但是，基础主梁还存在一个"侧面加腋"的问题。注意：基础主梁的"侧腋"并不是在平面施工图中进行标注的，而应该由施工人员和预算人员根据框架柱和基础主梁的宽度来作出决定。（基础主梁的这种侧腋构造在后面专门讲述。）

3）注写基础梁的箍筋：

基础梁的箍筋标注与框架梁类似，标注箍筋的钢筋级别、直径、间距和肢数，也分别定义加密区和非加密区的箍筋间距。

然而，更重要的是应该看到基础梁箍筋标注与框架梁的不同点。16G101-1图集明确规定了框架梁箍筋加密区的长度，所以在框架梁箍筋标注中可以采用"Φ10@100/200（4）"这样的标注格式，但是这种标注格式不适用于基础梁，因为在16G101-3图集中没有规定加密区的长度。

〖例〗基础梁下列的箍筋标注格式与框架梁一致：

Φ10@150（4）

表示箍筋为HPB300级钢筋，直径为Φ10，箍筋间距为150，为4肢箍。

16G101-3图集根据基础梁的特点，规定了一套与16G101-1图集不同的箍筋标注格式。当具体设计采用两种或三种箍筋间距时，先注写梁两端的第一种箍筋（或第一、二种箍筋），并在前面加注箍筋道数，并依次注写跨中部的第二种箍筋或第三种箍筋（最后一

种箍筋不须加注箍筋道数），不同箍筋配置用斜线“/”相分隔。

〖例〗

11Φ14@150/250（6）

表示箍筋为HPB300钢筋，直径为Φ14，从梁端到跨内，间距150设置11道（即在本跨两端的分布范围均为150×10=1500），其余间距为250，均为6肢箍。

〖例〗

9Φ16@100/12Φ16@150/Φ16@250（6）

表示箍筋为HPB300钢筋，直径为Φ16，从梁端到跨内，间距100设置9道（即在本跨两端的分布范围均为100×8=800）；接着以间距150设置12道（即在本跨两端再设置第二种箍筋的分布范围均为150×12=1800）；其余间距为250，均为6肢箍（示意图见图8-3）。（说明：16G101-1只说明了“两种箍筋”的标注。我们这里保留了以前的“三种箍筋”标注示例，供读者参考。）

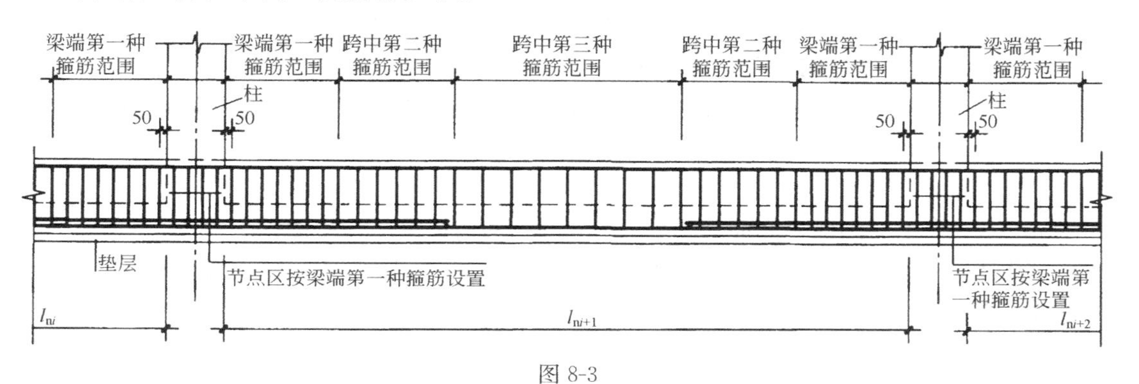

图8-3

〖基础主梁和基础次梁的箍筋设置〗

两向基础主梁相交的柱下区域，应有一向截面较高的基础主梁按梁端箍筋全面贯通设置。

当基础主梁与基础次梁交叉时，基础主梁的箍筋按配置全梁设置，基础次梁的箍筋在基础主梁侧面之外50mm开始设置。

4）注写基础梁的底部贯通纵筋和顶部贯通纵筋：

① 先注写梁底部贯通纵筋（B打头）的规格和根数（梁底部贯通纵筋不应小于底部受力钢筋总截面面积的1/3）。

关于架立筋的设置：当跨中所注根数少于箍筋肢数时，需要在跨中加设架立筋以固定箍筋。注写的格式与16G101-1图集一致，即用加号“+”将贯通纵筋与架立筋相连，架立筋注写在加号后面的括号内。

〖例〗

B4Φ25+（2Φ16）；T4Φ25+（2Φ16）　表示梁底部和梁顶部都配置4Φ25的贯通纵筋与2Φ16的架立筋。

② 再注写顶部贯通纵筋（T打头）的规格和根数。注写时用分号“；”将底部与顶部纵筋分隔开来。

如果个别跨的顶部贯通纵筋与集中标注不同，则在该跨进行原位标注。

〖例〗

B4Φ32；T7Φ32 表示梁的底部配置4Φ32的贯通纵筋，梁的顶部配置7Φ32的贯通纵筋。

③ 当梁底部或顶部贯通纵筋多于一排时，用斜线“/”将各排纵筋自上而下分开。

〖例〗

梁底部贯通纵筋注写为B8Φ28 3/5 表示上一排纵筋为3Φ28，下一排纵筋为5Φ28。

〖基础梁的底部贯通纵筋和顶部贯通纵筋的连接〗

① 基础主梁和基础次梁的底部贯通纵筋，可在跨中1/3净跨长度范围内采用搭接连接、机械连接或对焊连接。

② 基础主梁的顶部贯通纵筋，可在距柱根1/4净跨长度范围内采用搭接连接，或在柱根附近采用机械连接或对焊连接（均应严格控制接头百分率）。

③ 基础次梁的顶部贯通纵筋，每跨两端应锚入基础主梁内，或在距中间支座（基础主梁）1/4净跨长度范围采用机械连接或对焊连接（均应严格控制接头百分率）。

5）注写基础梁的侧面纵向构造钢筋：

当梁腹板高度h_w≥450mm时，根据需要配置纵向构造钢筋。设置在梁两个侧面的总配筋值以大写字母G打头注写，且对称配置。

〖例〗

G8Φ16，表示梁的两个侧面共配置8Φ16的纵向构造钢筋，每侧各配置4Φ16。

当基础梁一侧有基础板、另一侧无基础板时，梁两个侧面的纵向构造钢筋以G打头分别注写并用“+”号相连。

〖例〗

G6Φ16+4Φ16，表示梁腹板高度h_w较高侧面配置6Φ16，另一侧面配置4Φ16纵向构造钢筋。

6）注写基础梁底面标高高差：

基础梁底面标高高差系指相对于筏形基础平板底面标高的高差值，该项为选注值：

有高差时须将高差写入括号内，如“高板位”（即倒筏板）与“中板位”基础梁的底面与基础平板底面标高的高差值；

无高差时不注，如“低板位”筏形基础（即正筏板）的基础梁。

（2）基础主梁和基础次梁的原位标注

原位标注包括以下内容：

1）注写梁端（支座）区域的底部全部纵筋

与16G101-1图集规定的梁支座上的原位标注包括集中标注的上部通长筋一样，基础梁端（支座）区域的原位标注包括已经集中标注的贯通纵筋在内的所有纵筋。

下面这些规定也是与16G101-1图集完全一致的。

① 当梁端（支座）区域的底部纵筋多于一排时，用斜线“/”将各排纵筋自上而下分开。

〖例〗

梁端（支座）区域底部纵筋注写为10Φ25 4/6，则表示上一排纵筋为4Φ25，下一排纵筋为6Φ25。

② 当同排纵筋有两种直径时，用加号“+”将两种直径的纵筋相连。

〖例〗

梁端（支座）区域底部纵筋注写为 4Φ28+2Φ25，表示一排纵筋由两种不同直径钢筋（28mm 和 25mm）组合。

③ 当梁中间支座两边的底部纵筋配置不同时，须在支座两边分别标注；当梁中间支座两边的底部纵筋相同时，可仅在支座的一边标注配筋值。（这句话是对设计人员来说的。）

对于施工人员这句话的意思就是：如果在施工图中，基础梁的底部纵筋仅在支座的一边标注配筋值，则认为支座另一边的底部纵筋配筋值与这一边的标注值相同。

〖能通则通的原则〗

设计时应注意：当对底部一平的梁支座两边的底部非贯通纵筋采用不同配筋值时，应先按较小一边的配筋值选配相同直径的纵筋贯穿支座，再将较大一边的配筋差值选配适当的钢筋锚入支座，避免造成两边大部分钢筋直径不相同的不合理配置结果。

〖底部贯通纵筋的连接〗

施工及预算方面应注意：当底部贯通纵筋经原位修正注写后，两种不同配置的底部贯通纵筋应在两毗邻跨中配置较小一跨的跨中连接区域连接。（即配置较大一跨的底部贯通纵筋须越过其跨数终点或起点伸至毗邻跨的跨中连接区域，具体位置见 16G101-3 图集第 79 和 85 页的标准构造详图。）

④ 当梁端（支座）区域的底部全部纵筋与集中标注的贯通纵筋相同时，可不再重复做原位标注。（这句话是对设计人员来说的。）

对于施工人员这句话的意思就是：如果在施工图中，某跨的底部纵筋没有进行原位标注，则可以认为该跨的底部全部纵筋执行集中标注的内容。

〖加腋钢筋需要进行原位标注〗

加腋梁加腋部位钢筋，需在设置加腋的支座处以 Y 打头注写在括号内。

〖例〗 加腋梁端（支座）处注写为 Y4Φ25，表示加腋部位斜纵筋为 4Φ25。

2）注写基础梁的附加箍筋或吊筋（反扣）

将附加箍筋或吊筋直接画在平面图中的主梁上，用线引注总配筋值（附加箍筋的肢数注在括号内）。

当多数附加箍筋或吊筋相同时，可在基础梁平法施工图上统一注明，少数与统一注明值不同时，再原位引注。

〖附加箍筋或吊筋的几何尺寸〗

附加箍筋或吊筋的几何尺寸应按照 16G101-3 图集第 79 页的标准构造详图，结合其所在位置的主梁和次梁的截面尺寸而定。

可以看出，与 16G101-1 图集完全一致，所不同的是，16G101-1 图集梁的吊筋是正扣，而基础梁的吊筋是反扣——而这与“倒楼盖”的观点是一致的。

3）注写外伸部位的几何尺寸

当基础梁外伸部位变截面高度时，在该部位原位注写 $b \times h_1/h_2$，其中 h_1 为根部截面高度，h_2 为近端截面高度。

4）注写修正内容

原则上，基础梁集中标注的一切内容都可以在原位标注中进行修正，并且根据“原位标注取值优先”原则，施工时应按原位标注数值取用。

原位标注的内容和方法如下：

当在基础梁上集中标注的某项内容（如：梁截面尺寸、箍筋、底部贯通纵筋或架立筋、顶部贯通纵筋、梁侧面纵向构造钢筋、梁底面标高高差等），不适用于某跨或某外伸部位时，则将其修正内容原位标注在该跨或该外伸部位。施工时原位标注取值优先。

当在多跨基础梁的集中标注中已注明加腋，而该梁某跨根部不需要加腋时，则应在该跨原位标注等截面的 $b \times h$，以修正集中标注中的加腋信息。

上述这些表明：基础梁原位标注的方法及作用与16G101-1图集所规定的梁的原位标注方法及作用完全一致。

8.2.1.2　基础平板LPB的平法标注

梁板式筏形基础平板LPB的平面注写，分为板底部与顶部贯通纵筋的集中标注与板底部附加非贯通纵筋的原位标注两部分内容。

当仅设置贯通纵筋而未设置附加非贯通纵筋时，则仅做集中标注。

上述这些规定，与16G101-1图集对于楼板平法标注的规定是一致的。把“板”的平法标注分为集中标注和原位标注，这也是模仿“平法梁”的集中标注和原位标注的做法。

我们可以把基础平板的平法标注与楼板的平法标注作一比较，以加深认识：

（基础平板）	（楼板）
顶部贯通纵筋标注	下部贯通纵筋标注
底部贯通纵筋标注	上部贯通纵筋标注
底部非贯通纵筋标注	扣筋标注（上部非贯通纵筋）

可见两者的钢筋名称和作用是“上下钢筋颠倒”的，这正是所谓“倒楼盖”的原理。

（1）基础平板LPB的集中标注

1）几个基本概念：

基础平板LPB的集中标注以板区按跨进行标注，因此首先需要弄清楚板区、跨和跨度的概念。

〖“板区”的划分〗

同一“板区”内的板，应该是厚度相同、底部贯通纵筋和顶部贯通纵筋配置相同。各“板区”应分别进行集中标注。

〖“跨”的划分〗

基础平板的跨数以构成柱网的主轴线为准：两主轴线之间无论有几道辅助轴线，均可按一跨考虑。

〖“跨度”的概念〗

“跨度”是相邻两道主轴线之间的距离。应该注意到，11G101-3 与 04G101-3 有较大的不同：旧图集 04G101-3 以轴线跨度计算基础主梁 JZL 的钢筋的连接区域，而 11G101-3 和 16G101-3 以“净跨长度”计算基础主梁 JL 的钢筋连接区域（与楼板的跨度计算规则一致）。

2）基础平板 LPB 集中标注的方法：

在一个板区的第一跨的板上引出集中标注（详见 16G101-3 图集第 37 页的梁板式筏形基础平板 LPB 标注图示）。这个“第一跨”是该板区 X 方向和 Y 方向的首跨。（X 方向就是图面上从左到右的方向，Y 方向就是图面上从下到上的方向。）

3）基础平板 LPB 集中标注的内容：

① 注写梁板式筏形基础平板的编号

例如，注写 LPB1

② 注写基础平板的截面尺寸

例如，注写 $h=400$

③ 注写基础平板的底部和顶部贯通纵筋及其总长度

先注写 X 向底部贯通纵筋和顶部贯通纵筋，再注写 Y 向底部贯通纵筋和顶部贯通纵筋。

〖例 1〗

梁板式筏形基础平板 LPB1 的集中标注（见图 8-4）

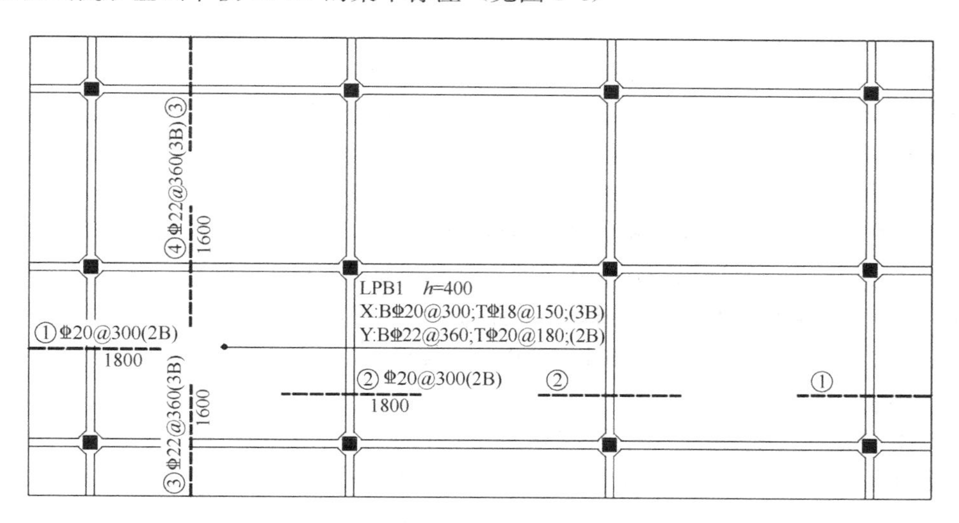

图 8-4

LPB1 $h=400$

X：BΦ20@300；TΦ18@150；(3B)

Y：BΦ22@360；TΦ20@180；(2B)

表示：基础平板 X 向底部配置Φ20 间距 300 的贯通纵筋，顶部配置Φ18 间距 150 的贯通纵筋，纵筋总长度为 3 跨两端有外伸；基础平板 Y 向底部配置Φ22 间距 360 的贯通纵筋，顶部配置Φ20 间距 180 的贯通纵筋，纵筋总长度为 2 跨两端有外伸。

可见，上述的X向与Y向、底部纵筋（B）与顶部纵筋（T）以及贯通纵筋的总长用括号内的跨数和有无外伸来表示——这些表现手法与16G101-1图集楼板的平法标注规则是完全一致的。

然而，正如基础梁的箍筋设置比框架梁的箍筋设置更具特点一样，基础平板的贯通纵筋设置比楼板的纵筋设置更多了一个特点，那就是基础平板贯通纵筋在一跨之内可能发生两种不同的钢筋间距。（楼板只有一种钢筋间距）

〖例2〗

梁板式筏形基础平板LPB1的集中标注

LPB1　$h=500$

X：B12⏀22@200/150；T10⏀20@200/150；（5B）

Y：B12⏀20@250/200；T10⏀18@250/200；（7A）

表示：基础平板X向底部配置⏀22的贯通纵筋，跨两端以间距200配置12根，接着在跨中以间距150来配置；X向顶部配置⏀20的贯通纵筋，跨两端以间距200配置10根，接着在跨中以间距150来配置。（贯通纵筋的总长度的解释同上例）

基础平板Y向底部贯通纵筋和顶部贯通纵筋的解释同上。

〖集中标注如何实现“隔一布一”〗

当贯通筋采用两种规格钢筋“隔一布一”方式时，表达为ϕxx/yy@xxx，表示直径xx的钢筋和直径yy的钢筋之间的间距为xxx，直径为xx的钢筋、直径为yy的钢筋间距分别为xxx的2倍。

〖例3〗⏀10/12@100表示贯通纵筋为⏀10、⏀12隔一布一，彼此之间间距为100。（而对于⏀10钢筋来说，间距就是200；对于⏀12钢筋来说，间距就是200。）

（2）基础平板LPB的原位标注

1）原位标注的方法：

在配置相同的若干跨的第一跨下进行注写。具体的注写办法是：在该跨位置画一段中粗虚线（代表底部附加非贯通纵筋）垂直穿过基础梁，在虚线上注写钢筋编号、钢筋级别、直径、间距与横向布置的跨数及是否布置到外伸部位，还有，注写自基础梁中线分别向两边跨内的伸出长度值。这些规定与16G101-1图集对于楼板原位标注的规定是一致的。

2）原位标注的内容：

底部附加非贯通纵筋的原位标注与楼板扣筋的原位标注类似。所不同的是，底部附加非贯通纵筋是直形钢筋，而楼板的扣筋是弯折形钢筋（有两条腿）。

下面通过一些例子来说明各种情况的原位标注，以及如何理解这些原位标注的内容。

当该筋向两侧对称延伸时，可仅在一侧标注，另一侧不注。（这是对设计人员说的。）

对施工人员和预算人员来说就是：当平法施工图仅在基础梁一侧标注了底部附加非贯通纵筋，而在另一侧不进行标注时，则认为基础梁两侧所设置的底部附加非贯通纵筋是完全一样的（也就是对称配筋）。

〖例4〗

梁板式筏形基础平板LPB1在X方向上有3跨，而且两端有外伸。在横向基础主梁JL1第一跨上标注了底部附加非贯通纵筋④⏀22@360（3B），并且在上侧表示钢筋的虚线

下面标注数字 1600

但是，在 JL1 的下侧没有标注该底部附加非贯通纵筋的数据（见前面图 8-4）。

〖分析〗

根据“对称配筋”的原理，我们知道 JL1 下侧的④号底部附加非贯通纵筋的延伸长度也是 1600mm。

根据延伸长度是“注写自基础梁中线分别向两边的跨内延伸长度值”，于是我们可以计算出这根附加非贯通纵筋的长度：

钢筋长度＝1600＋1600＝3200mm

④号底部附加非贯通纵筋的分布范围是基础平板 LPB1 的 X 方向上的 3 跨并且包括两个外伸部位。

下面是把基础平板某个方向的总长度划分为两个配筋板区的例子。

〖例 5〗

梁板式筏形基础平板 LPB2 在 X 方向上有 7 跨，而且两端有外伸。在横向基础主梁 JL1 第 1 跨标注了底部附加非贯通纵筋 ①Φ18@300（4A），在第 5 跨标注了底部附加非贯通纵筋 ②Φ20@300（3A）

〖分析〗

上述底部附加非贯通纵筋的标注表示：

基础平板 LPB2 第一跨至第四跨且包括第一跨的外伸部位布置的底部附加非贯通纵筋均为①Φ18@300（4A）；

在第五跨至第七跨且包括第七跨的外伸部位横向布置的底部附加非贯通纵筋均为②Φ20@300（4A）。

这就是说，梁板式筏形基础平板 LPB2 在 X 方向上的总长度是（7B），现在把它分成两段，前半段（4A）的配筋是①Φ18@300，后半段（3A）的配筋是②Φ20@300。而底部附加非贯通纵筋的原位标注都是标注在每个配筋板区的第一跨上，所以前半段①号筋标注在第 1 跨，而后半段②号筋标注在第 5 跨上。

当布置在边梁下时，向基础平板外伸部位一侧的纵向延伸长度与方式按标准构造，设计不注。（参见前面图 8-4 的①筋和③筋）

〖例 6〗

梁板式筏形基础平板 LPB1 在 Y 方向上有 2 跨，而且两端有外伸（外伸长度为边梁中线外伸 1000mm）。在纵向基础主梁（边梁）JL3 第 1 跨标注了底部附加非贯通纵筋①Φ22@360（2B）；

在边梁 JL3 左侧是基础平板 LPB1 的外伸部位，没有标注①号底部附加非贯通纵筋的延伸长度；

而仅在边梁 JL3 右侧标注了①号底部附加非贯通纵筋的跨内延伸长度 1800mm。

〖分析〗

①号底部附加非贯通纵筋的分布范围是基础平板 LPB1 的 Y 方向上的 2 跨并且包括两个外伸部位。

①号底部附加非贯通纵筋向基础平板外伸部位一侧的纵向延伸长度与方式按标准构造，见 16G101-3 图集第 89 页。

底部附加非贯通纵筋在外伸部位的水平长度＝1000－40＝960mm

这样，我们就可以计算出这根非贯通纵筋的水平长度：

钢筋水平长度＝1800＋960＝2760mm

至于底部附加非贯通纵筋端部的“标准构造”，在16G101-3图集第89页的注4指出：板外边缘应封边，构造见第93页。

“板边缘封边构造”见图集第93页。

板边缘侧面封边构造有两种做法：第一种是“纵筋弯钩交错封边方式”，顶部纵筋向下弯钩，底部纵筋向上弯钩，两个弯钩交错150；第二种是“U形构造封边筋方式”，其中U形筋的高度等于板厚（减上下保护层），U形筋的两个直钩长度为max（15d，200），而顶部纵筋和底部纵筋的端部弯钩均为12d。

当板边缘侧面无封边时，底部附加非贯通纵筋的端部向上弯12d的直钩。

底部附加非贯通纵筋相同者，可仅在一根钢筋上注写，其他可仅在中粗虚线上注写编号。例如上面“例6”中，基础平板的平面布置图中，仅在左侧的基础主梁（边梁）JL3第1跨做出了①号筋的详细的钢筋标注［规格和间距标注Φ22@360（2B）和延伸长度标注1800］，但如果右侧的基础主梁（边梁）JL3也采用同样的底部附加非贯通纵筋，则只在该JL3的第1跨上标注钢筋编号①即可。

〖底部附加非贯通纵筋间距与贯通纵筋间距的内在联系〗

基础平板（X向或Y向）底部非贯通纵筋与底部贯通纵筋为交错插空布置的关系。所以，要注意底部附加非贯通纵筋间距与贯通纵筋间距存在一定的倍数关系，由此形成了“隔一布一”和“隔一布二”的布筋方式。

由于“隔一布一”方式施工方便，设计时仅通过调整纵筋直径即可实现贯通全跨的纵筋面积介于相应方向总配筋面积的1/3至1/2之间，因此，宜以“隔一布一”为首选方式。

“隔一布一”布筋方式的特点：底部非贯通纵筋的间距与底部贯通纵筋的间距相同。（此时底部非贯通纵筋的钢筋根数可直接按其间距来进行计算。）

〖例7〗

原位标注的基础平板底部附加非贯通纵筋为：③Φ22@300（3），而在该3跨范围内集中标注的底部贯通纵筋为BΦ22@300——这样就形成了“隔一布一”的布筋方式。该3跨实际横向设置的底部纵筋合计为Φ22@150。

底部非贯通纵筋与底部贯通纵筋的钢筋规格可以不同，请看下例。

〖例8〗

原位标注的基础平板底部附加非贯通纵筋为：①Φ25@250（5），而在该5跨范围内集中标注的底部贯通纵筋为BΦ22@250——这样就形成了“隔一布一”的布筋方式（图8-5左图）。

该5跨实际横向设置的底部纵筋合计为（1Φ25＋1Φ22）@250，各筋间距为125。

“隔一布二”布筋方式的特点：底部非贯通纵筋的间距用“两个@”来定义，其中“小间距”是“大间距”的1/2，是底部贯通纵筋间距的1/3。——此时底部非贯通纵筋的钢筋根数可直接按“底部贯通纵筋间距”（即“小间距”与“大间距”之和）来进行计算“间隔”的个数，每一个“间隔”放置两根底部非贯通纵筋。

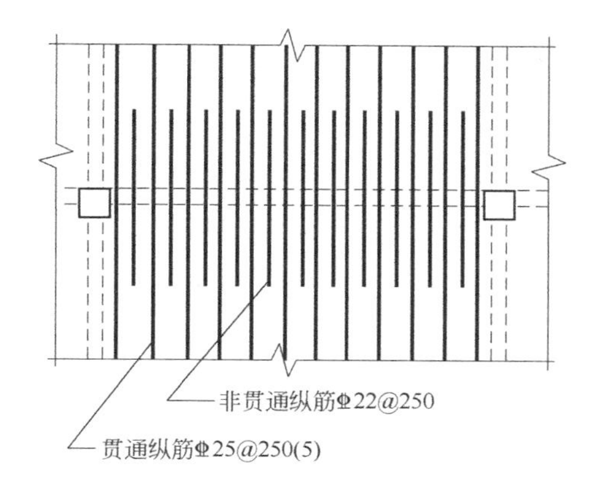

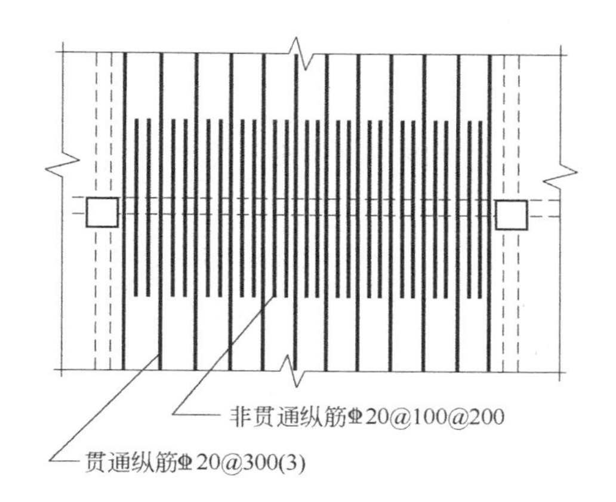

图 8-5

〖例 9〗

原位标注的基础平板底部附加非贯通纵筋为：③Φ20@100@200（3），而在该 3 跨范围内集中标注的底部贯通纵筋为 BΦ20@300——这样就形成了“隔一布二”的布筋方式。该 3 跨实际横向设置的底部纵筋合计为Φ20@100（图 8-5 右图）。

底部非贯通纵筋与底部贯通纵筋的钢筋规格可以不同，请看下例。

〖例 10〗

原位标注的基础平板底部附加非贯通纵筋为：③Φ20@120@240（3），而在该 3 跨范围内集中标注的底部贯通纵筋为 BΦ22@360——这样就形成了“隔一布二”的布筋方式。

该 3 跨实际横向设置的底部纵筋合计为（1Φ22＋2Φ20）@360，各筋间距为 120。

8.2.2 梁板式筏形基础的钢筋构造

前面介绍梁板式筏形基础的集中标注和原位标注时，我们说，基础梁的平法标注与 16G101-1 图集中梁的平法标注有共同之处，而筏板的平法标注和楼板的平法标注也有共同之处，但是在本节内容中，我们将会看到，梁板式筏形基础的钢筋构造与楼盖结构的很多不同之处，一个基本的出发点是：楼盖结构中框架柱是框架梁的支座，而在梁式筏板中基础梁是框架柱的支座，由此引出基础梁的钢筋计算与框架梁有极大的不同；同时，为了实现基础梁对框架柱“梁包柱”的要求，16G101-3 图集规定了基础主梁的侧腋构造。

8.2.2.1 基础主梁和基础次梁纵向钢筋构造

基础主梁纵向钢筋构造见 16G101-3 图集第 79 页，基础次梁纵向钢筋构造见 16G101-3 图集第 85 页。

我们主要通过基础梁与框架梁的对比，来加深对基础梁钢筋布置的认识。在这里，一个基本的出发点是：楼盖结构中框架柱是框架梁的支座，而在梁式筏板中基础梁是框架柱的支座，由此引出基础梁的钢筋计算与框架梁有很多的不同点。

（1）基础主梁的梁长计算与框架梁不同

在框架结构的楼盖中，框架梁以框架柱为支座，所以有“柱包梁”之说，在计算框架梁的长度时，是计算到框架柱的外皮。而在梁板式筏形基础中，基础主梁是框架柱的支座，所以在基础中是“梁包柱”，在两道基础主梁相交的柱节点中，基础主梁的长度不是计算到框架柱的外皮，而是计算到相交的基础主梁的外皮。基础主梁的这种特点，决定了基础主梁的纵筋长度比相同跨度的框架梁纵筋长度要长一些。

我们可以通过一个简单的例子来说明问题。

〖例〗

我们建立一个最简单的工程：

这个工程的平面图是轴线5000的正方形，四角为KZ1（500×500）轴线正中，基础梁JL1截面尺寸为600×900，混凝土强度等级为C20。

基础梁纵筋：底部和顶部贯通纵筋均为7Φ25，侧面构造钢筋G8Φ12。

基础梁箍筋：11Φ10@100/200（4）。

〖分析〗

如果按照框架梁来计算，则梁两端框架柱外皮的尺寸为

5000＋250×2＝5500mm　　（图8-6右图）

则框架梁纵筋长度＝5500－30×2＝5440mm

但是，如果把这个钢筋长度用于基础主梁就不对了。

现在按照基础梁的性质进行分析JL1的长度，基础主梁的长度不是计算到框架柱的外皮，而是计算到相交的基础主梁的外皮：

5000＋300×2＝5600mm　　（图8-6左图）

这样，基础主梁纵筋长度＝5600－30×2＝5540mm

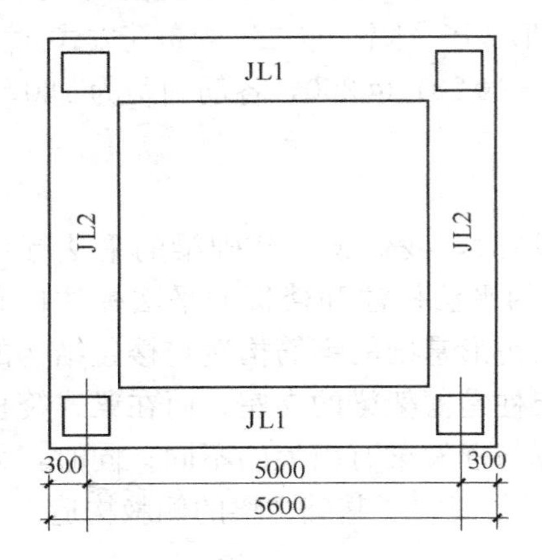

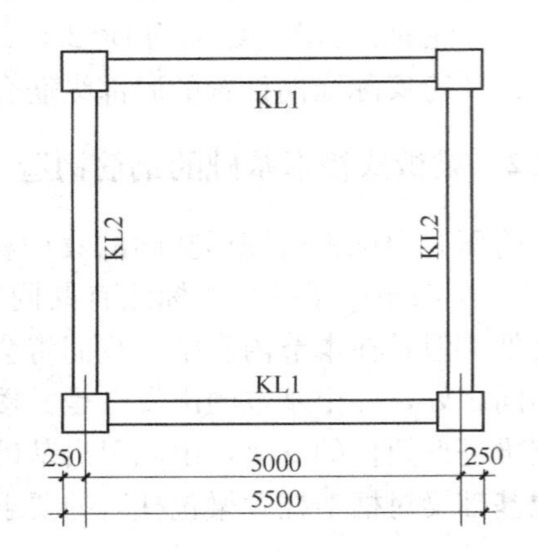

图8-6

(2) 基础主梁的每跨长度计算与框架梁不同

框架梁以框架柱为支座，所以在框架梁分跨的时候，是名副其实地以框架柱作为分跨的依据，框架梁的跨度就是指净跨长度，就是该跨梁两端的框架柱内皮之间的距离。框架梁在计算支座负筋延伸长度时，就是这个净跨长度的1/3或1/4。

但是，在梁板式筏形基础上就不一样了，框架柱以基础主梁作为支座。虽然，基础主梁的分跨仍然以框架柱的中心为分界线，但是这里的框架柱只是名义上的分跨依据，实质上的分界线在基础梁而不是在框架柱上。基础主梁的“跨度”就是相邻两个柱中心线之间的距离。基础梁非贯通纵筋的长度，模仿框架梁的做法，也采用“净跨长度”来计算。

基础主梁和基础次梁的底部贯通纵筋连接区，就设定在这样的 1/3 “净跨长度”的范围内。同样，基础主梁顶部贯通纵筋的连接区，也是以这样的跨度来定义的：柱边线两边各 $l_n/4$ 的范围，就是基础主梁顶部贯通纵筋的连接区。（图 8-7 为结合几种间距箍筋布置同时表达基础主梁 JL 纵筋构造的一个示意图）

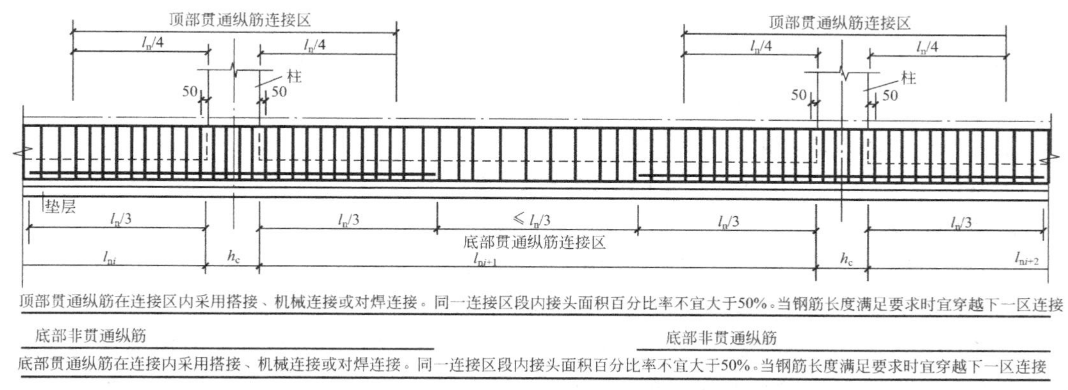

图 8-7

基础主梁这样的分跨，虽然也能够影响其箍筋加密区与非加密区的划分，但是不能阻止箍筋在基础主梁内部的贯通设置。（关于基础梁的箍筋设置在下一小节中进行介绍。）

（3）基础主梁的非贯通纵筋长度计算

1）基础主梁的非贯通纵筋长度（图 8-7）：

16G101-3 图集第 79 页基础主梁 JL 纵向钢筋与箍筋构造图中，标明基础主梁的非贯通纵筋自柱中心线向跨内伸出：

$$l_n/3$$

其中　l_n——是节点左跨净跨长度和右跨净跨长度的较大值（边跨端部 l_n 取边跨净跨长度）

〔非贯通纵筋长度的变化〕

11G101-3 第 33 页在“基础梁底部非贯通纵筋的长度规定”中指出：

“为方便施工，凡基础主梁柱下区域和基础次梁支座区域底部非贯通纵筋的伸出长度 a_0 值，当配置不多于两排时，在标准构造详图中统一取值为自支座边向跨内伸出至 $l_n/3$ 位置；当非贯通纵筋配置多于两排时，从第三排起向跨内的伸出长度值应由设计者注明。l_n 的取值规定为：边跨边支座的底部非贯通纵筋，l_n 取本边跨的净跨长度值；中间支座的底部非贯通纵筋，l_n 取支座两边较大一跨的净跨长度值。”（16G101-3 与 11G101-3 完全一致）

新图集在这里有两个较大变化：

一是非贯通纵筋的伸出长度值取定为 $l_n/3$。旧图集的取值为“$l_n/3$ 且 $\geqslant a$”这个 a 值在基础主梁为“$1.2l_a+h_b+0.5h_c$”，在基础次梁为“$1.2l_a+h_b+0.5b_b$”，计算起来都比较麻烦，现在的确是“方便施工”了。

二是 l_n 的计算依据是“净跨长度值”。旧图集是“中心跨度值”，新图集改为“净跨长度值”，这样基础梁的计算方法就与框架梁的计算方法一致了。

〔注意〕计算“底部非贯通纵筋向跨内的伸出长度”是很有用的：“底部贯通纵筋连接区”

的长度和“架立筋”的长度都与此有关。

2）请注意，16G101-3图集给出了两排非贯通纵筋的长度。

在图集第79页的图中的第一排底部纵筋在“$l_n/3$”附近有两个切断点，表明这是“第一排底部非贯通纵筋”的位置；然后，在其上方又画出了第二排底部非贯通纵筋，这两排底部非贯通纵筋的长度是一样的。

当底部纵筋多于两排时，从第三排起非贯通纵筋向跨内的延伸长度值应由设计者注明。（这是图集第79页的注6所示。）

（4）基础主梁的贯通纵筋连接构造

1）基础主梁的底部贯通纵筋连接构造（图8-7）：

① 基础主梁“底部贯通纵筋连接区”就是跨中“$l_n/3$”的范围。

为什么不是“跨中$l_n/3$”而是“跨中$\leqslant l_n/3$”的范围呢？因为底部贯通纵筋连接区两端是“非贯通纵筋”的端点，但非贯通纵筋的标注长度可能会更长些。

② 不同配置的底部贯通纵筋，应在两毗邻跨中配置较小一跨的跨中连接区域连接，即配置较大一跨的底部贯通纵筋须越过其标注的跨数终点或起点，伸至毗邻跨的跨中连接区域。（这是图集第79页的注3所示。）

〖工程中的处理〗

当基础主梁集中标注了底部贯通纵筋、而在某跨原位标注不同规格的底部贯通纵筋时，就形成“各跨直径不一致”的情况。此时直径大的底部贯通纵筋，应在两毗邻跨中直径较小的跨中连接区域连接。

相邻两跨的底部贯通纵筋，如果规格相同，则做贯通处理。

〖底部贯通纵筋连接区长度的计算〗

连接区的长度＝本跨长度－左半非贯通纵筋延伸长度－右半非贯通纵筋延伸长度

2）架立筋的计算：

① 架立筋的长度＝本跨底部贯通纵筋连接区的长度＋2×150

② 架立筋的根数＝箍筋的肢数－第一排底部贯通纵筋的根数

3）基础主梁的顶部贯通纵筋连接构造：

按照16G101-3图集第85页图中所示，在柱边线左右各$l_n/4$的范围是顶部贯通纵筋连接区（见图8-7）。

基础主梁相交处位于同一层面的交叉纵筋，何梁纵筋在下、何梁纵筋在上，应按具体设计说明。

上述这一条说明见于16G101-3图集第79页的“注7”，它同时适用于基础主梁的底部纵筋和顶部纵筋。根据16G101-3图集的版面安排，它同时适用于条形基础的基础梁。

关于基础梁纵筋和基础平板纵筋之间的相对位置的讨论，见本章末尾的相应问题讨论。

（5）基础次梁JCL纵向钢筋构造

16G101-3图集第85页给出了基础次梁JCL纵向钢筋构造。从图中所示，基础次梁JCL纵向钢筋构造与基础主梁JZL基本上是一致的。下面只列出基础次梁与基础主梁的不同之处。（图8-8为结合几种间距箍筋布置同时表达基础次梁JCL纵筋构造的一个示意图）

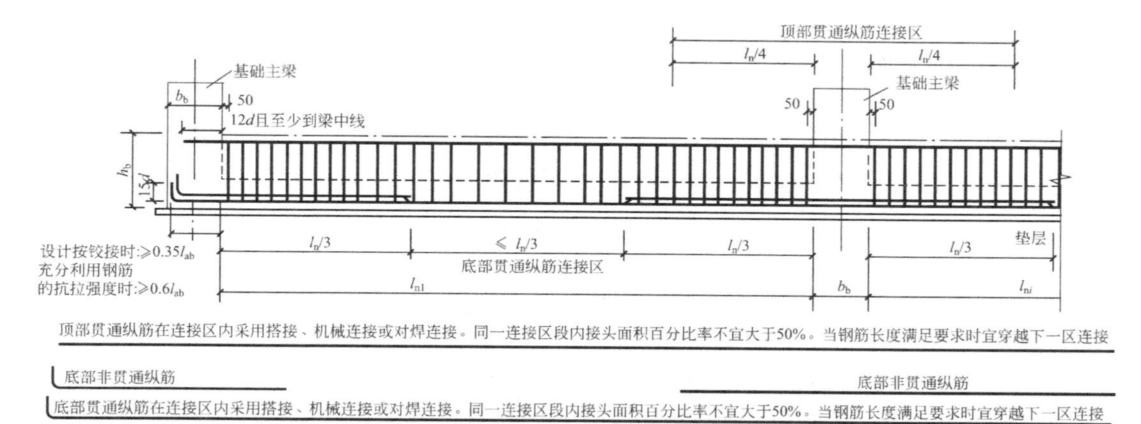

图 8-8

1）基础次梁非贯通纵筋长度计算

前面在讲述基础主梁的时候已经讲到：基础次梁支座区域底部非贯通纵筋的伸出长度 a_0 值，当配置不多于两排时，在标准构造详图中统一取值为自支座边向跨内伸出至 $l_n/3$ 位置；当非贯通纵筋配置多于两排时，从第三排起向跨内的伸出长度值应由设计者注明。l_n 的取值规定为：边跨边支座的底部非贯通纵筋，l_n 取本边跨的净跨长度值；中间支座的底部非贯通纵筋，l_n 取支座两边较大一跨的净跨长度值。

2）基础次梁的顶部贯通纵筋，在端支座锚入基础主梁≥12d 且至少到梁中线；在中间支座（基础主梁）边线的左右各 $l_n/4$ 的范围内有一个顶部贯通纵筋连接区（见图 8-8）。

8.2.2.2 基础主梁和基础次梁箍筋构造

关于基础主梁和基础次梁的箍筋构造，可以参看 16G101-3 图集第 80、86 页的基础主梁与基础次梁配置两种箍筋构造。我们在这里还是保留了原有内容，讲述三种间距箍筋构造，大家在实际工程中如遇到则可参考。如果是两种间距箍筋构造，去掉“第二个加密区”即可。

关于基础主梁和基础次梁的箍筋构造，主要掌握下列内容。

（1）基础主梁的箍筋设置（图 8-9 为基础主梁三种间距箍筋布置的示意图）

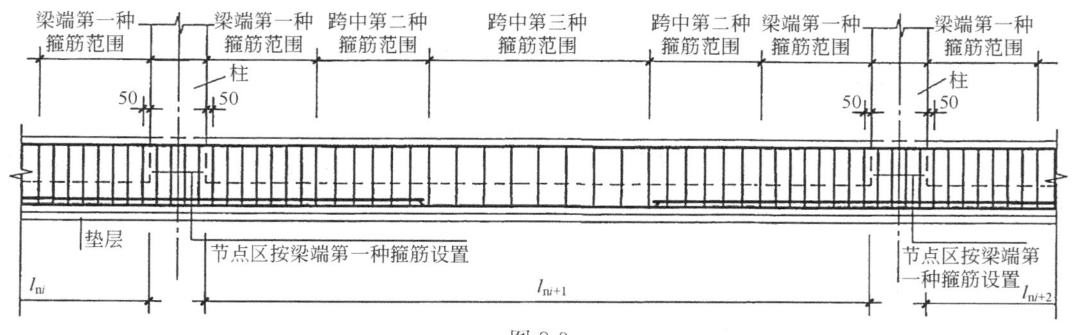

图 8-9

1）每跨梁的箍筋布置从框架柱边沿 50mm 开始计算，依次布置第一种加密箍筋、第二种加密箍筋、非加密区的箍筋。其中：

第一种加密箍筋按箍筋标注的根数和间距进行布置，

第一种箍筋加密区长度＝箍筋间距×(箍筋根数－1)；

第二种加密箍筋接着按箍筋标注的根数和间距进行布置，

第二种箍筋加密区长度＝箍筋间距×箍筋根数；

非加密区的长度＝梁净跨长度－50×2－第一种箍筋加密区长度－第二种箍筋加密区长度

2）基础主梁在柱下区域按梁端箍筋的规格、间距贯通设置。

柱下区域的长度＝框架柱宽度＋50×2

在整个柱下区域内，按"第一种加密箍筋的规格和间距"进行布筋。

3）当梁只标注一种箍筋的规格和间距时，则整道基础主梁（包括柱下区域）都按照这种箍筋的规格和间距进行配筋。

4）两向基础主梁相交的柱下区域，应有一向截面较高的基础主梁按梁端箍筋全面贯通设置；另一向的基础主梁的箍筋从框架柱边沿50mm开始布置。

(2) 基础次梁的箍筋设置（图8-10为基础次梁三种间距箍筋布置的示意图）

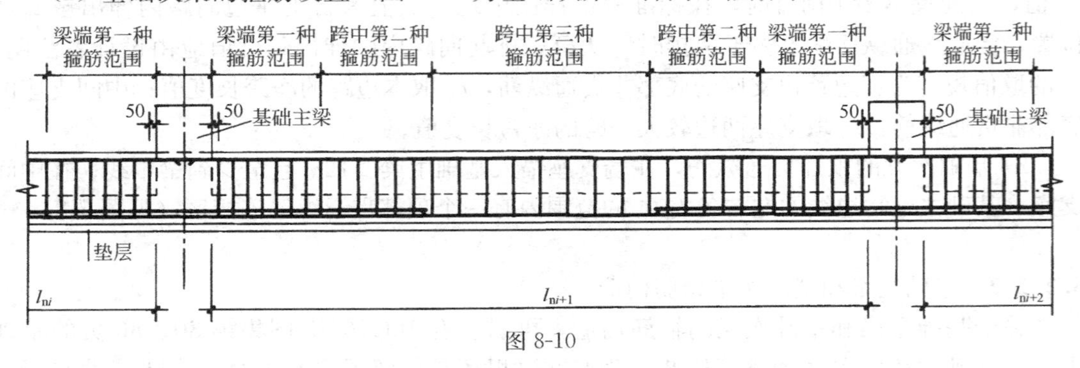

图 8-10

1）每跨梁的箍筋布置从基础主梁边沿50mm开始计算，依次布置第一种加密箍筋、第二种加密箍筋、非加密区的箍筋。其中：

第一种加密箍筋按箍筋标注的根数和间距进行布置，

第一种箍筋加密区长度＝箍筋间距×(箍筋根数－1)；

第二种加密箍筋接着按箍筋标注的根数和间距进行布置，

第二种箍筋加密区长度＝箍筋间距×箍筋根数；

非加密区的长度＝梁净跨长度－50×2－第一种箍筋加密区长度－第二种箍筋加密区长度

2）当梁只标注一种箍筋的规格和间距时，则整跨基础次梁都按照这种箍筋的规格和间距进行配筋。

〖关于基础梁箍筋设置与框架梁的对比〗

① 基础梁箍筋设置与框架梁的共同点：

当主梁与次梁交叉时，主梁的箍筋满布，而次梁的箍筋从主梁边沿50mm开始布置——这是基础梁箍筋设置与框架梁的共同点。

箍筋分别按加密区间距要求与非加密区间距要求进行布置——这也是基础梁箍筋设置与框架梁都具有的特点。

② 基础梁箍筋设置与框架梁的不同点：

基础梁与框架梁最大的不同点是：框架梁以框架柱为支座，这体现在箍筋设置上就是“箍筋从框架柱边沿 50mm 开始布置”；而框架柱以基础梁为支座，这体现在箍筋设置上就是“箍筋在基础主梁上全梁满布（包括柱下区域）”。

此外，16G101-1 图集明确规定了框架梁箍筋加密区的长度，所以在框架梁箍筋标注中可以采用“ϕ10@100/200（4）”这样的标注格式，但是这种标注格式不适用于基础梁，因为在 16G101-3 图集中没有规定加密区的长度。

而且，在基础梁中还设置了多种加密区的箍筋布置方式。

〖多种加密区的箍筋布置方式的例子〗

一道基础次梁，其净跨长度为 6000，箍筋标注为

9ϕ16@100/12ϕ16@150/ϕ16@200（6）

这表示箍筋为 HRB300 级钢筋，直径为ϕ16，均为 6 肢箍，从梁端到跨内，有三种箍筋的设置范围（示意图见图 8-11）：

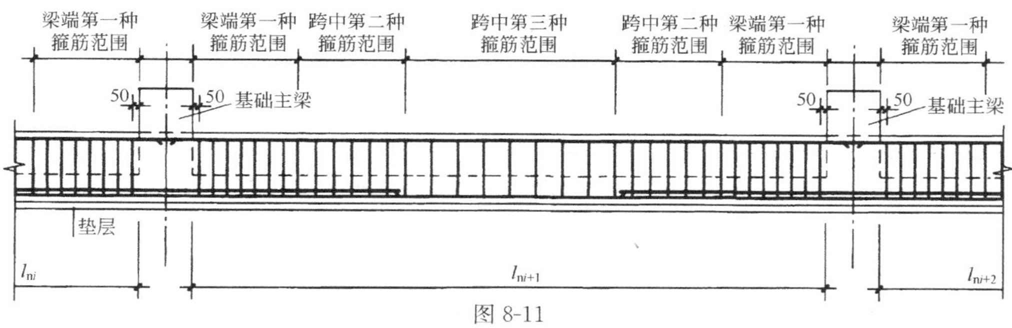

图 8-11

① 间距 100 设置 9 道

即在本跨两端的分布范围均为 100×8＝800mm

② 接着以间距 150 设置 12 道

即在本跨再设置第二种箍筋，两端的分布范围均为 150×12＝1800mm

③ 其余间距为 200，这第三种箍筋的分布范围是

6000－50×2－800×2－1800×2＝700mm

第三种箍筋的根数＝700/200－1＝3(3 道六肢箍)

〖当配置两种箍筋的时候〗

上例是“配置三种箍筋”，当“配置两种箍筋”的时候，例如：箍筋标注为

9ϕ16@100/200（6）

此时，第①步的计算同上，取消上例的第②步，将上例的第③步变成第②步，即：

② 其余间距为 200，则第二种箍筋的分布范围是

6000－50×2－800×2＝4300mm

第二种箍筋的根数＝4300/200－1＝ 21（21道六肢箍）

〖例〗

我们继续对前面的那个最简单的工程来练习一下基础梁箍筋的计算。

这个工程的平面图是轴线5000的正方形，四角为KZ1（500×500）轴线正中，基础梁JL1截面尺寸为600×900，混凝土强度等级为C30。（图形可参看图8-6左图）

基础梁纵筋：底部和顶部贯通纵筋均为7Φ25，侧面构造钢筋G8Φ12。

基础梁箍筋：11Φ10@100/200（4）。

〖解〗

根据前面的分析，基础主梁的长度计算到相交的基础主梁的外皮：

5000＋300×2＝5600mm

这样，基础主梁纵筋长度＝5600－30×2＝5540mm

这也是基础主梁配置箍筋的范围。

基础主梁的箍筋布置可以分为跨内部分和柱下区域部分。

① 跨内部分的箍筋布置按基础主梁的箍筋标注11Φ10@100/200（4）执行。

每跨梁的箍筋布置从框架柱边沿50mm开始计算，依次布置第一种加密箍筋、第二种加密箍筋、非加密区的箍筋（现在只有第一种加密箍筋）。

第一种加密箍筋按箍筋标注的根数（11根）和间距进行布置，

第一种箍筋加密区长度＝100×(11－1)＝1000mm

梁净跨长度＝5000－250×2＝4500mm

这样，我们可以计算出"非加密区的长度"：

非加密区的长度＝梁净跨长度－50×2－第一种箍筋加密区长度

＝4500－50×2－1000×2

＝2400mm

所以，非加密区的箍筋根数＝2400/200－1＝11根

② 柱下区域部分的箍筋布置

在这个柱下区域内，按"第一种加密箍筋的规格和间距"进行布筋。

前面介绍了柱下区域长度的计算公式：

柱下区域的长度＝框架柱宽度＋50×2

但是这个公式只适用于"中间支座"，而现在的情况是"端支座"。端支座的柱下区域长度计算公式应该是：

柱下区域的长度＝框架柱宽度＋50＋柱外侧的梁端布筋长度

＝500＋50＋(300－250－30)

＝570mm

所以，柱下区域的箍筋根数＝570/100＝6根

(我们可以验算一下上述算法的正确性：

各段配箍范围的总和＝ 570×2＋1000×2＋2400＝5540mm

正好等于基础主梁的纵筋长度5540mm——说明上述算法正确。)

③ 基础梁JL的箍筋总根数（按四肢箍）：

箍筋总根数＝6×2＋11×2＋11＝45根

④ 箍筋长度的计算：

基础梁的箍筋采用“大箍套小箍”。

a. 外箍的计算：

根据16G101-3图集第55页的查表，梁箍筋保护层为20，则纵筋保护层为30

于是，外箍的宽度＝600－30×2＝540mm

外箍的高度＝900－30×2＝840mm

所以，外箍的每根长度＝540×2＋840×2＋26×10＝3020mm

b. 内箍的计算：

内箍宽度的计算同框架梁的箍筋计算。

设纵筋的净距为 a，钢筋直径为 d，则 $6a+7d=540$mm

解得 $a=(540-7d)/6=(540-7\times25)/6=60$mm

于是，内箍的宽度＝$2a+3d=2\times60+3\times25=195$mm

内箍的高度＝900－30×2＝840mm

所以内箍的每根长度＝195×2＋840×2＋26×10＝2330mm

8.2.2.3 基础梁的加腋构造

本节介绍的基础梁的加腋构造，包括“立腋”和“侧腋”构造。基础主梁和基础次梁都有可能发生“立腋”构造，但只有基础主梁才有可能发生“侧腋”构造。

在本节中，我们结合框架梁来讲解“立腋”构造，目的是加深对框架梁和基础梁的“立腋”构造的认识。“立腋”构造需要设计师在平法施工图上进行标注，但是“侧腋”构造在平法施工图上是不进行标注的，需要施工人员和预算人员自己根据11G101-3图集的有关规定进行处理，这是需要特别注意的。

（1）“平法梁”的加腋构造有几种？在何处使用？

1）综观16G101-1到16G101-3图集，“平法梁”的加腋构造有两大类，一类是垂直方向的加腋（我们称之为“立腋”），另一类是水平方向的加腋（我们称之为“侧腋”）。

2）框架梁的“立腋”构造：

16G101-1图集第86页“框架梁竖向加腋构造”是垂直方向的加腋，具体说是在框架梁底部的加腋。其构造特点是加腋部位的主筋伸进框架梁或框架柱内的长度$\geqslant l_{aE}$（$\geqslant l_a$）。

这种加腋构造是设计指定的。例如，在梁的集中标注中注写梁截面高度时标明

300×700Y500×250

其中“Y”后面的“500”表示腋长，“250”表示腋宽。知道腋长和腋宽，就可以求出该直角三角形的斜边长度，加上直锚长度 l_{aE}，就可以计算出加腋主筋的长度。此外，加腋部位的箍筋是变截面高度的。

框架梁加腋构造也可以在原位标注时标出，其注写格式同集中标注。

3）与框架梁类似，基础梁也有“立腋”构造：

16G101-3图集第80页和第86页分别为基础主梁和基础次梁的“梁高加腋构造”。（图8-12就是基础次梁的梁高加腋分节点构造）这也是垂直方向的加腋。其加腋构造的特点与上述框架梁加腋构造相同，只是上下方向相反——“框架梁加腋构造”是在梁底部，而“基础梁加腋构造”是在梁顶部。

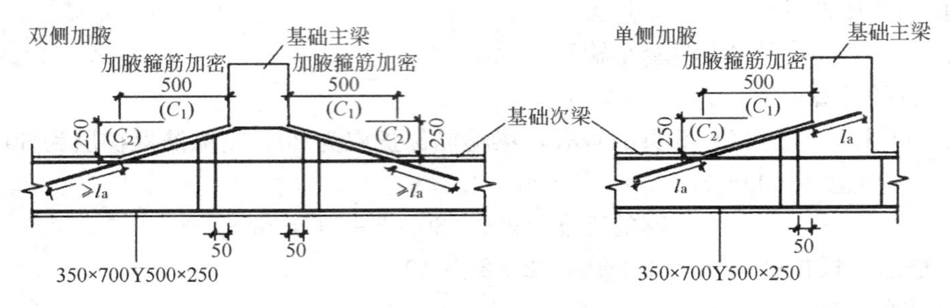

图 8-12

基础梁的“梁高加腋构造”也是设计指定的，其集中标注和原位标注的方式同框架梁。

4）基础主梁的“侧腋”构造：

框架梁与框架柱的关系是“柱包梁”的关系。但是基础主梁与框架柱是“梁包柱”的关系，当梁宽≤柱宽，不能实现梁包柱的时候，就有可能发生“侧腋”构造。

16G101-3 图集第 84 页表示“基础主梁与柱结合部侧腋构造”，这是水平方向的加腋构造。

值得注意的是，基础主梁的这种“加侧腋”的构造不在施工图上进行标注，施工图也不给出结构详图，施工人员和预算人员自己根据 16G101-3 图集进行施工和计算。“基础主梁加侧腋”的条件是：当基础主梁的截面宽度小于或等于柱截面宽度时，基础主梁在柱的附近就必须加侧腋，以实现“梁包柱”的构造要求。

（2）基础梁“立腋”构造的技术要点：

1）加腋标注与框架梁相同，但锚固长度不同：

前面讲到，基础梁的“立腋”标注也是设计指定的。

例如：在基础梁的集中标注中注写梁截面高度时标明

300×700Y500×250

其中“Y”后面的“500”表示腋长，“250”表示腋宽。知道腋长和腋宽，就可以求出该直角三角形的斜边长度，加上直锚长度 l_a，就可以计算出加腋主筋的长度。此外，加腋部位的箍筋是变截面高度的。

基础主梁的梁高加腋分节点构造见图 8-13。

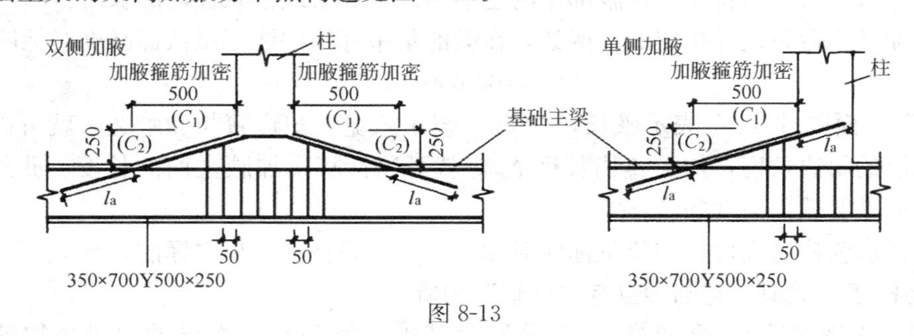

图 8-13

我们可以看出基础梁“立腋”构造与框架梁的不同点：框架梁加腋钢筋的锚固长度是 l_{aE}，而基础梁加腋钢筋的锚固长度是 l_a，这是因为基础梁设计中不考虑抗震因素的缘故。

2）钢筋根数的计算与框架梁相同：

基础梁的立腋的宽度等于梁截面宽度。

至于基础梁（包括筏形基础的基础主梁、基础次梁和条形基础的基础梁）的立腋的配筋，16G101-3 第 32 页在基础主梁与基础次梁的原位标注规定：

加腋梁加腋部位钢筋，需在设置加腋的支座处以 Y 打头注写在括号内。例如：加腋梁端（支座）处注写为 Y4⌀25，表示加腋部位斜纵筋为 4⌀25。

基础梁立腋的箍筋计算方法与框架梁相同。

（3）“基础主梁加侧腋”的技术要点：

16G101-3 图集第 84 页给出了基础主梁加侧腋的构造。这是基础主梁侧腋的基本构造。图 8-14 给出了几种节点的加腋钢筋长度的计算公式。实际工程中的基础主梁侧腋构造可能出现比这几个例图更为复杂的情况，但是我们只要掌握基础主梁侧腋构造的要点，就能对各种复杂的实际情况进行有效的分析。

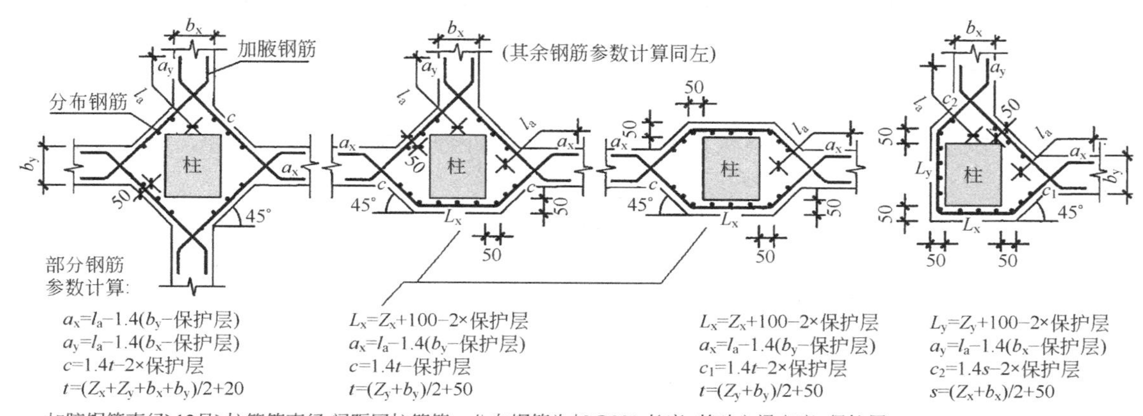

图 8-14

基础主梁侧腋构造的技术要点如下：

1）当基础主梁比柱宽，而且完全形成梁包柱的情况时，就不要执行“侧腋”构造。

2）“侧腋”构造由于柱节点上梁根数的不同，而形成“一字形”、“L 形”、“丁字形”、“十字形”等各种构造形式，其加腋的做法各不相同，详见 16G101-3 图集第 84 页。

“侧腋”构造几何尺寸的特点：加腋斜边与水平边的夹角为 45°。

侧腋的厚度：加腋部分的边沿线与框架柱之间的最小距离为 50mm。

3）基础主梁“侧腋”的钢筋构造：

基础主梁的“侧腋”是构造配筋。16G101-3 图集规定，侧腋钢筋直径≥12 且不小于柱箍筋直径，间距同柱箍筋；分布筋⌀8@200。

“一字形”、“丁字形”节点的直梁侧腋钢筋弯折点距柱边沿 50mm。

侧腋钢筋从“侧腋拐点”向梁内弯锚 l_a（含钢筋端部弯折长度）；当直锚部分长度满足 l_a 时，钢筋端部不弯折（即为直形钢筋）。

8.2.2.4　基础梁外伸部位构造

基础主梁 JL 和基础次梁 JCL 都有端部与外伸部位构造。

(1) 16G101-3图集第81页给出了基础主梁JL端部与外伸部位钢筋构造

1) 基础主梁JL外伸部位的钢筋构造（图8-15给出了几种节点部分纵筋长度的计算公式）：

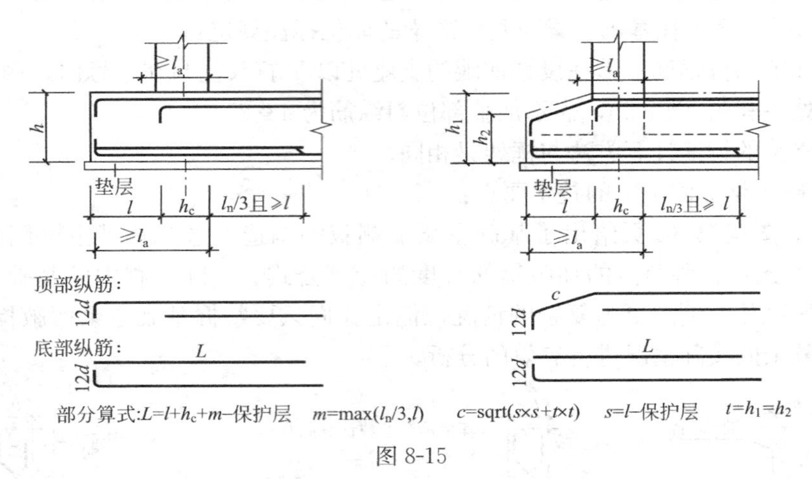

图 8-15

(A)“外伸部位”的截面形状分为：端部等截面外伸、端部变截面外伸。纵筋形状据此决定。

(B) 基础主梁JL外伸部位纵筋构造的特点：

① 上部第一排纵筋伸至“外伸部位”尽端（扣减保护层），弯直钩12d。

② 上部第二排纵筋从柱内边算起的外伸长度≥l_a，不弯直钩。

③ 下部第一排纵筋伸至“外伸部位”尽端（扣减保护层），弯直钩12d。

④ 下部第二排纵筋伸至“外伸部位”尽端（扣减保护层），不弯直钩，需满足从柱内边算起的外伸长度≥l_a。

2) 基础主梁JL的端部无外伸构造

04G101-3图集第29页下方有三个“端部无外伸构造”的图，而11G101-3第73页只有1个“端部无外伸构造”。(16G101-3和11G101-3相同)

图8-16的左图就是按11G101-3第72页“端部无外伸构造”修改的，把原来的顶部纵筋和底部纵筋垂直连通，改为上部纵筋向下弯折15d，下部纵筋向上弯折15d。

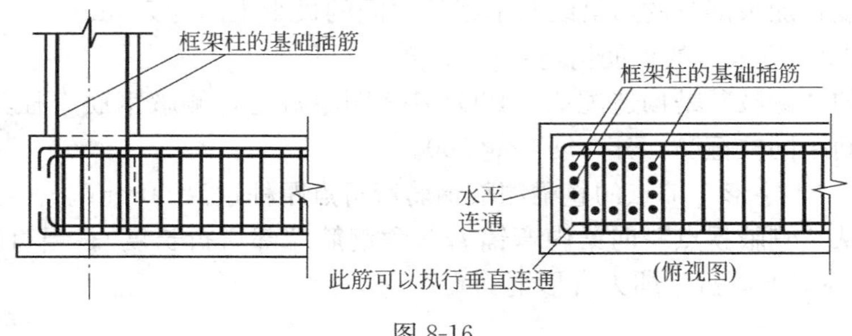

图 8-16

对于04G101-3这几个节点，有些工程技术人员有这样的意见：

如果将基础梁端部全部钢筋都作“匚”字形垂直连通（或垂直不连通），则植栽的柱插筋毫无约束能力，不安全。只有将基础梁顶部角筋在水平方向“匚”字形连通，才有可能在柱插筋的外面形成有效的约束。因此，如果基础梁端上下为两排布筋的，可以分别在梁顶部角筋和底部角筋进行水平连通，其余纵筋可维持垂直连通（见图 8-16 右图）；如果梁端部只设一排纵筋（已进行垂直连通了），还必须增加“匚”字形水平连通钢筋。

〖16G101-3 的变更〗

16G101-3 第 81 页“梁板式筏形基础梁 JL 端部与外伸部位钢筋构造，条形基础梁 JL 端部与外伸部位钢筋构造”对比 11G101-3 有较大变化，请读者阅读 16G101-3 图集第 81 页和参考“附录 B”的“基础梁 JL 端部与外伸部位钢筋构造”的有关内容。

(2) 16G101-3 图集第 85 页给出了基础次梁 JCL 的外伸部位钢筋构造

1)“外伸部位”的截面形状分为：端部等截面外伸、端部变截面外伸。纵筋形状据此决定。(图 8-17 给出了几种节点部分纵筋长度的计算公式)。

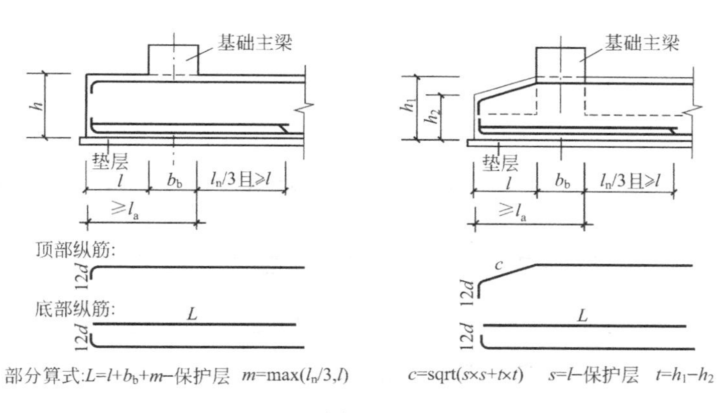

图 8-17

2）基础次梁 JCL 外伸部位纵筋构造的特点：

① 基础次梁顶部纵筋端部伸至尽端钢筋内侧，弯直钩 $12d$。

② 基础次梁底部第一排纵筋端部伸至尽端钢筋内侧，弯直钩 $12d$。

③ 边跨端部底部纵筋直锚长度$\geqslant l_a$时，可不设弯钩。

④ 基础次梁底部第二排纵筋端部伸至尽端钢筋内侧，不弯直钩，需满足从基础主梁内边算起的外伸长度$\geqslant l_a$。

8.2.2.5 梁板式筏形基础平板 LPB 钢筋构造

梁板式筏形基础平板 LPB 钢筋构造详见 16G101-3 图集第 88 页，分作“柱下区域”和“跨中区域”两种部位的构造。柱下区域的配筋图见图 8-18，跨中区域的配筋图见图 8-19。其实就基础平板 LPB 的钢筋构造来看，这两个区域的顶部贯通纵筋、底部贯通纵筋和非贯通纵筋的构造是一样的（当然跨中区域的底部纵筋稀疏一些，因为只存在底部贯通纵筋）。

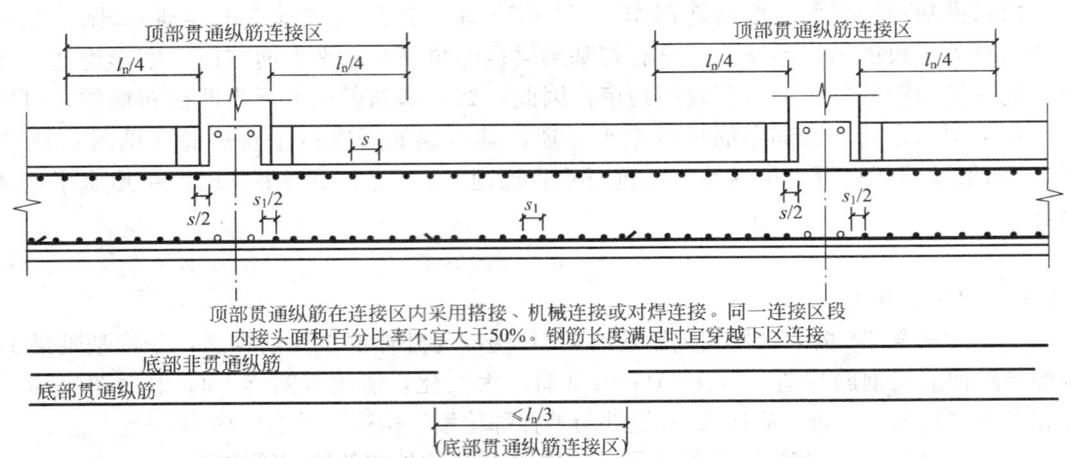

图 8-18

注：s_1 为板筋间距

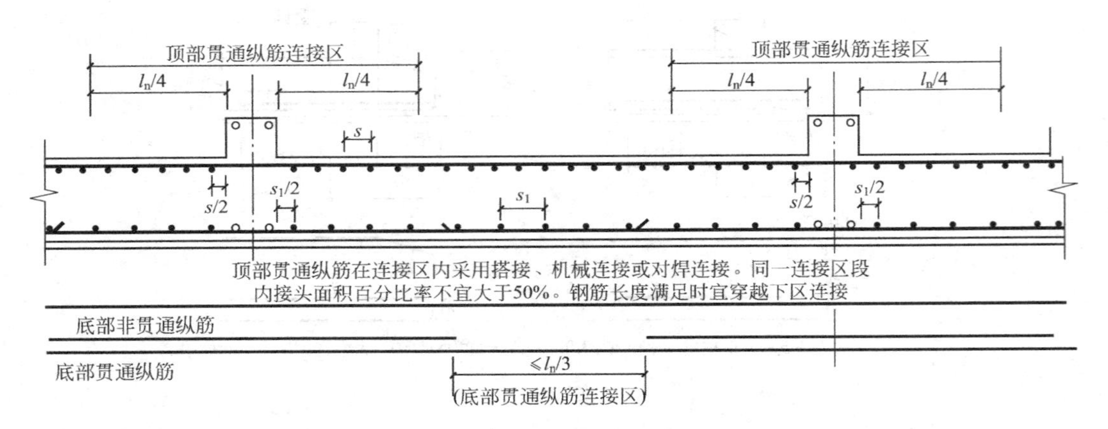

$s_1/2$、$s/2$注:板的第一根纵筋距基础梁边为1/2板筋间距,且不大于75,s_1为板筋间距。

图 8-19

〖第一根贯通纵筋的布筋位置〗

16G101-3 对于筏形基础平板底部贯通纵筋和顶部贯通纵筋的布筋新规定值得注意，这就是：

板的第一根筋，距基础梁边为 1/2 板筋间距，且不大于 75。

举例来说：

当筏形基础平板底部贯通纵筋或顶部贯通纵筋的间距为 150 的时候，“1/2 板筋间距”为 75，刚好符合规定，此时在距基础梁边 75mm 布置第一根贯通纵筋；

当筏形基础平板底部贯通纵筋或顶部贯通纵筋的间距为 200 的时候，“1/2 板筋间距”为 100，大于 75，此时不能按“距基础梁边为 1/2 板筋间距”进行布筋，而应该执行距基础梁边 75mm 布置第一根贯通纵筋。

注意：筏形基础平板底部贯通纵筋和顶部贯通纵筋的间距往往不同，所以第一根底部贯通纵筋和第一根顶部贯通纵筋距基础梁边的距离也有所不同，在施工和预算中不能“一刀切”。

(1) 底部非贯通纵筋构造

1) 底部非贯通纵筋的延伸长度，根据基础平板 LPB 原位标注的底部非贯通纵筋的延伸长度值进行计算。关于底部非贯通纵筋的长度计算方法，我们已经在前面 8.2.1.2 节中进行了介绍。

2) 在 16G101-3 图集第 88 页的图中，给出这样一个信息：底部非贯通纵筋自梁中心线到跨内的延伸长度$\geqslant l_n/3$（l_n 是基础平板 LPB 的净跨长度）。

之所以有这样一个结论，是因为基础平板 LPB 的底部贯通纵筋连接区长度在图上的标注为“$\leqslant l_n/3$”，而这个“连接区”的两个端点又是底部非贯通纵筋的端点。

〖如何认识底部非贯通纵筋连接区“$\leqslant l_n/3$”〗

11G101-3 第 79 页“梁板式筏形基础平板 LPB 钢筋构造”图中，把旧图集 04G101-3 图中的“l_0”改为“l_n”，出现了底部非贯通纵筋连接区“$\leqslant l_n/3$”这样的标注。

对比 11G101-3 第 79 页和 04G101-3 第 34 页，图下方的尺寸标注结构一点儿没有改变，“底部非贯通纵筋延伸长度”的起算点也还是基础梁中心线，但是相邻非贯通纵筋端点之间的“底部贯通纵筋连接区”的长度标注，由旧图集的“$\leqslant l_0/3$”变成新图集的“$\leqslant l_n/3$”。（在旧图集中，“l_0”是“中心线跨度”；新图集的“l_n”是“净跨长度”。）

16G101-3 第 88 页对“底部贯通纵筋连接区”没有文字说明，但是各种筏形基础平板（LPB、ZXB、KZB、BPB 等）还是有共同点的，在 16G101-3 第 90 页的注 3 指出：“柱下板带与跨中板带的底部贯通纵筋，可在跨中 1/3 净跨长度范围内搭接连接、机械连接或焊接”。

因为底部非贯通纵筋的伸出长度是由设计师标注的，其端点不一定在“跨中 1/3 净跨”的边缘。底部贯通纵筋连接区既要满足“在底部非贯通纵筋端点之外”，又要满足“跨中 1/3 净跨长度范围内”，所以在“梁板式筏形基础平板 LPB 钢筋构造”图中相邻非贯通纵筋端点之间标注“$\leqslant l_n/3$”是合理的。

(2) 底部贯通纵筋构造

1) 底部贯通纵筋在基础平板 LPB 内按贯通布置。鉴于钢筋定尺长度的影响，底部贯通纵筋可以在跨中的“底部贯通纵筋连接区”进行连接。“底部贯通纵筋连接区”的长度$\leqslant l_n/3$（l_n 是基础平板 LPB 的净跨长度）。

底部贯通纵筋连接区长度＝跨度－左侧延伸长度－右侧延伸长度

（其中“左、右侧延伸长度”即左、右侧的底部非贯通纵筋延伸长度。）

2) 当底部贯通纵筋直径不一致时：

当某跨底部贯通纵筋直径大于邻跨时，如果相邻板区板底一平，则应在两毗邻跨中配置较小一跨的跨中连接区内进行连接（即配置较大板跨的底部贯通纵筋须越过板区分界线伸至毗邻板跨的跨中连接区域）。基础梁的底部贯通纵筋也有类似的做法。

上述规定直接影响了底部贯通纵筋的长度计算。

〖关于 LPB 净跨长度 l_n 的起算点的讨论〗

当我画完这本书修订版的图 8-18 和图 8-19 之后，我才发现，这两幅图的“l_n”的起算点有点儿不一样："柱下区域（图8-18）"的 l_n 从框架柱边算起，而"跨中区域（图8-19）"的 l_n 从基础梁边算起。

因为框架柱的截面宽度与基础梁的截面宽度一般不相同，所以导致"柱下区域"与"跨中区域"的 l_n 数值不相等——同一块基础平板的不同区域 l_n 的数值不相等，这不能不给施工带来困难。

l_n 的数值影响到基础平板LPB的顶部贯通纵筋和底部贯通纵筋连接区的范围。为了施工的方便，最好还是把"柱下区域"与"跨中区域"的 l_n 的起算点统一起来。是统一为"从框架柱边算起"、还是统一为"从基础梁边算起"好呢？

如果考虑到筏形基础的上部结构不一定是框架结构，也可能是剪力墙结构，所以还是把LPB净跨长度 l_n 的起算点统一为"从基础梁边算起"好些。以上一点拙见，仅供设计者参考。

〖底部贯通纵筋长度计算的例子〗

〖例1〗

梁板式筏形基础平板在X方向上有7跨，而且两端有外伸。

在X方向的第一跨上有集中标注：

LPB1　h＝400

X：BΦ14@300；TΦ14@300；(4A)

Y：略

在X方向的第五跨上有集中标注：

LPB2　h＝400

X：BΦ12@300；TΦ12@300；(3A)

Y：略

在第1跨标注了底部附加非贯通纵筋①Φ14@300（4A）

在第5跨标注了底部附加非贯通纵筋②Φ12@300（3A）

原位标注的底部附加非贯通纵筋跨内延伸长度为1800

基础平板LPB3每跨的轴线跨度均为5000，两端的延伸长度为1000。混凝土强度等级为C40。

〖分析〗

上述底部附加非贯通纵筋的标注表示：

基础平板LPB3第一跨至第四跨且包括第一跨的外伸部位布置的底部附加非贯通纵筋均为Φ14@300（4A）；

在第五跨至第七跨且包括第七跨的外伸部位横向布置的底部附加非贯通纵筋均为Φ12@300（3A）。

这样，从字面上看，底部贯通纵筋Φ14钢筋布置的范围是4跨带一个外伸长度，但是Φ14钢筋的长度比这个要长一些，因为它要越过第4跨和第5跨的边界线，伸到第5跨的跨中连接区，与第5跨的底部贯通纵筋Φ12钢筋进行搭接。

〖解〗

①（第5跨）底部贯通纵筋连接区长度＝5000－1800－1800＝1400mm

但是，更为重要的是底部贯通纵筋连接区的起点就是非贯通纵筋的端点，即（第5跨）底部贯通纵筋连接区的起点是⑤号轴线以右1800处。

② 所以，第一跨至第四跨的底部贯通纵筋Φ14钢筋越过第四跨与第五跨的分界线（⑤号轴线）以右1800处，伸入第5跨的跨中连接区与第5跨的底部贯通纵筋Φ12进行搭接。

③ 搭接长度的计算：

底部贯通纵筋Φ14钢筋与②Φ12钢筋的搭接长度 l_l＝41d （按钢筋接头面积百分率为50%查表）

（注意：计算搭接长度时，钢筋直径按较小的钢筋计算。）

所以，搭接长度 l_l＝41d＝41×12＝492mm

④ 外伸部位的贯通纵筋长度＝1000－40＝960mm

⑤ 底部贯通纵筋Φ14钢筋的长度包括：外伸部位、第一跨至第四跨、第五跨的非贯通筋伸出长度加上搭接长度。即

钢筋长度1＝960＋5000×4＋1800＋492＝23252mm

上述为"第一个搭接点位置"的计算（即50%钢筋的搭接点）。

"第二个搭接点位置"的计算：即另外的50%钢筋的搭接点，需要与第一个"搭接段"离开 $0.3l_l$ 的净距才开始第二个"搭接段"（搭接长度为 l_l）。

即第二个搭接段比第一个加长＝$1.3l_l$＝1.3×492＝640mm

所以，钢筋长度2＝23252＋640＝23892mm

这两种长度的钢筋各占50%的根数。

⑥ 底部贯通纵筋Φ12钢筋的长度包括：第五跨的连接区长度加上非贯通筋伸出长度、第六跨至第七跨、外伸部位。即：

钢筋长度1＝1400＋1800＋5000×2＋960＝14160mm

钢筋长度2＝14160－640＝13520mm

这两种长度的钢筋各占50%的根数。

3）底部贯通纵筋的根数计算：

16G101-3图集第88页规定，梁板式筏形基础平板LPB的底部贯通纵筋在距基础梁边1/2板筋间距（且不大于75）处开始布置。

这样，我们可以设计如下的底部贯通纵筋的根数算法：以梁边为起点或终点计算布筋范围，然后根据间距计算布筋的间隔个数，这间隔个数就是钢筋的根数（因为可以把钢筋放在每个间隔的中心）。

〖底部贯通纵筋根数计算的例子〗

〖例2〗

梁板式筏形基础平板LPB1每跨的轴线跨度为5000，该方向布置的底部贯通纵筋为Φ14@150，两端的基础梁JL1的截面尺寸为500×900，纵筋直径为25mm，基础梁的混凝土强度等级为C40。

求基础平板LPB1每跨的底部贯通纵筋根数。

〖解〗

梁板式筏形基础平板LPB1每跨的轴线跨度为5000，

也就是说，两端的基础梁JL1的中心线之间的距离是5000。

所以，两端的基础梁 JL1 的净距为：

5000－250×2＝4500mm

所以底部贯通纵筋根数＝4500/150＝30 根。

〖例 3〗

梁板式筏形基础平板 LPB2 每跨的轴线跨度为 5000mm，该方向原位标注的基础平板底部附加非贯通纵筋为：③ⱷ20@300（3），而在该 3 跨范围内集中标注的底部贯通纵筋为 Bⱷ20@300；两端的基础梁 JL1 的截面尺寸为 500×900，纵筋直径为 25mm，基础梁的混凝土强度等级为 C40。

求基础平板 LPB2 每跨的底部贯通纵筋和底部附加非贯通纵筋的根数。

〖解〗

原位标注的基础平板底部附加非贯通纵筋为：③ⱷ20@300（3），而在该 3 跨范围内集中标注的底部贯通纵筋为 Bⱷ20@300——这样就形成了“隔一布一”的布筋方式。该 3 跨支座附近实际横向设置的底部纵筋合计为ⱷ20@150。

梁板式筏形基础平板 LPB2 每跨的轴线跨度为 5000mm，也就是说，两端的基础梁 JL1 的中心线之间的距离是 5000mm，

则两端的基础梁 JL1 的净距为：

5000－250×2＝4500mm

所以，底部贯通纵筋和底部附加非贯通纵筋的总根数＝4500/150＝30 根

我们可以这样来布置底部纵筋：

底部贯通纵筋 16 根，底部附加非贯通纵筋 15 根。

之所以这样做，是考虑到该板区的两端都必须为贯通纵筋，两根贯通纵筋中间布置一根非贯通纵筋。

（3）顶部贯通纵筋构造

1）顶部贯通纵筋按跨布置

本跨钢筋的端部伸进梁内≥12d 且至少到梁中心线。（如果把基础平板的顶部贯通纵筋的布置规则与楼板的下部纵筋进行比较，可以发现，这与楼板下部纵筋“伸进梁内≥5d 且至少到梁中心线”的规则是类似的。这也就是所谓“倒楼盖”的原理。）

由此可以计算出每跨顶部贯通纵筋的钢筋长度。

〖顶部贯通纵筋长度计算的例子〗

〖例 4〗

梁板式筏形基础平板 LPB1 每跨的轴线跨度为 5000，该方向布置的顶部贯通纵筋为ⱷ14@150，两端的基础梁 JL1 的截面尺寸为 500×900，纵筋直径为 25mm，基础梁的混凝土强度等级为 C40。

求基础平板 LPB1 顶部贯通纵筋的长度。

〖解〗

梁板式筏形基础平板 LPB1 每跨的轴线跨度为 5000mm，

也就是说，两端的基础梁 JL1 的中心线之间的距离是 5000mm，净跨长度为 4500mm。

基础梁 JL1 的半个梁的宽度为 500/2＝250mm

而基础平板 LPB1 顶部贯通纵筋直径 d 的 12 倍：$12d=12\times14=168$mm

显然，$12d<250$mm，取定贯通纵筋的直锚长度为 250mm

所以，基础平板 LPB1 的顶部贯通纵筋按跨布置，则

顶部贯通纵筋的长度＝5000mm

2）顶部贯通纵筋的根数计算

顶部贯通纵筋根数的计算方法与底部贯通纵筋相同。

基础平板同一层面的交叉纵筋，何向纵筋在下、何向纵筋在上，应按具体设计说明。

上述这一条说明见于 16G101-3 图集第 88 页的“注”，它同时适用于基础平板的底部纵筋和顶部纵筋。

8.2.2.6 基础平板 LPB 端部与外伸部位钢筋构造

梁板式筏形基础平板 LPB 端部与外伸部位钢筋构造见 16G101-3 图集第 89 页。在此页介绍了端部等截面外伸构造、端部变截面外伸构造、端部无外伸构造和中层钢筋端头构造。

因为基础平板的外伸部位钢筋构造总是和封边构造结合起来的，所以在本节也介绍基础平板的封边构造。

（1）端部等截面外伸构造（图 8-20 左图给出了部分纵筋的计算公式）

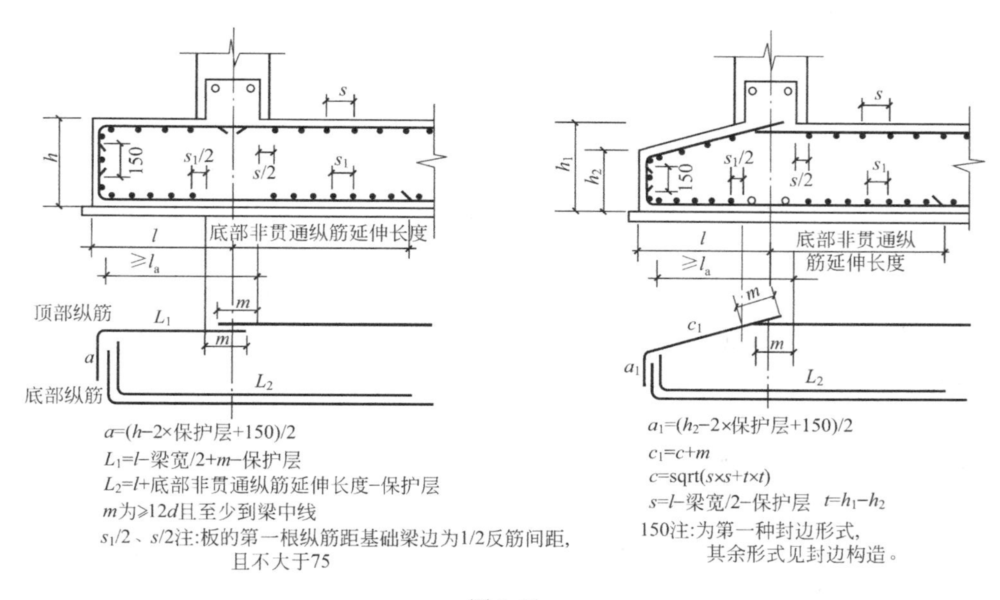

图 8-20

注：s_1 为板筋间距

基础平板下部纵筋伸至外端，再弯直钩（详见封边构造），需满足从支座内边算起的外伸长度$\geq l_a$。

基础平板上部纵筋（直筋）伸入边梁内“$\geq12d$ 且至少到梁中心线”。

外伸部位的面筋：一端伸入边梁内“$\geq12d$ 且至少到梁中心线”，另一端伸至外端，再弯直钩（详见封边构造）。

（2）端部变截面外伸构造（基础板底一平）（图 8-20 右图给出了部分纵筋的计算公式）

基础平板下部纵筋伸至外端，再弯直钩（详见封边构造），需满足从支座内边算起的外伸长度≥l_a。

基础平板上部纵筋（直筋）伸入边梁内“≥12d 且至少到梁中心线”。

外伸部位斜坡的面筋：一端伸入边梁内“≥12d 且至少到梁中心线”，另一端伸至外端，再弯直钩（详见封边构造）。

（3）端部无外伸构造（图 8-21 左图给出了部分纵筋的计算公式）

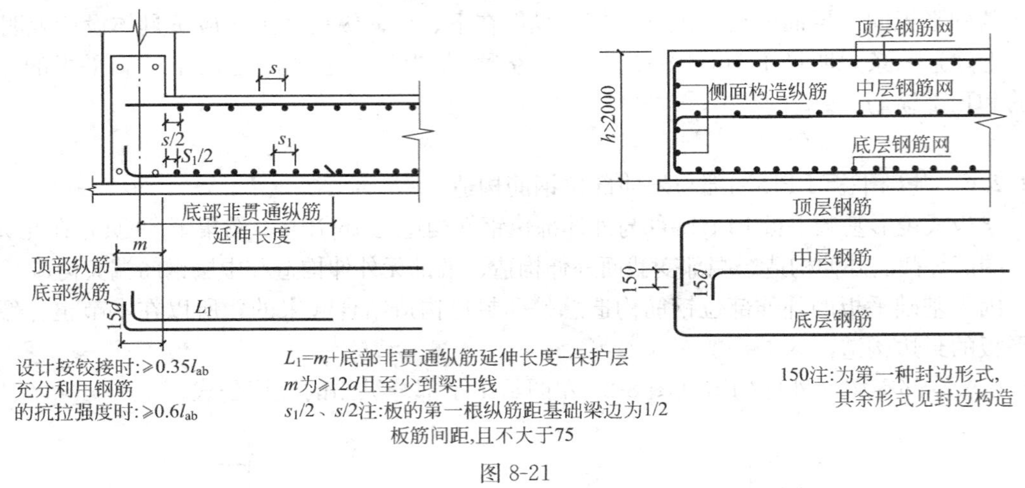

图 8-21

注：s_1 为板筋间距

基础平板下部纵筋伸至端柱尽端后弯钩，直钩长度 15d。要注意检验基础平板下部纵筋伸入基础梁的水平锚固段长度：当设计按铰接时：≥0.35l_{ab}；当充分利用钢筋的抗拉强度时：≥0.6l_{ab}。

基础平板上部纵筋（直筋）伸入边梁内“≥12d 且至少到梁中心线”。

（4）中层钢筋端头构造（图 8-21 右图）

当基础平板厚度大于 2000mm 时才需要布置中层钢筋网。基础平板中层钢筋伸至外端，再弯直钩 12d。

此时的基础平板外端详见封边构造。

（5）基础平板的板边缘侧面封边构造

16G101-3 图集第 93 页给出了基础平板的板边缘侧面封边构造。其中包括两种封边构造。（图 8-22 为配筋示意图）

1）纵筋弯钩交错封边方式：

做法：基础平板底部纵筋和顶部纵筋均伸至端部并弯钩交错 150mm 形成封边；外侧立面还要配置“侧面构造纵筋”，而且应有一根侧面构造纵筋与两个交错弯钩绑扎。

2）U 形筋构造封边方式：

做法：基础平板底部纵筋和顶部纵筋均伸至端部并弯直钩 12d；外侧立面再增加“U 形构造封边筋”（该筋直段长度等于板厚减 2 倍保护层，两端均弯直钩 12d），还要配置“侧面构造纵筋”。

板边缘侧面封边构造图同样适用于梁板式筏形基础和平板式筏形基础外伸部位。

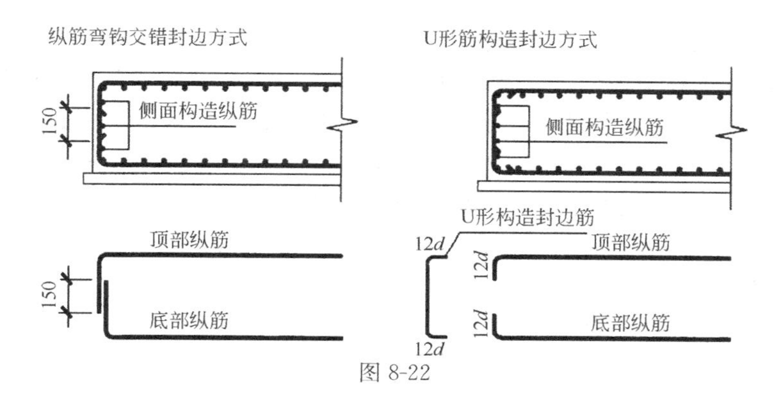

图 8-22

〖16G101-3 的变更〗

16G101-3 第 89 页"梁板式筏形基础平板 LPB 端部与外伸部位钢筋构造"、第 93 页"平板式筏形基础平板（ZXB、KZB、BPB）端部与外伸部位钢筋构造"对比 11G101-3 有较大变化，请读者阅读 16G101-3 图集第 89、93 页和参考"附录 B"的"梁板式筏形基础平板 LPB 端部与外伸部位钢筋构造"、"平板式筏形基础平板端部与外伸部位钢筋构造"的有关内容。

8.3 平板式筏形基础

本节的内容为平板式筏形基础的平法标注和钢筋构造，包括：柱下板带 ZXB 和跨中板带 KZB 的平法标注、柱下板带 ZXB 和跨中板带 KZB 钢筋构造、平板式筏形基础平板 BPB 的平法标注、平板式筏形基础平板 BPB 钢筋构造。

平板式筏形基础，在建筑工程预算定额中叫做无梁式满堂基础。

我们在本章开始的时候，提到了平板式筏形基础的特点：

(1) 当按板带进行设计时，平板式筏形基础由柱下板带 ZXB、跨中板带 KZB 构成。所谓按板带划分，就是把筏板基础按纵向和横向切开成许多条板带，其中：

柱下板带 ZXB 就是含有框架柱插筋的那些板带。

跨中板带 KZB 就是相邻两条柱下板带之间所夹着的那条板带。

(2) 当设计不分板带时，平板式筏形基础则可按基础平板 BPB 进行表达。

基础平板 BPB 就是把整个筏板基础作为一块平板来进行处理。

8.3.1 平板式筏形基础的平法标注和钢筋构造

与梁板式筏形基础的平法标注类似，平板式筏形基础的平法标注中，也要进行集中标注和原位标注。

当按板带进行设计时，就需要进行柱下板带 ZXB 和跨中板带 KZB 的平法标注；而当设计不分板带时，就进行基础平板 BPB 的平法标注。

8.3.1.1 柱下板带 ZXB 和跨中板带 KZB 的平法标注

11G101-3 图集说，柱下板带 ZXB 视其为无箍筋的宽扁梁，这样，我们就可以用我们已经熟悉的梁平法标注的观点来认识板带的平法标注。

当纵向和横向的柱下板带 ZXB 都成为“宽扁梁”之后，它们中间的板块就成为支承在“梁”上的平板（至少从受力观点上可以这样进行分析）。但是，这些中间的平板并不是以“板块”进行定义，而是以“板带”来进行定义的，这就是跨中板带 KZB。这样，我们也可以把跨中板带 KZB 看做无箍筋的宽扁梁，只不过它支承在柱下板带 ZXB 的“梁”上——于是形成了下面的观点：即把柱下板带 ZXB 的宽扁梁看成“主梁”，而把跨中板带 KZB 的宽扁梁看成“次梁”。

对于钢筋标注来说，板带的平法标注主要是进行底部贯通纵筋与顶部贯通纵筋的集中标注，和底部附加非贯通纵筋的原位标注（图 8-23 示意图中，阴影部分表示柱下板带）。

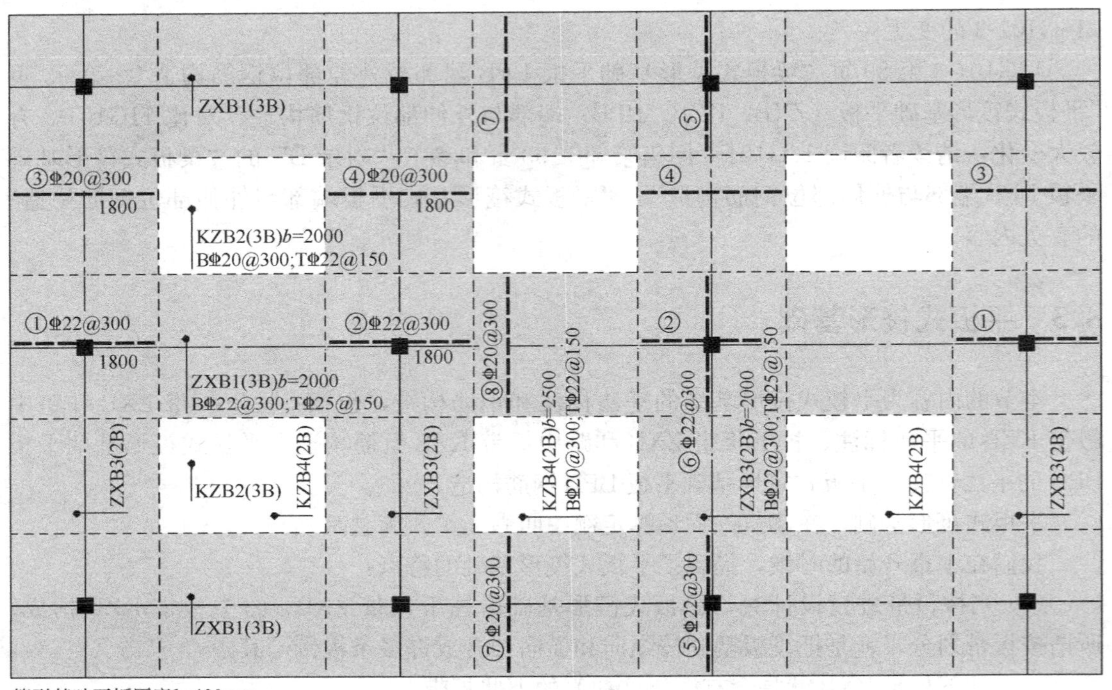

图 8-23

（1）柱下板带和跨中板带的集中标注

柱下板带和跨中板带集中标注的位置，在板带的第一跨上引出。这个“第一跨”，在 X 向就是左端的第一跨，在 Y 向就是下端的第一跨。

柱下板带和跨中板带集中标注的内容包括：

1）注写板带的编号

例如：

ZXB1（7B）　表示：柱下板带 ZXB1，7 跨，两端有外伸

KZB2（5A）　表示：跨中板带 KZB2，5 跨，一端有外伸

KZB3（3）　表示：跨中板带 KZB3，3 跨，无外伸

可见，柱下板带和跨中板带的这些跨数和有无外伸的标注格式，与梁板式筏形基础的

基础平板一致。

2）注写板带的截面尺寸（宽度）

例如：

ZXB1（7B） b＝2000

这里的 2000 就是柱下板带 ZXB1 的宽度。（因为基础平板的厚度一般在图纸上统一注明，例如在图上统一注明：h＝400，所以在板带中只注写板带的宽度。）

应该注意，板带不一定是正中的，当柱下板带 ZXB 中心线偏离柱中心线时，应在平面图上标注其定位尺寸。

3）注写底部贯通纵筋与顶部贯通纵筋

〔例 1〕

ZXB1（7B） b＝2000

BΦ22@300；TΦ25@150

其中分号"；"前面的是底部贯通纵筋（B 打头），分号后面的是顶部贯通纵筋（T 打头）。本例表示柱下板带 ZXB1 底部配置Φ22 间距 300 的贯通纵筋，顶部配置Φ25 间距 150 的贯通纵筋。

这个例子中的 BΦ22@300 的钢筋间距比较大，是因为柱下板带 ZXB1 底部贯通纵筋的间隔内，一般插空设置底部附加非贯通纵筋，后者在原位标注中注写。

（2）柱下板带和跨中板带的原位标注

柱下板带和跨中板带的原位标注的主要内容是注写底部附加非贯通纵筋。

底部附加非贯通纵筋的原位标注与无梁楼盖的非贯通纵筋（扣筋）的原位标注类似。所不同的是，底部附加非贯通纵筋是直形钢筋，而楼板的扣筋是弯折形钢筋（有两条腿）。

下面通过一些例子来说明各种情况的原位标注，以及如何理解这些原位标注的内容。

当底部附加非贯通纵筋向两侧对称延伸时，可仅在一侧标注，另一侧不注。（这是对设计人员说的。）

对施工人员和预算人员来说就是：当平法施工图仅在板带中心线一侧标注了底部附加非贯通纵筋，而在另一侧不进行标注时，则认为板带中心线两侧所设置的底部附加非贯通纵筋是完全一样的（也就是对称配筋）。

〔例 2〕

平板式筏形基础 X 方向上的柱下板带 ZXB2 有 7 跨，而且两端有外伸。在柱下板带 ZXB2 的第一跨上标注了底部附加非贯通纵筋 ①Φ22@300，并且在柱中心线的上侧表示钢筋的虚线下面标注数字"1800"。

但是，在柱中心线的下侧没有标注该底部附加非贯通纵筋的数据。

〔分析〕

根据"对称配筋"的原理，我们知道柱中心线下侧的①号底部附加非贯通纵筋的延伸长度也是 1800mm。

根据延伸长度是"注写自柱中心线分别向两边的跨内延伸长度值"，于是我们可以计算出这根附加非贯通纵筋的长度：

$$钢筋长度＝1800＋1800＝3600mm$$

底部附加非贯通纵筋相同者，可仅在一根钢筋上注写，其他可仅在中粗虚线上注写编号。例如上面例2中，基础平板的平面布置图中，在柱下板带第一跨上做出了①号筋的详细的钢筋标注（规格和间距标注Φ22@300和延伸长度标注1800），如果在第7跨上也采用同样的底部附加非贯通纵筋，则只需在该跨代表底部附加非贯通纵筋的中粗虚线上标注钢筋编号①即可。

当底部附加非贯通纵筋布置在边跨柱下时，向基础平板外伸部位一侧的延伸长度与方式按标准构造，设计不注。

〖例3〗

平板式筏形基础Y方向上的柱下板带ZXB1有3跨，而且两端有外伸（外伸长度为边柱中线外伸1000mm）。柱下板带ZXB1原位标注的底部附加非贯通纵筋③Φ18@300；

在柱下板带ZXB1的外伸部位上没有标注③号底部附加非贯通纵筋的延伸长度；

而柱下板带ZXB1的右侧标注了③号底部附加非贯通纵筋的跨内延伸长度1800mm。

〖分析〗

③号底部附加非贯通纵筋的分布范围是Y方向上柱下板带ZXB1的3跨并且包括两个外伸部位。

③号底部附加非贯通纵筋向基础平板外伸部位一侧的纵向延伸长度与方式按标准构造，见16G101-3图集第93页。

底部附加非贯通纵筋在外伸部位的水平长度＝1000－40＝960mm

这样，我们就可以计算出这根非贯通纵筋的水平长度：

钢筋水平长度＝1800＋960＝2760mm

与平法梁和楼板的原位标注功能类似，柱下板带和跨中板带的原位标注也可以注写对集中标注的修正内容，包括集中标注的截面尺寸、底部贯通纵筋与顶部贯通纵筋的原位修正。在施工图中，只要在某跨或某外伸部位出现了上述的原位修正，按照“原位标注取值优先”的原则，施工时应按原位标注数值执行。

(3) 以“隔一布一”为首选

与梁板式筏形基础平板类似，根据柱下板带和跨中板带原位标注的底部附加非贯通纵筋数值与集中标注的底部贯通纵筋数值之间的对应关系，底部附加非贯通纵筋与底部贯通纵筋能够形成“隔一布一”或“隔一布二”的布局。

由于“隔一布一”方式施工方便，设计时仅通过调整纵筋直径即可实现贯通全跨的纵筋面积界于相应方向总配筋面积的1/3至1/2之间，因此，宜以“隔一布一”为首选方式。

关于“隔一布一”与“隔一布二”的效果图，可以参看前面的图8-5。

1)“隔一布一”方式：

“隔一布一”方式的特点：在钢筋布置上，柱下板带或跨中板带底部附加非贯通纵筋与底部贯通纵筋交错插空布置；在钢筋标注上，底部非贯通纵筋的标注间距与底部贯通纵筋相同。（此时底部非贯通纵筋的钢筋根数可直接按其间距来进行计算。）

〖例4〗

柱下区域原位标注的底部附加非贯通纵筋为③Φ22@300，而集中标注的底部贯通纵筋为BΦ22@300——这样就形成了“隔一布一”的布筋方式。此时该柱下区域实际布置的底部纵筋合计为Φ22@150。（但是在钢筋计算时，底部附加非贯通纵筋和底部贯通纵筋的根数仍然按间距 300 来计算。)

底部非贯通纵筋与底部贯通纵筋的钢筋规格可以不同，请看下例。

〖例 5〗

柱下区域原位标注的底部附加非贯通纵筋为：①Φ25@300，而集中标注的底部贯通纵筋为 BΦ22@300——这样也形成了“隔一布一”的布筋方式。与上例不同的是这两种钢筋的直径不同。这样，该柱下区域实际设置的底部纵筋合计为（1Φ25+1Φ22）@300，各筋间距为 150。(但是在钢筋计算时，底部附加非贯通纵筋和底部贯通纵筋的根数仍然按间距 300 来计算。)

2)“隔一布二”方式：

“隔一布二”方式的特点：在钢筋布置上，柱下板带或跨中板带的底部附加非贯通纵筋为每隔一根底部贯通纵筋插空布置两根，而且这三根钢筋之间的间距相等；在钢筋标注上，底部非贯通纵筋的间距用两个“@”来定义，其中“小间距”是“大间距”的 1/2，是底部贯通纵筋间距的 1/3。

在钢筋计算时，底部贯通纵筋的根数仍然按自身标注的间距来计算，而底部非贯通纵筋的钢筋根数可直接按“底部贯通纵筋间距”来进行计算间隔的个数，每一个间隔放置两根底部非贯通纵筋，即底部非贯通纵筋的根数为间隔个数乘以 2。

〖例 6〗

柱下区域原位标注的底部附加非贯通纵筋为 ③Φ20@100@200，而集中标注的底部贯通纵筋为 BΦ20@300——这样就形成了“隔一布二”的布筋方式，表示该柱下区域实际设置的底部纵筋合计为Φ20@100，其中 1/3 为底部贯通纵筋Φ20@300，2/3 为底部附加非贯通纵筋 ③Φ20@100@200。

在钢筋计算时，底部贯通纵筋的根数仍然按间距 300 来计算；而底部附加非贯通纵筋可按间距 300 来计算“间隔个数”，然后底部非贯通纵筋的根数等于该“间隔个数”乘以 2。

底部非贯通纵筋与底部贯通纵筋的钢筋规格可以不同，请看下例。

〖例 7〗

柱下区域原位标注的底部附加非贯通纵筋为 ①Φ20@120@240，而集中标注的底部贯通纵筋为 BΦ22@360——这样就形成了“隔一布二”的布筋方式，表示该柱下区域实际设置的底部纵筋合计为（1Φ22+2Φ20）@360，各筋间距为 120mm，其中 38%为底部贯通纵筋，62%为①号底部附加非贯通纵筋。

在钢筋计算时，底部贯通纵筋的根数仍然按间距 360 来计算；而底部附加非贯通纵筋可按间距 360 来计算“间隔个数”，然后底部非贯通纵筋的根数等于该“间隔个数”乘以 2。

8.3.1.2 柱下板带 ZXB 和跨中板带 KZB 钢筋构造

16G101-3 图集第 90 页给出了柱下板带 ZXB 和跨中板带 KZB 钢筋构造。下面的图 8-24 是柱下板带的配筋示意图，图 8-25 是跨中板带的配筋示意图。

对比 16G101-3 图集第 90 页与第 88 页（梁板式筏形基础平板 LPB 钢筋构造），可以发现，柱下板带 ZXB 和跨中板带 KZB 的钢筋构造与梁板式筏形基础平板 LPB 的钢筋构造存在较大的不同，详见下面的介绍。

(1) 底部非贯通纵筋

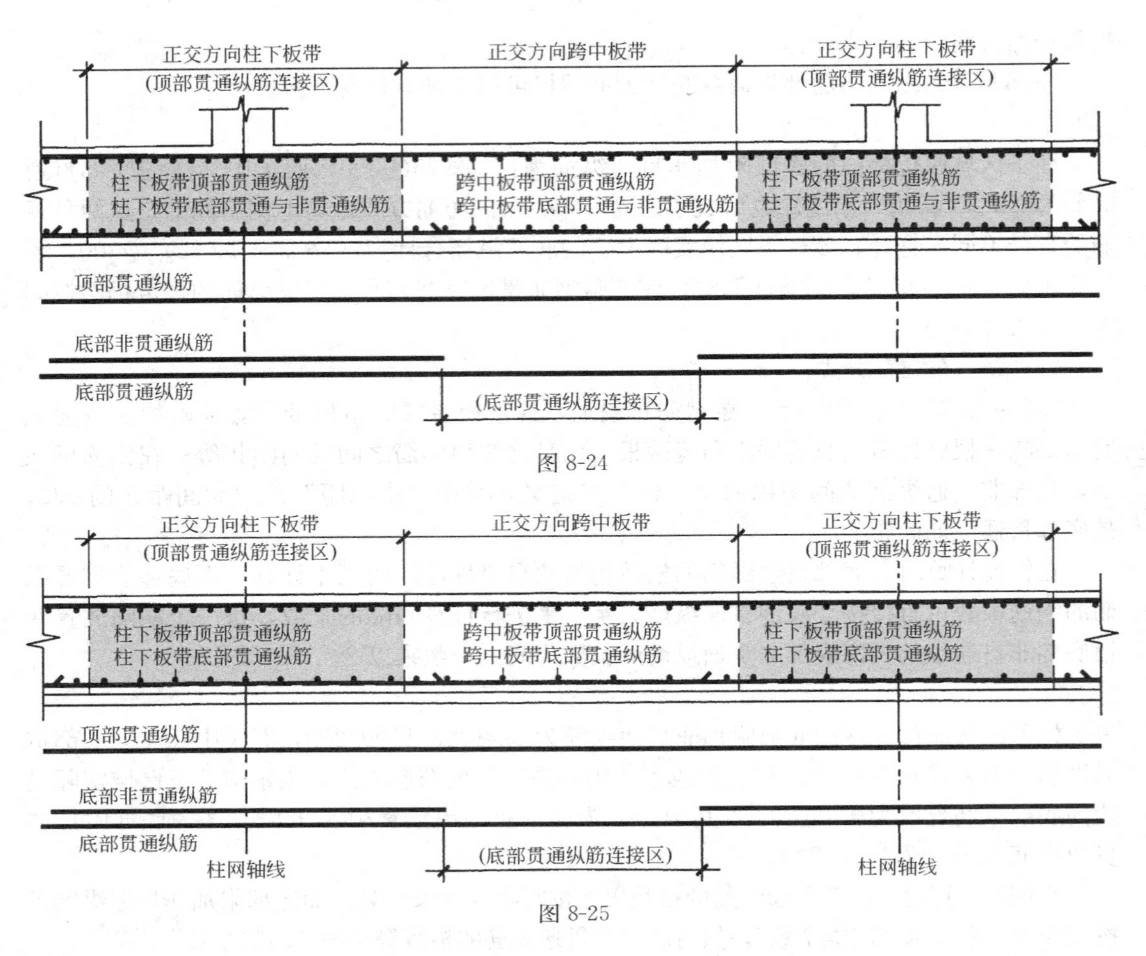

图 8-24

图 8-25

底部非贯通纵筋的伸出长度，根据柱下板带 ZXB 和跨中板带 KZB 原位标注的底部附加非贯通纵筋的伸出长度值进行计算。

(2) 底部贯通纵筋构造

底部贯通纵筋在柱下板带 ZXB 或跨中板带 KZB 内按贯通布置。鉴于钢筋定尺长度的影响，底部贯通纵筋可以在跨中的“底部贯通纵筋连接区”进行连接。

当底部贯通纵筋直径不一致时：

当某跨底部贯通纵筋直径大于邻跨时，如果相邻板区板底一平，则应在两毗邻跨中配置较小一跨的跨中连接区内进行连接。(即配置较大板跨的底部贯通纵筋须越过板区分界线伸至毗邻板跨的跨中连接区域。具体位置见 16G101-3 图集第 90 页的柱下板带 ZXB 与跨中板带 KZB 纵向钢筋构造图)

上述规定直接影响了底部贯通纵筋的长度计算。

关于底部贯通纵筋的长度计算和根数计算，可以参考前面 8.2.2.5“梁板式筏形基础平板钢筋 LPB 钢筋构造”的几个例子。

〖底部贯通纵筋的连接区范围〗

16G101-3 第 90 页“平板式筏基柱下板带 ZXB 与跨中板带 KZB 纵向钢筋构造”，图中没有标注出“底部贯通纵筋连接区”。在图中相邻两根底部非贯通纵筋端点之间的区域是“空白”，而在04G101-3这部分区域标注着“底部贯通纵筋连接区”。

在16G101-3第90页的注3指出：“柱下板带与跨中板带的底部贯通纵筋，可在跨中1/3净跨长度范围内搭接连接、机械连接或焊接”。

因为底部非贯通纵筋的伸出长度是由设计师标注的，其端点不一定在“跨中1/3净跨”的边缘。底部贯通纵筋连接区既要满足“在底部非贯通纵筋端点之外”，又要满足“跨中1/3净跨长度范围内”，所以像图集第91页（基础平板BPB柱下区域）那样，在相邻非贯通纵筋端点之间标注“$\leqslant l_n/3$”是合理的。

基础平板同一层面的交叉纵筋，何向纵筋在下、何向纵筋在上，应按具体设计说明。

上述这一条说明见11G101-3图集第81页的“注4”，它同时适用于基础平板的底部纵筋和顶部纵筋。

（3）顶部贯通纵筋构造

16G101-3第90页“平板式筏基柱下板带ZXB与跨中板带KZB纵向钢筋构造”，图中没有标注出“顶部贯通纵筋连接区”。在图中“正交方向柱下板带宽度”上方的区域是“空白”，而在04G101-3这部分区域标注着“顶部贯通纵筋连接区”。

在16G101-3第90页的注3指出：“柱下板带及跨中板带的顶部贯通纵筋，可在柱网轴线附近部分1/4净跨长度范围内采用搭接连接、机械连接或焊接”。

（4）柱下板带ZXB和跨中板带KZB端部与外伸部位钢筋构造

16G101-3第93页给出了“平板式筏形基础平板（ZXB、KZB、BPB）端部与外伸部位钢筋构造”，其中端部构造两个图，外伸部位一个图。

平板式筏形基础平板（ZXB、KZB、BPB）的钢筋构造一般不同于梁板式筏形基础平板（LPB），因为LPB有基础梁，所以上部纵筋的端部在基础梁内锚固；而平板式筏形基础平板（ZXB、KZB、BPB）不存在基础梁，所以平板式筏形基础平板（ZXB、KZB、BPB）的外伸部位不存在上部纵筋在基础梁内锚固的情况，而只存在上部纵筋和下部纵筋在基础平板端部的封边问题（图8-26的右图画出了纵筋弯钩交错150的封边方式以及钢筋计算方法）。

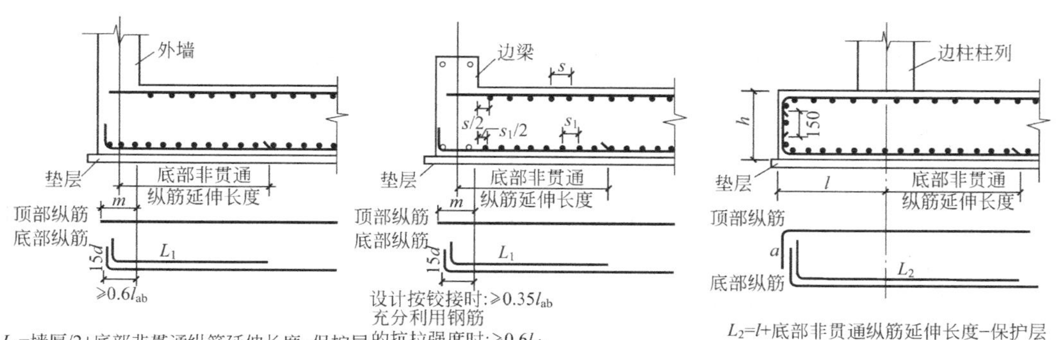

图8-26

然而，平板式筏形基础平板（ZXB、KZB、BPB）在基础平板的周边可能设置有“边梁”或“外墙”，这就是16G101-3给出的两个“端部无外伸构造”（见图8-26的左图和中图）：

在端部为外墙的构造中，平板式筏形基础平板（ZXB、KZB、BPB）上部纵筋锚入外墙“≥12d且至少到墙中线”，然后弯折15d，而且还要保证锚固水平段≥0.4l_{ab}；

在端部有边梁的构造中，平板式筏形基础平板（ZXB、KZB、BPB）上部纵筋锚入外墙“≥12d且至少到梁中线”，然后弯折15d，而且还要保证锚固水平段≥0.35l_{ab}（设计按铰接时）或≥0.6l_{ab}（充分利用钢筋的抗拉强度时）。

柱下板带ZXB和跨中板带KZB的中层筋端头构造同梁板式筏形基础的基础平板LPB，见前面的图8-21右图。

柱下板带ZXB和跨中板带KZB的板边缘封边构造与梁板式筏形基础的基础平板LPB是相同的，见前面的图8-22。

8.3.1.3 平板式筏形基础平板BPB的平法标注

平板式筏形基础平板BPB的平法标注，包括板底部贯通纵筋与顶部贯通纵筋的集中标注，和板底部附加非贯通纵筋的原位标注两部分内容。

当仅设置底部贯通纵筋与顶部贯通纵筋而未设置底部附加非贯通纵筋时，则仅做集中标注。

16G101-3图集第40页有这样一段话：“基础平板BPB的平面注写与柱下板带ZXB、跨中板带KZB的平面注写为不同的表达方式，但可以表达同样的内容。当整片板式筏形基础配筋比较规律时，宜采用BPB方式。”

这段话的意思就是说，基础平板BPB的集中标注和原位标注完全可以表达柱下板带ZXB与跨中板带KZB平法标注的内容。16G101-3图集关于BPB基础平板的平法标注的文字叙述不多，无论集中标注或原位标注，都指示所有规定与梁板式筏形基础平板LPB相同。

上述这些精神在16G101-3图集第43页的例图中有充分的展示，从这个例图中可以看出平板式筏形基础平板BPB的集中标注和原位标注的主要内容。

如同图集前面列举出来的梁板式筏形基础平板一样，在图集第43页也给出一个同样大小的平板式筏形基础平板BPB的平面布置图，该筏板由X向4跨（两端有外伸）和Y向3跨（两端有外伸）构成。下面具体分析一下这个例图所给出平板式筏形基础平板BPB平法标注的信息。

（1）基础平板BPB的集中标注

平板式筏形基础平板BPB的集中标注在筏板X向第1跨和Y向第1跨的板块中引出，集中标注的内容为：

1）注写梁板式筏形基础平板的编号：

例如，注写 BPB1

2）注写基础平板的截面尺寸：

例如，注写 $h=600$

3）注写基础平板的底部和顶部贯通纵筋及其总跨数：

先注写X向底部贯通纵筋和顶部贯通纵筋，再注写Y向底部贯通纵筋和顶部贯通纵筋。

〖例 1〗

平板式筏形基础平板 BPB1 的集中标注（见图 8-27）

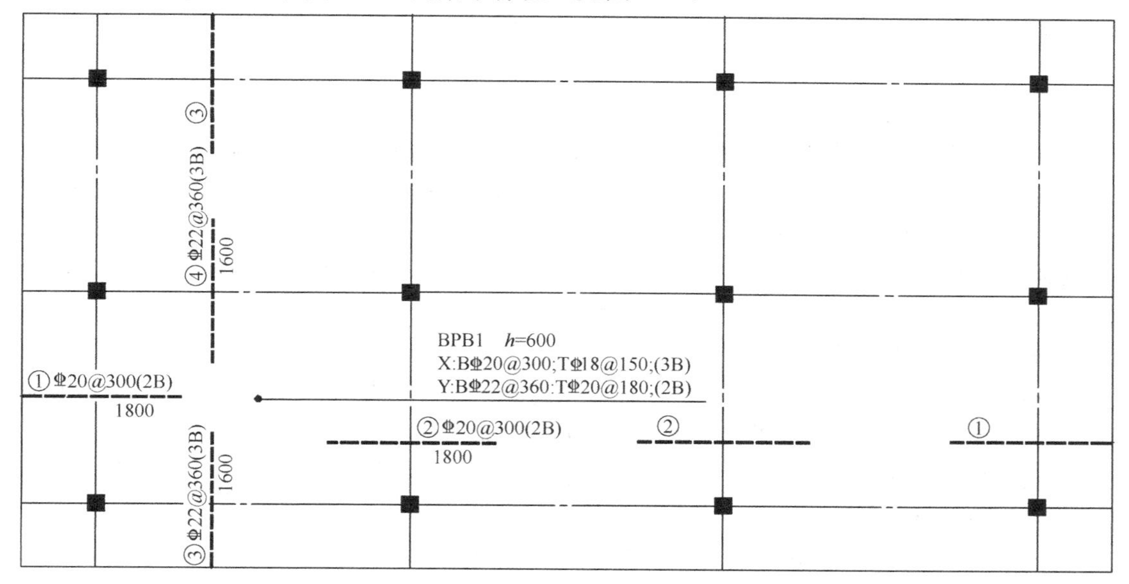

图 8-27

BPB1　h＝600

X：BΦ20@300；TΦ18@150；(3B)

Y：BΦ22@360；TΦ20@180；(2B)

表示：基础平板 X 向底部配置Φ20 间距 300 的贯通纵筋，顶部配置Φ18 间距 150 的贯通纵筋，纵筋总长度为 3 跨两端有外伸；基础平板 Y 向底部配置Φ22 间距 360 的贯通纵筋，顶部配置Φ20 间距 180 的贯通纵筋，纵筋总长度为 2 跨两端有外伸。

可见，上述的 X 向与 Y 向、底部纵筋（B）与顶部纵筋（T）以及贯通纵筋的总长用括号内的跨数和有无外伸来表示——这些表现手法与梁板式筏形基础平板 LPB 一致，当然也与 16G101-1 图集楼板的平法标注规则一致。

如同梁板式筏形基础平板 LPB 一样，平板式筏形基础平板 BPB 贯通纵筋在一跨之内也可能发生两种不同的钢筋间距。

〖例 2〗

梁板式筏形基础平板 BPB1 的集中标注

BPB1　h＝500

X：B22Φ22@150/200；T20Φ20@150/200；(4B)

Y：B22Φ20@200/250；T20Φ18@200/250；(3B)

表示：基础平板 X 向底部配置Φ22 的贯通纵筋，跨两端以间距 150 配置 22 根，接着在跨中以间距 200 来配置；X 向顶部配置Φ20 的贯通纵筋，跨两端以间距 150 配置 20 根，接着在跨中以间距 200 来配置。

基础平板 Y 向底部贯通纵筋和顶部贯通纵筋的解释同上。

从上述例子还可以看出，基础平板 BPB 每跨两端的贯通纵筋配筋较大（间距较密或者直径较大)，这样使得“柱下区域”的配筋量大于“跨中区域”的配筋量，这就起到“柱下板带”和“跨中板带”分别配筋的效果。因此，基础平板 BPB 的平法标注可以表达柱下板带 ZXB、跨中板带 KZB 的平法标注同样的内容。

(2) 基础平板 BPB 的原位标注

1) 原位标注的方法：

在配置相同的若干跨的第一跨下进行注写。具体的注写办法是：在该跨位置画一段中粗虚线（代表底部附加非贯通纵筋）垂直穿过柱网轴线，在虚线上注写钢筋编号、钢筋级别、直径、间距与横向布置的跨数及是否布置到外伸部位，还有，注写自柱网轴线分别向两边的跨内延伸长度值。——这些表现手法与梁板式筏形基础平板 LPB 原位标注的规定是一致的。

2) 原位标注的内容：

底部附加非贯通纵筋的原位标注与楼板扣筋的原位标注类似。所不同的是，底部附加非贯通纵筋是直形钢筋，而楼板的扣筋是弯折形钢筋（有两条腿）。

下面通过一些例子来说明各种情况的原位标注，以及如何理解这些原位标注的内容。

当该筋向两侧对称延伸时，可仅在一侧标注，另一侧不注。(这是对设计人员说的。)

对施工人员和预算人员来说就是：当平法施工图仅在柱网轴线一侧标注了底部附加非贯通纵筋，而在另一侧不进行标注时，则认为柱网轴线两侧所设置的底部附加非贯通纵筋是完全一样的（也就是对称配筋）。

〖例3〗

平板式筏形基础平板 BPB2 在 X 方向上有 7 跨，而且两端有外伸。在横向柱网轴线第一跨上标注了底部附加非贯通纵筋 ①Φ22@300 (7B)，并且在上侧表示钢筋的虚线下面标注数字 1800。

但是，在 JZL1 的下侧没有标注该底部附加非贯通纵筋的数据。

〖分析〗

根据“对称配筋”的原理，我们知道柱网轴线下侧的①号底部附加非贯通纵筋的延伸长度也是 1800mm。

根据伸出长度是“注写自柱网轴线分别向两边的跨内伸出长度值”，于是我们可以计算出这根附加非贯通纵筋的长度：

$$钢筋长度=1800+1800=3600\text{mm}$$

①号底部附加非贯通纵筋的分布范围是基础平板 BPB2 的 X 方向上的 7 跨并且包括两个外伸部位。

当布置在边柱网轴线下时，向基础平板外伸部位一侧的纵向延伸长度与方式按标准构造，设计不注。

〖例4〗

平板式筏形基础平板 BPB1 在 Y 方向上有 3 跨，而且两端有外伸（外伸长度为边梁中线外伸 1000mm）。在纵向柱网轴线（边柱）第 1 跨标注了底部附加非贯通纵筋 ③Φ18@300 (3B)。

在边柱网轴线左侧是基础平板 BPB1 的外伸部位，没有标注③号底部附加非贯通纵筋的伸出长度；而仅在边柱网轴线右侧标注了③号底部附加非贯通纵筋的跨内延伸长度 1800mm。

〖分析〗

③号底部附加非贯通纵筋的分布范围是基础平板 BPB1 的 Y 方向上的 3 跨并且包括两个外伸部位。

③号底部附加非贯通纵筋向基础平板外伸部位一侧的纵向伸出长度与方式按标准构造。

底部附加非贯通纵筋在外伸部位的水平长度＝1000－40＝960mm

这样，我们就可以计算出这根非贯通纵筋的水平长度：

钢筋水平长度＝1800＋960＝2760mm

至于底部附加非贯通纵筋端部的“标准构造”，在 16G101-3 图集第 93 页梁板式筏形基础平板 BPB 端部的外伸部位钢筋上引注“详见封边构造”。

而“板边缘封边构造”见图集第 93 页。

板边缘侧面封边构造有两种做法：第一种是“纵筋弯钩交错封边方式”，顶部纵筋向下弯钩，底部纵筋向上弯钩，两个弯钩交错 150；第二种是“U 形筋构造封边方式”，其中 U 形筋的高度等于板厚（减上下保护层），U 形筋的两个直钩长度为 $12d$，而顶部纵筋和底部纵筋的端部弯钩均为 $12d$。

底部附加非贯通纵筋相同者，可仅在一根钢筋上注写，其他可仅在中粗虚线上注写编号。例如上面例 4 中，基础平板的平面布置图中，仅在左侧的柱网轴线（边柱）第 1 跨做出了③号筋的详细的钢筋标注［规格和间距标注Φ18@300（3B）和跨内延伸长度标注 1800］，但如果右侧的柱网轴线（边柱）也采用同样的底部附加非贯通纵筋，则只在该柱网轴线的第 1 跨上标注钢筋编号③即可。

8.3.1.4 平板式筏形基础平板 BPB 钢筋构造

16G101-3 图集第 91 页给出了平板式筏形基础平板 BPB 钢筋构造。下面的图 8-28 是平板式筏形基础平板 BPB 柱下区域的配筋简图，图 8-29 是平板式筏形基础平板 BPB 跨中区域的配筋简图。

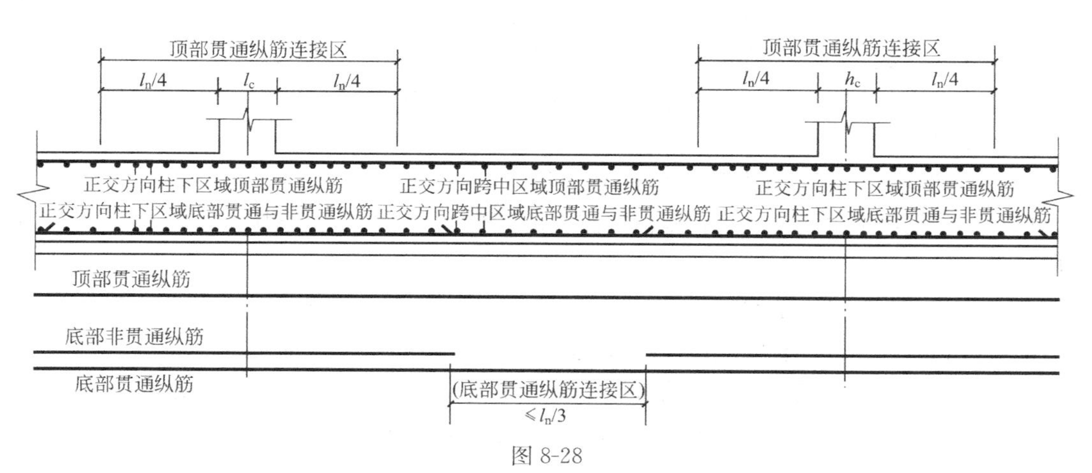

图 8-28

对比 16G101-3 图集第 91 页与第 90 页（柱下板带 ZXB 与跨中板带 KZB 纵向钢筋构造），可以发现，平板式筏形基础平板 BPB 柱下区域的钢筋构造与柱下板带 ZXB 的纵向钢筋构造是基本一致的，而平板式筏形基础平板 BPB 跨中区域的钢筋构造与跨中板带 KZB

的纵向钢筋构造是基本一致的。

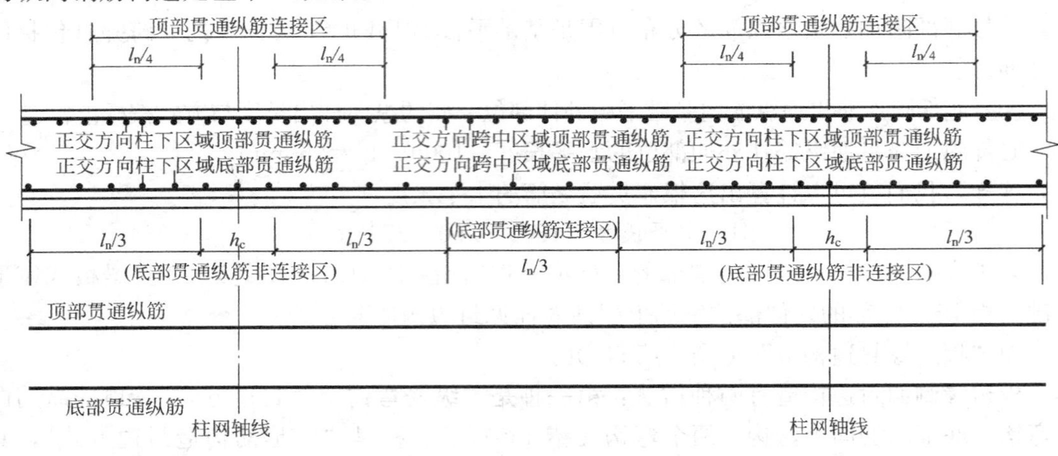

图 8-29

说它们基本一致，就是说有一些小的区别，平板式筏形基础平板 BPB 的图中尺寸注写多了一些东西：在柱下区域的底部贯通纵筋连接区上多了“$\leqslant l_0/3$”的尺寸注写，在跨中区域的底部贯通纵筋连接区上多了“$l_0/3$”的尺寸注写。

说到这里，我们会觉得图集第 91 页与第 88 页（梁板式筏形基础平板 LPB 钢筋构造）有更多的共同之处，因为基础平板 LPB 图上的柱下区域和跨中区域的底部贯通纵筋连接区都有“$\leqslant l_0/3$”的尺寸注写。

所以，对照梁板式筏形基础平板 LPB 钢筋构造，会让我们更好地掌握平板式筏形基础平板 BPB 的钢筋构造。

其实，平板式筏形基础平板 BPB 的钢筋构造与梁板式筏形基础平板 LPB 的钢筋构造还是略有不同。从 16G101-3 图集第 88 页的梁板式筏形基础平板 LPB 钢筋构造来看，“柱下区域”和“跨中区域”的顶部贯通纵筋、底部贯通纵筋和非贯通纵筋的构造是完全一样的。但是，图集第 82 页的平板式筏形基础平板 BPB 钢筋构造显示，柱下区域的底部贯通纵筋构造与跨中区域还是不完全一样的。请看下面的详细分析。

（1）底部非贯通纵筋构造

1）柱下区域的底部附加非贯通纵筋的延伸长度

底部非贯通纵筋的延伸长度，根据基础平板 BPB 原位标注的底部附加非贯通纵筋的延伸长度值进行计算。

BPB 的底部附加非贯通纵筋延伸长度是设计师给出的，而柱下区域的底部附加非贯通纵筋自梁边线到跨内的延伸长度应该$\geqslant l_n/3$（l_n 是基础平板 BPB 的净跨长度）。

之所以有这样一个结论，是因为基础平板 BPB 的底部贯通纵筋连接区长度在图上的标注为“$\leqslant l_n/3$”，而这个“连接区”的两个端点又是底部附加非贯通纵筋的端点。

2）跨中区域的底部附加非贯通纵筋的延伸长度

对于跨中区域就不一样了，16G101-3 图集第 91 页的跨中区域给我们呈现出来的是“没有底部附加非贯通纵筋”的情况，在柱网轴线的两侧只给出了两个“长度等于 $l_n/3$”的底部贯通纵筋非连接区，但没有标出“底部非贯通纵筋伸出长度”。

跨中区域是不是就不存在底部附加非贯通纵筋呢？前面讲过，11G101-3图集有一个基本思想，就是可以使用基础平板BPB的平法标注来表达柱下板带ZXB、跨中板带KZB同样的内容。尤其是当整片板式筏形基础配筋比较规律时，宜采用BPB方式。

按照这样的想法，由于跨中板带KZB在柱网轴线上设置底部附加非贯通纵筋，而且底部附加非贯通纵筋的端点就是跨中的底部附加非贯通纵筋连接区的起点，所以，基础平板的跨中区域应该有可能设置底部附加非贯通纵筋。只有在不设置底部附加非贯通纵筋的时候，才执行图集第91页的BPB跨中区域钢筋构造（见图8-29）。

（2）底部贯通纵筋构造

1）柱下区域的底部贯通纵筋连接区

底部贯通纵筋在基础平板BPB内按贯通布置。鉴于钢筋定尺长度的影响，底部贯通纵筋可以在跨中的“底部贯通纵筋连接区”进行连接。图集第91页规定“底部贯通纵筋连接区”的长度$\leqslant l_n/3$（l_n是基础平板BPB的净跨长度）。

底部贯通纵筋连接区长度＝跨度－左侧伸出长度－右侧伸出长度

（其中“左、右侧伸出长度”即左、右侧的底部非贯通纵筋伸出长度。）

当底部贯通纵筋直径不一致时：

当某跨底部贯通纵筋直径大于邻跨时，如果相邻板区板底一平，则应在两毗邻跨中配置较小一跨的跨中连接区内进行连接。（即配置较大板跨的底部贯通纵筋须越过板区分界线伸至毗邻板跨的跨中连接区域。）

上述规定直接影响了底部贯通纵筋的长度计算。

关于底部贯通纵筋的长度计算和根数计算，可以参考前面8.2.2.5“梁板式筏形基础平板钢筋LPB钢筋构造”的几个例子。

2）跨中区域的底部贯通纵筋连接区

16G101-3图集第91页的下方给出了基础平板BPB“跨中区域不设底部附加非贯通纵筋”时的连接构造，即柱网轴线两侧各“长度等于$l_n/3$”的范围为底部贯通纵筋非连接区，这样，跨中底部贯通纵筋连接区的长度就刚好等于$l_n/3$。

前面讲过，不能排除基础平板BPB“跨中区域设置底部附加非贯通纵筋”的情况，当出现这种情况时，执行图集第82页跨中板带KZB纵向钢筋构造，此时基础平板BPB在柱网轴线下设置底部附加非贯通纵筋，而跨中底部贯通纵筋连接区的起点和终点就是底部附加非贯通纵筋的端点。

〖关于底部贯通纵筋非连接区的讨论〗

04G101-3第46页“平板式基础平板BPB钢筋构造（跨中区域）”在柱网轴线两侧各长度等于“$l_0/3$”的范围是底部贯通纵筋非连接区（l_0是“中心线跨度”），这样，底部贯通纵筋非连接区是连成一片的，其长度就是“$2l_0/3$”。

现在，11G101-3第82页“平板式基础平板BPB钢筋构造（跨中区域）”把“$l_0/3$”换成“$l_n/3$”（l_n是“净跨长度”），这样一来，底部贯通纵筋非连接区不再连成一片，而成了左右两段，中间隔开一个“h_c”（是柱截面宽度）。但是这两个底部贯通纵筋非连接区中间的空白区域到底是“连接区”还是“非连接区”呢？在第82页中没有交代。实际上，底部贯通纵筋非连接区应该是连成一片的，其长度是“$l_n/3+h_c+l_n/3$”（见图8-29）。

11G101-3第82页的下图还有一个明显的错误，就是跨中“$l_n/3$”的上方写着“底部贯通纵筋非连接区”，应该为“底部贯通纵筋连接区”。(手中的图集版本是2011年9月第1版第1次印刷)

(3) 顶部贯通纵筋构造

1) 柱下区域的顶部贯通纵筋构造

基础平板BPB柱下区域的顶部贯通纵筋构造与梁板式筏形基础平板LPB不同，与柱下板带ZXB也不同。

梁板式筏形基础平板LPB的顶部贯通纵筋按跨布置，锚入基础梁≥$12d$且至少到梁中心线；但是基础平板BPB没有基础梁，不存在锚入基础梁的情形，因此基础平板BPB的顶部贯通纵筋是按全长贯通设置的。

柱下板带ZXB的顶部贯通纵筋虽然也是全长贯通设置，但是由于存在“柱下板带”，所以顶部贯通纵筋连接区的长度就是正交方向的柱下板带宽度；而基础平板BPB顶部贯通纵筋连接区的长度规定为柱网轴线左右各$l_n/4$的范围。

然而，不论基础平板BPB，还是柱下板带ZXB或梁板式筏形基础平板LPB，其跨中部位都是顶部贯通纵筋的非连接区。

2) 跨中区域的顶部贯通纵筋构造

跨中区域的顶部贯通纵筋构造与柱下区域一样，顶部贯通纵筋也是按全长贯通设置，顶部贯通纵筋连接区的长度也是规定为柱网轴线左右各$l_0/4$的范围。

基础平板同一层面的交叉纵筋，何向纵筋在下、何向纵筋在上，应按具体设计说明。

但是，当具体工程的施工图设计中没有说明“何向纵筋在下、何向纵筋在上”，该怎样进行施工呢？还有，基础梁纵筋和基础平板纵筋之间的相对位置如何决定呢？这些问题将在下面进行讨论。

(4) 平板式筏形基础平板BPB端部与外伸部位钢筋构造

16G101-3第89页给出了“平板式筏形基础平板（ZXB、KZB、BPB）端部与外伸部位钢筋构造”，这三种类型的平板式筏形基础平板的端部与外伸部位钢筋构造是相同的，见图8-26。

平板式筏形基础平板BPB的中层钢筋端头构造见图8-21的右图，它与梁板式筏形基础的基础平板LPB的同类构造是一样的。

平板式筏形基础平板BPB的板边缘封边构造与梁板式筏形基础的基础平板LPB是相同的，见前面的图8-22。

8.4 其他

在这一节中，介绍基础联系梁的内容，然后将以前网上论坛有关筏形基础钢筋布置方式讨论的部分内容给大家介绍一下（仅供参考）。

8.4.1 基础联系梁JLL

〖11G101-1的JLL〗

11G101-3图集与基础相关的构造中，最引人注目的就是“基础联系梁JLL”。这也是新旧图集变化较大的地方之一。

1. 基础联系梁取代了基础连梁和地下框架梁

在 11G101-3 图集 50 页的“基础相关构造类型与编号”（表 7.1.1）中，与旧图集 06G101-6 相比：

增加了： 基础联系梁 JLL （用于独立基础、条形基础、桩基承台）

取消了： 基础连梁 JLL

取消了： 地下框架梁 DKL

不要因为基础联系梁和基础连梁的编号都是 JLL，就以为这只是一个名称上的更换。实际上，基础联系梁取代了基础连梁和地下框架梁，看了后面的介绍就清楚了。

2. 基础联系梁制图规则

在 11G101-3 图集 50 页的“基础联系梁平法施工图制图规则”指出：

基础联系梁系指连接独立基础、条形基础或桩基承台的梁。基础联系梁的平法施工图设计，系在基础平面布置图上采用平法注写方式表达。

基础联系梁注写方式及内容除编号按本规则表 7.1.1 规定外，其余均按 11G101-1《混凝土结构施工图平面整体表示方法制图规则和构造详图（现浇混凝土框架、剪力墙、梁、板）》中非框架梁的制图规则执行。

3. 基础联系梁配筋构造

11G101-3 图集 92 页给出了两种“基础联系梁 JLL 配筋构造”（见图 8-30）：

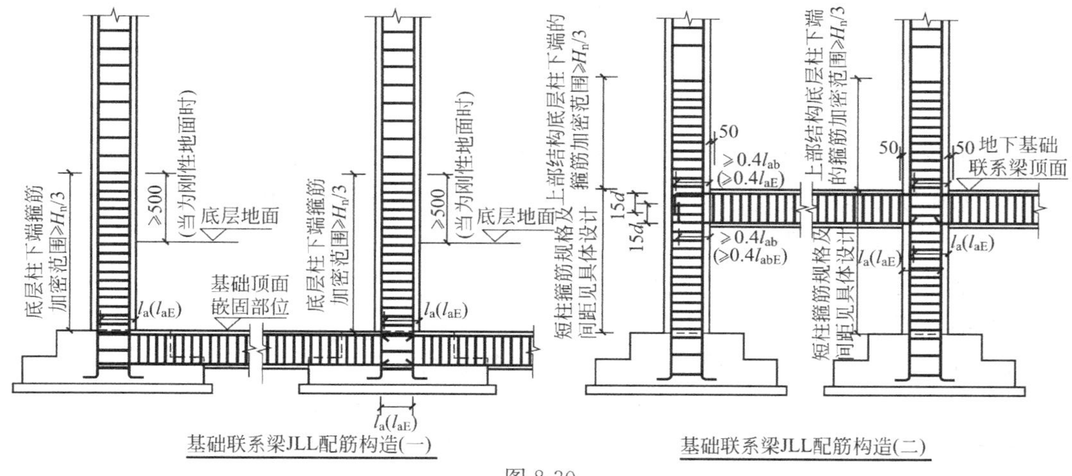

图 8-30

(1)“基础联系梁 JLL 配筋构造（一）”：(JLL 设置在基础顶面以下)

这个构造其实同 06G101-6 图集的“基础连梁构造”。

基础联系梁的上部纵筋和下部纵筋在框架柱内的直锚长度为 l_a（l_{aE}）。基础联系梁的第一道箍筋距柱边缘 50mm 开始设置。

06G101-6 图集在“基础连梁”图题下有括号标注：“梁上部纵筋也可在跨中 1/3 范围内连接”。

(2)“基础联系梁 JLL 配筋构造（二）”：(JLL 设置在底层地面以下)

这个构造其实同 06G101-6 图集的“地下框架梁构造”。

当上部结构底层地面以下设置基础联系梁时，上部结构底层框架柱下端的箍筋加密高度从基础联系梁顶面开始计算，基础联系梁顶面至基础顶面短柱的箍筋见具体设计；当未设置基础联系梁时，上部结构底层框架柱下端的箍筋加密高度从基础顶面开始计算。

此时的基础联系梁上部纵筋和下部纵筋在端支座弯锚，弯折段 $15d$，水平段长度≥ $0.4l_{ab}$（$0.4l_{abE}$）；在中间支座直锚 l_a（l_{aE}）。

基础联系梁的第一道箍筋距柱边缘 50mm 开始设置。

06G101-6 图集指出“地下框架梁”顶部纵筋在跨中 $l_n/3$ 范围连接，其实这是框架梁或非框架梁的一般做法。

〖16G101-3 的变更〗

“基础联系梁 JLL”是历届标准图集发生较大变化的内容之一。16G101-3 第 105 页的基础联系梁 JLL 的主要变化如下（图 8-31）：

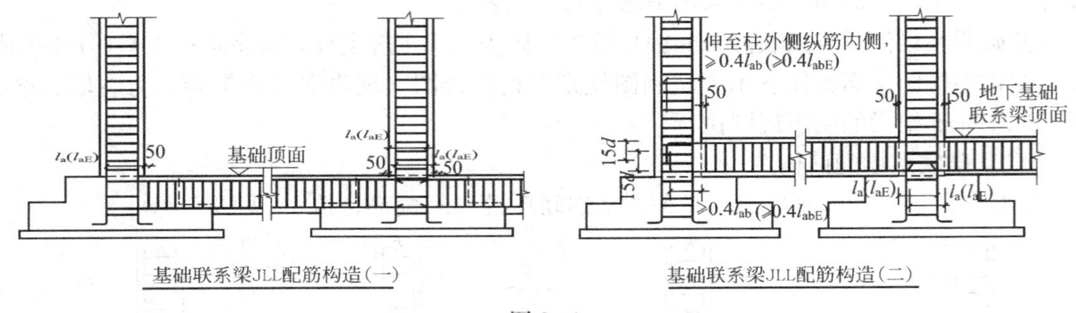

图 8-31

（1）淡化了框架柱配筋，主要显示基础联系梁 JLL 的配筋构造。

1）“基础联系梁 JLL 配筋构造（一）”（此 JLL 的位置与 11G101-3 相同）

基础联系梁 JLL 与基础顶面一平。基础联系梁 JLL 的配筋构造与 11G101-3 相同：JLL 的上下纵筋伸入框架柱的直锚长度为“l_a（l_{aE}）”；JLL 的箍筋在基础内部照设，而在框架柱内部不设箍筋。

2）“基础联系梁 JLL 配筋构造（二）”（此 JLL 的位置与 11G101-3 不同）

基础联系梁 JLL 的底面与基础顶面一平。基础联系梁 JLL 的配筋构造与 11G101-3 相同：在中间支座上，JLL 上下纵筋伸入框架柱的直锚长度为“l_a（l_{aE}）”；在端支座上，JLL 上下纵筋伸至框架柱钢筋内侧弯折 15mm，水平锚固段长度“≥$0.4l_{ab}$(≥$0.4l_{abE}$）”。

本页注 2 指出：“基础联系梁 JLL 配筋构造（二）中基础联系梁上、下纵筋采用直锚形式时，锚固长度不应小于 l_a（l_{aE}），且伸过柱中心线长度不应小于 $5d$，d 为梁纵筋直径。”

（2）新增了“搁置在基础上的非框架梁”配筋构造。

“搁置在基础上的非框架梁”与基础顶面一平。“搁置在基础上的非框架梁”上下纵筋伸入基础的直锚长度为“l_a”；“搁置在基础上的非框架梁”在基础内部不设箍筋。

题注的内容为：“不作为基础联系梁，梁上部纵筋保护层厚度 $5d$ 时，锚固长度范围内应设横向钢筋。”

与之对应的本页注 3："锚固区横向钢筋应满足直径≥$d/4$（d 为插筋最大直径），间距≤$5d$（d 为插筋最小直径）且 100 的要求。"

〔问题〕

"搁置在基础上的非框架梁"从外形上看，与"基础联系梁 JLL 配筋构造（一）"相同。在实际工程中，遇到这样外形相同的"基础连梁"，是按"基础联系梁 JLL 配筋构造（一）"处理？还是按"搁置在基础上的非框架梁"处理？当然只有通过设计师在施工图中加以标注，但是 16G101-3 对于"搁置在基础上的非框架梁"没有规定其"代号"，设计师又拿什么符号给它标注呢？

8.4.2　防水板 FBPB

（一）防水板 FBPB 的集中标注

16G101-3 第 52 页"相关构造类型与表示方法"的表 7.1.1"基础相关构造类型与编号"新增一项：

构造类型	代号	序号	说明
防水板	FBPB	××	用于独基、条基、桩基加防水板

16G101-3 第 55 页规定了"防水板 FBPB 平面注写集中标注"的方式（与平板式筏形基础平板 BPB 相似），例如：

FBPB1　$h=250$

B：X&Y：Φ12@200

T：X&Y：Φ12@200

表示 1 号防水板，板厚 250mm，板底部 X 向、Y 向配置Φ12 间距 200mm 的贯通纵筋；板顶部 X 向、Y 向配置Φ12 间距 200mm 的贯通纵筋。

"防水板底面标高"是 FBPB 集中标注的选注项，上例中没有进行"防水板底面标高"的集中标注，表示防水板底面标高与基础（独基、条基、桩基承台）底面标高一致，即"低板位防水板"。

防水板贯通纵筋的集中标注可以为"隔一布一"的形式，例如："Φ10/Φ12@200"，这表示贯通纵筋Φ10 与Φ12 隔一布一，相邻Φ10 与Φ12 之间的距离为 100mm。

16G101-3 没有防水板 FBPB"非贯通纵筋的原位标注"。这是防水板 FBPB 与平板式筏形基础平板 BPB 不同的地方。平板式筏形基础平板 BPB 是整个建筑物的基础，它要承受上部结构荷载和地基反力；而 FBPB 仅仅起到防水的作用，防水板 FBPB 只进行构造配筋，因此，16G101-3 对 FBPB 仅规定了贯通纵筋的集中标注，而不配置非贯通纵筋。

（二）防水板 FBPB 的配筋构造

16G101-3 第 110 页"防水底板 JB 与各类基础的连接构造"

（1）"低板位防水底板"

低板位防水底板（一）：防水底板上部纵筋连续穿越基础，防水底板下部纵筋在基础内直锚"l_a"。（在上部纵筋引注："当基础顶部配有钢筋时，按低板位防水底板（二）要求"）

低板位防水底板（二）：防水底板上、下纵筋在基础内直锚"l_a"。

（2）"中板位防水底板"

中板位防水底板（一）：防水底板上部纵筋连续穿越基础，防水底板下部纵筋在基础内直锚“l_a”。（在上部纵筋引注：“当基础顶部配有钢筋时，按中板位防水底板（二）要求”）

中板位防水底板（二）：防水底板上、下纵筋在基础内直锚“l_a”。

（3）“高板位防水底板”

高板位防水底板：防水底板上部纵筋连续穿越基础，防水底板下部纵筋与基础下面“元宝筋”的斜边互锚“l_a”。

图集本页注3：“基础梁、承台梁、基础联系梁或其他类型的基础宽度≤l_a时，可将受力钢筋穿越基础后在其连接区域连接。”

〖问题〗

16G101-3防水板的代号为“FBPB”，但第110页称为“防水底板JB”，矛盾。

8.4.3 关于筏形基础钢筋布置方式的讨论

关于各种不同的筏形基础的钢筋配置方式问题，经常是困扰施工人员的问题，也是网上论坛经常讨论的热门话题。现在的平法施工图纸是如此的简单，在实际工程中钢筋如何制作、如何安装，各类筏板上下两层钢筋网中，何筋在上、何筋在下，诸如此类的问题很多。下面把一些讨论的内容向读者介绍一下，当然这不一定是解决问题的全部答案，其目的只在于给读者提供一些参考意见罢了。（这是以前的讨论，对于今天也许还有参考价值。）

〖关于“正筏板”钢筋布置方式的讨论〗

〖问〗

“正筏板”是基础梁底与基础板底一平。在“正筏板”的施工中，有的施工队预先把筏板钢筋网和基础主梁的钢筋笼绑好，然后把基础主梁钢筋笼直接放在筏板钢筋网上面。这种施工方法显然不符合04G101-3图集第38页“基础主梁底部纵筋只压住一根底层筏板钢筋”的精神。

但是，如果要实施图集第38页的这种精神，基础主梁应该压住的是哪个方向的筏板钢筋呢？图集中反复地声明了“基础平板同一层面的交叉纵筋，何向纵筋在下、何向纵筋在上，应按具体设计说明”，然而，如果施工图上没有说明“何向纵筋在下、何向纵筋在上”，在实际施工中如何布置筏板的下层钢筋网呢？

〖答〗

对04G101-3图集第38页的“底部钢筋层面布置”图的理解，要根据具体工程的具体情况进行具体的分析。

04G101-3图集第38页的注1指出：当两向为等高基础主梁交叉时，基础主梁A的顶部与底部纵筋均在上交叉，基础主梁B均在下面交叉。这时筏板底部钢筋层面布置顺序（由下而上）是：

钢筋层面（1）：垂直于基础主梁B的筏板一向钢筋，基础主梁B箍筋平直段；

钢筋层面（2）：基础主梁B的底部纵筋，基础主梁A箍筋的平直段；

钢筋层面（3）：基础主梁A的底部纵筋。

当基础主梁与基础次梁交叉时，如果基础主梁与基础次梁等高，则基础主梁的顶部与底部纵筋均在上面交叉，基础次梁的纵筋均在下面交叉。对于筏板底部钢筋层面布置顺序（由下而上）应该是：

钢筋层面（1）：垂直于基础次梁的筏板一向钢筋，基础次梁箍筋的平直段；

钢筋层面（2）：基础次梁的底部纵筋，基础主梁箍筋的平直段；

钢筋层面（3）：基础主梁的底部纵筋。

至于如何布置筏板的下层钢筋网问题，一般的处理方法是：在基础梁所在的区格内，按板的长短边来考虑整个钢筋的布置。在筏板底部，执行“先布置短向钢筋”的原则。

对于主次梁交叉的节点来说：先布置筏板底部的短向纵筋，再在其上交叉布置次梁的底部纵筋，然后布置主梁的底部纵筋（见图 8-32 左图）。

对于两根主梁交叉的节点来说：先布置筏板底部的短向纵筋，再在其上交叉布置长向主梁的底部纵筋，然后布置短向主梁的底部纵筋（见图 8-32 右图）。

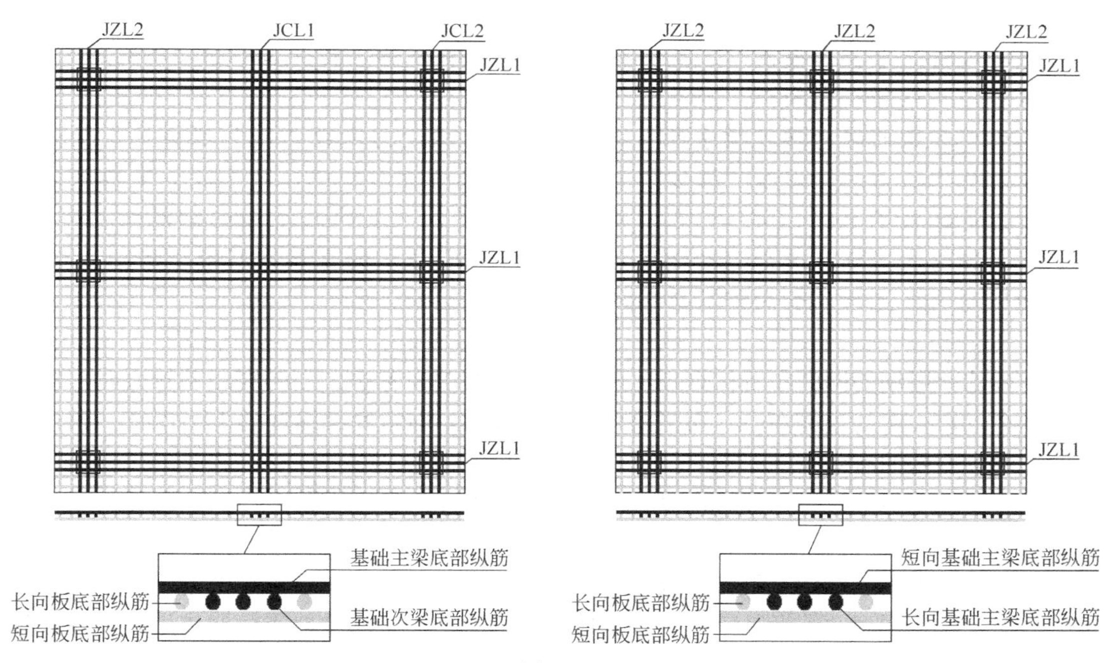

图 8-32

说到基础底部钢筋网的施工，在这里顺便解答下面的问题。

〖问〗

条形基础底部的短向纵筋和长向纵筋，哪个放在下面，哪个放在上面？

独立基础底部的短向纵筋和长向纵筋，哪个放在下面，哪个放在上面？

〖答〗

条形基础底部的“短向纵筋”是条形基础的受力主筋，应该放在下面；而条形基础底部的“长向纵筋”是分布筋，应该放在条形基础受力主筋的上面（见图 8-33 左图）。

对于独立基础来说，是长向的底部纵筋放在下面，短向的底部纵筋放在上面（见图 8-33 右图），这在 06G101-6 图集中也有说明。

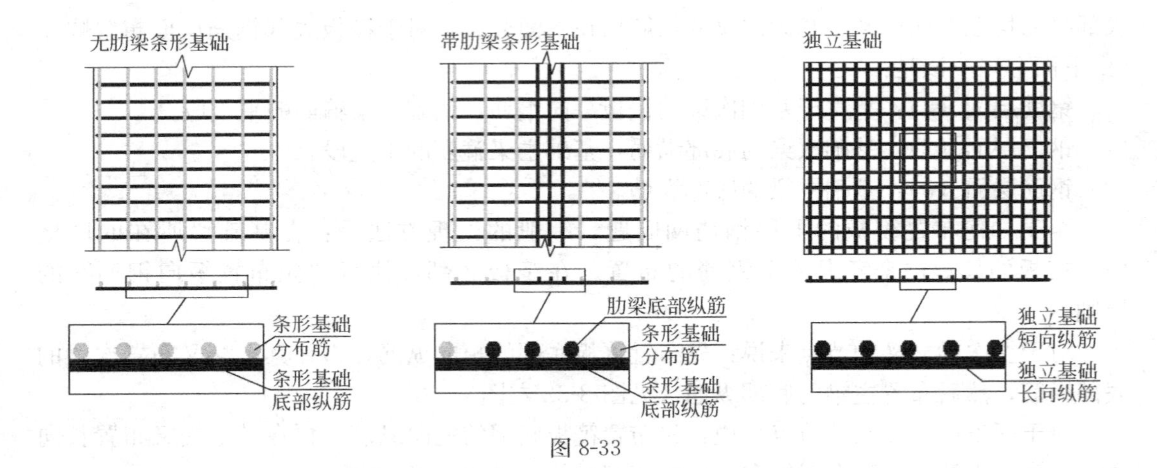

图 8-33

〖问〗

继续讨论一下“正筏板”上层钢筋网的钢筋布置问题，是否长方向的钢筋在下面、短方向的钢筋在上面？

筏板顶部钢筋网的摆放顺序可以从“倒楼盖”的受力来分析。其理由就是筏板承受地基土压力的情形和“楼板”承受均布荷载的情形相似，只不过从受力方向上看，是翻转了180°。所以，在“楼板”配筋时，下层网片是短向钢筋放在下排，长向钢筋在上排；进行180°翻转后，就到了“筏板”的上层钢筋网，就成了“短向钢筋放在上排，长向钢筋在下排”了。

〖答〗

筏板的上层钢筋网的布置依据板区两个方向的跨度来考虑。当跨度相差较大时，短跨的板筋在上，长跨的板筋在下；而当跨度相差不大时，与板底部纵筋的上下保持一致也可以（即两个方向的有效高度 h_0 相等）。

设计时应当充分考虑两个方向基础梁相交对有效高度 h_0 的影响，也应当考虑双向板的有效高度 h_0 与单向板不同。

如果考虑筏板纵筋的上下方向或基础梁纵筋的上下方向时，用“倒楼盖”的观点是可以的。但是，要看到“筏形基础”与“倒楼盖”的区别。当承受地震横向作用时，柱是第一道防线，楼盖梁是耗能构件，所以抗震框架梁的锚固长度按 l_{aE} 计算，要考虑箍筋加密区等问题；但筏形基础的基础梁通常不考虑参与抵抗地震作用计算，所以，基础梁、基础平板的锚固长度按 l_a 计算。但要注意，一些垂直构件（框架柱、剪力墙身垂直分布筋和暗柱纵筋等）的基础插筋，其锚固长度仍是按 l_{aE} 计算的。

〖关于“倒筏板”钢筋布置方式的讨论〗

〖问〗

“倒筏板”是基础梁顶与基础板顶一平。现在的问题是：“倒筏板”基础梁的顶部纵筋放在筏板上层钢筋网的上面还是下面？

我的分析是：地基土压力通过筏板钢筋传递给梁，所以“倒筏板”上层钢筋网放在基础梁顶部纵筋的下面。

"倒筏板"的上层钢筋网，其长向钢筋与短向钢筋哪一种钢筋放在上面？我的分析是："倒筏板"的上层钢筋网，其长向钢筋放在下面，短向钢筋放在上面。其理由是楼板下层钢筋网是短向钢筋放在下面、长向钢筋在上面，进行180°翻转后，筏板的上层钢筋网就成了"短向钢筋放在上面，长向钢筋在下面"了。

"倒筏板"的下层钢筋网，其长向钢筋与短向钢筋哪一种钢筋放在上面？我的分析是：（假设基础梁等高）在"倒筏板"的下层钢筋网中，短向钢筋与强梁方向平行，长向钢筋与强梁方向垂直、放在短向钢筋的上面。（理由是：短向钢筋把土压力传递给长向钢筋，长向钢筋再把土压力传递给强梁。）

"倒筏板"在施工时，凹下去的基础梁的侧面要做垫层吗？

〖答〗

筏形基础的基础平板可以在基础主梁的梁高范围的任何高度，较常用的是施工比较方便的梁底与板底一平的形式。

"倒筏板"（即高板位筏形基础）基础平板的上层钢筋网习惯放在基础主梁纵筋之下，使板筋在其倒向支座有支撑，有些类似于楼层的"次梁下部纵筋在主梁下部纵筋之上"。

"倒筏板"的上层钢筋网是短向钢筋放在上面，长向钢筋在下面。

至于"倒筏板"的下层钢筋网的分析，要掌握把问题尽可能简单化的处理方法。基础平板的钢筋网，定好板下层（或上层）网两向钢筋的上下关系后，板上层（或下层）网的上下关系与其相同即可，不要把问题复杂化。

"倒筏板"凹下去的基础梁侧面要做垫层。"倒筏板"的施工过程是，当土方挖到筏板底（包括垫层）标高之后，再挖梁的基槽，槽宽＝梁宽＋2倍的垫层厚度。

〖关于"筏板暗梁"钢筋布置方式的讨论〗

〖问〗

有一个高层建筑工程，筏形基础平板厚度为1200，其底部和顶部贯通纵筋都是Φ32@150。在墙下设置有暗梁，其截面尺寸为300×1200，暗梁的底部和顶部纵筋为3Φ25。

现在的问题是：暗梁的顶部纵筋是放在筏板顶部纵筋的上面还是下面？关于这一点，在施工图上没有明确说明，而且在会审图纸的时候，设计院的代表也没有对减少基础梁的高度作出肯定答复。结果钢筋工按1200的梁高来制作箍筋，造成筏板施工上的困难。

〖答〗

在这个工程的筏形基础平板中，筏板的底部和顶部贯通纵筋都是Φ32@150，远远大于暗梁的底部和顶部纵筋（3Φ25），说明这个筏形基础平板的主筋是筏板的底部和顶部贯通纵筋。筏板的保护层应该是对Φ32纵筋而言的，即暗梁的顶部纵筋Φ25应该放在筏板顶部贯通纵筋Φ32之下。在制作暗梁箍筋的时候，除了扣减上下保护层之外，还要扣减上下层的Φ32板筋直径。

这个工程例子与上例的"倒筏板"不一样。在"倒筏板"工程中，一般的情况是基础主梁的底部和顶部纵筋直径大于筏板的底部和顶部贯通纵筋。在这样的情况下，把基础平板的上层钢筋网放在基础主梁纵筋之下。而在这个工程例子中，筏板的底部和顶部贯通纵筋大于暗梁的底部和顶部纵筋，所以要把暗梁的顶部纵筋放在筏板顶部贯通纵筋之下。这样，虽然“倒筏板”的外观上与“暗梁式筏板”差不多，也是梁顶与板顶一平，但是钢筋构造却不一样。这就叫做具体问题具体分析，不可用一个模式来生搬硬套。

在上述的“暗梁式筏板”的设计中，设计师应该根据暗梁的方向和位置，确定暗梁的有效高度，并且应该把不同方向和位置的暗梁箍筋的扣减高度在施工图上加以说明，以便于施工人员掌握。

〖问〗

平板式筏形基础平板的底部钢筋网和顶部钢筋网中，钢筋的摆放次序如何？是先铺长向钢筋还是先铺短向钢筋？

〖答〗

根据04G101-3图集的说法，基础平板同一层面的交叉纵筋，何向纵筋在下、何向纵筋在上，应按具体设计说明。

如果在施工图中没有明确的规定，可参考下列做法：

基础平板的底部钢筋网是短向的钢筋在下面、长向的钢筋在上面；

基础平板的顶部钢筋网是长向的钢筋在下面、短向的钢筋在上面。

这样，在上述的“暗梁式筏板”例子中，对于不同方向的暗梁，在计算其箍筋高度时，在暗梁的顶部或底部，可能要扣减一根Φ32板筋直径，也可能要扣减两根Φ32板筋直径（即扣减整个底部钢筋网或顶部钢筋网的高度）。

附录 A 11G101 改变了些什么

附录 A 是讲 11G101 图集与旧图集的区别的。我们现在为什么还要保留附录 A 的部分内容呢？因为作为平法标准图集主要设计依据的《混凝土结构设计规范》GB50010-2010、《建筑抗震设计规范》GB50011-2010 这些规范仍在执行，只是做了局部修改，而《高层建筑混凝土结构技术规程》JGJ3-2010 还是原封不动地正在执行；同时，16G101 图集与 11G101 图集在很多地方还是保持一致的，所以我们保留了这些一致性的内容，这对于我们掌握新图集是有参考价值的。

在附录 A 中，对于新旧图集比较一致的内容，我们在给出 11G101 图集页号的同时，还给出 16G101 图集的对应页号，以方便读者查阅相应的标准图集。

A.1 对工程预算影响较大的因素是保护层厚度规定的改变

A.1.1 钢筋保护层厚度规定的调整

新规范根据对结构所处耐久性环境的划分，适当调整了钢筋保护层厚度规定。

新规范规定，设计使用年限为 50 年的混凝土结构，最外层钢筋的保护层厚度应符合表 A-1 中的规定；设计使用年限为 100 年的混凝土结构，最外层钢筋的保护层厚度不应小于表 A-1 中数值的 1.4 倍。（新图集关于混凝土保护层的规定与新规范完全一致）

混凝土保护层的最小厚度 c（mm） **表 A-1**

环境类别	板、墙、壳	梁、柱、杆
一	15	20
二 a	20	25
二 b	25	35
三 a	30	40
三 b	40	50

注：1. 混凝土强度等级不大于 C25 时，表中保护层厚度数值应增加 5mm；

2. 钢筋混凝土基础宜设置混凝土垫层，基础中钢筋的混凝土保护层厚度应从垫层顶面算起，且不应小于 40mm。

当有充分依据并采取下列措施时，可适当减小混凝土保护层的厚度：

（1）构件表面有可靠的防护层；

（2）采用工厂化生产的预制构件；

（3）在混凝土中掺加阻锈剂或采用阴极保护处理等防锈措施；

（4）当对地下室墙体采取可靠的建筑防水做法或防护措施时，与土层接触一侧钢筋的保护层厚度可适当减少，但不应小于 25mm。

可以看到，新规范是按平面构件（板、墙、壳）及杆状构件（梁、柱、杆）分两类确定保护层厚度的，表中不再列入强度等级的影响，C30及以上统一取值，C25及以下均增加5mm。

新规范明确以结构最外层钢筋来计算钢筋的混凝土保护层厚度。这是因为从混凝土碳化、脱钝和钢筋锈蚀的耐久性角度考虑，不再以纵向受力钢筋的外缘，而以最外层钢筋（包括箍筋、构造钢筋、分布筋等）的外缘计算混凝土保护层厚度。因此本次修订后的保护层实际厚度比原规范实际厚度有所加大。

新规范还指出采取某些措施“可适当减小混凝土保护层的厚度”。这是因为，根据工程经验及具体情况采取有效的综合措施，可以提高构件的耐久性能，减小保护层的厚度。

其中第一条措施就是“构件表面有可靠的防护层”。构件的表面防护层是指表面抹灰层以及其他各种有效的保护性涂料层。在实际工程中，许多构件都有抹灰层，但是这些构件能够减小多少的保护层厚度呢？还有，哪些涂料层能够对构件表面实施“有效的保护”，而又能导致构件减小多少的保护层厚度呢？这些具体的问题，在新规范和新标准图集中没有作出明确的规定，这也是具体工程中设计人员和施工人员需要注意解决的问题。

在具体工程的设计和施工中，设计人员必须在施工图中交代各部位各种混凝土构件的环境类别和混凝土保护层厚度。如果在设计人员采取措施减小混凝土的保护层厚度，则应该在施工图上明确交代其具体措施及减小后的保护层厚度。如果施工图设计中没有关于保护层的变更说明，则按标准图集的规定执行。

新规范还规定“构件受力钢筋的保护层不应小于钢筋的公称直径 d”。关于这一点，我们在工程预算中计算保护层的时候要充分加以注意。

A.1.2 在工程预算中如何进行保护层厚度的计算

在具体工程的施工和预算中，我们除了要关注上述表A-1中的混凝土保护层最小厚度的数值以外，还必须注意，新的规定是以最外层钢筋（包括箍筋、构造钢筋、分布筋等）的外缘计算混凝土保护层厚度的。

这对于混凝土板来说没有问题。例如，对于现浇楼板下部钢筋而言，受力钢筋都是布置在最下面的，而分布筋则布置在受力钢筋的上面；对于现浇楼板上部钢筋，受力钢筋都是布置在最上面的，而分布筋则布置在受力钢筋的下面。这样，新规范“以最外层钢筋的外缘计算混凝土保护层厚度”的规定与旧规范“以纵向受力钢筋的外缘计算混凝土保护层厚度”的规定没有矛盾。

对于剪力墙来说也没有问题。剪力墙身的水平分布筋就是布置在墙身的最外层的，所以新规范“以最外层钢筋的外缘计算混凝土保护层厚度”的规定与旧规范“以纵向受力钢筋的外缘计算混凝土保护层厚度”的规定也没有矛盾。

不过，对于墙、板来说，在按“混凝土保护层的最小厚度 c”来计算剪力墙水平分布筋和楼板上下纵筋保护层的时候，不要忘记验算这个保护层厚度是否不小于剪力墙水平分布筋和楼板上下纵筋的公称直径。

但是，对于现浇混凝土梁、柱构件就有很大差别了。旧规范是以梁、柱的纵向受力钢筋外缘来计算混凝土保护层厚度的，而新规范是以梁、柱的箍筋外缘来计算混凝土保护层厚度的。我们在具体工程的施工和预算中，一定要注意这一点。这必将影响现在对于梁、柱箍筋尺寸的计算。

有的人可能会这样认为：现在计算箍筋尺寸比以前简单多了，只要把梁、柱的混凝土外围尺寸减去保护层厚度，不就得到箍筋的外围尺寸了。事情果真如此简单吗？我们不要忘记了，新规范和新图集还有下面的规定，那就是：

“构件受力钢筋的保护层不应小于钢筋的公称直径 d”。

所以，我们在执行按“结构最外层钢筋计算钢筋的混凝土保护层厚度”的同时，仍要注意检验各种构件受力钢筋的保护层是否满足大于等于钢筋直径 d 的要求。

历史的经验值得借鉴。当我们在应用 03G101-1 图集来计算箍筋的时候——当时的规范是以纵向受力钢筋外缘来计算混凝土保护层厚度的——我们首先把梁、柱的混凝土外围尺寸减去保护层厚度，得到了箍筋的内皮尺寸；但同时，我们还要再加上箍筋的直径，得到箍筋的外围尺寸——从而验算梁、柱箍筋的保护层是否满足最小保护层“≥15mm”的要求。

根据这个思路，现在梁、柱箍筋尺寸的计算也需要分两步走：

第一步，查“混凝土保护层的最小厚度”表，得到梁、柱箍筋保护层厚度；

第二步，再加上箍筋的直径，得到梁、柱纵筋保护层厚度——从而可以验算梁、柱受力纵筋的保护层厚度是否满足“≥钢筋公称直径 d”的要求。

从以往的实践可以知道，目前国内关于“箍筋长度计算”的算法真是五花八门、不可胜数。我在这本书里不准备“统一”箍筋的计算方法。既然以前是五花八门，以后继续让它百花齐放好了。这里只是在探讨一个问题，如何在新条件下尽量应用原有的箍筋计算方法呢？从前面关于箍筋计算“两步走”的第二步结果来看，我们已经得到“梁、柱纵筋保护层厚度”，这也就是过去箍筋计算的条件，因此，原有的箍筋计算方法就可以继续运用了。

A.2 钢筋材料的新规定

在新规范编制的过程中，曾经由许多设计单位运用新规范对一些工程进行了试设计。试设计的经验说明，对于一般环境下混凝土结构的保护层厚度稍有增加，而对恶劣环境下的保护层厚度则增幅较大。保护层厚度的增加，意味着梁截面有效高度的减小，这将会导致钢筋用量的增加。

然而，新规范的另一个内容的修改，将会导致混凝土结构工程的用钢量大为减少，这就是钢筋材料的新规定。

新规范规定，混凝土结构的钢筋应按下列规定选用：

(1) 纵向受力普通钢筋宜采用 HRB400、HRB500、HRBF400、HRBF500 钢筋，也可采用 HRB300、HRB335、HRBF335、RRB400 钢筋。

(2) 梁、柱纵向受力普通钢筋应采用 HRB400、HRB500、HRBF400、HRBF500 钢筋。

(3) 箍筋宜采用 HRB400、HRBF400、HPB300、HRB500、HRBF500 钢筋，也可采用 HRB335、HRBF335 钢筋。

(4) 预应力筋宜采用预应力钢丝、钢绞线和预应力螺纹钢筋。

新规范的修订根据“四节一环保”的要求，提倡应用高强、高性能的钢筋。根据混凝土构件对受力的性能要求，规定了各种牌号钢筋的选用原则。

增加强度为 500MPa 级的热轧钢筋；推广 400MPa、500MPa 级高强热轧带肋钢筋作为纵向受力的主导钢筋；限制并准备逐步淘汰 335MPa 级热轧带肋钢筋的应用；用

335MPa级光圆钢筋取代235MPa级光圆钢筋。在规范的过渡期及对既有结构进行设计时，235MPa级光圆钢筋的设计值仍按原规范取值。

推广具有较好的延性、可焊性、机械连接性能及施工适应性的HRB系列普通热轧带肋钢筋。列入采用控温轧制工艺生产的HRBF系列细晶粒带肋钢筋。

RRB系列余热处理钢筋由轧制钢筋经高温淬水，余热处理后提高强度，其延性、可焊性、机械连接性能及施工适应性降低，一般可用于对变形性能及加工性能要求不高的构件中，如基础、大体积混凝土、楼板、墙体以及次要的中小结构构件等。

箍筋用于抗剪、抗扭及抗冲切设计时，其抗拉强度设计值受到限制，不宜采用强度高于400MPa级的钢筋。当用于约束混凝土的间接配筋（如连续螺旋配箍或封闭焊接箍）时，其高强度可以得到充分发挥，采用500MPa级钢筋具有一定的经济效益。

由上可见，新规范淘汰了235MPa级低强钢筋（即俗话说的“一级钢筋”），增加500MPa级高强钢筋，并明确将400MPa级钢筋作为主力钢筋，提倡应用500MPa级钢筋，逐步淘汰335级钢筋（即俗话说的“二级钢筋”）。这不但影响了建筑设计和施工，而且将带来我国钢铁产业生产结构的调整。

A.3 受拉钢筋基本锚固长度 l_{ab}(l_{abE})

新规范和新图集提出了一个新提法，那就是“受拉钢筋基本锚固长度 l_{ab}（l_{abE}）”，详见11G101-1第53页（11G101-2第16页、11G101-3第54页）。

受拉钢筋基本锚固长度 l_{ab}、l_{abE}（局部） 表A-2

钢筋种类	抗震等级	混凝土强度等级		
		C20	C25	C30
HPB300	一、二级（l_{abE}）	45d	39d	35d
	三级（l_{abE}）	41d	36d	32d
	四级（l_{abE}） 非抗震（l_{ab}）	39d	34d	30d
HRB335 HRBF335	一、二级（l_{abE}）	44d	38d	33d
	三级（l_{abE}）	40d	35d	31d
	四级（l_{abE}） 非抗震（l_{ab}）	38d	33d	29d
HRB400 HRBF400 RRB400	一、二级（l_{abE}）	—	46d	40d
	三级（l_{abE}）	—	42d	37d
	四级（l_{abE}） 非抗震（l_{ab}）	—	40d	35d
HRB500 HRBF500	一、二级（l_{abE}）	—	55d	49d
	三级（l_{abE}）	—	50d	45d
	四级（l_{abE}） 非抗震（l_{ab}）	—	48d	43d

表 A-2 的结构与 03G101-1 有所不同。

受拉钢筋基本锚固长度 l_{ab}、l_{abE}——与原来相比多一个“b”：“基本”

从表 A-2 中可以看出，每一种钢筋的三行数据有一定关系，如：

45/39、39/34、44/38、38/33 …… 都约等于 1.15

41/39、36/34、40/38、35/33 …… 都约等于 1.05

也就是说，l_{abE} 和 l_{ab} 满足下面的关系：

$$l_{abE}=\zeta_{aE}l_{ab}$$

ζ_{aE} 为抗震锚固长度修正系数，对一、二级抗震等级取 1.15，对三级抗震等级取 1.05，对四级抗震等级取 1.00。

左下角表：“受拉钢筋锚固长度 l_a、抗震锚固长度 l_{aE}”（下面简称“左表”）

非抗震 $\qquad l_a=\zeta_a l_{ab}$

抗震 $\qquad l_{aE}=\zeta_{aE}l_a$

注：

1. l_a 不应小于 200。
2. 锚固长度修正系数 ζ_a 按右表取用，当多于一项时，可按连乘计算，但不应小于 0.6。
3. ζ_{aE} 为抗震锚固长度修正系数，对一、二级抗震等级取 1.15，对三级抗震等级取 1.05，对四级抗震等级取 1.00。

关于 ζ_a 的取值见下文的“右表”（表 A-3）。

受拉钢筋锚固长度修正系数 ζ_a **表 A-3**

锚固条件		ζ_a	
带肋钢筋的公称直径大于 25		1.10	
环氧树脂涂层带肋钢筋		1.25	
施工过程中易受扰动的钢筋		1.10	
锚固区保护层厚度	$3d$	0.80	注：中间时按内插值。 D 为锚固钢筋直径
	$5d$	0.70	

表 A-3 给出的基本锚固长度 l_{ab} 或 l_{abE} 一般用于弯锚的直段长度，而直锚长度使用 l_a 或 l_{aE}。从“左下角表”可以知道，$l_a=\zeta_a l_{ab}$，然而，从本页面上仍然不能马上得知 l_{aE} 等于什么？

如何把上述左右二表与表 A-2 建立联系呢？从上面的分析可以知道，

$$l_{aE}=\zeta_{aE}l_a$$

$$l_a=\zeta_a l_{ab}$$

则 $\quad l_{aE}=\zeta_{aE}l_a=\zeta_{aE}(\zeta_a l_{ab})=\zeta_a\zeta_{aE}l_{ab}$

而 $\quad l_{abE}=\zeta_{aE}l_{ab}$

所以 $\quad l_{aE}=\zeta_a l_{abE}$

这就是说，l_{aE} 等于基本锚固长度 l_{abE} 乘以受拉钢筋锚固长度修正系数 ζ_a。在实际工程中，如果在具体施工图设计中没有发生受拉钢筋锚固长度修正系数 ζ_a，则可以认为受拉钢筋锚固长度修正系数 ζ_a 等于 1，此时“$l_{aE}=l_{abE}$”。

A.4 梁柱节点

A.4.1 新规范的新提法

2010规范提出了“基本锚固长度” l_{ab}，并且在梁柱节点上阐明了基本锚固长度的用法：

(1) 梁上部纵筋在端支座的锚固：钢筋末端90°弯折锚固：

弯锚水平段长度“$\geqslant 0.4l_{ab}$”，弯折段长度“$15d$”

(2) 顶层节点中柱纵向钢筋的锚固：柱纵向钢筋90°弯折锚固：

弯锚垂直段长度“$\geqslant 0.5l_{ab}$”，弯折段长度“$\geqslant 12d$”

以上两条可归纳为：“弯锚的平直段长度都采用 l_{ab}（l_{abE}）来衡量”——即前面可以乘以一个系数（0.4、0.5或0.6以及其他系数）——对比旧规范和旧图集，是以“l_a（l_{aE}）”来衡量的（例如 $0.4l_{aE}$、$0.5l_{aE}$ 等）

(3) 顶层端节点梁、柱纵向钢筋在节点内的锚固与搭接：

(*a*) 搭接接头沿顶层端节点外侧及梁端顶部布置：

柱外侧纵筋弯锚长度“$\geqslant 1.5l_{ab}$”

(*b*) 搭接接头沿节点外侧直线布置：

梁上部纵筋在端部弯折段与柱纵筋搭接长度“$\geqslant 1.7l_{ab}$”

新规范在11G101图集中体现为下述内容。

A.4.2 l_{abE} 用于梁抗震弯锚时的直段长度

“l_{abE}”的应用：用于（梁）抗震弯锚时的直段长度。例如：

11G101-1图集第79页，抗震楼层框架梁KL纵向钢筋构造

端支座水平锚固段引注：

上部纵筋：“伸至柱外侧纵筋内侧，且 $\geqslant 0.4l_{abE}$”

弯折段长度“$15d$”

下部纵筋：“伸至梁上部纵筋弯钩段内侧或柱外侧纵筋内侧，且 $\geqslant 0.4l_{abE}$”

弯折段长度“$15d$”

A.4.3 l_{abE} 用于柱抗震弯锚时的直段长度

“l_{abE}”的应用：用于柱抗震弯锚时的直段长度。例如：

11G101-1图集第60页，抗震KZ中柱柱顶纵向钢筋构造

A、B节点：柱纵筋弯锚垂直段长度“伸至柱顶，且 $\geqslant 0.5l_{abE}$”

弯折段长度“$12d$”

A.4.4 l_{aE} 与 l_{abE} 的不同应用

“l_{aE}”与“l_{abE}”的不同应用：

“l_{aE}”的应用：用于（柱）抗震直锚时的锚固长度。

“l_{abE}”的应用：用于（柱）抗震弯锚时的直段长度。

例如：

（11G101-1 图集第 60 页）抗震 KZ 柱变截面位置纵向钢筋构造

单侧或双侧变截面（$\Delta/h_b>1/6$）构造做法：

下筋直锚段≥$0.5l_{abE}$，弯折段长度“$12d$”；

上筋直锚长度=$1.2l_{aE}$

A.4.5 顶层端节点梁、柱纵向钢筋在节点内的锚固与搭接

注意，在顶层端节点梁、柱纵向钢筋在节点内的锚固与搭接构造中，全部采用 l_{abE}，而不是 l_{aE}。这就是：

11G101-1 第 59 页（即 16G101-1 第 67 页），“KZ 边柱和角柱柱顶纵向钢筋构造”

（在本页中综合了“柱插梁”和“梁插柱”两种情况）

新图集设定了 5 种节点，其中节点 A 是新增的做法。由于“柱内侧纵筋同中柱柱顶纵向钢筋构造。见本图集第 60 页”，所以下面只讨论柱外侧纵筋。

节点 A　柱筋作为梁上部钢筋使用：

柱外侧纵向钢筋直径不小于梁上部纵筋时，可弯入梁内作梁上部纵向钢筋。

节点 B　从梁底算起 $1.5l_{abE}$超过柱内侧边缘：

其构造基本同旧图集，包括“柱外侧纵向钢筋配筋率>1.2%”情况：柱外侧纵筋分两批截断（部分纵筋多伸“≥$20d$”）。

节点 C　从梁底算起 $1.5l_{abE}$未超过柱内侧边缘：（新规范给出这个构造）

要求柱纵筋弯折长度“≥$15d$”；

（注：没有“伸过柱内侧 500”的规定）

其构造包括柱外侧纵向钢筋配筋率>1.2%时分两批截断（部分纵筋多伸“≥$20d$”）；

梁上部纵筋下弯到梁底，且“≥$15d$”。

节点 D　用于 B 或 C 节点未伸入梁内的柱内侧钢筋锚固：

柱顶第一层钢筋伸至柱内边向下弯折 $8d$；

柱顶第二层钢筋伸至柱内边；

当现浇板厚度不小于 100mm 时，也可按 B 节点方式伸入板内锚固，且伸入板内长度不宜小于 $15d$。

节点 E　梁、柱纵向钢筋搭接接头沿节点外侧直线布置：

梁、柱纵向钢筋搭接长度“≥$1.7l_{abE}$”

（注：柱纵筋端部没有弯 $12d$ 直钩）；

包括梁上部纵向钢筋配筋率>1.2%时，应分两批截断（部分纵筋多伸“≥$20d$”），当梁上部纵向钢筋为两排时，先截断第二排钢筋——这就是说，“多伸≥$20d$”的是梁上部第一排纵筋。

必须注意到：节点 A、B、C、D 应配合使用。节点 D 不能单独使用。这就是说，上述 5 种节点有下列各种可能的组合：“B+D”、“C+D”、“A+B+D”、“A+C+D”、“E”、“A+E”。

A.5 l_{abE}（l_{ab}）在 11G101-2 上的应用

l_{abE}（l_{ab}）在 11G101-2 也有同样的应用。例如：

11G101-2 图集第 20 页，“AT 型楼梯板配筋构造”：

……

下端上部纵筋锚固平直段：“≥0.35l_{ab}（≥0.6l_{ab}）”

弯折段：“15d”

上端上部纵筋锚固平直段：“≥0.35l_{ab}（≥0.6l_{ab}）”

弯折段：“15d”

再举一个例子：

（11G101-2 第 46 页）各型楼梯第一跑与基础连接构造

……

“各型楼梯第一跑与基础连接构造（一）”：（“各种类型的基础”）

踏步段下部纵筋锚入基础“≥5d，≥b/2”

踏步段上部纵筋弯锚平直段“≥0.35l_{ab}（≥0.6l_{ab}）”，

弯折段“15d”

……

本页注：

2. 当梯板型号为 ATa 时，图中 l_{ab} 应为 l_{abE}，下部纵筋锚固要求同上部纵筋。

A.6　l_{abE}(l_{ab})在 11G101-3 上的应用

l_{abE}（l_{ab}）在 11G101-3 也有同样的应用。例如：

11G101-3 第 58 页，墙插筋在基础中的锚固

“墙插筋在基础中锚固构造（一）”（墙插筋保护层厚度>5d）：

（例如，墙插筋在板中）

墙两侧插筋构造见“1—1”剖面（第二种情况）：

“1—1”（h_j≤l_{aE}（l_a））：墙插筋插至基础板底部支在底板钢筋网上，且锚固垂直段“≥0.6l_{abE}（≥0.6l_{ab}）”，弯折 15d；而且，墙插筋在基础内设置“间距≤500，且不少于两道水平分布筋与拉筋”。

11G101-3 图集 59 页，柱插筋在基础中的锚固

“柱插筋在基础中锚固构造（二）”[插筋保护层厚度>5d，h_j≤l_{aE}（l_a）]：

柱插筋“插至基础板底部支在底板钢筋网上”，且锚固垂直段“≥0.6l_{abE}（≥0.6l_{ab}）”，弯折“15d”；而且，墙插筋在基础内设置“间距≤500，且不少于两道矩形封闭箍筋（非复合箍）”。

A.7　一般构造

A.7.1　封闭箍筋及拉筋弯钩构造

11G101-1 第 56 页（即 16G101-1 第 62 页），封闭箍筋及拉筋弯钩构造（改动较大）

“封闭箍筋及拉筋弯钩构造”：

（封闭箍筋构造）：

“焊接封闭箍筋”（工厂加工）：（首次在G101图集介绍）

闪光对焊设置在受力较小位置

“梁柱封闭箍筋”：（角部两搭接纵筋斜置弯钩内）

弯钩平直段：“非抗震：$5d$；抗震：$10d$，75中较大值”

“梁柱封闭箍筋”：（在弯钩内的角部两搭接纵筋贴在箍筋垂直边上）

弯钩平直段（同上）

（拉筋弯钩构造）：

“拉筋紧靠箍筋并钩住纵筋”：（弯钩平直段同上）

“拉筋紧靠纵向钢筋并钩住箍筋”：（弯钩平直段同上）

“拉筋同时钩住纵筋和箍筋”：（弯钩平直段同上）

本页注：

2. 本图中拉筋弯钩构造做法采用何种方式由设计指定。

〖讨论〗关于焊接封闭箍筋（工厂加工）

1. 接头位置设计原则：（仅供参考）

（1）对于梁箍筋，接头设置在水平边中部，且上下交错排布。

（2）对于柱箍筋，分以下四种情况：

（a）对于方形柱的外围箍筋，接头设置在箍筋一侧的中部，箍筋排布时要使接头在四边交错布置。

（b）对于矩形柱的外围箍筋，接头位置宜设置在短边中部，箍筋排布时要使接头在两边交错布置。

（c）对于中间的复合箍筋，接头位置宜设置在长边中部，箍筋排布时要使接头在两边交错布置。

（d）对于圆柱的外围箍筋，箍筋排布时要使接头在四周交错布置。

2. 闪光对焊箍筋（工厂加工）的优点：

（1）接头质量可靠，有利于结构受力和抗震设防要求。

（2）节约钢筋，降低工程造价，且箍筋直径越大，效果越明显。

（3）方便施工。

A.7.2 梁柱纵筋间距要求

11G101-1第56页（即16G101-1第62页），梁柱纵筋间距要求（比旧图集内容有增加）

“柱纵筋间距要求”：

柱纵筋的净距：“≥50”（无论b边或h边）

“梁纵筋间距要求”：

“梁上部纵筋间距要求”（d为钢筋最大直径）：

（单筋）：层净距：“≥25且≥d”；上部钢筋净距：“≥30且≥$1.5d$”

（水平并筋）：层净距：s_1；上部钢筋净距：s_2

（垂直并筋）：层净距：s_1；上部钢筋净距：s_2

“梁下部纵筋间距要求”（d为钢筋最大直径）：

（单筋）：层净距：“≥25且≥d”；上部钢筋净距：“≥25且≥d”

（水平并筋）：层净距：s_1；下部钢筋净距：s_3

（垂直并筋）：层净距：s_1；下部钢筋净距：s_3

本页注：机械连接套筒的横向净间距不宜小于25mm。

A.7.3　梁并筋(首次在G101图集介绍)

11G101-1第56页（即16G101-1第62页），梁并筋等效直径、最小净距。

梁并筋等效直径、最小净距表

单筋直径 d（mm）	25	28	32
并筋根数	2	2	2
等效直径 d_{eq}（mm）	35	39	45
层净距 s_1（mm）	35	39	45
上部钢筋净距 s_2（mm）	53	59	68
下部钢筋净距 s_3（mm）	35	39	45

本页注：

1. 当采用本图未涉及的并筋形式时，由设计确定。
2. 并筋等效直径的概念可用于本图集中钢筋间距、保护层厚度、钢筋锚固长度等的计算中。
3. 并筋连接接头宜按每根单筋错开，接头面积百分率应按同一连接区段内所有的单根钢筋计算。钢筋的搭接长度应按单筋分别计算。

〖讨论〗

1. 等效直径探讨：(可见，是几何意义上的等效直径)

sqrt(2×25×25)＝35.36，　sqrt(2×28×28)＝39.60，　sqrt(2×32×32)＝45.25

2. s_2 原理探讨：(即为等效直径的1.5倍)

53/35＝1.514，　59/39＝1.513，　68/45＝1.511

3. 什么时候用到“并筋”?

当梁柱配筋率较大时（一般接近规范规定的最大配筋率时），较难满足规范规定的钢筋间距的要求，浇捣混凝土很困难时，可考虑采用并筋。

4. 并筋与钢筋代换的区别：

钢筋代换一般是因为钢筋采购时买不到大直径钢筋才采用。用小直径钢筋代换大直径钢筋不一定要采用并筋。

5. “并筋”的时候，两根钢筋从头到脚地并在一起，是否会影响混凝土对钢筋的握裹力?

正是因为采用并筋后会削弱混凝土对钢筋的握裹力，所以才提出等效直径的概念。当采用并筋后，混凝土的保护层厚度、锚固长度、裂缝计算宽度、钢筋间距必须按等效钢筋直径进行计算。例如，两根直径25mm的钢筋并筋后的等效直径为35mm，其锚固长度必须按直径35mm进行计算，相当于增加了钢筋的锚固长度。

A.7.4　螺旋箍筋构造

11G101-1第56页（即16G101-1第62页），螺旋箍筋构造

（基本同旧图集）

“螺旋箍筋构造”（圆柱环状箍筋搭接构造同螺旋箍筋）

“螺旋箍筋端部构造”：

“开始与结束位置应有水平段，长度不小于一圈半”；

弯钩“角度135°”，“弯后长度”：非抗震：$5d$；抗震：（$10d$，75）中较大值

“螺旋箍筋搭接构造”：

“搭接$\geqslant l_a$或l_{aE}，且$\geqslant$300”，两头的弯钩要“钩住纵筋”

弯钩“角度135°”，“弯后长度”：非抗震：$5d$；抗震：（$10d$，75）中较大值

“内环定位筋”：“焊接圆环，间距1.5m，直径$\geqslant$12”

题下注：

“（圆柱环状箍筋搭接构造同螺旋箍筋）”

A.8 关于柱标注的一些规定

A.8.1 在柱平法施工图中应注明上部结构嵌固部位的位置

11G101-1第8页的第2.1.3条指出：

在柱平法施工图中，应按本规则第1.0.8条的规定注明各结构层的楼面标高、结构层高及相应的结构层号，尚应注明上部结构嵌固部位位置。

〖讨论〗“上部结构嵌固部位”可能存在3种情况：

（1）上部结构嵌固部位在基础顶面；（即“基础顶面嵌固部位”）

（2）上部结构嵌固部位在地下室顶面；（即旧图集08G101-5第53页）

（3）上部结构嵌固部位在地下室中间层。

根据抗震规范，结构嵌固端必须满足两个条件：（1）地下室楼层的侧向刚度必须为上部楼层的2倍；（2）地下室四周土和结构对地下室形成较强的约束。

因而结构嵌固端是位于基础顶面、地下室顶面还是地下室中间层必须有设计人员根据具体工程情况确定，但是无论设置在哪个位置，设计人必须在图纸中给予明确，如果图纸中未明确，施工单位和算量单位要要求其必须明确，因为很多构造都有嵌固端密切相关，施工单位和算量单位仅根据图纸是无法确定结构嵌固部位的。

（关于“上部结构嵌固部位”的更多讨论见下面的A.11节。）

A.8.2 柱编号的有关规定

11G101-1第8页柱编号（表2.2.2）下面的注：

注：编号时，当柱的总高、分段截面尺寸和配筋均对应相同，仅截面与轴线的关系不同时，仍可将其编为同一柱号，但应在图中注明截面与轴线的关系。

A.8.3 柱根部标高的有关规定

11G101-1第8页在柱注写内容中这样规定：

注写各段柱的起止标高，自柱根部往上以变截面位置或截面未变但配筋改变处为界分段注写。框架柱和框支柱的根部标高系指基础顶面标高；芯柱的根部标高系指根据结构实

际需要而定的起始位置标高；梁上柱的根部标高系指梁顶面标高；剪力墙上柱的根部标高为墙顶面标高。

注：对剪力墙上柱 QZ 本图集提供了“柱纵筋锚固在墙顶部”、“柱与墙重叠一层”两种构造做法（见第 61、66 页），设计人员应注明选用哪种做法。当选用“柱纵筋锚固在墙顶部”做法时，剪力墙平面外方向应设梁。

A.8.4　在注写柱箍筋时，注写核芯区箍筋

11G101-1 第 9 页在柱箍筋注写中这样规定：

当为抗震设计时，用斜线“/”区分柱端箍筋加密区与柱身非加密区长度范围内箍筋的不同间距。施工人员需根据标准构造详图的规定，在规定的几种长度值中取其最大者作为加密区长度。当框架节点核芯区内箍筋与柱端箍筋设置不同时，应在括号中注明核芯区箍筋直径及间距。

一般柱箍筋的注写：

〖例〗

Φ10@100/200，表示箍筋为 HPB300 级钢筋，直径Φ10，加密区间距为 100，非加密区间距为 200。

包含核芯区箍筋的柱箍筋的注写：

Φ10@100/200（Φ12@100），表示柱中箍筋为 HPB300 级钢筋，直径Φ10，加密区间距为 100，非加密区间距为 200。框架节点核芯区箍筋为 HPB300 级钢筋，直径Φ12，间距为 100。

A.9　关于“上部结构嵌固部位”及地下室其他问题

A.9.1　看懂 11G101-1 第 57 页（即 16G101-1 第 63 页）

11G101-1 第 57 页，“抗震 KZ 纵向钢筋连接构造”

“左面三图”

对比旧图集 03G101-1 图集第 36 页，原图集柱根标高的标注为“基础顶面嵌固部位”，而新图集为“嵌固部位”。

这不是一个简单的修改，它意味着：

（1）“嵌固部位”可能就在基础顶面：此时与旧图集 03G101-1 图集第 36 页看起来一致。（但是注意：旧图集 03G101-1 图集第 36 页所描述的基础顶面以上各楼层不包括地下室楼层在内）

（2）“嵌固部位”不在基础顶面，又可分为两种情况：

1）“嵌固部位”在地下室顶面，此时嵌固部位以上（即地下室顶面以上）就是上部结构各层的楼面，其间的柱纵筋及柱箍筋构造如本图（11G101-1 第 57 页）所示。

2）“嵌固部位”在地下室中间楼层的顶面，此时的嵌固部位以上各层：包括地下室中间楼层和地下室顶层楼面都如同本图的“楼面”吗？其间的柱纵筋连接构造及柱箍筋构造都如本图所示吗？

以上这些问题能够回答“是”吗？因为按照旧图集 08G101-5 第 54 页所列出的情

况，地下室顶面以上的柱纵筋非连接区为“$H_n/3$”，而不是“三选一”，即 max（$\geqslant H_n/6$，$\geqslant h_c$，$\geqslant 500$）。

然而，按目前的11G101-1图集第57页所示，当嵌固部位在地下室中部楼层时，嵌固部位以上楼层都被看作普通楼层，即使是地下室顶面，箍筋加密区也是按“三选一”，即按 max（$\geqslant H_n/6$，$\geqslant h_c$，$\geqslant 500$）执行。

这样说来，11G101-1取消了旧图集08G101-5第54页的构造。

A.9.2 再看11G101-1第58页(即16G101-1第64页)

11G101-1第58页“地下室抗震KZ的纵向钢筋连接构造”

对比旧图集08G101-5第53页“地下室抗震框架柱KZ构造（一）”（地下室顶板为上部结构的嵌固部位）——猛一看，两图基本相同，但细看不然：

08G101-5第53页指明“地下室顶板为上部结构的嵌固部位”；

而11G101-1图集第58页只是在图中最上层为“嵌固部位”，而没有说明这一层是否为“地下室顶板”——它完全可能是“地下室中间楼层”。

“左面三图（绑扎搭接、机械连接、焊接连接）”与第57页左三图基本相同，不同之处：

底部为“基础顶面”：非连接区为“三选一”，即

$$\max(\geqslant H_n/6, \geqslant h_c, \geqslant 500);$$

中间为“地下室楼面”；（同第57页的“楼面”）

图中最上层为“嵌固部位”：其上方的非连接区为“$H_n/3$”。

本页注：1. 本页图中钢筋连接构造及柱箍筋加密区范围用于嵌固部位不在基础顶面情况下地下室部分（基础顶面至嵌固部位）的柱。

11G101-1图集第58页给出“嵌固部位至基础顶面之间”的柱纵筋及柱箍筋构造，这是从嵌固部位“往下看”的构造，而从嵌固部位“往上看”的构造又是何种做法？——这就是11G101-1图集第57页。

11G101-1图集第57页和第58页所表述的构造都与地下室有关，而在11G101-1图集与地下室有关的构造还有第77页的“地下室外墙DWQ钢筋构造”。

A.9.3 关于箱形基础问题

看了11G101-1第77页的“地下室外墙DWQ钢筋构造”，也许会提出这样的问题：这个“地下室外墙DWQ钢筋构造”能包括“箱形基础外墙构造”吗？11G101为什么不提“箱形基础”呢？

由于箱形基础是20世纪八九十年代的做法，而现在的设计中，地下室采用箱形基础已经几乎不存在了。现在地下室主要采用筏板基础，所以在这次修编时将箱形基础的部分去掉了，直接看筏板基础的构造即可。

A.10 5种柱变截面构造做法

11G101-1第60页（即16G101-1第68页），“抗震KZ柱变截面位置纵向钢筋构造”

设定了5种柱变截面构造做法：

两侧变截面（$\Delta/h_b>1/6$）：下筋直锚段$\geqslant 0.5l_{abE}$，弯折段长度$12d$；
上筋直锚长度$=1.2l_{aE}$

两侧变截面（$\Delta/h_b\leqslant 1/6$）：下层柱纵筋弯曲伸到上层

一侧变截面（$\Delta/h_b>1/6$）：下筋直锚段$\geqslant 0.5l_{abE}$，弯折段长度$12d$；
上筋直锚长度$=1.2l_{aE}$

一侧变截面（$\Delta/h_b\leqslant 1/6$）：下层柱纵筋弯曲伸到上层

一侧变截面（另一侧有梁）：上筋直锚长度$=1.2l_{aE}$
下层柱纵筋直钩$=\Delta+l_{aE}-$保护层
不限定"下筋直锚段$\geqslant 0.5l_{abE}$"

A.11 柱箍筋加密区范围的一些新规定

11G101-1第61页，"抗震KZ、QZ、LZ箍筋加密区范围"

本页注：

2. 当柱纵筋采用搭接连接时，搭接区范围内箍筋构造见本图集第54页。

（本图集第54页"纵向受力钢筋搭接区箍筋构造"下面的注2："搭接区内箍筋直径不小于$d/4$（d为搭接钢筋最大直径），间距不应大于100mm及$5d$（d为搭接钢筋最小直径）。"）

（第54页还有注3："当受压钢筋直径大于25mm时，尚应在搭接接头两个端面外100mm的范围内各设置两道箍筋。"）

4. 当柱在某楼层各向均无梁连接时，计算箍筋加密范围采用的H_n按该跃层柱的总净高取用，其余情况同普通柱。

A.12 剪力墙上柱、梁上柱的新规定

11G101-1第61页（即16G101-1第65页），"抗震QZ、LZ纵向钢筋构造"

"抗震剪力墙上QZ纵筋构造"设定了两种构造做法：

1. "柱与墙重叠一层"：（同旧图集）

2. "柱纵筋锚固在墙顶部时柱根构造"：与剪力墙垂直方向上有梁——

柱纵筋锚入梁内，锚入深度$1.2l_{aE}$，端部弯直钩150。（梁高$>1.2l_{aE}$）

（注：取消了旧图集做法"剪力墙上端做牛腿，柱纵筋锚入深度$1.6l_{aE}$，端部弯直钩重叠$\geqslant 5d$且采用双面焊接"。）

"梁上柱LZ纵筋构造"：

锚入深度$\geqslant 0.5l_{abE}$，柱脚弯直钩$12d$。

本页注：

5. 墙上起柱，在墙顶面标高以下锚固范围内的柱箍筋按上柱非加密区箍筋要求配置。梁上起柱，在梁内设两道柱箍筋。

6. 墙上起柱（柱纵筋锚固在墙顶部时）和梁上起柱时，墙体和梁的平面外方向应设梁，以平衡柱脚在该方向的弯矩；当柱宽度大于梁宽时，梁应设水平加腋。

A.13 小墙肢的定义有改变

11G101-1第62页，"抗震框架柱和小墙肢箍筋加密区高度选用表（mm）"

（表格内容同原图集）

本页注：

3. 小墙肢即墙肢长度不大于墙厚4倍的剪力墙。矩形小墙肢的厚度不大于300时，箍筋全高加密。

A.14 竖向加腋梁的集中标注和原位标注(有所修改)

11G101-1第26页，在“梁集中标注的内容”中指出：

当为竖向加腋梁时，用 $b \times h$ GY$c_1 \times c_2$ 表示，其中 c_1 为腋长，c_2 为腋高（图集图4.2.3-1）。

注意：图4.2.3-1的标注是正确的，但图4.2.4-2就有问题了。

11G101-1图集第29页，在“梁原位标注的内容”中指出：

（3）当梁设置竖向加腋时，加腋部位下部斜纵筋应在支座下部以Y打头注写在括号内（图4.2.4-2），本图集中框架梁竖向加腋构造适用于加腋部位参与框架梁计算，其他情况设计者应另行给出构造。

（注：16G101-1又把“GY”改回“Y”了。）

11G101-1图集第83页（即16G101-1第86页）框架梁竖向加腋构造。

“框架梁竖向加腋构造”图示同旧图集。

实际配置的竖向加腋钢筋的根数和规格，见加腋支座下部括号内原位标注的“Y”打头的钢筋标注（这是与旧图集不同的），见本页注3：

“本图中框架梁竖向加腋构造适用于加腋部分参与框架梁计算，配筋由设计标注；其他情况设计应另行给出做法。”

图中：c_1 为腋长，c_2 为腋宽，c_3 为梁箍筋加密区长度——图注：

图中 c_3 取值：

抗震等级为一级：$\geqslant 2.0h_b$ 且 $\geqslant 500$

抗震等级为二～四级：$\geqslant 1.5h_b$ 且 $\geqslant 500$

加腋部位箍筋规格及肢距与梁端部的箍筋相同（见本页注4）。

A.15 水平加腋梁的集中标注和原位标注(新增)

11G101-1第26页（即16G101-1第27页），在“梁集中标注的内容”中指出：

当为水平加腋梁时，一侧加腋时用 $b \times h$ PY$c_1 \times c_2$ 表示，其中 c_1 为腋长，c_2 为腋宽，加腋部位应在平面图中绘制（图4.2.3-2）。

11G101-1第29页（即16G101-1第30页），在“梁原位标注的内容”中指出：

当梁设置水平加腋时，水平加腋内上、下部斜纵筋应在加腋支座上部以Y打头注写在括号内，上、下部斜纵筋之间用斜线“/”分隔（图4.2.4-3）。

图4.2.4-3的“梁水平加腋平面注写方式表达示例”：

本例图上集中标注“KL2（2A）300×650”没有加腋标注，然而在第1跨下部原位标注“300×700 PY500×250”作了水平加腋标注，而且在上部左右支座作了“（Y2ϕ25/

2ϕ25）”和“（Y2ϕ25/2ϕ25）”的原位标注。

11G101-1 图集第 83 页（即 16G101-1 第 86 页）框架梁水平加腋构造

框架梁水平加腋钢筋在框架梁、框架柱内的锚固长度均为“$\geq l_{aE}$（$\geq l_{a}$）”

框架梁水平加腋钢筋在图中画出一根实线、一根虚线——实际配置几根水平加腋钢筋，见加腋支座上部“Y”打头的括号内的原位标注（上下两排钢筋用“/”隔开）。

在施工图中，水平加腋部位的钢筋不一定进行原位标注，见本页注 2：

“当梁结构平法施工图中，水平加腋部位的配筋设计未给出时，其梁腋上下部斜纵筋（仅设置第一排）直径分别同梁内上下纵筋，水平间距不宜大于 200；水平加腋部位侧面纵向构造筋的设置及构造要求同梁内侧面纵向构造筋，见本图集第 87 页。”

从“1—1”剖面图中看到加腋部位的侧面纵向构造钢筋（同梁的侧面纵向构造钢筋——见本页注 2）。

图中：c_1 为腋长，c_2 为腋宽，c_3 为梁箍筋加密区长度——图注：

图中 c_3 取值：

抗震等级为一级：$\geq 2.0h_b$ 且≥ 500

抗震等级为二～四级：$\geq 1.5h_b$ 且≥ 500

加腋部位箍筋规格及肢距与梁端部的箍筋相同（见本页注 4）。

A.16　抗震楼层框架梁 KL 纵向钢筋构造

11G101-1 第 79 页（即 16G101-1 第 84 页），“楼层框架梁 KL 纵向钢筋构造”

“抗震楼层框架梁 KL 纵向钢筋构造”

端支座水平锚固段引注

上部纵筋：“伸至柱外侧纵筋内侧，且$\geq 0.4l_{abE}$”

下部纵筋：“伸至梁上部纵筋弯钩段内侧或柱外侧纵筋内侧，且$\geq 0.4l_{abE}$”

（其余同旧图集）

“端支座加锚头（锚板）构造”（增加）

上下纵筋端部引注“伸至柱外侧纵筋内侧，且$\geq 0.4l_{abE}$”

“中间层中间节点梁下部筋在节点外搭接”（增加）

在“$\geq 1.5h_0$”处开始搭接，搭接长度“$\geq l_{lE}$”（h_0 为梁高）

下注：“梁下部钢筋不能在柱内锚固时，可在节点外搭接。相邻跨钢筋直径不同时，搭接位置位于较小直径一跨”

“端支座直锚”

上下纵筋端部：“$\geq 0.5hc+5d$；$\geq l_{abE}$”

本页注：

3. 梁上部通长钢筋与非贯通钢筋直径相同时，连接位置宜位于跨中 $l_{ni}/3$ 范围内；梁下部钢筋连接位置宜位于支座 $l_{ni}/3$ 范围内；且在同一连接区段内钢筋接头面积百分率不宜大于 50%。

4. 一级框架梁宜采用机械连接，二、三、四级可采用绑扎搭接或焊接连接。

5. 钢筋连接要求见本图集第 55 页。

6. 当梁纵筋（不包括侧面 G 打头的构造筋及架立筋）采用绑扎搭接接长时，搭接区内箍筋直径及间距要求见本图集第54页。

7. 梁侧面构造钢筋要求见本图集87页。

A.17　抗震屋面框架梁WKL纵向钢筋构造

11G101-1第80页（即16G101-1第85页），“屋面框架梁WKL纵向钢筋构造”

“抗震屋面框架梁WKL纵向钢筋构造”

在端支座处梁上部纵筋只是象征性画出“下弯”，并无引注尺寸（其原因见本页注8：“顶层端节点处梁上部钢筋与附加角部钢筋构造见本图集第59页。”）

梁下部纵筋水平锚固段：“伸至梁上部纵筋弯钩段内侧，且$\geqslant 0.4l_{abE}$”，

弯钩段：“$15d$”

“顶层端节点梁下部钢筋端头加锚头（锚板）锚固”（增加）

下部纵筋端部引注“伸至梁上部纵筋弯钩段内侧，且$\geqslant 0.4l_{abE}$”

“顶层端支座梁下部钢筋直锚”（增加）

下部纵筋端部引注“$\geqslant 0.5hc+5d$，$\geqslant l_{aE}$”

“顶层中间节点梁下部筋在节点外搭接”（增加）

在“$\geqslant 1.5h_0$”处开始搭接，搭接长度“$\geqslant l_{lE}$”（h_0为梁高）

下注：“梁下部钢筋不能在柱内锚固时，可在节点外搭接。相邻跨钢筋直径不同时，搭接位置位于较小直径一跨”。

A.18　KL、WKL中间支座纵向钢筋构造

11G101-1第84页（即16G101-1第87页），“KL、WKL中间支座纵向钢筋构造”

其中①～③节点为“WKL”，④～⑥为“KL”。（旧图集④～⑦节点为“KL”）

① 节点：梁底左低右高。（高差“Δ_h”）

左梁下部纵筋标注“可直锚”，图示弯锚水平段“$\geqslant 0.4l_{abE}$（$\geqslant 0.4l_{ab}$）”，弯钩“$15d$”。

右梁下部纵筋直锚“l_{aE}（l_a）”，标注“当$\Delta h/(h_c-50)\leqslant 1/6$时参见节点⑤做法”。

② 节点：梁顶左高右低。（高差“Δh”）（旧图集高差为c）

左梁上部纵筋弯锚，弯钩长度“$\Delta h+l_{aE}$（l_a）－保护层”（旧图集“$c+15d$”）

右梁直锚长度“l_{aE}（l_a）”（旧图集为“$1.6l_{aE}$（$1.6l_a$）”）

——可见，高梁上部纵筋的弯钩长度有所加长，而低梁的直锚长度有所减小。

③ 节点：左窄右宽（或左少右多）。

右梁不能直锚的钢筋（或多出的钢筋）弯锚：

上下部纵筋弯锚的水平段长度均为“$\geqslant 0.4l_{abE}$（$\geqslant 0.4l_{ab}$）”；

上部纵筋弯钩段长度“l_{aE}（l_a）”（旧图集为“$15d$”）

下部纵筋弯钩段长度“$15d$”。

——可见，上部纵筋弯钩段长度有所加长。

（右梁下部纵筋标注“可直锚”）

④ 节点：梁顶（梁底）高差较大。($\Delta h/(h_c-50)>1/6$)

梁顶有高差时：高梁上部纵筋弯锚水平段长度"$\geq 0.4l_{abE}$（$\geq 0.4l_{ab}$）"，的弯钩长度"$15d$"；低梁上部纵筋直锚长度"l_{aE}（l_a）"。

梁底有高差时：梁下部纵筋的锚固结构同上部纵筋。

（左梁上部纵筋、右梁下部纵筋标注"可直锚"）

⑤ 节点：梁顶（梁底）高差较小。($\Delta h/(h_c-50)\leq 1/6$)

梁上部（下部）纵筋可连续布置（弯曲通过中间节点）。

⑥ 节点：左窄右宽（或左少右多）。

右梁不能直锚的钢筋（或多出的钢筋）弯锚：

弯锚的水平段长度均为"$\geq 0.4l_{abE}$（$\geq 0.4l_{ab}$）"；

弯钩段长度均为"$15d$"。

（右梁上、下部纵筋标注"可直锚"）

（印象：对节点的连接进行了强化。）

A.19 抗震框架梁KL、WKL箍筋加密区构造

11G101-1第85页（即16G101-1第88页），"抗震框架梁KL、WKL箍筋加密区构造"

分为两种情况：

(1) 抗震框架梁KL、WKL箍筋加密区范围（尽端为柱）；

(2) 抗震框架梁KL、WKL（尽端为梁）箍筋加密区范围（新增）。

支座为主梁的端部引注："此端箍筋构造可不设加密区，梁端箍筋规格及数量由设计确定。"

A.20 非框架梁L配筋构造(改动较大)

11G101-1第86页，"非框架梁L配筋构造"（16G101-1第89页又进一步修改）

梁端支座标注上部纵筋弯锚水平段长度：（弯钩长度"$15d$"——同旧图集）

设计按铰接时：$\geq 0.35l_{ab}$

充分利用钢筋的抗拉强度时：$\geq 0.6l_{ab}$

梁端支座处标注上部非贯通筋延伸长度：

设计按铰接时：$l_{n1}/5$

充分利用钢筋的抗拉强度时：$l_{n1}/3$

梁上部跨中同时标注两种钢筋："架立筋（通长筋）"

梁上部通长筋连接要求见注2。

本页注：

2. 当端支座为柱、剪力墙（平面内连接）时，梁端部应设箍筋加密区，设计应确定加密区长度。设计未确定时取该工程框架梁加密区长度。梁端与柱斜交，或与圆柱相交时的箍筋起始位置见本图集第85页。

3. 当梁上部有通长钢筋时，连接位置宜位于跨中 $l_{ni}/3$ 范围内；梁下部钢筋连接位置宜位于支座 $l_{ni}/4$ 范围内；且在同一连接区段内钢筋接头面积百分率不宜大于 50%。

4. 钢筋连接要求见本图集第 55 页。

5. 当梁纵筋（不包括侧面 G 打头的构造筋及架立筋）采用绑扎搭接接长时，搭接区内箍筋直径及间距要求见本图集第 54 页。

6. 当梁配有受扭纵向钢筋时，梁下部纵筋锚入支座的长度应为 l_a，在端支座直锚长度不足时可弯锚，见图 1。当梁纵筋兼做温度应力筋时，梁下部钢筋锚入支座长度由设计确定。

7. 纵筋在端支座应伸至主梁外侧纵筋内侧后弯折，当直段长度不小于 l_a 时可不弯折。

8. 当梁中纵筋采用光面钢筋时，图中 $12d$ 应改为 $15d$。

9. 梁侧面构造钢筋要求见本图集第 87 页。

10. 图中“设计按铰接时”、“充分利用钢筋的抗拉强度时”由设计指定（非框架梁的代号为 L、Lg：16G101-1）。

11. 弧形非框架梁的箍筋间距沿梁凸面线度量。

A. 21　纯悬挑梁 XL

11G101-1 第 89 页（即 16G101-1 第 92 页），“纯悬挑梁 XL”

上部纵筋弯锚：弯锚水平段“伸至柱外侧纵筋内侧，且≥$0.4l_{ab}$”，弯钩长度“$15d$”。

第二排上部纵筋在伸出 $0.75l$ 之后，弯折到梁下部，再向梁尽端弯出“≥$10d$”。

下部纵筋直锚长度“$15d$”。

（其余钢筋下料图同旧图集）

A. 22　各类的悬挑端配筋构造（改动较大）

11G101-1 第 89 页（即 16G101-1 第 92 页），“各类的悬挑端配筋构造”

给出 7 种结构做法：A～E 为楼层框架梁悬挑端，F～G 为屋面框架梁悬挑端。

A 节点：悬挑端由框架梁平伸出。

第二排上部纵筋在伸出 $0.75l$ 之后，弯折到梁下部，再向梁尽端弯出“≥$10d$”。

下部纵筋直锚长度“$15d$”。

（其余钢筋下料图同旧图集）

B 节点：悬挑端比框架梁低 Δh（$\Delta h/(h_c-50)>1/6$）（“仅用于中间层”）

框架梁弯锚水平段长度“≥$0.4l_{ab}$（≥$0.4l_{abE}$）”，弯钩“$15d$”；

悬挑端上部纵筋直锚长度“≥l_a”

C 节点：悬挑端比框架梁低 Δh（$\Delta h/(h_c-50)\leqslant 1/6$）

上部纵筋连续布置

“用于中间层，当支座为梁时也可用于屋面。”

D 节点：悬挑端比框架梁高 Δh（$\Delta h/(h_c-50)>1/6$）（“仅用于中间层”）

悬挑端上部纵筋弯锚：弯锚水平段“伸至柱对边纵筋内侧，且≥$0.4l_{ab}$”，弯钩长度“$15d$”。

框架梁上部纵筋直锚长度“≥l_{ab}（≥l_{abE}）”

E节点：悬挑端比框架梁高Δh（$\Delta h/(h_c-50)\leqslant 1/6$）

上部纵筋连续布置

“用于中间层，当支座为梁时也可用于屋面。”

F节点：悬挑端比框架梁低Δh（$\Delta h\leqslant h_b/3$）

框架梁上部纵筋弯锚：直钩长度“$\geqslant l_a$（$\geqslant l_{aE}$）且伸至梁底”

悬挑端上部纵筋直锚长度“$\geqslant l_a$”

“用于屋面，当支座为梁时也可用于中间层。”

G节点：悬挑端比框架梁高Δh（$\Delta h\leqslant h_b/3$）

框架梁上部纵筋直锚长度“$\geqslant l_a$（$\geqslant l_{aE}$）”

悬挑端上部纵筋弯锚：弯锚水平段长度“$\geqslant 0.4l_{ab}$”，直钩长度“$\geqslant l_a$且伸至梁底”

“用于屋面，当支座为梁时也可用于中间层。”

本页注：

2. 括号内数字为抗震框架梁纵筋锚固长度。当悬挑梁考虑竖向地震作用时（由设计明确），图中悬挑梁中钢筋锚固长度l_a、l_{ab}应改为l_{aE}、l_{abE}，悬挑梁下部钢筋伸入支座长度也应采用l_{aE}。

3. A、F、G节点，当屋面框架梁与悬挑端根部底平时，框架柱中纵向钢筋锚固要求可按中柱柱顶节点（见本图集第60、65页）。

4. 当梁上部设有第三排钢筋时，其伸出长度应由设计者注明。

A.23　KZL配筋构造

11G101-1第90页（即16G101-1第96页），“KZL配筋构造”

图及标注基本同旧图集，不同点：

框支梁上下纵筋在端支座弯锚的水平锚固段长度使用“$\geqslant 0.4l_{abE}$”而不是“$\geqslant 0.4l_{aE}$”。

“1—1断面”与旧图集的不同点：

“墙体竖向钢筋锚固长度$\geqslant l_{aE}$”（旧图集为“U形筋绕过梁底筋”）

“边缘构件纵向钢筋锚固长度$\geqslant 1.2l_{aE}$”

“拉筋直径不宜小于箍筋两个规格，……”（旧图集为：同62页的注4）

本页注：

3. 梁纵向钢筋宜采用机械连接接头，同一截面内接头钢筋截面面积不应超过全部纵筋截面面积的50%，接头位置应避开上部墙体开洞部位、梁上托柱部位及受力较大部位。

A.24　井字梁JZL配筋构造

11G101-1第91页（即16G101-1第98页），“井字梁JZL配筋构造”

图及标注基本同旧图集，不同点：

井字梁在端支座弯锚，弯锚水平段长度：

设计按铰接时：$\geqslant 0.35l_{ab}$

充分利用钢筋的抗拉强度时：$\geqslant 0.6l_{ab}$

本页注：

2. 设计无具体说明时，井字梁上、下部纵筋均短跨在下，长跨在上；短跨梁箍筋在相交范围内通长设置；相交处两侧各附加3道箍筋，间距50mm，箍筋直径及肢数同梁内箍筋。

3. JZL3（2）在柱子的纵筋锚固及箍筋加密要求同框架梁。

4. 纵筋在端支座应伸至主梁外侧纵筋内侧后弯折，当直段长度不小于 l_a 时可不弯折。

5. 当梁上部有通长钢筋时，连接位置宜位于跨中 $l_{ni}/3$ 范围内；梁下部钢筋连接位置宜位于支座 $l_{ni}/4$ 范围内；且在同一连接区段内钢筋接头面积百分率不宜大于50%。

6. 钢筋连接要求见本图集第55页。

7. 当梁纵筋（不包括侧面G打头的构造筋及架立筋）采用绑扎搭接接长时，搭接区内箍筋直径及间距要求见本图集第54页。

8. 当梁中纵筋采用光面钢筋时，图中12d 应改为15d。

9. 梁侧面构造钢筋要求见本图集第87页。

10. 图中"设计按铰接时"、"充分利用钢筋的抗拉强度时"由设计指定（井字梁的代号为JZL、JZLg：16G101-1）。

A.25 剪力墙柱编号

11G101-1第13页，剪力墙平法施工图制图规则中规定：

墙柱编号中的边缘构件编号为：

约束边缘构件　　　YBZ××

构造边缘构件　　　GBZ××

注：约束边缘构件包括约束边缘暗柱、约束边缘端柱、约束边缘翼墙、约束边缘转角墙四种（见图3.2.2-1）。构造边缘构件包括构造边缘暗柱、构造边缘端柱、构造边缘翼墙、构造边缘转角墙四种（见图3.2.2-2）。

我们来看一下11G101-1第21页（即16G101第22页）的一个剪力墙标注例子：

"－0.030～12.270剪力墙平法施工图"（旧图集为"－0.030～59.070"）

在"结构层楼面标高/结构层高"表中以粗线条表示楼层范围为"1、2、3"层，

"底部加强部位"仍是"1、2"层。

图中，墙柱均为"约束边缘构件"：（旧图集为"构造边缘构件"）

YBZ1——旧图集为GJZ1

YBZ2——旧图集为GDZ1

YBZ3——旧图集为GDZ2

YBZ4——旧图集为GYZ2

YBZ5——旧图集为GJZ3

YBZ6——旧图集为GYZ6

YBZ7——旧图集为GJZ4

YBZ8——旧图集为GYZ5

新图集的边缘构件都是以"Y"打头的，显然是为了展示约束边缘构件的标注方法。撇开"Y"与"G"的区别不说，我们还会发现，旧图集的端柱、翼墙柱和转角墙柱在编号上就能够一目了然，而新图集在编号上却是一点也看不出来，只能通过图上每个构件的具体形状才能分别出端柱、翼墙柱和转角墙柱来。

A.26　约束边缘构件标注的注意事项

11G101-1第15页规定在剪力墙柱表中注写墙柱编号（见表3.2.2-1），绘制该墙柱的截面配筋图，标注墙柱几何尺寸。

（1）约束边缘构件（见图3.2.2-1）需注明阴影部分尺寸。

注：剪力墙平面布置图中应注明约束边缘构件沿墙肢长度 l_c（约束边缘翼墙中沿墙肢长度尺寸为 $2b_f$ 时可不注）。

（2）构造边缘构件（见图3.2.2-2）需注明阴影部分尺寸。

约束边缘构件除注写阴影部位的箍筋外，尚需在剪力墙平面布置图中注写非阴影区内布置的拉筋（或箍筋）。

注：拉筋标注按本规则第3.2.4条。

设计施工时应注意：（1）当约束边缘构件体积配箍率计算中计入墙身水平分布钢筋时，设计者应注明。此时还应注明墙身水平分布钢筋在阴影区域内设置的拉筋。施工时，墙身水平分布钢筋应注意采用相应的构造做法。

（2）当非阴影区外圈设置箍筋时，设计者应注明箍筋的具体数值及其余拉筋。施工时，箍筋应包住阴影区内第二列竖向纵筋（见本图集第71页图）。当设计采用与本构造详图不同的做法时，应另行注明。

A.27　连梁的注写内容

11G101-1第16页规定在剪力墙梁表中连梁注写的具体内容包括：

5. 当连梁设有对角暗撑时（代号为LL（JC）XX），注写暗撑的截面尺寸（箍筋外皮尺寸）；注写一根暗撑的全部纵筋，并标注×2表明有两根暗撑相互交叉；注写暗撑箍筋的具体数值。

6. 当连梁设有交叉斜筋时（代号为LL（JX）XX），注写连梁一侧对角斜筋的配筋值，并标注×2表明对称设置；注写对角斜筋在连梁端部设置的拉筋根数、规格及直径，并标注×4表示四个角都设置；注写连梁一侧折线筋配筋值，并标注×2表明对称设置。

7. 当连梁设有集中对角斜筋时（代号为LL（DX）XX），注写一条对角线上的对角斜筋，并标注×2表明对称设置。

A.28　剪力墙洞口的补强构造

A.28.1　补强钢筋或补强暗梁的注写

11G101-1第18页，“剪力墙洞口的表示方法”中规定了洞口每边补强钢筋或补强暗梁的注写规则：

……

（4）洞口每边补强钢筋，分为以下几种不同情况：

1）当矩形洞口的洞宽、洞高均不大于 800 时，此项注写为洞口每边补强钢筋的具体数值。当洞宽、洞高方向补强钢筋不一致时，分别注写洞宽方向、洞高方向补强钢筋，以“/”分隔。

〖例〗JD4 800×300 +3.100 3Φ18/3Φ14，表示 4 号矩形洞口，洞宽 800，洞高 300，洞口中心距本结构层楼面 3100，洞宽方向补强钢筋为 3Φ18，洞高方向补强钢筋为 3Φ14。

2）当矩形或圆形洞口的洞宽或直径大于 800 时，在洞口的上、下需设置补强暗梁，此项注写为洞口上、下每边暗梁的纵筋与箍筋的具体数值（在标准构造详图中，补强暗梁梁高一律定为 400，施工时按标准构造详图取值，设计不注。当设计者采用与该构造详图不同的做法时，应另行注明），圆形洞口时尚需注明环向加强钢筋的具体数值；当洞口上、下边为剪力墙连梁时，此项免注；洞口竖向两侧设置边缘构件时，也不在此项表达（当洞口两侧不设置边缘构件时，设计者应给出具体做法）。

〖例〗YD5 1000+1.800 6Φ20 ϕ8@150 2Φ16，表示 5 号圆形洞口，直径 1000，洞口中心距本结构层楼面 1800，洞口上下设置补强暗梁，每边暗梁纵筋为 6Φ20，箍筋为 ϕ8@150，环向加强钢筋 2Φ16。

A.28.2 剪力墙洞口补强构造

11G101-1 第 78 页（即 16G101-1 第 83 页），“剪力墙洞口补强构造”

“矩形洞宽和洞高均大于 800 时洞口补强纵筋构造”：（同旧图集）

“剪力墙圆形洞口直径大于 800 时补强纵筋构造”：（新增）

上下补强暗梁和左右边缘构件等同上。

增加了“环形加强钢筋”，“墙体分布钢筋延伸至洞口边弯折”，且绕过环形加强钢筋伸至对边后截断（见“A—A”断面图）。

A.29 地下室外墙

A.29.1 地下室外墙的表示方法

11G101-1 第 19 页，“地下室外墙的表示方法”

3.5.4 地下室外墙的集中标注，……

〖例〗DWQ2（①～⑥），b_w=300

OS：HΦ18@200，VΦ20@200

IS：HΦ16@200，VΦ18@200

tbϕ6@400@400 双向

表示 2 号外墙，长度范围为①～⑥之间，墙厚为 300；外侧水平贯通筋为Φ18@200，竖向贯通筋为Φ20@200；内侧水平贯通筋为Φ16@200，竖向贯通筋为Φ18@200；双向拉筋为 ϕ6，水平间距为 400，竖向间距为 400。

3.5.5 地下室外墙的原位标注，主要表示在外墙外侧配置的水平非贯通筋或竖向非贯通筋。

……

设计时应注意：Ⅰ、设计者应根据具体情况判定扶壁柱或内墙是否作为墙身水平方向的支座，以选择合理的配筋方式。

Ⅱ、本图集提供了“顶板作为外墙的简支支承”、“顶板作为外墙的弹性嵌固支承”两种做法，设计者应指定选用何种做法。

A.29.2 地下室外墙DWQ钢筋构造

11G101-1第77页（即16G101-1第82页），“地下室外墙DWQ钢筋构造”

“地下室外墙水平钢筋构造”：

1. 地下室外墙水平钢筋分为：外侧水平贯通筋、外侧水平非贯通筋，内侧水平贯通筋。

2. 角部节点构造（“①”节点）：地下室外墙外侧水平筋在角部搭接，搭接长度“l_{lE}（l_l）”——“当转角两边墙体外侧钢筋直径及间距相同时可连通设置”；地下室外墙内侧水平筋伸至对边后弯15d直钩。（16G101-1此条有改变）

3. 外侧水平贯通筋非连接区：端部节点“$l_{n1}/3$，$H_n/3$中较小值”，中间节点“$l_{nx}/3$，$H_n/3$中较小值”；外侧水平贯通筋连接区为相邻“非连接区”之间的部分。（“l_{nx}为相邻水平跨的较大净跨值，H_n为本层层高”）

“地下室外墙竖向钢筋构造”：

1. 地下室外墙竖向钢筋分为：外侧竖向贯通筋、外侧竖向非贯通筋，内侧竖向贯通筋，还有“墙顶通长加强筋”（按具体设计）。

2. 角部节点构造：（旧图集竖向钢筋的直钩一律为15d）

“②”节点（顶板作为外墙的简支支承）：地下室外墙外侧和内侧竖向钢筋伸至顶板上部弯12d直钩。

“③”节点（顶板作为外墙的弹性嵌固支承）：地下室外墙外侧竖向钢筋与顶板上部纵筋搭接“l_{lE}（l_l）”；顶板下部纵筋伸至墙外侧后弯15d直钩；地下室外墙内侧竖向钢筋伸至顶板上部弯15d直钩。

3. 外侧竖向贯通筋非连接区：底部节点“$H_{-2}/3$”，中间节点为两个“$H_{-x}/3$”（旧图集为$H_{-2}/3$与$H_{-1}/3$），顶部节点“$H_{-1}/3$”；外侧竖向贯通筋连接区为相邻“非连接区”之间的部分。（“H_{-x}为H_{-1}和H_{-2}的较大值”）

内侧竖向贯通筋连接区：底部节点“$H_{-2}/4$”，中间节点：楼板之下部分“$H_{-2}/4$”，楼板之上部分“$H_{-1}/4$”。

本页注：

1. 当具体工程的钢筋的排布与本图集不同时（如将水平筋设置在外层），应按设计要求进行施工。

2. 扶壁柱、内墙是否作为地下室外墙的平面外支承应由设计人员根据工程具体情况确定，并在设计文件中明确。

3. 是否设置水平非贯通筋由设计人员根据计算确定，非贯通筋的直径、间距及长度由设计人员在设计图纸中标注。

4. 当扶壁柱、内墙不作为地下室外墙的平面外支承时，水平贯通筋的连接区域不受限制。

5. 外墙和顶板的连接节点做法②、③的选用由设计人员在图纸中注明。

6. 地下室外墙与基础的连接见11G101-3《混凝土结构施工图平面整体表示方法制图规则和构造详图（独立基础、条形基础、筏形基础及桩基承台）》。

A. 30 剪力墙身水平钢筋构造

11G101-1第68页（即16G101-1第71页），“剪力墙身水平钢筋构造”

“剪力墙水平钢筋交错搭接”：

搭接长度“$\geqslant 1.2l_{aE}$（$\geqslant 1.2l_a$）”（旧图集为“$\geqslant l_{lE}$（$\geqslant l_l$）”）

（比起旧图集）转角墙增加了两种做法：

“转角墙（一）”：（外侧水平筋连续通过转弯）

连接区域在暗柱范围外，上下相邻两排水平筋在转角一侧交错搭接。（仅在一侧搭接，搭接范围$\geqslant 1.2l_{aE}+500+1.2l_{aE}$）

“转角墙（二）”：（外侧水平筋连续通过转弯）

连接区域在暗柱范围外，上下相邻两排水平筋在转角两侧交错搭接。（在两侧交错搭接，每侧搭接范围$\geqslant 1.2l_{aE}$）

“转角墙（三）”：（外侧水平筋在转角处搭接）

每层水平筋都在转角处搭接，搭接长度$\geqslant l_{lE}$（$\geqslant l_l$） （注：16G101-1此条有改变）

“斜交转角墙”：

外侧筋连续通过转角，内侧筋伸至对边后拐弯“$15d$”。（旧图集为“内侧筋锚入对边$\geqslant l_{aE}$（$\geqslant l_a$）”）

11G101-1第69页（即16G101-1第72页），“剪力墙身水平钢筋构造”

“翼墙”：（同旧图集）

“斜交翼墙”（新增）：构造同旧图集（水平筋伸至暗柱外侧纵筋内侧弯$15d$）。

（旧图集只有一个“端柱转角墙”节点：对于外侧水平筋没有明确描述，内侧水平筋伸至对边且“$\geqslant 0.4l_{aE}$（$\geqslant 0.4l_a$）”，然后弯$15d$直钩）

“端柱转角墙（一）”：（两墙外侧与端柱一平）

两墙外侧水平筋伸至端柱角筋且“$\geqslant 0.6l_{abE}$（$\geqslant 0.6l_{ab}$）”，然后弯$15d$直钩；墙内侧水平筋伸至对边，然后弯$15d$直钩。

“端柱转角墙（二）”：（一侧墙外侧端柱一平，另一侧墙在端柱中部）

与端柱外侧一平的墙外侧水平筋伸至端柱角筋且“$\geqslant 0.6l_{abE}$（$\geqslant 0.6l_{ab}$）”，其内侧水平筋和另一墙的水平筋伸至对边，然后弯$15d$直钩。

“端柱转角墙（三）”：（一侧墙外侧端柱一平，另一侧墙内侧与端柱一平）

与端柱外侧一平的墙外侧水平筋伸至端柱角筋且“$\geqslant 0.6l_{abE}$（$\geqslant 0.6l_{ab}$）”，其内侧水平筋和另一墙的水平筋伸至对边，然后弯$15d$直钩。

（旧图集只有一个“端柱翼墙”节点：翼墙水平筋伸至对边且“$\geqslant 0.4l_{aE}$（$\geqslant 0.4l_a$）”，然后弯$15d$直钩）

“端柱翼墙（一）”：（翼缘墙外侧与端柱一平）

翼墙水平筋伸至对边，然后弯$15d$直钩。

“端柱翼墙（二）”：（翼缘墙在端柱中部）

翼墙水平筋伸至对边，然后弯15d直钩。

“端柱翼墙（三）”：（翼缘墙在端柱中部且翼墙一侧与端柱内侧一平）

翼墙水平筋伸至对边，然后弯15d直钩。

（旧图集的“端柱端部墙”节点：墙水平筋伸至对边且“$\geqslant 0.4l_{aE}$（$\geqslant 0.4l_a$）”，然后弯15d直钩）

“端柱端部墙”：

墙水平筋伸至对边，然后弯15d直钩。

“水平变截面墙水平钢筋构造”（新增）：

墙宽截面一侧的水平筋伸至变截面处弯直钩“$\geqslant 15d$”；墙窄截面一侧的水平筋直锚长度“$\geqslant 1.2l_{aE}$（$\geqslant 1.2l_a$）”。

本页注：

1. 当墙体水平钢筋伸入端柱的直锚长度$\geqslant l_{aE}$（l_a）时，可不必上下弯折，但必须伸至端柱对边竖向钢筋内侧位置。其他情况，墙体水平钢筋必须伸入端柱对边竖向钢筋内侧位置，然后弯折。

A.31　剪力墙身竖向钢筋构造

11G101-1第70页（即16G101-1第73、74页），“剪力墙身竖向钢筋构造”

“剪力墙身竖向分布钢筋连接构造”：

搭接2种，机械连接1种，焊接1种。其中：

“各级抗震等级 或 非抗震剪力墙竖向分布钢筋焊接构造”：（新增）

距楼板顶面基础顶面“$\geqslant 500$”，相邻连接点间距“35d且$\geqslant 500$”。

“剪力墙竖向钢筋顶部构造”（边框梁）：（新增）

竖向钢筋直锚入边框梁“l_{aE}（l_a）”。

“剪力墙竖向分布钢筋锚入连梁构造”：（新增）

竖向钢筋（从上向下）直锚入连梁“l_{aE}（l_a）”。

“剪力墙变截面处竖向分布钢筋构造”：（四个图）

1. 单侧变截面（外侧一平，内侧错台）：

变截面的一侧下层墙竖向筋伸至楼板顶部弯直钩“$\geqslant 12d$”；上层墙竖向筋直锚长度“$1.2l_{aE}$（$1.2l_a$）”。

2. 双侧变截面（错台较大）：

双侧下层墙竖向筋伸至楼板顶部弯直钩“$\geqslant 12d$”；上层墙竖向筋直锚长度“$1.2l_{aE}$（$1.2l_a$）”

3. 双侧变截面（$\Delta \leqslant 30$）：

剪力墙竖向筋弯折连续通过变截面处。

4. 单侧变截面（内侧一平，外侧错台）：

变截面的一侧下层墙竖向筋伸至楼板顶部弯直钩“$\geqslant 12d$”；上层墙竖向筋直锚长度“$1.2l_{aE}$（$1.2l_a$）”。

本页注：

1. 端柱、小墙肢的竖向钢筋与箍筋构造与框架柱相同。其中抗震竖向钢筋与箍筋构造详见本图集第

57～62 页，非抗震纵向钢筋构造与箍筋详见本图集第 63～66 页。

2. 本图集所指小墙肢为截面高度不大于截面厚度 4 倍的矩形截面独立墙肢。

3. 所有暗柱纵向钢筋绑扎搭接长度范围内的箍筋直径及间距要求见本图集第 54 页。

4. 纵向钢筋的连接应符合相关规范要求。

A.32 约束边缘构件 YBZ 构造

11G101-1 第 71 页（即 16G101-1 第 75 页），“约束边缘构件 YBZ 构造”

“约束边缘暗柱（一）”（非阴影区设置拉筋）：（同旧图集）

“约束边缘暗柱（二）”（非阴影区外围设置封闭箍筋）：（新增）

“约束边缘端柱（一）”（非阴影区设置拉筋）：（同旧图集）

“约束边缘端柱（二）”（非阴影区外围设置封闭箍筋）：（新增）

“约束边缘翼墙（一）”（非阴影区设置拉筋）：（同旧图集）

“约束边缘翼墙（二）”（非阴影区外围设置封闭箍筋）：（新增）

“约束边缘转角墙（一）”（非阴影区设置拉筋）：（同旧图集）

“约束边缘转角墙（二）”（非阴影区外围设置封闭箍筋）：（新增）

〖说明〗

从图中可以看出，当非阴影区外圈设置箍筋时，非阴影区外圈设置的箍筋与阴影区的箍筋有一段重叠，即非阴影区外圈的箍筋应包住阴影区内第二列竖向纵筋。

同时，非阴影区外圈箍筋之内仍设有拉筋。

这些非阴影区外圈的箍筋及其拉筋，应该由设计者在施工图中注明。

A.33 剪力墙水平钢筋计入约束边缘构件体积配箍率的构造（新增）

11G101-1 第 72 页（即 16G101-1 第 76 页），“剪力墙水平钢筋计入约束边缘构件体积配箍率的构造做法”

共同的配筋特点：

当墙水平分布钢筋与约束边缘构件箍筋位置（标高）相同时，采用墙体水平分布筋伸入暗柱端部取代暗柱箍筋的做法；而墙水平分布钢筋与约束边缘构件箍筋位置（标高）不同时，则采用非阴影区封闭箍筋的做法。

从图中可以看出，墙身水平分布钢筋在阴影区域内还设有拉筋，这些拉筋应由设计者在施工图中注明。

以下是不同构造的区别（体现在水平筋上）：

“约束边缘暗柱（一）”：

剪力墙水平筋“U 形”连续通过端部暗柱，连接区在 l_c 范围外，搭接长度“$\geqslant l_{lE}$（$\geqslant l_l$）”。

“约束边缘暗柱（二）”：

剪力墙水平筋在暗柱端部交叉搭接，一侧水平筋拐过暗柱端部，钩住另一侧的暗柱角筋。

"约束边缘转角墙"：

剪力墙外侧水平筋连续通过转角墙；内侧水平筋拐过转角钩住角部纵筋。

"约束边缘翼墙"：有两种配筋方式：

1. 水平筋拐过翼墙端部，钩住另一侧的暗柱角筋。

2. 水平筋"U形"连续通过翼墙端部，连接区在 l_c 范围外，搭接长度"$\geq l_{lE}$（$\geq l_l$）"。

本页注：

1. 计入的墙水平分布钢筋的体积配箍率不应大于总体积配箍率的30%。

2. 约束边缘端柱水平分布钢筋的构造做法参照约束边缘暗柱。

3. 约束边缘构件非阴影区部位构造做法详见本图集第71页。

4. 本页构造做法应由设计者指定后使用。

A.34 剪力墙边缘构件纵向钢筋连接构造

11G101-1第73页，"剪力墙边缘构件纵向钢筋连接构造"

"剪力墙边缘构件纵向钢筋连接构造"的题下注：适用于约束边缘构件阴影部分和构造边缘构件的纵向钢筋。

下面是三种连接方式的一些变更（与旧图集对比）：

"绑扎搭接"：

距楼板顶面基础顶面"≥500"开始搭接；（旧图集为"≥0"）

搭接区长度："$\geq l_{lE}$（$\geq l_l$）"；（旧图集为"$\geq 1.2l_{aE}$（$\geq 1.2l_a$）"）

相邻搭接区净距："$\geq 0.3l_{lE}$（$\geq 0.3l_l$）"（旧图集为"500"）

"机械连接"：

距楼板顶面基础顶面"≥500"，相邻连接点间距"$35d$"。（同旧图集）

"焊接"：（新增）

距楼板顶面基础顶面"≥500"，相邻连接点间距"$35d$ 且≥500"。

本页注：

1. 搭接长度范围内，约束边缘构件阴影部分、构造边缘构件、扶壁柱及非边缘暗柱的箍筋直径应不小于纵向搭接钢筋最大直径的0.25倍。箍筋间距不大于纵向搭接钢筋最小直径的5倍，且不大于100mm。

A.35 剪力墙上起约束边缘构件纵筋构造(新增)

11G101-1第73页，"剪力墙上起约束边缘构件纵筋构造"：

约束边缘构件纵筋直锚入下方剪力墙"$1.2l_{aE}$"。

A.36 连梁LL配筋构造的一点改变

11G101-1第74页，"连梁LL配筋构造"：（基本同旧图集）

不同之处——

端支座标注的弯锚水平段长度“$\leqslant l_{aE}$（l_a）或≤600”时弯锚，弯折段“$15d$”
[旧图集在此处还有标注“$\geqslant 0.4l_{aE}$（$\geqslant 0.4l_a$）”]

A.37 剪力墙BKL或AL与LL重叠时配筋构造

11G101-1第75页（即16G101-1第79页），“剪力墙BKL或AL与LL重叠时配筋构造”

（11G101-1图中通长的梁为BKL或AL，与连梁LL重叠设置）

1. 从“1—1”断面图可以看出，重叠部分的梁上部纵筋：

第一排上部纵筋为BKL或AL的上部纵筋

第二排上部纵筋为“连梁上部附加纵筋，当连梁上部纵筋计算面积大于边框梁或暗梁时需设置”

当为AL时，重叠部分的LL箍筋兼做AL箍筋。

连梁上、下部纵筋的直锚长度为“$\geqslant l_{aE}$（l_a）且≥600”

2. 本页给出两个图，分别是“顶层BKL或AL”和“楼层BKL或AL”：

楼层连梁箍筋仅在洞口设置；

顶层连梁箍筋在整个纵筋范围设置。

3. 在顶层和中间楼层的BKL或AL端支座上都标注“节点做法同框架结构”

所不同之处：图中顶层梁端支座处，梁上部纵筋下弯的长度较长。

A.38 连梁配筋构造

11G101-1第76页（即16G101-1第81页），“连梁配筋构造”

1. “连梁交叉斜筋配筋构造”：

由“折线筋”和“对角斜筋”组成。锚固长度均为“$\geqslant l_{aE}$（l_a）且≥600”。

本页注2：

“交叉斜筋配筋连梁的对角斜筋在梁端部位应设置拉筋，具体值见设计标注。”

2. “连梁集中对角斜筋配筋构造”：

仅有“对角斜筋”。锚固长度为“$\geqslant l_{aE}$（l_a）且≥600”。

本页注3：

“集中对角斜筋配筋连梁应在梁截面内沿水平方向及竖直方向设置双向拉筋，拉筋应勾住外侧纵向钢筋，间距不应大于200mm，直径不应小于8mm。”

3. “连梁对角暗撑配筋构造”：

每根暗撑由纵筋、箍筋和拉筋组成。纵筋锚固长度为“$\geqslant l_{aE}$（l_a）且≥600”。

本页注4：

“对角暗撑配筋连梁中暗撑箍筋的外缘沿梁截面宽度方向不宜小于梁宽的一半，另一方向不宜小于梁宽的1/5；对角暗撑约束箍筋肢距不应大于350mm。”

本页注：

1. 当洞口连梁截面宽度不小于250mm时，可采用交叉斜筋配筋；当连梁截面宽度不小于400mm时，可采用集中对角斜筋配筋或对角暗撑配筋。

5. 交叉斜筋配筋连梁、对角暗撑配筋连梁的水平钢筋及箍筋形成的钢筋网之间应采用拉筋拉结，拉筋直径不宜小于6mm，间距不宜大于400mm。

A.39 悬挑板统称为XB

11G101-1第36页，“有梁楼盖平法施工图制图规则”关于板块集中标注的内容指出，“板块编号按表5.2.1的规定”，而表5.2.1只给出三种板块编号：

楼面板LB、屋面板WB、悬挑板XB

（在旧图集中，XB为“纯悬挑板”，YXB“延伸悬挑板”。新图集取消了“延伸悬挑板”和“纯悬挑板”在板块编号上的区别，而在实际工程中，这两种板块却是真实存在的。在今后的施工图中，在同一的XB板块编号之下，施工人员和预算人员只能根据具体的配筋构造来区分到底是“延伸悬挑板”还是“纯悬挑板”。）

新图集还取消了旧图集的“板挑檐TY构造”（悬挑板端部钢筋在檐板内连接构造）、“悬挑阴角附加筋Cis构造”。

A.40 贯通筋的“隔一布一”方式

11G101-1第37页，关于贯通纵筋的集中标注时指出：

当贯通筋采用两种规格钢筋“隔一布一”方式时，表达为ϕxx/yy@xxx，表示直径为xx的钢筋和直径为yy的钢筋二者之间间距为xxx，直径xx的钢筋的间距为xxx的2倍，直径yy的钢筋的间距为xxx的2倍。

〖例〗有一楼面板块注写为：LB5　h=110

B：X⌀10/12@100；Y⌀10@110

表示5号楼面板，板厚110，板下部配置的贯通纵筋X向为⌀10、⌀12隔一布一，⌀10与⌀12之间间距为100；Y向为⌀10@110；板上部未配置贯通纵筋。

A.41 有梁楼盖的其他注意事项

11G101-1第40页（即16G101-1第43页）的“其他”事项指出：

5.4.1 板上部纵向钢筋在端支座（梁或剪力墙顶）的锚固要求，本图集标准构造详图中规定：当设计按铰接时，平直段伸至端支座对边后弯折，且平直段长度≥0.35l_{ab}，弯折段长度15d（d为纵向钢筋直径）；当充分利用钢筋的抗拉强度时，直段伸至端支座对边后弯折，且平直段长度≥0.6l_{ab}，弯折段长度15d。设计者应在平法施工图中注明采用何种构造，当多数采用同种构造时可在图注中写明，并将少数不同之处在图中注明。

5.4.2 板纵向钢筋的连接可采用绑扎搭接、机械连接或焊接，其连接位置详见本图集中相应的标准构造详图。当板纵向钢筋采用非接触方式的绑扎搭接连接时，其搭接部位的钢筋净距不宜小于30mm，且钢筋中心距不应大于0.2l_l及150mm的较小者。

注：非接触搭接使混凝土能够与搭接范围内所有钢筋的全表面充分粘接，可以提高搭接钢筋之间通过混凝土传力的可靠度。

A.42 无梁楼盖新增了暗梁的集中标注和原位标注

11G101-1第43页（即16G101-1第46页）：

6.4 暗梁的表示方法

6.4.1 暗梁平面注写包括暗梁集中标注、暗梁支座原位标注两部分内容。施工图中在柱轴线处画中粗虚线表示暗梁。

6.4.2 暗梁集中标注包括暗梁编号、暗梁截面尺寸（箍筋外皮宽度×板厚）、暗梁箍筋、暗梁上部通长筋或架立筋四部分内容。暗梁编号按表6.4.2，其他注写方式同本规则第4.2.3条。

暗 梁 编 号 **表6.4.2**

构件类型	代号	序号	跨数及有无悬挑
暗梁	AL	××	(××)、(××A)或(××B)

注：1. 跨数按柱网轴线计算（两相邻柱轴线之间为一跨）。
2. (××A)为一端有悬挑，(××B)为两端有悬挑，悬挑不计入跨数。

6.4.3 暗梁支座原位标注包括梁支座上部纵筋、梁下部纵筋。当在暗梁上集中标注的内容不适用于某跨或某悬挑端时，则将其不同数值标注在该跨或该悬挑端，施工时按原位注写取值。注写方式同本规则第4.2.4条。

6.4.4 当设置暗梁时，柱上板带及跨中板带标注方式与本规则第6.2、6.3节一致。柱上板带标注的配筋仅设置在暗梁之外的柱上板带范围内。

6.4.5 暗梁中纵向钢筋连接、锚固及支座上部纵筋的伸出长度等要求同轴线处柱上板带中纵向钢筋。

A.43 无梁楼盖的其他注意事项

11G101-1第44页（即16G101-1第47页）的“其他”事项指出：

6.5.1 无梁楼盖跨中板带上部纵向钢筋在端支座的锚固要求，本图集标准构造详图中规定：当设计按铰接时，平直段伸至端支座对边后弯折，且平直段长度≥$0.35l_{ab}$，弯折段长度$15d$（d为纵向钢筋直径）；当充分利用钢筋的抗拉强度时，直段伸至端支座对边后弯折，且平直段长度≥$0.6l_{ab}$，弯折段长度$15d$。设计者应在平法施工图中注明采用何种构造，当多数采用同种构造时可在图注中写明，并将少数不同之处在图中注明。

6.5.2 板纵向钢筋的连接可采用绑扎搭接、机械连接或焊接，其连接位置详见本图集中相应的标准构造详图。当板纵向钢筋采用非接触方式的绑扎搭接连接时，其搭接部位的钢筋净距不宜小于30mm，且钢筋中心距不应大于$0.2l_l$及150mm的较小者。

注：非接触搭接使混凝土能够与搭接范围内所有钢筋的全表面充分粘接，可以提高搭接钢筋之间通过混凝土传力的可靠度。

6.5.3　本章关于无梁楼盖的板平法制图规则，同样适用于地下室内无梁楼盖的平法施工图设计。

A.44　有梁楼盖楼(屋)面板配筋构造

11G101-1第92页（即16G101-1第99、100页），“有梁楼盖楼（屋）面板配筋构造”

本页有两部分内容：

1.“有梁楼盖楼面板LB和屋面板WB钢筋构造”：(括号内的锚固长度l_a用于梁板式转换层的板)

新图集与旧图集不同点：

(1) 采用净跨长度l_n而不是l_0；

(2) 第一根上部纵筋或下部纵筋的布筋位置“距梁边为1/2板筋间距”，而不是“距梁角筋为1/2板筋间距”；

(3) 扣筋高度取消了“$h-15$”的标注，而且在图中扣筋腿不搁置在板底模上。

〖讨论〗扣筋腿的高度向来有两种意见：一种为板厚度减一倍保护层，另一种为板厚度减两倍保护层。03G101-1定为“$h-15$”（现在板的保护层不一定是15)；09G901-4采用不置可否的说法“由设计方会同施工方确定”。现在新图集没有给出具体答案，可能也表示“由设计方会同施工方确定”吧。

2.“在端支座的锚固构造”：(括号内的锚固长度l_a用于梁板式转换层的板)

(*a*) 端部支座为梁：(16G101-1增加为两个构造详图)

上部纵筋“在梁角筋内侧弯钩”，弯锚平直段长度：“设计按铰接时：$\geqslant 0.35l_{ab}$；充分利用钢筋的抗拉强度时：$\geqslant 0.6l_{ab}$”；弯折段长度：“$15d$”（旧图集为“弯锚长度l_a”）

下部纵筋直锚长度：“$\geqslant 5d$且至少到梁中线”、“(l_a)”

(*b*) 端部支座为剪力墙：(16G101-1增加为四个构造详图)

上部纵筋“在墙外侧水平分布筋内侧弯钩”，弯锚平直段长度：“$\geqslant 0.4l_{ab}$”；弯折段长度：“$15d$”(旧图集“弯锚长度l_a”)

下部纵筋直锚长度：“$\geqslant 5d$且至少到墙中线”、“(l_a)”

(*c*) 端部支座为砌体墙的圈梁：(16G101-1删此构造详图)

上部纵筋“在圈梁角筋内侧弯钩”，弯锚平直段长度：“设计按铰接时：$\geqslant 0.35l_{ab}$；充分利用钢筋的抗拉强度时：$\geqslant 0.6l_{ab}$”；弯折段长度：“$15d$”（旧图集“弯锚长度l_a”）

下部纵筋直锚长度：“$\geqslant 5d$且至少到梁中线”(同旧图集)

(*d*) 端部支座为砌体墙：(16G101-1删此构造详图)

板的支承长度：“$\geqslant 120$，$\geqslant h$，$\geqslant$墙厚/2”(旧图集“$\geqslant 120$，$\geqslant h$”)

上部纵筋弯锚平直段：“$\geqslant 0.35l_{ab}$”；弯折段长度：“$15d$”(旧图集无标注)

本页注：

2. 除本图所示搭接连接外，板纵筋可采用机械连接或焊接连接。接头位置：上部钢筋见本图所示连接区，下部钢筋宜在距支座1/4净跨内。

5. 板位于同一层面的两向交叉纵筋何向在下何向在上，应按具体设计说明。(同旧图集)

7. 纵筋在端支座应伸至支座（梁、圈梁或剪力墙）外侧纵筋内侧后弯折，当直段长度$\geqslant l_a$时可不弯折。

A.45 单（双）向板配筋示意

11G101-1第94页（即16G101-1第102页），“单（双）向板配筋示意”

“分离式配筋”：

配筋特点：下部受力钢筋为贯通纵筋，上部受力钢筋为扣筋，上部中央可能配置抗裂、抗温度钢筋。

下部受力钢筋的上面布置分布钢筋（下部受力钢筋）；上部受力钢筋的下面布置分布钢筋。(括号内的配筋为“双向”时采用)

“部分贯通式配筋”：

配筋特点：下部受力钢筋为贯通纵筋，上部受力钢筋为贯通纵筋、还可能再配置非贯通纵筋（扣筋）——例如采用“隔一布一”方式布置。

下部受力钢筋的上面布置分布钢筋（下部受力钢筋）；上部受力钢筋的下面布置分布钢筋（另一方向贯通钢筋）。(括号内的配筋为“双向”时采用)

本页注：

2. 抗裂构造钢筋自身及其与受力主筋搭接长度为150，抗温度筋自身及其与受力主筋搭接长度为l_l。

3. 板上下贯通筋可兼作抗裂构造筋和抗温度筋。当下部贯通筋兼作抗温度钢筋时，其在支座的锚固由设计者确定。

4. 分布筋自身及与受力主筋、构造钢筋的搭接长度为150；当分布筋兼作抗温度筋时，其自身及与受力主筋、构造钢筋的搭接长度为l_l；其在支座的锚固按受拉要求考虑。

5. 其余要求见本图集第92页。

A.46 悬挑板XB钢筋构造

11G101-1第95页（即16G101-1第103页），“悬挑板XB钢筋构造”

“悬挑板XB钢筋构造”：(即旧图集的“YXB”与“XB”钢筋构造)

(除了下述2条外，其余同旧图集)

1. 第一根上部或下部钢筋“距梁边为1/2板筋间距”。

2. 悬挑板上部纵筋伸至尽端下弯至板底之后，不再“回弯$5d$”。

A.47 无支承板端部封边构造

11G101-1第95页（即16G101-1第103页），“无支承板端部封边构造”（新增）

(当板厚$\geqslant$150时)

1. 板端加套U形封口钢筋：

封口钢筋与上部或下部纵筋搭接长度“≥15d 且≥200”。

2. 上下纵筋在板端交叉搭接：

上部纵筋在板端下弯到板底，下部纵筋在板端下弯到板顶。

11G101-1 图集第95页，“折板配筋构造”

配筋特点：一向纵筋从交叉点伸到另一板内的弯锚长度“≥l_a”。

A.48 无梁楼盖柱上板带ZSB与跨中板带KZB纵向钢筋构造

11G101-1 第96页（即16G101-1 第104页），“无梁楼盖柱上板带ZSB与跨中板带KZB纵向钢筋构造”

（同旧图集）

本页注：

7. 抗震设计时，无梁楼盖柱上板带内贯通纵筋搭接长度应为 l_{lE}。无柱帽柱上板带的下部贯通纵筋，宜在距柱面2倍板厚以外连接，采用搭接时钢筋端部宜设置垂直于板面的弯钩。

A.49 板带端支座纵向钢筋构造

11G101-1 第97页（即16G101-1 第105页），“板带端支座纵向钢筋构造”（16G101-1还增加了第106页五个构造）

1. 柱上板带：

上部纵筋“在梁角筋内侧弯钩”（弯锚）

弯锚的平直段长度：非抗震设计≥0.6l_{ab}

抗震设计≥0.6l_{abE}

弯折段长度：15d

（旧图集：上部纵筋“在边梁角筋内侧弯钩”，弯锚长度“≥l_a”）

2. 跨中板带：

上部纵筋“在梁角筋内侧弯钩”（弯锚）

弯锚的平直段长度：设计按铰接时：≥0.35l_{ab}

充分利用钢筋的抗拉强度时：≥0.6l_{ab}

弯折段长度：15d

下部纵筋直锚长度“12d 且至少到梁中线”（同旧图集）

（旧图集：上部纵筋“在边梁角筋内侧弯钩”，弯锚长度“≥l_a”）

A.50 柱上板带暗梁钢筋构造

11G101-1 第97页（即16G101-1 第105页），“柱上板带暗梁钢筋构造”（新增）

“柱上板带暗梁钢筋构造”：（纵向钢筋做法同柱上板带钢筋）

箍筋从柱外侧50开始布置

箍筋加密区长度：从柱外侧算起“3h”（h 为板厚度）

“A—A”断面图：

下注“（暗梁配筋详见设计）”

本页注：

1. 本图板带端支座纵向钢筋构造、板带悬挑端纵向钢筋构造同样适用于无柱帽的无梁楼盖，且仅用于中间楼层。屋面处节点构造由设计者补充。

2. 柱上板带暗梁仅用于无柱帽的无梁楼盖，箍筋加密区仅用于抗震设计时。

3. 其余要求见本图集第 96 页。

4. 图中“设计按铰接时”、“充分利用钢筋的抗拉强度时”由设计指定。

A.51 后浇带 HJD

11G101-1 图集（第 47 页）

7.2.2 后浇带 HJD 的引注

1. 留筋方式：贯通留筋（代号 GT），100%搭接留筋（代号 100%）。

（取消了“50%搭接留筋”）

2. 后浇混凝土的强度等级 Cxx。宜采用补偿收缩混凝土，设计应注明相关施工要求。

（旧图集：后浇混凝土的强度等级应高于所在板的混凝土强度等级，且应采用不收缩或微膨胀混凝土，设计应注明相关施工要求。）

3. 当后浇带区域留筋方式或后浇混凝土强度等级不一致时，设计者应在图中注明与图示不一致的部位及做法。

11G101-1 第 98 页（即 16G101-1 第 107 页），“后浇带 HJD 钢筋构造”

“板后浇带 HJD 贯通留筋钢筋构造”：

HJD 范围“≥800”（新图集的所有钢筋理解为原先绑扎好的钢筋）

（旧图集中“黑点”（横向钢筋）引注为“后绑扎钢筋”，新图集无此说明）

“板后浇带 HJD100%搭接留筋钢筋构造”：

HJD 范围“≥（l_l+60）且≥800”

纵筋搭接长度“≥l_l”，在混凝土接茬外侧“≥30”处开始搭接。

以下各种 HJD 钢筋构造同“板 HJD”相关构造：

“墙后浇带 HJD 贯通留筋钢筋构造”：（新增）

“墙后浇带 HJD100%搭接留筋钢筋构造”：（新增）

“梁后浇带 HJD 贯通留筋钢筋构造”：（新增）

“梁后浇带 HJD100%贯通留筋钢筋构造”：（新增）

A.52 板加腋构造

11G101-1 第 99 页（即 16G101-1 第 108 页），“板加腋构造”

“板加腋构造”：

1. 板下部加腋：

图中引注加腋部位的纵向钢筋和横向钢筋为“同板下部同向钢筋”。

2. 板上部加腋：

图中引注加腋部位的纵向钢筋和横向钢筋为“同板上部同向钢筋”。

（旧图集的引注为“同板下部同向钢筋”）

A.53 板开洞BD

11G101-1第49页关于“板开洞BD”的规定中指出：

当矩形洞口边长或圆形洞口直径小于或等于1000mm，且当洞边无集中荷载作用时，洞边补强钢筋可按标准构造的规定设置，设计不注；当洞口周边加强钢筋不伸至支座时，应在图中画出所有加强钢筋，并标注不伸至支座的钢筋长度。当具体工程所需要的补强钢筋与标准构造不同时，设计应加以注明。

当矩形洞口边长或圆形洞口直径大于1000mm，或虽小于或等于1000mm但洞边有集中荷载作用时，设计应根据具体情况采取相应的处理措施。

11G101-1第101、102页（即16G101-1第110、111页），板开洞BD与洞边加强钢筋构造（洞边无集中荷载）

“矩形洞边长或圆形洞直径不大于300时钢筋构造”

“洞边被切断钢筋端部构造”：（2图）

（洞口位置设置上下部钢筋）：不设洞边补强钢筋

（洞口位置未设置上部钢筋）：“补加一根分布筋伸出洞边150”

与旧图集不同点：旧图集在洞口上下设置“补强钢筋”，而新图集在洞口上下只有普通钢筋（分布筋）。

“矩形洞边长和圆形洞直径大于300但不大于1000时补强钢筋构造”：

“板中开洞”（方洞）：（“井字双筋”同旧图集）

“板中开洞”（圆洞）：“井字双筋”同旧图集，但取消“四角斜筋”，代之以“环向补强钢筋”——“环向补强钢筋搭接1.2l_a”。

“梁边或墙边开洞”（方洞）：（“卄字双筋”同旧图集）

“梁边或墙边开洞”（方洞）：“卄字双筋”同旧图集，但取消“四角斜筋”，代之以“环向补强钢筋”——“环向补强钢筋搭接1.2l_a”。

“洞边被切断钢筋端部构造”：（2图）

矩形洞口设置补强钢筋

圆形洞口设置环向补强钢筋

第102页注：

1. 当设计注写补强钢筋时，应按注写的规格、数量与长度值补强。当设计未注写时，X向、Y向分别按每边配置两根直径不小于12且不小于同向被切断纵向钢筋总面积的50%补强，补强钢筋与被切断钢筋布置在同一层面，两根补强钢筋之间的净距为30；环向上下各配置一根直径不小于10的钢筋补强。

2. 补强钢筋的强度等级与被切断钢筋相同。

3. X向、Y向补强纵筋伸入支座的锚固方式同板中钢筋，当不伸入支座时，设计应标注。

A.54 悬挑板阳角放射筋 Ces

11G101-1 第 50 页关于“角部加强筋 Crs”的规定中指出：

角部加强筋通常用于板块角区的上部，根据规范规定的受力要求选择配置。角部加强筋将在其分布范围内取代原配置的板支座上部非贯通纵筋，且当其分布范围内配有板上部贯通纵筋时则间隔布置。

11G101-1 第 103 页（即 16G101-1 第 112 页），“悬挑板阳角放射筋 Ces 构造”

（延伸悬挑板左图）标注：“l_x 与 l_y 之较大者 且≥l_a”

（旧图集为“≥l_x 与 l_y 之较大者”）

（延伸悬挑板右图）画出：放射筋在支座和跨内置于最下面。（见注 2）

（纯悬挑板图）：（基本同旧图集）

（增加）纯悬挑板放射筋在支座上的弯锚水平段“≥0.6l_{ab}”

弯折段长度“15d”

本页注：

1. 悬挑板内，①～③筋应位于同一层面。

2. 在支座和跨内，①号筋应向下斜弯到②号与③号筋下面与两筋交叉并向跨内平伸。（作者注：①号筋为悬挑板阳角放射筋）

（可参考旧图集的“注 4”：）

（4. 向下斜弯再向跨内平伸构造详见第 24 页同层面受力钢筋交叉构造。）

（旧图集第 24 页“同层面受力钢筋交叉构造”：一向受力钢筋斜弯并平伸到另一受力钢筋的下面。）

（作者注：大家也不妨对比一下另一个做法）：

09G901-4 第 2-22 至 2-26 的注中：“悬挑板外转角位置放射钢筋③位于上$_1$层，设计、施工时应注意③钢筋排布对悬挑板局部钢筋实际高度位置的影响”。

A.55 板翻边 FB

11G101-1 第 50 页关于“板翻边 FB”的规定中指出：

板翻边可为上翻也可为下翻，翻边尺寸等在引注内容中表达，翻边高度在标准构造详图中为小于或等于 300mm，当翻边高度大于 300mm 时，由设计者自行处理（新图集取消了“板挑檐”构造）。

看了图 7.2.7 以后，发现一个问题：

图中的引注：旧图集有下部贯通纵筋和上部贯通纵筋的标注“Bxϕxx；Txϕxx”——但新图集中没有。（不知为什么？）

11G101-1 第 104 页（即 16G101-1 第 100 页）板翻边 FB 构造（改动较大）

下翻边（仅上部配筋）：

上部钢筋伸至端部下弯到翻边底部，再弯折。（取消了旧图集的“回弯 5d”）

上翻边（仅上部配筋）：

上部钢筋伸至端部向下弯折并截断；另加“S”形的两道弯折钢筋，弯锚入板内“l_a”。（取消了旧图集的上翻边钢筋“回弯 5d”的做法）

（也取消了传统的“上部钢筋连续弯折通到上翻边顶部”的做法）

下翻边（上、下部均配筋）

上部钢筋伸至端部下弯到翻边底部，再弯折，然后截断；另加“S”形的两道弯折钢筋，弯锚入板内“l_a”，此筋另一端与上部钢筋的弯折段搭接。

上翻边（上、下部均配筋）

下部钢筋伸至端部上弯到翻边顶部，再弯折，然后截断；另加“S”形的两道弯折钢筋，弯锚入板内“l_a”，此筋另一端与下部钢筋的弯折段搭接。

A.56　柱帽ZMa、ZMb、ZMc、ZMab构造

11G101-1第105页（即16G101-1第114页），“柱帽ZMa、ZMb、ZMc、ZMab构造”

“单倾角柱帽ZMa构造”：

柱帽斜筋下端直锚“$\geq l_{aE}$（$\geq l_a$）”；上端伸至板顶部后弯折“$15d$”，并引注“伸入板中直线长度$\geq l_{aE}$（$\geq l_a$）时可不弯折”。（旧图集：上端也直锚）

“托板柱帽ZMb构造”：

柱帽“U”形筋伸至板顶部后弯折“$15d$”。

“变倾角柱帽ZMc构造”：

柱帽含两种直筋，其直锚长度都是“$\geq l_{aE}$（$\geq l_a$）”。在板内的直锚处引注“不能满足时，伸至板顶弯折，弯折段长度$15d$”。（旧图集无此引注）

“倾角联托板柱帽ZMab构造”：

柱帽含两种钢筋：

1. 柱帽“U”形筋伸至板顶部后弯折“$15d$”；

2. 柱帽直筋在板内和柱内直锚，其直锚长度都是“$\geq l_{aE}$（$\geq l_a$）”。在板内的直锚处引注“不能满足时，伸至板顶弯折，弯折段长度$15d$”。

（旧图集：无“U”形筋，而用较小的“L”形筋代替——每边长$12d$）

A.57　抗冲切箍筋Rh和抗冲切弯起筋Rb构造

11G101-1第106页（即16G101-1第115页），“抗冲切箍筋Rh构造”

箍筋加密区长度“$1.5h_0$”；（旧图集为“$\geq 1.5h_0$”）

箍筋自柱边“50”开始布置，箍筋间距“$\leq 100 \leq h_0/3$”（旧图集无100）

（取消了旧图集的节点核心区的暗梁及暗梁箍筋大样图）

11G101-1图集第106页，“抗冲切弯起筋Rb构造”

反弯筋的斜角“30～45”（旧图集为“45”）

引注“冲切破坏的斜截面”（旧图集为“冲切破坏锥体的斜截面”）

新图集增加：

柱边“$h/2$”、“$2h/3$”的范围标注；

并在上述范围之间引注“弯起钢筋倾斜段和冲切破坏的斜截面的交点应落在此范围内”。

A.58 11G101-2 楼梯类型的变动

A.58.1 高规对楼梯的要求

11G101-2（现浇混凝土板式楼梯）有较大的改进。这源自 2010 新规范的提高结构抗震性能和抗倒塌的要求。

《高层建筑混凝土结构技术规程》JGJ 3—2010 的第 6 章增加了楼梯间的设计要求。（见第 6.1.4、6.1.5 条）

第 6.1.4 条：抗震设计时，框架结构的楼梯间应符合下列要求：

1. 楼梯间的布置应尽量减小其造成结构平面不规则。
2. 宜采用现浇钢筋混凝土楼梯，楼梯结构应有足够的抗倒塌能力。
3. 宜采取措施减小楼梯对主体结构的影响。
4. 当钢筋混凝土楼梯与主体结构整体连接时，应考虑楼梯对地震作用及其效应的影响，并应对楼梯构件进行抗震承载力验算。

本条为新增加内容。

2008 年汶川地震震害进一步表明，框架结构中的楼梯及周边构件破坏严重。本次修订增加了楼梯的抗震设计要求。

抗震设计时，楼梯间为主要疏散通道，其结构应有足够的抗倒塌能力，楼梯应作为结构构件进行设计。框架结构中楼梯构件的组合内力设计值应包括与地震作用效应的组合，楼梯梁、柱的抗震等级应与所在的框架结构本身相同。

框架结构中，钢筋混凝土楼梯自身的刚度对结构地震作用和地震反应有着较大的影响。若其位置布置不当会造成结构平面不规则，抗震设计时应尽量避免出现这种情况。

震害调查中发现框架结构中的楼梯板破坏严重，被拉断的情况非常普遍。因此应进行抗震设计，并加强构造措施，宜采用双排配筋。

（以上为《高规》的“条文说明”内容）

第 6.1.5 条：抗震设计时，砌体填充墙及隔墙应具有自身稳定性，并应符合下列规定：

……

4. 楼梯间采用砌体填充墙时，应设置间距不大于层高且不大于 4m 的钢筋混凝土构造柱，并应采用钢丝网砂浆面层加强。

……

2008 年汶川地震中，框架结构中的砌体填充墙破坏严重。本次修订明确了用于填充墙的砌块强度等级，提高了砌体填充墙与主体结构的拉结要求、构造柱设置要求以及楼梯间砌体墙构造要求。

（以上为《高规》的“条文说明”内容）

A.58.2 11G101-2 集楼梯包含 11 种类型

11G101-2 图集楼梯包含 11 种类型，详见下表。各梯板截面形状与支座位置示意图见本图集第 11～15 页。

楼　梯　类　型

梯板代号	适用范围		是否参与结构整体抗震计算	结构特点
	抗震构造措施	适用结构		
AT	无	框架、剪力墙、砌体结构	不参与	全部为踏步段
BT				低端平板＋踏步段
CT	无	框架、剪力墙、砌体结构	不参与	踏步段＋高端平板
DT				低端平板＋踏步段＋高端平板
ET	无	框架、剪力墙、砌体结构	不参与	踏步段＋中位平板＋踏步段
FT				楼层平板、层间平板均三边支承
GT	无	框架结构	不参与	楼层平板三边支承
HT		框架、剪力墙、砌体结构		层间平板三边支承
ATa	有	框架结构	不参与	低端滑动支座支承在梯梁上
ATb			不参与	低端滑动支座支承在梯梁的挑板上
ATc			参与	梯板两侧设置暗梁

A. 58. 3　从楼梯类型的变化看结构的增强

1. 新增了 3 种有抗震构造措施的楼梯类型：

ATa、ATb、ATc 均用于抗震设计，设计者应指定楼梯的抗震等级。

其中，ATc 型楼梯参与结构整体抗震计算。

2. 加强了梯板的构造措施，包括：

FT～HT 型梯板当梯板厚度 $h\geqslant150$ 时采用双层配筋（即上部纵筋贯通设置）。

ATa、ATb、ATc 型梯板采用双层双向配筋。

ATa、ATb 型梯板两侧设置附加钢筋。

ATc 型梯板两侧设置边缘构件（暗梁）。

3. 现在的“HT 型楼梯”就是旧图集的“KT 型楼梯”。

取消了旧图集的 HT（层间平板三边支承、楼层平板单边支承）

取消了旧图集的 JT（层间平板、楼层平板均为单边支承）

取消了旧图集的 LT（层间平板单边支承）

可见，现在提倡平台板三边支承，这也是结构抗震的需要。

4. 新图集的梯板支座上部纵筋纳入梯板集中标注。

AT 型楼梯集中标注的内容（举例）如下：

AT1，$h=120$　梯板类型及编号，梯板板厚

1800/12　踏步段总高度/踏步级数

⏀10@200；⏀12@150　上部纵筋；下部纵筋

Fϕ8@250　梯板分布筋（可统一说明）

而旧图集却是：“上部纵筋设计不注，施工按标准图集规定”——“按下部纵筋的

1/2，且不小于 ϕ8@200”

旧图集的这一规定，不仅表现了对梯板（踏步段）上部纵筋的不重视，而且给施工和预算人员在计算梯板（踏步段）上部纵筋的时候带来了极大的困难。现在，新图集把梯板（踏步段）上部纵筋的钢筋标注交给设计人员负责，可见新图集加强了梯板支座上部纵筋的设计要求，这也是加强楼梯抗震的一项重要措施；同时，施工和预算人员不再为计算梯板（踏步段）上部纵筋而犯难了。

A.59　各类型楼梯配筋构造与旧图集有哪些不同

A.59.1　AT 型楼梯板配筋构造

11G101-2 第 20 页，“AT 型楼梯板配筋构造”：

下部纵筋、上部纵筋、梯板分布筋配筋形状同旧图集，

但端部尺寸标注有所不同：（旧图集）

下部纵筋锚固长度：“$\geqslant 5d$ 且至少伸过支座中线”　“$\geqslant 5d$，$\geqslant h$”

下端上部纵筋锚固平直段：“$\geqslant 0.35l_{ab}$（$\geqslant 0.6l_{ab}$）”　总锚长“$\geqslant l_a$”

弯折段：“$15d$”

上端上部纵筋锚固平直段：“$\geqslant 0.35l_{ab}$（$\geqslant 0.6l_{ab}$）”　“$\geqslant 0.4l_a$”

弯折段：“$15d$”　“$15d$”

“上部纵筋有条件时可直接伸入平台板内锚固 l_a”

本页注：

1. 当采用 HPB300 光面钢筋时，除梯板上部纵筋的跨内端头做 90°直角弯钩外，所有末端应做 180°弯钩。（旧图集中已经画出“弯钩”）

2. 图中上部纵筋锚固长度 $0.35l_{ab}$ 用于设计按铰接的情况，括号内数据 $0.6l_{ab}$ 用于设计考虑充分发挥钢筋抗拉强度的情况，具体工程中设计应指明采用何种情况。

3. 上部纵筋有条件时可直接伸入平台板内锚固，从支座内边算起总锚固长度不小于 l_a，如图中虚线所示。

4. 上部纵筋需伸至支座对边再向下弯折。（旧图集没有强调“伸至对边”）

A.59.2　BT 型楼梯板配筋构造

11G101-2 第 22 页，“BT 型楼梯板配筋构造”

（与旧图集不同处）：踏步段低端扣筋外伸水平投影长度：

新图集为“$\geqslant 20d$”（旧图集为“$\geqslant l_{sn}/5$”）　（注：16G101-2 又改回来了）

A.59.3　CT 型楼梯板配筋构造

11G101-2 第 24 页，“CT 型楼梯板配筋构造”

（与旧图集不同处）：踏步段高端扣筋外伸水平投影长度：

虽然新图集和旧图集一样为“$\geqslant l_{sn}/5$”，但是新图集的尺寸起算点在第一踏步的下边缘处，而旧图集在扣筋的曲折拐点处。

A. 59. 4 DT 型楼梯板配筋构造

11G101-2 第 26 页，“DT 型楼梯板配筋构造”

（与旧图集不同处）：踏步段下端扣筋从低端平板分界处算起向段内伸出长度：

新图集为“$\geqslant 20d$”（旧图集为“$\geqslant l_{sn}/5$”） （注：16G101-2 又改回来了）

（注：）踏步段高端扣筋外伸水平投影长度：

新图集和旧图集一样为“$\geqslant l_{sn}/5$”，而且尺寸起算点也在扣筋的曲折拐点处。

A. 59. 5 ET 型楼梯板配筋构造

11G101-2 第 28 页，“ET 型楼梯板配筋构造”

（与旧图集不同处）：低端踏步段、中位平板、高端踏步段均采用双层配筋：上部纵筋：低端踏步段与中位平板的上部纵筋为一根贯通筋，与高端踏步段的上部纵筋相交、直达板底；下部纵筋的配筋方式同旧图集：高端踏步段与中位平板的下部纵筋为一根贯通筋，与低端踏步段的下部纵筋相交、直达板顶。

而且，端部尺寸标注有所不同：	（旧图集）
下部纵筋锚固长度：“$\geqslant 5d$ 且至少伸过支座中线”	“$\geqslant 5d$，$\geqslant h$”
低端上部纵筋锚固平直段：“$\geqslant 0.35l_{ab}$（$\geqslant 0.6l_{ab}$）”	总锚长“$\geqslant l_a$”
弯折段：“$15d$”	
高端上部纵筋锚固平直段：“$\geqslant 0.35l_{ab}$（$\geqslant 0.6l_{ab}$）”	“$\geqslant 0.4l_a$”
弯折段：“$15d$”	“$15d$”

“上部纵筋有条件时可直接伸入平台板内锚固 l_a”

A. 59. 6 FT 型楼梯板配筋构造

11G101-2 第 30、31 页，“FT 型楼梯板配筋构造”

（尤其重要的一点：）“当 $h\geqslant 150$ 时上部纵筋贯通”

（还有一点不同处）：踏步段低端扣筋外伸水平投影长度：

对于 FT（A—A）：新图集为“$\geqslant 20d$”（旧图集为“$\geqslant l_{sn}/5$”）

（注：16G101-2 又改回来了）

对于 FT（B—B）：新图集为“$\geqslant 20d$”（旧图集为“$\geqslant (l_{sn}+l_{fn})/5$”）

A. 59. 7 GT 型楼梯板配筋构造（16G101-2 删去此项楼梯）

11G101-2 第 33、34 页，“GT 型楼梯板配筋构造”

（尤其重要的一点：）“当 $h\geqslant 150$ 时上部纵筋贯通”

（与旧图集的不同处还有）：踏步段低端扣筋外伸水平投影长度：

对于 GT（A—A）：新图集为“$\geqslant 20d$”（旧图集为“$\geqslant (l_{sn}+l_{fn})/5$”）

对于 GT（B—B）：新图集为“$\geqslant 20d$”（旧图集为“$\geqslant l_{sn}/5$”）

A. 59. 8 HT 型楼梯板配筋构造（16G101-2 将 HT 改名为 GT）

11G101-2 第 36、37 页，“HT 型楼梯板配筋构造”

（尤其重要的一点：）"当 $h \geqslant 150$ 时上部纵筋贯通"
（与旧图集不同处还有）：踏步段扣筋外伸水平投影长度——
HT（A—A）：踏步段低端扣筋伸出长度"$\geqslant l_n/4$"
（旧图集为"$\geqslant (l_n-0.6l_{pn})/4$"）
踏步段高端扣筋伸出长度"$\geqslant l_{sn}/5$"（同旧图集）
HT（B—B）：踏步段低端扣筋伸出长度"$\geqslant l_{sn}/5$ 且 $\geqslant 20d$"
（旧图集为"$\geqslant l_{sn}/5$"）
踏步段高端扣筋伸出长度"$\geqslant l_n/4$"
（旧图集为"$\geqslant (l_n-0.6l_{pn})/4$"）

A. 59. 9　C—C、D—D 剖面楼梯平板配筋构造

11G101-2 第 38 页，"C—C、D—D 剖面楼梯平板配筋构造"
（与旧图集不同之处）：上部横向钢筋锚固水平段长度"$\geqslant 0.35l_{ab}$（$\geqslant 0.6l_{ab}$）"
（旧图集为"$\geqslant 0.4l_a$"）

本页注：

2. 图中上部纵筋锚固长度 $0.35l_{ab}$ 用于设计按铰接的情况，括号内数据 $0.6l_{ab}$ 用于设计考虑充分发挥钢筋抗拉强度的情况，具体工程中设计应指明采用何种情况。

A. 60　新增加了 ATa～ATc 型楼梯

A. 60. 1　ATa～ATc 型楼梯截面形状与支座位置

11G101-2 第 15 页，"ATa～ATc 型楼梯截面形状与支座位置示意图"
构造特点：梯板全部由踏步段组成。梯板采用双层双向配筋。
ATa：梯板高端支承在梯梁上，梯板低端带滑动支座支承在梯梁上。
ATb：梯板高端支承在梯梁上，梯板低端带滑动支座支承在梯梁的挑板上。
ATc：梯板两端均支承在梯梁上。
梯板两侧设边缘构件（暗梁）

A. 60. 2　ATa 型楼梯平面注写方式与适用条件

11G101-2 第 39 页，"ATa 型楼梯平面注写方式与适用条件"
在本页注中表达了 ATa 型楼梯的有关内容：

1. ATa 型楼梯设滑动支座，不参与结构整体抗震计算；其适用条件为：两梯梁之间的矩形梯板全部由踏步段构成，即踏步段两端均以梯梁为支座，且梯板低端支承处做成滑动支座，滑动支座直接落在梯梁上。框架结构中，楼梯中间平台通常设梯柱、梁，中间平台可与框架柱连接。

2. （同 AT）（关于梯板集中标注）

3. （同 AT）（关于分布筋注写）

4. （同 AT）（关于 PTB、TL、TZ 的标注）

5. 设计应注意：当 ATa 作为两跑楼梯中的一跑时，上下梯段平面位置错开一个踏步宽。

6. 滑动支座做法由设计指定，当采用与本图集不同的做法时由设计另行给出。

（从上面的内容可以看出，ATa～ATc 型楼梯除了具有抗震构造措施以外，在平法注写方式上与 AT 型楼梯有许多相似之处。）

A.60.3 ATb 型楼梯平面注写方式与适用条件

11G101-2 第 41 页，“ATb 型楼梯平面注写方式与适用条件”

在本页注中表达了 ATb 型楼梯的有关内容：

1. ATb 型楼梯设滑动支座，不参与结构整体抗震计算；其适用条件为：两梯梁之间的矩形梯板全部由踏步段构成，即踏步段两端均以梯梁为支座，且梯板低端支承处做成滑动支座，滑动支座直接落在梯梁挑板上。框架结构中，楼梯中间平台通常设梯柱、梁，中间平台可与框架柱连接。

（其余同 ATa 型楼梯，只是少了 ATa 型楼梯的第 5 条。）

A.60.4 ATc 型楼梯平面注写方式与适用条件

11G101-2 第 43 页，“ATc 型楼梯平面注写方式与适用条件”

在本页注中表达了 ATc 型楼梯的有关内容：

1. ATc 型楼梯梯板两端均支承在梯梁上，梯板两侧设置暗梁，参与结构整体抗震计算；其适用条件为：两梯梁之间的矩形梯板全部由踏步段构成，即踏步段两端均以梯梁为支座。框架结构中，楼梯中间平台通常设梯柱、梯梁，中间平台可与框架柱连接（2 个梯柱形式）或脱开（4 个梯柱形式），见图 1 与图 2。

2. （同 ATa 型楼梯）

3. （同 ATa 型楼梯）

4. （同 ATa 型楼梯）

5. 楼梯休息平台与主体结构脱开连接可避免框架柱形成短柱。

图 1：“注写方式：标高 XXX—标高 XXX 楼梯平面图”（楼梯休息平台与主体结构整体连接）：

休息平台下设置 2 个梯柱，3 道梯梁和平台板与框架柱连接。

图 2：“注写方式：标高 XXX—标高 XXX 楼梯平面图”（楼梯休息平台与主体结构脱开连接）

休息平台下设置 4 个梯柱，所有梯梁和平台板与框架柱脱开。

A.61 在施工图总说明中与楼梯有关的注意事项

11G101-2 第 4 页，指出了在施工图总说明中与楼梯有关的注意事项：

1.0.8 为了确保施工人员准确无误地按平法施工图施工，在具体工程的结构设计总说明中必须写明以下与平法施工图密切相关的内容：

2.……

当采用机械锚固形式时，设计者应指定机械锚固的具体形式、必要的构件尺寸以及质量要求。

4. 当选用 ATa、ATb 或 ATc 型楼梯时，设计者应根据具体工程情况给出楼梯的抗震等级。

5. 当标准构造详图有多种可选择的构造做法时，写明在何部位选用何种构造做法。

梯板上部纵向钢筋在端支座的锚固要求，本图集标准构造详图中规定：当设计按铰接时，平直段伸至端支座对边后弯折，且平直段长度不小于 $0.35l_{ab}$，弯折段长度 $15d$（d 为纵向钢筋直径）；当充分利用钢筋的抗拉强度时，直段伸至端支座对边后弯折，且平直段长度不小于 $0.6l_{ab}$，弯折段长度 $15d$。设计者应在平法施工图中注明采用何种构造，当多数采用同种构造时，可在图注中写明，并将少数不同之处在图中注明。

6. 当选用 ATa 或 ATb 型楼梯时，应指定滑动支座的做法。当采用与本图集不同的构造做法时，由设计者另行处理。

A.62 条形基础的“基础梁”和筏形基础的“基础主梁”共用 71～75 页面

11G101 图集与 03G101 图集在版面上的区别之一，是页面外侧边缘增设了书签目录。而 11G101-3 图集把这种页面书签目录应用到极致，这是我们在阅读图集时不得不注意的。正因为采用了这种技术，使 11G101-3 图集不但浓缩了筏形基础、条形基础、独立基础和桩基承台图集，而且使条形基础的“基础梁”和筏形基础的“基础主梁”共同使用 11G101-3 图集的第 71-75 页面（基础梁的各种构造详图）。

为了让筏形基础的“基础主梁”能够采用条形基础的“基础梁”的构造页面，11G101-3 图集把 04G101-3 图集“基础主梁 JZL”的编号改成“JL”，以便与条形基础的“基础梁 JL”达成编号上的一致。

筏形基础的“基础次梁 JCL”的编号仍然保持不变。

A.63 在各种基础的集中标注中采用“基础底面标高”

11G101-3 图集在各种基础的集中标注中采用“基础底面标高”，而不是 04G101-3 和 06G101-6 图集中的“基础底面相对标高高差”。

一、独立基础的集中标注

11G101-3 图集第 7 页“独立基础集中标注”：

4. 注写基础底面标高（选注内容）。当独立基础的底面标高与基础底面基准标高不同时，应将独立基础底面标高直接注写在“（　）”内。

（旧图集采用的是“基础底面相对标高高差”）

二、条形基础的集中标注

11G101-3 图集第 22 页“条形基础梁的集中标注”：

4. 注写基础梁底面标高（选注内容）。当条形基础的底面标高与基础底面基准标高不同时，将条形基础底面标高注写在“（　）”内。

（旧图集为：注写基础梁底面相对标高高差（选注内容）。当条形基础的底面标高与基础底面基准标高不同时，将条形基础底面相对标高高差注写在“（　）”内。）

11G101-3图集24、25页，“条形基础底板的集中标注”：

3.5.2　条形基础底板的集中标注内容为：条形基础底板编号、截面竖向尺寸、配筋三项必注内容，以及条形基础底板底面标高（与基础底面基准标高不同时）、必要的文字注解两项选注内容。

4. 注写条形基础底板底面标高（选注内容）。当条形基础底板的底面标高与条形基础底面基准标高不同时，应将条形基础底板底面标高注写在“（　　）”内。

（旧图集为：注写条形基础底板底面相对标高高差（选注内容）。当条形基础底板的底面标高与条形基础底面基准标高不同时，应将条形基础底板底面相对标高高差注写在“（　　）”内。）

三、筏形基础

11G101-3图集第30页“梁板式筏形基础平法施工图的表示方法”：

4.1.2　当绘制基础平面布置图时，应将梁板式筏形基础与其所支承的柱、墙一起绘制，当基础底面标高不同时，需注明与基础底面基准标高不同之处的范围和标高。

（旧图集为：当某区域板底有标高高差时（系指相对于根据较大面积原则确定的筏形基础平板底面标高的高差），应注明其高差值与分布范围。）

11G101-3图集第38页“平板式筏形基础平法施工图的表示方法”：

5.1.2　当绘制基础平面布置图时，应将平板式筏形基础与其所支承的柱、墙一起绘制，当基础底面标高不同时，需注明与基础底面基准标高不同之处的范围和标高。

四、独立承台的集中标注

11G101-3图集第46页“独立承台集中标注”：

4. 注写基础底面标高（选注内容）。当独立承台的底面标高与桩基承台底面基准标高不同时，应将独立承台底面标高注写在括号内。

（旧图集为：“注写基础底面相对标高高差（选注内容）。当独立承台的底面标高与桩基承台底面基准标高不同时，应将独立承台底面相对标高高差注写在‘（　　）’内。”）

五、承台梁的集中标注

11G101-3图集第47页“承台梁集中标注”：

6.4.2　承台梁的集中标注内容为：承台梁编号、截面尺寸、配筋三项必注内容，以及承台梁底面标高（与承台底面基准标高不同时）、必要的文字注解两项选注内容。

（旧图集为：“以及承台梁底面相对标高高差”……）

A.64　新图集取消了“圆形独立基础”

11G101-3取消了旧图集的“圆形独立基础”。

A.65　在普通独立基础中增加了“短柱独立基础”

A.65.1　设置短柱独立基础的集中标注

设置短柱独立基础的集中标注见11G101-3图集第11页：

(4) 注写普通独立深基础短柱竖向尺寸及配筋。当独立基础埋深较大，设置短柱时，短柱配筋应注写在独立基础中，具体规定如下：

1) 以DZ代表普通独立深基础短柱。

2) 先注写短柱纵筋，再注写箍筋，最后注写短柱标高范围。注写为：角筋/长边中部筋/短边中部筋，箍筋，短柱标高范围；当短柱水平截面为正方形时，注写为：角筋/x边中部筋/y边中部筋，箍筋，短柱标高范围。

〔例〕当短柱配筋标注为：DZ：4Φ20/5Φ18/5Φ18，Φ10@100，-2.500～-0.050；表示独立基础的短柱设置在-2.500～-0.050高度范围内，配置HRB400级竖向钢筋和HPB300级箍筋。其竖向钢筋为：4Φ20角筋、5Φ18x边中部筋和5Φ18y边中部筋；其箍筋直径为ϕ10，间距100。见示意图2.3.2-15。

A.65.2 设置短柱独立基础的原位标注

设置短柱独立基础的原位标注见11G101-3图集第12页：

1. 普通独立基础。……（当设置短柱时，尚应标注短柱的截面尺寸）。

……设置短柱独立基础的原位标注，见图2.3.3-3。

A.65.3 普通独立深基础短柱配筋构造

11G101-3第67页（即16G101-3第74页），“单柱普通独立深基础短柱配筋构造”（新增）

（短柱的配筋构造同前面“高杯口独立基础”的短柱）

短柱角部纵筋和部分中间纵筋“插至基底纵筋间距≤1m支在底板钢筋网上”，其余中间的纵筋不插至基底，仅锚入基础l_a。

短柱箍筋在基础顶面以上“50”开始布置；短柱在基础内部的箍筋在基础顶面以下“100”开始布置。

“拉筋在短柱范围内设置，其规格、间距同短柱箍筋，两向相对于短柱纵筋隔一拉一”

本页注：

1. 独立深基础底板的截面形式可为阶形截面BJ_J或坡形截面BJ_P。当为坡形截面且坡度较大时，应在坡面上安装顶部模板，以确保混凝土能够浇筑成型、振捣密实。

2. 几何尺寸和配筋按具体结构设计和本图构造确定，施工按相应平法制图规则。

3. 独立深基础底板底部钢筋构造，详见本图集第60、63页。

11G101-3第68页（即16G101-3第75页），“双柱普通独立深基础短柱配筋构造”（新增）

（上述要素内容同上页）

A.66 矩形独立基础底板底部短向钢筋取消两种配筋值

A.66.1 集中标注的规定

11G101-3图集第9页，新图集在普通独立基础和杯口独立基础的集中标注中注写独立基础配筋时规定：

（1）注写独立基础底板配筋。普通独立基础和杯口独立基础的底部双向配筋注写规定如下：

1）以B代表各种独立基础底板的底部配筋。

2）X向配筋以X打头、Y向配筋以Y打头注写；当两向配筋相同时，则以X&Y打头注写。

在这里，取消了旧图集的“当矩形独立基础底板底部的短向钢筋采用两种配筋值时，先注写较大配筋，在‘/’后再注写较小配筋。……”

A.66.2　独立基础底板配筋构造

11G101-3第60页（即16G101-3第67页），“独立基础DJ_J、DJ_P、BJ_J、BJ_P底板配筋构造”

图中（a）为“阶形”、（b）为“坡形”。（二者的底板配筋方式相同）

（旧图集的（a）为“短向采用两种配筋”、（b）为“同向采用一种配筋”——而新图集取消了“短向采用两种配筋”，统一为“同向采用一种配筋”。）

本页注：

3. 独立基础底板双向交叉钢筋长向设置在下，短向设置在上。

A.67　双柱普通独立基础底部与顶部配筋构造

11G101-3第61页（即16G101-3第68页），“双柱普通独立基础底部与顶部配筋构造”

顶部配筋构造与旧图集不同：取消长短配筋，而改为齐头配筋：

“顶部柱间纵向钢筋”从柱内侧面锚入柱内l_a然后截断。

本页注：（1～3同旧图集）

3. 双柱普通独立基础底部双向交叉钢筋，根据基础两个方向从柱外缘至基础外缘的伸出长度ex和ex’的大小，较大者方向的钢筋设置在下，较小者方向的钢筋设置在上。

［不知为何取消旧图集的注4：

当矩形双柱普通独立基础的顶部设置纵向受力钢筋时，宜设置其在下，分布钢筋宜设置在上。这样既施工方便又能提高混凝土对受力钢筋的粘结强度，有利于减小裂缝宽度（与梁箍筋设置在外侧的原理相同）。］

A.68　杯口和双杯口独立基础构造

11G101-3第64页（即16G101-3第71页），“杯口和双杯口独立基础构造”

（杯口处引注：）

柱插入杯口部分的表面应凿毛，柱子与杯口之间的空隙用比基础混凝土强度等级高一级的细石混凝土先填底部，将柱校正后灌注振实四周。

（旧图集的引注为：

柱插入杯口部分的表面应凿毛，柱子与杯口之间的空隙用不低于C30的不收缩或微膨胀细石混凝土先填底部，将柱校正后灌注振实四周。）

A.69 取消了旧图集的“基础圈梁”

11G101-3 图集 21 页，“条形基础平法施工图的表示方法”：

3.1.4 条形基础整体上可分为两类：

1. 梁板式条形基础。该类条形基础适用于钢筋混凝土框架结构、框架-剪力墙结构、部分框支剪力墙结构和钢结构。平法施工图将梁板式条形基础分解为基础梁和条形基础底板分别进行表达。

2. 板式条形基础。该类条形基础适用于钢筋混凝土剪力墙结构和砌体结构。平法施工图仅表达条形基础底板。

（取消了旧图集的一句话：“当墙下设有基础圈梁时，再加注基础圈梁的截面尺寸和配筋。”）

3.2.1 条形基础编号分为基础梁和条形基础底板编号，按表 3.2.1 的规定。

（表 3.2.1 的内容有：）

基础梁 JL

条形基础底板（坡形） TJB_P

条形基础底板（阶形） TJB_J

（取消了旧图集的“基础圈梁”编号的定义）

A.70 基础梁的钢筋注写方式

11G101-3 第 22 页，在讲述基础梁箍筋注写方式时的举例：

3. 注写基础梁配筋（必注内容）：

〖例〗9Φ16@100/Φ16@200（6），表示配置两种 HRB400 级箍筋，直径Φ16，从梁两端起向跨内按间距 100 设置 9 道，梁其余部位的间距为 200，均为 6 肢箍。

（看看旧图集中的两个例子：

〖例〗11ϕ14@150/250（4），表示配置两种 HRB235 级箍筋，直径均为 ϕ14，从梁两端起向跨内按间距 150mm 设置 11 道，梁其余部位的间距为 250mm，均为 4 肢箍。

〖例〗9Φ16@100/9Φ16@150/Φ16@200（6），表示配置三种 HRB400 级箍筋，直径Φ16，从梁两端起向跨内按间距 100 设置 9 道，再按间距 150 设置 9 道，梁其余部位的间距为 200mm，均为 6 肢箍。

上述例子所表示的基础梁钢筋注写方式应该还适用吧?）

A.71 两向基础梁（基础主梁）相交时的箍筋布置

11G101-3 第 22 页（31 页），在讲述基础梁（基础主梁）箍筋注写方式时指出：

施工时应注意：两向基础梁相交的柱下区域，应有一向截面较高的基础梁按梁端箍筋贯通设置；当两向基础梁高度相同时，任选一向基础梁箍筋贯通设置。

（旧图集中的该段却为：

施工时应注意：在两向基础梁相交位置，无论该位置上有无框架柱，均应有一向截面较高的基础梁箍筋贯通设置；当两向基础梁等高时，则选择跨度较小的基础梁的箍筋贯通设置，当两向基础梁等高且跨度相同时，则任选一向基础梁的箍筋贯通设置。）

A.72　基础梁底部非贯通纵筋的长度规定（新增）

11G101-3第23页：

3.4　基础梁底部非贯通纵筋的长度规定

3.4.1　为方便施工，凡基础梁柱下区域底部非贯通纵筋的伸出长度 a_0 值，当配置不多于两排时，在标准构造详图中统一取值为自柱边向跨内伸出至 $l_n/3$ 位置；当非贯通纵筋配置多于两排时，从第三排起向跨内的伸出长度值应由设计者注明。l_n 取值规定为：边跨边支座的底部非贯通纵筋，l_n 取本边跨的净跨长度值；对于中间支座的底部非贯通纵筋，l_n 取支座两边较大一跨的净跨长度值。

3.4.2　基础梁外伸部位底部纵筋的伸出长度 a_0 值，在标准构造详图中统一取值为：第一排伸出至梁端头后，全部上弯 $12d$；其他排钢筋伸至梁端头后截断。

A.73　条形基础底板不平构造

11G101-3第70页（即16G101-3第78页），“条形基础底板不平构造”

“条形基础底板板底不平构造（一）”：（右端同旧图集）（16G101-3称为柱下条形基础）

旧图集下注：（基础底板底面高差小于等于底板厚度）

新图集：在墙（柱）左方之外1000的分布筋转换为受力钢筋，在右侧上拐点以右1000的分布筋转换为受力钢筋。转换后的“受力钢筋”锚固长度 l_a，与原来的分布筋搭接150。

“条形基础底板板底不平构造（二）”：　新图集下注：（板式条形基础）（16G101-3称为墙下条形基础）

旧图集下注：（基础底板底面高差大于底板厚度）

新图集底板“阶梯形上升”——基础底板分布筋垂直上弯，受力筋于内侧

（旧图集底板“斜线上升”——基础底板分布筋在“变高”范围转换为受力钢筋斜线上升，其“分布筋”在其下方。转换后的“受力钢筋”锚固长度 l_a，与原来的分布筋搭接150。）

A.74　基础梁JL纵向钢筋与箍筋构造

11G101-3第71页（即16G101-3第79页），“基础梁JL纵向钢筋与箍筋构造”（条筏共用构造）

“基础梁JL纵向钢筋与箍筋构造”：与旧图集不同之处：

1. 采用的是“l_n”（净跨长度）——旧图集采用“l_0”（整跨长度）

2. “$l_n/3$”、“$l_n/4$”从柱边算起——旧图集从柱中线算起。

本页注：(基本同旧图集)

2. 节点区内箍筋按梁端箍筋设置。梁相互交叉宽度内的箍筋按截面高度较大的基础梁设置。同跨箍筋有两种时，各自设置范围按具体设计注写。

(旧图集的本条内容为：

节点区内箍筋按梁端箍筋设置。同跨箍筋有多种时，各自设置范围按具体设计注写值。当纵筋需要采用搭接连接时，在受拉搭接区域的箍筋间距不应大于搭接钢筋较小直径的5倍，且不应大于100mm。在受压搭接区域的箍筋间距不应大于搭接钢筋较小直径的10倍，且不应大于200mm。**当需要判别受拉与受压搭接区域时，应由掌握结构内力实际分布情况的设计者确定。**)

(此处黑体字为06G101-6所具有)

(取消了04G101-3的注2：

$a=1.2l_a+h_b+0.5h_c$

与此相应，04G101-3的底部非贯通筋延伸长度(从柱中线算起)“$l_0/3$ 且$\geqslant a$”，也被新图集的(从柱边线算起)“$l_n/3$”所取代。)

A.75 附加箍筋和附加(反扣)吊筋构造

A.75.1 附加箍筋构造

11G101-3第71页(即16G101-3第79页)，“附加箍筋构造”(条筏共用构造)

(以下两条见06G101-6第56页 以及 04G101-3第35页)

“附加箍筋构造”：新图集只简单画出附加箍筋的布置情况。

(06G101-6为：“间距$8d$(d为箍筋直径)；且最大间距应≤所在区域的箍筋间距。附加箍筋在相交梁的两侧对称设置”——其中“相交梁”在04G101-3中为“基础次梁”)

新图集在区间“$3b+2h_1$”下标注：“该区域内梁箍筋照设”

(06G101-6在“交叉梁宽”范围内引注：“梁相互交叉宽度内的箍筋按截面高度较大的基础梁设置”)

(04G101-3在“次梁宽”范围内引注：“该范围按基础主梁箍筋设置”)

A.75.2 附加(反扣)吊筋构造

“附加(反扣)吊筋构造”：新图集只画出附加吊筋(没画出箍筋)

(06G101-6画出节点的全部箍筋，而且还有引注：“吊筋范围内(包括交叉梁宽内)的基础梁箍筋照设”)

(04G101-3虽然没有画出节点的箍筋，但还有下注：“吊筋范围内(包括基础次梁宽度内)的箍筋照设”)

(唯独新图集既没有画出节点的箍筋，也没有上述关于箍筋的注)

A.76 基础梁JL配置两种箍筋构造

11G101-3第72页(即16G101-3第80页)，“基础梁JL配置两种箍筋构造”(条筏共

用构造）

（见06G101-6第56页　以及　04G101-3第34页）

（06G101-6的标题为“基础梁JL配置多种箍筋构造”，图中引注和新图集一样：在梁跨中引注“跨中第二种箍筋范围”，但页注中有“当具体设计采用三种箍筋时”的做法说明）

（04G101-3的标题为“基础主梁JZL第一种与第二种箍筋范围”，但图中引注和新图集不一样：在梁跨中引注“跨中第二、三种箍筋范围”，而且页注中有“当具体设计采用三种箍筋时”的做法说明）

A.77　基础梁JL竖向加腋钢筋构造

11G101-3第72页（即16G101-3第80页），“基础梁JL竖向加腋钢筋构造”（条筏共用构造）

（见06G101-6第54页　以及　04G101-3第33页）

本页注：

2. 基础梁竖向加腋部位的钢筋见设计标注。加腋范围的箍筋与基础梁的箍筋配置相同，仅箍筋高度为变值。

（06G101-6的该注前部还有：“当条形基础的基础梁高加腋部位的配筋未注明时，其梁腋的顶部斜纵筋根数为基础梁顶部第一排纵筋根数n的n-1根（且不少于2根）插空安放，强度等级和直径与基础梁顶部纵筋相同。”）

（04G101-3的该注前部也有同样内容。）

A.78　基础梁侧面构造纵筋和拉筋

11G101-3第73页（即16G101-3第82页），“基础梁侧面构造纵筋和拉筋”（条筏共用构造）

（见06G101-6第57页　以及　04G101-3第35页）

“基础梁侧面构造纵筋和拉筋”：图与04G101-3基本相同（a等分侧筋间距）

（图下注：“（$a\leqslant200$）”）

（与旧图集不同之处：hw体现“有效高度”的概念，不指向混凝土基础梁的上边缘）

（06G101-6：侧面构造纵筋从基础板顶面200开始布置，没说“a”）

“图一”、“图二”、“图三”：（见注4的说明）

注4. 基础梁侧面纵向构造钢筋搭接长度为$15d$。十字相交的基础梁，当相交位置有柱时，侧面构造纵筋锚入梁包柱侧腋内$15d$（见图一）；当无柱时侧面构造纵筋锚入交叉梁内$15d$（见图二）。丁字相交的基础梁，当相交位置无柱时，横梁外侧的构造纵筋应贯通，横梁内侧的构造纵筋锚入交叉梁内$15d$（见图三）。

（同06G101-6；比04G101-3多了“梁包柱侧腋”的情况）

注5. 基础梁侧面受扭纵筋的搭接长度为l_l，其锚固长度为l_a，锚固方式同梁上部纵筋。

A. 79　基础梁 JL 梁底不平和变截面部位钢筋构造

11G101-3 第 74 页（即 16G101-3 第 83 页），“基础梁 JL 梁底不平和变截面部位钢筋构造”（条筏共用构造）

（见 06G101-6 第 55 页　以及　04G101-3 第 30 页）

新旧图集最大不同之处：标注钢筋伸出长度（$l_n/3$ 和 $l_n/4$ 等）的起算点在柱（墙）侧面。[旧图集 $l_0/3$ 和 $l_0/4$ 等的起算点在柱（墙）中线。]

A. 80　基础梁 JL 与柱结合部侧腋构造

11G101-3 第 75 页（即 16G101-3 第 84 页），“基础梁 JL 与柱结合部侧腋构造”（条筏共用构造）

（见 06G101-6 第 53 页　以及　04G101-3 第 31 页）

本页注：

2. 当基础梁与柱等宽，或柱与梁的某一侧面相平时，存在因梁纵筋与柱纵筋同在一个平面内导致直通交叉遇阻情况，此时应适当调整基础梁宽度使柱纵筋直通锚固。

（04G101-3 多了一句话：“不应将梁纵筋弯折后穿入柱内”）

A. 81　筏形基础的基础梁竖向加腋的标注

11G101-3 第 30 页在筏形基础的基础梁集中标注中规定：

4.3.2　基础主梁 JL 与基础次梁 JCL 的集中标注内容为：……

2. 注写基础梁的截面尺寸。以 $b\times h$ 表示梁截面宽度与高度：当为加腋梁时，用 $b\times h\mathrm{Y}c_1\times c_2$ 表示，其中 c_1 为腋长，c_2 为腋宽。

11G101-3 图集（32 页）在筏形基础的基础梁原位标注中规定：

4.3.3　基础主梁与基础次梁的原位标注规定如下：

1. 注写梁端（支座）区域的底部全部纵筋……

(5) 加腋梁加腋部位钢筋，需在设置加腋的支座处以 Y 打头注写在括号内。

〖例〗加腋梁端（支座）处的括号内注写为 Y4Φ25，表示加腋部位斜纵筋为 4Φ25。

〖讨论〗关于条形基础“梁高加腋”的标注问题

在条形基础的集中标注和原位标注中没有关于“梁高加腋”的标注方法。是否可以这样认为：“条形基础的梁高加腋的集中标注和原位标注参照筏形基础的基础梁的相应规定执行”？

A. 82　基础梁底部非贯通纵筋的长度规定

11G101-3 第 33 页，在“基础主梁与基础次梁的平面注写方式”指出：

4.4　基础梁底部非贯通纵筋的长度规定

4.4.1 为方便施工，凡基础主梁柱下区域和基础次梁支座区域底部非贯通纵筋的伸出长度 a_0 值，当配置不多于两排时，在标准构造详图中统一取值为自支座边向跨内伸出至 $l_n/3$ 位置；当非贯通纵筋配置多于两排时，从第三排起向跨内的伸出长度值应由设计者注明。l_n 的取值规定为：边跨边支座的底部非贯通纵筋，l_n 取本边跨的净跨长度值；中间支座的底部非贯通纵筋，l_n 取支座两边较大一跨的净跨长度值。（旧图集为“中心跨度值”）

（取消了旧图集的：“当配置不多于两排时，在标准构造详图中统一取值为自柱中线向跨内延伸至 $l_n/3$ 位置，且对于基础主梁不小于 $1.2l_a+h_b+0.5h_c$（h_b 为基础主梁截面高度，h_c 为沿基础梁跨度方向的柱截面高度），对于基础次梁不小于 $1.2l_a+h_b+0.5b_b$（h_b 为基础次梁截面高度，b_b 为基础次梁支座的基础主梁宽度）”）

4.4.2 基础主梁与基础次梁外伸部位底部纵筋的伸出长度 a_0 值，在标准构造详图中统一取值为：第一排伸出至梁端头后，全部上弯 $12d$；其他排伸至梁端头后截断。（旧图集为“上弯封边”）

A.83 梁板式筏形基础平板的平面注写方式

11G101-3 第 34 页，在“梁板式筏形基础平板的平面注写方式”指出：

当贯通筋采用两种规格钢筋“隔一布一”方式时，表达为 ϕxx/yy@xxx，表示直径 xx 的钢筋和直径 yy 的钢筋之间的间距为 xxx，直径为 xx 的钢筋、直径为 yy 的钢筋间距分别为 xxx 的 2 倍。

〖例〗Φ10/12@100 表示贯通纵筋为Φ10、Φ12 隔一布一，彼此之间间距为 100。

A.84 基础平板底部贯通纵筋宜采用“隔一布一”的方式布置

11G101-3 第 34 页“梁板式筏形基础平板 LPB 的原位标注”以及第 39 页“柱下板带与跨中板带原位标注”指出：

原位注写的底部附加非贯通纵筋与集中标注的底部贯通纵筋，宜采用“隔一布一”的方式布置……

（取消了旧图集的“隔一布二”方式）

A.85 底部纵筋应有不少于 1/3 贯通全跨

11G101-3 第 36 页基础主梁 JL 与基础次梁 JCL 标注图示

“基础主梁 JL 与基础次梁 JCL 标注”：（与旧图集的不同之处）

1. 底部纵筋应有不少于 1/3 贯通全跨，顶部纵筋全部连通

（旧图集为“底部纵筋应有 1/2 至 1/3 贯通全跨”）

2. （x. xxx）——梁底面相对于筏板基础平板标高的高差

（旧图集为“梁底面相对于基准标高的高差”）

3. xϕxx@xxx——附加箍筋总根数（两侧均分）、规格、直径及间距

（旧图集为“xϕxx——附加箍筋总根数（两侧均分）、强度等级、直径”）

11G101-3 图集（37 页）梁板式筏形基础平板 LPB 标注图示

“梁板式筏形基础平板标注”：（与旧图集的不同之处）

1. 底部纵筋应有不少于 1/3 贯通全跨

（旧图集为“底部纵筋应有 1/2 至 1/3 贯通全跨”）

A.86 柱下板带与跨中板带的底部与顶部贯通纵筋

柱下板带与跨中板带的底部与顶部贯通纵筋

11G101-3 第 38 页，在表述柱下板带与跨中板带的底部与顶部贯通纵筋的注写方式时指出：

1. 柱下板带与跨中板带的底部贯通纵筋，可在跨中 1/3 净跨长度范围内采用搭接连接、机械连接或焊接；

2. 柱下板带及跨中板带的顶部贯通纵筋，可在柱网轴线附近 1/4 净跨长度范围内采用搭接连接、机械连接或焊接；

（旧图集为：

2. 柱下板带的顶部贯通纵筋，可在柱下区域采用搭接连接、机械连接或对焊连接；

3. 跨中板带的顶部贯通纵筋，可在柱网轴线附近 1/3 跨度内采用搭接连接、机械连接或对焊连接。）

A.87 基础次梁 JCL 纵向钢筋与箍筋构造

11G101-3 第 76 页（即 16G101-3 第 85 页），“基础次梁 JCL 纵向钢筋与箍筋构造”的要点：

1. （顶部纵筋的图样是通长筋）：“顶部贯通纵筋在连接区内采用搭接、机械连接或对焊连接。同一连接区段内接头面积百分比率不宜大于 50%。当钢筋长度可穿过一连接区到下一连接区并满足要求时，宜穿越设置”

（旧图集：两边的顶部纵筋在主梁上锚固“$\geqslant 12d$ 且至少到梁中线”）

2. （底部纵筋的图样同旧图集，但文字标注有不同）：“底部贯通纵筋，在其连接区内搭接、机械连接或对焊连接。同一连接区段内接头面积百分比率不宜大于 50%。当钢筋长度可穿过一连接区到下一连接区并满足要求时，宜穿越设置”

标注尺寸的起算点：自支座（主梁）边向跨内伸出至 $l_n/3$（$l_n/4$）位置

（旧图集：自柱网轴线向跨内伸出至 $l_0/3$ 且$\geqslant$a 位置）

3. 顶部贯通纵筋连接区：支座（主梁）两边各 $l_n/4$ 的范围内

（旧图集：锚入主梁内“$\geqslant 12d$ 且至少到梁中线”）

本页注：

6. 端部等（变）截面外伸构造中，当 $l_n' + b_b \leqslant l_a$ 时，基础梁下部钢筋应伸至端部后弯折 $15d$；从梁内边算起水平段长度由设计指定，当设计按铰接时应$\geqslant 0.35l_{ab}$，当充分利用钢筋抗拉强度时应$\geqslant 0.6l_{ab}$。

9. 图中“设计按铰接时”、“充分利用钢筋的抗拉强度时”由设计指定。

A.88　基础次梁 JCL 梁底不平和变截面部位钢筋构造

11G101-3 第 78 页（即 16G101-3 第 87 页），“基础次梁 JCL 梁底不平和变截面部位钢筋构造”

伸出长度的不同点：下部纵筋向跨内伸出长度“$l_n/3$”从梁边算起。

（旧图集：下部纵筋向跨内伸出长度“$l_0/3$ 且≥a”从柱网轴线算起）

“梁顶有高差钢筋构造”：

高梁顶部纵筋“伸至尽端钢筋内侧弯折 $15d$”，低梁顶部纵筋锚入主梁“≥$12d$ 且至少到梁中线”

（旧图集：顶部、底部纵筋均锚入主梁“≥$12d$ 且至少到梁中线”）

“梁底、梁顶均有高差钢筋构造”：（顶部纵筋同上）

高梁与低梁的第一排和第二排纵筋均伸过交叉点互锚“l_a”

（旧图集：“第二排筋伸至尽端钢筋内侧，总锚长≥l_a，当直锚≥l_a 时，可不弯钩”）

“梁底有高差钢筋构造”：（底部纵筋同上）

顶部纵筋图形为贯通筋，“顶部贯通纵筋连接区”在主梁两边“$l_n/4$”范围内

（旧图集：两侧的顶部纵筋均锚入主梁“≥$12d$ 且至少到梁中线”）

A.89　梁板式筏形基础平板 LPB 钢筋构造

11G101-3 第 79 页（即 16G101-3 第 88 页），“梁板式筏形基础平板 LPB 钢筋构造”

“梁板式筏形基础平板 LPB 钢筋构造（柱下区域）”；

“梁板式筏形基础平板 LPB 钢筋构造（跨中区域）”。

共同的特点：

1. （顶部纵筋的大样图是通长筋）：“顶部贯通纵筋在连接区内采用搭接、机械连接或对焊连接。同一连接区段内接头面积百分比率不宜大于 50%。当钢筋长度可穿过一连接区到下一连接区并满足要求时，宜穿越设置”

（旧图集：两边的顶部纵筋在主梁上锚固“≥$12d$ 且至少到梁中线”）

2. （底部贯通纵筋连接区）：“≥$l_n/3$”

（旧图集：“≥$l_0/3$”）

3. （板顶部、底部第一根纵筋的位置）：“板的第一根筋，距基础梁边为 1/2 板筋间距，且不大于 75”

（旧图集：“板的第一根筋，距基础梁角筋垂直面为 1/2 板筋间距”）

A.90　梁板式筏形基础平板 LPB 端部与外伸部位钢筋构造

11G101-3 第 80 页，“梁板式筏形基础平板 LPB 端部与外伸部位钢筋构造”

“板的第一根筋”的位置：（同上页）

"端部等（变）截面外伸构造"：

本页注：

3. 端部等（变）截面外伸构造中，当从支座内边算起至外伸端头≤l_a时，基础平板下部钢筋应伸至端部后弯折15d；从梁内边算起水平段长度由设计指定，当设计按铰接时应≥0.35l_{ab}，当充分利用钢筋抗拉强度时应≥0.6l_{ab}。

"端部无外伸构造"：

顶部纵筋：直锚入边梁"≥12d且至少到梁中线"（基本同旧图集）

（旧图集还有一句："当梁宽度不足时用弯钩补足"）

底部纵筋：伸至边梁外侧弯折15d，锚固水平段长度："设计按铰接时：≥0.35l_{ab}，充分利用钢筋抗拉强度时：≥0.6l_{ab}"

（旧图集：）≥0.4l_{aE}（≥0.4l_a）伸至梁箍筋内侧并弯钩15d

"板的第一根筋"的位置：（同上页）

A.91 梁板式筏形基础平板LPB变截面部位钢筋构造

11G101-3第80页（即16G101-3第89页），"梁板式筏形基础平板LPB变截面部位钢筋构造"

"板顶有高差"：

主要在"板的顶部纵筋"上：

高板的顶部纵筋"伸至尽端钢筋内侧弯折15d，当直段长度≥l_a时可不弯折"

低板的顶部纵筋"锚入梁内l_a"

（旧图集：两边的顶部纵筋均直锚入梁内"≥12d，且至少到梁中线；当梁宽度不足时用弯钩补足"）

（旧图集还有"低板厚度≤2000，高板厚度>2000"的构造——而新图集没有了）（构造做法："厚板"的中层钢筋直锚进梁截面"l_a"——下同）

"板顶、板底均有高差"：

"板的顶部纵筋"同上。

"板的底部纵筋"：高板与低板的底部纵筋均伸过交叉点互锚"l_a"（同旧图集）

（旧图集还有"两边的板厚均>2000"的构造——而新图集没有了）

"板底有高差"：

"板的底部纵筋"同上。

（旧图集还有"板底低的板厚>2000，板底高的板厚≤2000"的构造——而新图集没有了）

A.92 平板式筏形基础平板端部与外伸部位钢筋构造

11G101-3第84页（即16G101-3第93页），"平板式筏形基础平板（ZXB、KZB、BPB）端部与外伸部位钢筋构造"

"端部无外伸构造（一）"（端部为"外墙"）：

顶部贯通纵筋：锚入端部外墙“≥12d且至少到墙中线”

（旧图集：“伸至板尽端后弯钩且≥l_a”）

底部贯通与非贯通纵筋：伸至板尽端后弯钩“15d”，锚固水平段长度“≥0.4l_{ab}”（16G101-3改为“≥0.6l_{ab}”）

本页注：

1. 端部无外伸构造（一）中，当设计指定采用墙外侧纵筋与底板纵筋搭接的做法时，基础底板下部钢筋弯折段应伸至基础顶面标高处（见本图集第58页）。

（本图集第58页）

“墙插筋在基础中锚固构造（三）”（墙外侧纵筋与底板纵筋搭接）：

基础底板下部钢筋弯折段应伸至基础顶面标高处，墙外侧纵筋插至板底后弯锚、与底板下部纵筋搭接“l_{lE}（l_l）”，且弯钩水平段≥15d。

（旧图集：伸至板尽端后垂直上弯“墙身或柱宽内：≥1.7l_{aE}（≥1.7l_a）且至板顶；其他部位：按板边缘侧面封边构造”）

“端部无外伸构造（二）”（端部为“边梁”）：（新增）

顶部贯通纵筋：锚入边梁“≥12d且至少到梁中线”。

底部贯通与非贯通纵筋：伸至板尽端后弯钩“15d”，锚固水平段长度“设计按铰接时：≥0.35l_{ab}；充分利用钢筋的抗拉强度时：≥0.6l_{ab}”。

A.93　板边缘侧面封边构造

11G101-3第84页（即16G101-3第93页），“板边缘侧面封边构造”

“U形筋构造封边方式”：

板顶部、底部纵筋弯钩“12d”；

U形筋的两个弯钩长度分别为“≥15d，≥200”。（旧图集为“12d”）

“纵筋弯钩交错封边方式”：（同旧图集）

底部与顶部纵筋弯钩交错150；

底部与顶部纵筋弯钩交错150后，应有一根侧面构造纵筋与两交错弯钩绑扎。

A.94　新图集的一个新名词“基础联系梁”

11G101-3第44页在介绍桩基承台平法施工图制图规则时，引入了“基础联系梁”的新名词：

6.1.2　当绘制桩基承台平面布置图时，应将承台下的桩位和承台所支承的柱、墙一起绘制。当设置基础联系梁时，可根据图面的疏密情况，将基础联系梁与基础平面布置图一起绘制，或将基础联系梁布置图单独绘制。

（旧图集为：“……当设置基础连梁时，可根据图面的疏密情况，将基础连梁与基础平面布置图一起绘制，或将基础连梁布置图单独绘制。”）

〖讨论〗不要以为“基础联系梁”就是“基础连梁”的另一个名称，这不是简单的取代。仔细看后面的内容就明白了。

A.95 矩形承台 CT_J 和 CT_P 配筋构造

11G101-3 第 85 页（即 16G101-3 第 94 页），“矩形承台 CT_J 和 CT_P 配筋构造”

“阶形截面 CT_J”、“单阶截面 CT_J”、“坡形截面 CT_P”：（同旧图集）

（基底边缘构造）：有一句话略有不同：

“（当伸至端部直段长度方桩≥35d 或圆桩≥35d +0.1D 时可不弯折）”

“桩顶纵筋在承台内的锚固构造”：（旧图集：只有“纵筋直锚”）

新图集增加：“纵筋发散弯折锚固”

本页注：

当桩直径或桩截面边长<800mm 时，桩顶嵌入承台 50mm；当桩直径或桩截面边长≥800mm 时，桩顶嵌入承台 100mm。（同旧图集）

[旧图集还有两条注：

2. 当承台之间设置防水底板，且承台底面也要求做防水层时，桩顶局部应采用刚性防水层，不可采用有机材料的柔性防水层，详见《混凝土结构施工图平面整体表示方法制图规则和构造详图（筏形基础）》04G101-3 中的相应标准构造。

3. 当承台厚度小于桩纵筋直锚长度时，桩顶纵筋可伸至承台顶部后弯直钩，使总锚固长度为 l_{aE}（l_a）。]

A.96 （新增）六边形承台 CT_J 配筋构造

11G101-3 第 88 页（即 16G101-3 第 97 页）六边形承台 CT_J 配筋构造（平面图形为正六边形）

承台 X 向配筋和 Y 向配筋类似矩形承台配置。

“基底边缘构造”同本图集第 85 页。

本页注同第 85 页（矩形承台）。

11G101-3 第 89 页（即 16G101-3 第 98 页）六边形承台 CT_J 配筋构造（平面图形为长六边形）

承台 X 向配筋和 Y 向配筋类似矩形承台配置。

“基底边缘构造”同本图集第 85 页。

本页注同第 85 页（矩形承台）。

A.97 墙下单排桩承台梁 CTL 配筋构造

11G101-3 第 90 页（即 16G101-3 第 100 页），“墙下单排桩承台梁 CTL 配筋构造”

（基本同旧图集，不同之处：）

（基底边缘构造）：新增一句话：

“（当伸至端部直段长度方桩≥35d 或圆桩≥35d +0.1D 时可不弯折）”

本页注（第 2 条比旧图集更具体）：

2. 拉筋直径为 8mm，间距为箍筋的 2 倍。当设有多排拉筋时，上下两排拉筋竖向错开设置。

A. 98　基础联系梁制图规则和配筋构造

A. 98. 1　基础联系梁取代了基础连梁和地下框架梁

在 11G101-3 第 50 页的基础相关构造类型与编号（表 7. 1. 1）中，与旧图集 06G101-6 相比：

增加了：基础联系梁　JLL（用于独立基础、条形基础、桩基承台）

取消了：基础连梁　　JLL

取消了：地下框架梁　DKL

不要因为基础联系梁和基础连梁的编号都是 JLL，就以为这只是一个名称上的更换。实际上，基础联系梁取代了基础连梁和地下框架梁，看了后面的介绍就清楚了。

A. 98. 2　基础联系梁制图规则

7. 2. 1　基础联系梁平法施工图制图规则

基础联系梁系指连接独立基础、条形基础或桩基承台的梁。基础联系梁的平法施工图设计，系在基础平面布置图上采用平法注写方式表达。

基础联系梁注写方式及内容除编号按本规则表 7. 1. 1 规定外，其余均按 11G101-1《混凝土结构施工图平面整体表示方法制图规则和构造详图（现浇混凝土框架、剪力墙、梁、板）》中非框架梁的制图规则执行。

A. 98. 3　基础联系梁配筋构造

11G101-3 第 92 页，“基础联系梁 JLL 配筋构造”

“基础联系梁 JLL 配筋构造（一）”：(JLL 设置在基础顶面以下)

（同旧图集“基础连梁与基础以上框架柱箍筋构造”）

（旧图集图题下有括号标注：“梁上部纵筋也可在跨中 1/3 范围内连接”）

“基础联系梁 JLL 配筋构造（二）”：(JLL 设置在底层地面以下)

（基本同旧图集“地下框架梁与相关联框架柱箍筋构造”）

不同之处：JLL 以下“短柱箍筋规格及间距见具体设计”——

（旧图集为：“同上部结构底层柱下端加密箍筋规格”）

本页注：

1. 基础联系梁的第一道箍筋距柱边缘 50mm 开始设置。(同旧图集)

2. 当上部结构底层地面以下设置基础联系梁时，上部结构底层框架柱下端的箍筋加密高度从基础联系梁顶面开始计算，基础联系梁顶面至基础顶面短柱的箍筋见具体设计；当未设置基础联系梁时，上部结构底层框架柱下端的箍筋加密高度从基础顶面开始计算。

3. 基础联系梁用于独立基础、条形基础及桩基承台。

4. 图中括号内数据用于抗震设计。

——在图中，JLL 纵筋在端支座和中间支座直锚 l_a (l_{aE})。

A.99 后浇带

A.99.1 后浇带直接引注

11G101-3第50页的基础相关构造类型与编号（表7.1.1）中介绍：

后浇带　代号HJD　用于梁板、平板筏基础，条形基础

7.2.2　后浇带HJD直接引注。后浇带的平面形状及定位由平面布置图表达，后浇带留筋方式等由引注内容表达，包括：

1. 后浇带编号及留筋方式代号。本图集留筋方式有两种，分别为：贯通留筋（代号GT），100％搭接留筋（代号100％）。

2. 后浇混凝土的强度等级Cxx。宜采用补偿收缩混凝土，设计应注明相关施工要求。

3. 当后浇带区域留筋方式或后浇混凝土强度等级不一致时，设计者应在图中注明与图示不一致的部位及做法。

设计者应注明后浇带下附加防水层做法；当设置抗水压垫层时，尚应注明其厚度、材料与配筋；当采用后浇带超前止水构造时，设计者应注明其厚度与配筋。

后浇带引注见图7.2.2。

贯通留筋的后浇带宽度通常取大于或等于800mm；100％搭接留筋的后浇带宽度通常取800mm与（l_l＋60mm）的较大值。

A.99.2 后浇带HJD构造

11G101-3第93页（即16G101-3第106页），“后浇带HJD构造”

[旧图集04G101-3第57页：只有一个“（基础底板）后浇带HJD构造”]

“基础底板后浇带HJD构造”（贯通留筋）：（基本同旧图集）

新图集：“附加防水层”表面比原垫层表面低50（后浇带混凝土加厚50）

附加防水层宽度：每边比后浇带宽出“≥300”（同旧图集）

[旧图集：基础底板混凝土留茬为中部凸出（按1：6），新图集不要求]

“基础底板后浇带HJD构造”（100％搭接留筋）：（新增）

后浇带宽度：“≥（l_l＋60）且≥800”

板底部纵筋及底部纵筋的搭接长度：“≥l_l”

附加防水层构造同上。

“基础梁后浇带HJD构造”（贯通留筋）：（新增）

后浇带宽度：“按设计标注，且≥800”

附加防水层构造同上。

“基础梁后浇带HJD构造”（100％搭接留筋）：（新增）

后浇带宽度：“≥（l_l＋60）且≥800”

梁底部纵筋及底部纵筋的搭接长度：“≥l_l”

附加防水层构造同上。

本页注：

1. 后浇带混凝土的浇筑时间及其他要求按具体工程的设计要求。

（旧图集有："后浇混凝土宜在两侧混凝土浇筑两个月后再进行浇筑。"）

2. 后浇带两侧可采用钢筋支架单层钢丝网或单层钢板网隔断。当后浇混凝土时，应将其表面浮浆剔除。

3. 后浇带下设抗水压垫层构造、后浇带超前止水构造见本图集第94页。

11G101-3第94页（即16G101-3第107页）"后浇带HJD构造"

"后浇带HJD下抗水压垫层构造"：（新增）

后浇带的断层上有止水带："止水带详见具体设计"

在"附加防水层"下面设置两层附加钢筋及附加分布钢筋（设计标注）

（断面形状：先前现浇的混凝土形成一个"基槽"似的模样）

"后浇带HJD超前止水构造"：（新增）

（断面形状：先前现浇的混凝土形成一个"基槽"似的模样）

"槽底"最下面是垫层

（垫层之上）在两个斜坡和底面铺设"防水卷材"

在其上设置"斜弯下到底平再上弯再回弯的"附加钢筋及附加分布钢筋（设计标注），附加钢筋的斜边锚入基础板内"l_a"

在"槽底"两边的附加钢筋中缝有"止水嵌缝"，在止水嵌缝下压有"外贴式止水带"。

A.100 上柱墩和下柱墩

A.100.1 新图集取消了圆形截面的上柱墩和下柱墩

在11G101-3第51页上柱墩直接引注的内容规定中，新图集只规定了"矩形截面"（包括棱柱形与棱台形），而取消了旧图集（04G101-3）的"圆形截面"（包括等圆柱形与圆台形）。

在11G101-3图集52页下柱墩直接引注的内容规定中，新图集只规定了"矩形截面"（包括倒棱柱形与倒棱台形），而取消了旧图集（04G101-3）的"圆形截面"（包括倒圆台形与倒圆柱形）。

〖问题〗按7.2.4的文字说明为"下柱墩XZD，系根据平板式筏形基础受剪或受冲切承载力的需要，在柱的所在位置、基础平板底面以下设置的混凝土墩"；而在表7.1.1（基础相关构造类型与编号）中说下柱墩"用于梁板、平板筏基础"（增加了梁板式筏基础）？

A.100.2 上柱墩SZD构造

11G101-3第95页（即16G101-3第108页），"上柱墩SZD构造（棱台与棱柱形）"

（旧图集为04G101-3第49、50页）

"1—1"断面：为网状配筋（旧图集为向心的放射状配筋）

"2—2"断面：仅外壁配筋（旧图集中间部分还配有拉筋）

纵筋形状："中间钢筋"：两个竖向和一个横向连续配筋

"四角钢筋"：一个竖向在顶部弯折"12d"

外壁箍筋（棱台为变箍，棱柱为不变箍）

（体会：新图集的配筋形式更方便施工）

〖问题〗第 51 页的上柱墩例子的"（4×4）肢箍"与第 95 页"2—2"断面（中间无拉筋）矛盾？

A.100.3 下柱墩 XZD 构造

11G101-3 第 96 页（即 16G101-3 第 109 页），"下柱墩 XZD 构造（倒棱台与倒棱柱形）"

（旧图集为 04G101-3 第 52 页）

（新图集钢筋构造同旧图集）

A.101 窗井墙 CJQ（新增）

A.101.1 窗井墙 CJQ 的注写方式

在 11G101-3 第 53 页窗井墙 CJQ 平法施工图制图规则中指出：

窗井墙注写方式及内容除编号按本规则表 7.1.1 规定外，其余按 11G101-1《混凝土结构施工图平面整体表示方法制图规则和构造详图（现浇混凝土框架、剪力墙、梁、板）》中剪力墙及地下室外墙的制图规则执行。

当在窗井墙顶部或底部设置通长加强钢筋时，设计应注明。

注：当窗井墙按深梁设计时由设计者另行处理。

A.101.2 窗井墙 CJQ 配筋构造

11G101-3 第 98 页（即 16G101-3 第 111 页），"窗井墙 CJQ 配筋构造"

"窗井平面布置图"：

① 节点：转角墙

当两边墙体外侧钢筋直径及间距相同时可连通设置

内侧水平筋弯钩 15d

② 节点：翼墙

水平筋弯钩 15d

③ 节点：立剖面

外侧竖向筋与内侧竖向筋在顶部搭接 150

竖向筋锚入底板"≥$0.6l_{ab}$"，外侧筋弯钩 15d，内侧筋弯钩 6d 且≥150

顶（底）部加强钢筋由设计标注

A.102 防水底板 JB 与各类基础的连接构造

11G101-3 第 97 页，"地下室防水底板 JB 与各类基础的连接构造"

（旧图集为08G101-5第52页）

1.“低板位防水底板（一）”：（基础顶面到底板顶面的距离≥$5d$）

防水底板顶部纵筋贯穿基础：“当基础顶部配有钢筋时，按低板位防水底板（二）要求”

底部纵筋锚入基础l_a

2.“低板位防水底板（二）”：（基础顶面到底板顶面的距离<$5d$）

防水底板顶部纵筋、底部纵筋均锚入基础l_a

3.“高板位防水底板”：

防水底板顶部纵筋贯穿基础顶面，底部纵筋与基础底部附加的斜钢筋互锚“l_a”

4.“中板位防水底板（一）”：（基础顶面到底板顶面的距离≥$5d$）

防水底板顶部纵筋贯穿基础：“当基础顶部配有钢筋时，按中板位防水底板（二）”要求

底部纵筋锚入基础l_a

5.“中板位防水底板（二）”：（基础顶面到底板顶面的距离<$5d$）

防水底板顶部纵筋、底部纵筋均锚入基础l_a

本页注：

1. 图中d为防水底板受力钢筋的最大直径。
2. 本图所示意的基础，包括独立基础、条形基础、桩基承台、桩基承台梁以及基础联系梁等。
3. 当基础梁、承台梁、基础联系梁或其他类型的基础宽度≤l_a时，可将受力钢筋穿越基础后在其连接区域连接。
4. 防水底板以下的填充材料应按具体工程的设计要求进行施工。

对比旧图集08G101-5第52页的不同点：

（1）新图集的“高板位防水底板”少设置一个构造“基础顶面无配筋”（防水底板的底部纵筋也贯通穿越基础）。

（2）新图集的“高板位防水底板”与08G101-5的“基础顶面有配筋”类似，不同之处：08G101-5被切断的防水底板纵筋是锚入基础“≥l_l”，而新图集增设的“八字筋”与被切断的防水底板纵筋互锚“l_a”。

（3）08G101-5第52页其余各图被切断的防水底板纵筋是锚入基础“≥l_l”，而新图集改为“l_a”。

A.103 在施工图总说明中与基础有关的注意事项

在11G101-3第6页，指出了在施工图总说明中与基础有关的注意事项：

1.0.10 为了确保施工人员准确无误地按平法施工图进行施工，在具体工程施工图中必须写明以下与平法施工图密切相关的内容：

……

4. 设置后浇带时，注明后浇带的位置、浇筑时间和后浇混凝土的强度等级以及其他特殊要求。

5. 当标准构造详图有多种可选择的构造做法时，写明在何部位选用何种构造做法。

当未写明时，则为设计人员自动授权施工人员可以任选一种构造做法进行施工。例如：复合箍中拉筋弯钩做法（本图集第57页）、筏形基础板边缘侧面封闭构造（本图集第84页）等。

某些节点要求设计者必须写明在何部位选用何种构造做法，例如：墙插筋在基础中锚固构造（三）（见第58页）、筏形基础次梁（基础底板）下部钢筋在边支座的锚固要求（见第76、80、84页）。

附录 B　16G101 比 11G101 改变了些什么

B.1　提倡应用高强、高性能钢筋

其实，修订 2010 版的《混凝土结构设计规范》GB 50010 的时候，就是根据“四节一环保”要求，提倡应用高强、高性能钢筋。

当时，是这样分析我国的国情的：

混凝土结构是我国工程建设中最广泛的结构形式之一。据不完全统计，目前我国钢材产量已达 5 亿吨，每年混凝土用量已达到 25 亿 m^3，混凝土结构钢筋用量接近 1 亿吨，连续多年居世界第一。但我国混凝土结构目前所应用的钢筋和混凝土强度比西方发达国家普遍要低 1～2 个等级。这样，我国工程建设中低强钢材、低等级水泥以及低等级混凝土比例过大，消费结构不合理，消耗了过多的资源和能源，不利于可持续发展。

高强钢筋和高性能混凝土应用于各类工程建设，带来的不仅仅是强度的提高，更重要的是降低钢材、水泥、砂、石的消费量，节约资源和能源，提高了结构的耐久性。如我国能将这些主要建筑材料提高 1～2 个强度等级，其宏观经济效益将是十分明显的。

因此，《混凝土结构设计规范》GB50010—2010 淘汰了 235MPa 级低强度钢筋，增加 500MPa 级高强度钢筋（HRB500、HRBF500 钢筋），并明确将 400MPa 级钢筋（HRB400、HRBF400 钢筋）作为主力钢筋，提倡应用 500MPa 级钢筋，逐步淘汰 335MPa 级钢筋。

在 2015 年局部修订《混凝土结构设计规范》GB50010—2010 的时候，进一步根据“四节一环保”要求，提倡应用高强、高性能钢筋。

修订后的新规范指出，混凝土结构的钢筋应按下列规定选用：

纵向受力普通钢筋可采用 HRB400、HRB500、HRBF400、HRBF500、HRB335、RRB400、HPB300 钢筋；梁、柱和斜撑构件的纵向受力普通钢筋宜采用 HRB400、HRB500、HRBF400、HRBF500 钢筋。

箍筋宜采用 HRB400、HRBF400、HRB335、HPB300、HRB500、HRBF500 钢筋。

预应力筋宜采用预应力钢丝、钢绞线和预应力螺纹钢筋。

将 400MPa、500MPa 级高强热轧带肋钢筋作为纵向受力的主导钢筋推广应用，尤其是梁、柱和斜撑构件的纵向受力配筋应优先采用 400MPa、500MPa 级高强钢筋。

淘汰直径 16mm 及以上 335MPa 级热轧带肋钢筋，保留小直径的 HRB335 钢筋，主要用于中、小跨度楼板配筋以及剪力墙的分布筋配筋，还可用于构件的箍筋与构造配筋。

用 300MPa 级光圆钢筋取代 235MPa 级光圆钢筋，将其规格限于直径 6～14mm，主要用于小规格梁柱的箍筋与其他混凝土构件的构造配筋。对既有结构进行再设计时，235MPa 级光圆钢筋的设计值仍可按原规范取值。

取消 HRBF235 级钢筋。

箍筋用于抗剪、抗扭及抗冲切设计时，其抗拉强度设计值发挥受到限制（360MPa），不宜采用强度高于 400MPa 级的钢筋。当用于约束混凝土的间接配筋（如连续螺旋配筋或封闭焊接箍筋等）时，钢筋的高强度可以得到充分发挥，采用 500MPa 级钢筋具有一定的经济效益。

修订后的新规范提出应用高强钢筋的设计原则：

中小型钢筋混凝土结构，构件的截面尺寸不很大，混凝土强度等级多为 C30 或 C40 时，400MPa 级钢筋的锚固长度和裂缝限值均容易满足要求，具有较广泛的适应性。

500MPa 级钢筋在混凝土强度较高（C50 或以上）、配筋率较大时，锚固长度和裂缝限值才容易满足要求，适用于需要较大承载力的构件。

在现阶段推广应用高强钢筋的设计中，应优先采用 400MPa 级钢筋作为受力钢筋。但同时应积极推广应用 500MPa 级钢筋，尤其在一些采用高强度混凝土、需要较大承载力配筋率较大的结构或构件中，应用 500MPa 级钢筋不仅适用性较好、节约钢筋效果更明显，而且还能有效改善节点钢筋密集现象，提高工程质量。

设计中选用高强钢筋的有关要求：

合理选用 400MPa 级和 500MPa 级以及 300MPa 级钢筋，提高钢筋应用的性价比。400MPa 级和 500MPa 级钢筋主要用于受力钢筋，梁中箍筋宜用 400MPa 级钢筋；而构造钢筋和辅助钢筋如架立筋、防裂网片钢筋、吊钩等则可以采用价格较低但延性很好的 300MPa 级等钢筋，做到精打细算、物尽其用，以取得更高的效益。

同一类构件中的纵向受力钢筋不宜将 400MPa 级和 500MPa 级钢筋混用。这样做是为了方便施工防止差错，因为我国目前生产的 335MPa、400MPa 和 500MPa 级热轧带肋钢筋均为两面纵肋、月牙形横肋外形，其差别主要在于钢筋表面的标识，仅从外形上不易区分。

应用新规范设计的若干工程实例，比较其钢筋用量，有如下结论：

总体看来，采用 HRB400 级钢筋代替 HRB335 级钢筋的节材比率约为 10%，采用 HRB500 级钢筋代替 HRB335 级钢筋的节材比率约为 20%，采用 HRB500 级钢筋代替 HRB400 级钢筋后钢筋用量减少也约为 10%，即钢筋强度提高一个级别，钢筋用量减少约 10%。

B.2 本图集标准构造详图的主要设计依据

这是总说明的第 3 条，在“主要设计依据”增加一项：

《中国地震动参数区划图》 GB 18306—2015

另有两项规范采用了修订版：

《混凝土结构设计规范》（2015 年版） GB 50010—2010

《建筑抗震设计规范》及 2016 年局部修订 GB 50011—2010

此外，还增加了一段话：

当依据的标准进行修订或有新的标准出版实施时，本图集与现行工程建设不符的内容、限制或淘汰的技术产品，视为无效。工程技术人员在参考使用时，应注意加以区分，并应对本图集相关内容进行复核后使用。

B.3 本图集的适用范围删去了“非抗震”

1. 总说明的第5条

在11G101-1图集写着“本图集适用于非抗震和抗震设防烈度为6～9度地区的……”，而16G101-1图集删去了“非抗震”，变成了：

本图集适用于抗震设防烈度为6～9度地区的现浇混凝土框架、剪力墙、框架—剪力墙和部分框支剪力墙等主体结构施工图的设计，以及各类结构中的现浇混凝土板（包括有梁楼盖和无梁楼盖）、地下室结构部分现浇混凝土墙体、柱、梁、板结构施工图的设计。

2. 在“总则”的第1.0.9条的第3条中，删去了“当非抗震设计时，也应注明，以明确选用非抗震的标准构造详图”，而变成现在的：

应写明抗震设防烈度及抗震等级，以明确选用相应抗震等级的标准构造详图。

3. 在标准构造详图“一般构造”的“封闭箍筋及拉筋弯钩构造”中，取消了“非抗震：$5d$”（即现在的封闭箍筋及拉筋弯钩平直段长度一律取“$10d$，75中较大值”）；在“注”中，取消了“非抗震设计时……”，变成现在的：

非框架梁以及不考虑地震作用的悬挑梁，箍筋及拉筋弯钩平直段长度可为$5d$，当其受扭时，应为$10d$。

4. 各类构件：

（1）柱部分：

将件名称前面“抗震”两字删去，例如将11G101-1的“抗震KZ、QZ、LZ”改成“KZ、QZ、LZ”。

取消“非抗震KZ”、“非抗震QZ、LZ”等项目。

（2）剪力墙部分：

取消11G101-1中“非抗震”部分的叙述内容；以及取消“抗震”、“在抗震设计中”等字样，即现在所叙述的内容均为抗震设计。

例如“剪力墙水平分布钢筋构造”：11G101-1的搭接长度为“$\geq 1.2l_{aE}$（$\geq 1.2l_a$）”，注1“括号内为非抗震纵筋搭接长度”；而16G101-1删去了“注1”和括号内容，搭接长度成为“$\geq 1.2l_{aE}$”。

（3）梁部分：

16G101-1将11G101-1的“抗震楼层框架梁KL纵向钢筋构造”、“抗震屋面框架梁KL纵向钢筋构造”取消了“抗震”字样，变成“楼层框架梁KL纵向钢筋构造”、“屋面框架梁WKL纵向钢筋构造”等。

16G101-1图集取消了11G101-1的“非抗震楼层框架梁KL纵向钢筋构造”、“非抗震屋面框架梁WKL纵向钢筋构造”等。

在各个节点构造的叙述中，16G101-1第87页“KL、WKL中间支座纵向钢筋构造”取消了“括号内为非抗震梁的锚固长度”，并取消了各个节点构造中的“（l_a）”、“（$\geq 0.4l_{ab}$）”、“（$\geq 0.5l_{ab}$）”等标注。

B.4 16G101-1 不适用于砌体结构

(1) 11G101-1 总则的第 1.0.2 条指出："楼板部分也适用于砌体结构。"

16G101-1 总则的第 1.0.2 条删去了"楼板部分也适用于砌体结构"这句话。

(2) 11G101-1 第 92 页"有梁楼盖楼（屋）面板配筋构造"中的"板在端部支座的锚固构造"包含"端部支座为砌体墙的圈梁"和"端部支座为砌体墙"这两个构造详图。

16G101-1 第 99、100 页的"板在端部支座的锚固构造"中，删去了"端部支座为砌体墙的圈梁"和"端部支座为砌体墙"这两个构造详图，而把端部支座为梁的构造详图由一个增加为两个，把端部支座为剪力墙的构造详图由一个增加为四个。

B.5 看施工图必须注意的说明内容

在 16G101-1 图集第 6 页"总则"详细地开列了以下必须写明的内容：

1.0.9 为了确保施工人员准确无误地按平法施工图进行施工，在具体工程施工图中必须写明以下与平法施工图密切相关的内容：

1. 注明所选用平法标准图的图集号（如本图集号为 16G101-1），以免图集升版后在施工中用错版本。

2. 写明混凝土结构的设计使用年限。

3. 应写明抗震设防烈度及抗震等级，以明确选用相应抗震等级的标准构造详图。

4. 写明各类构件在不同部位所选用的混凝土的强度等级和钢筋级别，以确定相应纵向受拉钢筋的最小锚固长度及最小搭接长度等。

当采用机械锚固形式时，设计者应指定机械锚固的具体形式、必要的构件尺寸以及质量要求。

5. 当标准构造详图有多种可选择的构造做法时，写明在何部位选用何种构造做法。当未写明时，则为设计人员自动授权施工人员可以任选一种构造做法进行施工。例如：框架顶层端节点配筋构造（本图集第 67 页）、复合箍中拉筋弯钩做法（本图集第 62 页）、无支承板端部封边构造（本图集第 103 页）等。

某些节点要求设计者必须写明在何部位选用何种构造做法，例如：板的上部纵向钢筋在端支座的锚固（本图集第 99、100、105、106 页）、地下室外墙与顶板的连接（本图集第 82 页）、剪力墙上柱 QZ 纵筋构造方式（本图集第 65 页）等、剪力墙水平分布钢筋是否计入约束边缘构件体积配箍率计算（本图集第 76 页）、**非底部加强部位剪力墙构造边缘构件是否设置外圈封闭箍筋**（本图集第 77 页）等。

6. 写明柱（包括墙柱）纵筋、墙身分布筋、梁上部贯通筋等在具体工程中需接长时所采用的连接形式及有关要求。必要时，尚应注明对接头的性能要求。

轴心受拉及小偏心受拉构件的纵向受力钢筋不得采用绑扎搭接，设计者应在平法施工图中注明其平面位置及层数。

7. 写明结构不同部位所处的环境类别。

8. 注明上部结构的嵌固部位位置：**框架柱嵌固部位不在地下室顶板，但仍需考虑地下室顶板对上部结构实际存在嵌固作用时，也应注明。**

9. 设置后浇带时，注明后浇带的位置、浇筑时间和后浇混凝土的强度等级以及其他特殊要求。

10. 当柱、墙或梁与填充墙需要拉结时，其构造详图应由设计者根据墙体材料和规范要求选用相关国家建筑标准设计图集或自行绘制。

11. 当具体工程需要对本图集的标准构造详图做局部变更时，应注明变更的具体内容。

12. 当具体工程中有特殊要求时，应在施工图中另加说明。

（注：上面黑体字为16G101-1图集修订的内容。）

B.6 "总则"取消了关于"非框架梁上部纵向钢筋在端支座锚固"的规定

在图集第7页"总则"的第1.0.9条的第5条中，11G101-1图集"某些节点要求设计者必须写明在何部位选用何种构造做法"是这样写的：

非框架梁（板）的上部纵向钢筋在端支座的锚固（需注明"设计按铰接"或"充分利用钢筋的抗拉强度时"）、

而在16G101-1图集中，删去了"非框架梁"的有关内容，变成了：

板的上部纵向钢筋在端支座的锚固（本图集第99、100、105、106页）。

固然，在本图集第99和105页中，"普通楼屋面板"和"跨中板带与梁连接"的端支座锚固构造是存在"设计按铰接"或"充分利用钢筋的抗拉强度时"的选择的；同时，在本图集第89页中，非框架梁上部纵筋在端支座的锚固构造也存在"设计按铰接"或"充分利用钢筋的抗拉强度时"的选择。

为什么"总则"中取消了关于"非框架梁上部纵向钢筋在端支座锚固"的规定呢？

原来，16G101-1图集增加了非框架梁和井字梁的"加g"注写方式，今后，"不带g"的非框架梁和井字梁代号"L、JZL"，与"带g"的非框架梁和井字梁代号"Lg、JZLg"，其含义是不一样的。请看16G101-1第35页的"4.6.1"条：

"非框架梁、井字梁的上部纵向钢筋在端支座的锚固要求，本图集标准构造详图中规定：当设计按铰接时（代号L、JZL），平直段伸至端支座对边后弯折，且平直段长度≥$0.35l_{ab}$，弯折段投影长度$15d$（d为纵向钢筋直径）；当充分利用钢筋的抗拉强度时（代号Lg、JZLg），直段伸至端支座对边后弯折，且平直段≥$0.6l_{ab}$，弯折段投影长度$15d$。"

B.7 增加了"拉结筋构造"规定

在标准构造详图"一般构造"中，增加了"拉结筋构造"（拉结筋弯钩平直段长度为$5d$），并且在题注中强调：

"用于剪力墙分布钢筋的拉筋，宜同时勾住外侧水平及竖向分布钢筋"

B.8 增加了"上部结构嵌固部位的注写"规定

在"柱平法施工图制图规则"的"柱平法施工图的表示方法"中，增加了以下条目：

2.1.4 上部结构嵌固部位的注写

1. 框架柱嵌固部位在基础顶面时，无需注明。

2. 框架柱嵌固部位不在基础顶面时，**在层高表嵌固部位标高下使用双细线注明**，并在层高表下注明上部结构嵌固部位标高。

3. 框架柱嵌固部位不在地下室顶板，但仍需考虑地下室顶板对上部结构实际存在嵌固作用时可**在层高表地下室顶板标高下使用双虚线注明**，此时首层柱端箍筋加密区长度范围及纵筋连接位置均按嵌固部位要求设置。

B.9 “框支柱”改称为“转换柱”

在“柱平法施工图的表示方法”的“表 2.2.2 柱编号”中，11G101-1 图集写的是“框支柱 KZZ ”，而 16G101-1 图集改称为

“转换柱 ZHZ ”

B.10 矩形截面柱非对称配筋的注写

在“柱平法施工图的表示方法”的“柱纵筋”条目中，增加了：

“对于采用非对称配筋的矩形截面柱，必须每侧均注写中部筋”。

B.11 柱顶角部附加筋

16G101-1 图集第 67 页“KZ 边柱和角柱柱顶纵向钢筋构造”图中右上角的“角部附加筋”的引注内容如下：

“在柱宽范围的柱箍筋内侧设置**间距≤150**，但不少于 3 根直径不小于 10 的角部附加筋”

与 11G101-1 比较，在上文的前端删去了限制条件“当柱纵筋直径≥25 时”，值得大家注意：今后，不论柱纵筋直径大小，只要是 KZ 的边柱和角柱的柱顶，一律设置角部附加筋。

此外，上文中采用的“间距≤150”，是对 11G101-1 图集“间距>150”的勘误。

B.12 “梁插柱”节点构造增加标注“且伸至梁底”

16G101-1 图集第 67 页“KZ 边柱和角柱柱顶纵向钢筋构造”的节点⑤构造中，在尺寸标注“$\geq 1.7l_{abE}$”的旁边增加了“且伸至梁底”的标注，这到底要告诉我们些什么内容呢？我们从两个方面来分析：

第一个方面，在“柱插梁”节点构造中，当遇到梁截面高度较大的情况时，《混凝土结构设计规范》GB 50010—2010 指出：“当梁的截面高度较大，梁、柱纵向钢筋相对较小，从梁底算起的直线搭接长度未延伸到柱顶即已满足 $1.5l_{ab}$的要求时，应将搭接长度延伸到柱顶并满足搭接长度 $1.7l_{ab}$的要求”。

我们知道，在“柱插梁”节点构造中本来就是要求梁上部纵筋的弯折段伸至梁底的，所以就出现了“$\geq 1.7l_{abE}$且伸至梁底”的联合要求。

第二个方面，在“梁插柱”节点构造中，当遇到梁截面高度较大的情况时，梁上部纵

筋的弯折段尚未伸至梁底就已经满足了"≥$1.7l_{abE}$"的要求时，也必须把梁上部纵筋的弯折段一直向下延伸至梁底的位置。

B.13 把"同一截面内"改为"同一连接区段内"

11G101-1图集第57页的注1为：

柱相邻纵向钢筋连接接头相互错开，在同一截面内钢筋接头面积百分率不宜大于50%。

16G101-1图集第63页的注1改为：

柱相邻纵向钢筋连接接头相互错开，在**同一连接区段内**钢筋接头面积百分率不宜大于50%。

（显然，把"同一截面内"改为"同一连接区段内"，表述更明确了。）

B.14 把"基础底面"改为"基础顶面"

11G101-1图集第58页的注1为：

本页图中钢筋连接构造及柱箍筋加密区范围用于嵌固部位不在基础底面情况下地下室部分（基础底面至嵌固部位）的柱。

16G101-1图集第64页的注1改为：

本页图中钢筋连接构造及柱箍筋加密区范围用于嵌固部位不在**基础顶面**情况下地下室部分（**基础顶面**至嵌固部位）的柱。

（这是对旧图集的一个勘误，本来就应该是"基础顶面"。）

B.15 KZ边柱角柱柱顶等截面伸出

16G101-1图集第69页"KZ边柱角柱柱顶等截面伸出时纵向钢筋构造"，这是16G101-1新增的一个节点构造，图中分为左右两图，分别适用于下列两种情况：

（1）左图适用于柱纵筋伸出梁顶长度≥l_{aE}的情况。

从图集的图形语言来看，柱纵筋应该以直筋形式伸至柱顶。

（2）右图适用于柱纵筋伸出梁顶长度<l_{aE}的情况。

此时柱纵筋伸至柱顶，同时保证伸出长度≥$0.6l_{abE}$，柱外侧纵筋弯直钩$15d$，柱内侧纵筋弯直钩$12d$。

上述两种情况对伸出部分的柱箍筋的共同要求是：箍筋规格及数量由设计指定，肢距不大于400；箍筋间距应满足本图集第58页注7要求。

上述两种情况对梁上部纵筋都有共同的要求：伸至柱外侧纵筋内侧然后弯$15d$直钩，同时保证梁上部纵筋在框架柱中的直锚水平段长度≥$0.6l_{abE}$。

B.16 柱箍筋加密区范围的一些新规定

11G101-1图集第61页，"抗震KZ、QZ、LZ箍筋加密区范围"。

本页注的第4条为：

4. 当柱在某楼层各向均无梁连接时，计算箍筋加密范围采用的 H_n 按该跃层柱的总净高取用，其余情况同普通柱。

16G101-1 图集第 65 页，“KZ、QZ、LZ 箍筋加密区范围”
本页注的修改了第 4 条，增加了第 5 条：

4. 当柱在某楼层各向均无梁**且无板**连接时，计算箍筋加密范围采用的 H_n 按该跃层柱的总净高取用。

5. 当柱在某楼层单方向无梁且无板连接时，应该两个方向分别计算箍筋加密区范围，并取较大值，无梁方向箍筋加密范围同注 4。

B.17　柱箍筋在不同标高的刚性地面上下加密

16G101-1 图集第 65 页的“底层刚性地面上下各加密 500”增加了一个构造图，现在的左图与 11G101-1 图集相同，即“刚性地面为一个标高”，此时：

加密区高度＝刚性地面厚度＋1000

现在的右图为新增的，即“刚性地面为两个标高”，此时：

加密区高度＝刚性地面厚度＋左右地面的标高高差＋1000

B.18　梁上柱 LZ

11G101-1 图集第 61 页，“抗震 QZ、LZ 纵向钢筋构造”

“梁上柱 LZ 纵筋构造”：

锚入深度 $\geqslant \mathbf{0.5} l_{abE}$，柱脚弯直钩 $12d$ 。

本页注：

5. ……梁上起柱，在梁内设两道柱箍筋。

6. 墙上起柱（柱纵筋锚固在墙顶部时）和梁上起柱时，墙体和梁的平面外方向应设梁，以平衡柱脚在该方向的弯矩；当柱宽度大于梁宽时，梁应设水平加腋。

16G101-1 图集加强了梁上柱 LZ 的锚固构造要求，见图集第 65 页，“ QZ、LZ 纵向钢筋构造”

“梁上柱 LZ 纵筋构造”：

锚入深度增加至三项要求（还把“$\geqslant 0.5 l_{abE}$”改为“$\geqslant 0.\mathbf{6} l_{abE}$”）：

伸至梁底

且 $\geqslant$ 20d

$\geqslant 0.\mathbf{6} l_{abE}$，

柱脚弯直钩由 $12d$ 改为 $\mathbf{15}d$ 。

本页注：

6. ……梁上起柱时，在梁内**设置间距不大于 200，且至少两道柱箍筋**。

7.（同 11G101-1 图集的注 6）

B.19　新增了楼层框架扁梁 KBL 和托柱转换梁 TZL

16G101-1 第 27 页的“表 4.2.2　梁编号”新增了两项：

梁类型	代号	序号	跨数及是否带有悬挑
楼层框架宽扁梁	KBL	××	(××)、(××A)或(××B)
托柱转换梁	TZL	××	(××)、(××A)或(××B)

在“注2”中还规定：“楼层框架宽扁梁节点核心区代号KBH。”

B.20　梁代号后面加“g”(新增)

16G101-1第27页的“表4.2.2　梁编号”的“注3”指出：

本图集中非框架梁L、井字梁JZL表示端支座为铰接，当非框架梁L、井字梁JZL端支座上部纵筋为充分利用钢筋的抗拉强度时，在梁代号后加“g”。

〖例〗Lg7(5)表示第7号非框架梁，5跨，端支座上部纵筋为充分利用钢筋的抗拉强度。

B.21　梁竖向加腋的编号改为“Y”

16G101-1第27页在讲述梁集中标注内容时规定：

“当为竖向加腋梁时，用$b \times h$　Y$c_1 \times c_2$表示，其中c_1为腋长，c_2为腋宽”。

例(图4.2.3-1)：“300×750　Y500×250”

(注：11G101-1梁竖向加腋的编号是“GY”。)

B.22　梁侧面受扭钢筋的集中标注

11G101-1第28页梁侧面纵向构造钢筋或受扭钢筋集中标注的“注2”：

“当为梁侧面受扭纵向钢筋时，其搭接长度为l_l或l_{lE}(抗震)，锚固长度为l_a或l_{aE}(抗震)；其锚固方式同框架梁下部纵筋。”

16G101-1第29页梁侧面纵向构造钢筋或受扭钢筋集中标注的“注2”的描述同11G101-1，只是把两处的“(抗震)”删去了，但“l_l”和“l_a”仍然保留。

B.23　(竖向加腋原位标注)没改彻底的错误

16G101第30页这样说：“当梁设置竖向加腋时，加腋部位下部斜纵筋应在支座下部以Y打头注写在括号内(图4.2.4-2)”，然而图4.2.4-2中KL7第三跨下部的右端的下部纵筋以Y打头注写在括号内，但是左端下部纵筋“注写在括号内”却没有“以Y打头”?

如果你打开11G101-1第29页，就会看到图4.2.4-2中KL7第三跨下部的左右两端的下部纵筋都是“注写在括号内”却没有“以Y打头”——终于明白了：16G101-1第30页想改正这个错误，但只改了右端，忘了改左端了。

B.24　(附加箍筋原位标注)正确的注写

先看看11G101-1第30页图4.2.4-4附加箍筋原位标注为“8Φ8@50(2)”。

16G101 第 31 页图 4.2.4-4 附加箍筋原位标注为“8Φ8(2)”。16G101-1 图 4.2.4-4 现在的修正是对的：“附加箍筋用引线标注总配筋值（附加箍筋的肢数注在括号内）”。

B.25 “梁平法施工图平面注写示例”：继承下来的错误

16G101-1 第 37 页“梁平法施工图平面注写示例”，与 11G101-1 第 34 页的图纸完全一致，连其中的错误也继承下来了：①轴线与②轴线的间距为“1800”。

正确的数值是“3600”。

B.26 框架梁 KL 上部纵筋锚固长度的起算点

16G101-1 第 84 页“楼层框架梁 KL 纵向钢筋构造”新增了“注 7”：

当上柱截面尺寸小于下柱截面尺寸时，梁上部纵筋的锚固长度起算位置应为上柱内边缘，梁下部纵筋的锚固长度起算位置为下柱内边缘。

B.27 KL、WKL 中间支座纵向钢筋直锚构造

16G101-1 第 87 页“KL、WKL 中间支座纵向钢筋构造”左下角的“注”：

“图中可直锚的钢筋，当支座宽度满足直锚要求时可直锚，具体构造要求见本图集第 84、85 页。”

本来，这个“注”与 11G101-1 第 84 页“KL、WKL 中间支座纵向钢筋构造”左下角的“注 2”内容相同，但在 16G101-1 第 87 页的①、②、④节点构造中，把 11G101-1 图集①、②、④节点构造中的直锚长度“$\geqslant l_{aE}$”改为“$\geqslant l_{aE}$ **且** $\geqslant 0.5h_c+5d$”—— 这算是落实了 16G101-1 第 84、85 页 KL、WKL 纵向钢筋直锚长度的要求吧。

B.28 纯悬挑梁 XL 及各类梁的悬挑端配筋构造

16G101-1 第 92 页“纯悬挑梁 XL 及各类梁的悬挑端配筋构造”对比 11G101-1 发生的变更：

1.“纯悬挑梁 XL”构造图

在表示纯悬挑梁挑出长度的尺寸线标注增加“$\leqslant$**2000**”。这表示，纯悬挑梁不能挑出太长，“$l\leqslant$**2000**”就是一个挑出长度的限制值。

2. 悬挑端配筋大样图

（1）关于上部第一排纵筋增加一条引注：

“当上部纵筋为一排，且 $l<4h_b$时，上部钢筋可不在端部弯下，**伸至悬挑梁外端，向下弯折 12*d*”。**

（2）关于上部第二排纵筋增加一条引注：

“当上部纵筋为两排，且 $l<5h_b$时，可不将钢筋在端部弯下，伸至悬挑梁外端向下弯折 12*d*”。

这里发现一个问题：

关于第一排上部纵筋的“短悬挑梁”的条件为“$l<4h_b$”（这已经沿用好久了），但现在关于第二排上部纵筋的“短悬挑梁”却引进了另一个条件“$\boldsymbol{l<5h_b}$”，以后我们讲起“短悬挑梁”的时候，是引用前一个条件还是引用后一个条件呢？

（3）关于下部纵筋增加一条引注：

“当悬挑梁根部与框架梁梁底齐平时，底部相同直径的纵筋可拉通设置”。

3. 将11G101-1第89页的各节点编号A、B、C、D、E、F、G对应改为①、②、③、④、⑤、⑥、⑦。

4. 悬挑梁纵筋的“直锚长度”在过去(11G101-1)的“$\geqslant l_a$”基础上增加“$\boldsymbol{\geqslant 0.5h_c+5d}$”，变成“$\boldsymbol{\geqslant l_a}$**且**$\boldsymbol{\geqslant 0.5h_c+5d}$”。这种变更涉及：

节点②和节点⑥的悬挑梁上部纵筋；

节点④的悬挑梁下部纵筋则是：“$\boldsymbol{\geqslant l_a}$**且**$\boldsymbol{\geqslant 0.5h_c+5d}$（$\boldsymbol{\geqslant l_{aE}}$**且**$\boldsymbol{\geqslant 0.5h_c+5d}$）”

5. 节点⑦增加两项尺寸标注：

（1）框架梁上部纵筋伸入端支座的“直锚长度”在过去（11G101-1）的“$\geqslant l_a$”基础上增加“**且支座为柱时伸至柱对边上**”，变成“$\boldsymbol{\geqslant l_a}$**且支座为柱时伸至柱对边上**”

（2）悬挑端上部纵筋弯锚入（柱）支座的水平直锚段上增设“**U形插筋，规格间距满足本图集第58页注7**”。而本图集第58页“注7”内容为：

当锚固钢筋的保护层厚度不大于$5d$时，锚固钢筋长度范围内应设置横向构造钢筋，其直径不应小于$d/4$（d为锚固钢筋的最大直径）；对梁、柱等构件间距不应大于$5d$，对板、墙等构件间距不应大于$10d$，且均不应大于100（d为锚固钢筋的最小直径）。

6. 16G101-1第92页“注2”（屋面框架梁）增加了一个限制条件“**且下部纵筋通长设置时**”，变成：

“①、⑥、⑦节点，当屋面框架梁与悬挑端根部底平，**且下部纵筋通长设置时**，框架柱中纵向钢筋锚固要求可按中柱柱顶节点（见本图集第68页）。”

7. 取消了11G101-1第89页原来的“注1”（“不考虑地震作用时，当纯悬挑梁或D节点悬挑端的纵向钢筋直锚长度$\geqslant l_a$且$\geqslant 0.5h_c+5d$时，可不必往下弯锚。”）。

（注：黑体字为16G101-1图集新增部分内容。）

B.29　框支梁KZL、转换柱ZHZ配筋构造

这是16G101-1第96页的内容。

1. 框支梁KZL部分

（1）在“框支梁KZL”的图题下方增加了“也可用于托柱转换梁TZL”。

（2）梁侧面纵筋“直锚长度$\geqslant l_{aE}$且$\geqslant 0.5h_c+5d$”（即把原来“注4”的内容直接注写在尺寸引注中）。

（3）“注3”内容：“梁纵向钢筋……接头位置应避开上部墙体开洞部位、梁上托柱部位及受力较大部位。”这个内容在11G101-1已有，只是16G101-1增加了第97页“框支梁KZL上部墙体开洞部位加强做法”和“托柱转换梁TZL托柱位置箍筋加密构造”。

（4）16G101-1第96页“注4”：“对托柱转换梁的托柱部位或上部的墙体开洞部位，

梁的箍筋应加密配置，加密区范围可取梁上托柱边或墙边两侧各 1.5 倍转换梁高度，具体做法见图 97 页做法。”

2. 转换柱 ZHZ 部分

（1）将 11G101-1 的“框支柱 KZZ”名称换成“**转换柱 ZHZ**”。

（2）增加“注 5”：“**转换柱纵筋中心距不应小于 80，且净距不应小于 50。**”

B. 30　框支梁 KZL 上部墙体开洞部位加强做法（新增）

16G101-1 第 97 页“**框支梁 KZL 上部墙体开洞部位加强做法**”给出三个构造详图：

（1）洞口紧贴 KZL 顶面：

洞口左右两侧设置“边缘构件纵向钢筋”（竖向补强钢筋或暗柱纵筋）。

同时，**KZL 在洞口两个边缘处各设置长度为“3×h_b”的箍筋加密区**，其位置在洞口边缘垂直线两侧各“1.5×h_b”的范围内。（h_b是框支梁 KZL 的梁高）

（2）洞口到 KZL 顶面的距离 h_1较低：（洞口宽度 B>2h_1或 h_1<h_b/2）

除了洞口左右两侧设置“边缘构件纵向钢筋”（竖向补强钢筋或暗柱纵筋）以外，还**在洞口下方设置水平补强钢筋。水平补强钢筋在洞口两侧的锚固长度为“≥1.2l_{aE}”**。

同时，**KZL 在洞口两个边缘处各设置长度为“3×h_b”的箍筋加密区**，其位置在洞口边缘垂直线两侧各“1.5×h_b”的范围内。（h_b是框支梁 KZL 的梁高）

（3）洞口到 KZL 顶面的距离 h_1较高：（洞口宽度 B≤2h_1且 h_1≥h_b/2）

洞口左右两侧设置“边缘构件纵向钢筋”（竖向补强钢筋或暗柱纵筋）。

同时，**在洞口下方设置补强暗梁。补强暗梁纵筋在洞口两侧的锚固长度为“≥1.2l_{aE}”**。

16G101-1 第 97 页下方给出开洞部位的两个剖面图，并指出：“补强钢筋设计指定”，“补强暗梁设计指定”。

16G101-1 第 97 页“注 2”指出：“墙体竖向钢筋锚固长度及边缘构件纵向钢筋锚固做法见本图集第 96 页。”

B. 31　托柱转换梁 TZL 托柱位置箍筋加密构造（新增）

16G101-1 第 97 页“**托柱转换梁 TZL** 托柱位置箍筋加密构造”：

在“托柱”的柱脚两侧各“≥1.5h_b”的范围内设置箍筋加密区，**即箍筋加密区的长度是“柱宽+3×h_b”**。（h_b是托柱转换梁 TZL 的梁高）

图集本页的“注 1”指出：“托柱转换梁的纵向钢筋构造具体做法见本图集第 96 页。”而 16G101-1 第 96 页为“框支梁 KZL 配筋构造”，这就是说，托柱转换梁的纵向钢筋构造与框支梁相同。

事实上，11G101-1 第 33 页的 4.6.7 条指出：“本图集 KZL 用于托墙框支梁”，即本图集的“框支梁 KZL 配筋构造”是适用于托墙框支梁。现在，我们又知道了：“托柱转换梁”的纵向钢筋构造与“托墙框支梁”是相同的。

B.32　井字梁JZL、JZLg配筋构造

16G101-1第98页“井字梁JZL、JZLg配筋构造”内容基本上与11G101-1第91相同。不同点仅在“注10”，11G101-1的“注10”为：

图中“设计按铰接时”、“充分利用钢筋的抗拉强度时”由设计指定。

16G101-1的“注10”为：

图中“设计按铰接时”**用于代号为JZL的井字梁，**“充分利用钢筋的抗拉强度时”**用于代号为JZLg的井字梁**。

（对非框架梁L、井字梁JZL增设了代号**Lg**、**JZLg**，是16G101-1的特点之一。）

16G101-1第98页右下角的平面图有一个小漏洞：左起第一根垂直的井字梁没有标注梁号，应为“JZL4（1）”（11G101-1第91页也同样）。在实际工程的施工图中如果发生了类似问题，应该在会审图纸时提出的。

B.33　框架扁梁的注写规则（新增）

16G101-1第31页4.2.5条对框架扁梁的注写规则做出如下规定：

“框架扁梁注写规则同框架梁，对于上部纵筋和下部纵筋，尚需注明未穿过柱截面的纵向受力钢筋根数。”

接着，图集给出一个框架扁梁注写的图例（见图4.2.5）。图中框架扁梁的集中标注为：

KBL2（3）　　650×400

Φ10@100/200（6）

4Φ25；10Φ25（4）

各支座上部的原位标注均为10Φ25（4）

图集对于未穿过支座的纵向受力钢筋还特别给出一个例子：

〖例〗10Φ25（4）表示框架扁梁有4根纵向受力钢筋未穿过柱截面，柱两侧各2根，施工时，应注意采用相应的构造做法。

这里存在两个问题：

① 关于框架扁梁受力纵筋的注写规则：

对于集中标注中的“4Φ25；10Φ25（4）”，其中的“（4）”能否对分号（；）前面的“4Φ25”发生作用？即能否说明这4根上部通长筋“全部不穿过柱截面”？否则，这4根上部纵筋有多少根“不穿过柱截面”？

② 集中标注的箍筋为“Φ10@100/200(6)”，说明该箍筋为“6肢箍”；但是上部通长筋的标注为“4Φ25”，只能适用于“4肢箍”，这就造成矛盾。适应于“6肢箍”的上部通长筋应注写为类似“4Φ25+(2Φ12)”这样的格式。

B.34　框架扁梁节点核心区的注写规则（新增）

16G101-1第31页4.2.6条对框架扁梁节点核心区的注写规则做出如下规定：

框架扁梁节点核心区代号为 KBH，包括**柱内核心区**和**柱外核心区**两部分。框架扁梁节点核心区钢筋注写包括柱外核心区竖向拉筋及节点核心区附加纵向钢筋，端支座节点核心区尚需注写附加 U 形箍筋。

柱内核心区箍筋见框架柱箍筋。

柱外核心区竖向拉筋，注写其钢筋级别与直径；端支座柱外节点核心区尚需注写附加 U 形箍筋的钢筋级别、直径及根数。

框架扁梁节点核心区附加纵向钢筋以大写字母“F”打头，注写其设置方向（*X* 向或 *Y* 向）、层数、每层的钢筋根数、钢筋级别、直径及未穿过柱截面的纵向受力钢筋根数。

图集接着给出两个核心区注写的例子。

〖例〗KBH1Φ10，**FX&Y2×7Φ14(4)**

表示框架扁梁中间支座节点核心区 KBH1：柱外核心区竖向拉筋Φ10；**沿梁 *X* 向（*Y* 向）配置两层 7Φ14 附加纵向钢筋，每层有 4 根纵向受力钢筋未穿过柱截面，柱两侧各 2 根**；附加纵向钢筋沿梁高范围均匀布置。（注意：因为这是中间支座，所以两向的梁均为“框架扁梁”。）

〖例〗KBH2Φ10，**4Φ10**，FX2×7Φ14(4)

表示框架扁梁端支座节点核心区 KBH2：柱外核心区竖向拉筋Φ10；**附加 U 形箍筋Φ10 共 4 道，柱两侧各两道**，沿框架扁梁 *X* 向配置两层 7Φ14 附加纵向钢筋，每层有 4 根纵向受力钢筋未穿过柱截面，柱两侧各 2 根；附加纵向钢筋沿梁高范围均匀布置。（注意：因为是端支座，一向为框架扁梁，另一向为框架梁，所以上面强调“沿框架扁梁 *X* 向配置两层……”。）

设计、施工时应注意：

1）柱外核心区竖向拉筋在梁纵向钢筋两向交叉位置均布置，当布置方式与图集要求不一致时，设计应另行绘制详图。

2）框架扁梁端支座节点，柱外核心区设置 U 形箍筋及竖向拉筋时，在 U 形箍筋与位于柱外的梁纵向钢筋交叉位置均布置竖向拉筋。当布置方式与图集要求不一致时，设计应另行绘制详图。

3）附加纵向钢筋应与竖向拉筋相互绑扎。

B. 35　框架扁梁中柱节点（新增）

16G101-1 第 93 页“框架扁梁中柱节点”

（1）左图为“框架扁梁中柱节点竖向拉筋”

在图中我们可以看到框架扁梁节点区的双向纵筋；这些纵筋在节点区柱截面外的交叉点上都绑扎着竖向拉筋，在图中还能看到每根拉筋端部的弯钩。

图集本页的注释都是与框架扁梁的上、下纵筋相关的：

“注 1：框架扁梁上部通长钢筋连接位置、非贯通钢筋伸出长度要求同**框架梁**，见本图集 84 页。”

“注 2：**穿过柱截面的框架扁梁下部纵筋，可在柱内锚固**，做法同本图集第 84 页；**未穿过柱截面下部纵筋应贯通节点区。**”

“注3：**框架扁梁下部纵筋在节点外连接时，连接位置宜避开箍筋加密区，并宜位于支座 $l_{ni}/3$ 范围之内**”（l_{ni}为框架扁梁本跨的净跨长度）。

“注5：竖向拉筋同时勾住扁梁上下双向纵筋，拉筋末端采用135°弯钩，平直段长度为10d。”

（2）右图为“框架扁梁中柱节点附加纵向钢筋”

这个图实际上是框架扁梁节点核心区的“水平剖面图”，在这个水平剖面上，我们看不到节点核心区的上部纵筋和下部纵筋，看到的是位于上下纵筋中间的“附加纵向钢筋”（在标准图中以红色线段表示）。在图中看到的“竖向拉筋”就是那些一个个的红点。

（3）下图为“1-1”剖面图

在这个剖面图中，我们看到：位于框架扁梁立剖面的中间的，是框架扁梁中柱节点的附加纵向钢筋，在图中以红色线段表示；位于框架扁梁立剖面上表面和下表面的黑色线条，就是框架扁梁的上部纵筋和下部纵筋；而连接上下纵筋和中间的附加纵筋的红色垂直线段，就是框架扁梁节点核心区的竖向拉筋。

B.36　框架扁梁边柱节点（一）（新增）

16G101-1第94页中的“框架扁梁边柱节点（一）”，这个节点的特征是：边梁的宽度 b_s等于 h_c，h_c为端柱在框架扁梁方向上的截面高度。本页又分为三个构造详图：

（1）“框架扁梁边柱节点（一）”：其中的边梁是普通的框架梁；与之正交的是框架扁梁，图中红色的钢筋是框架扁梁两边的未穿过柱截面的上、下纵筋，而夹在中间的黑色钢筋是穿过柱截面的上、下纵筋。

（2）“未穿过柱截面的扁梁纵向受力筋锚固做法”：图中红色的纵筋是未穿过柱截面的扁梁上、下纵筋以及核心区附加纵筋。在这里给出了两个锚固构造：

1）边梁宽度不满足纵筋直锚时：纵筋在边梁**弯锚**，水平直锚段长度“**≥0.6l_{abE}且伸至梁对边**”，弯折段长度“**15d**”。**核心区附加纵筋伸入跨内“l_{aE}”**。

图中的节点核心区附加纵筋是否弯锚，在图形上看不出来，但本页“注4”指出：“节点核心区附加纵向钢筋在柱及边梁中锚固同框架扁梁纵向受力钢筋。”即是说，节点核心区附加纵筋同框架扁梁上、下纵筋一样采用弯锚。

2）边梁宽度满足纵筋直锚时：纵筋在边梁**直锚**，直锚长度“**≥l_{aE}且≥0.5b+5d**”，（其中 b 为框架扁梁宽度，而 b_s是边梁的梁宽）。**核心区附加纵筋伸入跨内“l_{aE}”**。

（图集本页的其他几个注释内容同第93页。）

一个问题的讨论：

图中框架扁梁纵筋在边梁内的直锚长度“≥l_{aE}且≥0.5b+5d”（b 为框架扁梁宽度）作何解释？（如果是“≥l_{aE}且≥0.5b_s+5d”（b_s为边梁的宽度）的话，同框架梁在端柱上的直锚一样，“过支座中心线5d”，比较好理解。不过，当 b＞b_s的时候，执行“≥l_{aE}且≥0.5b+5d”更偏于安全。）

（3）“框架扁梁箍筋构造”：（图形同框架梁）

箍筋加密区长度为“b+h_b、l_{aE}取最大值，且应满足框架梁箍筋加密区范围的要求”。（b 为框架扁梁宽度，h_b为框架扁梁高度）

而“**框架梁箍筋加密区范围的要求**”则是：抗震等级为一级时，箍筋加密区长度为“$\geqslant 2.0h_b$且$\geqslant 500$”；抗震等级为二～四级时，箍筋加密区长度为“$\geqslant 1.5h_b$且$\geqslant 500$”。h_b为框架梁高度。在这里，把h_b解释为框架扁梁高度也是合适的。

综上所述，**框架扁梁箍筋加密区的长度为**：

抗震等级为一级：　　　$b+h_b$、l_{aE}、$2.0h_b$、500 取最大值；

抗震等级为二～四级：　$b+h_b$、l_{aE}、$1.5h_b$、500 取最大值。

B. 37　框架扁梁边柱节点（二）（新增）

16G101-1 第 95 页“框架扁梁边柱节点（二）”，这个节点的特征是：边梁的宽度b_s小于h_c，h_c为端柱在框架扁梁方向上的截面高度。本页又分为两个构造详图：

(1)“框架扁梁边柱节点（二）”：图形的格式与 94 页相似，不同之处是在h_c与b_s的尺寸差上标注“$\geqslant 100$”，关于这个标注可见本页“注 2”：

“当 $h_c-b_s\geqslant 100$ 时，需设置 U 形箍筋及竖向拉筋。”

图中的红色线段就是 U 形箍筋，在 U 形箍筋未伸入框架柱的部位设置竖向拉筋。本页“注 3”指出：**“竖向拉筋同时勾住扁梁上下双向纵筋，拉筋末端采用 135°弯钩，平直段长度为 10*d*。”**

从“1-1”剖面图可以看出，U 形箍筋伸入框架柱内的直锚长度为l_{aE}。

(2)“框架扁梁附加纵向钢筋”：这个图实际上是“框架扁梁边柱节点（二）”的“水平剖面图”，在这个水平剖面上，我们看不到节点核心区的上部纵筋和下部纵筋，看到的是位于上下纵筋中间的“附加纵向钢筋”（在标准图中以红色线段表示）。

在“2-2”剖面图引注：“**核心区附加纵向钢筋**在端支座处的锚固构造做法同**框架扁梁纵筋**”。

B. 38　板集中标注不笼统说贯通纵筋

11G101-1 的 5.2.1 条为：“板块集中标注的内容为：板块编号，板厚，贯通纵筋，以及当板面标高不同时的标高高差。”

16G101-1 的 5.2.1 条改为：“板块集中标注的内容为：板块编号，板厚，**上部贯通纵筋，下部纵筋**，以及当板面标高不同时的标高高差。”

诸如此类还有 16G101-1 第 39 页“**纵筋按板块的下部纵筋和上部贯通纵筋**分别注写”，等等。

众所周知，板块的上部贯通纵筋是贯穿支座的，而下部纵筋在支座内锚固，本来就没有“贯通”支座之说。现在把板块集中标注的纵筋划分为下部纵筋和上部贯通纵筋，其含义更加贴切了。

B. 39　梁板式转换层楼板下部纵筋的锚固长度

16G101-1 第 40 页 5.2.2 条增加了一句话：

“对于梁板式转换层楼板，板下部纵筋在支座内的锚固长度不应小于 l_a。”

（与之鲜明对照的是，普通楼屋面板的下部纵筋在支座内的锚固长度为"≥5d 且至少到梁中线"。）

B.40　当悬挑板需要考虑竖向地震作用时

16G101-1 第 40 页 5.2.2 条增加了一句话：

"当悬挑板需要考虑竖向地震作用时，下部纵筋伸入支座内长度不应小于 l_{aE}。"

16G101-1 第 43 页增加了 5.4.1 条：

"当悬挑板需要考虑竖向地震作用时，设计应注明该悬挑板纵向钢筋抗震锚固长度按何种抗震等级。"

B.41　增加了阴角上部放射钢筋的表示方法

16G101-1 第 42 页"此外，悬挑板的悬挑阳角、**阴角上部放射钢筋**的表示方法，详见本规则第 7.2.9 条、**第 7.2.10 条**。"

B.42　板端支座取消了圈梁

16G101-1 第 43 页 5.4.2 条取消了"圈梁"（因为 16G101 不适用于砌体结构），换成"剪力墙顶"：

"板上部纵向钢筋在端支座（梁，**剪力墙顶**）的锚固要求，本图集标准构造详图中规定，当设计按铰接时，平直段伸至端支座对边后弯折，且平直段长度≥0.35l_{ab}，弯折段**投影**长度 15d（d 为纵向钢筋直径）；当充分利用钢筋的抗拉强度时，平直段伸至端支座对边后弯折，且平直段长度≥0.6l_{ab}，弯折段**投影**长度 15d。设计者应在平法施工图中注明采用何种构造，当多数采用同种构造时可在图注中写明，并将少数不同之处在图中注明。"

B.43　有梁楼盖楼面板 LB 和屋面板 WB 钢筋构造

16G101-1 第 99 页"有梁楼盖楼面板 LB 和屋面板 WB 钢筋构造"图中改了一处：

"（括号内的锚固长度 l_{aE} 用于梁板式转换层的板）"

同时，三个支座下面都已改为"（l_{aE}）"——而在 11G101-1 中是"（l_a）"。

B.44　新增了"用于梁板式转换层的楼面板"的端支座锚固构造

16G101-1 第 99 页"板在端部支座的锚固长度（一）"新增了"**（b）用于梁板式转换层的楼面板**"的端支座锚固构造（弯锚构造）：板上部纵筋和下部纵筋都伸至梁角筋内侧弯钩，直钩长度 15d；同时，板上部纵筋和下部纵筋都要保证水平直锚段长度≥0.6l_{abE}。本页注 7：

"图（a）、（b）中纵筋在端支座应伸至梁外侧纵筋内侧后弯折 15d，当平直段长度分

别≥l_a、≥l_{aE}时可不弯折。”

其中“≥l_a”是对于图“(a) 普通楼屋面板”的上部纵筋而言的；而“≥l_{aE}”是对于“(b) 用于梁板式转换层的楼面板”的上部纵筋和下部纵筋而言的。(显然，这里讲的是板端支座的直锚构造。)

本页注 9：

“梁板式转换层的板中 l_{abE}、l_{aE} 按抗震等级四级取值，设计也可根据实际工程情况另行指定。”其中“l_{abE}”可从图“(b) 用于梁板式转换层的楼面板”中看到，而“l_{aE}”则应结合上面注 7 的内容来理解。

B. 45　新增了“端部支座为剪力墙墙顶”三个构造详图

16G101-1 第 100 页“板在端部支座的锚固长度（二）”新增了“**(2) 端部支座为剪力墙墙顶**”的三个构造详图。本页注 1 指出：“板端部支座为剪力墙墙顶时，图 (a)、(b)、(c) 做法由设计指定。”

(a)“板端按铰接设计时”

板上部纵筋伸至墙外侧水平分布筋内侧弯钩，直钩段 15d，同时保证水平直锚段长度≥0.35l_{ab}；板下部纵筋伸入支座直锚，直锚长度≥5d 且至少到墙中线。

(b)“板端上部纵筋按充分利用钢筋的抗拉强度时”

板上部纵筋伸至墙外侧水平分布筋内侧弯钩，直钩段 15d，同时保证水平直锚段长度≥0.6l_{ab}；板下部纵筋伸入支座直锚，直锚长度≥5d 且至少到墙中线。

本页注 2 指出：“板在端部支座的锚固长度（二）中，纵筋在端支座应伸至墙外侧水平分布钢筋内侧后弯折 15d，当平直段长度分别≥l_a、≥l_{aE}时可不弯折。”这条注适用于上面的 (a)、(b) 节点。

(c)“**搭接连接**”

这是 16G101-1 图集新增的节点构造，**本构造适用于剪力墙外侧竖向钢筋与板上部纵向受力钢筋搭接传力**：墙外侧竖向分布筋伸至板顶后向板内弯折，弯折水平段长度=15d；板上部纵筋伸至墙外侧水平分布筋内侧向下弯折，直到满足板上部纵筋与墙外侧竖向分布筋的搭接长度等于 l_l。板下部纵筋伸入支座直锚，直锚长度≥5d 且至少到墙中线。

16G101-1 第 43 页的 5.4.3 条指出：

“板支承在剪力墙顶的端节点，当设计考虑墙外侧竖向钢筋与板上部纵向受力钢筋搭接传力时，应满足搭接长度要求，设计者应在平法施工图中注明。”

B. 46　增长了抗裂构造钢筋的搭接长度

11G101-1 第 94 页注 2：“抗裂构造钢筋自身及其与受力主筋搭接长度为 150，抗温度筋自身及其与受力主筋搭接长度为 l_l。”

16G101-1 第 102 页注 2：“抗裂构造钢筋、抗温度筋自身及其与受力主筋搭接长度为 l_l。”

B.47 悬挑板阳角放射筋Ces构造与抗震

16G101-1第112页“悬挑板阳角放射筋Ces构造”增加了注3：“需要考虑竖向地震作用时，另行设计。”

换句话说，图集本页给出的三个“悬挑板阳角放射筋Ces构造”，仅适用于不考虑竖向地震作用的情况。

16G101-1第47页新增6.5.1条：“当悬挑板需要考虑竖向地震作用时，设计应注明该悬挑板纵向钢筋抗震锚固长度按何种抗震等级。”

B.48 无梁楼盖应设置边梁

16G101-1第48页“无梁楼盖平法施工图示例”图中边梁上引注了一句话：“板柱结构应设边梁”。

而11G101-1第45页“无梁楼盖平法施工图示例”图中边梁的引注却是：“当为抗震设计时应设边梁”。现在16G101-1把“当为抗震设计时”这个限定条件去掉了，这与16G101-1取消了“非抗震”是一致的。所以说，“无梁楼盖应设置边梁”。

B.49 无梁楼盖柱上板带与跨中板带纵向钢筋构造

16G101-1第104页“无梁楼盖柱上板带ZSB与跨中板带KZB纵向钢筋构造”，本页的注7（对比11G101-1）删去了“抗震设计时”，成为：

“无梁楼盖柱上板带内贯通纵筋搭接长度为l_{lE}，无柱帽柱上板带的下部贯通纵筋，宜在距柱面2倍板厚以外连接，采用搭接时钢筋端部宜设置垂直于板面的弯钩。”

16G101-1第47页新增6.5.2条：“无梁楼盖板纵向钢筋的锚固和搭接需满足受拉钢筋的要求。”

B.50 板带端支座纵向钢筋构造（一）

16G101-1第105页“板带端支座纵向钢筋构造（一）”左图“柱上板带与柱连接”图中，柱上板带的上部贯通纵筋与非贯通纵筋在边梁内弯锚，其水平直锚段长度（标注）为“$\geq 0.6l_{abE}$”。（对比11G101-1的“非抗震设计$\geq 0.6l_{ab}$，抗震设计$\geq 0.6l_{abE}$”，删去了“非抗震设计”。）

本页注1：

“本图板带端支座纵向钢筋构造、板带悬挑端纵向钢筋构造同样适用于无柱帽的无梁楼盖。”在其后面删去了11G101-1的“且仅用于中间楼层，屋面处节点构造由设计者补充”。

删去了11G101-1的注2：“柱上板带暗梁仅用于无柱帽的无梁楼盖，箍筋加密区仅用于抗震设计时。”

B. 51　板带端支座纵向钢筋构造（二）

16G101-1 第 106 页“板带端支座纵向钢筋构造（二）”，这是 16G101-1 新增的无梁楼盖板带支承在剪力墙中间层和剪力墙墙顶的构造。图集共给出四类五个构造详图。

（1）跨中板带与剪力墙中间层连接

板上部纵筋伸至墙外侧水平分布筋内侧弯钩，直钩段 $15d$，同时保证水平直锚段长度≥$0.4l_{ab}$；板下部纵筋伸入支座直锚，直锚长度≥$12d$ 且至少到墙中线。

（2）跨中板带与剪力墙墙顶连接（分为两个构造详图）：

1）墙外侧竖向钢筋与板上部纵向受力钢筋搭接传力

墙外侧竖向分布筋伸至板顶后向板内弯折，弯折水平段长度为 $15d$；板上部纵筋伸至墙外侧水平分布筋内侧向下弯折，直到满足板上部纵筋与墙外侧竖向分布筋的搭接长度等于 l_l。板下部纵筋伸入支座直锚，直锚长度≥$12d$ 且至少到墙中线。

2）板端上部纵筋按充分利用钢筋的抗拉强度时

板上部纵筋伸至墙外侧水平分布筋内侧弯钩，直钩段 $15d$，同时保证水平直锚段长度≥$0.6l_{ab}$；板下部纵筋伸入支座直锚，直锚长度≥$12d$ 且至少到墙中线。

（3）柱上板带与剪力墙中间层连接

板上部纵筋和下部纵筋都伸至墙外侧水平分布筋内侧弯钩，直钩段 $15d$，同时保证水平直锚段长度≥$0.4l_{abE}$。

（4）柱上板带与剪力墙墙顶连接

墙外侧竖向分布筋伸至板顶后向板内弯折，弯折水平段长度＝$15d$；板上部纵筋伸至墙外侧水平分布筋内侧向下弯折，直到满足板上部纵筋与墙外侧竖向分布筋的搭接长度等于 l_l。板下部纵筋伸至墙外侧水平分布筋内侧弯钩，直钩段 $15d$，同时保证水平直锚段长度≥$0.4l_{abE}$。

16G101-1 第 47 页新增 6. 5. 4 条：“无梁楼盖跨中板带支承在剪力墙顶的端节点，当板上部纵向钢筋充分利用钢筋的抗拉强度时（锚固在支座中），直段伸至端支座对边后弯折，且平直段长度≥$0.6l_{ab}$，弯折段投影长度 $15d$；当设计考虑墙外侧竖向钢筋与板上部纵向受力钢筋搭接传力时，应满足搭接长度要求；设计者应在平法施工图中注明采用何种构造，当多数采用同种构造时可在图注中写明，并将少数不同之处在图中注明。”

B. 52　用于高层建筑的构造边缘构件增加翼缘长度

16G101-1 第 14 页的第 3. 2. 2. 条的图 3. 2. 2-2 构造边缘构件（图）中的：

图（c）构造边缘翼墙的阴影部分增加翼缘长度标注“（**≥300**）”；

图（d）构造边缘转角墙阴影部分的翼缘长度在原有标注“≥200”的同时，增加标注“（**≥300**）”

并且在上述两图中都增加了说明“（**括号中数值用于高层建筑**）”。

B. 53　连梁（跨高比不小于 5）LLk

（1）16G101-1 第 15 页的表 3. 2. 2-2“墙梁编号”表中增加了一行：

墙梁类型　　　　　　　　代号　　　序号
连梁（跨高比不小于5）　LLk　　　××

（2）16G101-1第17页第3.2.5条剪力墙梁表的新增第8款：

8. 跨高比不小于5的连梁，按框架梁设计时（代号为LLk××），采用平面注写方式，注写规则同框架梁，可采用适当比例单独绘制，也可与剪力墙平法施工图合并绘制。

16G101-1第22、24页的例子工程中，增加了LLk的集中标注示例：

LLk1
2-9层：300×400
ϕ10@100/200（2）
3Φ16；3Φ16

（3）16G101-1第80页新增“剪力墙连梁LLk纵向钢筋、钢筋加密区构造”。

LLk的上部纵筋和下部纵筋在支座的直锚长度都是“l_{aE}且≥600”。

第一排非贯通纵筋的伸出长度为$l_n/3$，第二排非贯通纵筋的伸出长度为$l_n/4$。

当上部贯通纵筋直径小于非贯通纵筋时，上部通长筋与非贯通纵筋的搭接长度为l_{lE}。

当LLk有架立筋时，架立筋与非贯通纵筋的搭接长度为150。

LLk的箍筋设置加密区，加密区的长度为：

抗震等级为一级：　　　　≥$2.0h_b$且≥500

抗震等级为二～四级：　　≥$1.5h_b$且≥500

本页注1：

“梁上部通长钢筋与非贯通钢筋直径相同时，连接位置宜位于跨中$l_n/3$范围内；梁下部钢筋连接位置宜位于支座$l_n/3$范围内；且在同一连接区段内钢筋接头面积百分率不宜大于50%。”

注2：“钢筋连接要求见本图集第59页。”

注3：“当梁纵筋（不包括架立筋）采用绑扎搭接接长时，搭接区内箍筋直径及间距要求见本图集第59页。”

注4：“梁侧面构造钢筋做法同连梁。”

B.54　剪力墙柱表的第3款变化较大

16G101-1第15页第3.2.3条第3款的改变较大：

3. 注写各段墙柱的纵向钢筋和箍筋，注写值应与在表中绘制的截面配筋图对应一致。纵向钢筋注总配筋值，墙柱箍筋的注写方式与柱箍筋相同。

设计施工时应注意：

Ⅰ. 在剪力墙平面布置图中需注写约束边缘构件非阴影区内布置的拉筋或箍筋直径，与阴影区箍筋直径相同时，可不注。

Ⅱ. 当约束边缘构件体积配箍率计算中计入墙身水平分布钢筋时，设计者应注明。施工时，墙身水平分布钢筋应注意采用相应的构造做法。

Ⅲ. 本图集约束边缘构件非阴影区拉筋是沿剪力墙竖向分布钢筋逐根设置。施工时应注意，非阴影区外圈设置箍筋时，箍筋应包住阴影区内第二列竖向纵筋（见本图集第75

页图)。当设计采用与本构造详图不同的做法时，应另行注明。

Ⅳ. **当非底部加强部位构造边缘构件不设置外圈封闭箍筋时，设计应注明。施工时，墙身水平分布钢筋应注意采用相应的构造做法。**

B. 55 剪力墙身表的第 3 款改变拉结筋名称

16G101-1 第 16 页第 3. 2. 4 条第 3 款“拉筋”的名称改成了“拉结筋”：

3. 注写水平分布钢筋、竖向分布钢筋和拉结筋的具体数值。(下略)

拉结筋应注明布置方式“**矩形**”或“**梅花**”布置，**用于剪力墙分布钢筋的拉结**，见图 3. 2. 4……

而这段话在 11G101-1 中是这样说的：

拉筋应注明布置方式“双向”或“梅花双向”，见图 3. 2. 4……

(注意：16G101-1 把“用于剪力墙分布钢筋的拉结”的拉筋改为“拉结筋”，这不仅仅是名称上的改变，从 16G101-1 第 62 页的构造图上得知，拉筋的弯钩平直段为“$10d$，75 中较大值”，而拉结筋的弯钩平直段长度为“$5d$”。)

B. 56 截面注写方式墙柱标注的引用条款作了改变

16G101-1 第 17 页截面注写方式的第 3. 3. 2 条第 1 款中的引用条款作了改变：

1. 从相同编号的墙柱中选择一个数值，注明几何尺寸，标注全部纵筋及箍筋的具体数值 (其箍筋的表达方式同本规则第 **3. 2. 3 条第 3 款**)。

但 11G101-1 图集的第 3. 3. 2 条第 1 款中的引用条款是“(其箍筋的表达方式同本规则第 2. 2. 3 条)”，而“第 2. 2. 3 条”是“柱平法施工图制图规则”的下属条款，现在 16G101-1 图集所引用的“第 3. 2. 3 条第 3 款”是“剪力墙平法施工图制图规则”的下属条款 (在附录 B 前面已经全文列出)。

B. 57 “约束边缘构件 YBZ 构造”的注释

16G101-1 第 75 页“约束边缘构件 YBZ 构造”的八个构造详图同 11G101-1，仅在本页下面的注释中作出少量改变：

注 2 后面增加了一句话：“**非阴影区箍筋、拉筋竖向间距同阴影区。**”

新增注 3：“**当约束边缘构件内箍筋、拉筋位置 (标高) 与墙体水平分布筋相同时可采用详图 (一) 或 (二)，不同时采用详图 (二)。**”

B. 58 “剪力墙水平分布筋计入约束边缘构件体积配箍率的构造”增加引注

16G101-1 第 76 页“剪力墙水平分布钢筋计入约束边缘构件体积配箍率的构造做法”的三种构造详图基本上同 11G101-1，但是在所有非阴影区外圈设置封闭箍筋的图例旁都加上了引注：“**当墙水平分布钢筋与约束边缘构件箍筋位置 (标高) 不同时**”。

本页注3的内容更具体化了："**详图（一）中墙体水平分布筋宜在l_c范围外错开连接，**连接做法详见的71页。"

B.59　"剪力墙边缘构件纵向钢筋连接构造"注释的变更

"剪力墙边缘构件纵向钢筋连接构造"原来（11G101-1）放置在"构造边缘暗柱GBZ、扶壁柱FBZ、非边缘暗柱AZ构造"版面的右半页，16G101-1把它放置在第73页"剪力墙竖向钢筋构造"的右半页。

请大家注意本页的注2："约束边缘构件阴影部分、构造边缘构件、扶壁柱及非边缘暗柱的纵筋搭接长度范围内，箍筋直径应不小于纵向搭接钢筋最大直径的0.25倍，**箍筋间距不大于100**。"

而11G101-1的这条注释为："箍筋间距不大于纵向搭接钢筋最小直径的5倍，且不大于100mm。"当时有的施工技术人员提出，当搭接钢筋直径较小时（例如12mm），5倍钢筋直径为60mm，加密箍筋的间距过小。现在16G101-1取消了"箍筋间距不大于纵向搭接钢筋最小直径的5倍"的限制，改为"**箍筋间距不大于100**"，比较切合施工实际了。

B.60　构造边缘构件GBZ新增两种构造详图

16G101-1第77页"构造边缘暗柱GBZ、扶壁柱FBZ、非边缘暗柱AZ构造"变化较大：

（1）"构造边缘翼墙（一)"、"构造边缘转角墙（一)"两个构造详图都在阴影区净长度增加标注"(≥300)"，并标明"（括号内数字用于高层建筑）"。

（2）新增"构造边缘暗柱（二)"、"构造边缘翼墙（二)"、"构造边缘转角墙（二)"三个构造详图，其构造特点是：剪力墙水平分布筋连续绕过边缘构件阴影区的外端，取代边缘构件的箍筋。

（3）新增"构造边缘翼墙（三)"、"构造边缘转角墙（三)"两个构造详图，其构造特点：也是用剪力墙水平分布筋取代边缘构件阴影区的箍筋，有所不同的是，墙体两侧的水平分布筋伸至阴影区端部交叉搭接，并钩住对边竖向钢筋。

图集本页的两个注释说明了这两种新增构造的适用范围和注意事项：

注1：构造边缘构件（二)、(三）用于非底层加强部位，当构造边缘构件的箍筋、拉筋位置（标高）与墙体水平分布筋相同时采用，此构造做法应由设计者指定后使用。

注2：构造边缘暗柱（二)、构造边缘翼墙（二）中墙体水平分布筋宜在构造边缘构件范围外错开搭接，连接做法见第71页。

B.61　端部无暗柱时剪力墙水平分布筋端部做法

16G101-1第71页"剪力墙水平分布筋构造"中只提供一个"端部无暗柱时剪力墙水平分布筋端部做法"详图，删去（11G101-1）原来的"端部无暗柱时剪力墙水平分布筋端部做法（一）"（墙体水平分布筋连续通过端部)。

16G101-1只保留了原来的"端部无暗柱时剪力墙水平分布筋端部做法（二）"（墙体

水平分布筋在端部弯折 10d）。在拉筋引注中增加了几个字（下面以黑体字表示）：“**每道水平分布筋均设**双列拉筋。”

B. 62 端部有暗柱时剪力墙水平分布筋端部做法

16G101-1 第 71 页“剪力墙水平分布筋构造”提供了两个“端部有暗柱时剪力墙水平分布筋端部做法”。

16G101-1 保留了（11G101-1）原有的“端部有暗柱时剪力墙水平分布筋端部做法”（墙体水平分布筋在端部弯折 10d），但做出了一个重大改变：原先水平分布筋在暗柱角筋外侧弯折 10d（这是错误的做法），现在水平分布筋紧贴暗柱角筋内侧弯折 10d（这是正确的做法），并且在水平分布筋上引注文字明确规定：“**水平分布钢筋紧贴角筋内侧弯折**”。

16G101-1 增加了“端部有 L 形暗柱时剪力墙水平分布筋端部做法”（墙体水平分布筋在端部弯折 10d），也是“**水平分布钢筋紧贴角筋内侧弯折**”。

B. 63 三种“转角墙”构造的适用范围更加明确

16G101-1 保留了 11G101-1 的三种“转角墙”构造，但进一步明确了它们的适用范围。

（1）在“转角墙（一）”详图中，在转角两侧标注了“**墙体配筋量 As1**”、“**墙体配筋量 As2**”，在图题下注写“**其中 As1≤As2**”，外侧水平分布筋连续通过转弯，在配筋量较小的 As1 一侧墙体上进行搭接，而且在引注中强调：“上下相邻两层水平分布钢筋在转角配**筋量较小**一侧交错搭接”。

（2）在“转角墙（二）”详图中，也是在转角两侧标注了“**墙体配筋量 As1**”、“**墙体配筋量 As2**”，在图题下注写“**其中 As1＝As2**”。也就是说，这种“上下相邻两层水平分布钢筋在转角两侧交错搭接”的做法适用于转角两侧配筋量相等的情况。

为了更加形象地展示“交错搭接”，16G101-1 在“剪力墙水平分布钢筋交错搭接”详图中增加了相邻上下两层水平分布筋的配筋图，显示了相邻两层水平分布筋交错搭接的效果。

（3）在“转角墙（三）”（外侧水平分布钢筋在转角处搭接）详图中，16G101-1 删去了 11G101-1 搭接长度“l_{lE}”的标注，而改成标注每侧水平分布筋在转角另侧的弯折长度“$\geqslant 0.8l_{aE}$”。

16G101-1 第 71 页的注 2，在“剪力墙分布钢筋配置若多于两排，中间排水平分布钢筋端部构造同内侧钢筋”之后，增加了“**水平分布筋宜均匀放置，竖向分布钢筋在保持相同配筋率条件下外排筋直径宜大于内排筋直径**”。

B. 64 “翼墙”给出三种构造详图

16G101-1 第 72 页“翼墙”给出三种构造详图。

“翼墙（一）”同 11G101-1 原有的“翼墙”构造。

“翼墙（二）”就是 11G101-1 原来的“水平变截面墙水平钢筋构造”（厚墙的水平分布

筋在变截面处弯折“$\geqslant 15d$”，薄墙的水平分布筋在变截面处直锚“$1.2l_{aE}$”）。

新增的“翼墙（三）”构造为水平分布筋连续通过变截面处，条件为强厚度变截面处的“斜率”$\leqslant 1/6$。

B.65 “端柱翼墙”的三种构造详图

16G101-1第72页“端柱翼墙”的三种构造详图基本上同11G101-1图集，但是从三个详图的5根翼缘钢筋伸出引注：“贯通或分别锚固端柱内（直锚长度$\geqslant l_{aE}$）”。

本页注：“位于端柱纵向钢筋内侧的墙水平分布钢筋（端柱节点中图示黑色墙体水平分布钢筋）伸入端柱的长度$\geqslant l_{aE}$时，可直锚。其他情况，剪力墙水平分布钢筋应伸至端柱对边紧贴角筋弯折。”

这里有一个问题：11G101-1同样的“注”为：“当墙体水平钢筋伸入端柱的长度$\geqslant l_{aE}$时，可不必上下弯折，但必须伸至端柱对边竖向钢筋内侧位置。”现在新图集在说直锚的时候没有强调“必须伸至端柱对边竖向钢筋内侧位置”，不知是什么缘故。

B.66 剪力墙竖向钢筋构造增加“抗震缝处局部构造”

16G101-1第73、74页都是“剪力墙竖向钢筋构造”，注意不是“剪力墙身竖向钢筋构造”，因为它不但含有墙身竖向分布筋，而且有边缘构件钢筋构造。

16G101-1第73页增加了“抗震缝处局部构造”。在抗震缝下面的墙体的“拉结筋加密”做法为：不少于4根拉结筋加密，直径$\geqslant 10$，竖向间距$\leqslant 150$，水平间距由设计指定。

B.67 “剪力墙竖向钢筋顶部构造”

16G101-1第74页给出了四个“剪力墙竖向钢筋顶部构造”，前三构造都是11G101-1原有的，第四个构造是新增的。

其中第三、四个详图剪力墙顶部都是边框梁。前者为“梁高度满足直锚要求时”，墙体竖向钢筋（竖向分布筋或暗柱纵筋）伸入边框梁“l_{aE}”。

第四个构造详图为“梁高度不满足直锚要求时”，墙体竖向钢筋（竖向分布筋或暗柱纵筋）伸至边框梁顶部，然后弯折$12d$。

B.68 剪力墙竖向钢筋构造的两个新构造详图

16G101-1第74页新增了两个构造详图。

（1）“剪力墙上起边缘构件纵筋构造”

上部边缘构件纵筋向下锚入剪力墙，直锚长度“$1.2l_{aE}$”，直锚段（楼板以下）进行箍筋加密，**箍筋直径应不小于纵向钢筋最大直径的0.25%，间距不大于100。**

在题注下方括注：“**（错洞剪力墙洞边边缘构件做法需由设计人员指定）**”。

（2）“施工缝处抗剪用钢筋连接构造”

在竖向施工缝上设置“附加竖向插筋”，这些附加插筋向下锚入下层剪力墙的直锚长度“$\geqslant l_{aE}$”，向上伸入上层剪力墙的长度为“$\geqslant l_{aE}$”，这些附加插筋与剪力墙原有的竖向分布筋间隔布置。详图上引注：“附加竖向插筋由设计人员根据需要设置，规格、排数、间距由设计人员指定”。

16G101-1 第 21 页的第 3.6.2 条指出：“抗震等级为一级的剪力墙，水平施工缝处需设置附加竖向插筋时，设计应注明构件位置，并注写附加竖向插筋规格、数量及间距，竖向插筋沿墙身均匀布置。”

B.69 连梁的变截面构造

16G101-1 第 78 页增加了“LL（三）”剖面图（连梁变截面构造）：楼板以下连梁的宽度较大，楼板以上连梁的宽度较小。

此时的连梁采用“变梁宽的箍筋”。剖面图在变梁宽处的箍筋水平段上标出附加钢筋的设置为：“不少于 2 根直径不小于 12 的钢筋”。

B.70 剪力墙洞口的变化

（1）取消了矩形洞口“按标准构造详图设置补强钢筋”

16G101-1 第 18 页洞口补强钢筋的第 1 种情况为：

当矩形洞口的洞宽、洞高均不大于 800 时，此项注写为洞口每边补强钢筋的具体数值。当洞宽、洞高方向补强钢筋不一致时，分别注写洞宽方向、洞高方向补强钢筋，以“/”分隔。

在这里，16G101-1 删去了 11G101-1 的“（如果按标准构造详图设置补强钢筋时可不注）”。

与此对应，16G101-1 第 83 页“矩形洞宽和洞高均不大于 800 时洞口补强钢筋构造”图中补强钢筋的引注为：**“洞口每侧补强钢筋按设计注写值”**。

在这里，16G101-1 删去了 11G101-1 的“当设计未注写时，按每边配置两根直径不小于 12 且不小于同向被切断纵向钢筋总面积的 50%补强。补强钢筋种类与被切断钢筋相同”。

有一个问题：

16G101-1 第 18 页却照抄了一个 11G101-1“缺省注写补强钢筋”的例子：

〖例〗JD3 400×400 +3.100，表示 3 号矩形洞口，洞宽 400，洞高 300，洞口中心距本结构层楼面 3100，洞口每边补强钢筋按构造配置。

（这个例子应该删去）

（2）新的“剪力墙圆形洞口直径大于 300 但不大于 800 时补强钢筋构造”：取消了原来的“六边形补强钢筋”。

16G101-1 第 19 页洞口补强钢筋的第 5 种情况为：

当圆形洞口直径大于 300，但不大于 800 时，此项注写为洞口上下左右每边布置的补强钢筋的具体数值，以及环向加强钢筋的具体数值。

〖例〗YD5 600 +1.800 2Φ20**2Φ16**，表示 5 号圆形洞口，直径 600mm，洞口中心距本结构层楼面 1800mm，洞口每边补强钢筋为 2Φ20，**环向加强钢筋 2Φ16**。

16G101-1 第 83 页“剪力墙圆形洞口直径大于 300 但不大于 800 时补强钢筋构造”：

上下左右每边布置的补强钢筋的长度为“D＋2×l_{aE}”

环向加强钢筋的封口搭接长度为“l_{aE}且≥300”

B.71 16G101-2包含12种楼梯类型

16G101-2删去11G101-2原有的“GT”，将原来的“HT”改名为“GT”；

16G101-2新增抗震楼梯**“CTa”、“CTb”**。

16G101-2包含12种楼梯类型。（11G101-2包含11种楼梯类型。）

B.72 梯板支座的名称

16G101-2的AT、BT、CT、DT的“楼梯截面形状与支座位置示意图”中，把原来11G101-2的“梯板高端单边支座”、“梯板低端单边支座”改名为“梯板高端支座”、“梯板低端支座”。

B.73 AT、BT、CT、DT的两种剪刀楼梯

16G101-2的AT、BT、CT、DT的“楼梯平面注写方式与适用条件”中，把原来11G101-2的“交叉楼梯（无层间平台板）”改为“剪刀楼梯（无层间平台板）”。

因此，16G101-2的AT、BT、CT、DT的“楼梯平面注写方式与适用条件”中，便包含两种“剪刀楼梯”：无层间平台板的和有层间平台板的。

B.74 BT、DT、FT的踏步段上部纵筋伸出长度

16G101-2的BT、DT、FT（两处）的“楼梯板配筋构造”中，踏步段上部纵筋伸出长度的标注，把11G101-2的“≥20d”改为“$l_{sn}/5$”。

B.75 抗震楼梯的滑动支座

16G101-2第40页“Ata、ATb型楼梯平面注写方式与适用条件”新增两条注释：

注6：**“滑动支座做法中建筑构造应保证梯板滑动要求。”**

注7：**“地震作用下，ATb型楼梯悬挑板尚承受梯板传来的附加竖向作用力，设计时应对挑板及与其相连的平台梁采取加强措施。”**

16G101-2第47页“Cta、CTb型楼梯平面注写方式与适用条件”也有上述注释。

B.76 Ata、ATb型梯板的附加纵筋

16G101-2第42页“Ata型楼梯板配筋构造”和16G101-2第44页“Atb型楼梯板配筋构造”都对梯板的附加纵筋进行了修改，现在的梯板附加纵筋为：

“附加纵筋 2Φ16 且不小于梯板纵向受力钢筋直径”。

而 11G101-2 “Ata 型楼梯板配筋构造” 和 “Atb 型楼梯板配筋构造” 的梯板附加纵筋为：

附加纵筋2Φ20（一、二级抗震等级）

2Φ16（三、四级抗震等级）

B. 77 Atc 型楼梯的暗梁

16G101-2 第 2.2.6 条第 4 款指出：

“梯板两侧设置边缘构件（暗梁），边缘构件的宽度取 1.5 倍板厚；边缘构件纵筋数量，当抗震等级为一、二级时不少于 6 根，当抗震等级为三、四级时不少于 4 根；纵筋直径不小于Φ12 且不小于梯板纵向受力钢筋的直径；**箍筋直径不小于Φ6，间距不大于 200。**

平台板按双层双向配筋。”

注：11G101-2 为 “纵筋直径为Φ12 且不小于梯板纵向受力钢筋的直径；箍筋直径为Φ6@200”，可见 16G101-2 有所加强。

16G101-2 第 46 页在图中暗梁的引注为：“边缘构件见本图集第 8 页第 2.2.6 条”。

16G101-2 把 “边缘构件纵筋及箍筋” 规定为楼梯集中注写的 6 项内容之一。（见 16G101-2 第 45 页）

B. 78 Atc 型楼梯的休息平台

16G101-2 第 45 页 “Atc 型楼梯平面注写方式与适用条件” 的注 5 指出：

“楼梯休息平台与主体结构整体连接时，应对短柱、短梁采用有效的加强措施，防止产生脆性破坏。”

B. 79 Atc 型楼梯的钢筋

16G101-2 第 2.2.6 条第 5 款指出：

“Atc 型楼梯作为斜撑构件，钢筋均采用符合抗震性能要求的热轧钢筋，钢筋的抗拉强度实测值与屈服强度实测值的比值不应小于 1.25；钢筋的屈服强度实测值与屈服强度标准值的比值不应大于 1.3，且钢筋在最大拉力下的总伸长率实测值不应小于 9%。”

在 16G101-2 第 46 页 “Atc 型楼梯板配筋构造” 的注 1，也有同样的要求。

B. 80 ATb、CTb 型楼梯挑板配筋加强

16G101-2 第 56 页 “ATb 型楼梯施工图剖面注写示例（平面图）” 中，PTB1 的扣筋形状有了改变：伸到挑板边缘处的 PTB1 的扣筋腿在板底处增加了一个弯折段，即形成了一个侧向的 “U” 形配筋，保护着挑板的上下边缘。

11G101-2 第 51 页 “ATb 型楼梯施工图剖面注写示例（平面图）” 中 PTB1 在挑板处的扣筋为普通形状的扣筋，而 16G101-2 将其增加了拐入板内的弯折段，从而加强了 ATb

型楼梯挑板的配筋。

16G101-2第64页“CTb型楼梯施工图剖面注写示例（平面图）”中，对CTb型楼梯挑板上方的PTB1的扣筋也采用了同样的加强措施。

这就是16G101-2第40页和第47页“注7”所要求的：地震作用下，ATb、CTb型楼梯悬挑板尚承受梯板传来的附加竖向作用力，设计时应对挑板及与其相连的平台梁采取加强措施。

B.81　墙身竖向分布钢筋在基础中构造

11G101-3第58页为“墙插筋在基础中的锚固”（“墙插筋”这个名词有些含混不清，而11G101-3没有给出“剪力墙边缘构件纵向钢筋在基础中构造”），现在16G101-3第64页的名称改为“墙身竖向分布钢筋在基础中构造”，含义清晰了，而且在第65页新增了“边缘构件纵向钢筋在基础中构造”。

16G101-3第64页的内容基本上同11G101-3第58页。局部变更如下：

变更1：

四个构造详图的划分标准从“$h_j > l_{aE}(l_a)$”改成“竖向分布筋直锚长度$\geq l_{aE}$”

变更2：

墙竖向分布筋在基础中锚固构造（基础高度满足直锚）的“1-1”剖面，增加了竖向分布筋“隔二下一”的做法：

“隔二下一”：伸至基础板底部，支承在底板钢筋网片上，也可支承在筏形基础的中间层钢筋网片上。

变更3：

墙竖向分布筋在基础中锚固构造（基础高度不满足直锚）时的竖向分布筋“做法①”：11G101-1的竖向分布筋垂直锚固段长度“$\geq 0.6l_{abE}$（$\geq 0.6l_{ab}$）”，16G101-3改为“**$\geq 0.6l_{abE}$且$\geq 20d$**”，直钩长度“$15d$”保持不变。

变更4：

11G101-1为“图中d为插筋直径；括号内数据用于非抗震设计”，

16G101-3改为“图中d为墙身竖向分布筋直径”。

B.82　边缘构件纵向钢筋在基础中构造（新增）

16G101-3第65页“**边缘构件纵向钢筋在基础中构造**”是新增的，弥补了11G101-3图集没有“边缘构件纵向钢筋在基础中构造”的缺憾。虽然剪力墙“边缘构件”应该包括端柱和暗柱，但是从本页右上角“边缘构件角部纵筋”的图形来看，本页内容主要讲述各种暗柱，包括端部暗柱墙、转角墙、“I形”翼墙和“T形”翼墙（见16G101-3第65页右上角的图形）。

16G101-3第65页给出了（a）、（b）、（c）、（d）四种构造。

构造（a）和（b）同属于“基础高度满足直锚”的情况。其实“满足直锚”的主要控制条件是边缘构件纵筋的直锚长度“$\geq l_{aE}$”。此时，伸至基础底板钢筋网上的纵筋弯直钩，直钩长度为$6d$且≥ 150。

构造（c）和（d）同属于“基础高度不满足直锚”的情况。此时边缘构件纵筋的“做法①”为：伸至基础板底部，支承在底板钢筋网上，直锚长度“≥$0.6l_{abE}$且≥$20d$”，直钩长度“$15d$”。

构造（a）和（c）同属于“保护层厚度>$5d$”：边缘构件纵筋在基础内设置“间距≤500，且不少于两道矩形封闭箍筋”。

构造（b）和（d）同属于“保护层厚度≤$5d$”：边缘构件纵筋在基础内设置“锚固区横向钢筋”。在“注2”中指明了锚固区横向钢筋的构造：

“锚固区横向钢筋应满足直径≥$d/4$（d为纵筋的最大直径），间距≤$10d$（d为纵筋的最小直径），且≤100的要求。”

“注3”指出：“当边缘构件纵筋在基础中保护层厚度不一致（如纵筋部分位于梁中，部分位于板内），保护层厚度不大于$5d$的部分应设置锚固区横向钢筋。”

“注5”指出：“当边缘构件（包括端柱）一侧纵筋位于基础外边缘（保护层厚度≤$5d$且基础高度满足直锚）时，边缘构件内所有纵筋均按本图（b）构造；对于端柱锚固区横向钢筋要求应按本图集第66页；其他情况端柱纵筋在基础中构造按本图集第66页。”

构造（b）的引注是：“伸至基础板底部，支承在底板钢筋网片上”。

构造（a）有一个引注：“角部纵筋伸至基础板底部，支承在底板钢筋网片上，也可支承在筏形基础的中间层钢筋网片上”。

“注6”指出：“伸至钢筋网上的边缘构件角部纵筋（不含端柱）之间间距不应大于500，不满足时应将边缘构件其他纵筋伸至钢筋网上。”

“注7”解释了“边缘构件角部纵筋”的含义：

“边缘构件角部纵筋”图中角部纵筋（不包含端柱）是指边缘构件阴影区角部纵筋，图示为红色点状钢筋，图示红色的箍筋为在基础高度范围内采用的箍筋形式。

B.83 柱纵向钢筋在基础中构造

16G101-3第66页“柱纵向钢筋在基础中构造”的内容基本上同11G101-3第59页。局部变更如下：

变更1：

四个构造详图的划分标准从“$h_j>l_{aE}$（l_a）”改成“柱纵筋直锚长度≥l_{aE}”。

变更2：

当“基础高度不满足直锚”时的柱纵筋“做法①”：11G101-3的柱纵筋垂直锚固段长度“≥$0.6l_{abE}$（≥$0.6l_{ab}$）”，16G101-3改为“≥$0.6l_{abE}$且≥$20d$”，弯直钩长度“$15d$”保持不变。

变更3：

“注4”改成（增加了柱纵筋锚固在“筏形基础中间层钢筋网片上”）：

当符合下列条件之一时，可仅将柱四角纵筋伸至底板钢筋网片上或者筏形基础中间层钢筋网片上（伸至钢筋网片上的柱纵筋间距不应大于1000），其余纵筋锚固在基础顶面下l_{aE}即可：

1）柱为轴心受压或小偏心受压，基础高度或基础顶面至中间层钢筋网片顶面距离不小于1200mm；

2）柱为大偏心受压，基础高度或基础顶面至中间层钢筋网片顶面距离不小于1400mm。

B.84 条形基础竖向加腋钢筋的原位标注

16G101-3第23页条形基础原位标注“基础梁支座的底部钢筋”新增的第（5）条指出：

“竖向加腋梁加腋部位钢筋，需在设置加腋的支座处以Y打头注写在括号内。”

〖例〗竖向加腋梁端（支座）处注写（Y4Φ25），表示竖向加腋部位斜纵筋为4Φ25。

（注：这是对11G101-3图集中的错漏进行的更正，以前11G101-3没有对条形基础竖向加腋钢筋的原位标注作出规定。）

B.85 条形基础底板配筋构造

16G101-3“条形基础底板配筋构造”有所增加，页面从11G101-3的一页增加为两页（第76、77页），构造详图由以前的5个增加为7个。

并且，条形基础的立剖面图由11G101-3的两个增加为4个，保留了原来的两个基础梁下的条形基础剖面图，增加了两个墙下的条形基础剖面图。

B.86 条形基础板底不平构造

16G101-3第78页“条形基础板底不平构造”保留了11G101-3第70页的“柱下条形基础板底不平构造”和“墙下条形基础板底不平构造”，增加了“墙下条形基础板底不平构造（二）”（板底高差坡度α取45°）。

B.87 基础底面基准标高的定义原则

16G101-3第30页“梁板式筏形基础平法施工图制图规则”的第4.1.2条：

“当绘制基础平面布置图时，应将梁板式筏形基础与其所支承的柱、墙一起绘制。**梁板式筏形基础以多数相同的基础平板底面标高作为基础底面基准标高**。当基础底面标高不同时，需注明与基础底面基准标高不同之处的范围和标高。”

B.88 基础梁JL端部与外伸部位钢筋构造

16G101-3第81页“梁板式筏形基础梁JL端部与外伸部位钢筋构造，条形基础梁JL端部与外伸部位钢筋构造”：

（1）端部等截面（变截面）外伸构造：

基础梁第二排上部纵筋：从柱内边算起向梁端部的外伸长度应“$\geq l_a$”。

基础梁下部纵筋：第一排下部纵筋伸至端部后弯折12d；第二排下部纵筋从柱内边算

起向梁端部的外伸长度满足“$\geqslant l_a$”时，伸至端部直锚。

图集本页注指出：**“端部等（变）截面外伸构造中，当从柱内边算起的梁端部外伸长度不满足直锚时，基础梁下部钢筋应伸至端部后弯折，且从柱内边算起水平段长度$\geqslant 0.6l_{ab}$，弯折段长度15d。”**

（2）端部无外伸构造：

基础梁上部纵筋：伸至尽端钢筋内侧弯折15d，当直段长度$\geqslant l_a$时可不弯折。

基础梁下部纵筋：伸至尽端钢筋内侧弯折，从柱内边算起向梁端部外伸的水平段$\geqslant$**$0.6l_{ab}$**，弯折段15d。（注：11G101-3为“$\geqslant 0.4l_{ab}$”。）

B.89　基础次梁JCL端部外伸部位钢筋构造

16G101-3第85页“基础次梁JCL端部外伸部位钢筋构造”对比11G101-3新增的变更：

基础次梁下部纵筋：第一排下部纵筋伸至端部后弯折12d；第二排下部纵筋从基础主梁内边算起向梁端部的外伸长度满足“$\geqslant l_a$”时，伸至端部直锚。

图集本页注6指出：“端部等（变）截面外伸构造中，当从基础主梁内边算起的外伸长度不满足直锚时，基础次梁下部钢筋应伸至端部后弯折15d，**且从梁内边算起水平段长度应$\geqslant 0.6l_{ab}$**。”（从11G101-3为“从梁内边算起水平段长度由设计指定，当设计按铰接时应$\geqslant 0.35l_{ab}$，当充分利用钢筋抗拉强度时应$\geqslant 0.6l_{ab}$”。）

B.90　梁板式筏形基础平板LPB端部与外伸部位钢筋构造

16G101-3第89页“梁板式筏形基础平板LPB端部与外伸部位钢筋构造”对比11G101-3新增的变更：

（1）端部等（变）截面外伸构造（图示）：

底部纵筋伸至端部后，弯折12d，需满足**从支座内边算起的外伸长度$\geqslant l_a$**。

（2）本页注3：

“端部等（变）截面外伸构造中，当从基础主梁（墙）内边算起的外伸长度**不满足直锚要求**时，基础平板下部纵筋应伸至端部后弯折15d，**且从梁（墙）内边算起水平段长度应$\geqslant 0.6l_{ab}$**。”

而11G101-3此注的前半句为“当从支座内边算起至外伸端头$\leqslant l_a$时，基础平板下部纵筋应伸至端部后弯折15d”；（旧图集上述条件是错误的，因为“不满足直锚要求”不应是“$\leqslant l_a$”，而应该是“$< l_a$”）

11G101-3此注的后半句为“从梁内边算起水平段长度由设计指定，当设计按铰接时应$\geqslant 0.35l_{ab}$，当充分利用钢筋抗拉强度时应$\geqslant 0.6l_{ab}$”。（现在16G101-3一律规定为“从梁（墙）内边算起水平段长度应$\geqslant 0.6l_{ab}$”，应当是强化了构造要求。）

B.91　平板式筏形基础平板端部与外伸部位钢筋构造

16G101-3第93页“平板式筏形基础平板（ZXB、KZB、BPB）端部与外伸部位钢筋构造”：

（1）端部无外伸构造（一）：

基础底板伸至尽端弯折，弯折段15d，从支座边缘线至尽端的水平段≥**0.6**l_{ab}。（注：11G101-3为“≥0.4l_{ab}”。）

（2）端部等截面外伸构造：

图集本页注3：**“筏板底部非贯通纵筋伸出长度l’应由具体工程设计确定。”**

（3）中层筋端头构造：

图集本页注4：**“筏板中层钢筋的连接要求与受力钢筋相同。”**

（4）板边缘侧面封边构造：

板边缘侧面封边构造同样用于**梁板式筏形基础**部位，采用何种做法由设计者指定，当设计者未指定时，施工单位可根据实际情况自选一种做法。

（注：11G101-3原来为“板边缘侧面封边构造同样用于基础梁部位”，现在16G101-1改为“板边缘侧面封边构造同样用于梁板式筏形基础部位”是对的。因为，基础梁JL端部与外伸部位钢筋构造见图集第81页，基础次梁JCL端部外伸部位钢筋构造见图集第85页。）

B.92 新增“桩基础”部分内容

（一）桩基础平法施工图制图规则

11G101-3的第六章是“6 桩基承台平法施工图制图规则”，而16G101-3的第六章是“6 **桩基础**平法施工图制图规则”：

“6.1 **灌注桩**平法施工图的表示方法”、“6.2 列表注写方式”、“6.3 平面注写方式”。

“桩编号”有两项：**灌注桩**GZH、**扩底灌注桩**GZH_K。

后面的一节才是：“6.4 桩基承台平法施工图的表示方法”——即是11G101-3第六章的内容。(其中内容同11G101-3)

（二）16G101-3增加的构造详图：

第99页“双柱联合承台底部与顶部配筋构造”；

第101页“墙下双排承台梁CTL配筋构造”；

第102页“灌注桩通长等截面配筋构造，灌注桩部分长度配筋构造”；

第103页“灌注桩通长变截面配筋构造，螺旋箍筋构造”；

第104页“钢筋混凝土灌注桩桩顶与承台连接构造”。

B.93 基础联系梁JLL

“基础联系梁JLL”不断是历届标准图集发生较大变化的内容之一。16G101-3第105页的基础联系梁JLL的主要变化如下：

（1）淡化了框架柱配筋，主要显示基础联系梁JLL的配筋构造。

1）“基础联系梁JLL配筋构造（一）”（此JLL的位置与11G101-3相同）

基础联系梁 JLL 与基础顶面一平。基础联系梁 JLL 的配筋构造与 11G101-3 相同：JLL 的上下纵筋伸入框架柱的直锚长度为“$l_a(l_{aE})$”；JLL 的箍筋在基础内部照设，而在框架柱内部不设箍筋。

2)“基础联系梁 JLL 配筋构造（二）”（此 JLL 的位置与 11G101-3 不同）

基础联系梁 JLL 的底面与基础顶面一平。基础联系梁 JLL 的配筋构造与 11G101-3 相同：在中间支座上，JLL 上下纵筋伸入框架柱的直锚长度为“$l_a(l_{aE})$”；在端支座上，JLL 上下纵筋伸至框架柱钢筋内侧弯折 15，水平锚固段长度“$\geqslant 0.4l_{ab}(\geqslant 0.4l_{abE})$”。

本页注 2 指出：“基础联系梁 JLL 配筋构造（二）中基础联系梁上、下纵筋采用直锚形式时，锚固长度不应小于 $l_a(l_{aE})$，且伸过柱中心线长度不应小于 $5d$，d 为梁纵筋直径。”

(2) 新增了**“搁置在基础上的非框架梁”**配筋构造。

“搁置在基础上的非框架梁”与基础顶面一平。“搁置在基础上的非框架梁”上下纵筋伸入基础的直锚长度为“l_a”；“搁置在基础上的非框架梁”在基础内部不设箍筋。

题注的内容为：“不作为基础联系梁，梁上部纵筋保护层厚度 $5d$ 时，锚固长度范围内应设横向钢筋。”

与之对应的本页注 3：“锚固区横向钢筋应满足直径$\geqslant d/4$（d 为插筋最大直径），间距$\leqslant 5d$（d 为插筋最小直径）且 100 的要求。”

〖问题〗

“搁置在基础上的非框架梁”从外形上看，与“基础联系梁 JLL 配筋构造（一）”相同。在实际工程中，遇到这样外形相同的“基础连梁”，是按“基础联系梁 JLL 配筋构造（一）”处理？还是按“搁置在基础上的非框架梁”处理？当然只有通过设计师在施工图中加以标注，但是 16G101-3 对于“搁置在基础上的非框架梁”没有规定其“代号”，设计师又拿什么符号给它标注呢？

B.94 防水板 FBPB

16G101-3 第 52 页“相关构造类型与表示方法”的表 7.1.1“基础相关构造类型与编号”新增一项：

构造类型	代号	序号	说明
防水板	**FBPB**	××	用于独基、条基、桩基加防水板

16G101-3 第 55 页规定了“防水板 FBPB 平面注写集中标注”的方式（与平板式筏形基础平板 BPB 相似），例如：

FBPB1　　$h=250$

B：X&Y：　Φ12@200

T：X&Y：　Φ12@200

表示 1 号防水板，板厚 250mm，板底部 X 向、Y 向配置Φ12 间距 200mm 的贯通纵筋；板顶部 X 向、Y 向配置Φ12 间距 200mm 的贯通纵筋。

“防水板底面标高”是 FBPB 集中标注的选注项，上例中没有进行“防水板底面标高”的集中标注，则表示防水板底面标高与基础（独基、条基、桩基承台）底面标高一致，即

“低板位防水板”。

防水板贯通纵筋的集中标注可以为“隔一布一”的形式：“Φ10/Φ12@200”，这表示贯通纵筋Φ10与Φ12隔一布一，相邻Φ10与Φ12之间的距离为100mm。

16G101-3没有防水板FBPB“非贯通纵筋的原位标注”。这是防水板FBPB与平板式筏形基础平板BPB不同的地方。平板式筏形基础平板BPB是整个建筑物的基础，它要承受上部结构荷载和地基反力；而FBPB仅仅起到防水的作用，防水板FBPB只进行构造配筋，因此，16G101-3对FBPB仅规定了贯通纵筋的集中标注，而不配置非贯通纵筋。

〖问题〗

16G101-3第55页FBPB集中标注例子中的两处“12@200”的前面应该加“Φ”。

16G101-3第110页“防水底板JB与各类基础的连接构造”：

（1）“低板位防水底板”

低板位防水底板（一）：防水底板上部纵筋连续穿越基础，防水底板下部纵筋在基础内直锚“l_a”。（在上部纵筋引注：“当基础顶部配有钢筋时，按低板位防水底板（二）要求”）

低板位防水底板（二）：防水底板上、下纵筋在基础内直锚“l_a”。

（2）“中板位防水底板”

中板位防水底板（一）：防水底板上部纵筋连续穿越基础，防水底板下部纵筋在基础内直锚“l_a”。（在上部纵筋引注：“当基础顶部配有钢筋时，按中板位防水底板（二）要求”）

中板位防水底板（二）：防水底板上、下纵筋在基础内直锚“l_a”。

（3）“高板位防水底板”

高板位防水底板：防水底板上部纵筋连续穿越基础，防水底板下部纵筋与与基础下面“元宝筋”的斜边互锚“l_a”。

本页注3：

“基础梁、承台梁、基础联系梁或其他类型的基础宽度≤l_a时，可将受力钢筋穿越基础后在其连接区域连接。”

〖问题〗

16G101-3防水板的代号为“FBPB”，但第110页称为“防水底板JB”，矛盾。

B.95 后浇带HJD构造

16G101-3第106页“基础底板、基础梁后浇带HJD构造”基本上同11G101-3图集，只有个别变化，就是：

画出了“附加防水层”与后浇带两侧的防水层的连接构造。

B.96 基坑JK构造

16G101-3第107页“基坑JK构造”基本上同11G101-3图集，只修改了一处，就是：

把坑底两侧的尺寸标注“b”改为“$\geqslant \boldsymbol{h}$”。（h为基础板厚）

（当 α 为 45°时，$b=0.42h$；当 α 为 60°时，$b=0.58h$）
这将会影响基坑的施工和计算。
在 11G101-3 中，基坑垫层下的长宽尺寸分别为：

基坑长度 = 坑口长度 $+2\times b$

基坑宽度 = 坑口宽度 $+2\times b$

而在 16G101-3 中，基坑垫层下的长宽尺寸分别为：

基坑长度 ≥ 坑口长度 $+2\times h$

基坑宽度 ≥ 坑口宽度 $+2\times h$

B. 97　窗井墙 CJQ 配筋构造

16G101-3 第 111 页“窗井墙 CJQ 配筋构造”基本上同 11G101-3 图集，只修改了一处，就是：

窗井墙 CJQ 内侧竖向钢筋的下端弯折段长度由 11G101-3 的“$6d$”改为“**$6d$，且≥150**”。

参 考 文 献

[1] 混凝土结构施工图平面整体表示方法制图规则和构造详图（现浇混凝土框架、剪力墙、梁、板）（16G101-1）. 北京：中国建筑标准设计研究院，2016.

[2] 混凝土结构施工图平面整体表示方法制图规则和构造详图（现浇混凝土板式楼梯）（16G101-2）. 北京：中国建筑标准设计研究院，2016.

[3] 混凝土结构施工图平面整体表示方法制图规则和构造详图（独立基础、条形基础、筏形基础、桩基础）（16G101-3）. 北京：中国建筑标准设计研究院，2016.

[4] 混凝土结构设计规范（2015年版）（GB50010-2010）. 北京：中国建筑工业出版社，2015.

[5] 建筑抗震设计规范及2016年局部修订（GB50011-2010）. 北京：中国建筑工业出版社，2016.

[6] 高层建筑混凝土结构技术规程（JGJ 3-2010）. 北京：中国建筑工业出版社，2011.

[7] 混凝土结构工程施工质量验收规范（GB50204-2015）. 北京：中国建筑工业出版社，2015.

后　　记

近年来，作者对平法技术进行了深入学习和实践，曾得到平法创始人陈青来教授的指导。作者曾主持开发出适合G101系列图集的平法钢筋自动计算软件，并且在软件开发和应用的过程中不断深化对平法技术的认识。在此期间，作者曾在国家建筑标准设计网（www. chinabuilding. com. cn）和达飞软件网（www. cdfrj. com）上交流和普及平法技术，还举办了三十多期"平法实用技术培训班"，培训了三千多名工程技术人员。

作者在推广应用平法技术的过程中，一直得到广大工程技术人员的支持和帮助，在这里对他们表示真挚的感谢。本书出版之后，不少读者和专家对本书的问题提出了批评意见和建议，在此再次对他们致以真挚的感谢！欢迎继续批评指导！一个人的能力毕竟有限，认识中也难免有错漏之处，还望国内同行多多指正。

在本书再版的"后记"中，作者曾表达了这样的心声：希望全国的有识之士，人人都为普及平法献出一点爱，让平法的世界有更好的明天。也只有人人都献出一点爱，平法的世界才有更美好的明天。

今后，大家如果有平法技术应用的问题，请到国家建筑标准设计网（www. chinabuilding. com. cn）的"国标论坛/国家建筑标准设计/结构/16G101互动交流专区"来进行讨论和交流；如果发现本书的问题，请将问题发往CDFRJ的邮箱（cdfrj@qq. com）；如果想随时了解本书的最新勘误，请访问CDFRJ的博客（http：//blog. sina. com. cn/cdfrj）。